21世纪经典工程结构设计解析丛书

经 典 回 眸

中国建筑西南设计研究院有限公司篇

中国建筑西南设计研究院有限公司　编

中国建筑工业出版社

图书在版编目（CIP）数据

经典回眸. 中国建筑西南设计研究院有限公司篇 /
中国建筑西南设计研究院有限公司编. — 北京：中国建
筑工业出版社，2023.9

（21世纪经典工程结构设计解析丛书）

ISBN 978-7-112-29086-4

Ⅰ. ①经… Ⅱ. ①中… Ⅲ. ①建筑结构—结构设计—
作品集—中国—现代 Ⅳ. ①TU318

中国国家版本馆 CIP 数据核字（2023）第 161669 号

责任编辑：刘瑞霞　刘婷婷
责任校对：姜小莲

21世纪经典工程结构设计解析丛书
经典回眸　中国建筑西南设计研究院有限公司篇
中国建筑西南设计研究院有限公司　编

*

中国建筑工业出版社出版、发行（北京海淀三里河路9号）
各地新华书店、建筑书店经销
国排高科（北京）信息技术有限公司制版
天津图文方嘉印刷有限公司印刷

*

开本：880毫米×1230毫米　1/16　印张：33¼　字数：981千字
2023年9月第一版　　2023年9月第一次印刷
定价：**298.00**元
ISBN 978-7-112-29086-4
（41812）

丛书编委会

主编单位：北京市建筑设计研究院有限公司

参编单位：中国建筑设计研究院有限公司

华东建筑设计研究院有限公司

上海建筑设计研究院有限公司

同济大学建筑设计研究院（集团）有限公司

中国建筑西南设计研究院有限公司

中国建筑西北设计研究院有限公司

中南建筑设计院股份有限公司

广东省建筑设计研究院有限公司

启迪设计集团股份有限公司

丛书总序

伴随着中国的城市化进程，我国土木与建筑工程领域经历了高速发展时期，行业技术水平在大量工程实践中得到了长足发展。工程结构设计作为土木与建筑工程领域的重要组成部分，不仅关乎建筑物的安全与稳定，更直接影响着建筑的功能和可持续性。21世纪以来，随着社会经济发展和人们生活需求的逐步提升，一大批超高层办公楼、体育场馆、会展中心、剧院、机场、火车站相继建成。在这些大型复杂项目的设计建造过程中，研发的先进技术得以推广应用，显著提升了项目品质。如今，我国建筑业发展总体上仍处于重要战略机遇期，但也面临着市场风险增多、发展速度受限的挑战，总结既往成功经验，继续保持创新意识，加强新技术推广，才能适应市场需求，促进建筑业的高质量发展。

为了更好地实现专业知识与经验的集成和共享，推动行业发展，国内十家处于领军地位的建筑设计研究院汇聚了21世纪以来经典工程项目的设计研究成果，编撰成系列丛书，以记录、总结团队在长期实践过程中积累的宝贵经验和取得的卓越成绩。丛书编委会由十家大院的勘察设计大师和总工程师组成，经过悉心筛选，从数千个项目中选拔出200余项代表性大型复杂项目，全面展现了我国工程结构设计在各个方向的创新与突破。丛书所涉及的项目难度高、规模大、技术精，具有普通工程无法比拟的复杂性。这些案例均由在一线工作的项目负责人主笔撰写，因此描述细致深入，从最初的结构方案选型，到设计过程中的结构布置思考与优化，再到结构专项技术分析、构造设计和试验研究等，进行了系统性的梳理归纳，力求呈现大型复杂工程在设计全过程中的思维方式和处理策略。

理论研究与工程实践相结合，数值分析与结构试验相结合，是丛书中经典工程的设计特点。土木工程是实践性很强的学科，只有经得起工程检验的研究成果才是有生命力、有潜力的。在大型复杂工程的设计建造过程中，对新技术、新工艺的需求更高，对设计人员也是很大的考验，要求在充分理解规范的基础上，大胆创新，严谨验证，才能保证研发成果圆满落地，进而推动行业的发展进步。理论与实践的结合，在本套丛书中得到了很好的体现，研究团队的技术成果在其中多项工程得到应用，比如大兴国际机场、雄安站、上海中心大厦、中央电视台新台址CCTV主楼等项目，加快了建造速度，提升了建筑品质，取到了良好的效果。

本套丛书开创了国内大型建筑设计院合作著书的先河，每个大院以一册的形式总结自己的杰出工程案例，不仅是对各大院在工程结构设计领域成就的展示，也是对我国工程结构设计整体实力的展示。随着结构材料性能提高、组合结构发展、分析手段完善、设计方法进步，新型高性能材料、构件和结构体系不断涌现，这些新材料、新技术和新工艺对推动建筑行业科技进步起到了重要作用，在向工程技术人员提出了更高挑战的同时也提供了创新空间。未来的土木工程学科将是追求高性能、高质量发展的学科，工程结构设计领域的发展需要不断的学习、积累和创新。希望这套丛书能够为广大结构工程师和相关从业人员提供有价值的参考，激发他们的灵感和创造力。同时，也希望通过这套丛书的分享和传播，进一步推动我国工程结构设计领域的创新和进步，为我国城镇建设和高质量发展贡献更多的智慧和力量。

中国工程院院士
清华大学土木工程系教授
2023 年 8 月

本书编委会

顾　问：龙卫国

主　编：冯　远　吴小宾

副主编：向新岸　周定松

编　委：（按姓氏拼音排序）

毕　琼　陈　强　陈　远　陈志强　郭　赤

赖程钢　雷　雨　李金哲　廖理安　刘宜丰

马永兴　彭志桢　邱　添　王剑波　王立维

吴鹏程　夏　循　肖克艰　杨　曦　杨　文

姚　丽　张蜀泸　张　彦　赵广坡　赵　建

周　佳　周劲炜　周魁政　周　全

序

65年前，成都市人民南路锦江之畔，一座国庆10周年献礼工程破土动工，建筑造型方正，形式典雅庄重，挺立至今，这就是与人民大会堂、人民英雄纪念碑等一起入选"首批中国20世纪建筑遗产"的经典作品——成都锦江宾馆。

建筑是凝固的音乐、石头的史书，静水深流、碧波微澜，设计的智慧与精巧的技艺在经典建筑中徐徐传承，历久弥新。

中国建筑西南设计研究院有限公司（简称中建西南院）始建于1950年，是中国同行业中成立时间最早、专业最全、规模最大的国有甲级建筑设计院之一。中建西南院在新中国成立初期诞生、在三线建设中锤炼、在改革开放中成长，江河不息、日月经天，70余年的发展历程如壮美的画卷，以建筑之名，为时代立传，见证了时代潮汐下波澜壮阔的中国城市发展，印载了中建西南院人在大江南北、全球各地的开拓足迹，万余项工程设计擘画了一栋栋建筑经典，取得了省部级以上优秀设计奖1900余项，国家优秀设计金奖5项、银奖4项、铜奖5项的创优佳绩。

进入21世纪以来，中建西南院深入贯彻中建集团战略部署，提出当前及今后一个时期的"1371"战略目标，以创建世界一流设计企业集团为发展总牵引，埋头苦干、勇毅前行，顺利完成青岛胶东机场、成都天府国际机场、成都凤凰山足球场、东安湖体育场、三星堆博物馆新馆等一批重大工程项目，在党的十八大以来的10年全国100大建筑评选中，中建西南院包揽了7座。

本作品集汇集了中建西南院21世纪以来的经典代表设计作品，展示了项目的设计全貌，特别对其中的特点、难点进行了重点阐释，可以看到结构工程师在设计中如何发展创新，突破一个个设计难题。例如：在青岛胶东国际机场T1航站楼中首创超大焊接不锈钢金属屋面技术，大幅降低了沿海屋面风揭风险，一举解决了大型建筑金属屋面的渗漏难题；在成都凤凰山足球场提出大开口索穹顶结构，属当时全球首创；在成都现代五项赛事中心游泳击剑馆，采用了大跨度铝合金单层网壳结构，打破了国外在该技术领域的长期垄断，等等。对这些经典项目的整理与出版，既是对中建西南院建筑设计的温故回望，更是对几代西南院设计师的感谢致敬。

苟日新，日日新，又日新。希望本书的出版可以为建筑结构设计师和相关专业人员提供有益的参考，也为建筑结构设计的创新发展贡献力量。

中国建筑集团有限公司副总工程师

2023年8月

前　言

　　"建筑是一门实践的诗学"，需要自由的构想和理性的思考。作为人类和城市发展的必然产物，建筑不仅是功能和形式的结合，还反映了社会的属性，承担着诸多社会责任。随着人类科学的进步以及技术的革新，建筑行业得以不断发展，迎来一次次的飞跃。经典建筑秉承适用、经济、美观、绿色的原则，坚持一丝不苟，追求卓越品质，见证了中国建筑的飞速发展。重述与审视既是对过往的回望，沉淀了设计者的心血与巧思，也搭建了传承的桥梁，连接着对未来的探索和创新的热情。

　　中国建筑西南设计研究院有限公司（简称中建西南院）始建于 1950 年，是中国同行业中成立时间最早、专业最全、规模最大的国有甲级建筑设计院之一，隶属世界 500 强企业——中国建筑集团有限公司。建院以来，完成了万余项工程设计，遍及全国各省、市、自治区及全球 20 多个国家和地区。中建西南院始终坚持科技引领与创新驱动，以繁荣建筑创作为宗旨，满足经济、环境、社会的多方需求，以体育建筑、机场交通建筑、文化博览及办公、酒店建筑等为载体，成就了大跨度空间结构、超高层结构及复杂结构的设计特色和领先技术优势。

　　本书汇集的设计案例自 2002 年到 2022 年，横跨我国高速发展的 20 年时间，涵盖大跨度建筑、超高层建筑及复杂形体建筑类型，是 21 世纪以来中建西南院结构专业具有代表性的设计作品集。

　　大跨度建筑，一种具有艺术性和力学性的建筑类型，通过巧妙的设计以及使用先进材料和建造技术，实现对水平空间的极致追求。大跨度建筑结构是随力而生的，力随形、形定力，展示出刚健、轻盈等不同的姿态风格。在本书中，我们精选了 12 个体育场（馆）、机场等工程，详细介绍大跨度建筑如何实现安全、轻巧、美观的跨越。

　　超高层建筑，往往作为城市现代化进程中的一种标识性代表，其形态选择、结构选型、材料综合运用以及适应性构造都对高效率、高质量、友好生态和经济适宜等诸多设计目标产生重要影响。在本书中，我们精选了 5 个超高层工程，展现如何通过精心设计，在诸多限制条件下实现对纵向空间的深入探索，塑造富有个性的地标形象。

　　复杂形体建筑，以独特复杂的形态给结构设计师带来了巨大的挑战，美感与难度并存，亦是建筑与结构互相成就的典范。尽管在设计和建造过程中充满困难，但复杂形体建筑仍然激发着我们去探索和创新。在本书中，我们精选了 5 个复杂形体建筑工程，展示了结构设计师的智慧和创造力。

　　本书收录以上三个类型的项目共计 22 个，介绍了项目的基本情况、建筑特点、结构体系与计算分析、专项设计和建成效果，并对项目结构设计过程中的重、难点一一展开，进行了论述与分析，此外，对项目涉及的相关结构理念、材料选择、技术创新等也进行了阐释，力求完整还原项目的设计全貌与关键细节。

回眸经典，我们精心梳理宝贵经验，深入思考并将设计理念和技术具体化，与读者共享、交流、互鉴；展望未来，我们将以这些成果为基础，秉持勇往直前的精神，以匠心浇筑品质，创新指引发展，共同努力为创造更美好的生活环境贡献力量。

本书编写过程中，得到了中建西南院各级部门和项目设计人员的大力支持，在此表示真诚的感谢！

本书可供从事建筑结构的工程技术人员参考，也可供高等院校的师生阅读。限于编者水平和经验，不妥之处在所难免，敬请广大读者批评指正。

中国建筑西南设计研究院有限公司总工程师

2023 年 8 月

目　录

第 1 章

常州市体育会展中心 / 001

第 2 章

成都中国现代五项赛事中心游泳击剑馆 / 025

第 3 章

雅安天全体育馆 / 041

第 4 章

郑州市奥林匹克体育中心 / 057

第 5 章

成都露天音乐公园露天剧场 / 089

第 6 章

成都凤凰山体育中心 / 105

第 7 章

成都东安湖体育场 / 129

第 8 章

乐山市奥林匹克中心   / 157

第 9 章

成都双流国际机场 T2 航站楼   / 181

第 10 章

青岛机场   / 201

第 11 章

成都天府国际机场航站楼   / 227

第 12 章

重庆江北国际机场 T3B 航站楼   / 259

第 13 章

成都中海天府新区 489m 超高层项目   / 281

第 14 章

成都环球金融中心   / 313

第 15 章

中国欧洲中心   / 333

第 16 章

成都金融城双子塔项目   / 355

第 17 章

重庆高科"太阳座"项目 / 377

第 18 章

成都高新科技商务广场 / 401

第 19 章

广州南沙青少年宫 / 425

第 20 章

济南历下区文体档案中心 / 445

第 21 章

西昌综合医院 / 467

第 22 章

三星堆古蜀文化遗址博物馆 / 491

全书延伸阅读扫码观看

第 1 章

常州市体育会展中心

1.1 工程概况

1.1.1 建筑概况

常州市体育会展中心工程位于常州市新北区中心位置，东至新体育路，南临城北干道，北接三井河路，西靠黄山路并与建设中的市民广场隔路相望。本工程由体育馆会展中心及体育场游泳馆两个部分组成（图1.1-1）。

体育馆会展中心采用体育馆与会展中心融合为一体的设计。体育馆为一椭球形建筑，高约37m，长短轴平面投影120m×80m；建筑面积近2.5万m²，6000个座席。地下1层为训练场和车库，上部4层分别设为比赛场、观众看台、观众休息大厅及设备用房等。体育馆下部主体结构根据建筑高度、使用要求、抗震设防烈度等因素综合考虑，确定采用现浇钢筋混凝土框架结构体系，主要柱网尺寸为8.4m×7.2m；屋盖采用钢结构体系，屋盖支座通过混凝土环梁支承于下部钢筋混凝土框架上（图1.1-2）。会展中心平面为扇形，建筑面积2万m²，与体育馆组合为整体；屋盖采用倒三角形空间管桁架结构，桁架最大跨度为59m。体育馆会展中心基础采用预应力钢筋混凝土管桩，持力层为黏土层。

图1.1-1 常州体育会展中心建成实景

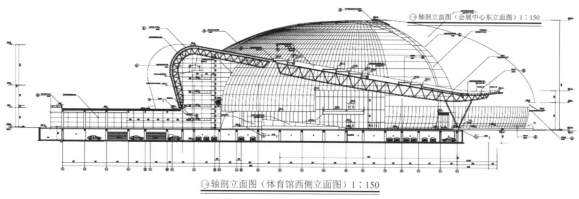

图1.1-2 体育馆剖面图

体育场与游泳馆建筑基于"场馆合一"的理念结合在一起设计（图1.1-3），以节约占地及工程造价。体育场固定座席35000个，游泳馆固定座席2000个。体育场平面呈开口椭圆形，长轴约262m，短轴约238m，屋盖顶点标高44m，最大悬挑长度40m，均采用平面管桁架结构。根据场地条件采用了独立基础和预应力钢筋混凝土管桩基础。

图 1.1-3 体育场游泳馆实景

该工程于 2006 年完成设计，2008 年建成投入使用，目前使用情况良好。

1.1.2 设计条件

1. 主体控制参数（表 1.1-1）。

控制参数 表 1.1-1

结构设计基准期		50 年
建筑结构安全等级		二级
结构重要性系数		1.0
建筑抗震设防分类		重点设防类（乙类）
地基基础设计等级		甲级
框架抗震等级		二级
设计地震动参数	抗震设防烈度	7 度
	设计地震分组	第一组
	场地类别	Ⅲ类
	小震特征周期	0.45s
	大震特征周期	0.50s
	基本地震加速度	0.10g
建筑结构阻尼比	多遇地震	整体：0.04 混凝土：0.05
	罕遇地震	整体：0.045
水平地震影响系数最大值	多遇地震	0.08
	设防烈度地震	0.23
	罕遇地震	0.50
地震峰值加速度	多遇地震	35cm/s^2

2. 风荷载

结构强度及变形验算均按 50 年一遇取基本风压为 0.30kN/m^2，场地粗糙度类别为 B 类。项目进行了风洞试验。

1.2 建筑特点

1.2.1 体育馆大跨度椭球形屋盖

常州体育会展中心体育馆在会展中心斜面屋盖的映衬下成为标志性极强的城市雕塑,三片花瓣包裹的屋面造型令人产生"花蕾"联想。为满足建筑室内杆件简洁要求,屋盖采用索承单层网壳结构(图 1.2-1),这是一种由上部单层网壳和下部索杆张力体系组合而成的新型杂交空间结构,是基于提高单层网壳的稳定性,减少对边缘构件的依赖程度的自平衡结构体系,综合了单层网壳受压刚度大和索杆张拉体系受拉能力强的优点,能更有效、更经济地形成大跨度空间。设计时,国内外已建成的此种结构均为圆形,最大跨度为 93m,椭球形索承单层网壳在世界同类结构中尚属首例,长短轴为 120m×80m 的椭圆平面尺寸在世界同类结构中也位于前列。

图 1.2-1 体育馆屋盖索承单层网壳结构

随着社会经济的发展,人们对建筑物内部空间视觉及美观的要求也相应提高,单层网壳结构由于空间杆件较少,能实现建筑轻盈、通透的视觉效果。但是单层网壳是一个整体稳定敏感的结构,当跨度较大时,稳定问题是一个最大的制约;同时,单层网壳以面内薄膜应力为主,对边界的依赖性很强,会产生极大的水平推力,增加设计困难。

由此,索承单层网壳结构应运而生。通过在单层网壳下部设置索杆体系,分别利用上部壳体刚度大、下部索受拉能力强的优势,形成性能优越的新型杂交空间结构。通过在单层网壳的适当节点处设置撑杆,撑杆下端与径、环索一起组成下部索杆体系,从而形成一个完整的结构体系(图 1.2-2)。

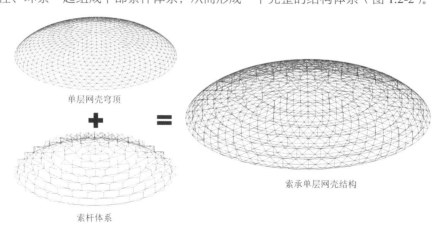

单层网壳穹顶

索杆体系

索承单层网壳结构

图 1.2-2 索承单层网壳结构体系

索承单层网壳结构中，由于索杆体系的引入，当上部网壳有失稳趋势时，竖向撑杆在施加了预应力的索的支撑下起到支承的作用，可有效阻止网壳的失稳（图 1.2-3），从而可能跨越更大尺度的空间。同时，下部环索在预应力作用下，约束了边缘支座的运动，起到减小水平力的作用（图 1.2-4），形成自平衡结构体系。在满足使用功能和建筑视觉美观的同时，降低边界设计难度。

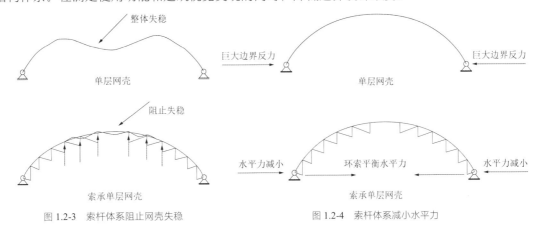

图 1.2-3　索杆体系阻止网壳失稳　　　　图 1.2-4　索杆体系减小水平力

1.2.2　体育场空间造型复杂屋盖

体育场与游泳馆造型如一朵漂浮在清水、绿萍上盛开的广玉兰花，片片花瓣簇拥而上，充分体现出建筑物强烈的动感和气势。体育场主体结构采用现浇钢筋混凝土框架结构，通过两条永久缝将主体框架结构划分成三段，两边段长约 142m，中段长约 260m。设缝后的各段长度仍较大，为解决温度变化和混凝土收缩的不利影响，通过在看台肋梁和楼层板中设置无粘结预应力来控制裂缝的开展，效果良好。

屋盖结构采用了平面管桁架加纵向连系桁架方案。平面管桁架沿各"花瓣"边缘放置，罩棚和立面桁架依据建筑造型，形成一榀榀弧形的"折面桁架"。最大悬挑长度约 40m，最小约 11m。每榀桁架有两个支承点，上支座位于体育场看台顶部的塔柱上，下支座落地，形成悬挑和平衡段受力。每榀"折面桁架"均为变截面桁架，悬挑根部截面高度最大，悬挑端部檐口桁架高度为 2m。相邻两榀"折面桁架"的最小间距约 3m，最大间距约 16m。沿屋盖纵向共布置四道三角形连系管桁架和水平支撑系统，将各榀"折面桁架"连为整体，形成了一个外观高低起伏、错落有致的空间受力体系。体育场屋盖主结构布置图及典型单元剖面图见图 1.2-5。

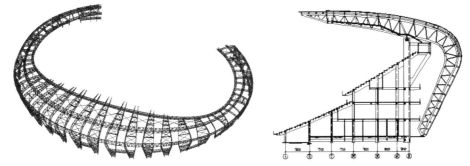

图 1.2-5　体育场屋盖主结构布置图及典型单元剖面图

1.3　体系与分析

整个体育馆会展中心设计的重点和核心是体育馆的椭球形索承单层网壳屋盖，其平面投影尺寸为

120m×80m，空间为椭球形。下文将着重介绍椭球形索承单层网壳的比选、分析及设计情况。

1.3.1 椭球形屋盖方案比选

针对常州体育馆的空间形状，较为适用的大跨度空间结构体系有管桁架结构、单层网壳结构和索承单层网壳结构，对这三种结构方案比选如下。

1. 管桁架结构

管桁架结构在大跨度空间结构中得到广泛应用，在航站楼、会展中心等矩形平面的建筑中呈现出简洁美观的视觉效果，具有成熟、可靠的特点。管桁架结构模型如图 1.3-1 所示，可以看到：①结构杆件繁多，尤其中心部位及水平环梁部位，出现多杆件相交，影响体育馆室内视觉效果。②支座水平推力较大，采用桁架体系的水平推力达到了 1200kN 左右，对下部混凝土设计与构造带来了很大的难度；管桁架结构的用钢量为 97kg/m²。③顶部椭圆曲率变化较大，多处大量杆件汇交于一点，节点构造及加工困难。

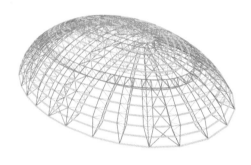

图 1.3-1 管桁架结构模型

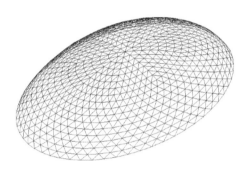

图 1.3-2 单层网壳结构模型

2. 单层网壳结构

单层网壳结构模型如图 1.3-2 所示。可以看到：①杆件少，视觉效果简洁明快，深受建筑设计师的喜爱。②支座水平推力较大，达到了 530kN，给下部混凝土结构带来的困难与管桁架结构相同。③单层网壳存在突出的整体稳定问题，材料强度利用率低，导致较高的用钢量（102kg/m²）。

3. 索承单层网壳结构

索承单层网壳结构模型如图 1.3-3 所示。与单层网壳、管桁架结构相比，索承单层网壳结构的特点为：①可取得与单层网壳基本相同的简洁明快视觉效果，满足建筑美学要求。②与单层网壳相比，索承壳的下部索杆体系对上部单层壳起到了支撑的作用，增强了总体结构的刚度，大大提高了结构整体的稳定性。③索承单层网壳是一种自平衡结构体系，支座反力小，对边界约束要求低。④索承单层网壳用钢量最小，为 76kg/m²。

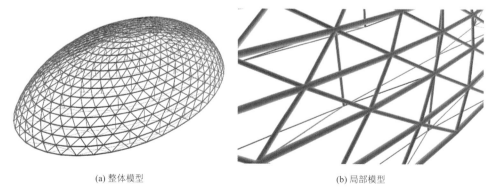

(a) 整体模型　　　　　　　　　　　　　(b) 局部模型

图 1.3-3 索承单层网壳结构模型

表 1.3-1 列出了上述三种方案在相同竖向荷载作用下的主要受力指标。可以看到，单层网壳结构在稳定性能达到与索承单层网壳结构相当时，用钢量约为后者的 1.34 倍，支座水平反力约为后者的 3.2 倍；管桁架结构的用钢量及水平反力则分别为索承单层网壳结构的 1.28 倍和 2.09 倍。在相同的用钢量时，索承单层网壳结构的非线性稳定系数是单层网壳结构的 1.93 倍。作为自平衡结构体系，索承单层网壳结构支座反力也是最小，由此可见，索承单层网壳结构具有明显的力学和经济优势，更适用于本工程。

三种结构形式的比较 　　　　　　　　　　　　表 1.3-1

项目	管桁架	单层网壳	索承单层网壳	备注
短轴支座水平力/kN	592	907	283	
用钢量/（kg/m²）	97	102	76	
非线性稳定系数K	—	5.7	5.61	
非线性稳定系数K	—	2.9	5.61	相同用钢量

1.3.2 结构布置对力学性能的影响

1. 网格数量和尺寸的影响

网格大小与建筑美观、屋面檩条系统、结构受力性能及经济性密切相关。常州体育馆对三种不同模型（图 1.3-4）进行分析。三个分析模型的长短轴跨度、矢高及平面投影面积均相同，下部撑杆及索网体系布置也相同，仅网格的数量及尺寸不同。各模型杆件截面尺寸见表 1.3-2，其中，7-10 模型表示中心 7 圈凯威特型网格、外围 10 圈联方型网格模型，其余类推。由计算结果（表 1.3-3）可知，在杆件最大应力比相同的情况下，网格尺寸越大，用钢量越小，同时还具有较高的竖向刚度和非线性稳定系数（仅考虑材料非线性），但当网格尺寸大到一定程度时，这一优势趋于稳定。

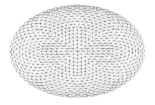 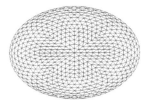 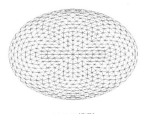

(a) 7-10 模型 　　　　　　(b) 6-8 模型 　　　　　　(c) 5-8 模型

图 1.3-4　不同网格大小的模型

各模型杆件截面尺寸 　　　　　　　　　　　　表 1.3-2

名称	7-10 模型	6-8 模型	5-8 模型
环向杆（自下而上）	$\phi351\times12\sim\phi351\times8$（共 17 圈）	$\phi351\times14\sim\phi351\times10$（共 14 圈）	$\phi402\times16\sim\phi351\times10$（共 13 圈）
径向杆（自下而上）	$\phi273\times10\sim\phi245\times8$（共 17 圈）	$\phi273\times14\sim\phi245\times8$（共 14 圈）	$\phi299\times20\sim\phi273\times8$（共 13 圈）
撑杆	$\phi180\times10$		
环向索（自下而上）	$\phi5\text{-}199^{*}\sim\phi5\text{-}55$（共 7 圈）	$\phi5\text{-}199\sim\phi5\text{-}55$（共 6 圈）	$\phi5\text{-}199\sim\phi5\text{-}55$（共 6 圈）
径向索	$\phi5\text{-}85$		

*注：$\phi5$-199 表示 199 根$\phi5$高强钢丝组成的平行钢丝束。

各模型计算结果 　　　　　　　　　　　　表 1.3-3

名称	7-10 模型	6-8 模型	5-8 模型
最大应力比σ	0.80	0.80	0.81
非线性稳定系数K	5.02	5.61	5.82
用钢量/t	665	608	609

2．索杆体系疏密

索杆体系在施加预应力后，作为上部单层网壳的支撑，起到提高稳定承载力的作用。比较了设置 4 圈、6 圈和 12 圈环索的三个模型（图 1.3-5），以考察索杆布置密度的影响，分析显示（表 1.3-4），随着索杆布置加密，结构的稳定性能有较为明显的提高。但在进行实际工程设计的时候，应考虑过密的索杆会影响建筑的美观，同时也将大大增加索杆的现场安装及张拉工作量。综合考虑，最后选定了 6 圈环索的方案。

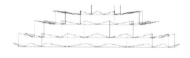 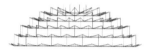 

(a) 4 圈环索模型（模型 1）　　(b) 6 圈环索模型（模型 2）　　(c) 12 圈环索模型（模型 3）

图 1.3-5　设置 4 圈、6 圈、12 圈环索的三个模型

设置 4 圈、6 圈、12 圈环索模型的索杆体系参数及性能　　　　表 1.3-4

项目	模型 1	模型 2	模型 3
环向索圈数	4	6	12
撑杆总数	60	120	448
撑杆截面	$\phi180 \times 10$	$\phi180 \times 10$	$\phi180 \times 10$
撑杆高度/m	5～9	4.0～6.2	3.5
环向索	4 圈$\phi5$-199～$\phi5$-55	6 圈$\phi5$-199～$\phi5$-55	12 圈$\phi5$-199～$\phi5$-55
径向索	$\phi5$-85		
弹性屈曲系数	11.33	11.96	14.40
非线性稳定系数	3.87	5.61	7.38

3．撑杆高度

撑杆高度（径向索与撑杆夹角）也是索承壳的一个重要控制参数，因此，设计分析了上、中、下部撑杆（图 1.3-6）的高度变化对结构性能的影响。

上部撑杆高度（表 1.3-5）变化时，结构竖向刚度和稳定性变化较大，随着撑杆高度的增加，结构的非线性稳定系数相应提高。这是由于结构的屈曲部位主要集中在穹顶上部，随着此部分撑杆高度的增加，结构高度增加，网壳的稳定性得到了提高。上部撑杆高度的变化对支座反力及竖向位移的影响较小，支座水平反力稳定在 273kN，结构最大竖向位移从 22.28mm 变化到 20.65mm。

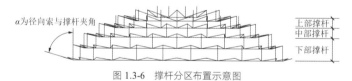

图 1.3-6　撑杆分区布置示意图

上部撑杆高度变化各模型计算结果　　　　表 1.3-5

项目	模型 1-1	模型 1-2	模型 1-3	模型 1-4	模型 1-5
上部 2 环撑杆高度/m	3.0	4.0	5.0	6.0	7.0
	3.0	4.0	5.0	6.0	7.0
弹性屈曲系数	11.72	11.96	12.07	12.17	12.21
非线性稳定系数	5.01	5.61	5.89	5.91	6.13
最大竖向位移Y/mm	22.28	21.18	20.36	20.16	20.65
最长轴支座水平反力R_a/kN	273	273	273	272	272
最短轴支座水平反力R_b/kN	−137	−138	−138	−138	−139

中部撑杆高度（表 1.3-6）变化时，结构性能变化不大。随着中部撑杆高度的增加，结构的稳定系数

略有增加，但远小于上部撑杆变高时稳定系数的提高。因为结构的失稳区域发生在网壳上部，改变中部撑杆的高度，对失稳区域刚度影响很小。中部撑杆高度变化对支座反力及竖向位移的影响均很小。

中部撑杆高度变化各模型计算结果 表1.3-6

项目	模型2-1	模型2-2	模型2-3	模型2-4	模型2-5
中部2环撑杆高度/m	4.0	5.0	6.0	7.0	8.0
	4.5	5.5	6.5	7.5	8.5
弹性屈曲系数	11.93	11.96	11.98	12.01	12.05
非线性稳定系数	5.50	5.61	5.67	5.78	5.84
最大竖向位移Y/mm	21.67	21.18	20.80	21.30	22.81
最长轴支座水平反力R_a/kN	272	273	273	273	272
最短轴支座水平反力R_b/kN	−135	−138	−140	−141	−142

下部撑杆高度（表1.3-7）变化时，结构支座反力影响最大，但结构稳定性变化不大。从表1.3-7中可以看到，非线性稳定系数仅从5.67上升到5.74，支座反力由200kN增加到409kN，增加了1倍左右。分析原因是下部撑杆直接与约束边界支座的环索相连，从而对支座反力的影响较大。

下部撑杆高度变化各模型计算结果 表1.3-7

项目	模型3-1	模型3-2	模型3-3	模型3-4	模型3-5
下部2环撑杆高度/m	5.0	6.0	7.0	8.0	9.0
	5.5	6.2	7.2	8.2	9.2
弹性屈曲系数	11.955	11.956	11.958	11.959	11.961
非线性稳定系数	5.67	5.61	5.68	5.75	5.74
最大竖向位移Y/mm	21.13	21.18	21.35	21.56	22.90
最长轴支座水平反力R_a/kN	200	273	353	399	409
最短轴支座水平反力R_b/kN	−180	−138	−82	−37	−4

注：各模型中部2环及上部2环撑杆高度（自下而上）分别为5.5m、5.0m、4.0m和4.0m。

4. 椭圆形长短轴比值的影响分析

与圆形平面不同，椭圆形索承单层网壳随着长、短轴尺寸比值的不断变化，结构性能变化很大。为了解适用的长短轴比值范围，比较了长短轴比（a/b）由1.3至3.0的多个计算模型（图1.3-7，表1.3-8），分析了结构的稳定性及支座反力。为保证分析具有可比性，取各模型的覆盖面积、结构布置、构件截面、环索圈数、总用钢量、预应力取值等条件均相同。

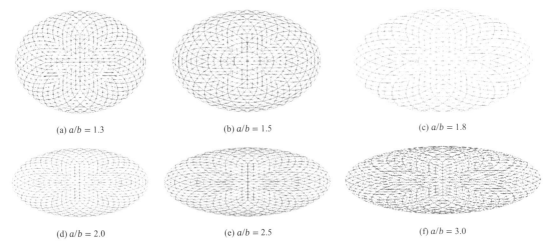

(a) $a/b = 1.3$ (b) $a/b = 1.5$ (c) $a/b = 1.8$

(d) $a/b = 2.0$ (e) $a/b = 2.5$ (f) $a/b = 3.0$

图1.3-7　不同长短轴比值计算模型

長短軸比例變化模型的計算結果　　　　　　表 1.3-8

模型	a/b	短軸長度 b/m	長軸長度 a/m	非線性穩定係數 K	支座水平反力/kN	
					長軸	短軸
模型 1	1.3	86	112	4.51	121	−217
模型 2	1.5	80	120	5.61	144	−283
模型 3	1.7	75	128	5.87	127	−290
模型 4	1.8	73	131	5.56	146	−305
模型 5	1.9	71	135	5.375	175	−324
模型 6	2.0	70	140	5.28	176	−351
模型 7	2.5	62	155	4.36	210	−473
模型 8	3.0	57	170	2.75	421	−650

通過以上 8 個模型的分析可以看出，長短軸比（a/b）小於 2.0 時，結構的非線性穩定係數變化不大，可以認為在此範圍內的結構的非線性穩定承載力基本相同。當長短軸比超過 2.0 以後，結構的非線性穩定係數呈下降趨勢，當達到 3.0 時，下降幅值較大。分析支座的反力，長軸為沿橢圓中心向外的推力，短軸為向內的壓力，且隨著長短軸比值的增加，長短軸上的反力絕對值均同時增大，在長短軸比值大於 2.0 後，反力大幅上升。這是由於隨著長短軸比的增大，結構的雙向空間傳力不均勻性突出。需要說明一點，在分析中，是將各模型短軸方向上的圈數假定為相同值，造成了隨著跨度減小，其短軸網格尺寸越來越小，構件更密集。在結構空間傳力不均勻性增加與短軸剛度上升兩個因素的共同作用下，結構穩定性隨著長短軸比增大，呈現先上升再降低的變化。

5. 屈曲位置對結構穩定性的影響

通過對橢圓形索承單層網殼的計算分析發現，其穩定性能與結構的屈曲模態直接相關。當網殼全部採用等截面桿件（表 1.3-9 模型 b1），屈曲首先出現在網殼頂部，然後出現在位於網殼距支座三分之一高度的短軸兩側，此處的桿件由於靠近支座，內力較大，應力水平較高，如果網殼屈曲發生在該區域，桿件在屈曲變形下，疊加高應力因素，極易使得此處的桿件破壞。從結構性能角度看，支座區域應為重要部位，安全度應提高。

隨後，針對模型 b1 對底部三分之一高度區域進行加強，形成了模型 b2（表 1.3-9）。該模型盡管屈曲仍首先出現在網殼頂部，但在繼續加載後，支座附近區域未出現屈曲，說明改善了模型 b1 的支座周圍結構的不利受力狀態。

各模型桿件截面　　　　　　表 1.3-9

項目	模型 b1	模型 b2	模型 b3
環向桿（自上而下）	14 圈ϕ273 × 10	11 圈ϕ273 × 10 2 圈ϕ273 × 12 1 圈ϕ273 × 16	4 圈ϕ273 × 12 5 圈ϕ273 × 8 2 圈ϕ273 × 10 2 圈ϕ273 × 12 1 圈ϕ273 × 16
徑向桿（自上而下）	14 圈ϕ273 × 10	11 圈ϕ273 × 10 1 圈ϕ273 × 12 2 圈ϕ273 × 16	4 圈ϕ273 × 12 5 圈ϕ273 × 8 2 圈ϕ273 × 10 1 圈ϕ273 × 12 2 圈ϕ273 × 16
用鋼量（按投影面積）/（kg/m²）	75	84.5	78
非線性穩定係數	5.18	5.2	5.86

建立模型 b3（表 1.3-9），其目的是對比模型 b1、模型 b2，尋求一種穩定性和經濟性雙優的結構。模型 b3 在模型 b2 的基礎上，通過將頂部中心區域四圈範圍內的桿件截面由ϕ273 × 10 增大到ϕ273 × 12，

以下三分之二高度区域的五圈杆件截面由$\phi273 \times 10$减小到$\phi273 \times 8$，控制屈曲部位出现在结构中上部。分析结果（表 1.3-9）显示，结构的非线性稳定系数由 5.2 提高到 5.86，用钢量由 84.578kg/m² 减小到 78kg/m²。

分析表明，通过针对性地调整不同部位杆件截面大小，可以控制屈曲部位在预定的区域，用少量的材料增加获得较好的稳定性能。

6. 索预应力值的确定

索预应力取值是一个关键参数，采用合理的索预应力值除了可提高网壳结构的稳定性外，还可以消除或减小结构的支座水平反力，实现自平衡体系。与圆形屋盖不同，椭圆形屋盖长短轴不一致，结构在长短轴上的支座水平反力不可能同时为零。分析显示，控制短轴水平反力为零时，长轴水平反力为推力270kN（支座对屋盖施加离心方向的力称为推力）；当控制长轴水平反力为零时，短轴水平反力为压力410kN（支座对屋盖施加向心方向的力称为压力）。合理的索初始预应力值，应当使长短轴支座水平反力介于上述两种情况之间，且当拉、压力值均较小时为最优。通过对多组索预应力的计算，分析长短轴支座水平反力的变化规律，得到了该椭圆形索承单层网壳的最优索力分布值，此时长轴支座水平拉力为144kN，短轴支座水平压力为283kN。网壳径向杆、环杆及环索索力分布见图 1.3-8，各状态下环索内力见表 1.3-10。

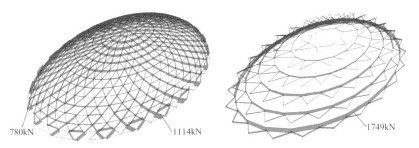

图 1.3-8　网壳径向杆、环杆及环索索力分布

各状态下环索内力　　　　　　　　　　　　　表 1.3-10

索状态	环索内力（由外向内）/kN					
	第一圈	第二圈	第三圈	第四圈	第五圈	第六圈
仅初始预应力	1425	694	594	400	222	131
初始预应力＋自重	1431	727	612	412	231	147
最不利索力	1749	985	748	512	240	158

综上，通过对多个参数的比选分析，本工程索承单层网壳的最优方案也随之确定，最终设计采用 6-8 模型，6 道环索，长短轴比为 1.5 的实施模型。此时椭圆形索承单层网壳最大竖向位移为65mm（L/1230，L为短轴跨度），位于结构顶部长轴的第二、三圈环索之间。网壳杆件的内力最大值为1114kN（位于短轴支座附近径向杆），最大应力比为 0.802；最大索力为1749kN，位于最外圈环索（图 1.3-8）。屋盖结构的用钢量按投影面积计算为 76kg/m²，按展开面积计算为 59kg/m²。

1.3.3　结构分析

1. 索承单层网壳结构分析

索承单层网壳结构，由于预应力施加后会引起结构几何形态的改变以及内力的重新分布，整个受力过程需考虑为 3 个阶段：①零状态；②初始态；③荷载态。最重要的是确定初始态结构的内力、位移及变形，然后接力施加外部荷载及组合，计算荷载态下结构的内力、位移及变形。

1）初始态分析

初始预应力作用下的结构内力分布如图 1.3-9、图 1.3-10 所示。环向杆件基本受压，仅顶部 3 圈环杆受拉，下部 10 道环杆受压。最底部一道环杆，内力基本为零，这是由于计算采用了固定铰支座，使得该圈环杆在预应力作用下，节点几乎不产生位移。环杆的轴向力最大达到了 476kN，径向杆受力较环杆小。环索拉力自上而下逐渐增大，最下道环索达到最大拉力 1425kN，径向索拉力较环索小很多，最大拉力也在最下层径向索。

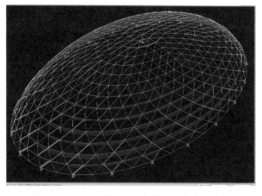

图 1.3-9 预应力作用下上部单层网壳内力分布　　图 1.3-10 预应力作用下下部索网内力分布

2）荷载态分析

荷载态分析了恒荷载、活荷载、风荷载、地震作用以及温度作用对索承单层网壳的内力影响，计算结果见表 1.3-11。可以看出，在恒荷载、活荷载、风荷载、地震作用以及温度作用中，对索承单层网壳影响最大的是温度作用，其次为恒荷载，再次为活荷载，而风荷载和地震作用对其内力影响基本可以忽略不计。

各工况下环杆及环索内力　　　　　　　　　　　　　　表 1.3-11

项目	恒荷载	活荷载	风荷载	地震作用	温度作用
环杆内力变化/kN	355	154	105	69	616
索力变化/kN	60	28	−14.9	10.3	230

按照大跨度结构特点，设计共考虑了具有典型意义的组合工况 25 种，由于该结构的重要性，计算时也考虑了竖向地震作用及其与其他荷载的组合。组合后内力包络如图 1.3-11、图 1.3-12 所示。对于径向杆，支座处受力最大，顶部受力较小。对于环向杆，底部第一道环受力最大（温度作用下内力），从下到上逐道内力减小，但最上部 5～6 道环内力又变得较大。呈现两头较大、中间较小的趋势。

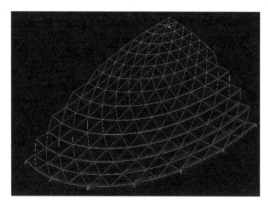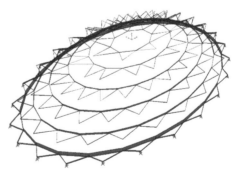

图 1.3-11 各工况组合下内力包络图（轴力）　　图 1.3-12 各工况组合下下部索网内力包络图（轴力）

由图 1.3-12 可以看到，内力分布与预应力作用下的内力分布极为相似。这是由于索力中预应力占的比例极大，外部荷载对索产生的内力较小，二者叠加以后，受力特点与预应力作用下受力状况相似。工况组合下环索最大拉力为 1750kN，相比初始态（1425kN）增加约 20%。最上部 2 道环索的预拉力较小，在各种组合下仍然为拉力，可以保证索的张紧状态。

3）稳定性能分析

对于网壳，稳定分析是更为重要的内容，设计对索承单层网壳进行了线性及非线性的稳定分析，分析时考虑初始缺陷，取结构最低阶屈曲模态作为初始缺陷，其值为网壳跨度的 1/300。受当时计算手段所限，分析只考虑了几何非线性，未考虑材料非线性。

（1）线性稳定分析（特征值屈曲分析）

特征值屈曲是结构稳定的一种理想状态，通过线性稳定分析，能够发现结构的屈曲敏感区以及结构大概的稳定系数，了解结构的稳定特性。同时，线性分析的结果也是非线性分析的必要初始条件。分别计算了活载均布、活载不对称布置两种情况下，相应的单层网壳及未施加初始预应力的索承单层网壳的线性稳定系数，如表 1.3-12 所示。

索承单层网壳和单层网壳弹性屈曲系数比较   表 1.3-12

序号	单层网壳	索承单层网壳		单层网壳		索承单层网壳	
		初始预应力	初始预应力（100～1000kN）	活载沿长轴半跨布置	活载沿短轴半跨布置	活载沿长轴半跨布置	活载沿短轴半跨布置
1	10.31	11.80	11.96	11.25	11.06	13.00	12.48
2	11.10	12.00	12.1	11.81	11.45	13.28	12.74
3	11.34	12.23	12.35	12.10	11.61	13.72	13.05
4	11.36	12.49	12.58	12.16	11.91	13.77	13.29
5	11.37	12.52	12.61	12.39	11.93	13.79	13.85
6	11.39	12.55	12.66	12.73	12.46	14.12	14.06

计算结果显示，索承单层网壳相对于单层网壳，弹性屈曲系数有一定的提高，大约提高了 15%；初始预应力的大小对弹性屈曲系数增长贡献不大；索承单层网壳和单层网壳对不对称荷载都不敏感。在不对称荷载作用下，索承单层网壳和单层网壳的屈曲范围向活荷载作用一侧转移。

（2）非线性稳定性能分析

索承单层网壳非线性稳定性是确定本结构承载能力的最重要指标。采用考虑几何非线性，未考虑材料非线性的有限元方法（荷载-位移全过程分析）进行分析。索承单层网壳和单层网壳对非对称荷载都不敏感，故近似采用满跨均布荷载进行。分析考虑了初始几何缺陷的影响，取结构的最低阶屈曲模态作为初始缺陷分布模态，缺陷的最大值按网壳跨度的 1/300 考虑。

（3）单层网壳非线性稳定性能

单层网壳位移-荷载曲线如图 1.3-13 所示。

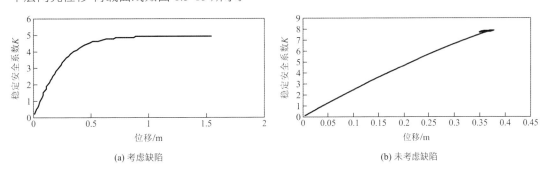

(a) 考虑缺陷   (b) 未考虑缺陷

图 1.3-13 单层网壳位移-荷载曲线

为了对比，首先计算了单层网壳的非线性稳定。未考虑初始缺陷时，单层网壳的非线性稳定安全系数 K 为 7.73；而考虑初始缺陷后，其稳定安全系数仅为 3.02，下降了 60%。可见，单层网壳对初始缺陷是非常敏感的。单层网壳与索承单层网壳的非线性失稳变形如图 1.3-14 所示。

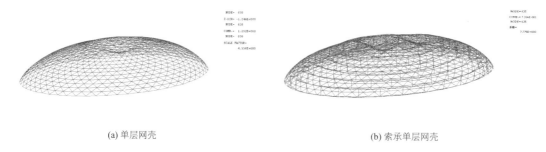

(a) 单层网壳   (b) 索承单层网壳

图 1.3-14 单层网壳与索承单层网壳非线性失稳变形

（4）索承单层网壳非线性稳定性能

由索承单层网壳非线性稳定计算结果可知，未考虑初始缺陷时，索承单层网壳的非线性稳定安全系数 K 为 9.30，而考虑缺陷后，其稳定安全系数为 5.89，下降了 36.6%。与单层网壳相比，由于索杆支承体系的引入，使索承单层网壳对初始缺陷敏感度有较大幅度的降低。索承单层网壳位移-荷载曲线如图 1.3-15 所示。

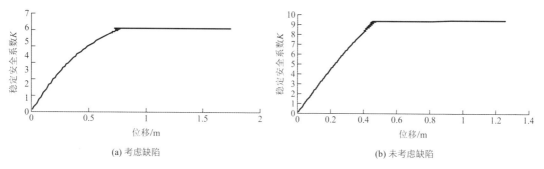

(a) 考虑缺陷   (b) 未考虑缺陷

图 1.3-15 索承单层网壳位移-荷载曲线

由图 1.3-15（b）可知，索承单层网壳在发生非线性失稳时，最大位移出现在上部约三分之一高度处，考虑缺陷后的稳定安全系数为 5.89，其变形形态与 1 阶屈曲模态相类似，竖向位移最大值为跨度的 1/104，比单层壳的最大位移有较大幅度的减小。发生非线性失稳时，上部网壳应力分布为最大拉力出现在下部和中部环向杆，而上部环杆和径向杆均出现较大的压力。结构在上部、下部范围的环索和径向索拉力均较大。撑杆均未达到屈服强度，其截面主要受长细比控制。非线性稳定分析显示，结构主要是由于上部环杆和径向杆的压屈而破坏。

（5）索承单层网壳和单层网壳非线性稳定性能比较

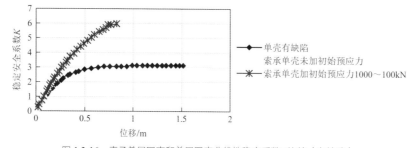

图 1.3-16 索承单层网壳和单层网壳非线性稳定系数 K 比较（有缺陷）

单层网壳及索承单层网壳稳定系数 K 的对比见图 1.3-16。可以看到，由于索杆支承体系的引入，索承单层网壳的 K 值相对于单层网壳提高了约 1 倍。初始预应力的大小对索承单层网壳的非线性稳定系数影响不明显，施加较大预应力相比施加不大预应力，K 值仅提高约 3%。

4）动力特性及抗震分析

研究了索承单层网壳结构自振特性以及结构地震响应分析。动力响应分析以初始态结构的刚度为分析刚度，预应力索自动转化为线性单元。计算索承单层网壳屋盖结构的前 30 阶自振频率与自振周期如表 1.3-13 所示。

结构的自振频率与自振周期 表 1.3-13

频率阶次	自振频率/Hz	自振周期/s	频率阶次	自振频率/Hz	自振周期/s
1	2.2492	0.4446	16	3.6954	0.2706
2	2.8068	0.3563	17	3.7082	0.2697
3	2.8313	0.3532	18	3.7182	0.2690
4	2.9099	0.3437	19	3.7448	0.2670
5	2.9698	0.3367	20	3.8285	0.2612
6	3.0665	0.3261	21	3.8685	0.2585
7	3.0946	0.3231	22	3.8692	0.2585
8	3.1506	0.3174	23	3.9492	0.2532
9	3.2033	0.3122	24	4.0613	0.2462
10	3.4033	0.2938	25	4.0761	0.2453
11	3.4448	0.2903	26	4.2009	0.2380
12	3.4818	0.2872	27	4.2122	0.2374
13	3.5117	0.2848	28	4.2266	0.2366
14	3.5444	0.2821	29	4.2815	0.2336
15	3.6540	0.2737	30	4.3126	0.2319

由计算结果可见，结构的前 30 阶频率范围为 2.2492～4.3126Hz，频率区间长度仅为 2.0634Hz，频率非常密集，频率增长幅度非常缓慢，可见该索承单层网壳结构属于频率密集型结构。对于此类频率密集型结构，在计算时应计及各振型之间的相关性。该索承单层网壳结构的基频较小，为 2.2492Hz。其中第 1 阶频率和第 2 阶频率之间跳跃较大（0.5576Hz），约占前 30 阶频率变化范围的四分之一，而后 29 阶频率变化则比较平缓。

索承单层网壳结构的振型如图 1.3-17 所示。索承单层网壳结构的第 1 阶振型为反对称振型，这符合大跨度网壳、悬索结构的振型特点，但对响应贡献较大的正对称振型出现较晚，所以对索承单层网壳结构在进行振型叠加时应考虑尽可能多一些振型的叠加，一般至少取前 30 阶计算。

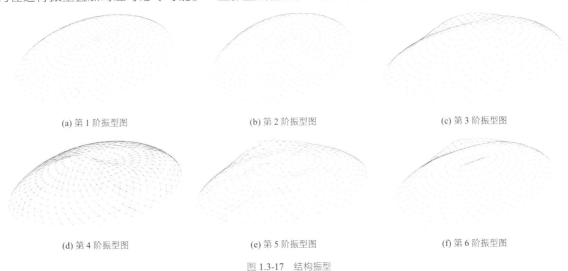

(a) 第 1 阶振型图　　　　　　(b) 第 2 阶振型图　　　　　　(c) 第 3 阶振型图

(d) 第 4 阶振型图　　　　　　(e) 第 5 阶振型图　　　　　　(f) 第 6 阶振型图

图 1.3-17　结构振型

5）地震响应分析

采用了三种方法计算并对比了结果，包括反应谱法、时程分析法以及虚拟激励法。采用时程分析法进行计算时，选取 1940 年实测的 El Centro180 和 El Centro270 两条地震波和 WAVE3 和 WAVE9 两条人工模拟地震波，结果采用 4 条波计算结果的包络值。

在不同方向的地震作用下，结构地震位移响应比较小，各节点位移都小于 6mm，说明结构的刚度较大。结构在 Y 方向地震作用下产生的各向地震位移响应较 X、Z 方向地震作用产生的地震位移响应要大，X 方向的地震位移响应最小。与单层网壳结构相比，索承单层网壳的地震位移响应值有一定减小。

三种算法下，地震的内力响应比较接近，如图 1.3-18、图 1.3-19 所示，图中的三条环杆内力曲线都比较接近，且三条曲线具有相同的变化规律。三种方法显示环杆在地震作用下的内力最大在 35kN 左右，远小于其他工况环杆内力，这表明该屋盖结构在地震作用下的内力较小，地震作用并不是其主要控制工况。

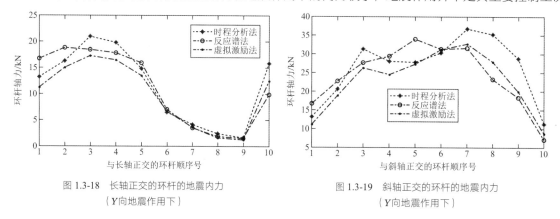

图 1.3-18 长轴正交的环杆的地震内力
（Y 向地震作用下）

图 1.3-19 斜轴正交的环杆的地震内力
（Y 向地震作用下）

2. 体育场大悬挑钢屋盖罩棚结构分析

大悬挑钢屋盖罩棚也是本工程结构设计的重点。屋盖桁架的主要杆件截面尺寸见表 1.3-14。

屋盖桁架主要杆件截面尺寸 表 1.3-14

构件名称	截面尺寸/mm
悬挑桁架上、下弦	$\phi480 \times 16$，$\phi402 \times 16$
悬挑桁架下弦支座杆	$\phi480 \times 30$，$\phi402 \times 30$
悬挑桁架腹杆	$\phi245 \times 10$，$\phi203 \times 8$
纵向桁架上、下弦	$\phi273 \times 12$，$\phi273 \times 10$
纵向桁架腹杆	$\phi133 \times 8$，$\phi108 \times 8$
垂直支撑	$\phi245 \times 12$
平行钢丝拉索	$\phi40$
檩条	$\square300 \times 500 \times 10$，$\square300 \times 300 \times 10$

屋盖钢结构主要采用 MIDAS/Gen 进行计算分析，分析时主要考虑以下荷载。

1）屋面恒荷载：杆件自重、屋面恒荷载 $0.5kN/m^2$、檐口灯桥、马道荷载。

2）活荷载 $0.5kN/m^2$，活荷载输入时，考虑了内跨和悬挑端的不利布置，按两种活荷载工况输入。

3）风荷载：因大悬挑罩棚为风致敏感结构，计算时基本风压按 100 年设计基准期取为 $0.45kN/m^2$，地面粗糙度按 B 类，参照荷载规范及类似工程经验，风荷载体型系数及风振系数取值见图 1.3-20。

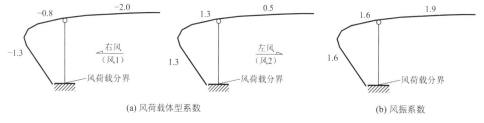

(a) 风荷载体型系数

(b) 风振系数

图 1.3-20 屋盖风荷载体型系数及风振系数取值示意

根据以上参数并结合风洞试验结果，进行风荷载分析。

4）温度作用：取使用阶段环境最高温度和最低温度与钢结构安装合龙温度的差值，本工程升温及降温均取 30℃；温度作用与其他荷载组合时组合系数取 0.6。

5）地震作用：设防烈度为 7 度（0.1g），设计地震分组为第一组，地震作用采用反应谱方法进行计算。

考虑各种情况，共计算了近 190 种组合，同时对有檩条、无檩条及桁架腹杆铰接、刚接进行了计算比较。屋盖分析时，考虑了下部结构刚度影响。下部结构设计时，以上支座反力按主导方向不同分组，分别施加到下部结构相应支座位置，最后用组装的上下部整体结构模型校核了计算结果。最大一榀悬挑桁架的主要杆件最大内力见表 1.3-15，可以看出，腹杆刚接或铰接对主悬挑桁架弦杆的内力影响较小，对腹杆内力影响较大。

悬挑桁架主要杆件最大内力 表 1.3-15

构件名称	截面尺寸/mm	腹杆连接方式	最大轴力/kN	最大弯矩/（kN·m）	最大组合应力/（N/mm）	端点位移/mm
上弦	$\phi 480 \times 16$	铰接	3606	−107	196	
下弦	$\phi 480 \times 16$		−2707	−357	−170	180
腹杆	$\phi 245 \times 10$		998	0	155	
上弦	$\phi 480 \times 16$	刚接	3588	−128	190	
下弦	$\phi 480 \times 16$		−3834	−377	−174	178
腹杆	$\phi 245 \times 10$		998	−26	−199	

由于体育场屋盖采用整体稳定性相对较差的"折面桁架"，且最大悬挑长度达 40m，设计时除在檐口、支座等位置设置纵向三角形管桁架外，还将屋面矩管檩条与桁架上弦刚接、在下弦间设置平行钢丝拉索及桁架间设置垂直支撑以保证上下弦的稳定。结构整体分析模型如图 1.3-21 所示，采用通用有限元分析软件 ANSYS 对其进行线性稳定和弹塑性极限承载力分析，得到一阶线性稳定系数为 16.1，恒荷载 + 活荷载作用下的弹塑性稳定系数为 6.3，均满足规范要求。如图 1.3-22、图 1.3-23 所示。

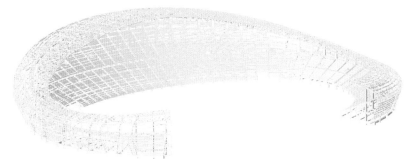

图 1.3-21　结构整体分析模型

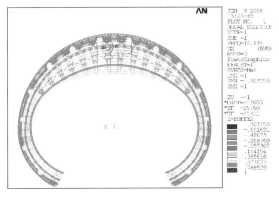

图 1.3-22　线性稳定分析

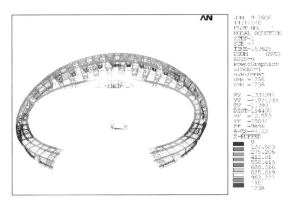

图 1.3-23　弹塑性稳定分析

3．体育场游泳馆超长混凝土裂缝控制计算分析

在进行超长混凝土结构设计时，采用预应力使楼板产生预压应力来抵抗温度作用下混凝土产生的拉应力，设计主要通过在看台板竖肋及楼板内设置预应力来控制超长混凝土裂缝。

1）楼板无粘结预应力设计

在楼板中设置了无粘结预应力，本工程中混凝土采用C40，预应力筋采用f_{ptk}=1860N/mm² 高强低松弛无粘结预应力钢绞线，公称直径为 15.2mm，A_P=139mm²，张拉控制应力σ_{con}=0.75f_{ptk}= 0.75×1860 = 1395N/mm²。由于预应力钢绞线长短不一，通过试算，估算预应力损失为 0.2σ_{con}，故钢绞线有效预应力为σ_{pe}=0.8σ_{con}= 0.8×1395 = 1116N/mm²。

2）各层楼板的预应力设计

楼层板中有纵向的框架梁和非框架梁，混凝土的收缩和温度变化也会在梁中产生拉应力，而预应力筋是施加在楼层板中的，因此应将此方向的梁截面折算成楼板的截面，以此来考虑梁截面的影响。如某一轴线两侧的平均板宽b= 7200mm，梁截面为400mm×850mm，板厚为150mm，则考虑梁截面的影响，平均板厚h=150 + 400×(850 − 150)/7200 = 189mm。此板跨为 5 跨，故选用 4～5 跨的计算模型，将各参数代入计算模型中，可得板中有效预压系数r= 0.9659，则1m 板宽中需要的预应力钢绞线数量为：n= 2.346×189×1000/(139×1116×0.9659) = 2.96 根。

3）看台板的预应力设计

体育场看台布置的是密肋梁，因此看台平板仅设计为80mm 厚，如果要在看台板中施加预应力，就势必要把看台板加厚。这就会导致混凝土和用钢量的增加，并大大增加结构的自重；同时，板厚的增加，也会相应地增大混凝土收缩和温度下降产生的拉力，这对控制裂缝的发展是很不利的。我们知道，对于现浇楼盖来说，对梁施加预压力，不仅仅只在梁中才有预压应力，附近的楼板中也会有压应力。所以在本工程中，采取了在间隔一根看台肋梁中施加预应力的方法，这样，在没有施加预应力的看台肋梁上，其宽度就可以像普通梁做法一样，本工程中普通肋梁的梁宽为150mm。而对于需要施加预应力的看台肋梁，考虑到施工锚固的要求，梁宽设置为300mm。预应力钢绞线数量计算与前文楼板内的预应力钢绞线数量计算一样。

4）后浇带中预应力的设计

当各后浇带间的楼板预应力施加完毕后，就需要施加后浇带中的预应力了（图 1.3-24）。后浇带区域内的每根看台肋梁都施加预应力，后浇带间的其他肋梁是沿台阶隔一根施加预应力。预应力肋梁梁宽为300mm，非预应力肋梁梁宽为150mm。需注意，在后浇带处张拉预应力筋，会对张拉端与锚固端以外的楼板产生拉应力，通过计算，在设计配筋中进行了考虑。

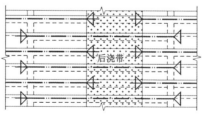

图 1.3-24　后浇带中预应力

1.4　专项设计

1.4.1　索承单层网壳预应力张拉施工模拟

索承单层网壳的成败，很大程度上取决于施工的实现，因此在设计阶段进行施工过程的模拟是必不

可少的。拉索的索力随着施工过程和使用过程中荷载的变化也在不断地变化。前述索力一般要经历三种状态：零状态、初始态和荷载态，施工模拟主要分析张拉过程中的索力及位移控制，以保证在施工张拉后结构达到预定的初始状态。

通过计算找出结构初始状态（即结构在自重与预应力作用下的平衡状态）后，采用"倒拆法"——逆环索张拉顺序，逐步放松各圈环索，纪录每步的环索内力值作为张拉过程中的控制内力值——进行张拉过程分析（图 1.4-1），反过来即可得到各步的张拉后索力和空间坐标值，以此作为各步张拉到位的依据。

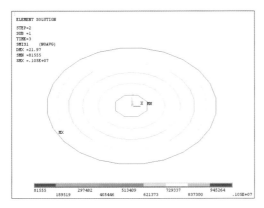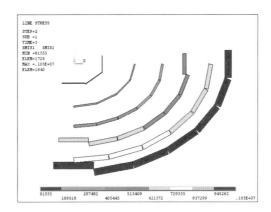

图 1.4-1 "倒拆法"不同阶段的索力分布

为控制环索的线形，保证撑杆垂直度和环索索力的均匀性，同环环索须同步分级张拉，并对环索张拉实行双控，即控制环索索力和张拉索段的长度。

同步张拉程序分四级：初张拉 0→25%→50%（精调 50%）→75%→100%。

其中，0→25%→50%阶段，以控制张拉索段长度为主；而 50%→75%→100%阶段，以控制环索索力为主。

同时，研究了采用调节撑杆长度来达到张拉成形的目的。但该方法对撑杆下端节点要求较高，除撑杆长度要求能自由变化外，还需在改变撑杆长度的同时保证其自身竖直，难度较大。通过计算机及试验的模拟，最终采用"环索张拉为主、径索调节为辅"的张拉成形方法：首先挂索，然后在索上施加一个最低拉力将索张紧，此时撑杆向外有微小倾斜角度；而后，张拉环索至各环施工控制应力，张拉过程中撑杆逐步运动到竖直成形位置，即最终达到设计所需的预应力张拉状态。

根据上述计算步骤，首先确定了预应力拉索初紧状态和设计初始态的等效预张力，张拉过程中的张拉分区和张拉点布置见图 1.4-2，其中区域 I 和区域Ⅲ、区域 II 和区域Ⅳ的各张拉点对称，故仅对区域 I 和区域 II 的各张拉点进行编号。

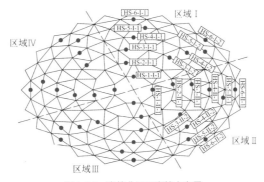

图 1.4-2 张拉分区及张拉点布置

根据初始态下的等效预张力，按照拟定的拉索整体张拉施工方案，按"倒拆法"进行预应力施工全过程分析，确定了各施工阶段张拉点处的环索控制拉力（表 1.4-1）。其中，预应力张拉步骤为：预紧（YJ）

→HS-6 张拉至 100%张拉力（STEP-1）→HS-5 张拉至 100%张拉力（STEP-2）→HS-4 张拉至 100%张拉力（STEP-3）→HS-3 张拉至 100%张拉力（STEP-4）→HS-2 张拉至 100%张拉力（STEP-5）→HS-1 张拉至 100%张拉力（STEP-6）。环索索力变化如图 1.4-3 所示，结构竖向变形如图 1.4-4 所示。

预应力拉索施工过程中各张拉点的环索控制拉力（单位：kN）　　　　表 1.4-1

张拉点编号	预应力拉索施工分析步骤						
	YJ	STEP-1	STEP-2	STEP-3	STEP-4	STEP-5	STEP-6
HS-6-Ⅰ-1	49.9	*1005.2*	1038.7	1043.0	1042.8	1042.8	1042.8
HS-6-Ⅰ-2	49.9	*1006.8*	1040.4	1044.7	1044.5	1044.5	1044.4
HS-6-Ⅱ-1	50.3	*1012.9*	1046.6	1051.0	1050.8	1050.8	1050.8
HS-6-Ⅱ-2	49.9	*1006.8*	1040.4	1044.7	1044.5	1044.5	1044.4
HS-5-Ⅰ-1	35.9	79.2	*681.7*	706.3	713.0	713.3	713.4
HS-5-Ⅰ-2	36.0	79.4	*683.3*	708.0	714.7	715.0	715.1
HS-5-Ⅱ-1	36.2	79.8	*686.6*	711.4	718.1	718.4	718.5
HS-5-Ⅱ-2	35.9	79.3	*682.4*	707.0	713.7	714.0	714.1
HS-4-Ⅰ-1	30.1	34.0	51.4	*594.2*	602.9	605.5	605.6
HS-4-Ⅰ-2	30.2	34.1	51.4	*595.2*	603.9	606.5	606.6
HS-4-Ⅱ-1	30.4	34.3	51.8	*598.6*	607.4	610.0	610.2
HS-4-Ⅱ-2	30.2	34.1	51.4	*595.2*	603.9	606.5	606.6
HS-3-Ⅰ-1	25.0	24.6	33.8	51.1	*390.4*	393.9	396.1
HS-3-Ⅰ-2	25.0	24.7	33.9	51.2	*390.8*	394.3	396.5
HS-3-Ⅱ-1	25.2	24.8	34.1	51.5	*393.2*	396.8	398.9
HS-3-Ⅱ-2	25.1	24.7	33.9	51.3	*391.4*	394.9	397.1
HS-2-Ⅰ-1	19.8	19.7	20.5	29.3	35.5	*185.6*	189.8
HS-2-Ⅱ-1	20.2	20.0	20.8	29.8	36.0	*188.5*	192.8
HS-1-Ⅰ-1	9.5	9.5	9.8	10.5	17.5	25.1	*85.3*
HS-1-Ⅱ-1	10.4	10.3	10.6	11.5	19.0	27.3	*92.7*

注：表中粗斜体代表各张拉点张拉力。

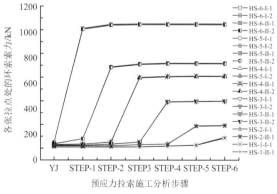

图 1.4-3　预应力拉索施工过程中环索索力变化

　　计算发现，由于上部钢网壳刚度较大，张拉过程中，环与环之间的拉索索力影响较小。施工模拟显示，在整个张拉过程中，HS-6 的环索索力增大约 3.7%，HS-5 的环索索力增大约 4.6%，其余各环索力增量则均小于 2%。可以明确各环张拉本环时，对其他环的索力影响不大。

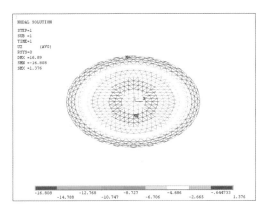

(a) 结构未张拉时竖向变形

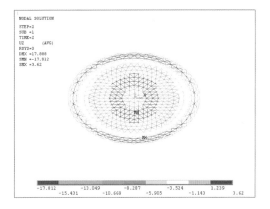

(b) 张拉完第 6 环时竖向变形

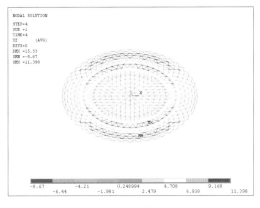

(c) 张拉完第 4 环时竖向变形

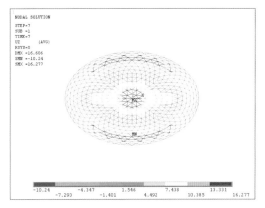

(d) 张拉完第 1 环时竖向变形

图 1.4-4　预应力施工全过程结构竖向变形

张拉设备主要采用 100t 和 60t 千斤顶共 16 台，每个张拉点采用 2 台千斤顶并联，并设计张拉专用工装，如图 1.4-5 所示。

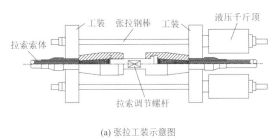

(a) 张拉工装示意图

(b) 张拉工装实物图

图 1.4-5　体育馆张拉工装

根据拟定的拉索施工张拉方案，高效地实施了预应力施工（图 1.4-6），张拉完成后的施工初始态基本满足设计要求。

(a) 张拉工装就位

(b) 环索张拉

(c) 张拉微调

(d) 张拉完成后索杆系实景 1　　　　　　　　　　　(e) 张拉完成后索杆系实景 2

图 1.4-6　体育馆预应力施工过程

1.4.2　节点设计与分析

由于本结构是刚性杆件与柔性索结构相组合的体系，为了协调两种体系共同工作，设计了多种节点，包括：撑杆与索连接的索夹节点，撑杆与单层壳连接的关节轴承节点，预应力张拉段索连接节点。

针对典型节点进行有限元分析（图 1.4-7、图 1.4-8），考察节点的应力水平，查找应力集中点，由此进行针对性的节点修改、完善及优化设计，以保证节点的安全性，使本工程能成功实施。

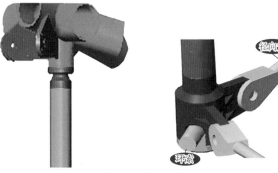

图 1.4-7　索杆节点

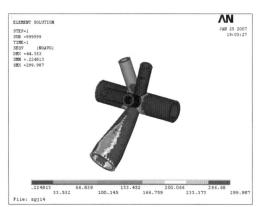 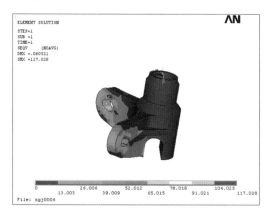

图 1.4-8　体育馆会展中心节点有限元分析

体育场游泳馆的支座节点等复杂节点均采用了铸钢节点，设计中对这些节点进行了详细的有限元分析。节点分析时，对支座底板施加整体约束，其余与主体结构连接件施加由整体模型计算出的内力荷载，考虑到节点区域构造复杂，存在应力集中现象，即便总体应力水平不高，部分区域还是可能进入塑性，所以节点分析时材料均按双线性等向强化模型考虑了弹塑性，根据钢结构设计规范对钢材强屈比及延伸率的规定，强化段切线模量取钢材弹性模量的 1/100。如图 1.4-9 所示。

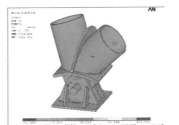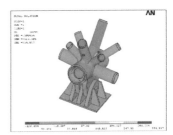

图 1.4-9　体育场游泳馆典型节点

1.5　试验研究

常州体育馆索承单层网壳钢屋盖当时为世界上首例椭球形索承单层网壳结构。虽然进行了大量计算分析，但对于此类非常规的新型结构，为了验证计算分析的正确，完善结构设计及确保施工技术的切实可行，进行整体模型试验仍是必需的。

1.5.1　结构整体模型试验

项目分别在东南大学和北京工业大学进行了模型试验，两个试验均采用 1∶10 的模型（图 1.5-1）。整体试验的目的主要有三个：①通过试验验证结构的安全性及设计的正确性和合理性；②通过不同张拉方式的试验模拟，选择适合此结构体系的施工方式；③通过承载力试验，确定结构的极限承载力。

图 1.5-1　结构整体模型试验

模型试验内容主要包括：拉索张拉方案的验证及极限破坏加载试验。根据相似比理论，确定模型构件的材料和规格、拉索的预张力以及配重和加载等。在拉索张拉、加载试验过程中，测定上部单层网壳构件应力、下部环索和径向索索力以及结构的变形情况。

模型试验中拉索张拉采用三种方案：环索张拉，径向索张拉，环索张拉、径向索调节。通过三种张拉方案的模型试验，发现张拉环索最为简便，可以较好地保证环索索力达到设计值状态，但是很难完全保证径向索索力；张拉径向索最为麻烦，需要多套工装；先张拉环索再局部调节张拉径向索，可以同时保证环索索力和径向索索力同时达到要求，是一种比较理想的张拉方式。试验模型位移变化也显示，采用以环索张拉为主、径向索调节为辅的张拉方式可以使结构的变形更加合理，增加结构在张拉过程中的稳定性。

1.5.2　足尺铸钢节点承载力试验

由于本工程中大量的异形节点均为铸钢节点，虽然通过计算理论分析已经了解了节点的受力情况，但对这些节点进行试验验证其安全性仍是必要的。与天津大学合作，选取了具有代表性的铸钢节点进行节点承载力的试验，证实了项目中铸钢节点的安全性（图 1.5-2）。

图 1.5-2　铸钢节点的加载试验

1.6　结语

常州体育会展中心建于 2008 年，在整个项目设计中，通过精心设计取得以下成果：

（1）体育馆索承单层网壳平面形状为椭球形，长短轴投影尺寸为 120m×80m。在此之前，国内外已建成的此种结构均为圆形，最大跨度为 90m。该椭球形索承单层网壳无论在规模上还是在几何形状上均为世界首例，具有很好的开拓性和创新性。索承单层网壳是集成上部单层网壳和下部索杆张力体系的一种新型空间杂交结构，通过对结构进行一系列理论分析及方案比选，实现了结构受力性能及经济效益双优目标。

（2）体育场设计中集中攻关了超长混凝土结构收缩应力控制、钢屋盖复杂空间曲面建模、大悬挑平面管桁架的计算分析、复杂铸钢节点的分析等诸多技术难点，通过深入的研究分析，使问题得到较好解决，根据施工及竣工后的使用情况来看，效果良好。

（3）体育馆的索承单层网壳采用两个 1:10 整体模型试验，进行了张拉模拟以及极限承载力的试验，不仅验证了理论分析的正确性和结构安全性，同时为设计及施工可行性提供依据。

设计团队

冯　远、王立维、刘宜丰、夏　循、石　军、赵广坡、冯中伟、廖　理、冯晓锋、杨　文

执笔人：冯　远、夏　循、刘宜丰

获奖信息

2010 年住房和城乡建设部全国优秀工程勘察设计金奖；

2010 年中国钢结构协会空间结构分会空间结构优秀工程设计金奖；

2010 年中国工程勘察设计协会优秀工程勘察设计行业奖建筑结构专业一等奖；

2010 年中国工程勘察设计协会优秀工程勘察设计行业奖建筑工程一等奖；

2009 年四川省工程勘察设计"四优"一等奖。

第 2 章

成都中国现代五项赛事中心游泳击剑馆

2.1 工程概况

2.1.1 建筑概况

中国现代五项赛事中心位于成都市双流县，是一座按照现代五项比赛新规则设计建设的综合性运动赛事中心，包括马术体育场、游泳击剑馆、新闻中心和马厩等。其中游泳击剑馆建筑面积约 24400m²，结构最高点高度为 34.7m；其地下室部分为库房及各专业设备用房，地上为游泳、击剑比赛场地、观众休息大厅、观众看台及设备用房等。正式比赛时能容纳近 3000 人同时入场。项目设计时间为 2009 年 8—10 月，2010 年 7 月竣工并投入使用。建成实景及建筑剖面图如图 2.1-1、图 2.1-2 所示。

作为 2010 年国际现代五项赛事的主比赛场馆之一，由于其屋盖铝合金单层网壳结构性能优越、造型新颖、美观、简洁，后期维护费用低等优点，受到了用户及业内人士的一致好评，国际现代五项赛事联盟主席克劳斯·舒曼博士这样评价该体育馆："震撼、感动、奇迹、完美！中国现代五项赛事中心将作为今后全世界现代五项赛事场馆建设的标准。"

图 2.1-1 游泳击剑馆建成实景

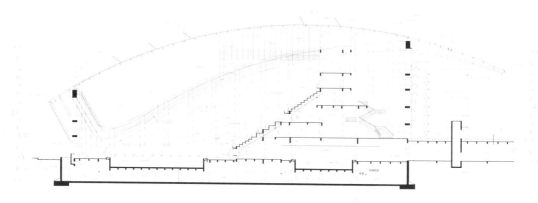

图 2.1-2 游泳击剑馆建筑剖面图

2.1.2 设计条件

1. 主体控制参数（表2.1-1）

控制参数   表 2.1-1

结构设计基准期		50 年
建筑结构安全等级		一级
结构重要性系数		1.1
建筑抗震设防分类		重点设防类（乙类）
地基基础设计等级		乙级
设计地震动参数	抗震设防烈度	7 度
	设计地震分组	第三组
	场地类别	Ⅱ类
	小震特征周期	0.45s
	基本地震加速度	0.10g
建筑结构阻尼比	下部混凝土	0.05
	上部铝合金	0.02
水平地震影响系数最大值	多遇地震	0.08

2. 风荷载/雪荷载

基本风压按 100 年重现期取为 0.35kN/m²，基本雪压按 100 年重现期取为 0.15kN/m²。

3. 温度作用

温度作用：温差±25℃。

2.2 建筑特点

游泳击剑馆屋盖为球面造型，平坦曲率较小，其平面投影形状近似为正三角形，边长约 125m，东高西低。建筑要求悬挑端部轻薄及室内空间宽敞，对屋盖结构的高度提出了尽量小的要求。游泳馆为保证泳池内水质要求，常年投放氯化物，氯离子在恒温水质中挥发游离在室内空间，屋盖结构常年受到高湿、高腐蚀环境影响，极易造成钢结构的锈蚀。

2.3 体系与分析

2.3.1 方案对比

根据建筑高度、使用要求、设防烈度等因素综合考虑，本项目主体结构采用钢筋混凝土框架结构，基础采用预应力桩基础，桩端持力层为中密—密实卵石层。为满足游泳馆室内潮湿、腐蚀环境下的防腐要求，铝合金单层网壳结构是优选方案，并可同时实现建筑悬挑轻盈的造型需求。铝合金单层网壳结构三角形网格边长约为 2.8m，是为了适用屋面覆盖材料铝板的跨度要求。相比传统钢结构，铝合金具有以下优势：所选用 6061-T6 铝材强度基本等同于钢材 Q235，但密度仅为钢材的 1/3，高强、自重轻，可以有效地减小对混凝土支承结构的作用力，减小地震作用，减少整体结构及基础造价；铝合金抗腐蚀性能优良，运营阶段维护费用低；铝合金可制作成各种形状与规格的精密结构部件，现场螺栓拼接施工便捷，网格结构与屋面覆盖材料铝板一体化成型，是全装配式屋盖结构。屋盖结构平面图及轴测图如图 2.3-1、图 2.3-2 所示。

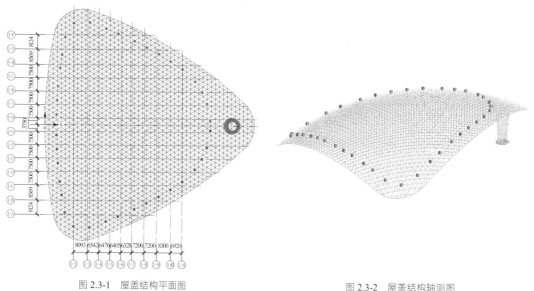

图 2.3-1　屋盖结构平面图　　　　　　　　　　图 2.3-2　屋盖结构轴测图

　　铝合金单层网壳屋盖结构支承于体育馆入口钢结构网状支承柱（图 2.3-2）及主体钢筋混凝土框架环梁上（图 2.3-1 中红点标识位置）。环梁支座范围内最大跨度约 90m，为同期国内同类型结构之最。单层网壳是稳定敏感结构，加之铝合金弹性模量小，整体稳定性是结构设计的重点。在方案设计阶段，结构便与建筑密切配合，通过调整球形屋盖形状的曲率，增大矢跨比，提高屋盖结构的刚度。最终采用的铝合金单层网壳矢高约为 8.5m，矢跨比为 1/10，在满足结构整体稳定性的同时也表现了建筑的优美造型。

　　另外，由于铝合金线膨胀系数大，支座附近杆件由温度应力控制，设计中对于单层网壳中与支座相连的 6 根构件及支座（图 2.3-3 红色部分）采用了 Q345 钢材。支座钢杆件主要由升温工况在轴力作用下平面外稳定应力控制，采用箱形截面 440×200×10×10（mm）。铝合金工字形截面为 450×200×8×10（mm）。对于其他承受较大轴力、易发生平面外失稳的构件，设计则考虑在构件三分之一长度位置设置角铝支撑（图 2.3-4），以减小其自由长度，增加构件平面外稳定性，有效减小工字铝平面外稳定应力。

　　由于铝合金焊接性能差、造价较高，铝合金构件及连接节点采用标准化、工业化生产，所有的节点连接均采用螺栓连接。铝结构构件均为热挤压成型，为适应成型工艺，减少焊接，节点设计为仅上下圆盘与工字形截面翼缘全螺栓连接而腹板不连接的板式空心节点，且在设计中一般整个网壳采用统一工字形截面。同时，工字铝构件采用挤压成型工艺，改进了构件与屋面覆盖材料（铝板）的扣压连接形式，使结构、面板一体化，取消了支承屋面板的次结构。如图 2.3-5 所示。

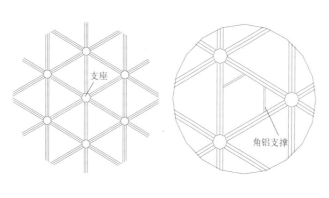

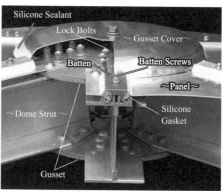

图 2.3-3　支座节点附近网格　　　　图 2.3-4　角铝支撑示意图　　　　　　图 2.3-5　铝合金构件及节点

经典回眸　中国建筑西南设计研究院有限公司篇

最终设计完成屋盖用铝量约为 33kg/m²。

2.3.2　结构分析

屋面铝合金单层网壳置于混凝土框架环梁上，环梁为弧形变标高，下部支承柱长短不一，各支座的侧向刚度差别较大。分别采用了屋盖单独模型和总装模型进行计算对比。屋盖总装模型如图 2.3-6 所示。

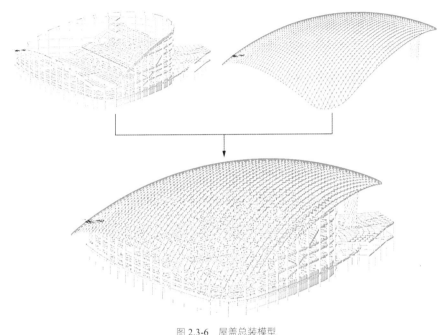

图 2.3-6　屋盖总装模型

1. 屋盖结构静力分析

1）结构变形

屋盖单独模型和上下部总装模型在恒荷载和活荷载标准值作用下的变形如图 2.3-7 所示。最大竖向位移均出现在 A 点（网状支撑柱区域），变形值为 117.6mm（单独模型）和 104.8mm（总装模型），A 点至最近支座点距离为 25.3m，挠跨比为 1/215（单独模型）和 1/241（总装模型）；网壳跨中最大竖向位移出现在 B 点，变形值为 37.4mm（单独模型）和 45.5mm（总装模型），挠跨比为 1/2390（单独模型）和 1/1965（总装模型）。均满足《网壳结构技术规程》JGJ 61-2003 对单层网壳最大挠度限值的要求。

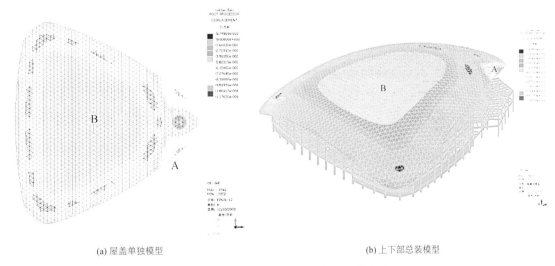

(a) 屋盖单独模型　　　　　　　　　　　　　　　　(b) 上下部总装模型

图 2.3-7　屋盖在"恒＋活"标准值作用下的变形

2）结构内力

在静力工况下，屋盖内力分布特点为：在环梁范围内构件呈明显的网壳薄膜受力模式，以轴压力为主，弯矩均很小；靠近支座部位构件同时承受较大的轴力和弯矩。对于环梁外屋盖悬挑部分构件，受力则以受弯为主。由于设置了入口钢结构网状支承柱，有效地减小了屋盖悬挑长度，从而大大减小了悬挑构件的弯曲应力。

在本项目设计时，国内设计软件尚未集成《铝合金结构设计规范》GB 50429-2007，故只能提取各杆件内力进行手算复核。其中铝合金工字形截面 $450 \times 200 \times 8 \times 10$（mm）控制内力如下。

最大弯矩组：

$$屋盖单独模型 \begin{cases} M_{\max} = 110.1 \text{kN} \cdot \text{m} \\ N = 224.9 \text{kN} \\ V = 56.2 \text{kN} \end{cases}$$

$$总装模型 \begin{cases} M_{\max} = 113.5 \text{kN} \cdot \text{m} \\ N = 116.7 \text{kN} \\ V = 59.1 \text{kN} \end{cases}$$

构件长度：$L = 2.870\text{m}$

最大轴压力组：

$$屋盖单独模型 \begin{cases} M = 2.4 \text{kN} \cdot \text{m} \\ N_{\max} = -428.3 \text{kN} \\ V = 0.5 \text{kN} \end{cases}$$

$$总装模型 \begin{cases} M = 3.6 \text{kN} \cdot \text{m} \\ N_{\max} = -411.5 \text{kN} \\ V = 0.6 \text{kN} \end{cases}$$

构件长度：$L = 2.750\text{m}$

工字形截面 $450 \times 200 \times 8 \times 10$（mm）构件主要控制因素为构件在最大轴压力作用下的受压平面外稳定强度，控制工况为 1.2D + 1.4(0.7)L + 1.4T1（升温）。网壳绝大部分构件应力水平均较低，应力比为 0.3~0.5，仅靠近支座及悬挑位置部分构件强度应力比大于 0.5；在各种工况下杆件最大应力比为 0.836。需要注意的是，由于采用了板式空心节点连接，在节点处仅构件翼缘和节点板相连，故构件所能承担的轴向力不应超过翼缘所能承受的最大轴力。经验算，所有构件内力均满足其轴向力小于翼缘承受的轴力并有一定程度的富余，构件的弯矩和剪力在节点处则是通过节点板的传递，而应力比较大的工字铝构件主要是平面外稳定应力控制，而非强度应力。总装模型中由于下部支承柱支座刚度影响，杆件轴压力略有减小，弯矩略有增大，但两个模型构件内力分布与应力比水平总体趋势一致。

2. 屋盖整体稳定性分析

本工程为大跨度单层网壳结构，铝合金材料弹性模量小，结构稳定问题比较突出，计算中考虑以下四种工况对结构整体稳定性进行分析（图 2.3-8）。

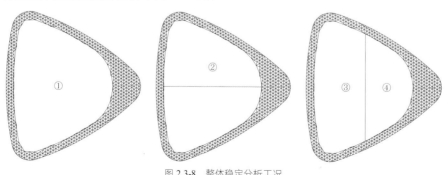

图 2.3-8 整体稳定分析工况

工况①：恒荷载 + 满跨活荷载；

工况②：恒荷载 + 半跨活荷载（对称X轴）；

工况③：恒荷载 + 半跨活荷载；

工况④：恒荷载 + 半跨活荷载。

注：由于悬挑部分只与强度有关，不存在稳定问题，为计算合理性，以上恒荷载及活荷载均只考虑作用于支座所围合范围内。

1）弹性特征值屈曲分析

采用有限元软件 MIDAS/Gen、ANSYS 分别进行结构在上述四种工况下的线弹性特征值屈曲分析，第 1 阶屈曲模态特征值如表 2.3-1 所示，可以看出两种软件计算结果较吻合，且结构整体稳定性由半跨活荷载工况控制。

第 1 阶屈曲模态特征值   表 2.3-1

工况	屋盖单独模型		总装模型
	MIDAS/Gen	ANSYS	ANSYS
工况①	11.38	10.95	9.59
工况②	11.00	10.27	10.64
工况③	10.92	10.24	9.18
工况④	11.10	10.40	10.39

由表 2.3-1 可见，由于支座刚度的影响，上下部总装模型的一阶屈曲模态特征值均小于屋盖单独模型，且由于周边长短柱刚度不同，工况①和工况③下部结构的刚度对屋盖整体稳定性影响更加明显。

屋盖单独模型在四种工况下的第 1 阶屈曲模态如图 2.3-9 所示。

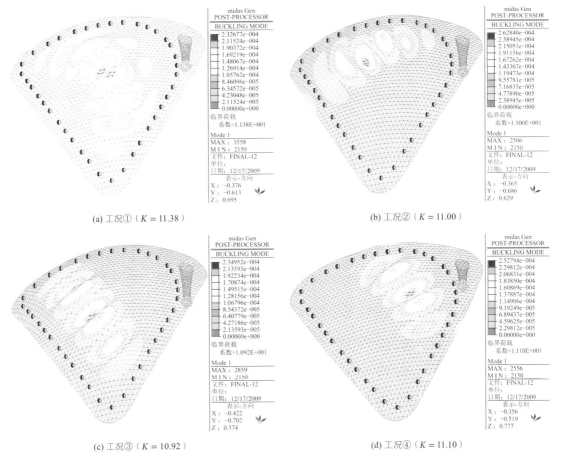

(a) 工况①（K = 11.38）   (b) 工况②（K = 11.00）

(c) 工况③（K = 10.92）   (d) 工况④（K = 11.10）

图 2.3-9 屋盖单独模型第 1 阶屈曲模态

总装模型在四种工况下的一阶屈曲模态如图 2.3-10 所示。可见由于下部结构刚度影响，整体屈曲模态及出现的位置均有一定变化，当屋盖屈曲发生在靠近平面投影三角形长边位置附近时，一阶屈曲模态系数下降较多，即上述工况①和工况③；其原因是长边为直边界，且该侧均为悬臂柱，侧向刚度较小。

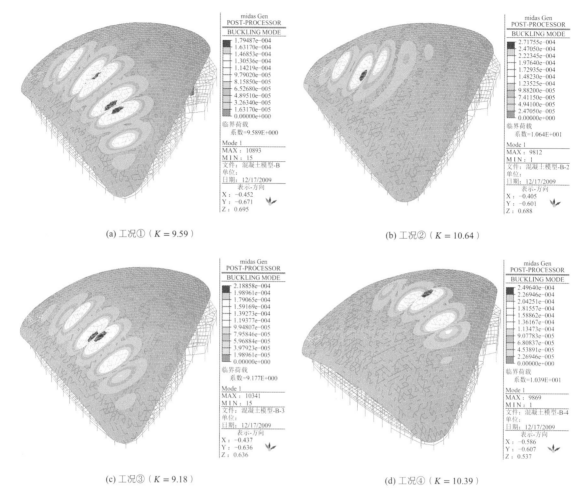

(a) 工况①（$K = 9.59$）

(b) 工况②（$K = 10.64$）

(c) 工况③（$K = 9.18$）

(d) 工况④（$K = 10.39$）

图 2.3-10 总装模型第 1 阶屈曲模态

2) 非线性屈曲分析

屋盖为大跨度单层网壳结构，进行仅考虑几何非线性和同时考虑几何及材料双非线性屈曲的弹塑性全过程分析，分别对以上四种工况进行几何及材料双非线性屈曲分析，铝合金和钢材均选用理想弹塑性模型，屈服强度分别取规范规定设计值。计算选取第 1 阶弹性屈曲模态作为结构初始缺陷形状，最大初始缺陷根据《网壳结构技术规程》JGJ 61-2003 选取跨度的 1/300，计算结果如图 2.3-11 所示。

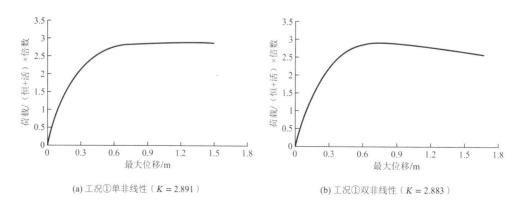

(a) 工况①单非线性（$K = 2.891$）

(b) 工况①双非线性（$K = 2.883$）

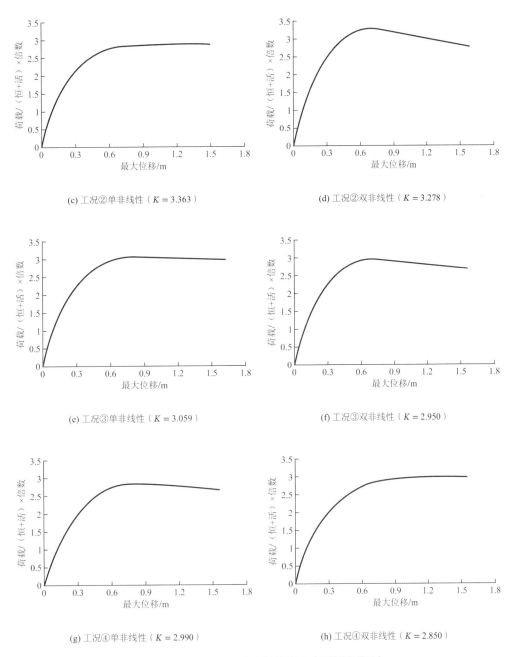

(c) 工况②单非线性（$K = 3.363$）

(d) 工况②双非线性（$K = 3.278$）

(e) 工况③单非线性（$K = 3.059$）

(f) 工况③双非线性（$K = 2.950$）

(g) 工况④单非线性（$K = 2.990$）

(h) 工况④双非线性（$K = 2.850$）

图 2.3-11 各种工况下网壳屈曲计算结果（屋盖单独模型）

由分析结果可以看出，仅考虑几何非线性与考虑几何、材料双非线性计算得到的极限荷载非常接近，这主要是因为铝合金的弹性模量较小，在超载的情况下，结构变形增加较多。仅考虑几何非线性时，结构达到极限荷载后，结构承载力下降比较缓慢，甚至对于工况④，荷载-位移曲线并未出现下降段，计算时程序因为结构位移过大而自动终止计算。而考虑几何、材料双非线性时，结构达到极限荷载后，结构承载力下降较快，这主要是因为结构局部变形较大，发生大变形部分构件应力较高进而屈服，导致承载力下降。

3. 屋盖动力特性

屋盖单独模型结构前几阶振型如图 2.3-12 所示。可以看出，网状支撑柱区域结构相对刚度较弱，前 4 阶振型均集中在此范围内；第 5、6 阶振型为角部悬挑部分局部振动；第 7、8 阶振型为网壳中部竖向振动。

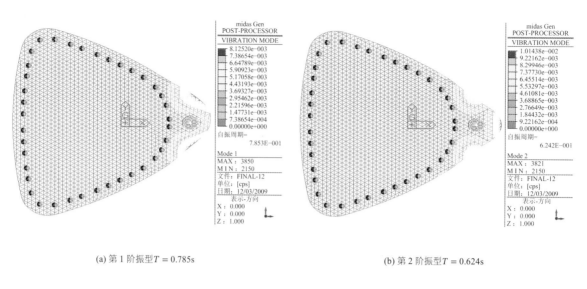

经典回眸 中国建筑西南设计研究院有限公司篇

(a) 第 1 阶振型 $T = 0.785$s

(b) 第 2 阶振型 $T = 0.624$s

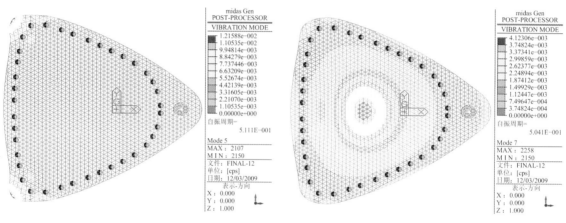

(c) 第 5 阶振型 $T = 0.511$s

(d) 第 7 阶振型 $T = 0.504$s

图 2.3-12 屋盖单独模型振型

　　考虑上下部总装模型结构振型分析，网壳自振周期略有增加。除第 2 阶为整体振型外，其余前几阶振型以铝合金屋面自振为主，如图 2.3-13 所示。由于铝合金单层网壳自重轻，对下部混凝土结构整体振型基本没有影响。

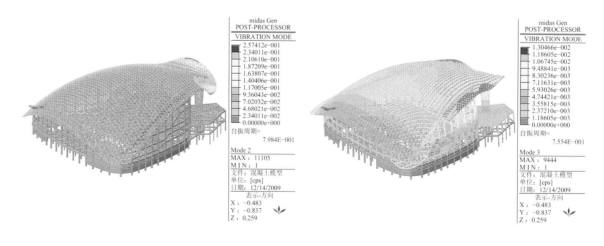

(a) 第 1 阶振型 $T = 0.798$s（网壳局部振动）

(b) 第 2 阶振型 $T = 0.755$s（整体振动）

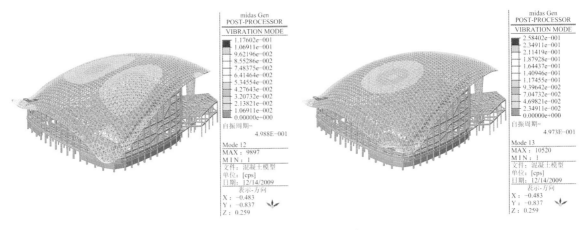

(c) 第7阶振型 $T=0.499s$（网壳局部振动）　　　(d) 第8阶振型 $T=0.497s$（网壳局部振动）

图 2.3-13　总装模型振型

2.4　专项设计

主要介绍铝合金标准节点设计与分析。

单层网壳结构冗余度低，节点是结构中力流传递的枢纽，是确保实际结构与计算模型相符的重要环节。科学合理的节点设计可保证结构安全可靠，而不合理的节点设计则会带来不利的影响，甚至影响结构的安全性。铝合金单层网壳虽然以轴向受力为主，但由于是单层结构，存在一定的弯曲作用，其结构性能的保证很大程度依赖于节点强度和刚度。为保证结构体系的安全可靠，必须确保节点刚度大于构件刚度，满足刚性连接的要求。设计时研究了考虑节点非完全刚性连接（节点抗弯强度小于构件抗弯强度）时铝合金网壳的一阶弹性屈曲特征值（图 2.4-1），可见当节点强度降低时，网壳整体稳定性也随之降低，这也表明保证节点刚性的重要性。

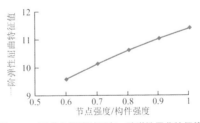

图 2.4-1　不完全刚接时网壳一阶弹性屈曲特征值

设计时，先按翼缘等强原则设计连接节点螺栓个数，然后建立铝合金标准节点（板式空心节点）有限元模型进行数值分析，验证设计节点的强度及刚度应大于构件的强度及刚度，保证节点构造符合计算模型假定。

有限元计算模拟主要考察与节点相连的单根构件在弯矩作用下，由螺栓滑移、连接盖板局部弯曲变形等相关联的节点弯矩-转角曲线。从而得到节点最大弯矩承载力及节点弯曲刚度与杆件线刚度比值，以验证节点构造是否满足"强节点、弱构件"的要求。同时在有限元模型中对构件施加控制工况内力，验算节点板件及螺栓是否处于弹性工作状态并具有一定的安全储备。

1. 节点螺栓设计

本工程铝合金构件之间均由螺栓连接，螺栓采用 M9.66（螺栓有效截面直径 9.66mm）不锈钢承压型螺栓，材料为 304-HS，其材料性能如表 2.4-1 所示（引自美国螺栓手册《Stainless Steel Fasteners》）。

PRODUCT SIZE in.	BOLTS, SCREWS, STUDS				NUTS
	TESTED FULL SIZE		MACHINED TEST SPECIMENS		PROOF LOAD STRESS ksi
	YIELD STRENGTH min ksi	TENSILE STRENGTH min ksi	YIELD STRENGTH min ksi	TENSILE STRENGTH min ksi	
to 5/8 in.	100	125	90	115	125
over 5/8 to 1 in.	70	105	65	100	105
over 1 to $1\frac{1}{2}$ kn.	50	90	45	85	90

螺栓抗拉强度为 $f_u^b = 115 \times 6.89 = 792.4\text{MPa}$，根据《铝合金结构设计规范》GB 50429-2007 4.3.5 条的条文说明，螺栓抗剪强度设计值为：

$$f_v^b = 0.4 f_u^b = 317.0\text{MPa}$$

由此计算得到单个螺栓抗剪强度 $N_v^b = \dfrac{\pi d^2}{4} \times f_v^b = 23.2\text{kN}$

铝合金局部承压强度 $N_c^b = d \cdot \sum t \cdot f_c^b = 29.5\text{kN}$

按翼缘等强原则设计连接节点螺栓个数，上、下翼缘各需要螺栓数量为 $\dfrac{200 \times 10 \times 200}{23.2 \times 1000} = 17.2$ 个。

实际上、下翼缘各采用 18 个 M9.66 螺栓连接，标准节点如图 2.4-2 所示。

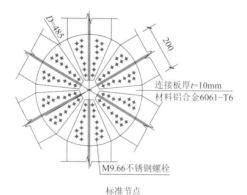

图 2.4-2　网架铝合金标准节点

2. 节点有限元分析

1）有限元模型建立

为方便分析，在有限元模型中考察一根构件在荷载作用下，在节点处螺栓连接处的受力及变形情况。有限元模型如图 2.4-3 所示。其中材料采用理想弹塑性模型，有限元单元选用实体单元 SOLID92 及 SOLID95。螺栓与连接板之间、螺栓与构件之间、构件与连接板之间以及螺栓与螺栓孔壁之间均建立接触单元（分别采用接触单元 CONTA174 和目标单元 TARGE170），以模拟不锈钢螺栓承压及抗剪的受力情况。铝合金摩擦面抗滑移系数按照《铝合金结构设计规范》GB 50429-2007 9.1.2 条的条文说明，选取为 0.3。

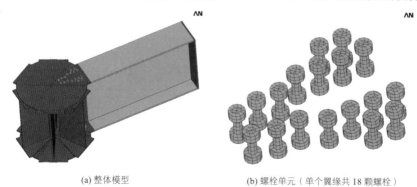

(a) 整体模型　　　　　　　　　　(b) 螺栓单元（单个翼缘共 18 颗螺栓）

图 2.4-3　铝合金节点有限元模型

2）有限元计算结果

图 2.4-4 为节点的弯矩-转角曲线，其中弯矩为构件在节点处所受弯矩大小，即梁端所加荷载与梁端到节点中心距离的乘积；转角为节点区转角大小，即连接板边缘变形量/连接板半径。

构件强轴方向线刚度计算如下：

$$I_x = 2.46638 \times 10^8 \text{mm}^4, \quad E = 70000 \text{N/mm}^2, \quad L = 2800 \text{mm}$$

$$i = \frac{EI_x}{L} = \frac{2.46638 \times 10^8 \times 70000}{2800 \times 10^6 \times 1.6} = 3853.7 \text{kN} \cdot \text{m}$$

由图 2.4-4 计算得到节点弹性转动刚度约为：$M/\theta = 24700 \text{kN} \cdot \text{m} \approx 6.4i$

可见节点刚度近似为构件线刚度的 6.4 倍，可以认为节点刚度满足结构计算模型中刚接的假定。

由图 2.4-4，节点连接极限弯矩约为 210kNm $\geqslant$ 1.2 倍构件极限弯矩（166kN · m，考虑全截面面积），满足"强节点、弱构件"的要求。

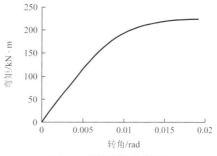

图 2.4-4　节点弯矩-转角曲线

图 2.4-5 显示了上、下翼缘与连接板之间的滑移情况（剪切方向位移），可以看出在极限状态下节点的受力模式是上、下连接盖板与构件上、下翼缘表面间均发生了一定量的滑移，螺栓孔壁与螺栓挤压，螺栓承受剪力。

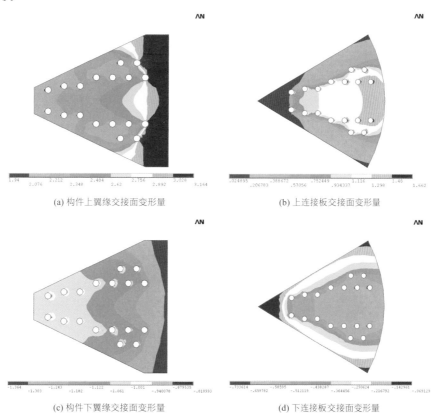

(a) 构件上翼缘交接面变形量　　　　　　　　(b) 上连接板交接面变形量

(c) 构件下翼缘交接面变形量　　　　　　　　(d) 下连接板交接面变形量

图 2.4-5　构件与连接板之间的滑移情况

当达到极限荷载时，节点处的 von Mises 应力最大值为 200MPa，螺栓群 von Mises 应力最大约为 600MPa（图 2.4-6），均小于材料极限强度，节点弯矩-转角曲线未出现下降段，最终是因为连接板与构件之间发生一定量的翘曲，接触单元畸形导致计算不收敛而终止。

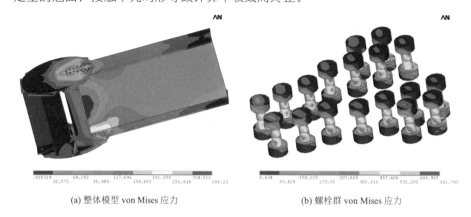

| (a) 整体模型 von Mises 应力 | (b) 螺栓群 von Mises 应力 |

图 2.4-6 极限荷载下节点应力分布

由图 2.4-7 可以看出，由于连接板在剪力作用下翘曲，上翼缘与上连接板基本已经分开，而下翼缘和下连接板始终受压粘结在一起。其中，共分为以下三种状态：FarOpen（远离，不会发生接触），NearContact（接触对单元由接触变为非接触，或者由非接触可能变为将要发生接触，判断依据为接触单元无压应力），Sliding（接触对单元完全接触并发生挤压滑移）。

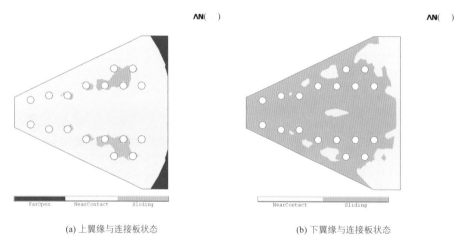

| (a) 上翼缘与连接板状态 | (b) 下翼缘与连接板状态 |

图 2.4-7 构件与连接板之间的接触状态

将上翼缘（受拉翼缘）、下翼缘（受压翼缘）对称一半的螺栓从内到外分别编号为 1～9 号，表 2.4-2 列出在节点达到极限弯矩的情况下各螺栓的剪力值。可见，当节点达到极限弯矩时，螺栓群受力较均匀，且每个螺栓实际剪力值均小于单个螺栓设计受剪承载力值 23.2kN。

极限弯矩作用下螺栓剪力   表 2.4-2

螺栓编号	螺栓剪力/kN	
	上翼缘	下翼缘
1	17.792	17.693
2	20.491	16.896
3	21.261	16.395
4	21.093	17.028
5	20.934	16.839
6	20.700	16.877
7	19.385	18.363

螺栓编号	螺栓剪力/kN	
	上翼缘	下翼缘
8	20.519	17.891
9	20.629	18.243

由上述分析可知，板式空心节点的强度和刚度均满足刚接节点的计算假定，达到了"强节点、弱构件"的要求。选取如前所述工字形截面 450×200×8×10（mm）的最大内力分别验算节点强度，除受压翼缘尖端局部应力集中外，节点区域整体应力水平、螺栓剪力等均有 2 倍以上的安全度。

2.5 结语

铝合金作为新型建筑材料，在建筑结构，特别是应用于特殊环境中的大跨度薄壳结构具有明显优势。与钢结构相比：①密度小。铝合金的密度仅为钢密度的 1/3，是理想的轻型化材料，可以有效地减小对下部支承结构的作用力。②强度高。相对于密度，其材料强度高，高强度铝合金材料的屈服强度可达 200MPa 以上，相当于 Q235 钢。③可制作成各种形状与规格的精密结构部件。与钢相比，铝合金具有良好的塑性和可成型性；可用各种压力加工方法（挤压、轧制、锻压和冲压等）在冷、热状态下大批量加工成各种规格和形状的、截面形式更加合理的构件，这是钢材热轧、冷轧或焊接都无法达到的成型优势。④抗腐蚀性能优良。与钢结构相比，铝镁硅系铝合金结构的主要优点之一是抗腐蚀、经久耐用，在建筑全生命周期中的防腐工作量少，防护维修费用低，尤其用于游泳馆等高湿度建筑中有显著优势。

本项目在设计过程中，对铝合金单层网壳结构进行了全面、详细的分析，主要的研究成果和创新点有：①90m 跨度、壳体厚度与跨度之比为 1/200 的铝合金单层网壳在国内同类结构中尚属首例。②针对铝合金材料"强度高、弹性模量小"的特点，采用几何和材料双非线性屈曲分析作为铝合金单层网壳结构整体稳定性控制。③研究分析了"板式刚性空心节点"的受力特点和受力性能。④工字铝与工字钢（支座处局部采用）混合布置，可有效解决支座应力值大引起的工字铝难以承受及在受力关键部位支座处铝材和钢材异种材料连接等难题。

设计团队

王立维、杨　文、冯　远、石　军、冯中伟、廖　理、周　佳、罗　磊、夏　循、黄　亮

执笔人：杨　文

获奖信息

2013 年全国优秀工程勘察设计行业奖建筑结构一等奖；

2011 年四川省工程勘察设计专项工程一等奖。

第 3 章

雅安天全体育馆

3.1 工程概况

3.1.1 建筑概况

四川雅安天全体育馆建筑面积约 1.4 万 m²，座席数约 2700 个，建筑高度为 29.270m，可举办地区性综合赛事和全国单项比赛。体育馆外形呈倒圆台形，屋盖为平面圆形，直径约 95m，结构跨度为 77.3m（图 3.1-1～图 3.1-3）。

雅安天全体育馆为"420 芦山地震"后的灾后重建项目，考虑到抗震的需求，屋盖尽量选择轻型的结构体系；结合建筑师要求及雅安天全地区多雨气候条件，宜选择金属屋面系统。因此，屋盖 77.3m 的大跨度空间选用了索穹顶结构体系，并采用金属板覆盖材料的刚性屋面系统。下部主体混凝土框架结构配合建筑功能在外围设置了屈曲约束支撑，增强主体框架结构的抗震性能。基础类型为独立基础 + 抗水底板。项目于 2014 年设计完成，于 2017 年建成投入使用。

图 3.1-1 体育馆实景

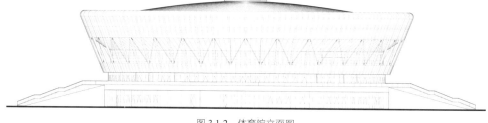

图 3.1-2 体育馆立面图

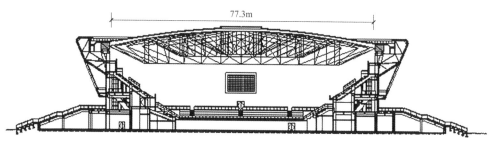

77.3m

图 3.1-3 体育馆剖面图

3.1.2 设计条件

1. 控制参数（表3.1-1）

控制参数 表3.1-1

结构设计基准期		50 年
建筑结构安全等级		二级
结构重要性系数		1.0
建筑抗震设防分类		标准设防类（丙类）
地基基础设计等级		一级
设计地震动参数	抗震设防烈度	7 度
	设计地震分组	第二组
	场地类别	Ⅱ类
	小震特征周期	0.40s
	大震特征周期	0.45s
	基本地震加速度	0.15g
建筑结构阻尼比	多遇地震	钢结构：0.03 混凝土结构：0.05
	罕遇地震	钢结构：0.03 混凝土结构：0.06
水平地震影响系数最大值	多遇地震	0.12
	设防烈度地震	0.34
	罕遇地震	0.72
地震峰值加速度	多遇地震	55cm/s^2

2. 屋盖荷载条件

拉索、索夹、撑杆自重按实际考虑；附加恒荷载为 0.7kN/m^2（包括檩条及金属屋面）；活荷载为 0.5kN/m^2；基本风压$w_0 = 0.35$kN/m^2，体型系数$\mu_s = -1.0$，风振系数$\beta_z = 1.6$，地面粗糙度为 B 类，高度系数$\mu_z = 1.39$（高度取为 30m）；升温及降温分别考虑为±30℃。

3. 屋盖设计控制条件（表3.1-2）

屋盖设计控制条件 表3.1-2

项目	类别	控制值
长细比	压杆	≤150
	拉杆	≤200
挠度	正常使用极限状态	≤1/250
控制应力比	压杆	≤0.8
	拉索	≤0.4 且最小应力不小于 30MPa
	刚性内拉环	≤0.7
整体稳定性	弹性全过程分析安全系数	≥4.2
	弹塑性全过程分析安全系数	≥2.0
节点设计	焊接节点	满足"强节点、弱构件"要求
	铸钢节点	弹塑性极限承载力安全系数≥2.0

3.2 建筑特点

3.2.1 采用刚性屋面材料的索穹顶

现有大跨度屋面覆盖材料基本可分为刚性屋面系统和柔性屋面系统两大类。刚性屋面系统指采用较高刚度和强度的覆盖材料的屋面，常用的面材包括：压型钢板、铝镁锰板、铝合金面板、玻璃面板等，其优点是技术成熟、耐久性好，适用于多种建筑造型。柔性屋面系统主要以膜材作为屋面材料，分为涂层织物膜材（PVC、PTFE 等）和热塑性化合物膜材（ETFE、THV 和 PCV 等），其优点是自重轻，能很好地适应柔性结构的变形。两种屋面系统各具特色，均得到了广泛应用。

索穹顶结构自 1986 年在首尔奥运会的体操馆和击剑馆首次应用以来，由于其轻盈、美观的建筑效果，高效的力学性能和快速的施工安装，得到了大力的发展。截至本项目设计时（2014 年），全球已建成的大型索穹顶结构共计 10 个（表 3.2-1），其中有 9 个采用了柔性屋面，仅美国的皇冠体育馆采用了金属刚性屋面。这是由于膜材是与张拉结构非常匹配的屋面材料，能很好地适应大变形。但刚性屋面同样也具有其功能优点，目前市场对刚性屋面的需求很大，如果在索穹顶结构上能够采用刚性屋面，则能将索穹顶和刚性屋面的优势结合起来，更好地推广索穹顶结构的应用，丰富空间结构类型。雅安天全体育馆最终采用铝镁锰板作为屋面覆盖材料的索穹顶结构。

已建成的大型索穹顶结构   表 3.2-1

名称	尺寸	覆盖材料
韩国首尔奥运会体操馆	圆形平面，$D = 119.8$m	膜材
韩国首尔奥运会击剑馆	圆形平面，$D = 89.9$m	膜材
美国伊利诺伊州大学红鸟体育馆	椭圆形平面，76.8m × 91.4m	膜材
美国佛罗里达州太阳海岸穹顶	圆形平面，$D = 210$m	膜材
美国亚特兰大佐治亚穹顶	椭圆形平面，193m × 240m	膜材
美国皇冠体育馆	圆形平面，$D = 99.7$m	金属（刚性屋面）
日本天城穹顶	圆形平面，$D = 43$m	膜材
阿根廷拉普拉塔体育场	双圆相交平面，170m × 218m	膜材
中国台湾桃园体育馆	圆形平面，$D = 120$m	膜材
中国鄂尔多斯伊金霍洛旗体育中心索穹顶	圆形平面，$D = 71.2$m	膜材

3.3 体系与分析

3.3.1 方案对比

无论索穹顶结构采用何种屋面系统，其本身的结构性能首先需达到优选状态。选型思路（图 3.3-1、图 3.3-2）如下：①首先研究了构成最为简单、造型最为简洁的肋环型索穹顶；②发现肋环型索穹顶的抗扭性能有所不足，研究了带垂直支撑肋环型索穹顶和葵花型索穹顶；③为改善葵花型索穹顶内环拉索密集的问题，最终采用葵花 + 肋环布置的混合型索穹顶。

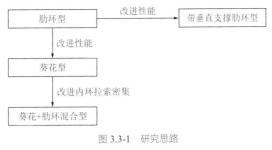

图 3.3-1 研究思路

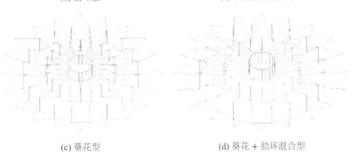

(a) 肋环型   (b) 带垂直支撑肋环型

(c) 葵花型   (d) 葵花 + 肋环混合型

图 3.3-2 索穹顶选型

各方案跨度均为 80m，脊索端点位于矢高 6.5m 的球面上，3 圈环索，20 榀径向索，斜索与水平面的夹角统一为 25°，内拉环直径 12m；荷载与设计条件基本相同（仅自重适当简化，考虑索夹重量，拉索密度统一取钢材密度的 1.5 倍），荷载组合也进行了适当的简化，仅考虑恒荷载与一种可变荷载的组合。索穹顶性能指标对比如表 3.3-1 所示，可以得到以下结论：

（1）各类索穹顶的位移指标均由半跨荷载控制，极限承载力由全跨荷载控制。

（2）肋环型索穹顶位移指标对半跨荷载最为敏感，刚度较低，需采用较高的预应力，故其支座反力也较大；极限承载力最低，仅为 1.32 倍；第 1 振型为扭转，自振周期最长，达 3.02s；用钢量较大，达 17.3kg/m²。

（3）肋环型索穹顶增加垂直支撑后，刚度有所提高；自振周期降至 2.23s，扭转效应改善；极限承载力大幅度提高至 5.4 倍，显著改善了结构的受力性能；但用钢量稍增加至 20.1kg/m²。

（4）葵花型索穹顶位移指标对半跨荷载不敏感，极限承载力较高；自振周期最短，仅为 1.09s；用钢量较肋环型索穹顶有显著降低，为 14.7kg/m²。

（5）葵花 + 肋环混合型索穹顶结构性能指标与葵花型索穹顶基本一致，且可有效避免最内环拉索密集、节点复杂的缺点，最终确定为优选结构方案。

索穹顶性能指标对比   表 3.3-1

类型	位移/mm（挠跨比）		单位面积用钢量 / (kg/m²)	极限承载力安全系数		第 1 阶自振周期/s	最大径向支座反力/kN
	全跨	半跨		全跨	半跨		
肋环型	156（1/513）	304（1/263）	17.3	1.32	1.60	3.02（扭转）	3086
带垂直支撑肋环型	149（1/537）	252（1/317）	20.1	5.40	7.15	2.23（扭转）	3120
葵花型	239（1/335）	259（1/309）	14.7	3.90	4.50	1.09（竖向）	1993
葵花 + 肋环混合型	245（1/327）	271（1/295）	14.3	3.52	4.40	1.64（最内环局部扭转）	2000

3.3.2 结构布置

对葵花＋肋环混合型索穹顶优选方案进行参数分析，包括斜索角度、矢高、预应力度、环向索数量、径向索数量、内拉环大小等，得到了各参数对结构性能的影响规律，获得了在建筑条件允许下的最优结构方案：索穹顶共设 3 道环索，自内向外，在 6m 半径处结合建筑采光功能需求，设第 1 道环索，环索通过撑杆与上部刚性环相连，刚性环内为中心采光顶；在 18m 半径处结合马道设置第 2 道环索；在 28.325m 半径处设第 3 道环索。径向索采用内圈肋环型，中圈、外圈葵花型布置，环向采用 15 等分的布置方式，以合理控制金属屋面的檩条跨度；最内与最外斜索与水平面夹角约为 25°，中部斜索与水平面夹角配合马道标高取为约 30°。直径 77.3m 的外环配合建筑造型设 2.5m（宽）×1.9m（高）混凝土大环梁，通过混凝土压力环平衡索穹顶斜索与脊索产生的拉力，充分利用了拉索受拉强度高和混凝土抗压性能好的特点，发挥了材料的优势。索穹顶布置如图 3.3-3 所示，剖面图如图 3.3-4 所示；主要构件截面如表 3.3-2 所示。

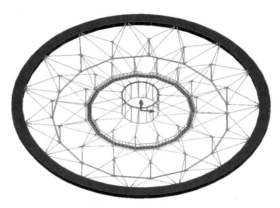

图 3.3-3　索穹顶布置图

图 3.3-4　索穹顶剖面图

主要构件截面　　　　　　　　　　　　　　　　　　　　　表 3.3-2

类别	名称	截面
脊索	内脊索	$\phi68$
	中脊索	$\phi57$
	外脊索	$\phi72$
斜索	内斜索	$\phi34$
	中斜索	$\phi45$
	外斜索	$\phi72$
环索	内环索	$\phi50$
	中环索	$2\times\phi60$
	外环索	$2\times\phi100$
中心环	—	P280×30
撑杆	内撑杆	P146×6
	中撑杆	P194×12
	外撑杆	P245×16

经典回眸　中国建筑西南设计研究院有限公司篇

3.3.3 结构分析

1. 刚度、强度分析

结构静力计算均采用非线性有限元计算，分析表明，重力荷载、温度作用起主要控制作用。典型荷载工况下的位移如表 3.3-3 所示，位移的控制工况为 1.0 恒荷载 + 1.0 半跨活荷载，索穹顶最大位移 159mm，挠跨比 1/485（图 3.3-5），满足规范要求。承载力极限状态下，关键构件应力比控制在较低的水平，拉索内力小于 0.4 倍破断力，最小应力大于 50MPa，保证结构有足够的安全储备。

典型工况下的位移 　　　　　　　　　　　　　　　　　　　　　　　　　　表 3.3-3

序号	荷载组合工况	最大位移值/mm	挠跨比
1	恒 + 活	−155	1/499
2	恒 + 半跨活	−159	1/485
3	恒 + 风	−4	1/19277
4	恒 + 升温	−103	1/749
5	恒 + 降温	−101	1/765

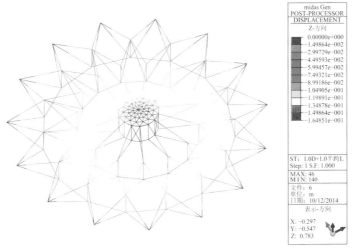

图 3.3-5　1.0 恒荷载 + 1.0 半跨活荷载作用下位移图

2. 极限承载力分析

对索穹顶结构进行了极限承载力分析，以考察其安全储备。分析中考虑几何非线性和材料非线性（针对其中刚性构件）的影响，由于拉索为脆性材料，本文给出两种结果：①不考虑拉索的破断，即假设拉索为纯弹性材料；②当拉索内力达到破断力时停止计算，此时的荷载即为索穹顶的极限承载力。初始缺陷采用特征值屈曲的第 1 阶模态，缺陷的最大值取为跨度的 1/300。本项目极限承载力考虑 1.0 恒荷载 + 1.0 活荷载及 1.0 恒荷载 + 1.0 半跨活荷载两种工况。特征值屈曲分析结果如图 3.3-6、图 3.3-7 所示，1.0 恒荷载 + 1.0 活荷载及 1.0 恒荷载 + 1.0 半跨活荷载工况下屈曲模态为绕中心轴的扭转。

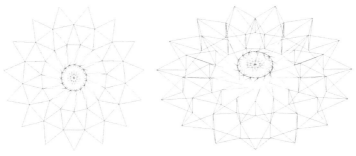

(a) 全跨屈曲模态 1　　　　　　　　　　　　(b) 全跨屈曲模态 2

图 3.3-6　1.0 恒荷载 + 1.0 活荷载特征值屈曲模态

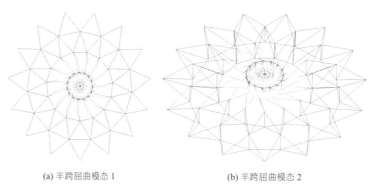

(a) 半跨屈曲模态 1　　　　　(b) 半跨屈曲模态 2

图 3.3-7　1.0 恒荷载 + 1.0 半跨活荷载特征值屈曲模态

1.0 恒荷载 + 1.0 活荷载作用下极限承载力失效模态如图 3.3-8 所示，为内圈脊索松弛失效，荷载-位移曲线如图 3.3-9 所示，极限承载力安全系数为 3.96 倍，此时最外圈斜索的应力比最大，达到 0.74 倍破断力。

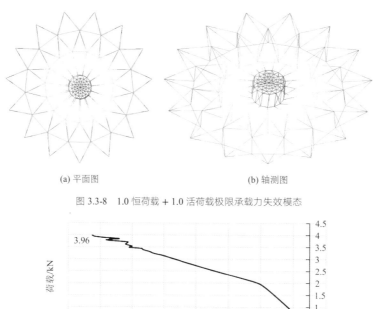

(a) 平面图　　　　　(b) 轴测图

图 3.3-8　1.0 恒荷载 + 1.0 活荷载极限承载力失效模态

图 3.3-9　荷载-位移曲线

若不考虑拉索的破断，1.0 恒荷载 + 1.0 半跨活荷载作用下极限承载力失效模态如图 3.3-10 所示，为内环的扭转，荷载位移曲线如图 3.3-11 所示，极限承载力安全系数为 8.5 倍，此时最外圈斜索的应力比最大，为 1.5 倍破断力；若考虑拉索的破断，极限承载力安全系数为 5.9 倍，最外圈斜索首先达到破断力。

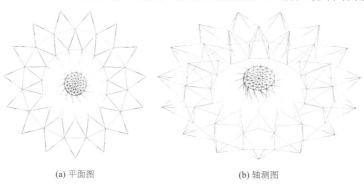

(a) 平面图　　　　　(b) 轴测图

图 3.3-10　1.0 恒荷载 + 1.0 半跨活荷载极限承载力失效模态（不考虑拉索破断）

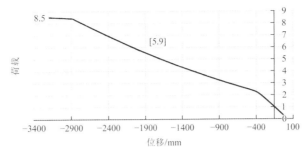

图 3.3-11　荷载-位移曲线（不考虑拉索破断）

通过对索穹顶在 1.0 恒荷载＋1.0 活荷载及 1.0 恒荷载＋1.0 半跨活荷载两种工况下的极限承载力分析发现：①极限承载力由全跨分布的荷载控制；②索穹顶极限承载力较高，有足够的安全储备。

3．抗震性能分析

采用弹性反应谱法对屋盖结构的抗震性能进行了分析。体育场下部混凝土结构的刚度相对于上部钢结构较大，在静力分析时基本可视为上部钢结构的固定支座，而在地震作用分析时，下部混凝土结构则会对上部钢结构的地震作用产生影响，因此设计中分别考虑屋盖独立模型和整体协同模型（图 3.3-12），全面考察屋盖结构的抗震性能。如表 3.3-4 所示，由于索穹顶结构屋盖自重轻，地震响应不起控制作用，大震作用下仍可保持弹性，拉索最大应力比为 0.42，撑杆最大应力比为 0.62，整体协同模型的地震响应较独立模型有所放大，以最外圈环索和撑杆为例，在小震作用下应力比分别增加了 2.7% 和 2.9%，在大震作用下应力比分别增加了 14.2% 和 15.1%。

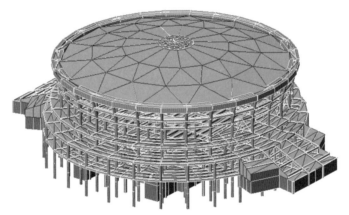

图 3.3-12　整体协同模型

独立模型与协同模型结果对比　　　　　　　　　　　　　　　　　　　　　　　表 3.3-4

构件	小震弹性应力/MPa			大震不屈服应力/MPa		
	独立模型	协同模型	增量	独立模型	协同模型	增量
拉索	396.4	407.1	2.7%	395.7	452.0	14.2%
撑杆	−84.2	−86.6	2.9%	−84.1	−96.8	15.1%

注：弹性应力为考虑了分项系数的应力；不屈服应力为不考虑分项系数的应力。

4．节点分析及设计

节点为结构体系中力流传递的枢纽，应满足计算的假定，同时精巧、美观，具有足够的安全度。对索穹顶的每种节点均进行了仔细的设计，环索索夹节点、脊索节点均采用铸钢节点，应用 ANSYS 软件建立三维实体模型进行弹塑性分析来确保其最不利工况下的极限承载力安全系数均大于 2.0［图 3.3-13（a）、（b）］。

外环梁上的锚固节点是整个索穹顶结构的支点，采用对穿锚固设计的焊接节点［图 3.3-13（c）］，一方面，混凝土环梁满足受剪、受弯、受冲切的承载力要求；另一方面，对埋件和耳板进行弹塑性有限元分析，使其极限承载力安全系数大于 2.0 [图 3.3-13 (d)]。

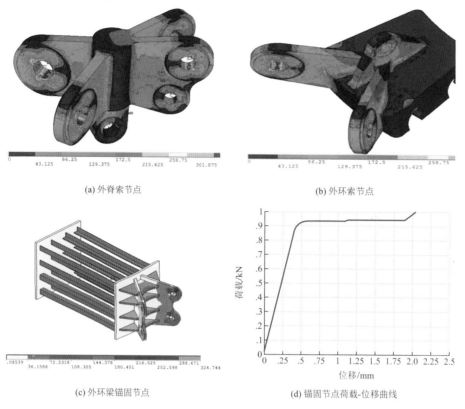

(a) 外脊索节点

(b) 外环索节点

(c) 外环梁锚固节点

(d) 锚固节点荷载-位移曲线

图 3.3-13　节点分析

3.4　专项设计

3.4.1　刚性屋面协同工作度分析

区别于采用柔性膜材屋面的传统索穹顶，刚性屋面索穹顶具有檩条系统，檩条是否参与协同工作，是需要确定的关键技术问题。选取葵花 + 肋环混合型索穹顶，建立了金属屋面檩条的协同工作分析模型（图 3.4-1），跨度 80m，脊索端点位于矢高 6.5m 的球面上，3 圈环索、20 榀径向索，斜索与水平面夹角 25°，中心环直径 12m；主檩条为连续的钢梁，次檩条铰接于主檩条，檩条系统通过两端铰接的杆连接于撑杆顶端，并铰接支承于最外环；檩条截面依据计算确定，其应力比控制为 0.75～0.9；荷载及荷载组合与选型分析相同；分析中考虑施工过程的影响（图 3.4-2），施工流程为：（a）张拉索穹顶；（b）安装径向外主檩；（c）安装环向外主檩；（d）安装径向中主檩；（e）安装环向中主檩；（f）安装径向内主檩；（g）安装环向内主檩；（h）安装次檩条。分析结果对比如表 3.4-1 所示。

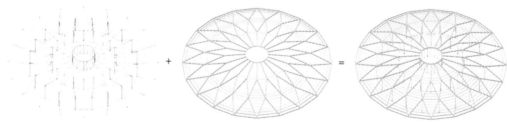

图 3.4-1　协同工作分析模型

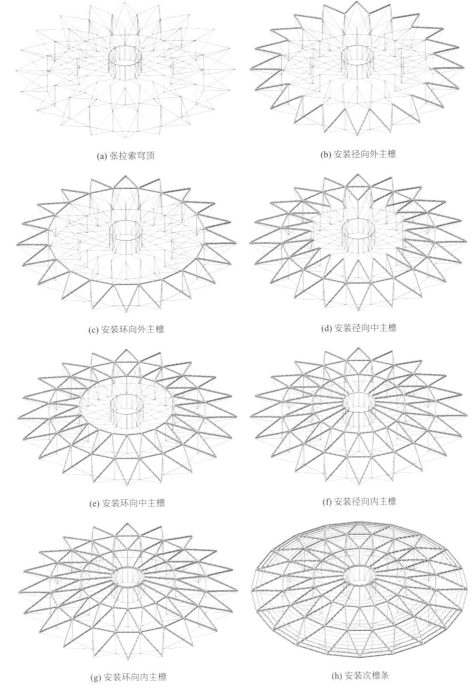

(a) 张拉索穹顶　　　　　　　　　　　　　　(b) 安装径向外主檩

(c) 安装环向外主檩　　　　　　　　　　　　(d) 安装径向中主檩

(e) 安装环向中主檩　　　　　　　　　　　　(f) 安装径向内主檩

(g) 安装环向内主檩　　　　　　　　　　　　(h) 安装次檩条

图 3.4-2　施工过程模型

　　分析结果表明，当檩条协同工作时，檩条实际上形成了一个单层网壳（为便于描述，将上部檩条系统简称为檩条网壳），显著增加了结构的刚度，结构最大位移由 234mm 降到 113mm，减小了 51.7%；檩条网壳的刚度较索穹顶大，分担了大部分的荷载，以 1.0 恒荷载 + 1.0 活荷载工况为例，檩条网壳承担的竖向荷载为 5997kN，占总荷载的 75.5%，而索穹顶部分承担的竖向荷载为 1942kN，仅占总荷载的 24.5%；由于檩条网壳在整体协同工作中发挥了壳体作用，相比传统纯受弯檩条，协同工作的檩条还承受了轴力，成为压（拉）弯构件，需要更大的截面，因此材料用量较大，协同工作时檩条用钢量达 48.6kg/m²，较不协同工作时增加了 28.6kg/m²,而索穹顶用钢量仅相应地减少了 1.8kg/m²；在考虑双非线性的极限承载力分析中，檩条首先屈服，故协同工作模型的极限承载力小于非协同模型。综上，针对本项目，檩条协同工作不具有明显的优势，因此采用简支滑动檩条，檩条不参与协同工作。

檩条系统协同与非协同分析结果对比 　　　　　　　　　　　　　　　　　表 3.4-1

类型	1.0 恒 + 1.0 活工况位移/mm	单位面积用钢量/（kg/m²）		1.0 恒 + 1.0 活工况各部分承担的竖向荷载/kN		1.0 恒 + 1.0 活工况极限承载力安全系数
		索穹顶	檩条	索穹顶	檩条网壳	
檩条不协同工作	234	12.6	20.0	6307	—	3.8
檩条协同工作	113	10.8	48.6	1942	5997	3.2

　　依据檩条协同工作机制分析，檩条释放轴向力，仅承担局部弯矩时最为节省材料，因此设计了释放檩条轴向力的节点（图 3.4-3），并且依据檩条的跨度分区域设计檩条，减轻檩条自重，节约材料用量（图3.4-4）。

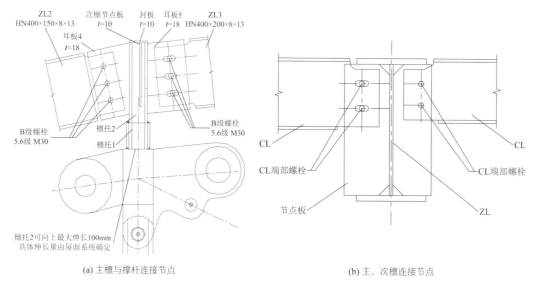

图 3.4-3 檩条节点设计

图 3.4-4 檩条布置

3.4.2 基于结构设计性能的参数分析

　　对葵花＋肋环混合型索穹顶优选方案进行参数分析，获得各类参数对该类型索穹顶性能的影响，参数分析面向设计控制指标，包括强度、刚度、极限承载力、自振特性及经济性等，其研究成果可直接指导实际工程项目。考察的参数有：檩条用材量（跨度）、环向索数量、径向索数量、内拉环大小、斜索角度、预应力度和矢高（图 3.4-5）。传统柔性膜材的重量随索穹顶网格划分的变化很小，而刚性屋面索穹顶的檩条则受跨度的影响较大，因此针对每个参数均依据檩条跨度的改变对檩条重量进行精确计算。得到了以下结论（图 3.4-6、图 3.4-7）：

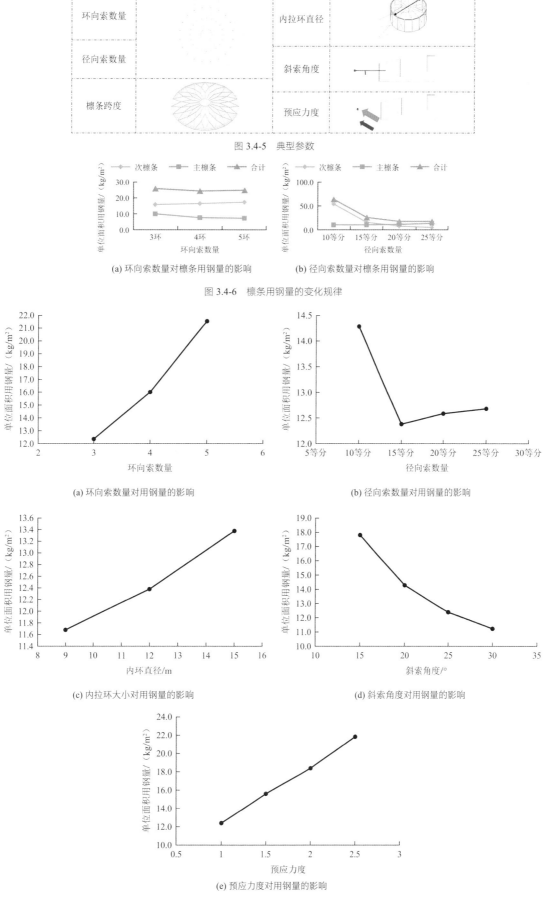

图 3.4-5 典型参数

(a) 环向索数量对檩条用钢量的影响

(b) 径向索数量对檩条用钢量的影响

图 3.4-6 檩条用钢量的变化规律

(a) 环向索数量对用钢量的影响

(b) 径向索数量对用钢量的影响

(c) 内拉环大小对用钢量的影响

(d) 斜索角度对用钢量的影响

(e) 预应力度对用钢量的影响

图 3.4-7 用钢量随各参数的变化规律

（1）檩条用材量（跨度）主要取决于径向索数量和环向索数量。径向索数量越少，次檩条用钢量越多，主檩条用钢量越少，当径向索数量过少时，次檩条用钢量会大幅增加；环向索数量越多，主檩条用钢量越少，次檩条用钢量略增，但就檩条总体用钢量而言，影响不大。

（2）由于索穹顶为逐级传力的体系，环向索圈数越多，力流传递途径越长，用钢量越大。

（3）随着径向索数量的变化，结构刚度差距不大，径向取15榀时，索穹顶用钢量最少。

（4）内拉环越大，最内环的刚度越小，最内圈脊索越容易松弛，所需预应力度越高，用钢量越大。

（5）斜索角度越大，所需的预应力度越小，用钢量越少。

（6）随着预应力度的增加，结构的刚度、用钢量均相应增加，基本呈单调关系。

3.4.3　设计、施工、监测一体化技术

1．施工张拉

索穹顶为预应力柔性结构，需通过拉索张拉以建立结构体系，因此合理施工张拉对结构受力性能有决定性的影响。项目在设计阶段即考虑施工张拉成形方法对结构的影响，获取精准的结构性能；同时基于结构性能要求，综合考虑施工便捷性、经济性等因素，确定施工张拉方案。经过对比研究，最终选用同步张拉外圈斜索，其余索被动张拉的方案。按照 15%→25%→60%→80%→100% 的分级，同步张拉外斜索达到设计状态（图 3.4-8），拉索内力随各分级的变化如表 3.4-2 所示，由内力变化曲线（图 3.4-9）可以发现拉索内力基本呈线性变化。

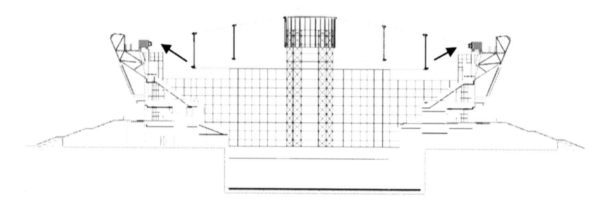

图 3.4-8　同步张拉外斜索示意

各级状态下拉索内力　　　　　　　　　　　　　　　　　　　表 3.4-2

分级	拉索内力/kN								
	外脊索	中脊索	内脊索	外斜索	中斜索	内斜索	外环索	中环索	内环索
15%	91	26	5	154	52	44	518	189	95
25%	222	102	107	247	84	72	838	308	157
60%	781	430	558	610	215	184	2078	788	400
80%	1065	595	788	814	282	240	2778	1032	522
100%	1351	761	1017	1031	349	295	3526	1277	642

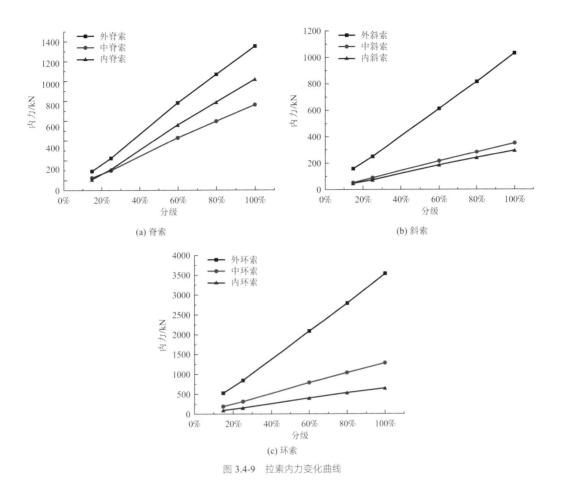

(a) 脊索

(b) 斜索

(c) 环索

图 3.4-9 拉索内力变化曲线

2. 施工及健康监测

本项目进行了施工及健康监测，监测内容为结构变形、索力和撑杆内力，并监测其随温度和风环境的变化，测点布置以能测出力平衡关系为原则。据施工监测数据分析，环索索力理论值与实测值之差最大百分比值为 7.3%；脊索索力理论值与实测值之差最大百分比值为−9.6%；斜索索力理论值与实测值之差最大百分比值为 9.4%，偏差均在 10% 以内，达到了设计要求。使用阶段健康监测数据显示，拉索内力基本保持稳定，变化幅度较小，与设计吻合度较高，验证了设计的准确性。

3.5 结语

本章对雅安天全体育馆金属屋面索穹顶结构设计研究进行了介绍，对其结构选型、屋面檩条系统协同分析、静力性能、动力性能、极限承载力、抗震性能、节点分析设计、施工张拉和监测等关键技术问题进行了阐述，得到以下结论：

（1）金属屋面覆盖材料可用于索穹顶结构，为空间结构提供了更多的可能性。

（2）对四种索穹顶布置进行了选型研究，包括肋环型索穹顶、带垂直支撑肋环型索穹顶、葵花型索穹顶、葵花＋肋环混合型索穹顶。葵花＋肋环混合型索穹顶结构性能指标较优，且有效地避免了最内环拉索密集、节点复杂的缺点，为优选结构方案。

（3）金属屋面檩条与索穹顶协同工作时，檩条形成一个单层网壳，可显著增加结构的刚度；檩条网壳的刚度较索穹顶大，分担了大部分荷载首先屈曲导致极限承载力有所降低，且材料用量增加较多。针对本项目，檩条协同工作不具有明显的优势，故采用简支滑动檩条，檩条不参与协同工作。

（4）在本项目中，重力荷载、温度作用对索穹顶起主要控制作用，通过合理设计，保证了索穹顶的刚度，关键构件的应力比均控制在较低的水平；极限承载力由全跨分布的荷载控制；结构的自振周期密集，地震响应不起控制作用，大震作用下仍可保持弹性，整体协同分析模型的地震响应较独立模型有所放大。

（5）对每种节点均进行了弹塑性有限元分析，铸钢节点最不利工况下的弹塑性极限承载力安全系数均大于2.0；外环梁锚固节点采用了对穿锚固设计，安全可靠。

（6）采用同步张拉外圈斜索、其余索原长放样、被动张拉的方案；施工监测数据表明，环索、脊索、斜索的索力理论值与实测值之差均在10%以内，施工张拉取得较好效果。

设计团队

冯　远、向新岸、魏　忠、周魁政、齐　奇、邱　添、张旭东、刘晓舟、张伟刚

执笔人：向新岸、冯　远

获奖信息

2018年全国优秀建筑设计奖结构专业一等奖；

2019年全国优秀工程勘察设计行业奖建筑结构专业一等奖；

2020年四川省优秀工程勘察设计结构专项一等奖；

2020年四川省优秀工程勘察设计一等奖；

2019年空间结构设计金奖。

第 4 章

郑州市奥林匹克体育中心

4.1 工程概况

4.1.1 建筑概况

郑州市奥林匹克体育中心项目（以下简称"郑州奥体中心"）位于河南省郑州市郑西新区的核心区域。郑州奥体中心具备承办全国综合性运动会及国际 A 级单项比赛的条件，能起到丰富市民公共文化生活、完善城市功能、展示郑州新形象、提升城市影响力和国际地位的作用。

体育中心包含体育场、体育馆、游泳馆及配套商业四个部分（图 4.1-1、图 4.1-2）。体育场设 5 万个固定座席及 1 万个临时座席，属于大型甲级体育场，建筑面积约 13.85 万 m²，地上 11 层，建筑总高度为 54.390m；体育馆设 1.5 万个固定座席及 1000 个活动座席，属于特大型甲级体育馆，可举办体操、冰上、球类等比赛，建筑面积约 5.97 万 m²，地上 4 层，建筑总高度为 34.800m；游泳馆设 3000 个固定座席，建筑面积约 4.41 万 m²，地上 3 层，建筑总高度为 26.800m；配套商业地面 1 层，地下 1 层，建筑面积约 29.8 万 m²；三个场馆及商业均设 2 层地下室。

图 4.1-1 郑州奥体中心整体鸟瞰图

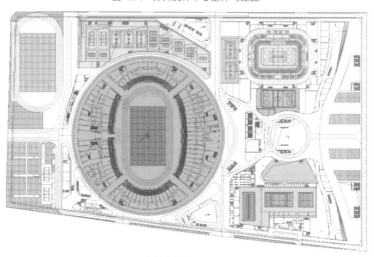

图 4.1-2 郑州奥体中心 1 层建筑平面图

本项目东西方向总长度约 550m，南北方向总宽度约 404m，三个场馆的建筑外形和高度相差较大，在 7.000m 标高位置共设置三道结构缝（图 4.1-3），将上部结构划分为四个独立的结构单元（图 4.1-4），同时降低温度作用对结构的影响。设缝后，体育场结构单元的平面尺寸约为 330m × 362m，体育馆结构单元的平面尺寸约为 220m × 126m，游泳馆结构单元的平面尺寸约为 220m × 102m，商业结构单元的平面尺寸约为 220m × 176m。

本项目基础均采用机械成孔的大直径端承摩擦灌注桩，桩端持力层均为粉质黏土层。

图 4.1-3 郑州奥体中心结构缝的立面划分

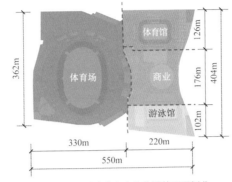

图 4.1-4 郑州奥体中心结构缝的平面划分

4.1.2 设计条件

1. 主要控制参数（表 4.1-1）

控制参数   表 4.1-1

结构设计基准期		50 年
结构设计使用年限		50 年
结构耐久性设计使用年限		50 年
结构重要性系数	基础、混凝土结构竖向构件、关键水平构件及节点、屋面钢结构	1.1
	混凝土结构其余构件	1.0
建筑抗震设防分类	体育场、体育馆、商业	重点设防类
	游泳馆	标准设防类
地基基础设计等级		甲级
设计地震动参数	抗震设防烈度	7 度（0.15g）
	设计地震分组	第二组
	场地类别	Ⅱ类

2. 抗震设防烈度及抗震等级

本工程抗震设防烈度为 7 度，设计基本地震加速度值为 0.15g，设计地震分组为第二组。构件抗震等级见表 4.1-2。

构件抗震等级   表 4.1-2

结构单体			结构构件	抗震等级
体育场	混凝土结构	酒店影响区域	核心筒	一级
			场内柱	一级
			Y 形柱	一级
			径向贯通框架梁	一级

结构单体			结构构件	抗震等级
体育场	混凝土结构	底部加强区	混凝土核心筒	一级
			框架柱	一级
		支撑屋盖立柱		一级
		其他区域	核心筒	一级
			框架柱	二级
			框架梁	二级
	支撑空中连廊筒		混凝土筒	一级
			钢框架柱	一级
			钢框架梁	一级
			钢支撑	一级
	酒店钢结构		钢框架柱	一级
			钢框架梁	一级
	其余部分钢结构		关键构件	二级
			一般构件	按《建筑抗震设计规范》GB 50011-2010第 10.2 节确定
体育馆			框架	一级
游泳馆			框架	二级
			屋盖钢架	三级
商业			框架	一级

4.2 建筑特点

郑州奥体中心的建筑设计具有以下特点：

（1）体育场屋盖的最大悬挑长度达到 54.1m，并在中部设有椭圆形大开口，整个看台罩棚的建筑设计呈现出轻盈、通透的造型效果。

（2）体育场南北面设有 82m 跨度的大开口，为内部看台区域提供了良好的观景效果，也为活动看台的拓展预留了空间，由此形成的空中连廊除了具备观赛功能外，在非赛事时间还具备展览、城市会客、观景、餐饮等多项建筑功能。

（3）国内首次将星级酒店集合于大型体育场中，实现了高节约用地和建筑功能的高效利用。

（4）游泳馆屋盖为双向斜置造型，内部的建筑效果简洁、大气。

（5）体育馆屋盖也是双向斜置造型，作为多功能场馆，其屋面均需要满足复杂的吊挂荷载要求。

结构设计围绕建筑特点，创新地采用多种合理的设计方案和技术措施，实现了建筑功能和建筑效果，同时充分保证了结构的安全性、合理性和经济性。

4.2.1 体育场罩棚悬挑长度大

郑州奥体中心体育场为综合型大型甲级体育场（图 4.2-1），其外轮廓投影形状近似为圆形，其中南北方向投影总长度约 291.5m，东西方向投影总长度约 311.6m，整个屋盖的建筑设计呈现出轻盈、通透的造型效果。罩棚悬挑长度东西方向最大达到 54.1m，南北方向为 30.8m。

图 4.2-1 郑州奥体中心体育场实景

4.2.2 体育场南北立面大开口

体育场建筑设计突出赛事和景观相结合的观赛效果,在南北立面设有 82m 的巨大开口,确保在体育场各层的固定看台,都能在观赛同时欣赏体育场外部的黄河景观(图 4.2-2)。体育场 2 层、3 层看台在大开口区域不形成环形围合看台,作为 1 万座活动看台的设置区域,根据赛事需要,灵活地扩展观众座席。

图 4.2-2 郑州奥体中心体育场南立面实景

4.2.3 星级酒店与大型综合体育场功能融合

建筑形式与其功能是相互匹配的,因此功能相同的建筑往往在形式和造型上有一定的相似性。本项目体育场将星级酒店融入大型综合体育场,实现了建筑创作的突破,也为结构设计带来了新的挑战(图 4.2-3)。

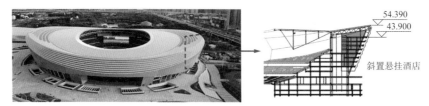

54.390
43.900

斜置悬挂酒店

图 4.2-3　郑州奥体中心体育场斜置悬挂酒店

4.3　体系与分析

4.3.1　结构布置

1. 体育场结构布置

体育场下部混凝土结构的平面尺寸约 330m × 362m，屋盖最高点建筑标高 54.390m，混凝土结构最高楼层建筑标高 43.900m，主体采用钢筋混凝土框架-剪力墙结构，酒店区域采用钢结构 + 屈曲约束支撑；罩棚屋盖平面尺寸约 292m × 311m，最大悬挑 54.1m。看台区域罩棚采用大开口索承网格结构，82m 立面大开口区域采用三角形巨型弧形桁架结构，屋盖非看台区域采用钢网架结构，立面采用平面钢桁架结构。

体育场钢筋混凝土结构的柱网尺寸，整体呈径向和环向布置，外环柱列间距约 10.5m × 9m，部分区域因功能需要局部抽柱形成大空间，柱网尺寸约 10.5m × 18m；训练馆区域的柱网尺寸为 23.3m × 11.4m。如图 4.3-1、图 4.3-2 所示。

体育场共设 3 层看台，1 层看台为围合的椭圆形看台，2 层、3 层看台在南北向空缺，为非闭合的月牙形看台。南北向端部空缺区域作为 1 万个活动座席的预留位置。支承屋盖的钢柱环向间距 18m，插入看台顶部的钢筋混凝土柱中并作为下部的型钢混凝土柱。

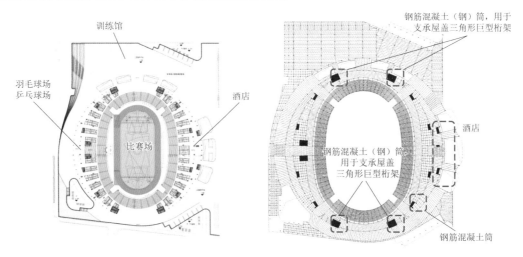

图 4.3-1　体育场功能分区

图 4.3-2　体育场 2 层结构平面图

酒店位于东侧看台东面的外挑部分（图 4.3-3），其重心处在最外侧的竖向构件以外，依靠各层梁板与主体结构连接，因酒店使用功能布局原因，仅有间隔的 4 层楼板可与主体相连，外挑酒店荷载（竖向力及水平力）大量传至核心筒，造成结构抗震性能薄弱。外挑酒店的重心外移使该区域内的钢筋混凝土核心筒、场内柱及梁、酒店径向贯通梁、板等构件产生拉力和剪力。设计采取核心筒墙体中设置型钢以提高其抗拉能力，内置型钢暗撑提高其抗剪能力，同时提高受拉构件的承载力，以增强其整体性。

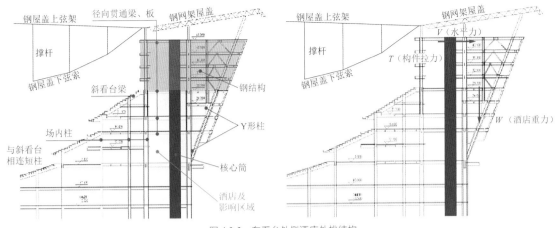

图 4.3-3　东看台外侧酒店外挑结构

由于体育场平面尺寸大，为满足建筑使用功能要求，未设置结构缝（图 4.3-4）。因此，对超长楼板、露天看台肋梁等构件采用无粘结预应力，以解决超长结构的温度作用问题。对荷载大、跨度大的混凝土梁采用有粘结预应力。

体育场屋盖在比赛场内区域的看台罩棚采用设置内环带桁架的大开口索承网格结构，该结构体系上弦为刚性单层网格，下弦为车辐式布置的张拉索杆体系；沿环索斜向设置连接环索和上弦单层网格的斜撑杆，从而形成立体内环带桁架；结合建筑采光带的需求，最内环设置内环悬挑网格。如图 4.3-5 所示。

罩棚结构体系以张拉索杆为主要承重构件，充分发挥了拉索的高强材料特性，也大幅减小对主体结构的作用，可经济有效地跨越较大的跨度，同时获得简洁、轻盈的建筑效果；网架既作为赛场外区域屋盖，同时又起到罩棚索承网格结构的外环梁作用。立面平面桁架结构及三角形巨型桁架结构的布置与建筑肌理走向一致，同时完美满足建筑功能要求，实现结构选型与建筑要求的和谐统一。

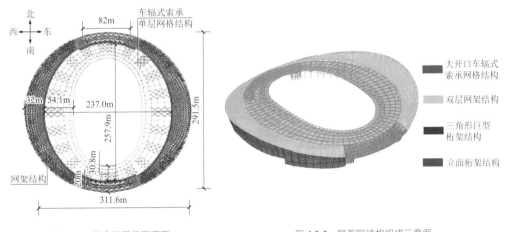

图 4.3-4　体育场屋盖平面图　　　　　图 4.3-5　屋盖钢结构组成示意图

根据建筑功能与造型要求，体育场南北向不设置看台，形成 82m 宽大洞，其上部跨越屋盖作为空中连廊，室内为展览厅。该 82m 大跨度空中连廊结构不仅作为体育场罩棚大开口索承网格的支承结构，还承载自重和展览使用荷载。通过多结构方案比选，采用大跨度三角形巨型桁架结构，可提供开敞使用空间，满足建筑使用功能要求。

三角形巨型空间桁架的支承结构为设置于洞两侧的筒体，筒体在 7m 标高以下为钢筋混凝土筒，以上为钢框架-支撑筒，钢筒插入下部钢筋混凝土筒内 7m。设置钢筒结构是为了有效减小巨型桁架在温度作用下产生的内力，降低对下部混凝土结构的反力。三角形巨型桁架端部与外围双层网架连接，共同构成大开口索承网格结构的封闭边界环。如图 4.3-6 所示。

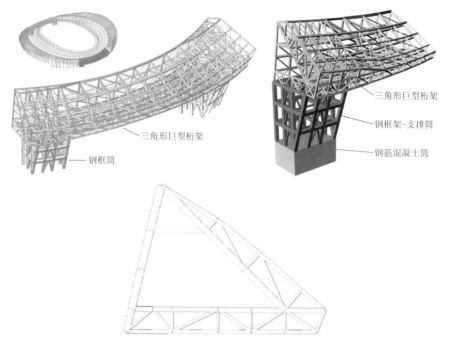

三角形巨型桁架

钢框筒

三角形巨型桁架

钢框架-支撑筒

钢筋混凝土筒

图 4.3-6　体育场南北立面三角形巨型桁架

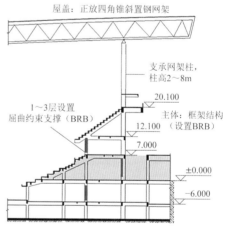 文字位置保留

2. 体育馆结构布置

综合体育馆（图 4.3-7）平面尺寸为 260m×128m，建筑总高度为 34.8m，其中混凝土结构最高阶看台标高 20.0m，典型柱网尺寸 10.8m×10.8m，采用钢筋混凝土框架结构。为提高结构的整体抗震性能，改善抗扭转性能，在 1～3 层设置了屈曲约束支撑（BRB）。

体育馆屋盖的平面尺寸为 150m×122m，南北向跨度为 100.2m，东西向跨度为 130.3m，角部最大悬挑 40.6m，采用斜置焊接钢网架结构，支座采用成品铸钢抗震支座，为释放大尺寸钢屋盖温度应力，局部支座采用水平可滑动弹簧支座。结构体系剖面图如图 4.3-8 所示。

图 4.3-7　体育馆实景

图 4.3-8　体育馆结构体系剖面图

屋盖：正放四角锥斜置钢网架

支承网架柱，柱高2～8m

1～3层设置屈曲约束支撑（BRB）

主体：框架结构（设置BRB）

20.100

12.100

7.000

±0.000

-6.000

3. 游泳馆结构布置

游泳馆（图 4.3-9）包括比赛区和训练区，东西方向长 142m，南北方向宽 67～84m，建筑总高度 31.1m，地上 3 层，地下 2 层。比赛区内设置长 50m×宽 25m×深 3m 的 10 道标准比赛池和长 25m×宽 25m×深 3m 的 10 道短道比赛池各一个；训练区内设置长 50m×宽 25m×深(1.5～1.8)m 的 10 道训练池一个。游泳馆内单侧设置看台，南向设有固定座席 3000 个。

游泳馆典型柱网尺寸为 8.1m×8.6m，采用钢筋混凝土框架结构。游泳馆东西方向长，南北方向短，地震作用下的扭转位移比较大，在地下1层至3层设置了屈曲约束支撑BRB，以降低结构扭转位移比并改善结构的整体抗震性能。

　　游泳馆屋盖采用钢结构，根据各自区域的跨度和使用环境，分别采用相应的结构形式（图4.3-10）。比赛区的屋盖跨度64.750m，采用交叉张弦梁结构；训练区的屋盖跨度34.5m，采用密肋钢梁结构。观众休息区为非用水环境区域，屋盖采用刚架钢结构。

图4.3-9　游泳馆室内实景

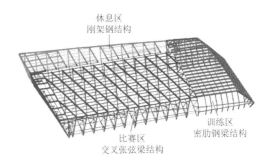
图4.3-10　游泳馆屋盖整体计算模型

4.3.2　结构分析

　　本节通过对单体典型的结构分析计算，简要介绍各结构单体的受力特点。

1. 体育场屋盖静力性能分析

　　大开口索承网格结构是由中国建筑西南设计研究院提出的新型刚柔性大跨度空间结构体系，具有体系优、效率高、低碳节材的优点。采用MIDAS/Gen、ANSYS软件对屋盖结构进行分析，分析模型如图4.3-11、图4.3-12所示，采用不同有限元单元对构件进行模拟，分析单元类型如表4.3-1所示。根据建筑重要性及结构方案布置，确定构件层次重要性及性能目标。体育场屋盖钢结构构件分为关键构件与一般构件，设定相应的应力控制指标。关键构件确定如表4.3-2所示。关键构件与一般构件的应力比控制指标如表4.3-3、表4.3-4所示：

有限元计算单元类型　　　　　　　　　　　　　　　　表4.3-1

软件	索承网格结构			网架	三角形巨型桁架及钢筒	立面桁架
	拉索	撑杆	刚性网格			
MIDAS/Gen	只受拉单元	桁架单元	梁单元	桁架单元	梁单元	梁单元
ANSYS	LINK180	LINK180	BEAM188	LINK180	BEAM188	BEAM188

屋盖钢结构关键构件定义　　　　　　　　　　　　　　表4.3-2

体育场钢结构	关键构件
车辐式索承网格（罩棚）	环索、内环桁架撑杆、内环桁架上环梁、外环梁、看台支承柱
双层网架（屋盖）	支座附近杆件
平面桁架（立面）	落地箱形柱及与网架相连弦杆
三角形巨型桁架（空间连廊）	上弦杆、下弦杆、与钢框筒连接的腹杆、钢框筒柱

屋盖钢构件应力比控制指标　　　　　　　　　　　　　表4.3-3

项目		关键构件	一般构件
应力比	静力	0.75	0.9
	多遇地震	0.75（弹性）	0.90（弹性）

项目		关键构件	一般构件
应力比	设防地震	0.9（弹性）	1.0（弹性）
	罕遇地震	1.0（弹性）	1.0（仅抗弯屈服）

屋盖拉索应力比控制指标　　　　　　　　　　　　　　　　　表 4.3-4

项目		关键构件（环索）	一般构件（径向索）
应力比	静力	0.40 破断力	0.50 破断力
	多遇地震	0.40 破断力	0.50 破断力
	设防地震	0.50 破断力	0.50 破断力
	罕遇地震	0.50 破断力	0.50 破断力

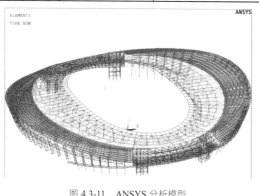

图 4.3-11　ANSYS 分析模型

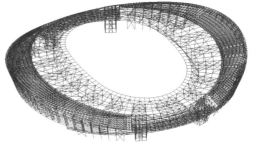

图 4.3-12　MIDAS/Gen 分析模型

使用两款软件对结构进行分析，并相互校核计算结果，两个程序计算结果基本一致，结构位移与构件应力差别在 5% 以内，满足工程设计要求。结构设计的各项指标也满足规范和应力控制指标要求。

2. 体育场屋盖稳定性能分析

结构的线性特征值屈曲是结构稳定分析的一个重要部分，静力稳定性可以定义为：结构或构件在某种荷载作用下，在某一位置保持平衡，在荷载小于某一数值时，微小的外界扰动使其偏离平衡位置，外界扰动除去后，仍能恢复到平衡位置，则称初始平衡位置是稳定的；当荷载大于一定的数值时，外界扰动使其偏离平衡位置，扰动除去后，不能恢复到原来的平衡位置，则称初始平衡位置是不稳定的。而结构或构件屈曲定义为：由于平衡的不稳定性，从初始平衡位置转变到另一平衡位置，称为屈曲。如果产生屈曲的结构或构件屈曲后路径不稳定，则认为结构或构件出现了失稳。

采用通用有限元软件 MIDAS/Gen 进行计算分析，计算结构在 5 种荷载工况下的特征值，分别为：1.0 恒荷载 + 1.0 活荷载、1.0 恒荷载 + 1.0 东半跨活荷载、1.0 恒荷载 + 1.0 南半跨活荷载、1.0 恒荷载 + 1.0 西半跨活荷载、1.0 恒荷载 + 1.0 升温作用。线性特征值屈曲因子见表 4.3-5，屈曲模态见表 4.3-6。

线性特征值屈曲因子　　　　　　　　　　　　　　　　　表 4.3-5

阶数	1.0 恒荷载 + 1.0 活荷载	1.0 恒荷载 + 1.0 东半跨活荷载	1.0 恒荷载 + 1.0 西半跨活荷载	1.0 恒荷载 + 1.0 南半跨活荷载	1.0 恒荷载 + 1.0 升温作用
1	7.01	8.00	7.69	8.08	7.72
2	7.11	8.05	7.82	8.24	7.82
3	7.26	8.32	8.15	8.34	8.13
4	7.30	8.73	8.66	8.47	8.33
5	7.40	8.85	9.00	8.58	8.38

工况	第1阶模态	第2阶模态	第3阶模态
1.0 恒荷载 + 1.0 活荷载			
1.0 恒荷载 + 1.0 东半跨 活荷载			
1.0 恒荷载 + 1.0 升温作 用			

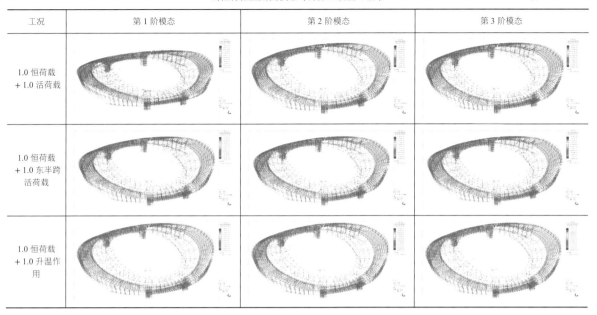

上述特征值屈曲分析的结果表明，结构失稳的最低阶模态相似，均为索承网格结构的局部屈曲，但特征值屈曲为体系稳定性承载力的上限，按相关规范要求尚应进行如下节所述的考虑非线性影响的稳定性分析。

以非线性有限元为基础，分析结构的荷载-位移全过程，可以从最精确的意义上来分析结构的稳定性问题。本节以 ANSYS Inc 作为分析工具跟踪结构的平衡路径。

此外，初始几何缺陷对结构的稳定承载力有很大的影响，本设计考虑结构初始形状的安装偏差、构件初始弯曲、构件对节点的偏心等影响，初始缺陷近似取一致缺陷模态，最大值取$L/300$，其中跨度L取最大悬挑长度的2倍（表4.3-7）。

考虑初始缺陷下双非线性结构极限承载力 表4.3-7

工况	$L/300$ 缺陷下的屈曲模态	荷载-位移曲线	安全系数K
1.0 恒荷载 + 1.0 活荷载			2.61
1.0 恒荷载 + 1.0 东半跨 活荷载			2.71

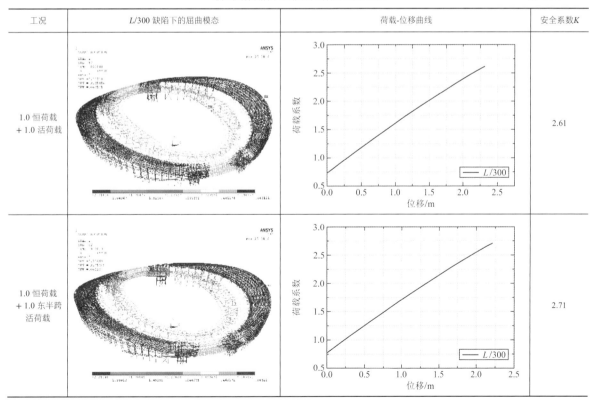

工况	L/300 缺陷下的屈曲模态	荷载-位移曲线	安全系数K
1.0 恒荷载 +1.0 升温 作用	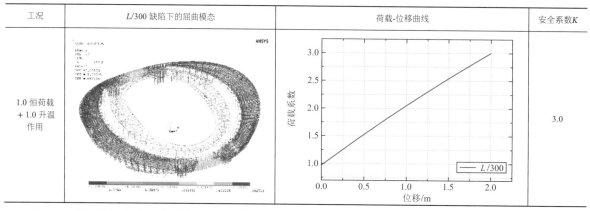		3.0

综上，双非线性稳定分析结果表明，结构具有较好的稳定性，极限承载力安全系数均超过规范规定的 2.0 倍，满足规范要求。经过特征值屈曲和双非线性稳定计算，结构具有较好的稳定性能，达到了规范的要求。

3. 体育场屋盖抗连续倒塌分析

大开口索承网格结构需通过在拉索中施加预应力来形成整体刚度以抵抗外荷载，拉索失效可能引起结构的连续倒塌。此外，支承悬挑屋盖的立柱如果失效，也可能引起结构的倒塌破坏。本节采用拆除构件法，研究结构在断索或立柱断裂的情况下结构的抗连续倒塌性能。

1）最大悬挑处断 2 根径向索

如图 4.3-13～图 4.3-16 所示，在 1.2 恒荷载 + 0.5 活荷载工况下，在罩棚西向最大悬挑处切断 2 根径向索，断索后，相邻径向索最大应力为 623MPa < 0.5 破断力，因此不会引起相邻径向索的连续破断。由图 4.3-14、图 4.3-15 可知，断索后，刚性网格构件局部进入塑性，但大部分仍保持弹性。由图 4.3-13 可知，在断索处局部将出现较大的变形，最大竖向变形为−1.31m；断索相连的竖向撑杆由于失去约束，发生较大的水平位移。

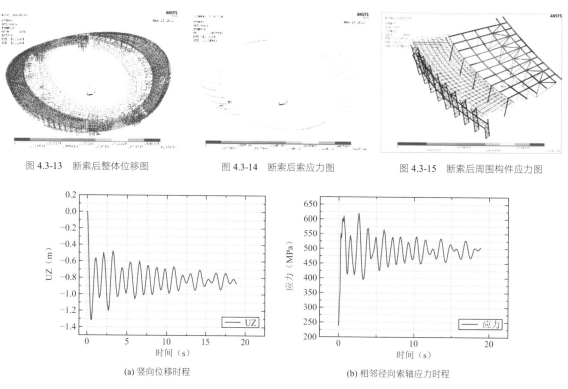

图 4.3-13 断索后整体位移图　　图 4.3-14 断索后索应力图　　图 4.3-15 断索后周围构件应力图

(a) 竖向位移时程　　　　　　　　　　(b) 相邻径向索轴应力时程

图 4.3-16 最大竖向变形点位移时程及相邻径向索轴应力时程

2）最大悬挑处断1根立柱

如图4.3-17～图4.3-20所示，在1.2恒荷载＋0.5活荷载工况下，在西向最大悬挑处断1根立柱不会引起相邻结构的连续倒塌，与立柱相连网架的斜腹杆由受拉状态变为受压状态。由图4.3-19可知，大部分刚性网格构件与网架仍保持弹性。由图4.3-17可知，在断柱位置处将局部出现较大的变形，最大变形为−0.27m。立柱断之前，相邻环索应力为434MPa，相邻径向索应力为256MPa；立柱断之后，相邻环索最大应力为440MPa，相邻径向索应力减小为176MPa。

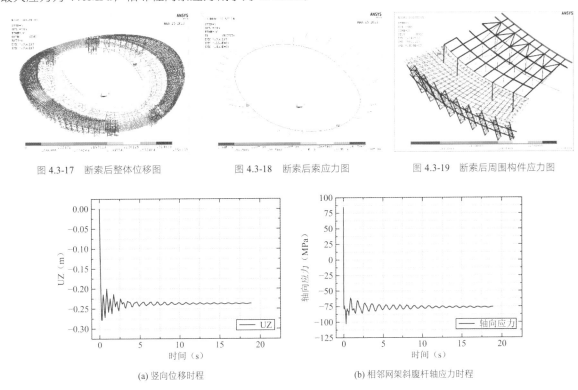

图 4.3-17　断索后整体位移图　　　图 4.3-18　断索后索应力图　　　图 4.3-19　断索后周围构件应力图

(a) 竖向位移时程

(b) 相邻网架斜腹杆轴应力时程

图 4.3-20　最大竖向变形点位移时程及与相邻网架斜腹杆轴应力时程

4. 体育场屋盖节点有限元分析

体育场屋盖采用多种类型结构体系组合的方式高效率地跨越了大空间，实现了建筑造型和功能，不论是大开口索承网格结构自身，还是各种结构体系连接部位的关键节点设计都直接关系到结构的传力路径是否可靠，设计的意图能否有效实现。因此，全面、细致的节点有限元分析是必不可少的，本节列举几种典型节点的有限元分析过程和结果。

1）索承网格、径向索与支撑立柱及罩棚外网架连接节点

如图 4.3-21、图 4.3-22 所示，环梁（P530 × 16 圆管）与网架上弦（P273 × 12 圆管）及网架下弦（P245 × 12 圆管）相交于 950mm × 35mm 的柱帽之上，柱帽再利用锥形管与下部 650mm × 35mm 的钢管柱连接。$T = 70$mm 的耳板插入柱帽，耳板上下开有连接拉索及径向网格的销轴孔。在柱帽中间设置两道$t = 35$mm 的横隔板。

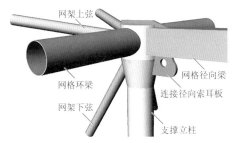

网架上弦

网格环梁

网架下弦

网格径向梁

连接径向索耳板

支撑立柱

图 4.3-21　节点几何模型图　　　图 4.3-22　ANSYS 有限元网格划分图

节点计算结果如图 4.3-23～图 4.3-25 所示。由图 4.3-25 可知，节点 2 的极限承载力约为 1.68 倍控制工况荷载。由图 4.3-23 可知，在 1.68 倍控制荷载作用下，耳板连接拉索的销轴孔边缘有单元局部进入塑性，大部分节点区应力在 250MPa 以下。因此可判断此节点基本满足要求。

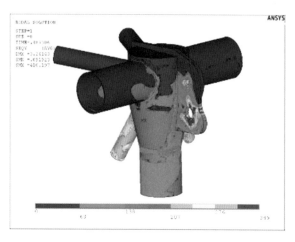

图 4.3-23 Mises 等效应力图

图 4.3-24 应变图

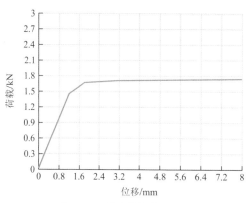

图 4.3-25 节点荷载-位移曲线

2）径向索、环向索及内环桁架斜腹杆连接节点（内环带桁架下弦节点）

铸钢节点三维模型如图 4.3-26 所示。

取径向拉索破断力的 0.5 倍作为节点荷载施加于节点之上，对节点进行有限元分析。

节点计算结果如图 4.3-27、图 4.3-28 所示。从位移图中可以看出，节点变形很小；从应力图中可以看出，节点大部分区域应力在 200MPa 以下。因此可判断此节点安全，且有较大的安全储备。

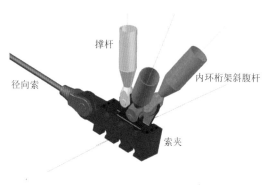

图 4.3-26 节点三维模型

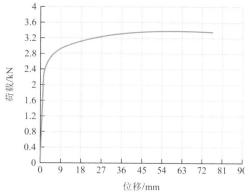

图 4.3-27 节点荷载-位移曲线

经典回眸 中国建筑西南设计研究院有限公司篇

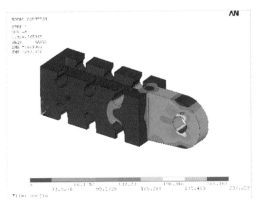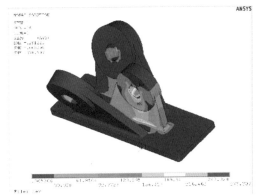

图 4.3-28　Mises 等效应力图

3）三角形巨型桁架支座节点

　　三角形巨型桁架支座下弦杆与钢框架连接节点，其中三角形巨型桁架下弦杆为尺寸 B900×600×55×55（mm）的焊接箱形截面，钢框筒柱为尺寸 B1000×1000×35×35（mm）的焊接箱形截面。三角形巨型桁架的竖腹杆通过两块 55mm 厚的插板连接于钢框筒柱顶，水平斜腹杆则相贯于钢框筒的侧面。节点几何模型如图 4.3-29 所示，有限元网格划分如图 4.3-30 所示。

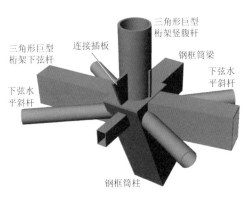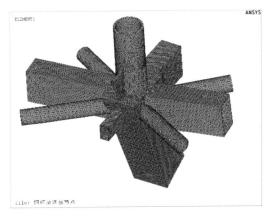

<table>
<tr><td style="text-align:center">图 4.3-29　节点几何模型</td><td style="text-align:center">图 4.3-30　ANSYS 有限元网格划分</td></tr>
</table>

　　节点计算结果如图 4.3-31～图 4.3-33 所示。由图 4.3-33 可知，节点的极限承载力约为 1.32 倍控制工况荷载。由图 4.3-31 可知，在 1.32 倍控制工况荷载下，三角形巨型桁架下弦杆端部进入塑性，十字插板靠近下弦杆一侧局部进入塑性。节点区大部分区域等效应力在 300MPa 以下。因此可判断此节点基本满足安全性要求。

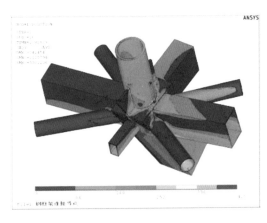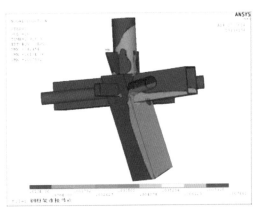

<table>
<tr><td style="text-align:center">图 4.3-31　Mises 等效应力图</td><td style="text-align:center">图 4.3-32　应变图</td></tr>
</table>

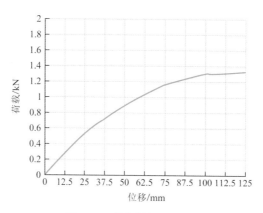

图 4.3-33　节点荷载-位移曲线

5. 体育馆 BRB 设计分析

为提高体育馆地震作用下的性能，配合建筑使用功能，在地下 1 层至 2 层（结构层号 1～3）合适位置布置 Q235 系列屈曲约束支撑（BRB），以改善钢筋混凝土框架结构的耗能机制。BRB 布置概况如图 4.3-34 和表 4.3-8 所示。BRB 性能目标为小震保持弹性，中震开始进入耗能状态，大震全部进入耗能状态。

BRB 布置概况　　　　　　　　　　　　　　　　　　　　　　　　　表 4.3-8

结构层号	屈服承载力/kN	等效截面面积/mm²	根数
1	3000	13084	32
2	3000	13084	30
3	4000	17623	24

(a) 结构 1 层　　　　　　　　　　　　(b) 结构 2 层　　　　　　　　　　　　(c) 结构 3 层

图 4.3-34　BRB 布置示意图

1）多遇地震工况对比分析

分别建立有无 BRB 的体育馆整体模型，进行弹性反应谱分析，计算得到的基底剪力和楼层侧向刚度如表 4.3-9 和表 4.3-10 所示。BRB 使下部混凝土结构周期变短，总基底剪力变大，结构刚度提高。设置 BRB 楼层侧向刚度明显提高，如 2 层 X 向侧向刚度提高 2.42 倍。设置 BRB 之后，结构的侧向刚度比更加均匀，均大于 1。

体育馆基底剪力比较　　　　　　　　　　　　　　　　　　　　　　表 4.3-9

项目		有 BRB	无 BRB
地震作用下总基底剪力/kN	X 向	95626	85131
	Y 向	84238	66642

体育馆楼层侧向刚度比较 表 4.3-10

结构层号	X向				Y向			
	有 BRB		无 BRB		有 BRB		无 BRB	
	侧向刚度/(kN/m)	侧向刚度比	侧向刚度/(kN/m)	侧向刚度比	侧向刚度/(kN/m)	侧向刚度比	侧向刚度/(kN/m)	侧向刚度比
1	2.48×10^7	2.35	1.68×10^7	3.85	2.19×10^7	2.11	1.58×10^7	3.58
2	1.05×10^7	1.04	0.44×10^7	0.79	1.04×10^7	1.01	0.44×10^7	0.85
3	1.01×10^7	1.56	0.55×10^7	0.85	1.03×10^7	1.51	0.52×10^7	0.76
4	0.65×10^7	—	0.65×10^7	—	0.68×10^7	—	0.68×10^7	—

2）设防地震工况对比分析

采用 SAP2000 软件进行非线性时程分析。BRB 用 Plastic（Wen）连接单元模拟，屈服后刚度比取值为 0.1，屈服指数取值为 2，考虑两端节点刚域，BRB 屈服位移取值如表 4.3-11 所示。根据拟建场地特性选取了 2 组天然地震波（L0722、L0776）和 1 组人工波（L745-1）作为时程分析的输入，在设防地震作用下，取 3 组波包络结果，BRB 进入屈服 77 根，未进入屈服 9 根，分别是 1 层 2 根、2 层 3 根、3 层 4 根。

设防地震作用下 BRB 屈服位移 表 4.3-11

BRB 长度/m	屈服位移/mm	BRB 长度/m	屈服位移/mm
6.0~8.0	5	9.5~10.0	7
8.0~9.0	6	10.0~11.5	8.5
9.0~9.5	6.5		

3）罕遇地震工况对比分析

用 SAP2000 软件进行非线性时程分析，计算得到罕遇地震作用下 BRB 变形（取天然波 L0722、L0776 和人工波 L745-1 包络），可知在罕遇地震作用下 BRB 全部进入屈服。BRB 开始进入屈服均在柱出铰之前，具体见表 4.3-12。在罕遇地震 L0776 作用下，有 BRB 和无 BRB 时柱出铰数量对比如表 4.3-13 所示。

体育馆构件出铰时间（单位：s） 表 4.3-12

构件	L0772		L0776		L745-1	
	X主向	Y主向	X主向	Y主向	X主向	Y主向
BRB（屈服）	6.3	6.2	16.7	16.8	3.3	3.3
梁	6.3	7	16.7	16.8	3.3	3.3
与 BRB 相连的梁	7.2	8.9	21.2	21.2	3.4	3.5
柱	9.0	8.9	21.2	21.2	7.5	3.6
与 BRB 相连的柱	9.0	8.9	21.3	21.3	10.5	7.4

有 BRB 和无 BRB 时梁柱出铰数量对比 表 4.3-13

项目		L0776，X向	L0776，Y向	损伤程度
大震柱铰数量	有 BRB	15（4%）	16（4%）	全部为 IO（立即使用）状态
	无 BRB	161（34%）	169（36%）	部分进入 LS（生命安全）状态

图 4.3-35 和图 4.3-36 是罕遇地震（L0776 波）作用下不设置 BRB 时混凝土柱铰分布情况（设防地震作用下无论设置 BRB 与否混凝土柱均不出铰）。与设置 BRB 相比，如果不设置 BRB，柱铰数目多、范围广、塑性转角大，部分结构损伤严重。

综合上述，BRB 能显著提高结构刚度，在罕遇地震作用下能充分发挥耗能作用，有效改善结构抗震性能。

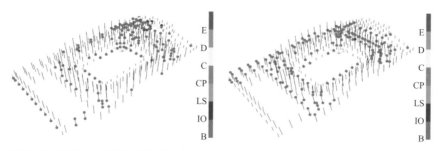

图 4.3-35　不设 BRB 罕遇地震柱铰分布（*X*向）　　图 4.3-36　不设 BRB 罕遇地震柱铰分布（*Y*向）

4.4 专项设计

4.4.1 大开口索承网格结构体系研究

大开口索承网格结构体系由中国建筑西南设计研究院在 2015 年首次提出，并对该新型大跨度空间结构体系的受力机制、力学性能和找形方法进行了研究，结合研究成果，该结构体系在徐州奥体中心、巴中体育中心等大型体育场项目的屋盖中得到成功应用。

郑州奥体中心体育场屋盖进一步发展创新了该结构体系，研发了设立体内环桁架的超大跨度大开口索承网格结构，满足了更大的悬挑需求，并且可减小内环桁架高度。体育场屋盖的东西方向跨度 237.0m，南北方向跨度 257.9m，最大悬挑 54.1m。

1. 大开口索承网格结构形体构成及基本受力原理

大开口索承网格结构是一种新型的刚柔杂交空间结构体系，既具有张拉索桁架结构体系的简洁效果，又与常用的刚性屋面系统具备良好的兼容性。它以中部设有大开口的刚性网格结构作为上弦，以车辐式布置的索杆结构作为下弦，形成自平衡的张拉结构体系，适用于体育场、足球场等大跨度屋盖罩棚（图 4.4-1、图 4.4-2）。

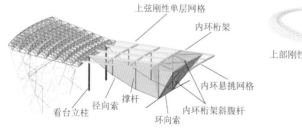

图 4.4-1　大开口索承网格结构示意

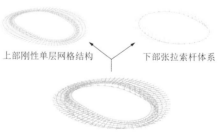

图 4.4-2　大开口索承网格结构组成示意

该结构体系的基本受力原理为：上弦为刚性单层网格结构，当中部设有巨大开口后，结构的竖向刚度和承载能力均受到削弱；通过张拉下弦拉索可在撑杆中产生向上的支撑力，对上部单层网格形成弹性支撑，改善其受力状况；上弦单层网格在面内形成一个宽度很大的压力环，可有效抵抗径向索在外环梁处产生的水平力，结构为一自平衡体系。内环带桁架为刚度很大的平面桁架或立体桁架，弥补中部巨大开口对结构的削弱，提高结构的刚度，加强整体性；内环悬挑网格增强内环带桁架的面内环箍效应，也加宽了压环的宽度，有助于提高结构的受力性能。该自平衡结构体系以张拉索杆为主要承重构件，充分发挥了拉索的高强材料特性，大幅减小对下部支撑主体结构的作用，可经济有效地增大跨度。此结构体系也可以理解为沿径向布置的单榀张弦梁，中部截断后，通过内环带桁架连接，成为竖向索承受力体。

2．大开口索承网格结构受力机制研究

依据基本的受力原理，按组成部分可将大开口索承网格结构划分为刚性网格、索杆体系、内环带桁架（由撑杆、斜撑、环索及刚性网格结构的环梁组成）、内环悬挑网格，如图4.4-3所示。为了深入研究大开口索承网格结构的竖向受力机制，特针对各组成部分对竖向承载力的贡献进行探讨。结构的竖向荷载-位移全过程曲线可以反映结构的强度、稳定性以至于刚度的变化历程，因此在确定初始平衡态的基础上，对结构进行双非线性全过程分析（考虑几何非线性及材料弹塑性），通过所得到的荷载-位移曲线及位移云图来获得结构在竖向静力作用下的响应机制。

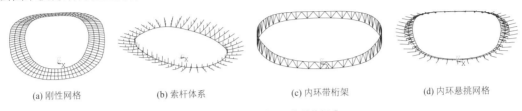

(a) 刚性网格　　　(b) 索杆体系　　　(c) 内环带桁架　　　(d) 内环悬挑网格

图 4.4-3　大开口索承网格结构组成

1）刚性网格

仅计算刚性网格，对其边界环梁进行铰接约束。图4.4-4（a）为网格失稳后承载0.06倍自重所对应的竖向位移云图（图中P为结构所承受的竖向荷载）；图4.4-4（b）为刚性网格在自重荷载作用下的竖向荷载-位移曲线，可以看到刚性网格在边界铰接下，只能承受0.135倍的自重，且当结构失稳后位移达7m时，结构材料才进入塑性。分析结果表明，大开口的刚性网格几乎无竖向承载能力。

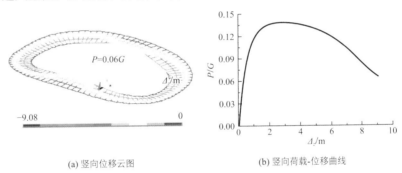

(a) 竖向位移云图　　　　　(b) 竖向荷载-位移曲线

图 4.4-4　仅刚性网格结构的承载能力

2）刚性网格加索杆体系支承

将刚性网格与索杆体系组合一起受力，对边界环梁进行竖向支承，并在水平向提供3个点约束以限制水平面内的刚体位移。计算结果如图4.4-5所示，可以看到结构的承载力为1.34(D + L)，其中D为恒荷载，L为活荷载。通过比较刚性网格单独承载与刚性网格、索杆体系联合承载，发现刚性网格在索杆体系的支承下才能成为结构体系，因此称为大开口索承网格结构。

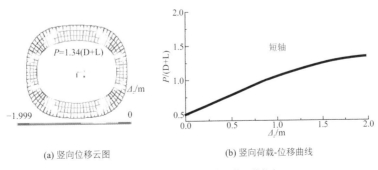

(a) 竖向位移云图　　　　　(b) 竖向荷载-位移曲线

图 4.4-5　刚性网格加索杆体系的承载能力

3）内环带桁架对结构静力性能的影响

刚性网格在索杆体系的支承下刚度仍较弱，结构的整体性不强，内环是增加结构整体性的关键部位，因此考虑在环索上增加斜撑形成内环带桁架，以提高结构整体性，如图 4.4-3 所示。

图 4.4-6 是结构在极限荷载作用下的竖向位移云图，与图 4.4-5 比较可以看到，加上斜撑后，结构在周向的整体变形加强了。荷载-位移曲线对比如图 4.4-7 所示。内环带桁架增强了刚性网格竖向整体性，结构承载力有一定提高的同时，刚度亦有明显提高。

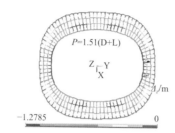

图 4.4-6 设置内环带桁架结构竖向位移云图

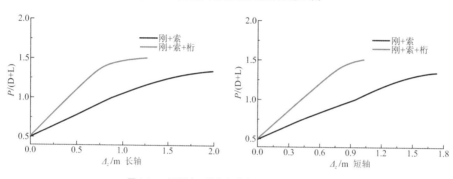

图 4.4-7 设置内环带桁架的荷载-位移曲线对比

4）内环悬挑网格对结构静力性能的影响

在刚性网格、索杆体系及内环带桁架的基础上增加内环悬挑网格，极限荷载作用下竖向位移云图如图 4.4-8 所示。竖向荷载-位移曲线对比如图 4.4-9 所示，综合长、短轴的荷载-位移曲线可以看出，增加内环悬挑网格，结构的竖向整体刚度变化不大，但承载力明显提高，达到 1.82(D + L)，这是因为增加悬挑网格后结构的失稳方式发生了改变。

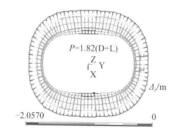

图 4.4-8 增设内环悬挑网格结构竖向位移云图

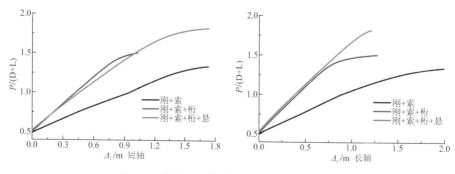

图 4.4-9 增设内环悬挑网格结构荷载-位移曲线对比

上述分析结果表明，刚性网格、索杆体系是结构构成的必要组成部分；内环带桁架能有效地提高结构刚度和承载力；内环悬挑网格可进一步提高结构的承载力。

3. 大开口索承网格结构参数化分析研究

通过对大开口索承网格结构的一系列静力影响因素进行分析研究，掌握其在静力作用下的受力特性。依据结构受力的基本原理，结构静力性能的影响因素分析主要分为以下两方面。

（1）针对索杆体系：预张力在索杆体系结构中是必要元素，因此将预张力大小作为分析参数；索杆体系对刚性网格的支撑作用主要由径向索提供，而径向索的刚度与索的倾角有关，因此将表征径向索倾角的撑杆高度设置为分析参数；环索起到在内环平衡径向索水平分力的作用，并可调整索杆体系的内力分布，故将内环索形状设置为分析参数；索体系的找形依赖于边界的形状，因此将刚性网格边界外环梁的高差作为分析参数。如图 4.4-10 所示。

（2）针对刚性网格结构：刚性网格作为结构体系的上弦刚性构件，提供一定的刚度和承载力，同时作为下弦索系的"压环"，因此将刚性网格曲面矢高及刚性网格的网格形式作为主要分析参数，如图 4.4-11 所示。同时，还分析了刚性网格内环高差及肋梁曲率改变对结构性能的影响。

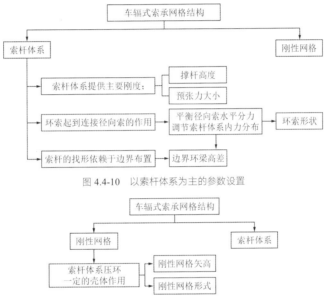

图 4.4-10　以索杆体系为主的参数设置

图 4.4-11　以刚性网格为主线的参数设置

结构的荷载-位移全过程曲线可以反映结构的承载力、稳定性以至刚度的变化历程。本节通过对结构进行非线性全过程分析来获得结构的刚度、承载力、荷载在索杆体系与刚性网格之间的传递分配比例以及索的张力大小等指标，用以对结构受力性能进行评价。分别选择长轴环索撑杆处（A 点）、短轴环索撑杆处（B 点）及长、短轴相交区域跨中（C 点）三个位置（图 4.4-12）的荷载-位移曲线来考察结构的受力性能。

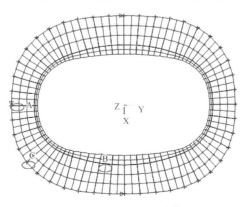

图 4.4-12　受力性能分析点位置

1）预应力

首先探讨预张力大小对结构静力性能的影响。图 4.4-13 所示为不同预张力下结构的荷载-位移曲线。图中数值是指在自重下（即初始态），同一根径向索在不同预张力作用下的索内力（三者张力比为 0.72：0.83：1），其中 846kN 的索内力相当于拉索中施加很小预张力，仅靠自重下压产生的拉索内力。从图中可以看到，随着拉索预张力的增加，结构刚度和承载力仅有小幅增长。但是，索的预张力大小对结构初始态的形状影响较大，图 4.4-13 中三种不同预张力下，结构中 B 点初始态间最大竖向偏差达 0.65m。即预张力大小影响结构初始态。

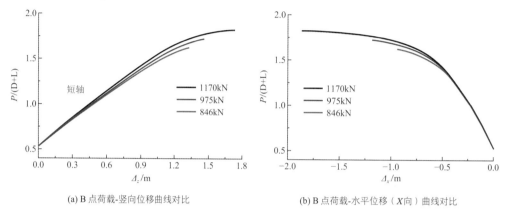

(a) B 点荷载-竖向位移曲线对比　　　　(b) B 点荷载-水平位移（X 向）曲线对比

图 4.4-13　不同预张力下的荷载-位移曲线

2）撑杆高度

在实际工程设计中，建筑功能和美观对索的倾角有一定的要求，在满足建筑要求的条件下，应确定合理的索倾角，获得更优的结构性能。

算例设置情况见表 4.4-1，其中算例 1（简称为 S.1，后同）的最长撑杆高度（位于短轴 B 点处）为 12.215m。其余算例以算例 1 为基础，逐渐增加环索撑杆的高度 h_s。

表 4.4-2 是不同撑杆高度下结构预张力的对比，撑杆高度对应的最大径向索预张力曲线如图 4.4-14 所示，可见撑杆越高，索的倾角越大，所需结构预张力就越小，且当撑杆高度越小，适当增加撑杆高度，张力减小得越明显。算例 2 较算例 1 撑杆高度增加 1.7m，环索预张力减小 17.4%，径向索最大预张力减小 16.9%。

不同环索撑杆高度（相对值）　　　　　　　　　　　　　　　　　表 4.4-1

撑杆高度算例编号	环索撑杆增加高度 Δh_s/m
S.1	0
S.2	1.706
S.3	3.411
S.4	6.873
S.5	10.335

不同环索撑杆高度（相对值）　　　　　　　　　　　　　　　　　表 4.4-2

撑杆高度算例编号	环索预张力 $F_{rc,p}$/kN	径向索预张力 $F_{dc,p}$/kN（最大/最小）
S.1	27730	6090/2315
S.2	22910	5063/1916
S.3	19539	4351/1636
S.4	15084	3424/1268
S.5	12334	2863/1039

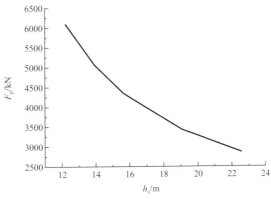

图 4.4-14 径向索预张力与撑杆高度的关系

图 4.4-15 所示为不同撑杆高度下结构不同部位的荷载-位移曲线，由图可知，撑杆越高，结构的刚度和承载力越大。不同撑杆高度下结构的承载力和 1.0(D + L) 作用下短轴内边的挠度见表 4.4-3。算例 2 较算例 1 撑杆高度增加 1.7m，承载力提高 8.5%，短轴边挠度值降低 17.7%［采用短轴边在 1.0(D + L) 作用下的挠度值表征结构刚度的提高］。

不同撑杆高度下极限荷载系数及 1.0(D + L) 作用下短轴边挠度对比　　　　　表 4.4-3

撑杆高度算例编号	极限荷载系数	1.0(D + L) 作用下短轴边挠度/m
S.1	1.82	0.451
S.2	1.99	0.371
S.3	2.15	0.307
S.4	2.46	0.213
S.5	2.77	0.151

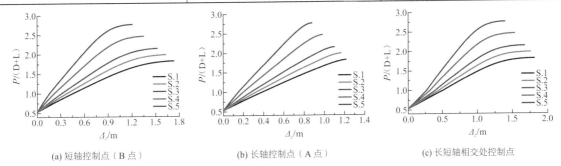

(a) 短轴控制点（B 点）　　　　　　(b) 长轴控制点（A 点）　　　　　　(c) 长短轴相交处控制点

图 4.4-15　不同撑杆高度下竖向荷载-位移曲线

由于结构的竖向荷载是通过径向肋梁和径向拉索传递给边缘构件，因此通过统计外环约束点处径向肋梁和径向拉索内力的竖向分力，获得荷载通过肋梁和径向索传递的荷载比例。不同撑杆高度下荷载传递比例见表 4.4-4，索倾角加大，索体系的刚度提高，因而索承载的荷载比例增加，从算例 1 到算例 5，索传递的竖向力由 56% 增加到 72%。

不同撑杆高度下荷载传递比例　　　　　　表 4.4-4

撑杆高度算例编号	荷载传递比例/%		梁、索传递荷载比
	梁传递	索传递	
S.1	44	56	0.78
S.2	40	60	0.67
S.3	37	63	0.58
S.4	32	68	0.46
S.5	28	72	0.38

此外，还对边界环梁高差、内环索形状、刚性网格矢高、刚性网格形式、刚性网格肋梁曲率及内环高差等结构参数进行了参数分析和算例比较，通过分析得到以下主要结论，直接指导结构设计，以获得优化的结构布置：

（1）索系预张力提供结构的初始刚度，主要影响结构的初始形态。

（2）撑杆高度表征径向索与水平面的夹角，撑杆高度越高，径向索提供的竖向刚度越大，所需的预张力越小，结构承载力越高。

（3）减小边界环梁的高差，可使刚度较好的长轴部位帮助刚度较弱的短轴部位承载，整个结构的刚度协调，所需预张力越小，结构受力越合理。

（4）环索平面形状越接近于圆形，环索轴力在法向的合力越容易平衡径向索的轴向力，其轴力会降低，并越均匀，且索杆体系的刚度会有所增强。

（5）刚性网格矢高越高，肋梁倾斜度越大，更多荷载会以轴力的形式直接传递至边界，壳体作用越强，结构的刚度和承载力越大。

（6）采用带有斜杆的刚性网格，增加刚性网格的水平刚度，使拉索的边界约束得到加强，可提高索杆体系的效率，增强结构的承载力。

（7）适当增加肋梁曲率，可提高承载力，增大刚性网格刚度，但当曲率过大，将使结构体系的内环端成为薄弱环节，对结构不利。

（8）刚性网格内环高差对索杆体系影响较小，仅影响局部刚性网格的传力方式。

通过对静力性能影响因素的研究，郑州奥体中心体育场屋盖采用了满足建筑要求前提下的优化参数进行设计。

4.4.2　超大跨度上人弧形巨型桁架结构设计研究

体育场南北立面的 82m 跨度空中连廊，不仅自身具备复杂的建筑使用功能，还需要为罩棚索承网格结构提供支承边界。采用三角形巨型大跨度弧形桁架，与其他多柱支承网架构成完整的屋盖支承系统，研究巨型弧形桁架竖向、水平刚度敏感度，实现了水平跨越并作为屋盖索承网格结构的竖向支承，拓展了大开口索承网格结构在平面、立面双重复杂边界下的应用范围。

1. 巨型桁架舒适度分析

三角形巨型桁架跨度大，竖向频率较低，且具有建筑使用功能要求，故需考察其人致振动加速度是否满足规范的舒适度要求，分别进行了三种步行工况以及跳跃工况的分析（表 4.4-5）。

三角形巨型桁架舒适度分析工况　　　　　　表 4.4-5

工况类型		行人密度/（人/m²）或人数	频率/Hz	峰值加速度/（mm/s²）		减振率/%
				原结构	减振结构	
步行工况	1	1.5	1.5	66.8	64.1	4.2
	2	1.0	1.9	180.9	142.7	21.2
	3	1.0	2.0	337.1	140.2	58.4
跳跃工况		6 人	2.0	78.9	34.2	56.7

在步行荷载工况 3 和工况 2 的作用下，空中连廊楼面外侧边缘峰值加速度最大分别达到 337.1mm/s² 和 180.9mm/s²，大于限值 150mm/s²，需进行减振设计，采用调频质量阻尼器（TMD, Tuned Mass Damper）控制楼板的人致振动。

通过多次对消能减振装置的布置进行优化设计，最终在巨型桁架跨中布置 4 套 TMD 减振装置（图 4.4-16 中红点所示），共采用 2 种参数的 TMD。设置 TMD 后减振效果明显，如表 4.4-5 所示，步行工况最大减振率达 58.4%，跳跃工况减振率达 56.7%，减振后所有工况下最大加速度峰值为 142.7mm/s²，满足了 150mm/s²的限值要求。交通适中人行荷载加速度对比以及跳跃工况加速度对比分别如图 4.4-17 和图 4.4-18 所示。

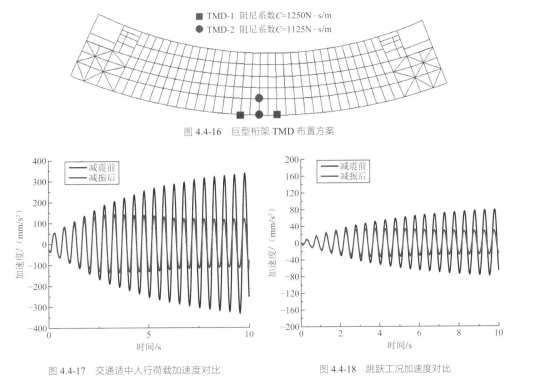

图 4.4-16　巨型桁架 TMD 布置方案

图 4.4-17　交通适中人行荷载加速度对比　　　　图 4.4-18　跳跃工况加速度对比

2．基于施工时变的结构性能分析

巨型桁架结构的安装高度为 17.2m，单侧整体质量达到 740t，构件截面与自重均较大，安装难度大。设计考虑了两种安装方法：高空散装法和整体提升法。高空散装法通过设置支撑胎架，将散件直接在设计位置进行总拼。整体提升法首先将构件在地面拼装成整体，然后采用机械设备将结构整体提升至设计位置并补装连接杆（图 4.4-19），其具体步骤如下：

（1）在巨型桁架正下方投影位置拼装三角桁架结构。

（2）在钢框筒上部每侧设置 4 个提升点，对应在三角形巨型桁架上每侧设置 4 个吊点进行预提升，确认无异常后，提升器机械锁紧，静置约 12h。

（3）提升桁架至设计位置，使桁架精确就位，锁紧提升器机械。

（4）安装桁架补装杆件。

（5）补装杆件安装完成，验收满足要求后，卸载提升器，拆除提升设备及临时措施。

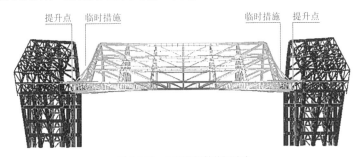

图 4.4-19　巨型桁架整体提升法

在工作状态，巨型桁架与左右两侧的钢框筒及钢框筒两侧的网架协同工作，为刚性连续受力模式。在施工安装态，若采用高空散装法，巨型桁架自重均由支撑承担，拆除支撑达到成型态时，巨型桁架自重荷载的受力模式与工作态相同；若采用整体提升法，则巨型桁架自重荷载由提升点承担，为简支受力模式，与工作态不一致。因此，施工安装方法的不同会导致不同的施工时变内力，形成不同的成型态，从而影响工作态。故在结构性能分析中，需要考虑施工时变内力的影响。

高空散装法与整体提升法的成型态构件内力对比如表 4.4-6 所示。与高空散装法相比，整体提升法下典型关键构件轴力变化规律为跨中构件增加，支座构件减小；高空散装法在重力荷载下的竖向变形为 69mm，而整体提升法的竖向变形为 132mm，几乎为高空散装的 2 倍。

本项目设计初始考虑采用常规的分件高空散装法，综合考虑工期、拼装难度、焊接质量等因素后，确定采用整体提升法。针对提升工程中刚度变化导致的变形增大，采取预起拱的措施，以减小施工过程中变形的影响。

构件内力对比					表 4.4-6
提升方法	轴力/kN				跨中位移/mm
	构件 1	构件 2	构件 3	构件 4	
高空散装	−2827	909	1028	−2882	69
整体提升	−5339	3345	157	−314	132

巨型弧形桁架的竖向、水平刚度敏感度研究主要为拓展大开口索承网格结构在复杂边界下的应用范围，详见本文 4.4.1 节。

4.4.3 体育场斜置悬挂酒店设计研究

酒店位于东侧看台东面的外挑部分，其重心处在最外侧的竖向构件以外，依靠各层梁板与主体结构连接，但因酒店使用功能布局原因，仅有间隔的 4 层楼板可与主体相连，导致外挑酒店竖向荷载通过整体倾覆弯矩传至核心筒和场内柱、梁板，造成结构抗震性能薄弱。

建立分块子结构模型，对酒店区结构，尤其是重点影响区的受力性能进一步研究，并采取对应的加强措施。结构对比分析模型及关键参数如表 4.4-7 所示，表中墙肢编号及贯通区范围见图 4.4-20。

酒店区结构对比分析模型及关键参数			表 4.4-7
模型编号	剪力墙特征	楼板特征	目的
原始模型 A	Wa 及 Wb 墙肢未增加钢支撑	斜看台板厚 80mm，板配筋φ8@200	—
改进模型 B	Wa 及 Wb 墙肢增加钢支撑	斜看台板厚 80mm，板配筋φ8@200	增强核心筒的抗震能力
改进模型 C	Wa 及 Wb 墙肢增加钢支撑	3 层斜看台板厚改 150mm，板配筋φ12@150	减轻看台板的塑性损伤
对比模型 D	Wa 及 Wb 墙肢增加钢支撑	斜看台板和酒店与体育场径向贯通区楼板去掉	检验楼板失效后的抗震能力

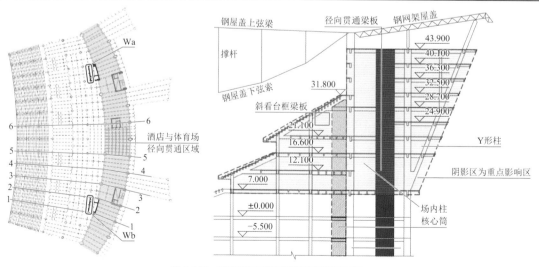

图 4.4-20 酒店区墙肢编号及贯通区范围示意

1. 酒店区竖向传力分析

酒店区的竖向荷载传递，一方面通过 Y 形柱传递至基础，另一方面通过酒店区与体育场的贯通区域中核心筒受剪和径向贯通梁、板受拉，传递至体育场看台区，使得斜框架梁受拉，最后通过酒店影响区场内柱剪力传至基础。因此，需保证 Y 形柱在传递竖向荷载的可靠性，在该前提下，贯通区核心筒的抗震能力需满足预期抗震性能目标。为此，对贯通区内混凝土剪力墙进行罕遇地震作用下的弹塑性时程分析，对比分析结果如图 4.4-21、图 4.4-22 所示。

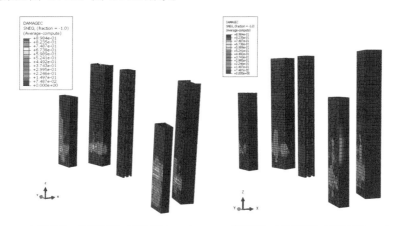

(a) 原始模型 A 墙受压损伤（损伤因子 0.78）　　　(b) 改进模型 B 墙受压损伤（损伤因子 0.49）

图 4.4-21　墙肢受压损伤对比

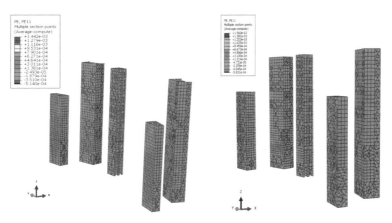

(a) 原始模型 A 墙钢筋塑性应变（最大 0.0014）　　　(b) 改进模型 B 墙钢筋塑性应变（最大 0.001）

图 4.4-22　墙肢钢筋塑性应变对比

由图可见，墙体最大损伤发生在与看台顶层相连接部位，其他部位均较完好。通过在核心筒中增设型钢柱和钢支撑，墙肢的受压损伤由原来的 0.78 降至 0.49，墙钢筋的塑性应变最大值由 0.0014 降至 0.0010，墙体的损伤程度得到了有效的控制。

2. 酒店区结构水平传力系统多道防线分析

重心外移使酒店与体育场径向贯通区域的梁板以及体育场斜框架梁板内产生较大的拉力和剪力，尤其是板类构件，由于其平面内刚度比梁轴向刚度大，因此楼板分担了大部分拉力。但混凝土受拉特性差，混凝土楼板一旦开裂，其刚度迅速退化，拉力则转移至径向贯通梁以及看台斜框架梁上，对结构的各抗侧力竖向构件的剪力分布也将产生影响。

为研究受拉区楼板失效后的结构受力性能，去掉了斜看台区楼板以及酒店与体育场径向贯通区域楼板，同时保留板上荷载以及楼板自重，进行了多遇地震反应谱分析和罕遇地震的弹塑性时程分析。对比分析结果如图 4.4-23 和图 4.4-24 所示。

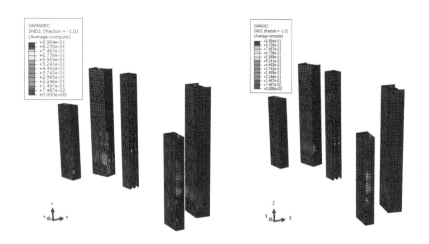

(a) 改进模型 B 墙受压损伤（损伤因子 0.60）　　　　(b) 对比模型 D 墙受压损伤（损伤因子 0.55）

图 4.4-23　楼板失效对墙肢受压损伤的影响

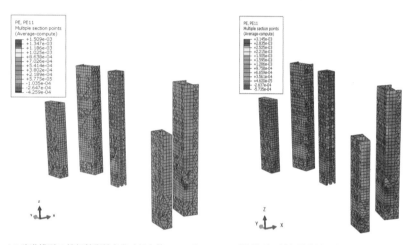

(a) 改进模型 B 墙钢筋塑性应变（最大值 0.0015）　　　(b) 对比模型 D 墙钢筋塑性应变（最大值 0.0014）

图 4.4-24　楼板失效对墙肢钢筋塑性应变的影响

　　去掉楼板后的剪力墙的受压损伤和钢筋塑性应变略弱于考虑楼板模型。原因在于斜向楼板提供的面内刚度增大了结构的总体侧向刚度，在去掉楼板后，结构的整体刚度变小，剪力墙承担的地震作用也随之减小，损伤程度减轻。

　　为减轻看台板的塑性损伤，将 3 层看台顶部区域改为 150mm 厚，同时增大楼板配筋。分析结果表明，楼板加强前，混凝土损伤因子约为 0.83，钢筋塑性应变最大值为 0.020；楼板加强后，混凝土损伤因子约为 0.76，钢筋塑性应变最大值为 0.010。楼板的受压损伤明显减轻，改善了连续成片的严重损伤情况，如图 4.4-25、图 4.4-26 所示。

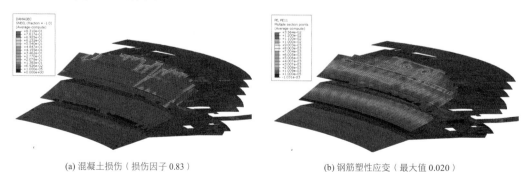

(a) 混凝土损伤（损伤因子 0.83）　　　　　　　　　(b) 钢筋塑性应变（最大值 0.020）

图 4.4-25　原始模型 A 的楼板损伤情况

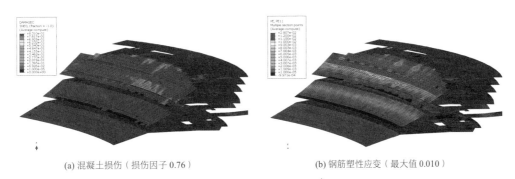

(a) 混凝土损伤（损伤因子 0.76）　　　　　(b) 钢筋塑性应变（最大值 0.010）

图 4.4-26　改进模型 C 的楼板损伤情况

3. 酒店区结构变形能力

酒店区结构在罕遇地震作用下的弹塑性层间位移角如图 4.4-27 所示。

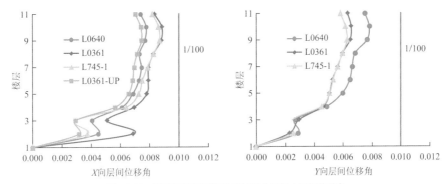

图 4.4-27　酒店区结构罕遇地震时程分析最大层间位移角

可见，X 向主激励时最大层间位移为 1/113（外挑酒店区域第 10 层），Y 向主激励时最大层间位移为 1/128（外挑酒店区域第 10 层），满足《建筑抗震设计规范》GB 50011-2010 在罕遇地震下弹性层间位移角限值 1/100 的要求。

4. 关键节点 Y 形柱分析

由于 Y 形柱起到支撑整个悬挑酒店的作用，是酒店区结构的关键构件，因此，采用通用有限元分析软件 ABAQUS 对 Y 形柱进行了节点分析。

罕遇地震组合内力作用下的分析结果如图 4.4-28～图 4.4-31 所示。分析结果表明，Y 形柱内侧混凝土以及 Y 形柱交界处，出现了较大面积的受压损伤，损伤因子最大值为 0.45，属于中度损伤；柱内型钢的 Mises 应力约为 371MPa（Q420 钢，$f_y = 380$MPa），属于弹性状态；柱内纵筋最大拉应力及压应力分别为 338MPa 和 −438MPa（钢筋 HRB500，$f_{yk} = 500$MPa），柱内箍筋最大拉应力约为 371MPa（钢筋 HRB400，$f_{yk} = 400$MPa）；均处于不屈服状态。可见，在罕遇地震作用下，该节点基本处于不屈服状态。进一步对 Y 形柱交界处进行构造优化，避免应力集中，加强抗震能力。

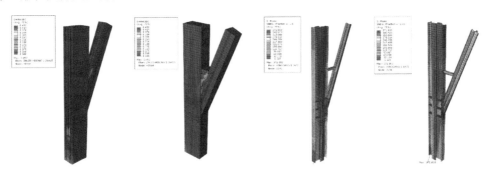

图 4.4-28　混凝土受压损伤（罕遇地震）　　　　图 4.4-29　型钢钢骨应力值（罕遇地震）

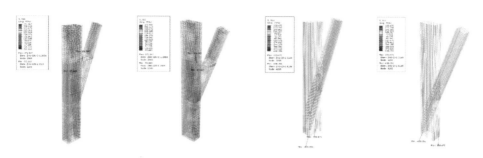

图 4.4-30　柱箍筋应力值（罕遇地震）　　　　图 4.4-31　柱纵筋应力值（罕遇地震）

4.5 结语

郑州奥体中心是郑西新区的地标性建筑，其建筑造型新颖独特，以极具特色的结构形式完美诠释了体育建筑的力与美。项目共实现了四个"最大"：54m 世界最大悬挑长度的大开口索承网格结构、82m 跨度弧形上人连廊、130mm 直径密封拉索、6t 单体索夹均属当时国内"最大"。

在结构设计过程中，主要完成了以下几方面的创新工作。

（1）发展了大开口索承网格结构体系

根据更大规模体育场屋盖的跨越能力需要，通过设置内环立体钢桁架，提高了大开口索承网格结构的整体刚度，有效地弥补了中部大开口对整体结构性能的削弱；减少了撑杆数量，改善了观众的观赛视线，结合更加通透、简洁的结构布置，提升了体育场的观赛体验。

（2）拓展了大开口索承网格结构的应用范围

设计巨型弧形桁架，实现南北立面大开口及其建筑功能的同时，作为大开口索承网格结构的边界支承。通过研究巨型弧形桁架的竖向、水平刚度敏感度，进一步验证了大开口索承网格结构的自平衡特性，拓展了其在复杂竖向和水平边界条件下的应用范围。

（3）大型体育场和星级酒店的完美融合

郑州奥体中心巧妙地将星级酒店集合于大型体育场中，实现了高效利用。通过细致、全面、深入的结构分析，采用合理的结构选型和恰当的设计措施，实现了星级酒店斜置悬挂于体育场看台的设计效果。

项目共获得中国建筑结构设计等 8 项省部级设计一等奖、16 项科技及成果奖、鲁班奖、詹天佑奖，累计获得授权专利 38 件，其中发明专利 16 项；发表核心期刊论文 12 篇，其中 EI 检索 4 篇。

项目建成后，成功举办了第十一届少数民族运动会开/闭幕式，对郑州市及河南省的体育事业发展起到了积极推动作用。在建设和建成之后，由各界媒体报道了 60 余次，行业内组织观摩 70 余次，成果在多项工程中得到推广应用，社会、经济效益显著，对建筑行业的进步起到了示范、引领作用。

设计团队

冯 远、王立维、张 彦、向新岸、张蜀泸、许京梦、刘 翔、邱 添、杨现东、赖程钢、肖克艰、杨 文、廖姝莹、张 琦、欧阳池毅、郭 洋、王 涛

执笔人：冯 远、张 彦

获奖信息

2020 年"华夏建设科学技术奖";

2023 年第 20 届中国土木工程詹天佑奖;

2021 年中国建筑学会建筑设计奖结构专业一等奖;

2020 年四川省优秀勘察设计一等奖;

2020 年河南省优秀勘察设计一等奖。

第 5 章

成都露天音乐公园露天剧场

5.1 工程概况

5.1.1 建筑概况

成都露天音乐公园位于四川省成都市金牛区北部新城，北三环外与北星大道交汇处东北角，北侧为凤凰山公园。露天剧场包括看台区（看台及看台罩棚）、舞台区（独立罩棚）两个部分。看台设 4860 个固定座席及 5000 个临时座席，当观众位于舞台另一侧草坡上时，则可以容纳至少 4 万多人同时观演。

露天剧场平面最大轮廓尺寸约 206m×147m。看台区建筑总高度为 49.500m（钢结构罩棚顶），舞台区建筑总高度为 45.39m。总建筑面积约 1.15 万 m²。

建筑建成实景如图 5.1-1 所示，建筑剖面图如图 5.1-2 所示，典型平面图如图 5.1-3 所示。

图 5.1-1 建成实景

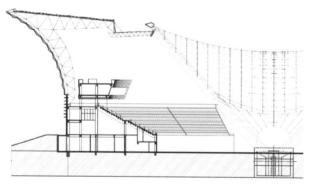

图 5.1-2 建筑剖面图

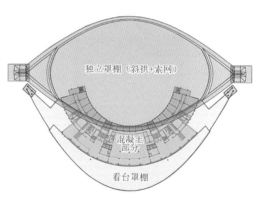

图 5.1-3 建筑典型平面图

5.1.2 设计条件

1. 主体控制参数（表 5.1-1）

控制参数 表 5.1-1

结构设计基准期	50 年
建筑结构安全等级	看台混凝土部分：二级 其他：一级
结构重要性系数	看台混凝土部分：1.0 其他：1.1
建筑抗震设防分类	看台：标准设防类（丙类） 独立罩棚：重点设防类（乙类）
地基基础设计等级	甲级

	抗震设防烈度	7 度
设计地震动参数	设计地震分组	第三组
	场地类别	Ⅱ类
	小震特征周期	0.45s
	大震特征周期	0.50s
	基本地震加速度	0.10g
建筑结构阻尼比	多遇地震	钢结构：0.02（索网 0.01） 混凝土部分：0.05
	罕遇地震	钢结构：0.02（索网 0.01） 混凝土部分：0.06
水平地震影响系数最大值	多遇地震	0.08
	设防烈度地震	0.23
	罕遇地震	0.50
地震峰值加速度	多遇地震	35cm/s^2

2. 结构抗震设计条件

看台混凝土部分剪力墙及连梁抗震等级为二级，支承钢结构的框架柱抗震等级为二级，其他框架柱及框架梁抗震等级为三级。正负零地面附近基顶作为上部结构的嵌固端。

3. 风荷载

取场地 50 年一遇基本风压为 0.30kN/m^2，场地粗糙度类别为 B 类。项目开展了风洞试验，模型缩尺比例为 1∶100。设计中采用了风洞试验结果进行位移和强度验算。

5.2 建筑特点

看台区钢筋混凝土部分地上 5 层，高度为 23.850m。平面形状接近半环形，东西方向总长度约 116m，径向最大宽度约 32.5m，未设置永久性结构缝，柱网沿径向和环向布置。

看台区钢结构罩棚东西方向总长度约 173m，南北方向最宽处的宽度约 53m，落地空间桁架斜拱的跨度为 173m，罩棚最大顶标高 49.500m，最大悬挑长度约 38.6m。

从公园内部看到的是跨度达 180m、两条拱脚两两相交的斜平面钢拱及其上的索膜，拱顶最大宽度约 90m，最高点达 44.5m，营造了一个仅有两点落地的高大无柱空间。顶部的膜分为外膜和内膜，外膜负责遮风避雨；内膜形成光洁的内表面，演出的时候配合音效投射出变幻的光影，面积约 5000m^2。这种规模的天幕在国内尚不多见，也是露天剧场的一大亮点。

露天剧场拥有国内同类型已建成的最大的穹顶天幕，是全球最大全景声半露天半室内双面剧场。

5.3 体系与分析

5.3.1 结构布置

本项目包含看台区和舞台区（斜拱 + 索网）两个部分，整体侧立面图如图 5.3-1 所示。

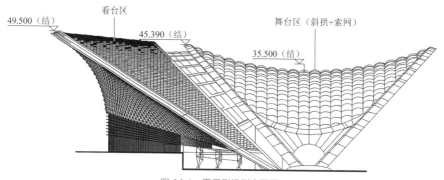

图 5.3-1 露天剧场侧立面图

1. 看台区

1）结构布置

柱网呈径向和环向布置，主要柱跨度约 5.8m×8.5m，采用钢筋混凝土框架-剪力墙结构。看台混凝土部分的剖面图如图 5.3-2、图 5.3-3 所示，平面布置图如图 5.3-4、图 5.3-5 所示。

为满足建筑使用功能要求，未设置永久性结构缝。结构通过设置后浇带、计算温度应力、适当增大配筋、采用适当的建筑材料以及要求采用适宜的施工措施，解决结构超长的不利影响。

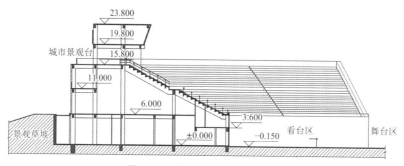

图 5.3-2 看台混凝土部分剖面图一

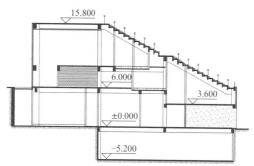

图 5.3-3 看台混凝土部分剖面图二

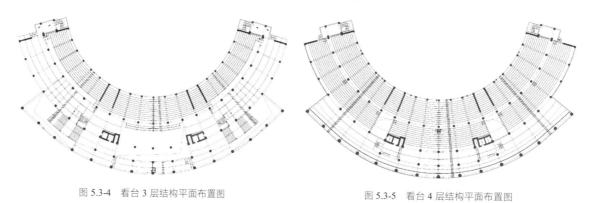

图 5.3-4 看台 3 层结构平面布置图　　图 5.3-5 看台 4 层结构平面布置图

看台上方罩棚钢结构平面呈月牙形，由 21 榀"7"字形空间管桁架及落地空间桁架拱组成，整体模型如图 5.3-6（a）所示。21 榀 "7" 字形桁架在平面两端分别有 3 榀直接置于基础上，中部 15 榀桁架均支承于 15.750m 标高平台的混凝土柱上；"7" 字形桁架水平段远端均与落地斜拱相连，与斜拱共同工作，斜拱向舞台区方向悬挑空间管桁架挑篷与舞台区相接；"7" 字形桁架肩部拐角处设空间连系桁架。罩棚侧立面结合建筑幕墙，设置斜向交叉单层网格，与幕墙龙骨合二为一，在满足建筑美观的同时，增强了结构整体抗侧移能力。典型单榀桁架模型如图 5.3-6（b）所示。看台区整体计算模型如图 5.3-7 所示。

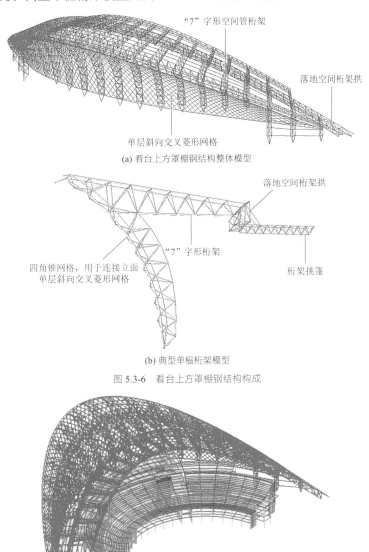

(a) 看台上方罩棚钢结构整体模型

(b) 典型单榀桁架模型

图 5.3-6　看台上方罩棚钢结构构成

图 5.3-7　看台区整体计算模型

2）主要构件截面

看台区下部采用全现浇钢筋混凝土。框架柱混凝土强度等级为 C40，剪力墙及连梁混凝土强度等级为 C60，其余混凝土强度等级为 C30。

钢筋混凝土剪力墙墙厚 400mm。框架柱根据建筑要求，采用了矩形柱和圆柱两种截面，其中矩形柱截面（单位 mm）为 600×600、600×700、700×700，圆柱截面（单位 mm）为 $\phi800$、$\phi1000$。钢筋混凝土梁截面（单位 mm）为 $400 \times 900/700$、400×700、300×700、250×600、150×600。

罩棚钢桁架、菱形网格单层壳都采用圆钢管。钢桁架圆钢管截面（单位 mm）为 $\phi114 \times 5$、$\phi159 \times 8$、$\phi203 \times 10$、$\phi245 \times 12$、$\phi299 \times 14$、$\phi351 \times 16$、$\phi402 \times 16$，单层网格圆钢管截面（单位 mm）为 $\phi159 \times 8$、

$\phi245 \times 12$。

3）基础结构设计

根据项目岩土工程勘察报告，结合看台荷载特点采用钻孔灌注嵌岩桩基础，桩径为800～1600mm，桩底未设扩大头。单桩承载力特征值为2800～9600kN。以中风化砂质泥岩为持力层，中风化砂质泥岩天然湿度单轴抗压强度标准值$f_{rk} = 6.0$MPa。

2. 舞台区

1）结构布置

舞台区采用空间斜放实腹钢拱＋双曲抛物面正交索网的组合结构，如图5.3-8、图5.3-9所示。

舞台区两个边拱跨度为180m，拱脚在地面处两两相交，两条拱在跨中拱顶处距离90m。两拱之间为以拱和加劲曲梁为边界的双曲抛物面单层索网，索网上层设覆盖膜，下层设投影膜。单层索网承重索最大跨度90m，垂度9m，垂跨比1/10；稳定索最大跨度136m，拱度22m，拱跨比1/6.2。

两个斜拱与加劲曲梁作为单层索网的边界，起支承索网作用，单层索网反过来又把两个相背而行的斜拱拉住，使两条对称的斜拱在空间中保持平衡。

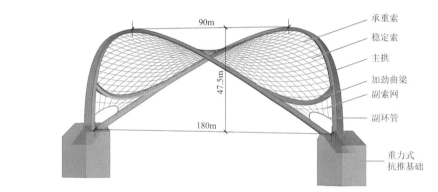

图 5.3-8　舞台区结构构成

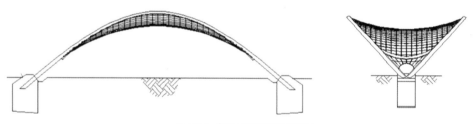

图 5.3-9　舞台区正视图和侧视图

为有效减小斜拱面外弯矩，在距离拱脚36.5m的两斜拱之间设置两道加劲曲梁，加劲曲梁可将拱面外的跨度由180m减小到122m，从而有效降低拱的面外弯矩，改善结构受力性能（图5.3-10、图5.3-11）。

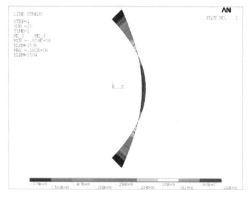 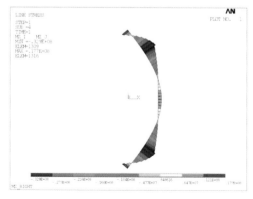

图 5.3-10　无加劲曲梁时拱的面外弯矩分布情况　　　图 5.3-11　增设加劲曲梁时拱的面外弯矩分布情况

2）主要构件截面

实腹拱采用五边形截面，截面尺寸沿拱长变化。拱截面轮廓尺寸从拱脚的 5m×2.7m 减小至拱顶的 3.2m×1.8m，钢板壁厚从拱脚的 80mm 减小到拱顶的 40mm。如图 5.3-12 所示。

索采用 $\phi48$ 的锌-5%铝-混合稀土合金镀层钢绞线。

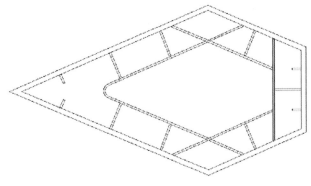

图 5.3-12 拱截面示意图

3）基础结构设计

舞台区两个斜拱落地点交汇在一起，为刚接支座，落地点之间斜拱跨度约 180m。业主要求在两拱脚之间预留增设升降舞台的可能性，因而不具备采用拉杆平衡拱脚推力的条件。工程建设场地坚固稳定的持力层位于 20 余米深的地表之下，综合考虑拱脚力的特点和地质情况，采用重力式抗推基础方案，基础嵌入中风化砂质泥岩层。

基础长宽高尺寸为 14m×18m×21.5m。为了充分利用周围原状土体抵抗水平变形的能力，采用原槽浇灌混凝土。如图 5.3-13 所示。

两条斜拱在拱脚处合二为一后，插入基础约 10m 深。为保证力的可靠传递，基础内钢拱均设有栓钉，拱脚箱形断面内灌注混凝土高出地面约 3m。

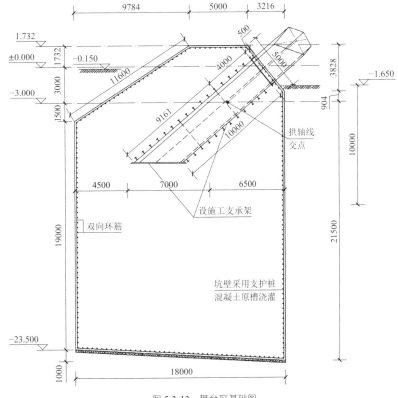

图 5.3-13 舞台区基础图

5.3.2 性能目标

1. 结构超限情况

看台区存在如下超限：①考虑偶然偏心的扭转位移比大于 1.2；②有大于梁高的错层；③局部穿层柱。

舞台区跨度 180m，为拱与索网的组合结构，属于超限大跨度屋盖建筑。

2. 抗震性能目标

根据抗震性能化设计方法，确定了主要结构构件的抗震性能目标，如表 5.3-1 所示。

主要构件抗震性能目标   表 5.3-1

项目			多遇地震	设防地震	罕遇地震
结构整体性能		性能水准	1	3	4
		定性描述	完好	轻微损坏	中度损坏
		位移角限值	1/800	—	1/100
混凝土看台	关键构件	支撑钢屋盖的柱	弹性	弹性	受弯不屈服 受剪弹性
	普通 竖向构件	其余框架柱剪力墙	弹性	受弯不屈服 受剪弹性	部分受弯屈服，受剪 满足截面限制条件
	普通 水平构件	框架梁	弹性	部分受弯屈服 受剪不屈服	多数允许屈服
		连梁	弹性	部分受弯屈服 受剪不屈服	多数允许屈服
屋盖钢结构	关键构件	1）看台罩棚钢结构支座杆件、与落地斜拱相交处杆件、落地斜杆杆件 2）独立罩棚主拱、加劲曲梁、承重索	弹性	弹性	弹性
	普通构件	看台罩棚其余杆件	弹性	弹性	不屈服

5.3.3 结构分析

1. 看台罩棚钢结构

1）静力性能计算分析

采用 MIDAS/Gen、ABAQUS 软件对钢结构进行分析，模型如图 5.3-14 所示。

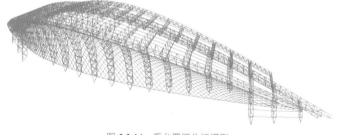

图 5.3-14 看台罩棚分析模型

结构在恒荷载与活荷载标准值作用下，最大竖向变形发生在悬挑雨篷边缘处，最大挠度为 160.5mm，挠度与悬挑长度的比值约为 1/238，小于 1/125，满足规范要求。结构在各标准组合下的竖向位移见表 5.3-2。罩棚关键杆件最大应力比为 0.767，为"7"字形桁架与落地斜平面拱桁架相交处的斜腹杆。立体连系桁架最大应力比为 0.765，位于与"7"字形桁架相交处的腹杆。悬挑雨篷的封边桁架最大应力比为 0.579，两侧应力最大。单层斜向交叉网格最大应力比为 0.840，最大应力部位位于下边缘处。支座杆件最大应力比为 0.530，位于最中间一榀"7"字形桁架。

罩棚钢结构各标准组合下竖向位移（mm，竖直向下为正）					表 5.3-2
工况	恒＋活	恒＋活＋风	恒＋风	恒＋活＋温度	恒＋温度	恒＋活＋风＋温度
位移	160.5	121.0	−54.56	193.3	22.6	153.8

工况	恒＋活	恒＋活＋风	恒＋风	恒＋活＋温度	恒＋温度	恒＋活＋风＋温度
位移	160.5	121.0	−54.56	193.3	22.6	153.8

2）考虑双非线性结构稳定性分析

考虑结构初始形状的安装偏差、构件初始弯曲、构件对节点的偏心等影响，初始缺陷取一致缺陷模态。初始缺陷最大值取L/300，其中跨度L取为拱跨度（最大悬挑长度的2倍小于拱跨度）。

同时考虑结构的材料非线性和几何非线性，分析结构的荷载-位移全过程。

结构稳定分析表明，极限承载力安全系数最小值为3.09，超过规范规定的2.0，结构具有较好的稳定性能。

3）地震反应谱分析

对于大跨度屋盖结构，竖向地震作用不可忽略，因此，对总装模型进行反应谱分析时，分别考虑了水平地震为主的三向地震作用效应组合以及竖向地震为主时的三向地震作用效应组合。

如表5.3-3所示，多遇地震作用下，各部分结构的关键构件应力比均满足多遇地震作用不大于0.8（弹性）的性能目标，最大应力比控制工况与地震作用无关，为"7"字形桁架和立体连系桁架交接处的0.792；一般构件应力比满足多遇地震小于0.9（弹性）的性能目标。在设防地震作用下，最大应力比控制工况与地震作用无关，因此最大应力比与多遇地震相同。罕遇地震作用下，关键构件应力比满足罕遇地震作用不小于1.0（弹性）的性能目标，最大应力比为"7"字形桁架和落地斜平面拱交接处的0.985；一般构件应力比满足罕遇地震作用不大于1.0（弹性）的性能目标。

不同地震水准下构件应力比			表 5.3-3
项目	多遇地震	设防地震	罕遇地震
"7"字形桁架	0.792	0.792	0.985
落地斜平面拱	0.777	0.777	0.985
立体连系桁架	0.792	0.792	0.812
悬挑雨篷封边桁架	0.579	0.579	0.693
单层斜向交叉网格	0.840	0.840	0.846

4）罕遇地震时程分析

采用选取的地震波对结构进行罕遇地震时程分析，各部分关键构件内力时程见表5.3-4。

在罕遇地震作用下，关键构件最大应力比为0.93，最大应力比发生位置为"7"字形桁架上弦，构件满足设定的性能目标。时程结果与反应谱结果接近。

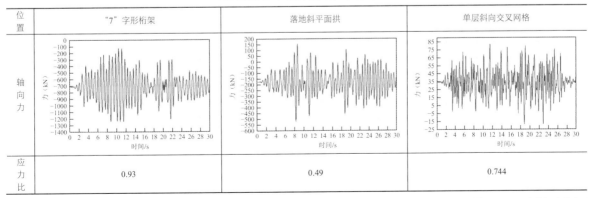

不同地震水准下构件内力时程（部分）			表 5.3-4
位置	"7"字形桁架	落地斜平面拱	单层斜向交叉网格
轴向力			
应力比	0.93	0.49	0.744

通过上述总装模型的反应谱分析及时程补充分析结果可知，罩棚钢结构在多遇地震、设防地震和罕遇地震作用下能保持弹性，具有良好的抗震性能。

2．看台钢筋混凝土结构

1）多遇地震作用下弹性反应谱分析

采用下部混凝土结构与屋盖钢结构总装模型分析。

第10、11、28、34周期为结构的主体振型。主体结构钢筋混凝土部分整体第1扭转周期和第1平动周期的比值最大为 0.521，远小于规范限值 0.9，表明结构扭转效应小。结构前 9 阶振型基本为罩棚钢结构的振动，振型参与质量系数较小。第10、11、28、34 阶振型表现为结构的整体振动，第 34 阶振型是扭转为主的振型。

地震作用（考虑双向地震作用）下，下部 3 层有倾斜看台的部分变形都较小，最大层间位移角为1/3610，变形较平顺，第4、5 计算层为位于看台观景平台之上的贵宾厅，面积较小，位移相对较大，最大层间位移角为 1/1037。

2）罕遇地震作用下动力弹塑性时程分析

考虑结构的材料非线性和几何非线性，并考虑实际建造过程。地震波采用 3 组地震记录，其中 2 组天然波，1 组人工波。将其主方向标定为 220gal，次方向标定为 0.85×220 = 187gal，竖直方向标定为0.65×35 = 143gal，时程分析时考虑三向激励作用。

有倾斜看台的下部 3 层最大层间位移角为 1/419，第 4、5 计算层贵宾厅最大层间位移角为 1/98。

3）罕遇地震作用下动力弹塑性时程分析

通过对看台区在罕遇地震作用下的弹塑性动力时程分析可知，结构有如下受力及变形特点：

（1）连梁首先发挥耗能作用，剪力墙在底部加强部位出现轻度损伤，支承钢结构罩棚的钢筋混凝土柱处于弹性工作状态，其余剪力墙绝大部分处于弹性工作状态。

（2）结构绝大部分框架梁柱保持弹性状态，仅少部分框架梁纵筋屈服，但钢筋的塑性应变均未超过钢筋的极限应变。

（3）露天剧场上部钢结构绝大部分杆件处于弹性状态，仅个别支座杆件屈服产生较小的塑性应变。

（4）楼板损伤整体较轻，仅第 2、3 计算层局部看台板与混凝土剪力墙连接部位产生轻度损伤。

（5）结构在三向罕遇地震作用下的最大顶点位移为 80.5mm，地震期间基本在平衡位置附近振动，并最终能回到平衡位置附近，满足"大震不倒"的基本要求。

（6）在各组地震波作用下，主体结构的最大弹塑性层间位移角 X 向为 1/422，Y 向为 1/419。均小于1/100 的规范限值要求。

总之，结构在罕遇地震作用下的损伤适度，结构抗震防线、结构破坏模式和屈服机制合理，达到了较好的结构抗震性能要求，具有较好的抗倒塌能力。各结构构件及整体结构在罕遇地震弹塑性时程分析下的力学行为达到预期的性能目标。

3．舞台区钢结构

单层索网可为斜平面拱提供平衡重力荷载面外分量的力，斜平面实腹钢拱因为面外刚度比较大，反过来又作为单层索网的刚性边界。单层索网与斜平面实腹钢拱共同作用，形成稳定的空间结构体系。

1）静力性能计算分析

采用 ANSYS、MIDAS 软件对舞台区钢结构进行分析，模型如图 5.3-15 所示，分析得到的内力云图如图 5.3-16 所示。

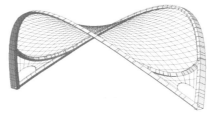

图 5.3-15　舞台区分析模型

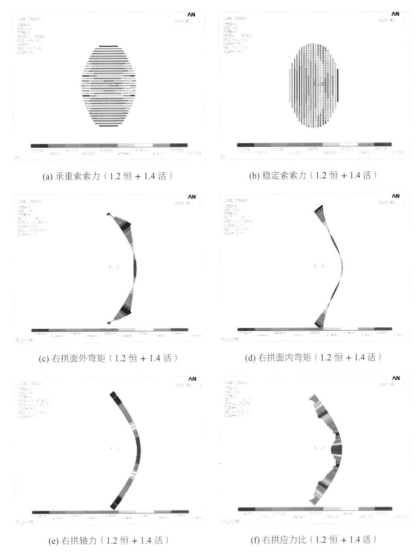

(a) 承重索索力（1.2恒＋1.4活）　　　　　　(b) 稳定索索力（1.2恒＋1.4活）

(c) 右拱面外弯矩（1.2恒＋1.4活）　　　　　　(d) 右拱面内弯矩（1.2恒＋1.4活）

(e) 右拱轴力（1.2恒＋1.4活）　　　　　　(f) 右拱应力比（1.2恒＋1.4活）

图 5.3-16　舞台区钢结构内力云图（部分工况组合）

　　双斜拱承双曲抛物面索网结构各典型工况下结构应力比与结构位移分别如表 5.3-5、表 5.3-6 所示。由表 5.3-5 可见，各构件应力比均小于 0.75，由表 5.3-6 可见，结构竖向位移均小于对应的挠跨比限值。

各典型工况下结构应力比　　　　　　　　　　　　　　　　表 5.3-5

工况	主拱	加劲梁	副环管	承重索	稳定索	副索网
1.2 恒 + 1.4 活	0.590	0.647	0.501	0.245	0.080	0.257
1.0 恒 + 1.4 风吸	0.681	0.588	0.539	0.208	0.498	0.373
1.2 恒 + 1.4 风压	0.605	0.609	0.499	0.247	0.087	0.247
1.2 恒 + 1.4 升温	0.617	0.586	0.441	0.203	0.150	0.242
1.2 恒 + 1.4 降温	0.536	0.577	0.443	0.209	0.160	0.241
1.0 恒 + 0.98 左半活 + 1.4 风吸 + 0.84 升温	0.743	0.615	0.527	0.211	0.498	0.354
1.2 恒 + 0.98 上半活 + 1.4 风压 + 0.84 降温	0.723	0.602	0.542	0.285	0.072	0.262
包络	0.743	0.668	0.546	0.289	0.498	0.354

各典型工况下结构位移 表 5.3-6

工况	索网竖向位移/mm	拱平面内挠度/mm	拱顶平面外侧向位移/mm
1.0 恒 + 1.0 活	−296	−14	119
1.0 恒 + 1.0 风吸	553	69	147
1.0 恒 + 1.0 风压	−268	−15	97
1.0 恒 + 1.0 升温	113	72	89
1.0 恒 + 1.0 降温	−210	−86	18
1.0 恒 + 0.7 活 + 1.0 风吸	576	123	356
包络	576	123	356
挠跨比	1/236	1/1453	1/505

2）大拱双非线性结构稳定性分析

考虑结构初始形状的安装偏差、构件初始弯曲、构件对节点的偏心等影响，初始缺陷取一致缺陷模态（分别为拱平面内和平面外最低阶整体屈曲模态）。初始缺陷最大值取 L/300，其中跨度 L 取为拱跨度（最大悬挑长度的 2 倍小于拱跨度）。同时考虑结构的材料非线性和几何非线性，根据荷载-位移全过程分析结果，结构的极限承载力安全系数最小值为 4.235，符合规范不小于 2.0 的要求。

3）地震反应谱分析

对模型进行反应谱分析时，分别考虑了水平地震为主的三向地震作用效应组合以及竖向地震为主时的三向地震作用效应组合。

罕遇地震单工况作用下主拱拱脚应力比增加最大值仅为 0.236，与恒荷载工况、风荷载效应组合后为最大应力比 0.727，小于 1.0，满足大震弹性的要求。其余部位均满足大震弹性的要求。

4）罕遇地震时程分析

对于所选 3 组地震波，分别沿 X 向与 Y 向作为主方向输入地震波，共有 6 组结构地震响应数据。下面列出各组地震响应相关时程的部分结果。

地震波 RG2 沿结构 X 向作为主方向时（X、Y、Z 三向地震加速度峰值比为 1∶0.85∶0.65），得到地震响应时程结果如图 5.3-17～图 5.3-20 所示。可知在罕遇地震作用下，关键构件应力比均在 0.63 以内，满足大震弹性的性能目标。

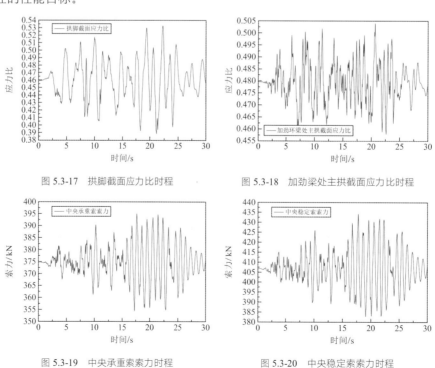

图 5.3-17 拱脚截面应力比时程　　　　图 5.3-18 加劲梁处主拱截面应力比时程

图 5.3-19 中央承重索索力时程　　　　图 5.3-20 中央稳定索索力时程

地震波 RG2 沿结构 Y 向作为主方向时（X、Y、Z 三向地震加速度峰值比为 0.85：1：0.65），得到地震响应时程结果如图 5.3-21、图 5.3-22 所示。

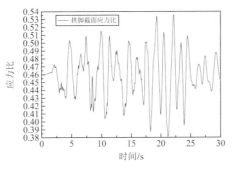 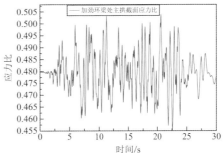

图 5.3-21　拱脚截面应力比时程　　　　　　图 5.3-22　加劲梁处主拱截面应力比时程

罕遇地震作用下时程分析法得到底部最大剪力与 CQC 法得到底部剪力如表 5.3-7 所示。

罕遇地震作用下时程分析法底部最大剪力与 CQC 法底部剪力的比较（单位：kN）　　　　表 5.3-7

CQC		RN7		RN9		RG2		包络	
		剪力值	百分比	剪力值	百分比	剪力值	百分比	剪力值	百分比
X	4606	4082	88.6%	4046	87.8%	4341	94.2%	4341	94.2%
Y	3560	3843	107.9%	3805	106.9%	3401	95.5%	3843	107.9%

从表 5.3-7 可以看出，两种方法计算得到的底部剪力基本一致，时程分析法得到的 Y 向底部剪力略大，设计时予以放大。

5.4 专项设计

露天音乐公园露天剧场造型独特，结构体系新颖，需要解决结构抗连续倒塌、超长混凝土结构设计、舞台区抗推基础设计、节点设计等诸多专项分析与设计的问题。下文介绍施工期间裸拱分析、拱考虑太阳辐射的温度应力分析、抗推基础的设计与分析，其他常规分析不赘述。

5.4.1　舞台区大拱分析

考虑施工过程中的不利情况，在索未张拉且不考虑胎架支撑情况下，验证结构在裸拱状态下的受力性能。计算结果如图 5.4-1 所示。

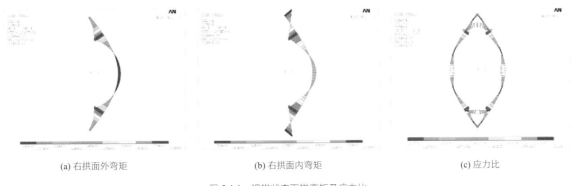

(a) 右拱面外弯矩　　　　　　(b) 右拱面内弯矩　　　　　　(c) 应力比

图 5.4-1　裸拱状态下拱弯矩及应力比

通过计算结果可知，在索未张拉且无胎架支撑的极端情况下，主拱拱顶会出现较大的侧向和竖向位移，且主拱在加劲梁支撑处会出现较大的面内、面外弯矩，拱截面应力比较大，达 1.24。因此，在施工过程中，需要严格设置支撑架，限制主拱、加劲梁在自重下的变形，保证主拱和加劲梁在施工过程中的结构安全性；在索张拉成形前，不得提前拆除支撑胎架。

5.4.2 舞台区温度应力分析

舞台区为室外结构，双拱直接暴露于日照下，太阳直接照射的钢拱壁板部分升温较高，背阴一侧的钢拱壁板升温较小。按通常的均匀温度场进行温度应力分析可能导致分析结果有较大的失真。

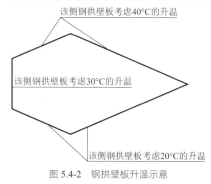

为简化计算，按钢拱向阳一侧壁板有 40℃温升、背阴一侧钢拱壁板有 20℃温升、介于两者之间的钢拱壁板有 30℃温升的稳定非均匀温度场进行温度应力分析，如图 5.4-2 所示。另外，加劲梁和拉索也考虑有 20℃温升。采用壳单元对拱进行模拟，计算温度应力对结构内力的影响。

在仅考虑预张力和恒荷载、活荷载的计算结果上再施加温升工况，升温后结构的位移结果扣除掉无温度作用的位移即为单独温度变化引起的位移，如图 5.4-3 所示。温度变化导致的位移比较小，最大位移不到 1mm，出现在拱顶 Z 向，X 向最大位移出现在拱顶，Y 向位移值在三向位移中最小，最大位移出现在拱跨的 1/3、2/3 处。

经典回眸 中国建筑西南设计研究院有限公司篇

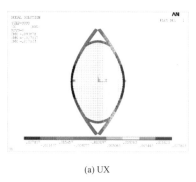

(a) UX

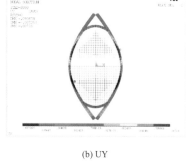

(b) UY

(c) UZ

图 5.4-3 温升工况位移

单独温度变化引起的索力变化如图 5.4-4、图 5.4-5 所示。索拉力都有不同程度的增加，承重索增加了 25~30kN，占初始态承重索拉力的 6.4%~7.7%；稳定索增加了 24~33kN，占初始态稳定索拉力的 9.5%~13.1%。温度变化导致的索力变化比较显著。

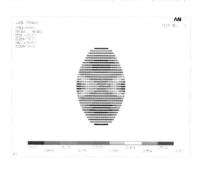

图 5.4-4 升温工况承重索索力增量

图 5.4-5 升温工况稳定索索力增量

含温升工况拱上 Mises 应力分布与不含温升工况 Mises 应力分布情况对比如表 5.4-1 所示。应力变化最大位置在拱脚，有约 30MPa 的增加；拱顶有约 15MPa 的增加；中部增加较少。加劲梁处应力几乎无变化。

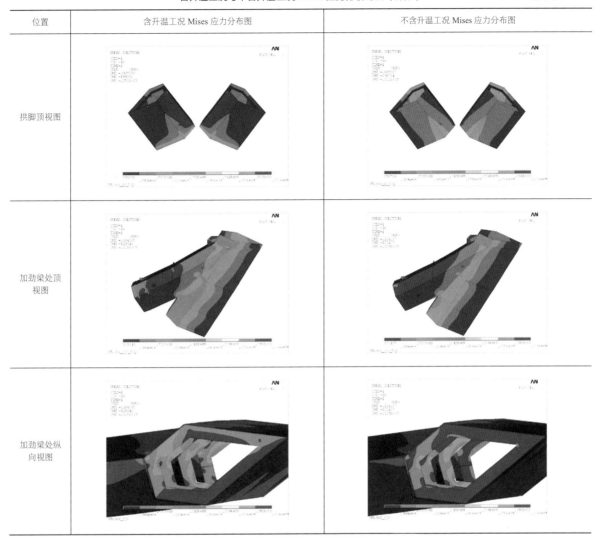

位置	含升温工况 Mises 应力分布图	不含升温工况 Mises 应力分布图
拱脚顶视图		
加劲梁处顶视图		
加劲梁处纵向视图		

　　钢拱上表面向阳侧壁板升温膨胀，但受到横向加劲肋的约束，横向加劲肋会产生较大的拉应力，相应地，钢拱上表面壁板主压应力增大，如图 5.4-6、图 5.4-7 所示。同一部位，因为温升和横向加劲肋约束的影响，向阳面最大压应力增加了约 65MPa，约占不含升温工况最大压应力的 59%，但仍然处在弹性阶段。

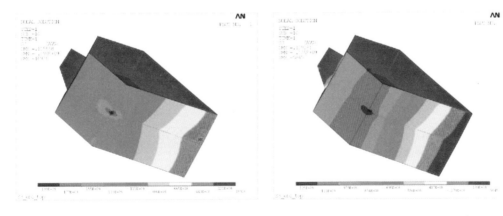

图 5.4-6　含升温工况钢拱上表面主应力　　　　　　　　图 5.4-7　不含升温工况钢拱上表面主应力

　　综上所述，温度变化对拱和索网的影响都比较显著。按不均匀稳定温度场计算升温，结果表明结构仍然处于弹性阶段。

5.5 结语

成都露天音乐公园露天剧场，作为处在城市重要交通节点处的大型露天观演建筑，是服务于音乐艺术的顶级主题公园，同时为成都市民提供了一个文化音乐交流的"开放式"公共空间。露天剧场建筑贴合半露天双面观演的功能需要及地形特点，造型独特、轻盈、灵动，结构体系新颖，是建筑与结构的完美结合。

在结构设计过程中，主要完成了以下创新性工作：

（1）"7"字形空间立体桁架与173m跨桁架拱组合结构

看台罩棚为支承于钢筋混凝土看台上的大跨度复杂空间钢管桁架结构，由21榀"7"字形桁架和173m跨度的倾斜落地桁架拱组成。"7"字形桁架有围绕柱底铰支座向外旋转的趋势，与落地桁架拱互为支承，形成空间稳定体；桁架拱既承受"7"字形桁架旋转带来的整体向外的拉力，同时也承担重力荷载产生的压力，二者巧妙融合，内力大幅降低。罩棚立面设置单层斜向交叉网格，与幕墙龙骨合二为一，在满足建筑美观的同时，增强了结构整体抗侧移能力。

（2）180m跨双斜拱与单层索网组合结构

舞台区采用空间斜拱＋单层索网＋双面覆盖膜体系。拱跨度180m，通过边界刚度计算和形态比较分析，采用了五边宝石形横截面实腹拱。斜拱之间采用正交双曲抛物面索网，承重索跨度90m，稳定索跨度136m，通过优化索网参数，如垂度、拱度、承重索与稳定索的初张力比值、索网间距等，使结构受力、材料用量、施工难度达到综合最优的状态。在距地面15m高度附近设置了拱间加劲曲梁，有效降低拱面外弯矩50%，不但节约了材料，减轻了自重，而且丰富了建筑立面。索网设内外双层覆盖膜，内膜约5000m²的光洁表面，形成音乐演出的投影天幕；外膜结合排水的参数化模拟采用竹节形拱膜。索＋膜的屋面形式大幅减轻了结构自重，有利于基础设计。基础采用重力式基础方案，嵌入中风化砂质泥岩。基础长宽高尺寸为14m×18m×21.5m，采用基坑原槽浇灌混凝土。

设计团队

廖理安、赵广坡、冯　远、邓开国、车鑫宇、黄　扬、邓小龙、高　典

执笔人：廖理安、冯　远

获奖信息

中国建筑学会2019—2020建筑设计奖结构专业二等奖；

中国图学学会龙图杯第十届全国BIM大赛设计组一等奖；

四川省勘察设计协会四川省优秀勘察设计结构设计一等奖；

四川省勘察设计协会四川省优秀勘察设计一等奖；

第十九届中国土木工程詹天佑奖。

第 6 章

成都凤凰山体育中心

6.1 工程概况

6.1.1 建筑概况

成都凤凰山体育中心项目位于成都金牛区北部新城杜家碾片区，包含 6 万座席专业足球场和 1.8 万座席综合体育馆（图 6.1-1）。项目于 2019 年开始设计，2021 年 2 月建设完成。

专业足球场位于基地南侧，设 2 层看台和 1 层包厢，属于大型甲级体育场，可举办大型足球比赛和大型演艺活动，足球场地总建筑面积 12.35 万 m²，建筑总高度 64.0m。综合体育馆位于基地北侧，设 2 层看台和 2 层包厢，属于特大型甲级体育馆，可举办篮球、冰球、羽毛球、体操等不同类型全国性和单项国际比赛，同时可满足演艺、会展等功能要求，综合体育馆地上总建筑面积 8.32 万 m²，建筑总高度 51.4m。天府俱乐部高度 31.2m，悬浮于空中连接足球场和综合体育馆，将其功能上连接成一个建筑。项目设 1 层地下室，地下室面积约 9.8 万 m²。

通过两条结构缝，将足球场、体育馆和天府俱乐部在地面以上划分为三个独立的结构单元（图 6.1-2），确保各部分具有合理的动力特性和抗震能力，同时减小温度作用对结构的影响。划分结构单元后，足球场在标高 7.000m 平台层东西方向总长度为 285m、南北方向总宽度为 322m，在 7.000m 平台以上分别为 202m、242m。体育馆在标高 7.000m 平台层东西方向总长度为 183m、南北方向总宽度为 198m，在 7.000m 平台以上分别为 142m、167m。本工程位于蒲江-新津-成都-新都隐伏断裂带附近约 300～400m，根据区域地质资料，该断裂活动性较弱，历史上最大地震等级为 5 级，根据《建筑抗震设计规范》GB 50011-2010 第 3.10.3 条的规定，对处于发震断裂两侧 5km 以内的结构，地震动参数计入近场的影响。本项目地震作用考虑近场影响乘以增大系数 1.5。项目平面图及剖面图如图 6.1-3、图 6.1-4 所示。

图 6.1-1 项目全景俯瞰图

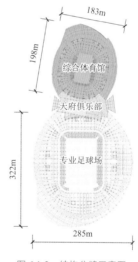

图 6.1-2 结构分缝示意图

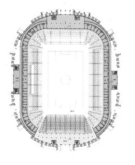

(a) 足球场

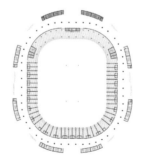

(b) 体育馆

图 6.1-3 项目典型平面示意图

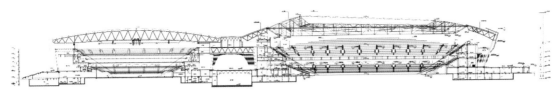

图 6.1-4　项目组合剖面示意图

6.1.2　设计条件

1．主要控制参数（表 6.1-1）

控制参数　　　　　　　　　　　　　　　　　　　表 6.1-1

结构设计基准期		50 年
建筑结构安全等级		一级
结构重要性系数		1.1
建筑抗震设防分类		标准设防类（乙类）
地基基础设计等级		一级
设计地震动参数	抗震设防烈度	7 度
	设计地震分组	第三组
	场地类别	Ⅱ类
	近场系数	1.5

2．结构构件抗震等级（表 6.1-2）

结构构件抗震等级　　　　　　　　　　　　　　　表 6.1-2

结构单体	结构构件	抗震等级
足球场	框架	一级
	支承屋盖钢结构的框架柱（顶层看台面以上）	一级
	混凝土斜看台的长短柱	一级
	钢筋混凝土核心筒	一级 中震下出现偏拉的墙肢为特一级
体育馆	框架	二级
	支承屋盖钢网架的框架柱（顶层看台面以上）	一级
	混凝土斜看台的长短柱	一级
	钢筋混凝土核心筒	一级 中震下出现偏拉的墙肢为特一级

由于足球场地下室顶板在北侧和东侧均开有大洞，不能满足作为嵌固层的要求。因此均以基础顶面作为整体结构嵌固层，配筋设计分别按顶板和基础嵌固层作包络设计。

3．风荷载

主体混凝土结构验算时，按 50 年一遇取基本风压为 $0.30kN/m^2$；屋面钢结构设计时，按 100 年一遇基本风压为 $0.35kN/m^2$。场地粗糙度类别为 B 类。项目开展了风洞试验，模型缩尺比例为 1∶200。

6.2　建筑特点

6.2.1　罩棚形体不规则

足球场造型新颖，屋盖投影为类椭圆形，罩棚整体北高南低，形状斜置，与水平面夹角约为 2.5°

（图 6.2-1），不规则的形态给本项目结构设计带来了难度。

图 6.2-1　罩棚形态

6.2.2　多种罩棚覆盖材料

经典回眸·中国建筑西南设计研究院有限公司篇

建筑师在设计罩棚覆盖材料时，选择了两种材质，一种是传统的金属覆盖材料，一种是通透率较高的膜材（图 6.2-2）。选择膜材，不仅可大大降低荷载，减小对主体结构的影响，更重要的是，通透材料有利于优质草坪的维护与保养。外围金属屋面可避免主看台被阳光照射，保证观众的观赛体验。

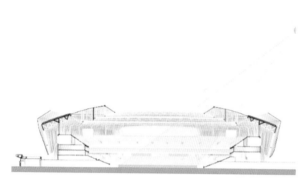

(a) ETFE 膜材

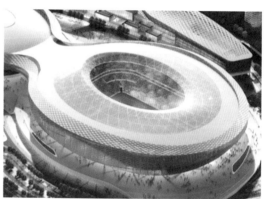

(b) 金属屋面

图 6.2-2　罩棚覆盖材料

6.2.3　下部柱网位置与罩棚形态不对应

本项目的看台设计不仅满足 FIFA（国际足球联合会）要求，而且结合我国安保运营策略，尽量拉近看台与球场距离，提升优质看台比例。项目看台设计为方倒圆形态，因此结构的柱网与看台环向形态息息相关，柱网连线与看台边缘线为等距偏移的关系（图 6.2-3）。而罩棚形态为椭圆形（图 6.2-3 中红线），因此势必带来下部结构柱网连线（图 6.2-3 中蓝线）与罩棚结构形态非等距偏移，从而影响屋盖结构布置的问题。

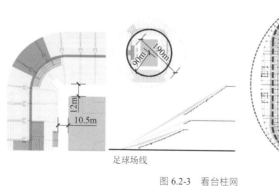

足球场线

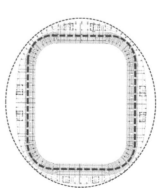

图 6.2-3　看台柱网

6.3 结构体系与分析

6.3.1 结构布置

1. 专业足球场主体结构布置

足球场地下 1 层，地上共 6 层，钢结构屋面高度约 64m，顶层混凝土看台标高 31.2m，局部小屋面混凝土板高度 35.7m，为高层民用建筑。

足球场主体标高 7.000m 以上平面尺寸为 242m×202m，设缝后 7.000m 平台结构单元尺寸为 322m×285m，下部主体采用钢筋混凝土框架-剪力墙结构，利用足球场周边环向布置的 12 个楼（电）梯间和设备管井作为核心筒剪力墙，并作为结构的主要抗侧力构件，与主体框架形成两道抗震防线。

足球场剪力墙厚 600～800mm。典型柱网尺寸：7.2m×9m、9m×10m 等；典型柱截面（mm）：SRC1300×1800，SRC1000×1500，RC900×900、RC900×1200；典型梁截面（mm）：400×800～600×1500。地下室底板为上部结构的嵌固端，1 层楼板厚 180mm，2 层楼板（7.000m 平台）厚 150mm，以上各楼层板厚 120mm；看台板厚 80mm。普通梁、板采用 C30 混凝土，预应力梁、板采用 C40 混凝土，所有剪力墙、框架柱均采用 C50～C60 混凝土。

足球场典型结构平面布置如图 6.3-1 所示，剖面图如图 6.3-2 所示。

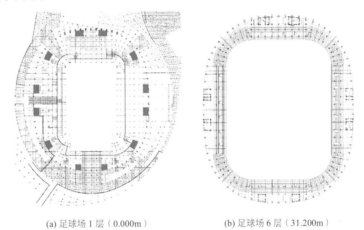

(a) 足球场 1 层（0.000m）　　　　(b) 足球场 6 层（31.200m）

图 6.3-1　足球场典型结构平面布置图

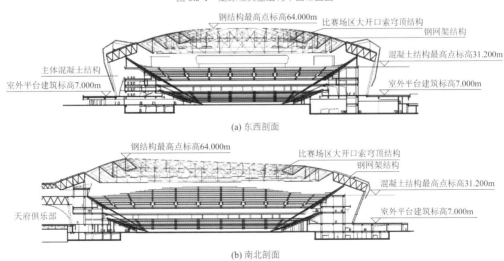

(a) 东西剖面

(b) 南北剖面

图 6.3-2　足球场剖面图

足球场地上 6 层，地下 1 层，主体采用现浇钢筋混凝土框架-剪力墙结构，基础设计等级为甲级。足球场基础埋深 6.5～10m，6.5/64 ≈ 1/9.8，大于规范的 1/15 的埋深要求，能满足稳定性要求。足球场基础采用独立基础 + 抗水底板，局部采用筏形基础，基础持力层采用稍密卵石层，其天然地基承载力特征值 f_{ak} 为 320kPa，足球场单柱最大轴力为 17200kN，独立基础面积为 59.29m²，实取基础底面尺寸 7.7m × 7.7m，满足设计要求。

考虑到工程经济性和合理性，少数位于地下室以外的柱下独立基础采用松散卵石层作为基础持力层，天然地基承载力特征值 f_{ak} 为 180kPa，足球场该区域单柱最大轴力为 5700kN，独立基础面积为 46.24m²，实取基础底面尺寸 6.8m × 6.8m，满足设计要求。

足球场核心筒剪力墙基础均采用局部筏形基础，考虑到剪力墙型钢的埋入式柱脚深度要求，筏板厚度取 2.35m 或 2.0m，筏板变标高处通过 45°放坡过渡，以避免交接处出现应力集中。

2. 综合体育馆主体结构布置

体育馆地下 1 层；地上主体大空间 1 层，钢结构屋面高度约 51.4m，周边辅助用房 4 层，局部夹层，顶层混凝土板高度约 31.2m（大于 24m），为高层民用建筑。

体育馆主体标高 7.000m 以上平面尺寸为 167m × 142m，设缝后 7.000m 平台结构单元尺寸为 198m × 183m，下部主体采用钢筋混凝土框架-剪力墙结构，利用体育馆周边环向布置的 8 个楼（电）梯间和设备管井作为核心筒剪力墙，并作为结构的主要抗侧力构件，与主体框架形成两道抗震防线。

屋盖最大跨度为 115.6m，采用焊接球钢网架结构，网架厚 7～10m，通过铸钢抗震支座支承于体育馆周边的顶层看台柱和柱顶环梁上。网架构件采用圆形钢管或高频焊管，网架节点均采用焊接球节点，支座形式有单向可滑移抗震弹性支座和双向可滑移抗震弹性支座，均沿环梁切向和法向布置。

体育馆剪力墙厚 600～800mm，典型柱网尺寸：8.4m × 7.5m、9m × 7.8m 等；典型柱截面（mm）：SRC1300 × 1800，SRC1200 × 1200、RC800 × 800～1100、RC900 × 1200；典型梁截面（mm）：400 × 600～500 × 1600。地下室底板为上部结构的嵌固端，1 层楼板厚 180mm，2 层楼板（7.000m 平台）厚 150mm，以上各楼层板厚 120mm；看台板厚 80mm。普通梁、板采用 C30 混凝土，预应力梁、板采用 C40 混凝土，所有剪力墙、框架柱均采用 C50～C60 混凝土。

体育场典型结构平面布置如图 6.3-3 所示，剖面图如图 6.3-4 所示。

体育馆地上 7 层，地下 1 层，主体采用现浇钢筋混凝土框架-剪力墙结构，基础设计等级为甲级。体育馆基础埋深 6.5～10m，6.5/51.6 ≈ 1/7.9，大于规范的 1/15 的埋深要求，能满足稳定性要求。体育馆基础采用独立基础 + 抗水底板，局部采用筏形基础，基础持力层采用稍密卵石层，其天然地基承载力特征值 f_{ak} 为 320kPa，综合体育馆单柱最大轴力为 16700kN，独立基础面积为 49m²，实取基础底面尺寸 7m × 7m，满足设计要求。

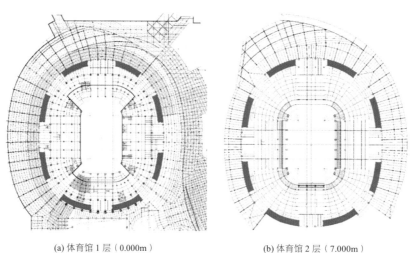

(a) 体育馆 1 层（0.000m）　　　　　　(b) 体育馆 2 层（7.000m）

图 6.3-3　体育馆典型结构平面布置图

经典回眸　中国建筑西南设计研究院有限公司篇

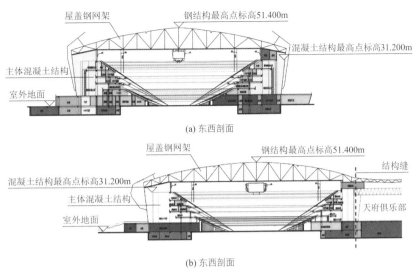

(a) 东西剖面

(b) 东西剖面

图 6.3-4 体育馆剖面图

考虑到工程经济性和合理性，少数位于地下室以外的柱下独立基础采用松散卵石层作为基础持力层，天然地基承载力特征值 f_{ak} 为 180kPa，体育馆该区域单柱最大轴力为 2800kN，独立基础面积为 27.046m²，实取基础底面尺寸 5.2m × 5.2m，满足设计要求。

体育馆的核心筒剪力墙基础均采用局部筏形基础，考虑到剪力墙型钢的埋入式柱脚深度要求，筏板厚度取 2.0m 或 2.2m，筏板变标高处通过 45°放坡过渡，以避免交接处出现应力集中。

3. 天府俱乐部结构布置

在足球场与体育馆之间创新性地置入天府俱乐部功能体（图 6.3-5）。从建筑功能角度，天府俱乐部连通了南侧的足球场和北侧的体育馆，形成建筑的统一功能体。从结构抗震设计角度，通过两条抗震缝，将体育馆、天府俱乐部和足球场分为了三个抗震单元体。

天府俱乐部单体投影平面为类矩形，边缘形状根据建筑功能和造型均为弧形。天府俱乐部由 32.000m 标高的两边支承组合网架、40.000m 标高钢网架和位于体育馆侧及足球场侧的 2 排斜钢柱组成。32.000m 标高由于建筑上人功能，采用组合网架结构，最大跨度 45m，网架厚度为 6m。天府俱乐部首次采用了箱形-圆管形铸钢节点，顺利实现箱形柱与圆管柱的过渡连接，解决了网架杆件与箱形柱无法在不同角度相贯焊接的困难。

(a) 位置示意图

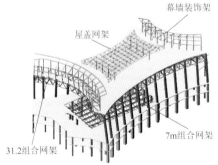

(b) 整体轴测图

图 6.3-5 天府俱乐部位置及整体轴测图

6.3.2 罩棚结构选型

1. 专业足球场屋盖

足球场屋盖平面为椭圆形，南北向长约 279m（长轴），东西向长约 234m（短轴），屋盖最高点高度约 64m。屋盖罩棚最大悬挑长度 64m，最小悬挑长度 55m。屋盖覆盖材料，内圈区域为 ETFE 膜材，外圈区域为金属材料。结合本项目的建筑特点，综合考虑，项目罩棚结构体系应满足安全、合理、美观、适用、经济的要求。

结构选型根据建筑要求，在内圈膜材区域采用大开口索穹顶结构体系来表现通透轻盈的建筑效果，在外圈金属材料区域采用双层网架结构，该网架结构同时作为索穹顶的边缘构件，网架平均宽度 27m，索穹顶宽度 46m。内圈膜材区域的索穹顶结构设 2 圈环索，每圈设 40 道撑杆，撑杆最大高度约 14m。索穹顶结构外圈与作为压环的钢网架连接，内圈设有三角形立体拉环桁架。支承屋盖的钢柱下端铰接于混凝土看台结构上。外圈立面钢柱下端铰接于 7.000m 标高混凝土结构上。索穹顶拉索全部采用 1670 级密闭索，撑杆和内环桁架采用圆形钢管，材质为 Q420B 或 Q355B。足球场大开口索穹顶体系由三部分组成，由外到内分别为：外环网架结构（图 6.3-6），中部葵花型索穹顶结构（图 6.3-7）；内环受拉钢桁架结构（图 6.3-8）。罩棚索穹顶结构整体轴测图如图 6.3-9 所示，施工现场如图 6.3-10 所示。

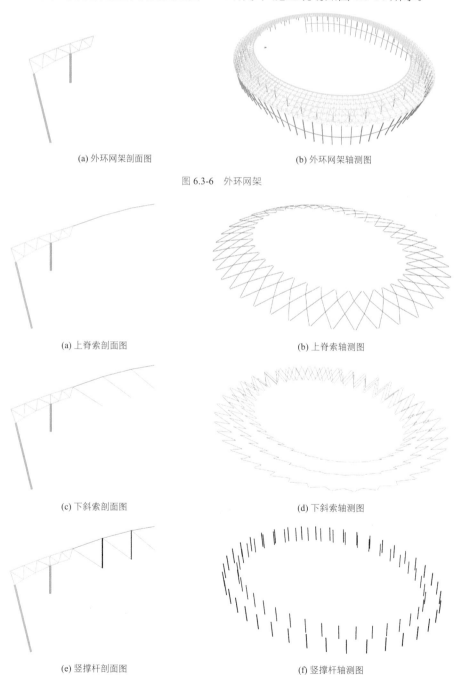

(a) 外环网架剖面图　　　　　　　　(b) 外环网架轴测图

图 6.3-6　外环网架

(a) 上脊索剖面图　　　　　　　　(b) 上脊索轴测图

(c) 下斜索剖面图　　　　　　　　(d) 下斜索轴测图

(e) 竖撑杆剖面图　　　　　　　　(f) 竖撑杆轴测图

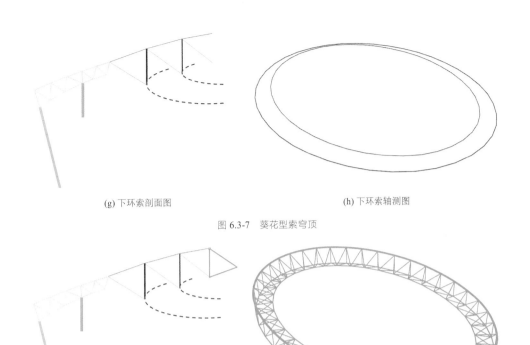

(g) 下环索剖面图   (h) 下环索轴测图

图 6.3-7 葵花型索穹顶

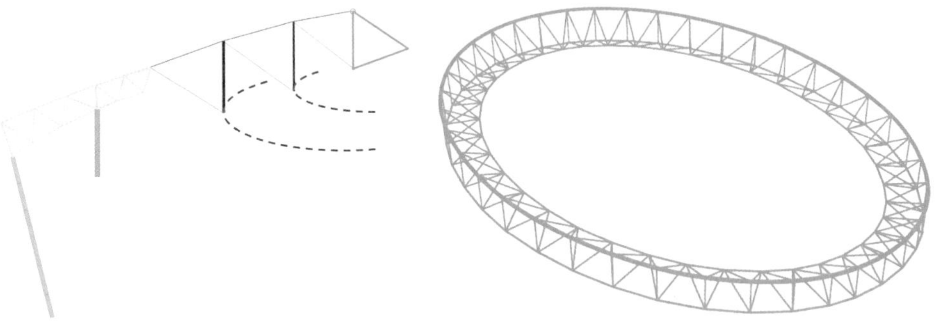

(a) 内环钢桁架剖面图   (b) 内环钢桁架轴测图

图 6.3-8 内环钢桁架

图 6.3-9 罩棚索穹顶整体轴测图   图 6.3-10 罩棚索穹顶施工现场

封闭式张拉索穹顶结构中心设置刚性拉环,但拉环开口大小与结构整体尺寸相比较小,通常按照普通构件设计即可保证结构体系拉力的有效传递;但中部大开口非封闭式张拉索穹顶结构内拉环开口大小与结构整体尺寸相比已不可忽略,大开口对结构整体刚度有明显削弱,且内拉环需要具有足够的刚度才能保证拉力的有效传递,因此在大开口边缘处设置刚度较大的内环钢桁架,以解决大开口对结构整体的削弱与拉力的传递问题。

2. 综合体育馆屋盖

体育馆屋盖南北向跨度为 136.4m,其中南向悬挑 17.7m,北向悬挑 20.5m;东西向跨度为 115.6m,悬挑 16.9m;平面尺寸约为 149m×175m,屋盖最高点 51.4m。如图 6.3-11～图 6.3-14 所示。屋盖选用正放四角锥双层网架结构作为屋盖钢结构体系,该体系突出优点是能够满足多功能馆在使用阶段复杂的吊挂设备使用要求,且施工技术成熟、简便、快捷,建造成本低,优势明显。

网架杆件采用市场供货充足、通用性好的高频直缝焊管,材质为 Q355B。网架杆件均采用高频焊圆管,截面规格(mm)为 114×4～550×30,网架节点采用冗余度高、可靠性好、工艺成熟、施工简单的焊接球节点,网架支座均通过成品铸钢抗震支座连接于看台框架柱或柱顶环梁上。

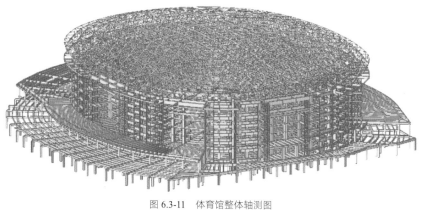

图 6.3-11 体育馆整体轴测图

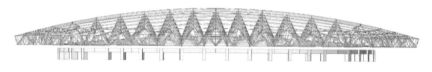

图 6.3-12 体育馆横向剖面图

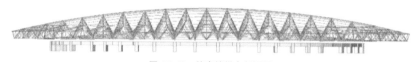

图 6.3-13 体育馆纵向剖面图

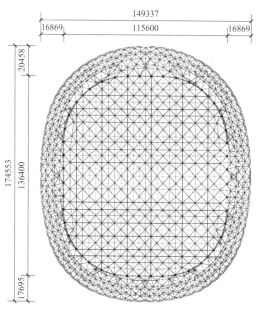

图 6.3-14 体育馆屋盖结构平面布置图

6.3.3 性能目标

1. 抗震超限分析

专业足球场存在如下超限：（1）足球场扭转位移比超过 1.4；（2）足球场屋盖结构体系复杂，最大悬挑长度超过 40m；（3）结构总长度达到 300m。

2. 抗震性能目标

1）专业足球场

根据抗震性能化设计方法，确定主要结构构件的抗震性能目标如表 6.3-1 所示。

地震水准		多遇地震	设防地震	罕遇地震
性能水准		1	3	4
宏观损坏程度		完好、无损坏	轻度损坏	中度损坏
损坏部位	关键构件	无损坏	轻微损坏	轻度损坏
	普通竖向构件　除关键构件之外的竖向构件	无损坏	轻微损坏	部分构件中度损坏
	耗能构件　框架梁、连梁	无损坏	轻度损坏、部分中度损坏	中度损坏、部分比较严重损坏
	屋盖关键构件	无损坏	轻微损坏	轻度损坏
	屋盖普通构件	无损坏	轻度损坏、部分中度损坏	中度损坏、部分比较严重损坏
	屋盖连接节点	无损坏	轻微损坏	轻度损坏
继续使用的可能性		不需修理即可继续使用	一般修理后可继续使用	修复或加固后可继续使用

2）综合体育馆

根据抗震性能化设计方法，确定主要结构构件的抗震性能目标如表 6.3-2 所示。

体育馆的预期震后性能状况　　　　表 6.3-2

地震水准		多遇地震	设防地震	罕遇地震
性能水准		1	3	4
宏观损坏程度		完好、无损坏	轻度损坏	中度损坏
损坏部位	关键构件	无损坏	轻微损坏	轻度损坏
	普通竖向构件　除关键构件之外的竖向构件	无损坏	轻微损坏	部分构件中度损坏
	耗能构件　框架梁、连梁	无损坏	轻度损坏、部分中度损坏	中度损坏、部分比较严重损坏
	屋面钢网架	无损坏	轻微损坏	轻度损坏
继续使用的可能性		不需修理即可继续使用	一般修理后可继续使用	修复或加固后可继续使用

6.3.4　结构分析

1. 足球场多遇地震计算分析

1）主要计算参数

（1）周期折减系数取 0.7，活荷载折减系数参照《建筑抗震设计规范》GB 50011-2010（简称《抗规》）的相关规定考虑。

（2）考虑偶然偏心的影响，以检验楼层扭转位移比是否满足规范要求。

（3）振型组合方法：CQC 耦联。

（4）活荷载重力荷载代表值组合系数：0.5。

（5）中梁刚度增大系数：按《混凝土结构设计规范》GB 50010-2010（简称《混规》）第 5.2.4 条要求计算确定。

（6）梁端弯矩调幅系数：0.85。

2）周期与振型

采用 SAP2000、MIDAS/Gen 软件建立整体模型（下部混凝土结构和钢结构屋盖总装模型）并进行弹性反应谱分析。专业足球场在多遇地震作用下的弹性反应谱分析地震动参数按《抗规》7度（0.10g）取值并考虑近场系数 1.5，整体模型各种材料采用组阻尼输入，水平地震影响系数为 0.12，场地特征周期为 0.45s。得到的主振型如表 6.3-3、表 6.3-4 所示。

屋盖主振型　　　　　　　　　　　　　　　　　　　　　　　　　　　　　　　表 6.3-3

阶数	第 1 阶	第 2 阶	第 3 阶
振型			
描述	屋盖Z向振动（1.47s）	屋盖东西向反对称运动 +Z向振动（1.34s）	屋盖Z向振动（1.25s）

混凝土主振型　　　　　　　　　　　　　　　　　　　　　　　　　　　　　　表 6.3-4

阶数	第 1 阶	第 2 阶	第 3 阶
振型			
描述	X向平动 + 屋盖局部振动（0.59s）	Y向平动 + 屋盖局部振动（0.58s）	主体扭转 + 屋盖局部振动（0.41s）

不同软件分析得到的周期接近，振型形式基本相同。整体结构第 1 扭转周期和第 1 平动周期的比值小于规范限值 0.9，表明结构扭转效应较小。整体结构X向、Y向的前 60 阶振型有效质量系数均大于 90%，满足规范要求。

在多遇地震作用下，振型分解反应谱法和时程分析的结果一致表明，结构的各项控制指标满足规范要求，结构构件在多遇地震作用下处于弹性状态，各构件的截面尺寸合适、配筋构造合理，整体结构的变形能有效防止非结构构件的破坏。结构在多遇地震作用下能够满足初步设计抗震设防专项审查申报表所确定的弹性性能目标的要求。

2. 足球场罕遇地震作用下结构弹塑性时程分析

采用 SAP2000（V20）及 ABAQUS 软件进行了罕遇地震（大震）作用下弹塑性时程分析，主要目的是考察在罕遇地震作用下结构弹塑性的发展历程和构件的损伤程度，并对构件能否达到预期性能目标进行校核。

1）罕遇地震作用下的弹塑性时程分析结果

结构位移角计算结果如图 6.3-15 所示。SAP2000 计算结果为：X向主激励时最大层间位移平均值为 1/421，Y向主激励时最大层间位移平均值为 1/423。ABAQUS 计算结果为：X向主激励时最大层间位移平均值为 1/333，Y向主激励时最大层间位移平均值为 1/266。两种软件计算结果均远小于限值 1/111，表明在罕遇地震作用下，不同的激励方向，结构构件出现了不同程度的损坏，产生了一定的塑性变形，但是整体变形较小，能保证结构在大震作用下不倒塌。

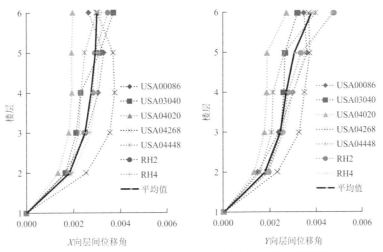

图 6.3-15 足球场罕遇地震时程分析钢筋混凝土结构最大层间位移角

2）最不利墙肢受力

在罕遇水准的地震波激励下，考察了基底剪力最大时刻代表性的剪力墙墙肢的性态，如图 6.3-16 所示。

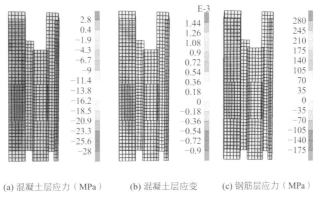

(a) 混凝土层应力（MPa）　　　(b) 混凝土层应变　　　(c) 钢筋层应力（MPa）

图 6.3-16　W-1 剪力墙墙肢性能（SAP2000，RH2，Y 向主激励）

由图 6.3-16 可见，W-1 剪力墙主要为受压，混凝土压应力约 5～6MPa，远小于其抗压强度标准值 $f_{ck} = 38.5\text{MPa}$，混凝土底部墙的拉应变已经大于开裂应变 1.15×10^{-4}，剪力墙开裂；其墙体钢筋的拉、压应力均较小，钢筋的最大压应力为 70MPa，最大拉应力为 130MPa，小于其屈服强度标准值 $f_{yk} = 400\text{MPa}$。ABAQUS 分析结果显示，底部剪力墙的受压损伤因子约为 0.5，局部墙肢受压损伤值达到 0.8，墙钢筋个别位置的塑性应变值达到 0.02 左右，其余部分均未发生塑性变形。以上表明，在基底剪力最大时刻，W-1 剪力墙钢筋基本处于未屈服状态，混凝土开裂。

罕遇地震作用下两种软件的计算结果较为一致，剪力墙整体损坏较轻，基本上为混凝土开裂，极个别位置混凝土出现较大受压损伤，钢筋未屈服或极少位置有局部屈服。

3）框架柱

框架柱 P-M2-M3 铰分布如图 6.3-17 所示，可见罕遇地震作用下足球场斜看台部分框架柱已屈服，但已屈服的大部分框架柱 P-M2-M3 铰的性态均为刚屈服状态，少量框架柱铰性态接近性能点 IO；斜看台柱出铰部位低区在柱底，高区在柱顶，未出现上下两端同时出铰的情况，初步判断是看台斜梁在地震作用下起到斜撑的作用，承担的地震力较大。支撑屋盖的柱未出现屈服情况，能够保证屋盖的安全。ABAQUS 分析表明，仅有极少数框架柱屈服，主要集中在足球场北侧看台，受压损伤因子约为 0.1，未出现塑性应变。以上表明罕遇地震作用下框架柱未产生较大破坏。

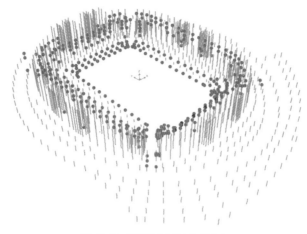

图 6.3-17　框架柱 P-M2-M3 铰分布

3. 足球场罩棚结构分析

1）静力分析

在 MIDAS/Gen 软件中建立有限元分析模型并进行考虑几何非线性的静力分析（表 6.3-5）。分析结果表明，重力荷载、温度起主要的控制作用。大开口内环桁架索穹顶结构在 1.0 倍恒荷载和 1.0 倍活荷载作用下最大竖向位移为−388mm（挠跨比 1/165），在 1.0 倍恒荷载和 1.0 倍风吸荷载作用下最大竖向位移为 323mm（挠跨比 1/198），计算结果表明结构具有较好的刚度。屋盖结构中拉索最大应力小于 0.5 倍破断力，主要钢杆件应力比小于 0.75，屋盖索穹顶结构具有足够的安全度。

主要钢结构构件截面尺寸（mm）为：最大径向拉索为 $\phi92$ 的密封索，最大环向索采用 $4 \times \phi125$ 密封索；撑杆最大截面为 $\phi426 \times 16$。

表 6.3-5

荷载工况			1.3 恒 + 1.5 活	1.0 恒 + 1.5 风	1.3 恒 + 1.5 活 + 0.9 风 + 0.9 升温	1.3 恒 + 1.5 活 + 0.9 风 + 0.9 降温	包络工况
索穹顶	关键构件	环索	0.300	0.140	0.223	0.231	0.340
		撑杆	0.695	0.419	0.744	0.730	0.740
	一般构件	上脊索	0.110	0.311	0.138	0.158	0.393
		下斜索	0.360	0.100	0.249	0.256	0.397
外环受压桁架	关键构件	弦杆	0.692	0.454	0.491	0.515	0.746
		腹杆	0.681	0.379	0.512	0.553	0.749
内环桁架	关键构件	弦杆	0.177	0.785	0.187	0.186	0.736
	一般构件	腹杆	0.121	0.375	0.127	0.155	0.763
支撑柱	关键构件	看台支撑柱	0.669	0.265	0.463	0.542	0.737
		外圈斜柱	0.102	0.426	0.313	0.312	0.427
	一般构件	连系钢梁	0.210	0.380	0.490	0.430	0.790

2）稳定性分析

稳定性能是大跨度空间结构关注的重点。通过 ANSYS 软件对结构进行几何和材料双非线性全过程分析，考虑了 1.0 恒荷载 + 1.0 活荷载、1.0 恒荷载 + 1.0 半跨活荷载等多种工况下结构的稳定性能。分析表明，由于采用了葵花型索穹顶结构，结构平面外刚度较高，对缺陷不敏感，极限承载力状态由强度控制。稳定分析的最不利工况为 1.0 恒荷载 + 1.0 活荷载，极限承载力安全系数为 2.6。各工况失稳模态如图 6.3-18 所示。

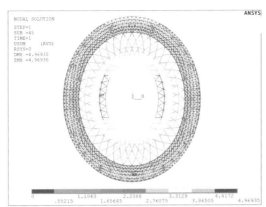
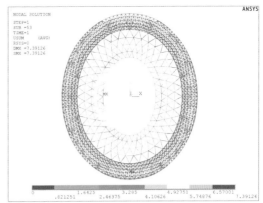

(a) 1.0 恒荷载 + 1.0 活荷载　　　　　　　　　　　(b) 1.0 恒荷载 + 1.0 半跨活荷载

图 6.3-18　各工况失稳模态

3）抗震性能分析

地震波选取如图 6.3-19 所示，采用弹性反应谱法和时程分析法对屋盖结构的抗震性能进行了分析。设计中分别考虑独立模型和整体模型（图 6.3-20），全面考察屋盖结构的抗震性能。研究分析表明，由于钢结构屋盖自重轻，地震响应不起控制作用，大震作用下仍可保持弹性。

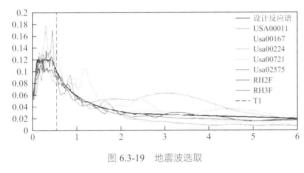

图 6.3-19　地震波选取

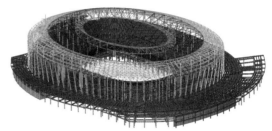

图 6.3-20　整体模型

4）节点分析

本工程对多种类型的关键节点进行了详细的分析设计，保证了节点的可靠传力。由于篇幅限制，仅列出典型节点计算分析结果。以撑杆上端与脊索的连接节点为例，实际节点如图 6.3-21 所示，计算结果如图 6.3-22～图 6.3-24 所示。

从图 6.3-22 可看出，该节点的极限承载力约为 2.6 倍控制工况荷载，表明该节点有足够的安全储备。从图 6.3-23、图 6.3-24 可看出，在 1 倍控制工况下，节点处于弹性状态，大部分区域应力在 200MPa 以下，最大应力值 296MPa 出现在销轴孔侧壁位置。

图 6.3-21　实际节点

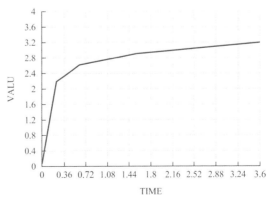

图 6.3-22　节点荷载-位移曲线

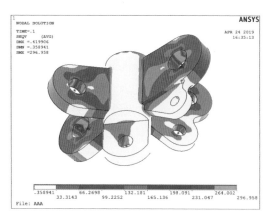
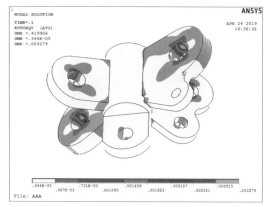

图 6.3-23　节点应力图（1 倍控制工况）　　　　　图 6.3-24　节点应变图（1 倍控制工况）

经典回眸　中国建筑西南设计研究院有限公司篇

5）抗连续倒塌分析

足球场罩棚结构的拉索在整个结构体系中起着重要作用，若任何一根拉索失效引起结构倒塌将带来严重的后果。因此采用 ANSYS 软件，利用拆除构件法，分析结构在断索情况下的抗倒塌性能。结构断索位置如图 6.3-25 所示，计算结果如图 6.3-26～图 6.3-28 所示。

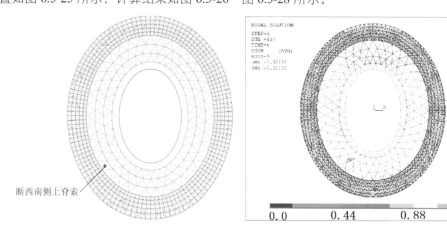

断西南侧上脊索

图 6.3-25　断索位置示意图　　　　　图 6.3-26　断西南侧上脊索结构最大变形云图/m

由计算结果可知，在西南侧断 1 根上脊索后，局部索穹顶在水平方向产生了较大的水平变形，振动停止后，结构最大水平变形为 1.3m，相邻上脊索径向索断索过程最大应力为 463MPa，小于索的破断应力 1670MPa。断索过程中，撑杆内力减小，环索内力基本不变。

以上分析表明，结构整体性较好，偶然事件导致的局部构件失效不会引起结构连续倒塌。

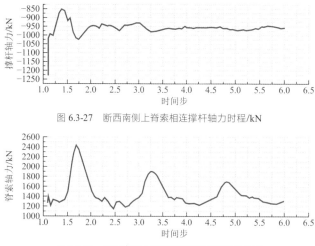

图 6.3-27　断西南侧上脊索相连撑杆轴力时程/kN

图 6.3-28　断西南侧上脊索相邻脊索轴力时程/kN

4．体育馆多遇地震分析

1）主要计算参数

在多遇地震作用下，主要计算参数取值如下：

（1）周期折减系数取 0.7，活荷载折减系数参照《抗规》的相关规定考虑。

（2）考虑偶然偏心的影响，以检验楼层扭转位移比是否满足规范要求。

（3）振型组合方法：CQC 耦联。

（4）活荷载重力荷载代表值组合系数：0.5。

（5）中梁刚度增大系数：按《混规》第 5.2.4 条要求计算确定。

（6）梁端弯矩调幅系数：0.85。

2）周期与振型

采用 SATWE、YJK、MIDAS/Gen 软件建立整体模型（下部混凝土结构和钢结构屋盖总装模型）并进行弹性反应谱分析。计算位移比时考虑刚性楼板假定，计算其余指标时楼板考虑为弹性膜。体育馆在多遇地震作用下的弹性反应谱分析地震动参数按《抗规》7 度（0.10g）取值，结构阻尼比为 0.04，水平地震影响系数最大值为 0.12，场地特征周期为 0.45s。得到的结构振型如表 6.3-6 所示。

结构振型　　　　　　　　　　　　　　　　　　　　　　　　　　　　表 6.3-6

阶数	第 1 阶	第 2 阶	第 3 阶
振型			
描述	主体和屋盖均X向平动（0.72s）	主体和屋盖均Y向平动（0.65）	主体和屋盖均扭转（0.56s）

不同软件分析得到的周期接近，振型形式基本相同。整体结构第 1 扭转周期和第 1 平动周期的比值小于规范限值 0.9，表明结构扭转效应较小。整体结构X向、Y向的前 60 阶振型有效质量系数均大于 90%，满足规范要求。

5．体育馆罕遇地震分析

本工程以基础顶面作为嵌固端，采用 SAUSAGE 软件直接导入 PKPM-SATWE 软件的计算模型并严格基于性能目标与性能化结果调整了框架柱、看台斜梁和剪力墙构件的配筋，建立了三维非线性分析模型。模型质量以及主要振型周期与 PKPM-SATWE 结果基本一致，差值不超过 5%。

1）罕遇地震作用下的弹塑性时程分析结果

结构位移角计算结果如图 6.3-29 所示。可见，X向主激励时最大层间位移角为 1/127（$n = 5$，支撑网架层），Y向主激励时最大层间位移为 1/142（$n = 2$），分别为《抗规》罕遇地震下弹性层间位移角限值 1/111 的 0.87 倍和 0.78 倍。支撑网架框柱层，X向主激励时最大层间位移角为 1/102，X向主激励时最大层间位移角为 1/107，分别为《抗规》罕遇地震下弹性层间位移角限值 1/56 的 0.54 倍和 0.52 倍。由数据可知，不同地震波下的最大层间位移角所在楼层不一，体现出地震动输入的不确定性。分析显示结构在遭受罕遇地震时产生较大塑性变形，但弹塑性时程下的弹塑性位移角满足规范的要求，能够避免结构因产生过大变形而倒塌。

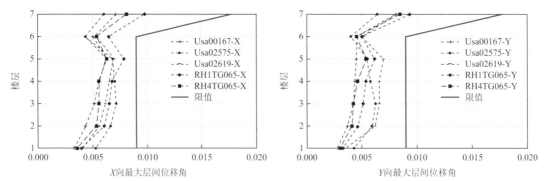

图 6.3-29 罕遇地震作用下结构弹塑性位移角

2）剪力墙及连梁损伤情况

罕遇地震作用下剪力墙及连梁的损伤情况如图 6.3-30 所示。分析结果表明，大量连梁严重损坏，表现为混凝土受压破坏、钢筋屈服，形成良好的耗能机制，保护了主体结构。剪力墙墙肢损伤较小，大部分为轻度损坏，重度损伤主要出现在底部 2 层。剪力墙钢筋基本未出现屈服，初步判定为剪力墙主要发生剪压型损伤；对于个别重度损伤的墙肢，在施工图中适当提高墙身水平分布钢筋配筋率。

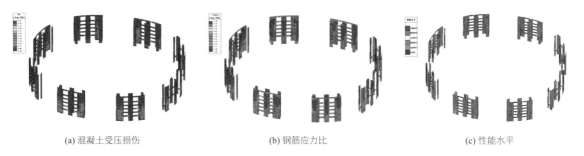

(a) 混凝土受压损伤   (b) 钢筋应力比   (c) 性能水平

图 6.3-30 剪力墙及连梁损伤情况

3）框架柱损伤情况

罕遇地震作用下框架柱的损伤情况如图 6.3-31 所示。分析结果表明，绝大部分框架柱出现了轻度及以下损伤；中度及以上损伤占比极小，不到 3%。钢筋在各楼层均有少量柱出现屈服或者接近屈服的状态，型钢混凝土柱中型钢处于弹性状态。钢筋屈服状态与柱出现塑性铰状态一致，各楼层中有少量进入塑性状态较浅（IO 阶段）的柱铰出现。

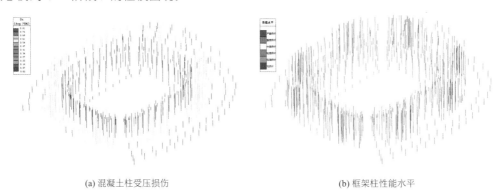

(a) 混凝土柱受压损伤   (b) 框架柱性能水平

图 6.3-31 框架柱损伤情况

6．体育馆罩棚结构分析

1）静力分析

体育馆上部屋盖钢结构采用 3D3S 及有限元计算软件 MIDAS 进行静力计算分析。钢筋混凝土柱采用梁单元模型，静力计算、多遇地震和设防地震反应谱计算时网架杆件采用梁单元模型，罕遇地震反应谱计算时网架杆件采用杆单元，计算模型如图 6.3-32 所示。由于体育馆屋盖跨度较大，考虑演艺功能，结构马道及演艺吊挂荷载较大，分别考虑上弦活荷载（活荷载1）、下弦满布活荷载（活荷载2）及下弦演艺活荷载（活荷载3）三种活荷载布置情况，如图6.3-33所示。不同工况下构件应力比见表6.3-7。

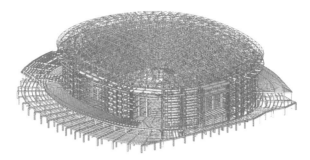

图6.3-32　体育馆屋盖模型三维图

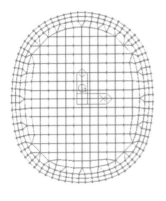 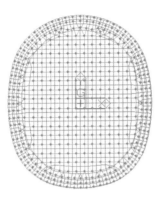 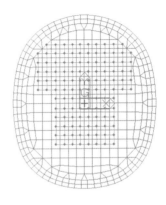

(a) 上弦活荷载　　　　　　　(b) 下弦满布活荷载　　　　　　　(c) 下弦演艺活荷载

图6.3-33　屋面活荷载布置

构件应力比　　　　　　　　　　　　表6.3-7

序号	工况	关键构件	普通构件
1	1.3 恒 + 1.5 活	0.690	0.784
2	1.3 恒 + 1.5 上弦活 + 1.05 下弦满布活	0.735	0.844
3	1.3 恒 + 1.05 上弦活 + 1.5 下弦满布活	0.673	0.821
4	1.3 恒 + 1.5 风（0°）	0.465	0.519
5	0.7 恒 + 1.5 风（0°）	0.231	0.256
6	1.3 恒 + 1.5 升温	0.667	0.659
7	1.3 恒 + 1.5 降温	0.624	0.673
8	1.3 恒 + 1.5 上弦活 + 1.05 下弦满布活 + 0.9 风（0°）+ 0.9 降温	0.720	0.805
9	1.3 恒 + 1.05 上弦活 + 1.5 下弦满布活 + 0.9 风（0°）+ 0.9 降温	0.740	0.833
10	包络工况	0.753	0.849

2）抗震性能分析

对屋盖总装模型进行反应谱分析时，分别考虑了水平地震为主的三向地震作用效应组合以及竖向地震为主时的三向地震作用效应组合。屋盖钢结构罕遇地震时程分析选用 2 组地面运动记录及 1 组人工波。计算结果显示，罕遇地震波作用下屋盖网架结构关键构件最大应力比为 0.947（屈服强度），普通构件最大应力比为 0.982，满足大震不屈服的性能要求。

3）抗连续倒塌分析

体育馆屋盖周边南向悬挑 18.015m，北向悬挑 20.825m，东西向悬挑 17.2m，若悬挑屋盖处下部支承柱破坏失效将可能引起结构的倒塌破坏。本节采用拆除构件法，研究屋盖网架结构在支承柱破坏失效的情况下结构的抗连续倒塌性能。考虑拆除短向支座的两根支承柱的方式（图6.3-34），来验算结构的抗倒塌性能。在"1.0恒载＋0.5上弦活载＋0.5下弦满布活载"工况作用下结构分析结果如图6.3-35、图6.3-36所示。从分析结果可以看出，由于网架支座较多，支座之间的距离较小，而网架本身高度较大，刚度较好，在拆除支座柱的情况下，结构整体位移增加有限，杆件应力变化较小，构件均保持弹性，整体结构抗连续倒塌性能很好。

拆除短向两根柱后，网架在拆除柱位置处位移有所增加，Z向位移由4.0mm增加至19.7mm；屋盖结构整体最大位移为152.7mm。拆除支承柱位置处由于缺少侧向约束，X向位移增加到20.8mm。拆除柱周边构件应力有所增加，支座附近的腹杆所承载的力反向，由压力变为拉力，最大拉应力达38.0MPa，整体结构的最大应力达到182.6MPa，仍处于弹性工作状态。

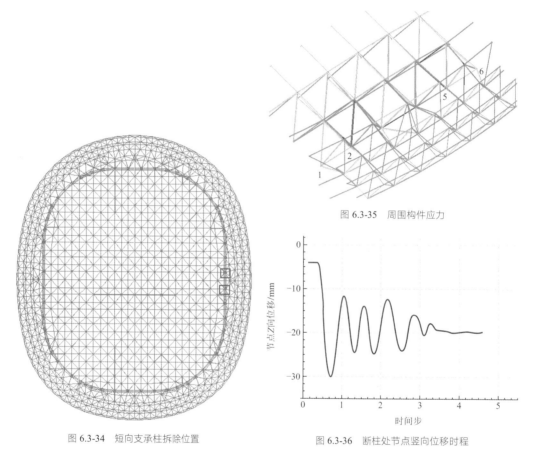

图6.3-35 周围构件应力

图6.3-34 短向支承柱拆除位置

图6.3-36 断柱处节点竖向位移时程

6.4 试验研究

6.4.1 罩棚整体缩尺模型试验

由于足球场罩棚创新性地采用了大开口索穹顶结构，一方面，国内外对大开口索穹顶的性能以及张拉施工研究较少；另一方面，索穹顶属于预应力空间结构体系，且预应力是维持结构刚度和稳定性的关键参数。因此，实际结构的整体力学性能是否符合设计要求（主要是预张力的大小和分布），还需要采用模型试验来验证，这也是国内外相关工程通常采用的技术保障措施。

如何按照设计要求建立初始预张力是预应力空间结构体系施工的关键问题，最终落实到施工张拉方案的合理性和可靠性。同时，对于索穹顶结构体系此类全柔性结构而言，由于张拉过程体系呈现一个大位移的形态变化，因此，针对特定的张拉方案跟踪体系成形过程的形状和内力变化，防止张拉过程中构件和节点由于大变位而引起破坏，也是应该重视的问题，而这些工作则需要借助进一步的模型试验和数值分析来完成。

针对这些关键技术问题开展研究工作，为制订结构施工张拉方案、保证施工安装的精度和安全性、确保使用过程中结构运行可靠性提供直接的技术指导和支持，是保障此类新型结构体系在实际工程中顺利实施的重要措施。因此，针对体育场罩棚结构进行 1：15 的缩尺模型试验。

1. 施工全过程试验研究

试验模型的施工步骤模拟主要分为 3 步（图 6.4-1）：

（1）内环桁架提升至 3000mm，索网系牵引至 1333mm，以内环桁架提升工装索的长度控制。

（2）内环桁架提升至 1867mm，索网牵引至 1000mm，脊索锚接。脊索锚接过程中索网系和内环桁架停止提升，待脊索全部锚接完毕后继续提升。

（3）内环桁架提升至 53mm，索网张拉 367mm，锚接斜索，张拉完成。此过程中，以索网系提升为主，内环桁架提升为辅，内环桁架的提升需配合索网系的张拉。

(a) 施工步骤 1　　　　　　　　(b) 施工步骤 2　　　　　　　　(c) 施工步骤 3

图 6.4-1　施工全过程试验

2. 荷载态静力性能试验

本工程中，索穹顶结构的主要作用是为膜结构屋面提供支撑，以承担柔性屋面的恒荷载和活荷载。因此，本次试验进一步对索穹顶进行静载试验，以考察体系在静力荷载作用下的受力性能（图 6.4-2）。综合考虑设计工况和模型缩尺比例，本次试验不考虑自重的影响，确定以下加载方案：

（1）预应力态。

（2）预应力 + 满跨恒荷载。

（3）预应力 + 满跨恒荷载 + 东西半跨活荷载。

（4）预应力 + 满跨恒荷载 + 南北半跨活荷载。

（5）预应力 + 满跨恒荷载 + 满跨活荷载。

图 6.4-2　静力加载实景

3．试验小结

（1）施工过程中，结构的位形基本与理论分析位形一致，说明按照施工方案中的施工步骤能够保证安全。值得注意的是内环桁架提升的同步性，其与提升胎架的间距应得到有效控制。

（2）由于外加恒荷载和活荷载在外围网架结构上产生的内力增量和位移很小，本次加载试验在这些构件上测得的应变增量受测量精度和误差的限制，基本为无效测点，但对整体结构受力基本无影响。

（3）从试验结果来看，本工程索穹顶罩棚结构具有良好的刚度和承载能力，荷载态下结构的非线性反应并不显著。加载试验测试结果与理论分析结果吻合良好，说明结构设计所采用的计算模型和分析方法是有效和可靠的。

6.4.2　索夹试验

1．索夹抗滑移试验

索夹抗滑移试验（图6.4-3）包括单孔道索夹抗滑承载力试验和群索抗滑承载力试验。群索试验在索夹4个孔道上都安装拉索，同时张拉，顶推加载至设计不平衡力，考察4个孔道的滑移情况（图6.4-4）。

两个试验均在拉索达到设计预应力状态下进行，试验过程中全过程实时监测高强螺栓紧固力变化、实时顶推力和滑移量。根据顶推力-滑移量变化曲线，确定索夹单孔和4孔的抗滑承载力，提出本项目索夹高强螺栓紧固力衰减系数和孔道摩擦系数。

环索单个索夹的最大总不平衡力为1300kN，即每根索孔的抗滑移为325kN。

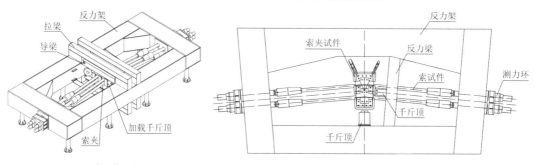

图6.4-3　试验装置轴测图　　　　　　　　图6.4-4　4索滑移试验方案

群索滑移试验侧推采用两个150t千斤顶，设计要求侧推力是1300kN，试验实际侧推力达到2467kN，为设计值的1.9倍。从试验结果可知，在设计要求的不平衡力作用下，索的滑移量小于0.3mm；在1.9倍设计不平衡力作用下，索的滑移量在0.7mm以下，满足设计要求。

2．环索受力均匀性试验

由于最外圈环索采用了4根索并索的方式代替计算模型中的单索，因此每根索受力不可能完全均匀，选择45°方位不利的索夹位置进行试验，考察4根环索的受力不均匀性（图6.4-5）。

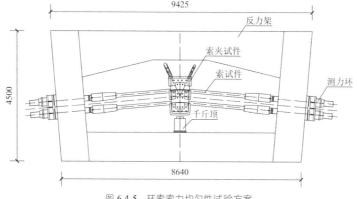

图6.4-5　环索索力均匀性试验方案

由试验结果可知：

（1）单根索的两端索力基本相等。

（2）环索两端合力基本相等。

（3）尽管试验进行中索已历经多次张拉（抗滑移试验），但张拉力较小时仍表现出一定的不均匀性。随着预张力增长，环索各索内力离散系数逐渐减小，反映索力逐渐均匀，最终离散系数小于2%，不均匀性逐渐消除，说明试验条件下环索索力均匀性较好。

3．试验小结

本次试验完成环索的群索滑移试验、单索滑移试验和环索加载的均匀性试验，可得出如下试验结论：

（1）环索张紧及施加侧向推力的过程会对索盖板的高强螺栓拉力产生影响，变化范围为-15～32kN（相对于高强螺栓初拉力），高强螺栓拉力有增有减，没有特定的规律。当索夹产生滑移，高强螺栓内力变化幅度在10kN范围内。

（2）试验实际侧推力达到2467kN，为设计值的1.9倍，在设计要求的不平衡力作用下，索的滑移量小于0.3mm；在1.9倍设计不平衡力作用下，索的滑移量在0.7mm以内；在1.9倍侧推力作用下索与索夹没有产生明显的滑移变形，索夹的抗滑移能力满足设计要求。

（3）4根单索抗滑移力最小为564.5kN，最大为940.8kN，均大于设计要求的325kN。

（4）4根单索抗滑移试验得到的摩擦系数最小为0.31，最大为0.48，平均值为0.4。

（5）群索均匀性试验得到，4根环索张拉初期拉力有一定的不均匀性，但随着预张力增长，环索各索内力离散系数逐渐减小，环索内力趋向均匀，张拉完毕后环索内力的离散系数小于2%，环索内力均匀。

6.5 结语

成都凤凰山体育中心在钢结构设计与施工方面具有以下创新点：

（1）所有国内外已建的索穹顶结构均用于封闭屋盖的建筑中，成都凤凰山足球场首次将索穹顶结构用于非封闭的罩棚中；提出了大开口内环钢桁架索穹顶结构，建立了非对称大开口索穹顶结构的找力方法，研发了复杂边界条件大开口索穹顶的设计方法，发展了索穹顶结构的应用范围。项目通过在中部大开口边缘位置设置内环钢桁架，弥补了由于大开口对索穹顶结构刚度与整体性的削弱；通过采用葵花型索穹顶结构并经过找力分析及施加合理预应力，解决了由于结构不对称、整体结构斜置以及复杂边界导致的结构受力不均匀问题。

（2）针对非对称、复杂边界的大开口索穹顶结构，研发了成套施工张拉关键技术，提出了"内环桁架竖向提升 + 索网体系斜向牵引"的交替提升方法，提出了"牵引下层索网和同步分级张拉双层索网结构"的张拉方法，解决了内环桁架单侧偏心提升扭转控制、索网组装牵引提升中的位形控制、脊索锚接时机等关键问题。实现了非对称、复杂边界条件的大开口内环钢桁架索穹顶结构的建成。

（3）研发了中大规格密封钢丝绳生产的成套技术；研究异形钢丝捻制进入合成螺旋状时的几何关系及受力状态，发明了密闭索索体的"小面合绳"技术；开发了国内首创的异形钢丝尺寸一体化密闭索三维可视化模拟设计软件，实现了国产中大规格密封钢丝绳在建筑工程领域的大规模应用。

（4）通过拉索在初应力状态下的抗扭转试验，采用单向链杆转动的穿心千斤顶试验设备，验证了主拉索构件解索的风险及拉索在初应力状态下的索夹抗滑移能力，实现了高支撑索膜分离的节点设计，突破了传统的索膜贴合设计，实现了建筑屋盖曲面自有光滑的造型要求。

（5）通过可视化模拟施工过程并采用三维激光扫描仪对时变过程的钢结构进行高精度激光扫描，得到实际构件点云模型，验证了工法合理性，确保了结构时变过程满足设计要求。

设计团队

冯　远、王立维、张　彦、邱　添、杨　文、刘　翔、廖姝莹、杨现东、向新岸

第 7 章

成都东安湖体育场

7.1 工程概况

7.1.1 建筑概况

东安湖体育公园体育场项目位于成都市龙泉驿区，将作为第 31 届世界大学生夏季运动会的开幕式场馆。建筑方案以"飞碟"造型表达具有科技感和运动感的成都大运形象。屋顶和内场呈现太阳神鸟图案，表达巴蜀文化遗产和世界大运精神跨越时空结合。体育场屋盖上设置了超长高空观景平台，将龙泉山和东安湖的美景尽收眼底。建筑建成实景如图 7.1-1 所示。

东安湖体育场建筑面积约 12 万 m²，为 4 万座甲级体育场，地上局部 5 层。钢结构屋面最大高度 49.85m，混凝土看台最高点 22.4m。建筑典型剖面图如图 7.1-2 所示，看台层平面图如图 7.1-3 所示。±0.000m 标高层为赛事用房层，西侧为主要赛事功能房间，北侧为演艺用房，东侧为体育服务用房，南侧为高空观景平台的入口电梯厅和设备用房；7.000m 标高层为观众休息厅、卫生间等附属用房及贵宾区；12.100m 标高层为包厢层及贵宾区；16.600m 标高层设置两个 165m 长的低区观景平台；29.000m 标高层为展览厅及 300m 长高空观景平台（图 7.1-4）。项目于 2019 年开始设计，2021 年建成。

图 7.1-1 体育场建成实景

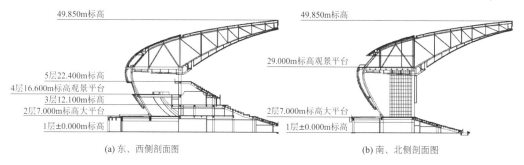

(a) 东、西侧剖面图　　　(b) 南、北侧剖面图

图 7.1-2 建筑典型剖面图

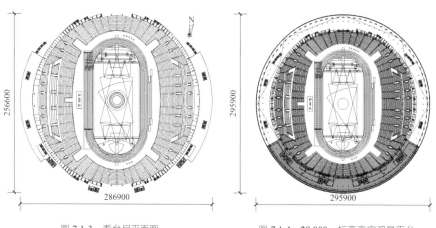

图 7.1-3 看台层平面图　　　图 7.1-4 29.000m 标高高空观景平台

7.1.2 设计条件

1. 主体控制参数（表7.1-1）

控制参数 表7.1-1

结构设计基准期		50 年
建筑结构安全等级		一级/二级[1]
结构重要性系数		1.1/1.0[1]
建筑抗震设防分类		重点设防类（乙类）
地基基础设计等级		甲级
设计地震动参数	抗震设防烈度	7 度
	设计地震分组	第三组
	场地类别	II 类
	小震特征周期	0.45s
	大震特征周期	0.50s
	基本地震加速度	0.10g
建筑结构阻尼比	多遇地震	混凝土结构：0.05 钢结构：0.025
	罕遇地震	混凝土结构：0.06 钢结构：0.03
水平地震影响系数最大值	多遇地震	0.08
	设防烈度地震	0.23
	罕遇地震	0.50
地震峰值加速度	多遇地震	35cm/s²

注：根据《建筑结构可靠性设计统一标准》GB 50068-2018 及《工程结构可靠性设计统一标准》GB 50153-2008，本工程的基础、混凝土结构竖向构件、型钢混凝土斜撑、框架梁跨中部位、转换梁及成品铰支座的安全等级为一级（$\gamma_0 = 1.1$），混凝土结构其余构件的安全等级为二级（$\gamma_0 = 1.0$）；屋面钢结构的安全等级为一级（$\gamma_0 = 1.1$）。

2. 结构抗震设计条件

按设防烈度 8 度采用抗震措施。由于剪力墙布置较少，剪力墙间距远大于 50m，设置剪力墙的主要作用是增加结构二道防线并改善扭转，因此，框架的抗震等级按框架结构确定。体育场抗震等级如表 7.1-2 所示。

抗震等级 表7.1-2

结构单体	结构构件	抗震等级
体育场主体结构	普通框架	一级
	大跨度框架（跨度大于18m）	特一级
	型钢混凝土斜撑	一级
	剪力墙	一级（剪力墙受拉时其端柱按特一级构造）
	屋盖悬挑桁架 + 立面单层网格	屋盖桁架弦杆、立面交叉网格、支座附近2个节间的腹杆为二级；其余为三级
室外楼梯	普通框架	二级

3. 主要荷载取值

（1）重力荷载

附加恒荷载：罩棚悬挑桁架上弦（玻璃）1.0kN/m²、桁架下弦膜材及连接件 0.2kN/m²、桁架下弦膜材水平张拉力 1.0kN/m；平衡段桁架上弦（金属屋面 + 装饰格栅）1.3kN/m²、平衡段吊顶荷载（含设备管道）0.8kN/m²；立面幕墙体系及连接件 1.0kN/m²；马道、灯桥 3.0kN/m。

活荷载：不上人屋面 0.5kN/m²；16.600m 标高观景平台 3.5kN/m²；29.000m 标高观景平台 3.5～5.0kN/m²（展览用途）；天沟 3.2kN/m；马道 3.5kN/m。

（2）风荷载

混凝土结构按 50 年一遇取基本风压为 0.30kN/m²，钢结构按 100 年一遇取基本风压为 0.35kN/m²，场地粗糙度类别为 B 类。项目开展了风洞试验，模型缩尺比例为 1∶200，试验风向角间隔取为 10°，共 36 个试验工况，屋面较不利风向角出现在 50°、140°、230°、320°附近。

（3）温度作用

成都市基本气温为 −1～34℃，极端气温为 −6.7～39.3℃。考虑室内使用环境温度 10～30℃，29.000m 标高观景平台室内区域使用环境温度 5～35℃（接近半室外环境）。混凝土结构合龙温度 5～20℃，钢结构合龙温度 10～20℃。结构设计温度：考虑混凝土收缩、徐变、开裂等因素后，室内环境的混凝土结构等效当量升温为 +8℃、等效当量降温为 −8.1℃；室外环境的混凝土结构等效当量升温为 +10℃、降温为 −12℃；29.000m 标高观景平台区域钢结构升温为 +25℃、降温为 −15℃；室外环境的钢结构升温为 +30℃、降温为 −26.7℃。

（4）开幕式演艺荷载

灯光荷载：灯光吊挂在桁架下弦上，共计 3 圈，主席台上空区域多留吊挂点。第一道 TRUSS 吊装质量为 29.35t，由 88 个葫芦吊挂，每个葫芦承重为 330kg；第二道 TRUSS 吊装质量为 34.2t，由 88 个葫芦吊挂，每个葫芦承重为 388kg；第三道 TRUSS 吊装质量为 39.6t，由 88 个葫芦吊挂，每个葫芦承重为 450kg。灯光电源柜、信号基站摆放在马道上的总质量为 5.94t，第一道马道（靠近碗口）分布 16 个区域共 2.34t，设备质量 ≤80kg/m²；第二道马道分布 25 个区域共 3.6t，设备质量 ≤80kg/m²。

威亚荷载：威亚吊挂点荷载水平力 20～50kN，竖向力 10～20kN，隔 1～3m 设置一个吊点，若创意方案中有环幕，则应多预留威亚吊挂点。威亚方向多与主席台视线方向平行，多集中于场地中线前后。由于威亚方案的不确定性，往往在项目竣工后才确定具体方案，建议内环檐口一圈均预留威亚荷载。

投影机荷载：部分吊挂在钢屋盖上，一般为 100～200kg；部分采用雷亚架安装，作用在看台尾部的混凝土楼面上，一般为 200～400kg/m²。

音响荷载：部分放置于看台前端防暴沟附近、主席台前后区域，部分吊挂在马道上和钢屋盖檐口附近，每组音响 800～1200kg。

烟火荷载：钢屋盖玻璃屋面区域考虑 3 圈烟火荷载，外圈 75 个点，中圈 59 个点，内圈 41 个点。单个点位的发射装置含产品质量在 35～50kg 之间，每个发射架可安装 32 支单发焰火产品，在燃放中每次只发射一支单支产品，其发射产生的后座力不大于 27kg。

应急保电荷载：UPS 电源组放置于 29.000m 标高观景平台，分散布置，按 5～10kN/m² 预留荷载。

7.2 建筑特点

7.2.1 超长尺度不分缝混凝土结构

体育场在东、南、北侧设置室外楼梯，作为观众主要出入通道；在西侧设置钢结构雨棚，作为贵宾车行落客区。7.000m 标高大平台平面尺寸约为 386.4m×406.3m，属于超长混凝土结构，由于室外楼梯"斜撑"作用明显，对 7.000m 标高大平台有较强的约束作用，为使结构更趋规则，同时减小超长结构的温度应力，将体育场主体与室外楼梯设变形缝脱开，脱开后体育场主体的平面尺寸为 311.5m×318.7m，如图 7.2-1 所示。为减小变形缝对建筑使用功能的影响，利用室外排水沟将竖向变形缝转换为水平变形缝，如图 7.2-2 所示。为满足使用功能和建筑美观要求，体育场主体结构不再设变形缝，体育场主体呈类圆形，7.000m 标高以上主体结构平面尺寸约为 252.3m × 245.9m。

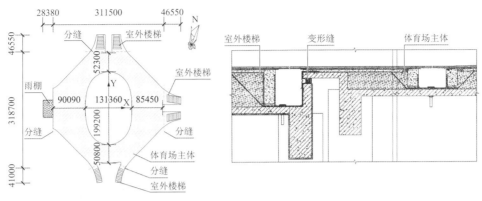

图 7.2-1　7.000m 标高大平台分缝示意图　　　　　图 7.2-2　变形缝做法

7.2.2　钢屋盖完美呈现太阳神鸟图案

为体现成都金沙历史文化符号，体育场建筑形态取形飞碟，屋顶呈现太阳神鸟图案，寓意现代科技与巴蜀文化的和谐演绎。从建筑方案到项目竣工总历时 23 个月，为适应项目快速建造需要，同时在体育场屋盖上呈现太阳神鸟图案，体育场屋盖选择正圆形状，将正圆形划分为 88 个标准单元，实现结构系统（平面悬挑桁架、外立面单层交叉网格等）和幕墙系统（屋面玻璃系统、内场吸声膜系统、立面格栅系统等）的标准化和模块化。

屋盖上、下表面同时呈现的太阳神鸟图案正投影完全重叠，无论是在场外，还是在场内，都能感受到悠久而灿烂的巴蜀文化，如图 7.2-3、图 7.2-4 所示。上表面的太阳神鸟图案印在彩釉玻璃上，可以更好地表现图案，玻璃总面积约 27000m²，由 12540 块彩釉玻璃拼装而成。下表面的太阳神鸟图案通过聚酯纤维网格膜材完成，将印有图案的膜材挂在钢结构屋架下弦上，作为场内吊顶。

相对于传统的阳光板和膜材屋面，屋面采用玻璃材料的荷载更大，结构设计从精细化计算分析到管截面选择，同时考虑标准化和模块化设计，实现了设计精巧、美观有韵律、便于建造的大型体育场屋盖。

图 7.2-3　玻璃屋盖呈现太阳神鸟图案　　　　　图 7.2-4　下弦膜呈现太阳神鸟图案

7.2.3　钢屋盖设置超长空中观景平台

东安湖公园"一湖一环七岛十二景"，将传统文化、历史文化与艺术美学融进每一处景观。龙泉山脉绵亘远方，东安湖水荡漾眼底，体育场馆巍峨半空，为了将龙泉山和东安湖的山水美景尽收眼底，在体育场屋盖上设置三处超长空中观景平台，南侧高区展览及观景平台长 300m、宽 25m，东、西侧低区观景平台各长 165m、宽 20m，如图 7.2-5～图 7.2-8 所示。观景平台在日常运营中，除赏景观光外，还作为博物馆为市民提供一个了解世界大运和中国体育的重要城市窗口。

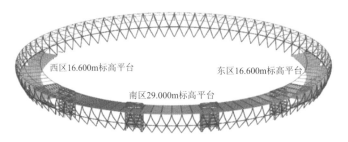

图 7.2-5 三处超长观景平台

图 7.2-6 望山见水的体育场

图 7.2-7 29.000m 标高高区展览厅及观景平台

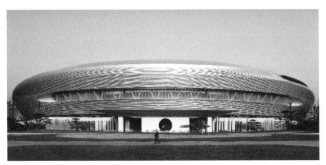

图 7.2-8 16.600m 标高低区观景平台及观光窗口

7.2.4 大跨度转换实现建筑需求

为了提升看台内场"望山见水"的空间效果，减少视线遮挡，看台设计为"南北低、东西高"的形式（图 7.2-9），钢屋盖支承柱隔跨抽空（图 7.2-10），通过在平面桁架之间设置斜腹杆，在支承柱顶构成三角形空间桁架，对大悬挑次桁架进行转换，转换桁架跨度 20m，次桁架悬挑长度 45m。正东、正西、正北出入口及四个大猫洞处，为满足宽敞的通行需求以及开阔的视线需求，抽掉立面交叉网格支承柱（图7.2-11），采用型钢混凝土梁进行转换，转换梁跨度约 20m，不仅增加了计算难度，同时增加了交叉网格柱脚与型钢梁连接的构造难度。

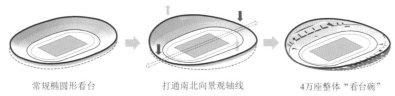

| 常规椭圆形看台 | 打通南北向景观轴线 | 4万座整体"看台碗" |

图 7.2-9 "望山见水"的看台碗

图 7.2-10 钢屋盖支承柱隔跨抽空

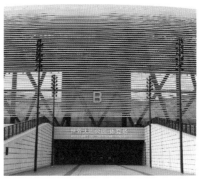

图 7.2-11 立面交叉网格支承柱抽空

7.2.5 装配式看台适应快速建造

为适应项目快速建造的需求，减少现场混凝土和板面建筑面层的施工作业量，体育场看台除西侧主席台和看台尾部异形区域采用现浇外，其余均采用预制装配式看台板，实现结构装饰一体化，如图 7.2-12所示。

图 7.2-12 预制看台板安装现场

7.3 体系与分析

7.3.1 方案对比

本项目主体结构呈类圆形，容易发生扭转，同时第 3 层为薄弱层，因此，在方案设计阶段，考虑了三种方案（表 7.3-1）：框架＋屈曲约束支撑结构（方案一）、框架-剪力墙结构（方案二）、少墙-框架结构（1 层设置型钢混凝土撑）（方案三）。其中方案二刚度最大，方案三刚度次之，方案一刚度相对较小，三种方案用材相差不大。方案一造价相对较高，施工工期长；方案二由于设置了较多的剪力墙，对建筑功能有一定的影响。综合考虑，最终选择少墙-框架结构（1 层设置型钢混凝土撑）。

项目	方案一	方案二	方案三
	框架＋屈曲约束支撑结构	框架-剪力墙结构	少墙-框架结构（1 层设置型钢混凝土撑）
结构模型	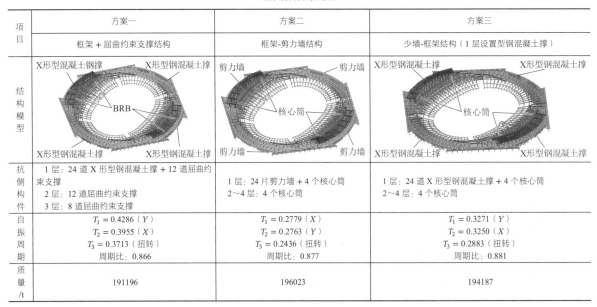		
抗侧力构件	1 层：24 道 X 形型钢混凝土撑＋12 道屈曲约束支撑 2 层：12 道屈曲约束支撑 3 层：8 道屈曲约束支撑	1 层：24 片剪力墙＋4 个核心筒 2～4 层：4 个核心筒	1 层：24 道 X 形型钢混凝土撑＋4 个核心筒 2～4 层：4 个核心筒
自振周期	$T_1=0.4286$（Y） $T_2=0.3955$（X） $T_3=0.3713$（扭转） 周期比：0.866	$T_1=0.2779$（X） $T_2=0.2763$（Y） $T_3=0.2436$（扭转） 周期比：0.877	$T_1=0.3271$（Y） $T_2=0.3250$（X） $T_3=0.2883$（扭转） 周期比：0.881
质量/t	191196	196023	194187

7.3.2 基础设计

本工程基础采用机械成孔灌注桩，桩端持力层为中风化砂岩，饱和单轴抗压强度标准值 $f_{rk}=$ 3.8MPa。通过单桩静载试验，直径 1000mm 单桩竖向受压承载力特征值为 7000kN，单桩竖向抗拔承载力特征值为 1520kN，单桩水平承载力特征值为 179kN；直径 800mm 单桩竖向受压承载力特征值为 4500kN，单桩水平承载力特征值为 76kN。桩身混凝土强度等级为 C35，配筋率为 0.48%～0.97%，有抗拔需求的桩配筋率取大值。

本工程无地下室，结构在风荷载、地震作用下产生的柱脚剪力由桩基承担。核心筒剪力大、弯矩大，采用桩筏基础，其余柱下采用群桩基础，按抗拔桩和抗压桩两种情况包络设计，同时满足水平承载力要求。钢屋盖悬挑段长度为 45m，平衡段长度仅 25m，北侧立面单层网格有较大拉力传至柱脚，故该区域桩基按抗拔桩设计。

7.3.3 结构布置

框架结构抗震防线单一，多次地震震害显示，遭遇地震后大多数破坏的构件是柱，同时，砌体填充墙也是地震震害的主要对象，利用楼（电）梯间和设备管井墙体做成剪力墙，形成少墙-框架结构，可以增加框架结构的抗震多道防线，避免交通要道的墙体破坏。剪力墙墙体与框架梁柱相连成为带边框剪力墙，地震作用下允许剪力墙开裂破坏，起到第一道防线作用，但应保证边框柱有足够的竖向承载能力。

在建筑平面最外圈的四个室外楼梯下方位置设置 X 形型钢混凝土斜撑，同时，剪力墙沿建筑平面环向布置，提高圆形平面结构的抗扭刚度。剪力墙外墙厚 500～600mm，内墙厚 200～300mm，南侧平台区设置四个竖向交通筒，剪力墙厚 400mm。混凝土结构三维计算模型见图 7.3-1，X 形型钢混凝土斜撑沿环向立面展开图见图 7.3-2，竖向构件平面布置见图 7.3-3。

图 7.3-1 混凝土结构三维计算模型

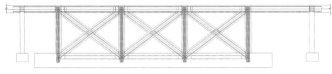

图 7.3-2 外圈 X 形斜撑立面展开图

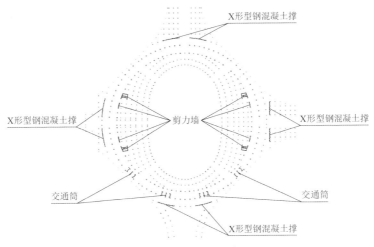

图 7.3-3　竖向构件平面布置

由于首层框架承担的倾覆力矩大于 50%，东、西向核心筒间距约 215m，南、北向核心筒间距约 90m，不满足《高层建筑混凝土结构技术规程》JGJ 3-2010（简称《高规》）第 8.1.8 条要求的剪力墙最大间距 50m，因此本工程按少墙-框架结构设计，框架抗震等级按框架结构确定，剪力墙抗震等级与其框架的抗震等级相同。

内环柱由于高度较小，柱下为基础，约束刚度较大，柱底剪力和弯矩均较大，通过大震分析，框架柱塑性铰基本位于内环柱，设计采取以下措施：①降低内环柱下承台标高，增大柱高，从而减小剪力和弯矩；②柱内配置芯柱或型钢。

屋盖平面为圆环，外径 295m，内径 155m，罩棚悬挑长度 45m，平衡段长度约 25m（图 7.3-4）。屋盖结构进行了平面桁架和三角形空间桁架的比较，三角形空间桁架结构整体稳定性好，但由于杆件较多，在日光下会印射在内吊顶膜材上，影响太阳神鸟图案。平面桁架相对三角形空间桁架，投影面的杆件较少，最终选择了悬挑平面桁架结构。桁架高度在内檐口处 2.5m，支座处 13.31m。屋盖由径向桁架、环形桁架、水平支撑、立面交叉网格和观景平台组成（图 7.3-5）。

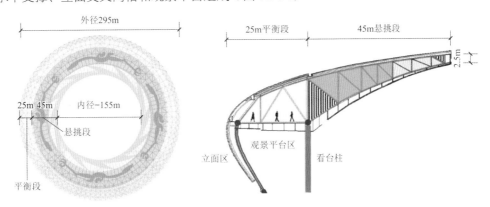

图 7.3-4　屋盖结构尺寸示意图

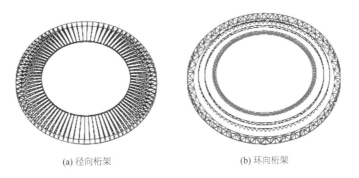

(a) 径向桁架　　　　　　　　　　　(b) 环向桁架

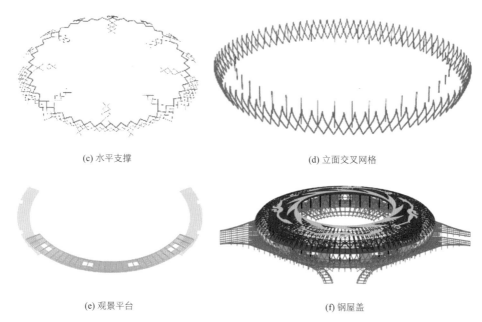

(c) 水平支撑　　　　　　　　　　　(d) 立面交叉网格

(e) 观景平台　　　　　　　　　　　(f) 钢屋盖

图 7.3-5　钢屋盖结构组成示意图

体育场罩棚桁架结构由 44 榀主桁架和 44 榀次桁架构成（图 7.3-6）。在看台尾部混凝土结构之上升起 44 根柱子，作为主桁架支承，在柱间设置环向转换桁架作为次桁架支承。屋盖设置四道环向桁架，提供屋盖的环向刚度。结构布置力求实现玻璃单元与杆件的对位关系，减小屋面多余线条影响，结合玻璃分板参数（1.2m × 2.0m 尺度范围，玻璃单元面积 2.5m²），通过调整桁架上弦弧度与玻璃分板尺寸，合理控制桁架腹杆与弦杆的角度，最大限度减小结构杆件对太阳神鸟图案的影响。无论是上弦玻璃还是下弦膜材，都对弧度有着较高的要求。为有效控制屋盖结构构件与建筑弧度的吻合度，采用弧形弦杆方式，最大程度减小了屋盖各构成系统中构件偏差对屋盖效果的影响。计算模型中，每个节间杆约有 4～5 个控制点，用于控制杆件加工时的弧度。

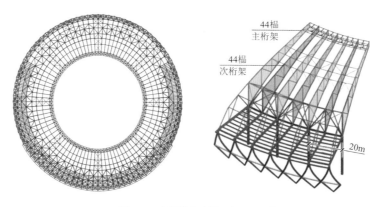

图 7.3-6　平面桁架布置示意图

立面为满足建筑简洁、通透的效果，采用 88 组交叉圆管构成立面单层网格，为屋盖提供外环多点支承，也作为南区 29.000m 标高平台及东、西区 16.600m 标高平台的竖向支承，并作为幕墙结构的支承，同时提供结构抗侧刚度。外立面交叉网格通过成品铸钢固定铰支座支承于 7.000m 标高平台的框架柱或框架梁上。

罩棚区四道环向桁架分别为，一道内环立体桁架，一道外环立体转换桁架，两道平面桁架。内环立体桁架的作用是协调各悬挑桁架受力，提高整体刚度，并可内置灯桥马道，为开幕式及各类演艺附加荷载等需求提供较好的适应性。中环平面桁架一，位于 45m 中部区域，且在太阳和神鸟分界处，对屋顶建筑图案影响较小。中环平面桁架二，由上弦杆和与悬挑桁架下弦相连的斜腹杆组成，是为了最大限度减小对建筑效果的影响，取消下弦杆，用斜腹杆提供悬挑桁架的面外支承。外环转换桁架，为 44 榀次桁架提供支点，也有效地提高整个罩棚结构的环向整体刚度和抗扭刚度。如图 7.3-7、图 7.3-8 所示。

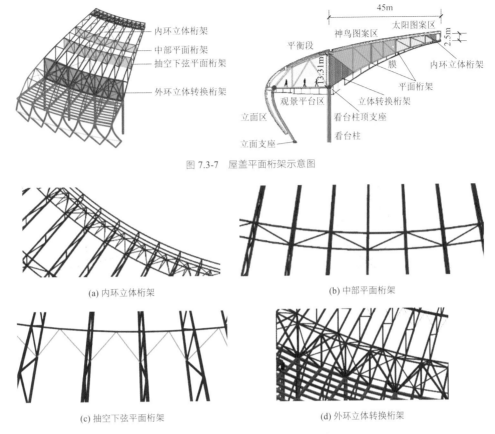

图 7.3-7　屋盖平面桁架示意图

(a) 内环立体桁架

(b) 中部平面桁架

(c) 抽空下弦平面桁架

(d) 外环立体转换桁架

图 7.3-8　罩棚区四道环向桁架布置示意图

立面结构综合考虑建筑效果、结构性能及经济性，对比分析了四种方案（图 7.3-9）。考虑到三处平台大跨度重型楼盖有较大荷载作用于立面上，采用结构刚度好、承载力高的交叉网格可有效适应这一功能需求，同时立面韵律简洁美观，施工标准化程度高，经济性好。为有效传递竖向力并满足建筑立面效果，同时最大限度贴合建筑造型，该立面单层交叉网格采用上段双曲等直径圆管和下段直线变直径圆管相结合的形式。为了提高结构计算精度，将上段双曲等直径圆管划分为 20 段，将下段直线变直径圆管划分为 5 段（图 7.3-10）。同时将这些点作为杆件加工的定位控制点，保证立面网格的加工精度和建筑效果（图 7.3-11）。

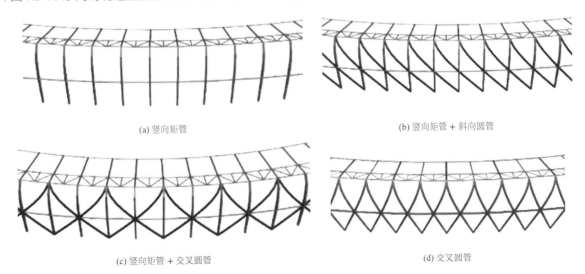

(a) 竖向矩管

(b) 竖向矩管 + 斜向圆管

(c) 竖向矩管 + 交叉圆管

(d) 交叉圆管

图 7.3-9　建筑立面四种结构方案

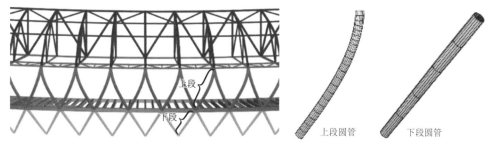

图 7.3-10　立面交叉网格

图 7.3-11　立面交叉网格建成效果

经典回眸　中国建筑西南设计研究院有限公司篇

　　在建筑南区 29.000m 标高利用桁架高度空间设置 300m 长、25m 宽的高空展览厅和观景平台，楼盖采用钢筋桁架楼承板，设置环向次梁，支承于桁架下弦。为了从地面直达 29.000m 展厅，同时满足观景平台疏散需求，设计四个竖向交通筒用于设置楼梯和电梯，每个竖向交通筒需设置两部楼梯、两部电梯以及设备管井，交通筒尺寸较大，无法避开径向平面桁架，这就导致桁架下弦要穿过竖向交通筒，钢屋盖无法和交通筒设缝脱开。通过各方案计算分析和构造比较，最终选择将次桁架下弦与竖向交通筒连接在一起，较好地解决了筒体、楼盖及桁架三者间的受力和连接构造问题（图 7.3-12～图 7.3-14）。

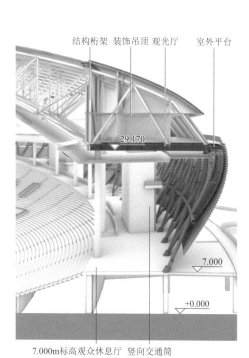

图 7.3-13　29.000m 标高观景平台剖面图

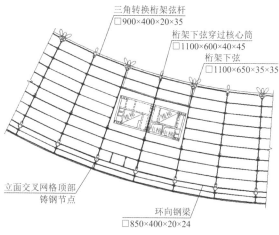

图 7.3-12　29.000m 标高观景平台局部平面图

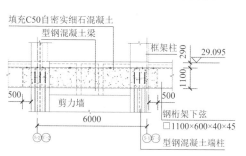

图 7.3-14　桁架下弦与剪力墙连接节点

为加强屋盖的外环刚度和整体性,在周圈外环设置交叉拉索环向支撑,但是对于 29.000m 标高展览厅,希望立面通透,并且有从室内走向室外观景平台的功能需求,如果采用交叉拉索,会影响视觉感官和使用功能。结构设计在交通筒周边设置斜撑杆代替外环支撑的方式,满足了高空平台的功能需求(图 7.2-7)。

在建筑东、西侧的 16.600m 标高层各设置约 165m 长、20m 宽的低区观景平台,平台一端支承于立面弧形单层交叉网格上,另一端支承在混凝土主体结构上,平台由 H 型钢梁上铺钢筋桁架楼承板构成。观景平台由于超长,同时协调混凝土结构和钢结构的温度应力,考虑混凝土收缩及徐变,对组合楼盖温度应力进行了精细化计算,控制钢梁截面,优化外立面 X 形节点,完美实现了建筑效果(图 7.2-8)。

南侧四个竖向交通筒将标高 7.000m 大平台和 29.000m 观景平台相连,东、西侧 16.600m 标高观景平台将立面弧形单层交叉网格和看台结构相连,同时 16.600m 标高观景平台与南侧核心筒相连,立面弧形单层交叉网格又支承于 7.000m 标高大平台上,结构关系复杂,将钢屋盖和主体结构组装在一起进行整体受力计算,分析了温度作用下 16.600m 标高观景平台和 29.000m 标高观景平台对钢屋盖的影响,同时分析了温度作用下南侧核心筒竖向变形对钢屋盖的影响。各层观景平台以及转换桁架处的杆件种类及数量多,连接复杂,采用球形、铸钢、钟形、相贯等各种形式的节点有效解决了杆件复杂连接的问题。

7.3.4 超限应对措施和抗震性能目标

1. 超限应对措施

本项目高度不超限,下部混凝土结构不存在不规则项(比赛场地造成的环形平面楼板不计入楼板不连续)。钢屋盖罩棚最大悬挑长度为 45m,超过 40m,属于超限大跨度屋盖建筑。

针对超限问题及结构的受力特点,设计中采取了如下应对措施:

(1)分别采用 SAP2000、MIDAS/Gen 和 PMSAP 软件建立整体结构模型(混凝土结构和钢屋盖总装模型)并进行弹性反应谱分析,对多遇地震作用下的结构自振周期和内力进行分析比较,验证整体计算模型的可靠性。地震作用按 0°、15°、30°、45°、60°、75°、90°这 7 个方向进行包络设计。因结构长度超 300m,选取 3 组地震波对体育场进行 X 向和 Y 向的多点多维地震反应分析,考察地震行波效应对结构的影响。采用 SAUAGE 及 SAP2000 软件进行设防、罕遇地震下弹塑性时程分析。

(2)看台结构:针对扭转不规则,采用空间计算模型,考虑双向地震效应。对下部看台结构加强二道防线设计,墙体作为第一道防线,在设防地震或罕遇地震作用下将先于框架破坏,故按框架结构与框架-少墙结构包络设计;屋盖支承柱长短柱并存,计算长度按屈曲分析结果复核,钢屋盖支承柱在看台层以上(悬臂端)设置型钢;前排看台短柱适当降低基础标高,以提高短柱长细比,减小短柱内力,在柱内设置芯柱或型钢,以提高短柱的承载力和延性。根据各级地震作用下楼板应力分析,以及超长结构温度作用下应力分析的结果,综合考虑楼板配筋,针对性地采用楼板局部加厚、双层双向配筋、加强楼板配筋(尤其在与剪力墙相交部位加强配筋),以及预应力技术等措施,提高楼板抵抗温度作用下产生裂缝的能力。

(3)钢屋盖:按不同部位的杆件受力重要性将屋盖钢结构划分为关键构件、重要构件和一般构件,分别确定在多遇地震、设防地震和罕遇地震作用下的性能目标和应力比限值。分别考虑水平地震和竖向地震为主控的荷载组合,采用振型分解反应谱法和弹性、弹塑性时程分析法计算屋盖的地震作用并进行包络设计;对钢屋盖进行考虑几何非线性及材料非线性的稳定性分析,保证结构的整体稳定性;进行防连续倒塌设计,验证结构抵抗连续破坏和倒塌的性能;对钢结构所有节点进行有限元分析,保证其承载力以及刚度,满足"强节点、弱构件"的要求。

2. 抗震性能目标

根据抗震性能化设计方法,确定了主要结构构件的抗震性能目标,总体 C 级,如表 7.3-2 所示。

结构抗震性能化设计目标　　　　　　　　　　　　　　　　　　　　　　　表 7.3-2

抗震设防水准			多遇地震	设防地震	罕遇地震
计算方法			反应谱法、弹性时程分析法	反应谱法、弹塑性时程分析法	反应谱法、弹塑性时程分析法
混凝土结构	关键构件	支承钢屋盖的型钢柱	弹性	受剪弹性、受弯弹性	不屈服
		支承立面交叉网格的转换梁（柱）	弹性	受剪弹性、受弯弹性	不屈服
		与 X 形型钢混凝土斜撑相连的周边梁柱	弹性	受剪弹性、受弯不屈服	受剪不屈服、允许少部分受弯屈服
		剪力墙端柱	弹性	受剪弹性、受弯不屈服	受剪不屈服、允许少部分受弯屈服
		前排看台短柱	弹性	受剪弹性、受弯不屈服	受剪不屈服、允许少部分受弯屈服
	普通竖向构件	剪力墙、普通框架柱	弹性	普通框架柱受剪弹性、受弯不屈服；剪力墙允许轻微损坏	允许部分屈服；受剪截面满足《高规》式（3.11.3-4）
	耗能构件	框架梁	弹性	受剪不屈服	允许部分屈服；受剪截面满足《高规》式（3.11.3-4）
		连梁	弹性	受剪不屈服	允许大部分屈服；受剪截面满足《高规》第 7.2.22 条
	楼板	混凝土楼板	弹性	不屈服	允许部分屈服
钢结构	关键构件	悬挑桁架及平衡段支座附近 2 个节间的弦杆、腹杆及节点	弹性（应力比限值 0.75）	弹性（应力比限值 0.90）	弹性（应力比限值 1.0）
		环向转换桁架的弦杆、腹杆及节点			
	重要构件	悬挑桁架及平衡段其余弦杆；支承 29.000m、16.600m 平台的立面交叉网格	弹性（应力比限值 0.85）	弹性（应力比限值 0.95）	弹性（应力比限值 1.0）
		29.000m 平台区域桁架腹杆			
	一般构件		弹性（应力比限值 0.90）	弹性（应力比限值 1.0）	少量不屈服
	连接节点		弹性	弹性	弹性（一般构件节点不屈服）

7.3.5　整体结构分析

1. 罕遇地震分析

罕遇地震下结构损伤情况如图 7.3-15 所示，SAP2000 和 SAUSAGE 软件的计算结果比较接近。结构的塑性响应主要表现为连梁损伤较为严重，在设计中对损伤严重的连梁予以加强配筋，提高延性。剪力墙部分墙肢轻微损伤。框架柱少量屈服，多为低区看台柱。大部分框架梁轻微损伤，个别看台斜梁轻度一中度损伤。钢屋盖各杆件处于未屈服状态。

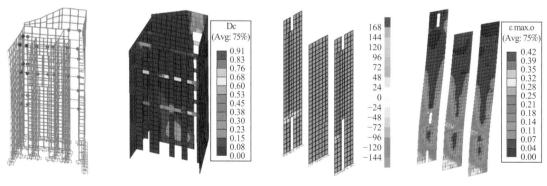

SAP2000 塑性铰分布情况　　　SAUSAGE 连梁混凝土受压损伤情况　　　SAP2000 剪力墙钢筋应力/MPa　　　SAUSAGE 剪力墙钢筋应力比

(a) 剪力墙及连梁损伤情况

经典回眸·中国建筑西南设计研究院有限公司篇

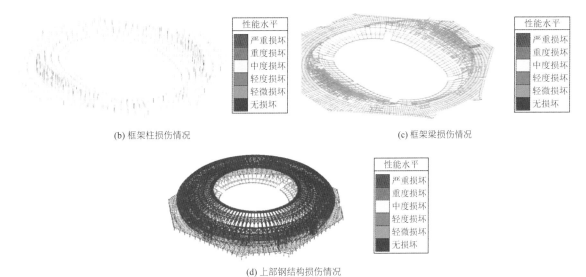

(b) 框架柱损伤情况　　　　　　　　　(c) 框架梁损伤情况

(d) 上部钢结构损伤情况

图 7.3-15　罕遇地震下结构损伤情况

2. 极罕遇地震弹塑性分析

为考察结构在极端情况下的破坏情况，进行极罕遇地震弹塑性分析。极罕遇地震相当于年超越概率 10^{-4} 的地震动，其峰值加速度宜按基本地震动峰值加速度的 2.7～3.2 倍确定。选择 1 条地震波（USER1）验算结构的破坏模式，结果如图 7.3-16 所示，上部钢结构损伤较轻，剪力墙和连梁出现大面积重度或严重损伤，框架柱大部分轻微—轻度损伤，少数中度损伤。由此可见，少墙-框架结构由于剪力墙和连梁最先破坏，起到耗能作用，作为结构第一道防线，较好地保护了框架柱。

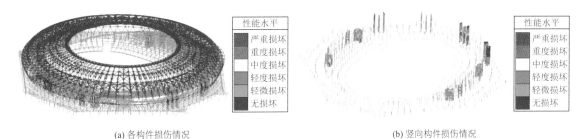

(a) 各构件损伤情况　　　　　　　　　(b) 竖向构件损伤情况

图 7.3-16　极罕遇地震下结构损伤情况

7.3.6　钢屋盖结构分析

1. 屋盖静力性能

项目杆件按关键构件（支座附近杆件）、重要构件（桁架弦杆）和一般构件三种分别控制应力比。构件截面类型及规格见表 7.3-3。对屋盖结构进行静力计算，构件应力比均满足性能目标要求（表 7.3-4）。包络工况下，屋盖悬挑桁架端部竖向挠度为 226mm，挠跨比为 1/199，小于 1/125，结构刚度满足要求。

钢构件截面类型及规格　　　　　　　　　　　　　　　　　　表 7.3-3

分组	杆件	截面类型	截面规格/mm
悬挑桁架	桁架上弦杆	圆管	$\phi273\times8$、$\phi273\times14$、$\phi325\times18$、$\phi402\times18$、$\phi450\times22$
	桁架下弦杆	圆管	$\phi299\times12$、$\phi351\times16$、$\phi351\times20$、$\phi402\times18$、$\phi500\times25$
	桁架腹杆	圆管	$\phi133\times8$、$\phi159\times10$、$\phi203\times12$、$\phi299\times14$
G 轴转换桁架	转换桁架弦杆	圆管	$\phi450\times18$、$\phi351\times16$、$\phi450\times25$
	平台环向矩管	矩管	$\square900\times400\times20\times35$

分组	杆件	截面类型	截面规格/mm
G 轴转换桁架	转换桁架腹杆	圆管	$\phi325 \times 20$、$\phi480 \times 25$、$\phi560 \times 25$
29.000m 观景平台	径向矩管	矩管	$\square1100 \times 650 \times 35 \times 35$、$\square1100 \times 600 \times 40 \times 45$
	环向工字钢	工字钢	$H700 \times 250 \times 14 \times 22$、$H700 \times 200 \times 14 \times 18$
立面交叉网格	立面交叉网格	圆管	$\phi800 \times 45$、$\phi800 \times 38$
	立面交叉网格	圆管	$\phi(800 \sim 600) \times 35$

钢构件应力比控制指标 表 7.3-4

构件分类		关键构件	重要构件	一般构件
应力比	静力	0.75	0.85	0.9
	多遇地震	0.75	0.85	0.9
	设防地震	0.90	0.95	1.0（弹性）
	罕遇地震	1.0（弹性）	1.0（弹性）	少量屈服

2. 屋盖抗震性能

为了真实反映地震作用时下部混凝土结构对上部钢结构的影响，对总装模型进行整体协同分析。屋盖结构前 4 阶振型如图 7.3-17 所示，低阶振型主要以屋盖水平向振动为主（非扭转）。对结构进行罕遇地震时程分析，关键构件最大应力比出现在 G 轴环向转换桁架（应力比 0.853），一般构件最大应力比出现在悬挑桁架杆件（应力比 0.820），各组杆件应力比均满足性能目标要求（图 7.3-18）。

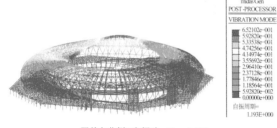

屋盖东北侧X向振动，$T_1 = 1.193$

屋盖东北侧Y向振动，$T_2 = 1.139$

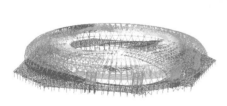

屋盖南侧Y向振动，$T_3 = 0.863$

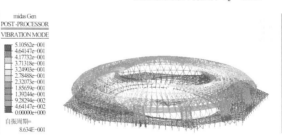

屋盖东西向X向振动，$T_4 = 0.853$

图 7.3-17 屋盖结构前 4 阶振型

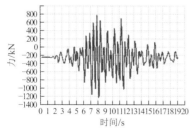

G 轴环向转换桁架应力比 0.853

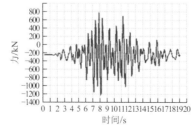

立面交叉网格应力比 0.701

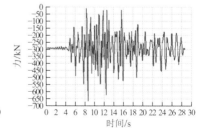

悬挑桁架杆件应力比 0.820

图 7.3-18 屋盖构件内力时程

3. 屋盖稳定性能

进行屋盖结构稳定性分析，最大初始几何缺陷按$L/300$取值，采用双线性随动强化模型考虑材料非线性。

分析了1.0恒荷载+1.0活荷载、1.0恒荷载+1.0东半跨活荷载、1.0恒荷载+1.0南半跨活荷载三种荷载工况下结构的稳定性，通过全过程分析得到上述工况下极限承载力系数分别为3.79、4.52、4.80，均大于2，满足规范要求，工况一（1.0恒荷载+1.0活荷载）结构失稳模态及荷载-位移曲线如图7.3-19所示。

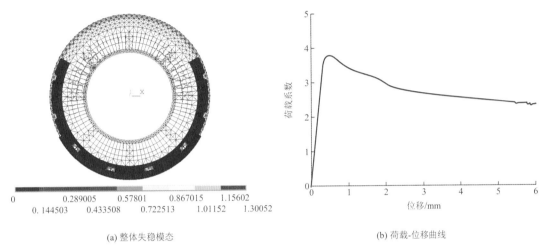

(a) 整体失稳模态   (b) 荷载-位移曲线

图 7.3-19　工况一结构失稳模态及荷载-位移曲线

7.4　专项设计

7.4.1　多点多维地震响应分析

根据结构的对称性，地震动传播方向选择东西向（X向）和南北向（Y向）；取等效剪切波速为800m/s。

图7.4-1为钢桁架轴力行波效应系数频数图，杆件的行波效应系数多分布在0.9～1.2之间，约10%的构件轴力大于一致输入的情况。图7.4-2为立面交叉网格轴力行波效应系数频数图，杆件的行波效应系数多分布在1.0～1.4之间，40%的构件轴力大于一致输入的情况。

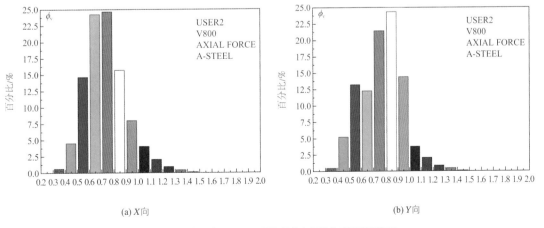

(a) X向   (b) Y向

图 7.4-1　地震波 USER2 下钢桁架轴力行波效应系数频数图

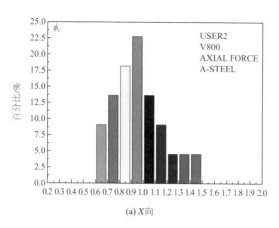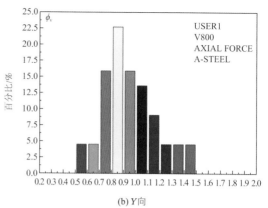

（a）X向 （b）Y向

图 7.4-2 地震波 USER2 下立面交叉网格轴力行波效应系数频数图

选择X向和Y向典型单榀框架柱（图 7.4-3），考察X向和Y向行波效应系数的分布。地震波沿X向传播时，轴力行波效应系数曲线相对平缓，弯矩行波效应系数曲线起伏较大，在端部出现峰值点（其值不大于 1.6），如图 7.4-4 所示。地震波沿Y向传播时，轴力和弯矩行波效应系数曲线呈现相同的趋势，如图 7.4-5 所示。

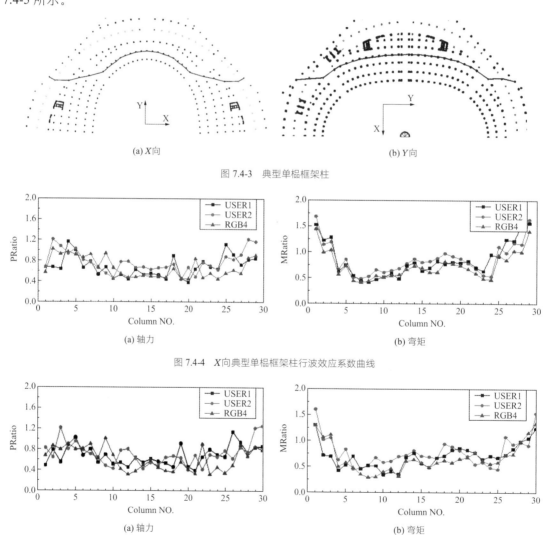

（a）X向 （b）Y向

图 7.4-3 典型单榀框架柱

（a）轴力 （b）弯矩

图 7.4-4 X向典型单榀框架柱行波效应系数曲线

（a）轴力 （b）弯矩

图 7.4-5 Y向典型单榀框架柱行波效应系数曲线

经分析研究，对于屋盖悬挑桁架，约 10%的构件轴力大于一致输入的情况，杆件的行波效应系数多分布在 0.9～1.2 之间，虽然极个别杆件的最大行波效应系数接近 1.5，但在地震波一致输入下杆件内力较小；钢屋盖支承柱内力有一定的变化，其杆件轴力行波效应系数约为 0.8～1.3，弯矩行波效应系数约为 1～1.4，其中地震效应约占总应力比的 20% 左右；对于立面交叉网格，约 40% 的构件轴力大于一致输入的情况，杆件的行波效应系数多分布在 1.0～1.4 之间；对于底层框架柱，其杆件轴力行波效应系数约为 1～1.3，弯矩行波效应系数约为 1～1.3，弯矩行波系数较大值主要位于端部。因考虑行波效应时，各杆件振动步调不一致，叠加时基底剪力有部分抵消，多点输入的总基底剪力小于一致输入。最终采用考虑行波效应影响的分析结果和抗震性能化分析结果的较大值进行设计。

7.4.2　结构抗连续倒塌分析

体育场作为人群聚集的公共建筑，有必要对钢屋盖及其支承结构进行抗连续倒塌分析。采用拆除杆件法进行结构瞬态动力分析，研究结构在关键构件断裂情况下的抗连续倒塌性能，抗连续倒塌分析方案如表 7.4-1 所示。以《建筑结构抗倒塌设计规范》CECS 392-2014 拆除构件法中的线性静力分析方法为基准进行抗连续倒塌分析，分析模型采用线弹性材料并计入 P-Δ 效应，在拆除构件后的剩余结构上一次性静力施加楼面重力荷载（相邻区域竖向荷载动力放大系数取 2.0，其他区域取 1.0）及水平荷载（0.2 倍风荷载）进行结构计算分析。通过分析，结构各关键构件失效均不会引起结构连续倒塌，该结构具有较强的抗连续倒塌能力。

拆除悬挑主桁架支座处弦杆后的位移及应力情况如图 7.4-6 所示，振动停止后节点竖向位移为 13.7mm；相邻上弦杆最大应力为 89MPa，小于钢材的屈服强度。

结构抗连续倒塌分析方案　　　　　　　　　　　　　　　　表 7.4-1

部位	拆除构件	部位	拆除构件
钢屋盖	悬挑主桁架支座处弦杆	竖向支承	G 轴北侧支撑柱
	平衡段主桁架支座处弦杆		G 轴南侧支撑柱
	悬挑主桁架支座处腹杆		G 轴东侧支撑柱
	平衡段主桁架支座处腹杆		H 轴东侧交叉网格支座
	转换桁架弦杆		H 轴南侧交叉网格支座
	转换桁架腹杆		H 轴北侧交叉网格支座

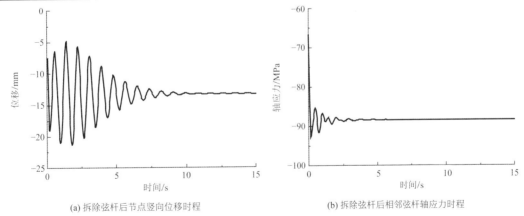

(a) 拆除弦杆后节点竖向位移时程　　　　　　　　　　(b) 拆除弦杆后相邻弦杆轴应力时程

图 7.4-6　拆除屋盖主桁架弦杆后的位移及应力情况

当拆除一根支承柱后，其附近的斜腹杆和弦杆形成了新的传力路径，屋盖最大竖向位移为 102.2mm，小于 $L/125$，靠近拆除支承柱的两根转换桁架腹杆应力为 196MPa，其余屋盖构件应力小于 160MPa，均小于钢材屈服强度，如图 7.4-7 所示；相邻支承柱承载力比为 0.35，均处于弹性状态。分析其原因，转换桁架为 13m 高的三角形空间桁架，拆除支承柱后，转换桁架跨度由 20m 增大为 40m，此时，跨高比也仅为 3 左右，仍具有良好的跨越能力，故钢屋盖及支承柱应力及位移变化较小，具有较强的抗连续倒塌能力。

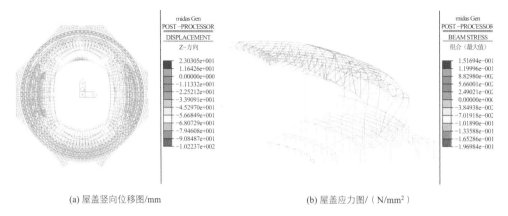

(a) 屋盖竖向位移图/mm   (b) 屋盖应力图/（N/mm²）

图 7.4-7 拆除支承柱后的位移及应力情况

7.4.3 大跨度楼盖舒适度分析

体育场 16.600m 和 29.000m 标高观景平台均为钢梁 + 钢筋桁架楼承板的大跨度楼盖，为了保证大跨度楼盖的舒适度，对楼盖的竖向振动频率和加速度峰值进行双重控制。

16.600m 标高观景平台沿径向按单向梁布置，以立面交叉网格和主体结构为支承，梁跨度约 20m，间距 2.5～2.8m，其楼盖第 1 阶竖向振型发生在梁跨中处，振动频率 $f_1 = 3.01$Hz；29.000m 标高观景平台沿环形按单向梁布置，以平面桁架下弦为支承，桁架跨度约 22.0m，次梁跨度 10～12m，间距 2.5～3.0m，其楼盖第 1 阶竖向振型发生在支承柱顶转换桁架处，振动频率 $f_1 = 3.52$Hz。16.600m 和 29.000m 标高观景平台第 1 阶竖向振动频率均满足规范不小于 3Hz 的要求，不容易引起人行振动问题，但设计仍然考察了楼板的竖向加速度情况。

根据人群活动实际可能的通行情况，人行激励考虑拥挤、基本自由和自由 3 种人群活动激励，相应激振频率下的行人密度取值见表 7.4-2。

人群状态及行人密度   表 7.4-2

人群状态	通行情况	行人密度/（人/m²）	行走基频/Hz
拥挤状态	激烈的相互干扰，不可避免的碰撞	1.0～2.0	1.5～2.0
基本自由状态	自由受到一定的限制，但能相互绕越	0.4～0.6	2.0～2.5
自由状态	舒适而无拘束地行走，可以跑动	0.3	2.5～3.0

选择最大模态位移区域典型位置点（图 7.4-8）的竖向加速度进行考察，舒适度验算结果见表 7.4-3。从表中可以看出，16.600m 标高平台楼盖最大模态位移区域加速度峰值最大值为 0.10m/s²，29.000m 标高平台楼盖最大模态位移区域加速度峰值最大值为 0.021m/s²，均小于规范要求的 0.15m/s²，楼盖舒适度满足要求。

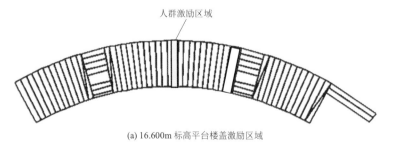

人群激励区域

(a) 16.600m 标高平台楼盖激励区域

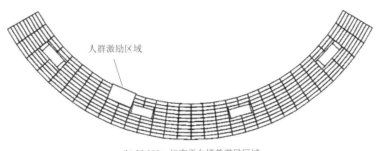

(b) 29.000m 标高平台楼盖激励区域

图 7.4-8　楼盖激励区域示意图

楼板峰值加速度/（m/s²）

表 7.4-3

楼板位置	拥挤状态	基本自由状态	自由状态
16.600m 标高平台	0.10	0.048	0.032
29.000m 标高平台	0.021	0.018	0.007

7.4.4　关键节点分析

对钢屋盖结构的全部节点进行弹塑性实体有限元分析，选取各杆件分别达到最大拉（压）力、最大弯矩、最大剪力所对应的荷载组合，关键节点分布位置如图 7.4-9 所示。几个关键节点的分析结果如图7.4-10 所示，其中节点 1 处杆件相交较多且各杆件间夹角小，给焊接制作带来困难，最终采用铸钢节点，在 1 倍荷载下最大应力为 171.0MPa；节点 3 在 1 倍荷载下应力不超过 290MPa（不计局部应力集中），屈服承载力约为 3.4 倍设计荷载；节点 9 在 1 倍荷载下应力不大于 290MPa（不计局部应力集中），屈服承载力约为 2.1 倍设计荷载。

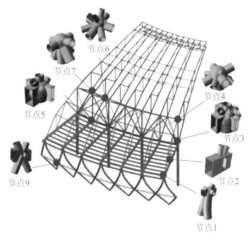

图 7.4-9　关键节点分布位置示意图

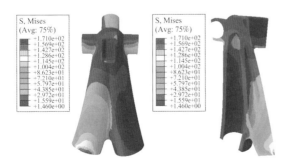

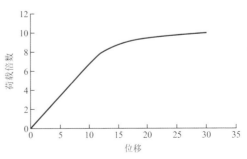

节点 1 的分析结果（1 倍荷载下）　　　　　　　　节点 1 荷载-位移曲线

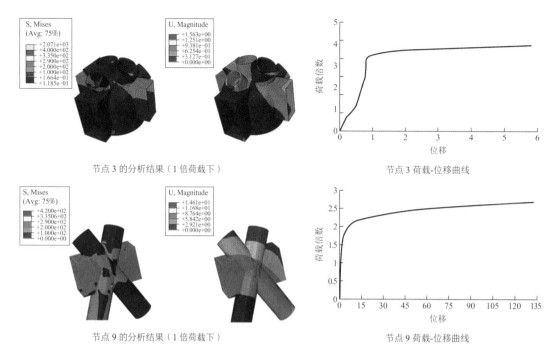

节点 3 的分析结果（1 倍荷载下）

节点 3 荷载-位移曲线

节点 9 的分析结果（1 倍荷载下）

节点 9 荷载-位移曲线

图 7.4-10　关键节点分析结果

7.4.5　支承柱分析

钢屋盖支承柱隔跨抽空，次桁架通过三角形空间转换桁架传力，仅主桁架设置支承柱，共计 44 根支承柱。支承柱均位于混凝土看台尾部，由于看台尾部标高从 7.000m 变化至 22.400m，而支承柱顶位于同一标高，导致支承柱长短不一，长度约为 6～21m。为改善各支承柱刚度差异，较长柱直径采用 1.3m 型钢混凝土柱，较短柱直径采用 1.2m 型钢混凝土柱，如图 7.4-11 所示。进行整体模型支承柱的屈曲分析，通过屈曲系数计算得到支承柱的临界荷载值，再根据欧拉临界力公式 $P_{cr} = \pi^2 EI/(\mu L)^2$ 得到支承柱计算长度系数，详见表 7.4-4，支承柱屈曲模态如图 7.4-12 所示。考虑到上部钢结构刚度远小于混凝土结构刚度，支承柱受力模式接近悬臂柱，支承柱计算长度系数偏于安全取屈曲分析计算结果和 2.0 的较大值。

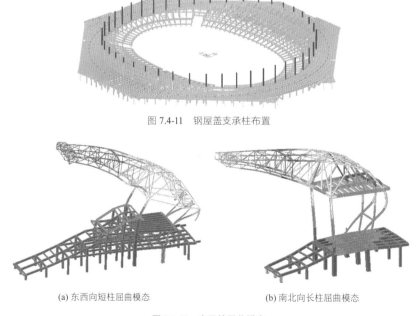

图 7.4-11　钢屋盖支承柱布置

(a) 东西向短柱屈曲模态　　　　　　　　(b) 南北向长柱屈曲模态

图 7.4-12　支承柱屈曲模态

杆件截面/mm	杆件实际长度/m	数量/个	反算计算长度/m	反算计算长度系数	实际计算长度系数
1200 × 1200	6.25	4	19.2	3.07	3.07
	6.84	4	18.2	2.66	2.66
	8.31	4	19.7	2.37	2.37
	10.22	4	20.2	1.98	2.00
	13.00	4	23.8	1.83	2.00
1300 × 1300	15.24	4	24.2	1.59	2.00
	16.96	4	24.9	1.47	2.00
	18.62	4	25.1	1.35	2.00
	19.82	4	25.2	1.27	2.00
	21.28	8	25.3	1.19	2.00

鉴于支承柱的重要性,应满足中震弹性、大震不屈服的抗震性能目标。根据等效弹性振型分解反应谱法和弹塑性时程分析方法计算结果提取相对不利内力,进行截面验算,支承柱 P-M-M 包络曲线如图 7.4-13 所示,东西向短柱承载力比为 0.818,南北向长柱承载力比为 0.770,满足性能目标要求。支承柱属于偏心受压构件,正截面承载力计算时,计入轴向压力在偏心方向存在的附加偏心距,在此基础上再考虑上部成品铸钢支座的安装误差 100mm。

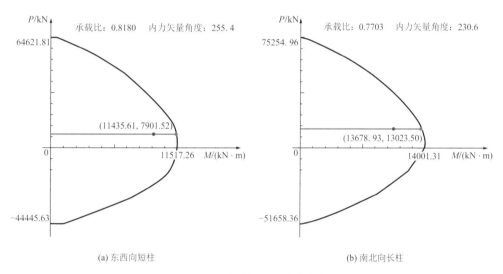

(a) 东西向短柱   (b) 南北向长柱

图 7.4-13 支承柱 P-M-M 包络曲线

7.4.6 超长混凝土结构设计

在等效温差作用下,楼板采用膜单元,考虑梁、板、柱协同工作,对超长结构进行温度应力分析,得到楼板温度应力如表 7.4-5 所示。12.100m 标高、16.600m 标高室内区域、22.400m 标高及 29.000m 标高层楼板的大部分区域(95%)温度应力均小于混凝土抗拉强度 2.20MPa;16.600m 标高观景平台(室外区域)由于协调主体结构和钢屋盖外网之间的变形,楼板温度应力达到 2.81MPa,7.000m 标高室内区域温度应力约 2.28MPa,略大于混凝土抗拉强度,采用加强配筋的方式抵抗温度作用;7.000m 标高室外区域最大主应力约 3.63MPa,超过混凝土抗拉强度标准值较多,沿环向布置无粘结预应力筋 $1U\phi^s15.2@250$,通过施加预压应力阻止其楼板开裂。

区域	最大主应力/MPa	说明
7.000m 标高层室外区域	3.63	混凝土梁板
7.000m 标高层室内区域	2.28	混凝土梁板
12.100m 标高层	1.48	混凝土梁板
16.600m 标高观景平台（室内区域）	2.81（1.29）	钢梁＋钢筋桁架楼承板（室内为混凝土梁板）
22.400m 标高层	0.46	混凝土梁板
29.000m 标高观景平台	2.00	钢梁＋钢筋桁架楼承板

注：应力集中区域的局部温度应力值未计入表中。

7.4.7 预制看台板设计

楼盖整体性是结构水平力传递的基本保证，因此，预制看台板与主体结构梁的连接构造是设计重点。本工程预制看台板与看台梁连接构造采用销栓和钢连接件焊接形式，既满足了结构竖向和水平力的有效传递，也满足了电气防雷要求。合适的看台板缝尺寸设计能保证清水混凝土看台板施工、装饰和防水效果，板缝尺寸主要依据看台板极限温差变形量、制作安装施工偏差、板缝防水构造、防水材料变形性能等因素确定。本工程看台板之间缝宽度为 20mm，缝间用 ϕ30mm 聚乙烯圆棒和防水密封胶封堵，同时在看台梁中留设积水槽，可将因防水材料缺陷导致的局部漏水通过沟槽有组织排放，从而确保看台防水效果（图 7.4-14）。当用电房间位于预制看台下方且存在飘雨可能性时，在看台斜梁底部设一层现浇板，作为防水第二道防线。

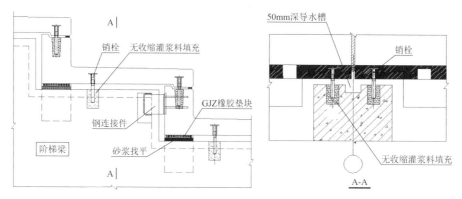

图 7.4-14 预制看台板与结构梁连接构造图

7.4.8 钢结构防火设计

根据四川法斯特消防安全性能评估有限公司编制的《成都东安湖体育中心项目特殊消防设计评估报告》及《体育建筑设计规范》JGJ 31-2003 第 8.1.4 条 "室外观众看台上面的罩棚结构的金属构件可无防火保护，其屋面板可采用经阻燃处理的燃烧体材料"，29.000m 标高室内钢结构做防火保护，耐火等级为一级，支承 29.000m 标高观景平台的外立面交叉网格采用厚型防火涂料，耐火极限不低于 3h，29.000m 标高观景平台的钢梁（包括桁架下弦）采用厚型防火涂料，耐火极限不低于 2h，29.000m 标高观景平台上方的钢屋盖（包括桁架腹杆）采用超薄型防火涂料，耐火极限不低于 1.5h；16.600m 标高室内钢结构做防火保护，耐火等级为一级，支承 16.600m 标高观景平台的外立面交叉网格采用厚型防火涂料，耐火极限不低于 3h，16.600m 标高观景平台的钢梁采用厚型防火涂料，耐火极限不低于 2h；其余室外部分上空的钢结构无防火保护。如图 7.4-15、图 7.4-16 所示。

厚型防火涂料的粘结强度不低于 0.1MPa，抗压强度不低于 0.4MPa，干密度应不大于 500kg/m³，等效热传导系数不大于 0.08W/（m·℃），等效热阻不小于 0.20m²·℃/W，涂层厚度不得小于 16mm。超薄型防火涂料的粘结强度不应低于 0.15MPa，附着力不应小于 1.5MPa，等效热阻不小于 0.3m²·℃/W，涂层厚度应根据产品等效热阻确定，且不应小于 1.5mm。

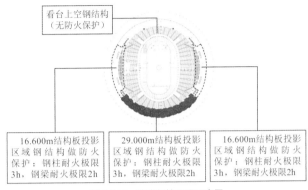

图 7.4-15　防火保护平面示意图

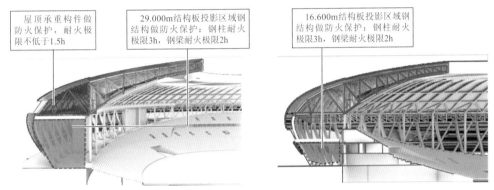

图 7.4-16　高、低区观景平台防火保护示意图

7.5　钢结构健康监测

7.5.1　健康监测

结构的内力和位移是结构外部荷载作用效应的重要参数，其中内力是反映结构受力情况最直接的参数。跟踪结构在建造和使用阶段的内力变化，是了解结构形态和受力情况最直接的途径，也是判断结构效应是否符合设计预期值的有效方式。对结构关键部位构件的应力情况进行监测，把握结构的应力情况，可以确保结构的安全性。

健康监测测点布置充分考虑屋盖的对称性，在南侧选取 2 榀主桁架（桁架 1 和桁架 3）和 2 榀次桁架（桁架 2 和桁架 4），在西侧选取 1 榀主桁架（桁架 5）和 1 榀次桁架（桁架 6），在北侧选取 1 榀主桁架（桁架 7）和 1 榀次桁架（桁架 8），每榀桁架分别在上弦杆端部、下弦杆端部、桁架端部腹杆等支座处杆件布置测点。内支承柱顶转换桁架受力较为复杂，为结构重要受力构件，在环向弦杆、腹杆上布置测点。测点位置如图 7.5-1、图 7.5-2 所示，其中应力应变监测测点 213 个，结构变形监测测点 49 个。

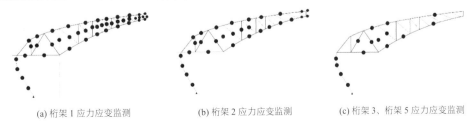

(a) 桁架 1 应力应变监测　　　(b) 桁架 2 应力应变监测　　　(c) 桁架 3、桁架 5 应力应变监测

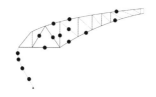 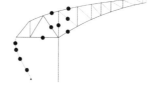 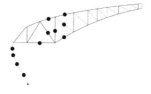

(d) 桁架4、桁架6应力应变监测　　　　(e) 桁架7应力应变监测　　　　(f) 桁架8应力应变监测

图 7.5-1　径向桁架健康监测测点布置

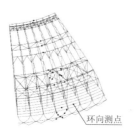 

(a) 桁架1-2之间环向杆应力应变监测　　　　(b) 桁架3-4之间环向杆应力应变监测

(c) 桁架5-6之间环向杆应力应变监测　　　　(d) 桁架7-8之间环向杆应力应变监测

图 7.5-2　环向桁架健康监测测点布置

根据监测结果可得出如下结论：卸载前后靠近柱及临时支撑位置杆件受力变化较大；柱杆件在弯曲曲率较大位置受力变化较大；弦杆件根部受力变化较大，上弦杆多为受拉杆件，下弦杆多为受压杆件；临时支撑外侧-桁架悬挑端部杆件在卸载前后变化较小；环桁架杆件受力变化较小。各监测点应力变化值均小于预警值。

卸载前后，桁架平面内最大位移为 10mm，平面外最大位移为 10mm。高度方向，柱及桁架根部测点竖向变形较小，悬挑端部变形较大，最大竖向位移为 28mm，为 6 号桁架端部；最大竖向位移小于预警值。

7.5.2　极端高温天气监测

2022 年成都突发高温天气，通过对比 2022 年 8 月份高温天气监测数据和 2021 年 1 月份监测数据，分析评估结构的受力状态。

2022 年 8 月高温天气期间,桁架上弦杆件表面附近环境温度最高达 60℃。柱根部附近温度约为 40℃，沿高度方向场馆内温度梯度变化明显，各测点最低温度约为 30℃。2021 年 1 月最低温度约为−1.3℃。

2022 年 8 月，在温度作用下，各杆件应力曲线发生波动。桁架平面内杆件应力变化较小，最大应力波动范围在 25MPa 以内。桁架之间环桁架上、下弦杆受温度影响较大，最大应力波动约为 48MPa，其温度变化范围为 28.7～59.5℃。

2022 年 8 月高温与 2021 年 1 月低温期间应力对比分析，桁架平面内杆件应力变化在 30MPa 以内。环桁架杆件应力变化较大,最大应力变化为 73MPa，波动范围为−30.6～42.67MPa，温度变化范围为 0.3～52.9℃。

7.6 结语

为展示成都的历史文化和利用东安湖、龙泉山等景观资源，成都东安湖体育场在屋盖上呈现太阳神鸟图案，并设置高空展览厅和观景平台，经过结构体系选择、布置优化、特殊节点考虑及全面细致计算分析、精细化结构设计，使这一超长、大跨度、大悬挑的轻型屋盖得以实现建筑重载功能。

（1）主体结构采用钢筋混凝土少墙-框架结构，为结构增加了抗震防线，减少了柱的损坏；剪力墙沿建筑平面外环布置，增加了结构的抗扭刚度。屋盖罩棚采用平面桁架，立面采用单层交叉网格结构，实现了轻盈、美观的建筑效果。

（2）为适应项目快速建造，同时在屋盖上呈现太阳神鸟图案，屋盖采用正圆形，划分为 88 个标准单元，实现结构系统和幕墙系统的标准化和模块化。通过多方案对比、优化结构杆件布置和截面，最大限度减小屋盖结构杆件对太阳神鸟图案的影响。罩棚上弦覆盖玻璃，下弦覆盖膜材。

（3）利用桁架下弦作为支承梁，桁架高度作为建筑空间，在 29.000m 标高层设置约 300m 长、25m 宽的高区展厅和观景平台。在交通筒周边错位设置斜撑杆代替屋盖外环斜撑，满足了高空平台开敞、通透的效果和出入功能需求。为满足观景平台疏散要求，设计四个竖向交通筒与钢屋盖连接，较好地解决了筒体、楼盖及桁架三者间受力和连接构造问题。

（4）在 16.600m 标高层设置两个长 165m、宽 20m 的低区观景平台。观景平台由于超长，同时协调混凝土结构和钢结构的温度应力，考虑混凝土收缩及徐变，对组合楼盖温度应力进行了精细化计算，优化外立面 X 形节点，完美实现了建筑效果。

（5）对屋盖钢结构，按不同部位的杆件受力重要性划分为关键构件、重要构件和一般构件，并分别确定在多遇地震、设防地震和罕遇地震作用下的性能目标和应力比限值，通过不同水准下地震作用计算分析，均满足预期目标。

（6）除主席台和异形看台外，看台板均采用预制构件。预制看台板与现浇梁之间采用销栓和钢连接件焊接等连接形式，保证了楼盖基本的整体性，同时满足了电气防雷接地要求。

结构逻辑的清晰性、构件与建筑空间尺度的协调性、节点细节的精致性是结构表达的关键要素，结构在成就建筑之美的同时，自身也能作为建筑美的一部分得以表现，结构体系合理、形和力的融合、节点简洁的项目是结构工程师所追求的目标。

参考资料

[1] 冯远, 陈文明, 周全, 等. 成都东安湖体育公园体育场结构设计[J]. 建筑结构, 2020, 50(19): 22-29.

设计团队

冯　远、周　全、陈文明、姚　丽、邓开国、向新岸、吴鹏程、邓　宸、周定松、石永生、温殿伟、王鹏伟、肖　青、王　旭、刘锟宇、李　攀、李远百

执笔人：冯　远、周　全、姚　丽

获奖信息

2022 年度四川省优秀勘察设计一等奖；

2020 年度中建金协第十四届第二批钢结构金奖；

2022—2023 年度第一批中国建设工程鲁班奖（国家优质工程）；

2020 年第十一届"创新杯"建筑信息模型（BIM）应用大赛文化体育类 BIM 应用一等成果；

2021 年第二届"智建杯"智慧建造创新大奖赛银奖。

第 8 章

乐山市奥林匹克中心

8.1 工程概况

8.1.1 建筑概况

乐山市奥林匹克中心体育场位于乐山苏稽新区，为第十四届四川省运动会开、闭幕式主场馆，总建筑面积 4.8 万 m²，主体 1 层，局部 4 层，建筑高度 45m。看台共设 3 万个座席，其中固定座席 2 万个，活动座席 1 万个，属于乙级中型体育场。混凝土看台采用框架结构，局部设置钢支撑，屋面采用车辐式单、双层组合索网结构，基础形式为旋挖钻孔灌注桩，以密实卵石层为持力层。建筑效果图如图 8.1-1 所示，建成实景如图 8.1-2 所示，建筑典型平面图如图 8.1-3 所示。

项目于 2019 年 10 月完成施工图设计，于 2022 年 5 月建成。

图 8.1-1 乐山市奥林匹克中心效果图

图 8.1-2 体育场建成实景

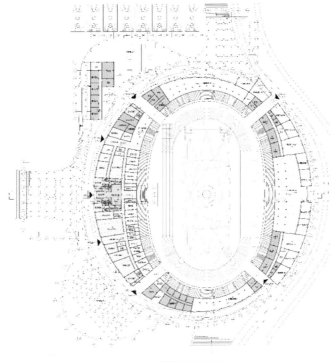

图 8.1-3　建筑典型平面图

8.1.2　设计条件

1. 主体控制参数（表 8.1-1）

控制参数　　　　　　　　　　　　　　　　　　　　　　表 8.1-1

结构设计工作年限		50 年
结构耐久性设计年限		50 年
建筑结构安全等级		一级
结构重要性系数		1.1
建筑抗震设防分类		重点设防类（乙类）
地基基础设计等级		甲级
设计地震动参数	抗震设防烈度	7 度（0.10g）
	设计地震分组	第二组
	场地类别	Ⅱ类
	多遇地震特征周期	0.40s
	罕遇地震特征周期	0.45s
建筑结构阻尼比	多遇地震	索膜结构：0.01 钢结构：0.02 钢筋混凝土结构：0.05
	罕遇地震	索膜结构：0.01 钢结构：0.03 钢筋混凝土结构：0.07
时程分析输入地震峰值加速度 /（cm/s²）	多遇地震	35
	设防烈度地震	100
	罕遇地震	220

2．建筑防火标准

体育场主体耐火等级为二级，各类构件耐火极限为：柱 2.5h，梁 1.5h，楼板及疏散楼梯 1.0h，索膜结构无防火要求。

3．建筑抗震设防标准

钢筋混凝土看台结构抗震等级为一级，钢屋盖的支承柱抗震等级为三级，其余钢结构抗震等级为四级。

4．风荷载

钢筋混凝土看台结构风荷载按 50 年一遇取基本风压为 0.30kN/m²，钢屋盖结构风荷载按 100 年一遇取基本风压为 0.35kN/m²，场地粗糙度类别为 B 类。项目进行了模型缩尺比例为 1∶250 的风洞试验，设计采用规范风荷载和风洞试验结果进行位移和强度的包络验算。

8.2　建筑特点

8.2.1　以山为形

基于乐山群山环抱的环境特质，主创建筑师提出"以山为形"的形态理念，提取峨眉山、凌云峰高低起伏、山峦层叠的意向，形成紧扣地域文化的建筑形态。体育场设置于西翼，形态犹如秀美动感的山峰；体育馆、游泳馆、综合馆设置于东翼，整合形成连续、流畅与动感的轮廓线条，宛如层叠连绵的群山。

8.2.2　车辐式单、双层组合索网结构

根据日照分析，体育场看台采用不对称布置方式（图 8.2-1）：在西侧设置双层看台，增加优质座席数量；东侧采用单层看台，预留设置约 5000 个活动座席的空间，以兼顾大型赛事活动和日常使用的需求；南、北侧看台处理为景观草坪，以减少不佳座席。

体育场屋面顺应看台形式，形成西高东低的态势，南北立面底部打开，构成眺望奥体中心中央走廊景观的视线通廊。为达到罩棚轻盈、通透的视觉效果，屋盖结构创新性地采用了适应不对称构型的单、双层组合索网结构，在罩棚西侧采用单层索网，东侧采用双层索网，南、北方向由单层索网逐渐向双层索网过渡（图 8.2-2）。单、双层组合索网结构既具有单层索网简洁通透的特点，又兼顾双层索网承载能力强的优势。单、双层组合索网的索膜结构屋盖既充分发挥了拉索的高强度及膜材的轻质特点，又紧密结合了建筑造型，显得轻巧飘逸，富有韵律和力学美感，完美体现了建筑与结构的和谐统一。

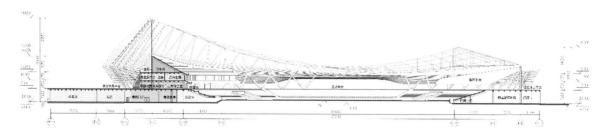

图 8.2-1　不对称看台及屋面

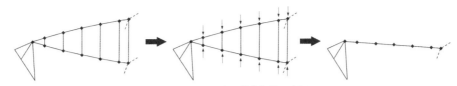

图 8.2-2 双层索网转化为单层索网

8.2.3 镂空索网幕墙

体育场外围铝板格栅立面采用独特的拉索幕墙系统（图 8.2-3），纤细消隐的索系代替了复杂的常规龙骨体系，强化立面格栅的通透性和横向肌理，营造出简洁、飘逸、动感的空间效果。

图 8.2-3 体育场拉索幕墙

8.3 体系与分析

8.3.1 结构方案

体育场看台柱网呈径向和环向布置，外环柱列间距约 9m × 7.5m，西侧设 4 层看台，南、北、东侧设 1 层看台。看台结构的斜梁、斜板的斜撑效应使其具有较大的抗侧刚度，但在看台第 3 层斜拉中断，导致第 3 层形成软弱层，为此，在第 3 层设置屈曲约束支撑来提高第 3 层的侧向刚度。

体育场屋盖平面近似为椭圆形（图 8.3-1），外轮廓南北向约为 244m，东西向约为 235m；东西向结构跨度为 205m。内圈为车辐式索网-膜结构屋盖，悬挑长度为 44m，西侧看台上方屋面较高，采用 16 榀单层索网，并逐渐沿环向过渡到东侧双层索网，其双层内拉环设置撑杆，撑杆最大高度为 17m。外圈为支撑索膜屋盖的外环受压桁架，也是建筑外圈屋面支承构件，除大跨度入口处以外，均采用水平放置的三角锥立体桁架，水平宽度为 7～8m。外环受压桁架西侧支承于看台支承柱，东侧支承于平台斜柱，柱支座均采用铰接连接。车辐式单、双层组合索网，外环受压桁架及外围钢构形成空间有机整体，协同受力。如图 8.3-2、图 8.3-3 所示。

索膜屋盖以车辐式单、双层混合索网为主要承重构件，覆盖系统采用拱支承式膜结构。西侧为单层索网，由径向索和环索组成；东侧为双层索网，由上、下径向索和上、下环索及内环撑杆组成，每道径向索设 5 根撑杆，内环撑杆最大高度为 16m。径向索锚固于外环受压桁架。外环受压桁架支承于平面斜柱或看台支承柱上，东、西两侧外环受压桁架采用水平放置的三角形立体桁架，体育场南、北侧为看台主入口，上方外环受压桁架跨度较大，采用矩形立体桁架，桁架宽度为 7～8m，高度 3.5m。屋盖局部结构布置如图 8.3-4 所示，主要结构构件截面规格如表 8.3-1 所示。

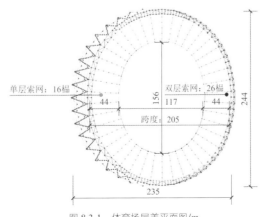

图 8.3-1 体育场屋盖平面图/m

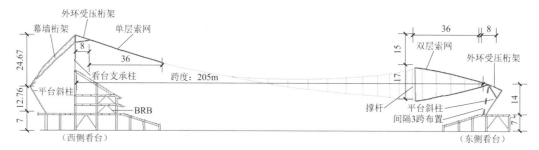

图 8.3-2 体育场典型剖面图/m

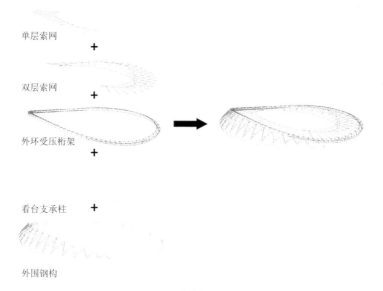

图 8.3-3 屋盖结构组成示意图

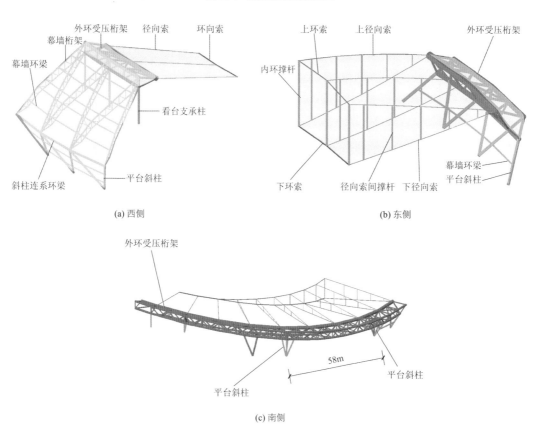

(a) 西侧

(b) 东侧

(c) 南侧

图 8.3-4 屋盖局部结构布置示意图

构件类型		材质	截面类型	截面规格/mm
双层索网	上径向索	全封闭索	圆形	$2\phi70$
	下径向索	全封闭索	圆形	$\phi130$、$\phi110$
	上环索	全封闭索	圆形	$4\phi120$
	下环索	全封闭索	圆形	$6\phi130$
单层索网	径向索	全封闭索	圆形	$2\phi110$、$2\phi95$
	环向索	全封闭索	圆形	$4\phi120 + 6\phi130$
内环撑杆		Q355B	圆管	$\phi450 \times 12$、$\phi299 \times 8$
径向索间撑杆		Q355B	圆管	$\phi299 \times 8$、$\phi203 \times 6$
外环受压桁架弦杆		Q390B	圆管	$\phi1700 \times 45$、$\phi1000 \times 25$
外环受压桁架腹杆		Q390B	圆管	$\phi500 \times 16$、$\phi500 \times 12$
看台支承柱		Q355B	圆管	$\phi700 \times 25$
平台斜柱		Q355B	圆管	$\phi700 \times 25$、$\phi700 \times 28$、$\phi700 \times 32$
斜柱连系环梁		Q355B	圆管	$\phi800 \times 25$
幕墙桁架上弦		Q355B	圆管	$\phi500 \times 16$、$\phi500 \times 25$
幕墙桁架下弦		Q355B	圆管	$\phi350 \times 16$、$\phi500 \times 25$
幕墙桁架腹杆		Q355B	圆管	$\phi200 \times 10$、$\phi300 \times 16$
幕墙环梁		Q355B	圆管	$\phi450 \times 20$

8.3.2 抗震性能化设计

1. 抗震超限分析和采取的措施

本项目屋盖跨度 205m，按《超限高层建筑工程抗震设防专项审查技术要点》（建质〔2015〕67 号），属超限大跨度屋盖建筑，且采用的单、双层组合索网结构体系为世界首创。

针对超限问题，设计中采取了如下加强措施：

（1）严格控制屋盖钢结构构件长细比、应力比，如钢管柱长细比限值取 $100\sqrt{235/f_{ay}}$，其应力比限值取 0.75。

（2）验算在最不利荷载组合作用下，索结构不得因个别索的松弛而导致结构失效。

（3）验算在偶然情况下，索结构不得因个别索的断裂而导致结构连续倒塌。

（4）支座反力较大的屋盖支承柱设置型钢，控制柱轴压比较规范限值小 0.1，其他柱小 0.05。

2. 抗震性能目标

结构抗震性能目标按 C 级，重要构件按关键构件进行抗震性能化设计，如表 8.3-2 所示。

主要构件抗震性能目标 表 8.3-2

项目		多遇地震	设防地震	罕遇地震
结构宏观性能	性能水准	1	3	4
	定性描述	完好	轻度损坏	中度损坏
	位移角限值（混凝土结构）	1/550	1/275	1/130

项目			多遇地震	设防地震	罕遇地震
混凝土结构	关键构件	屈曲约束支撑框架 框架柱	弹性	弹性	不屈服
		屈曲约束支撑框架 框架梁	弹性	受弯不屈服，受剪弹性	不屈服
		支承屋盖框架 框架柱	弹性	弹性	不屈服
		支承屋盖框架 框架梁 2~5层环向梁	弹性	受弯不屈服，受剪弹性	不屈服
	普通竖向构件	普通框架柱	弹性	受弯不屈服，受剪弹性	受弯部分屈服，受剪不屈服
	耗能构件	框架梁	弹性	受弯部分屈服，受剪不屈服	受剪满足截面限制条件
		屈曲约束支撑	弹性	不屈服	屈服
	梁柱节点		弹性	弹性	受剪不屈服
屋盖结构	关键构件	钢柱、斜柱连系环梁及幕墙桁架、外环受压桁架、索网、撑杆	弹性	弹性	不屈服
	普通构件	幕墙环梁	弹性	弹性	不屈服
	连接节点	—	弹性	弹性	弹性

8.3.3 结构分析

1. 小震弹性计算分析

采用 SATWE 软件进行混凝土看台结构计算，上部钢结构仅考虑其荷载作用。在进行重力荷载效应分析时，考虑施工过程影响，采用分层加载法模拟施工过程。抗震计算时，考虑扭转耦联以计算结构的扭转效应；振型数取为 60 个，振型参与质量系数不小于90%。下部混凝土结构的前 3 阶周期分别为 0.63s（Y 向平动）、0.53s（X 向平动）、0.52s（整体扭转），扭转周期比 0.83，小于规范限值 0.9。小震下 X、Y 方向最大层间位移角位于第 3 层，分别为 1/1034、1/1030，均小于规范限值 1/550。X、Y 方向层间位移比最大值位于首层，分别为 1.31、1.57，考虑到首层层间位移角极小（小于 1/3000），按规范规定，层间位移比限值可放松至 1.60。第 3 层设置屈曲约束支撑后，结构 X、Y 方向刚度比最小值分别为 0.94、1.84，同时，X、Y 方向楼层最小受剪承载能力比值为 1.07、1.64，均大于 0.8，满足规范限值要求。

采用 SAP2000 和 MIDAS/Gen 软件进行整体结构建模计算复核，计算模型如图 8.3-5 所示。表 8.3-3 列出了两种计算模型下的整体结构周期及其振型，可见计算结果非常一致，均表现为周期密集，且前几个周期均为屋面索结构振动，与大跨度索结构刚度弱的特点相符。同时，混凝土结构的 X、Y 方向第 1 振型周期分别约为 0.50s、0.60s，与 SATWE 计算结果一致。MIDAS/Gen 计算典型振动模态如表 8.3-4 所示。

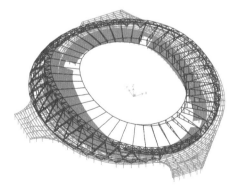

(a) SAP2000 模型

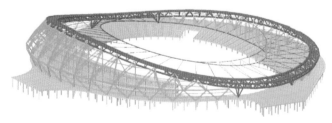

(b) MIDAS/Gen 模型

图 8.3-5 整体计算模型

SAP2000			MIDAS/Gen		
周期/s		振型说明	周期/s		振型说明
T_1	2.29	西侧单层索网竖向振动	T_1	2.31	西侧单层索网竖向振动
T_2	2.02	内环相对外环扭转 + 东侧双层索网竖向振动	T_2	2.08	内环相对外环扭转 + 东侧双层索网竖向振动
T_3	1.87	南北侧索网反对称竖向振动	T_3	1.96	南北侧索网反对称竖向振动
T_{56}	0.62	下部混凝土结构Y向平动	T_{59}	0.60	下部混凝土结构Y向平动
T_{60}	0.52	下部混凝土结构X向平动	T_{65}	0.49	下部混凝土结构X向平动
T_{69}	0.42	下部混凝土结构扭转	T_{66}	0.48	下部混凝土结构扭转

有效质量参与系数：X向 0.9994；Y向 0.9993。

MIDAS/Gen 计算典型振动模态   表 8.3-4

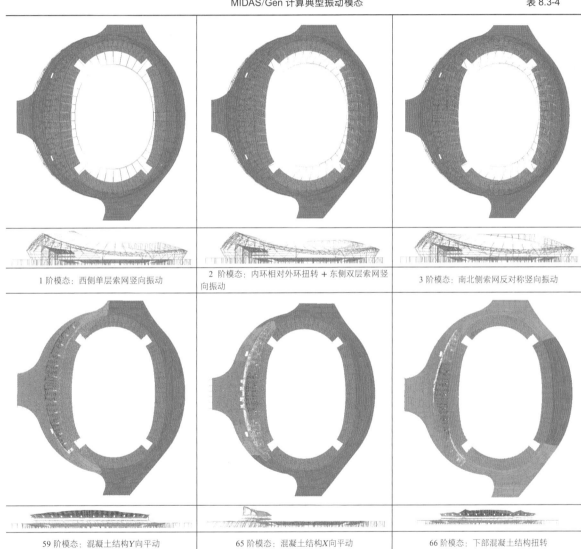

1 阶模态：西侧单层索网竖向振动	2 阶模态：内环相对外环扭转 + 东侧双层索网竖向振动	3 阶模态：南北侧索网反对称竖向振动
59 阶模态：混凝土结构Y向平动	65 阶模态：混凝土结构X向平动	66 阶模态：下部混凝土结构扭转

2. 大震弹塑性计算分析

采用 SAP2000 和 MIDAS/Gen 软件进行大震弹塑性时程计算，计算考虑几何非线性、材料非线性，计算地震波包含 2 条天然波和 1 条人工波，大震波加速度峰值取 220cm/s²。大震和小震的输入主分量峰值加速度之比为 6.25。弹塑性时程计算大震底部剪力与小震弹性时程计算底部剪力之比：X向峰值介于 5.05～6.06，平均值为 5.68；Y向介于 5.02～6.19，平均值为 5.54，均小于输入加速度峰值之比，表明结构在大震作用下部分构件进入塑性，结构刚度有所下降，吸收的地震作用较相应的弹性结构减小，结构耗能机制已经形成。

MIDAS/Gen 及 SAP2000 大震弹塑性分析框架柱塑性铰（P-M-M 铰）分布如表 8.3-5 所示，可见大部分框架柱处于线弹性阶段，但部分底层内环看台框架柱及西侧支撑顶部看台的框架柱处于第一屈服状态（混凝土开裂至柱纵筋屈服前状态，下同），其中底部看台西侧内环柱、少量顶部看台框架柱顶达到第二屈服状态（柱纵筋屈服，下同）。根据 SAP2000 计算结果，出铰位置和规律大体相同，但顶部看台框架柱顶出铰数量更多且南侧大平台端部局部框架柱出现塑性铰，框架柱 P-M2-M3 铰的性态未超过性能点 IO。由于 MIDAS/Gen 和 SAP2000 对于钢筋混凝土结构屈服状态定义及描述的不同，两款软件计算结果存在一定的差异，但所表现的整体规律基本一致。

MIDAS/Gen 与 SAP2000 框架柱塑性铰分布对比 表 8.3-5

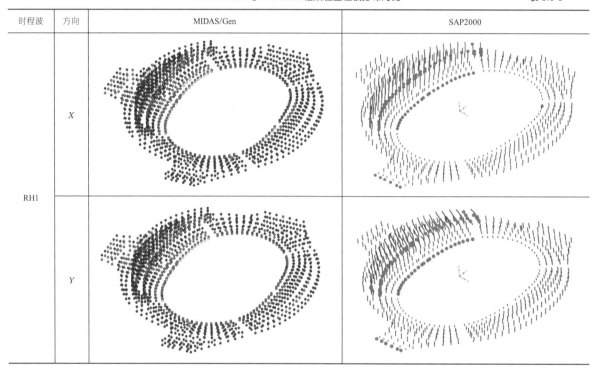

时程波	方向	MIDAS/Gen	SAP2000
RH1	X		
	Y		

MIDAS/Gen 及 SAP2000 大震弹塑性分析框架梁塑性铰分布如表 8.3-6 所示。MIDAS/Gen 中所有框架梁均至少进入了第一屈服状态，其中西侧看台区域大多数框架梁进入第二屈服状态，其余位置散布着部分进入第二屈服状态的框架梁。SAP2000 计算结果与 MIDAS/Gen 大体一致，西侧看台区域框架梁大部分出现弯曲塑性铰，其余区域散布塑性铰，大部分塑性铰处于 IO 阶段，少数框架梁铰性态接近性能点 LS。从两个软件对比分析结果看，梁起到了较好的耗能作用。

MIDAS/Gen 与 SAP2000 框架梁塑性铰分布对比 表 8.3-6

时程波	方向	MIDAS/Gen	SAP2000
RH1	X		

时程波	方向	MIDAS/Gen	SAP2000
RH1	Y	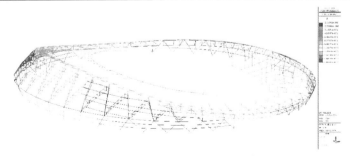	

8.3.4 屋盖结构分析

结构变形及内力分布如图8.3-6、图8.3-7所示，可见索网最大变形位于单层索网区域内环，最大值为717mm，在径向拉索作用下，外环受压桁架弦杆受压明显，最大轴压力达37600kN，而其弯矩相对较小，M_y、M_z最大值分别为5480kN·m、3900kN·m。

屋盖结构承载能力极限状态及正常使用极限状态下的典型构件应力比及结构位移分别如表8.3-7、表8.3-8所示。由表8.3-7可知，包络工况下，屋盖结构除双层索网区个别径向索最大应力比为0.41，略大于0.40，其余索应力比均小于0.40。其他钢构件中属于关键构件的杆件应力比均小于0.75，一般杆件应力比均小于0.8。由表8.3-8可知，包络工况下，屋盖索网竖向位移805mm，对应挠跨比为1/254，小于限值1/250。

屋盖结构静力作用下典型工况构件应力比   表8.3-7

荷载工况			恒+活	恒+升温	恒+降温	恒+活+风+升温	恒+活+风+降温	包络工况
索网	关键构件	径向索	0.41	0.38	0.38	0.41	0.40	0.41
		环向索	0.40	0.37	0.37	0.40	0.40	0.40
		撑杆	0.64	0.64	0.62	0.65	0.64	0.65
受压桁架	关键构件	弦杆	0.72	0.72	0.71	0.73	0.73	0.73
		腹杆	0.71	0.61	0.69	0.70	0.73	0.73
外围钢构	关键构件	看台柱	0.35	0.52	0.31	0.42	0.35	0.52
		平台柱	0.56	0.65	0.59	0.61	0.60	0.65
		连系环梁	0.42	0.58	0.25	0.54	0.34	0.58
		幕墙桁架	0.72	0.63	0.72	0.71	0.74	0.74
	一般构件	幕墙环梁	0.66	0.51	0.50	0.75	0.74	0.75

屋盖结构静力作用下典型工况结构位移/mm   表8.3-8

荷载工况	恒+活	恒+风	恒+活+风+升温	恒+活+风+降温	包络工况	挠跨比
索网	717	508	764	805	805	1/254

图8.3-6 "1.0恒+1.0活"工况结构变形

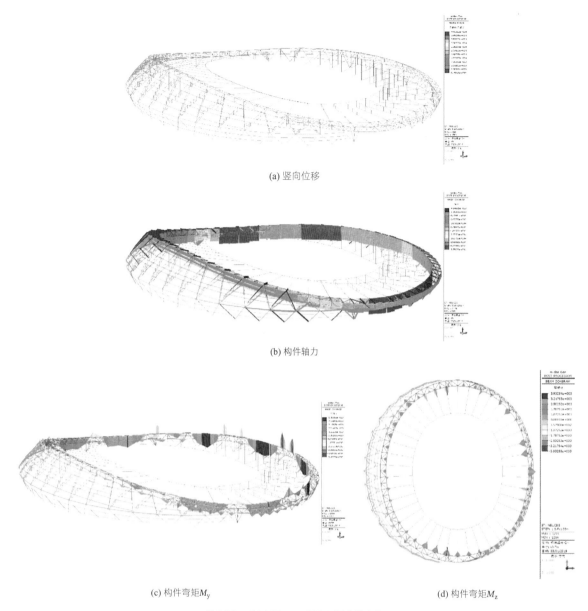

(a) 竖向位移

(b) 构件轴力

(c) 构件弯矩M_y

(d) 构件弯矩M_z

图 8.3-7 "1.3 恒 + 1.5 活"工况构件内力

8.4 专项设计

8.4.1 索网找形

车辐式索膜结构作为整体张拉的柔性结构，必须对其施加预应力，形成几何刚度，才能承受外部荷载作用。此类结构设计须首先确立其预应力形态，即找形。车辐式单、双层组合索网结构可看作局部撑杆长度为零，上、下弦完全贴合的特殊双层索网结构。本工程基于组合索网结构形成特点，结合力密度法提出了一种"虚拟撑杆找形方法"，主要实施步骤如下。

首先根据结构平面布置，将索网看作平面坐标完全相同的两单层索网，对单层索网单元、节点进行标号，构建结构关联矩阵C_s：

$$C_s = [C C_f] \qquad\qquad (8.4\text{-}1)$$

式中：C、C_f——自由节点、固定节点关联矩阵。

假定单元k两端节点分别为i、j，则矩阵C_s的k行p列为：

$$C_s(k,\ p) = \begin{cases} 1 & ,p=i; \\ -1, & p=j; \\ 0 & ,其余 \end{cases} \tag{8.4-2}$$

对每个自由节点，以单元力密度向量$\vec{q}$为未知数，列x、y方向力平衡方程：

$$\begin{bmatrix} C^T \text{diag}(C\vec{x}) \\ C^T \text{diag}(C\vec{y}) \end{bmatrix} \vec{q} = \vec{0} \tag{8.4-3}$$

方程(8.4-3)恰好有一个线性无关解，对应双层索网区域上、下弦单元力密度向量表示为$\vec{q}$、$\alpha\vec{q}$，则单层索网区域单元力密度向量可表示为$(1+\alpha)\vec{q}$，其中α为调节上、下弦索网力密度的比例系数。

上、下弦索网间的撑杆内力分别作为作用于上、下弦的外荷载（记为$\vec{p}_e$、$-\vec{p}_e$），列Z向力平衡方程：

$$\begin{cases} C^T \text{diag}(\vec{q})C\vec{z}_u + C^T \text{diag}(\vec{q})C_f\vec{z}_f + \vec{p}_e = \vec{0} \\ C^T \text{diag}(\alpha\vec{q})C\vec{z}_l + C^T \text{diag}(\alpha\vec{q})C_f\vec{z}_f - \vec{p}_e = \vec{0} \end{cases} \tag{8.4-4}$$

式中：$C^T \text{diag}(\vec{q})C$——力密度矩阵，记为$D$，此矩阵为正定矩阵；

$C^T \text{diag}(\vec{q})C_f\vec{z}_f$——固定节点$Z$向反力，记为$\vec{p}_{f,z}$。

将$\vec{z}_u$、$\vec{z}_l$、$\vec{p}_e$看作未知数，方程(8.4-4)可写为：

$$\begin{bmatrix} D & 0 & E \\ 0 & D & -E/\alpha \end{bmatrix} \begin{bmatrix} \vec{z}_u \\ \vec{z}_l \\ \vec{p}_e \end{bmatrix} = \begin{bmatrix} -\vec{p}_{f,z} \\ \vec{p}_{f,z} \end{bmatrix} \tag{8.4-5}$$

双层索网径向索间撑杆内力可用同榀内环撑杆内力表示：

$$\vec{p}_{e,ij} = \chi_{ij}\vec{p}_{e,i0} \tag{8.4-6}$$

式中：$\vec{p}_{e,ij}$——第i榀径向索第j根撑杆内力；

$\vec{p}_{e,i0}$——第i榀径向索内环撑杆内力；

χ_{ij}——比例系数。

写为矩阵形式：

$$\psi_1 \vec{p}_e = \vec{0} \tag{8.4-7}$$

式中：ψ_1——双层索网径向索间撑杆、内环撑杆内力关系系数矩阵。

双层索网的内环撑杆高度可表示为内环节点坐标的相互关系：$z_{u,i0} - z_{l,i0} = h_i$，写为矩阵形式：

$$\psi_2 \begin{bmatrix} \vec{z}_u \\ \vec{z}_l \end{bmatrix} = \vec{h} \tag{8.4-8}$$

式中：ψ_2——内环撑杆高度相关矩阵。单层索网区域上、下弦间撑杆长度为零，即$z_{u,ij} - z_{l,ij} = 0$，写为矩阵形式：

$$\psi_3 \begin{bmatrix} \vec{z}_u \\ \vec{z}_l \end{bmatrix} = \vec{0} \tag{8.4-9}$$

式中：ψ_3——单层索z向坐标关系矩阵。

将式(8.4-5)、式(8.4-7)~式(8.4-9)合并，得到：

$$\begin{bmatrix} D & 0 & E \\ 0 & D & -E/\alpha \\ 0 & 0 & \psi_1 \\ \psi_2 & 0 & \\ \psi_3 & 0 & \end{bmatrix} \begin{bmatrix} \vec{z}_u \\ \vec{z}_l \\ \vec{p}_e \end{bmatrix} = \begin{bmatrix} -\vec{p}_{f,z} \\ \vec{p}_{f,z} \\ \vec{0} \\ \vec{h} \\ \vec{0} \end{bmatrix} \tag{8.4-10}$$

上式系数矩阵恰好为满秩方阵，方程(8.4-10)有唯一解。

本方法通过式(8.4-8)、式(8.4-9)设定索网撑杆长度，其中单层索网区域为长度为零的虚拟撑杆。此方法通过调整α、ψ_1、$\vec{h}$值大小，直接控制双层索网上、下弦相对位置及内环撑杆高度等主要参数，易于得到符合建筑外观要求的结构体型，且便于整体结构参数化优化设计。另外，此方法避免了动力松弛法、非线性有限元法需反复迭代求解的缺点，可直接求得索网单元力密度和Z向节点坐标，完成结构找形，如图8.4-1所示。

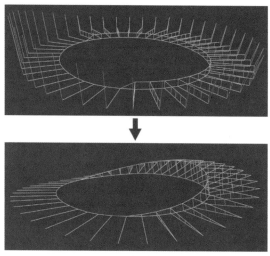

图8.4-1　索网找形过程

找形分析表明，车辐式单、双层组合索网的竖向变形受竖向刚度较小的西侧单层索网控制，从结构性能考虑，应尽量减小单层索网区域占比。为符合建筑外形需求并兼顾结构竖向刚度要求，最终确定16榀径向索采用单层索，26榀径向索采用双层索。而索网预应力水平、双层索网下弦与上弦力密度比值、双层索网内环撑杆高度均显著影响索网竖向变形水平，如表8.4-1～表8.4-3所示。

不同预应力水平索网内环竖向变形/m　　　　　　　　　　　　　　　　表8.4-1

索网最大预应力/kN		25000	30000	35000	40000
恒荷载＋满跨活荷载	西侧	−0.784	−0.750	−0.705	−0.657
	东侧	−0.138	−0.141	−0.143	−0.146
恒荷载＋半跨活荷载	西侧	−0.779	−0.738	−0.687	−0.637
	东侧	−0.103	−0.112	−0.119	−0.124

注：下弦与上弦力密度比值取1.30，内环撑杆最大高度取17m。

不同力密度比值索网内环竖向变形/m　　　　　　　　　　　　　　　　表8.4-2

下弦、上弦力密度比值		0.70	1.00	1.30	1.60
恒荷载＋满跨活荷载	西侧	−0.689	−0.697	−0.705	−0.714
	东侧	−0.085	−0.109	−0.143	−0.139
恒荷载＋半跨活荷载	西侧	−0.678	−0.683	−0.687	−0.693
	东侧	−0.074	−0.090	−0.119	−0.108

注：索网最大预应力取35000kN，内环撑杆最大高度取17m。

不同内环撑杆高度索网内环竖向变形/m　　　　　　　　　　　　　　　　表8.4-3

内环撑杆最大高度/m		11	14	17	20
恒荷载＋满跨活荷载	西侧	−0.697	−0.703	−0.705	−0.708
	东侧	−0.277	−0.187	−0.143	−0.084
恒荷载＋半跨活荷载	西侧	−0.684	−0.686	−0.687	−0.689
	东侧	−0.254	−0.163	−0.119	−0.059

注：索网最大预应力取35000kN，下弦与上弦力密度比值取1.30。

（1）西侧单层索网的竖向变形在满跨活荷载作用下与半跨活荷载基本相当，而东侧双层索网的竖向变形在满跨活荷载作用下稍大于半跨活荷载。

（2）西侧单层索网竖向变形远大于东侧双层索网，其值约为后者的 4～6 倍，而且存在"跷跷板效应"：西侧单层索网竖向变形与预应力水平呈正相关性，东侧双层索网的竖向变形与预应力水平则呈负相关性，预应力水平的增减对单、双层索网产生不同的竖向变形效果，说明预应力水平的提高对西侧单层索网刚度增加作用明显。

（3）东侧双层索网下弦、上弦力密度比值减小能明显提高东侧双层索网刚度，但对西侧单层索网影响较小。

（4）内环撑杆高度增大能明显增大东侧双层索网刚度，但对西侧单层索网影响甚微。

在索网竖向变形满足规范要求下，索网最大预应力取 35000kN，双层索网下弦、上弦力密度比值α取 1.3，内环撑杆最大高度取 17m。

双层索网内环撑杆高度沿环向变化，其变化规律不但影响屋盖外形，还影响撑杆自身受力。图 8.4-2 所示为两种内环撑杆取值方案：方案一的内环撑杆高度沿环向线性变化，内环索将在东侧出现转折导致索网外观突变，各内环撑杆内力差别较大，在大部分内环撑杆轴力小于 500kN 情况下，东侧内环撑杆轴力达 1240kN，导致其截面粗大；方案二的内环撑杆高度沿环向平滑变化，减缓内环索竖向变化幅度，可使东侧撑杆轴压力降至 620kN，较方案一减小 50%，从而显著减小构件截面。撑杆高度最终按方案二取值。

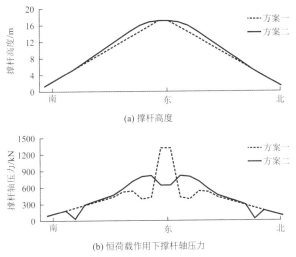

(a) 撑杆高度

(b) 恒荷载作用下撑杆轴压力

图 8.4-2　内环撑杆高度线性和平滑布置方案及对应轴压力

8.4.2　索网布置及屋面排水分析

索力分布均匀可减少索的规格数量，并且产生的环索索夹的不平衡力也较小，抗滑移承载力要求低，便于索夹设计。为此，索网按"内、外环平面投影形状相似"的原则进行布置，如图 8.4-3 所示，径向索、环索索力分布比较均匀，同规格索的索力差异仅 2.0%。由图 8.4-3 可知，单层索网径向索索力大致等于对应对称位置双层索网上、下径向索索力之和，单层索网的环索索力大致等于双层索网上、下环索索力之和。由图 8.4-4 可知，外环受压桁架弦杆最大弯矩约 2200kN·m，对应弯曲应力仅 22MPa，而受压应力达 130MPa，故外环受压桁架处于纯压状态。

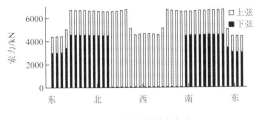

(a) 恒荷载 + 满跨活荷载径向索

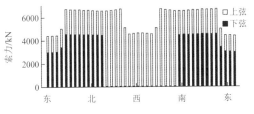

(b) 恒荷载 + 半跨活荷载径向索

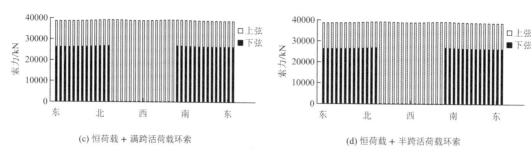

(c) 恒荷载 + 满跨活荷载环索

(d) 恒荷载 + 半跨活荷载环索

图 8.4-3　典型荷载工况索力

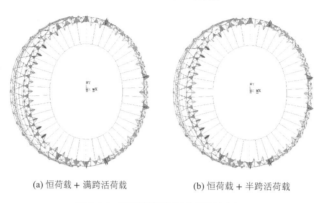

(a) 恒荷载 + 满跨活荷载

(b) 恒荷载 + 半跨活荷载

图 8.4-4　典型荷载工况结构平面内弯矩

本工程屋面起伏较大，西侧呈外高内低，东侧呈内高外低态势，导致西侧屋面向场内排水，东侧屋面向场外排水，屋面排水组织复杂，必须对屋面排水进行专门分析。从图 8.4-5 可看出，内环在第 10～12 榀、31～33 榀径向索处（径向索编号见图 8.4-6）处于最低点，而此 6 榀径向索均向外倾斜走低，坡度大于 10%，故西侧屋面雨水将沿环向汇集至此区域，再沿径向向外场排放。同时注意到，第 14 榀、29 榀径向索坡度小于 5%，不利于排水，应沿径向设置附加排水口，避免局部雨水淤积。屋面最终排水方案如图 8.4-6 所示。

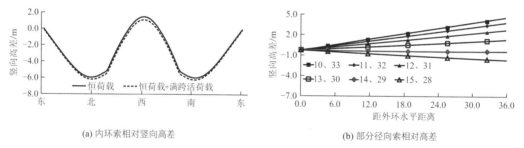

(a) 内环索相对竖向高差

(b) 部分径向索相对高差

图 8.4-5　典型荷载工况索网变形分析

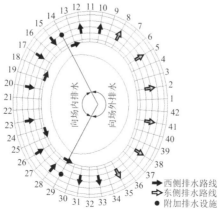

图 8.4-6　索网编号及屋面排水方案

8.4.3　屋盖稳定分析

1．外环受压桁架稳定分析

外环受压桁架在索网径向拉索作用下承受较大压力，由于支承钢柱间距较大，存在失稳可能。为保证外环受压桁架稳定性，同时为考察索网结构对外环受压桁架稳定性影响，线性屈曲特征值分析采用两种结构模型：有索模型和无索模型。其中，无索模型去除索网，将拉索内力作为外加荷载作用于受压桁架节点。从表 8.4-4 可知，两模型的屈曲特征值分布密集，而有索模型屈曲特征值均比无索模型相同屈曲模态大 15% 左右，说明索网能一定程度约束外环受压桁架，提高其稳定性。且低阶屈曲模态相似，均表现为外环受压桁架内弦杆失稳，如图 8.4-7 所示。

有索与无索模型线性屈曲特征值因子　　　　　　　　　表 8.4-4

阶数	恒 + 下半跨活		恒 + 左半跨活		恒 + 右半跨活		恒 + 满跨活	
	有索	无索	有索	无索	有索	无索	有索	无索
1	22.36	19.29	22.23	19.31	22.30	19.28	22.16	19.20
2	22.38	19.58	22.37	19.60	22.43	19.56	22.30	19.48
3	22.50	20.64	22.54	20.66	22.48	20.63	22.32	20.55
4	22.59	20.77	22.65	20.76	22.62	20.77	22.45	20.73

根据欧拉公式反算，有索模型、无索模型的外环受压桁架内弦杆计算长度系数分别为 1.25、1.34。构件设计时，计算长度系数取 1.50。

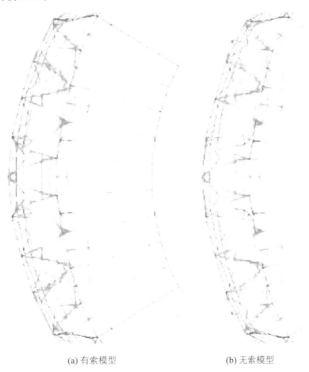

(a) 有索模型　　　　　　　　　(b) 无索模型

图 8.4-7　外环受压桁架整体屈曲模态

2．车辐式单、双层组合索网稳定分析

车辐式单、双层组合索网结构可能出现的失稳包括：由于上、下内环相对扭转而导致的结构整体失稳，双层索网的面外侧向变形导致的上、下径向索间撑杆倾覆。为此，在上、下环索及上、下径向索节点分别施加逆时针、顺时针节点力（图 8.4-8），使上、下弦索网相对扭转，在径向索跨中产生 1/300 索长的侧移作为初始缺陷，相应的环索、径向索节点力分别约 10kN、5kN。

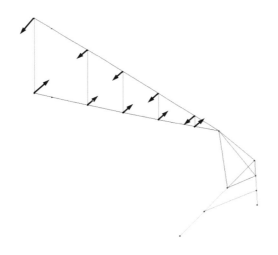

图 8.4-8　附加节点荷载示意

　　对带初始缺陷的模型进行极限承载力分析，考察结构变形随荷载增加的变化情况，加载方式：①恒荷载＋半跨活荷载；②恒荷载＋满跨活荷载，最大加载 5 倍荷载值，考虑几何非线性和材料非线性。结构变形如图 8.4-9、图 8.4-10 所示。由图可知，随着竖向荷载增加，南、北侧径向索发生侧向变形，径向索间撑杆偏转，使得径向索间撑杆传递竖向荷载受到影响，上径向索刚度下降；下径向索自身索力、竖向刚度较大，随着撑杆偏转加剧，下径向索承担的屋面荷载比例降低，其竖向变形较小。由于西侧为单层索网，限制了双层索网上、下内环的相对扭转错动，内环撑杆未发生偏转，未出现常规车辐式双层索网的内环相对扭转的失稳现象。可见，车辐式单、双层组合索网相对单纯的双层索网，具有较好的防内环扭转失稳能力。

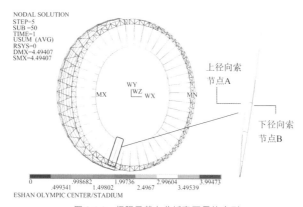

图 8.4-9　极限承载力分析索网最终变形

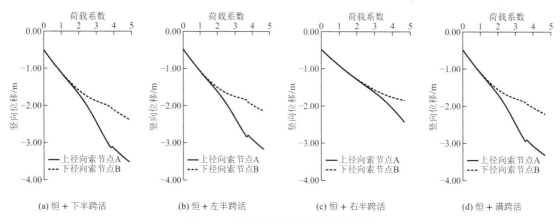

(a) 恒＋下半跨活　　(b) 恒＋左半跨活　　(c) 恒＋右半跨活　　(d) 恒＋满跨活

图 8.4-10　考虑初始缺陷下结构荷载-位移曲线

8.4.4 抗连续倒塌分析

采用动力时程分析方法，研究车辐式单、双层组合索网结构在断索或断内环撑杆情况下的抗连续倒塌性能如下：屋盖西侧径向索、东侧下径向索断裂后，断索处相邻环索迅速向内"绷直"，整体结构剧烈震荡，东侧双层索网断索处相邻上内环和下内环节点最大振幅分别达到 0.63m 和 0.65m，最终变形如图 8.4-11 所示。断索处内环节点位移及临近断索处构件内力随时间变化如图 8.4-12、图 8.4-13 所示，由于结构阻尼，结构振动逐步趋缓，断索 20s 后，振动基本消失，达到新的荷载平衡态。

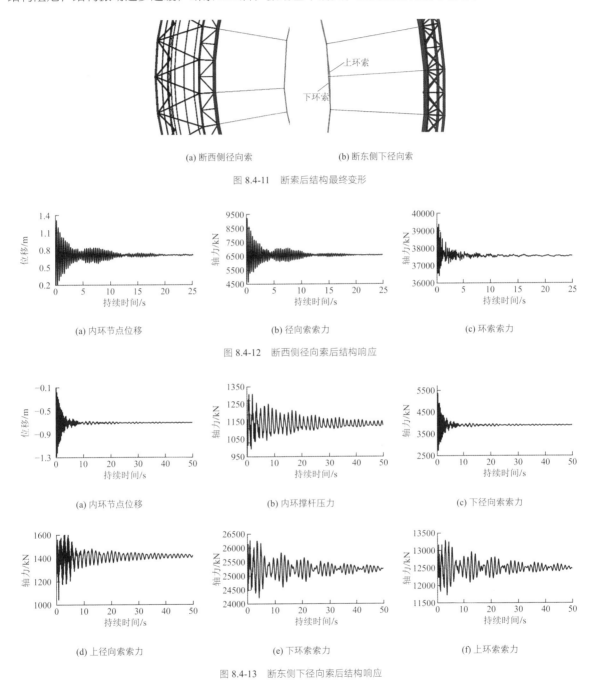

(a) 断西侧径向索　　　　　　　(b) 断东侧下径向索

图 8.4-11　断索后结构最终变形

(a) 内环节点位移　　　(b) 径向索索力　　　(c) 环索索力

图 8.4-12　断西侧径向索后结构响应

(a) 内环节点位移　　　(b) 内环撑杆压力　　　(c) 下径向索索力

(d) 上径向索索力　　　(e) 下环索索力　　　(f) 上环索索力

图 8.4-13　断东侧下径向索后结构响应

表 8.4-5 列出了各类构件破断后的结构变形及构件内力，其中"断东侧上环向索""断东侧下环向索""断西侧环向索"分别指将 4φ120、6φ130 或 4φ120 + 6φ130 索中断掉其中 2 根。从表 8.4-5 可见，破断构件附近同类型构件内力变化幅度最明显，其极值应力比最大，但所有破断工况索应力均小于 0.50，满足规范相关要求，说明索网整体结构具有足够的防连续倒塌能力。

断索	变形/mm		下径向索内力/kN		上径向索内力/kN		内环撑杆内力/kN		下环索内力/kN		上环索内力/kN		极值应力比
	极值	终值	极值	终值	极值	终值	极值	终值	极值	终值	极值	终值	
断东侧下径向索	1305	711	5965	4178	1706	1492	1306	1125	26253	25252	13283	12487	0.46
断东侧上径向索	1357	717	3074	2944	2877	2147	1107	1047	25858	25365	13255	12474	0.28
断东侧内环撑杆	837	452	3064	2893	1668	1477	2144	1661	25999	25479	13186	12527	0.89
断东侧上环向索	47	16	2900	2863	1192	1162	1192	1162	25810	25546	13005	12491	0.45
断东侧下环向索	16	2	2892	2854	1472	1450	1192	1176	26060	25451	12767	12614	0.40
断西侧径向索	1325	707	—	—	9230	6532	—	—	—	—	39387	37556	0.48
断西侧环向索	0	0	—	—	4549	4549	—	—	—	—	38414	38414	0.31

8.4.5 节点设计

索结构的构件连接方式应符合整体结构计算假定，使传力路线明确，节点受力合理、重量较小，同时还应考虑加工制作和张拉施工的可行性、便利性，而车辐式单、双层组合索网的构件连接较为复杂，其双层索网上、下环索经逐渐收拢、汇交成单层索网环索，该汇交节点设计是决定其是否具有可实施性的关键。在环索宜完全连续且采用同规格索体的原则下，提出了两种方案（图 8.4-14）：方案一的双层索网上、下环索分别采用 5φ95、5φ140，均单排布置，汇交后 5φ95 位于单层索网环索上排，5φ140 位于下排；方案二的双层索网上、下环索分别采用 4φ120、6φ130，均双排布置，汇交后 4φ120、6φ130 交错布置。方案一的布索方式简单明了，但汇交前的上、下单排索以及汇交后两排索的合力点均不在索夹中心，且索规格差异较大；方案二的交错布索方式较复杂，需采取措施保证索体交错过程中无碰撞，安装较困难，但可保证索合力点始终位于索夹中心。考虑索夹受力合理性，最终选择方案二。另外，上、下环索汇交前最小间距仅 1.3m，撑杆设置困难，通过在上、下环索索夹设置销轴相连的耳板代替撑杆。上、下环索汇交区域的索体布置及索夹连接如图 8.4-15 所示。

为使撑杆外观与索协调，所有撑杆均采用梭形柱，并通过销轴与索夹连接，既保证了大变形下构件能充分转动，又使节点外观统一、美观。同时，所有节点均为装配式节点，避免了高空焊接的繁琐，保证了快速建造的实施。

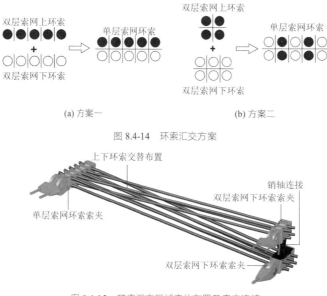

(a) 方案一   (b) 方案二

图 8.4-14 环索汇交方案

图 8.4-15 环索汇交区域索体布置及索夹连接

车辐式单、双层组合索网径向索与外环受压桁架的连接可分为三类：

（1）西侧单层索网径向索采用 $2\phi95$ 或 $2\phi110$，并排锚固于单索头后与耳板用销轴连接，如图 8.4-16（a）所示。

（2）东侧双层索网上径向索采用 $2\phi70$，下径向索采用 $\phi110$ 或 $\phi130$，上、下径向索竖向错开，分别与耳板用销轴连接，如图 8.4-16（b）所示。

（3）南、北侧上、下径向索（第 10～13 榀、30～33 榀径向索，编号见图 8.4-6）间距很小，单纯竖向错开连接会导致索头碰撞，必须将上、下径向索在水平方向也错开一定距离，并保证连接索头与耳板的销轴能正常插入。根据张拉方案不同，南、北侧 8 榀径向索与外环受压桁架有两种方案：方案一的张拉方式同东侧索网，上、下径向索分别张拉，连接节点需设置三块连接板分别连接上、下径向索，如图8.4-16（c）所示；方案二的张拉方式同西侧索网，上、下径向索同步张拉，可将上、下径向索锚固于同一个索头，仅设置一块连接板，如图8.4-16（d）所示，也是最终采用的实施方案。

对其他索节点（图 8.4-17、图 8.4-18），通过有限元建模分析，在保证结构受力合理、安全的前提下，尽量减小节点尺寸，与整体结构简洁、轻盈的特点保持一致。

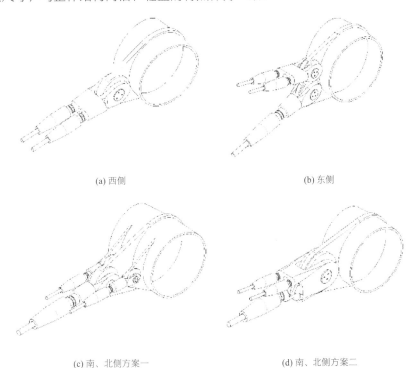

(a) 西侧　　　　　　　　　　　　　　　(b) 东侧

(c) 南、北侧方案一　　　　　　　　　　(d) 南、北侧方案二

图 8.4-16　径向索与外环受压桁架连接大样

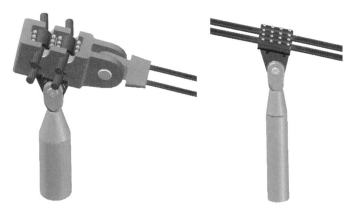

(a) 内环撑杆与上弦连接　　　　　　　(b) 撑杆与上径向索连接

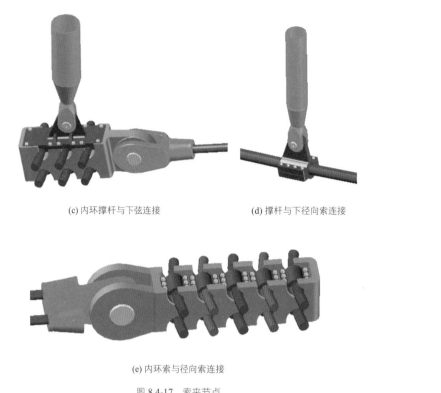

(c) 内环撑杆与下弦连接　　　　　　　(d) 撑杆与下径向索连接

(e) 内环索与径向索连接

图 8.4-17　索夹节点

(a) 西侧　　　　　　　(b) 南、北侧　　　　　　　(c) 东侧

图 8.4-18　索网支座节点

8.5　结语

　　乐山奥体中心体育场通过结构与建筑的深度协调配合，充分实现了建筑创意和功能，体现了结构精巧的力学之美。特别是罩棚结构采用创新型车辐式单、双层组合索网，为国际首创，在设计过程中对一系列关键问题进行了专项研究，得到如下结论：

　　（1）双层索网上、下环索汇交成单层索网环索，使单层索网对双层索网上、下弦相对水平扭转产生明显抑制，相对常规双层索网结构，车辐式单、双层组合索网结构具有优良的防内环扭转失稳能力。

　　（2）车辐式单、双层组合索网的竖向变形受竖向刚度较小的单层索网控制，且存在单、双层索网竖向变形与预应力水平正、负相关而导致一升一降的"跷跷板"效应。

　　（3）按"内、外环平面投影形状相似"的原则进行索网结构布置，保证了索网索力分布均匀，且能最大限度减小外环受压桁架平面内局部附加弯矩，使其更接近纯压状态。

　　（4）根据屋面起伏规律及各工况屋面变形分析，西侧屋面积水沿径向至内环、再沿环向至南北侧内环低点后，沿径向排放至外环；东侧屋面积水直接沿径向排放至外环。南北侧局部坡度较小，可能出现排水不畅情况，应设置附加排水设施，避免雨水淤积。

178

经典回眸　中国建筑西南设计研究院有限公司篇

（5）针对车辐式单、双层组合索网结构特点，对环索索体排布、索夹连接以及径向索与外环受压桁架连接做了专门研究，保证了节点构造与计算假定的一致性，以及索网施工张拉的可实施性和便利性。

设计团队

吴小宾、龙卫国、陈　强、冯　远、刘宜丰、向新岸、谢俊乔、殷　杰、秦　攀

执笔人：吴小宾、陈　强

获奖信息

2022 年第十五届中国钢结构金奖。

第 9 章

成都双流国际机场 T2 航站楼

9.1 工程概况

9.1.1 建筑概况

成都双流国际机场 T2 航站楼是中国西南地区重要的航空枢纽港和客货运集散基地，位于成都市双流区，占地面积 13.51 万 m²，总建筑面积 29.62 万 m²，设计年旅客吞吐量为 3200 万人次。航站楼采用指廊集中式布局，由一个主楼中央处理大厅通过连廊统领四个指廊。结构设计通过设置变形缝兼防震缝，将航站楼分为大厅，左、右连廊，D、E、F、G 指廊共七个相对独立的结构单元，如图 9.1-1、图 9.1-2 所示。航站楼大厅地上 4 层，地下 1 层（局部 2 层，局部无地下室），钢结构拱屋面顶标高 35.995m；连廊地上 2 层，屋面顶标高 22.900m 和 20.900m，典型剖面如图 9.1-3 所示。D、E、F、G 指廊地上 2 层，屋面顶标高 20.900m。项目下部采用现浇钢筋混凝土框架结构（框架梁内设置预应力钢绞线），上部采用空间斜拱 + 网格结构形式的钢结构屋盖，基础为柱下独立基础 + 抗水底板，钢结构大拱拱脚下方采用桩基础。建成实景如图 9.1-4 所示。本项目于 2009 年完成设计，于 2012 年竣工。

图 9.1-1 航站楼鸟瞰图

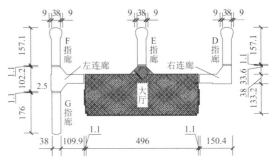

图 9.1-2 结构单元分区示意图/m

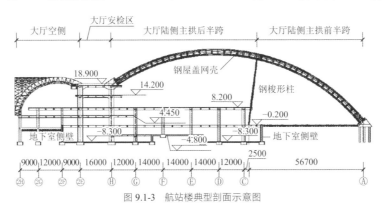

图 9.1-3 航站楼典型剖面示意图

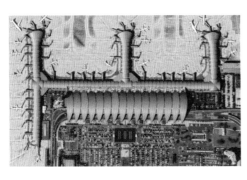

(a) 整体平面鸟瞰图

(b) 整体侧视鸟瞰图

图 9.1-4 航站楼建成实景

9.1.2 设计条件

1. 主体控制参数（表 9.1-1）

控制参数

表 9.1-1

结构设计基准期		50 年
建筑结构安全等级		屋盖钢结构为一级，其余为二级
结构重要性系数		1.1，1.0
建筑抗震设防分类		重点设防类（乙类）
地基基础设计等级		大厅为甲级
		其余为乙级
设计地震动参数	抗震设防烈度	7 度
	设计地震分组	第三组
	场地类别	Ⅱ 类
	小震特征周期	0.45s
	大震特征周期	0.50s
	基本地震加速度	0.10g
建筑结构阻尼比	多遇地震	钢结构：0.02 混凝土结构：0.05
	罕遇地震	钢结构：0.025 混凝土结构：0.06
水平地震影响系数最大值	多遇地震	0.10
	设防烈度地震	0.24
	罕遇地震	0.55

2. 结构抗震设计条件

航站楼下部采用现浇混凝土框架结构，抗震等级为二级，与屋面钢结构大拱相连的柱抗震等级为一级。采用地下室顶板作为上部结构的嵌固端。

3. 风荷载

屋盖钢结构按 100 年一遇取基本风压为 $0.35kN/m^2$，屋盖下部钢筋混凝土结构按 50 年一遇取基本风压为 $0.30kN/m^2$，地面粗糙度类别为 B 类。

4. 雪荷载

100 年一遇的基本雪压为 $0.15kN/m^2$，雪荷载准永久值系数分区为Ⅲ区。

9.2 建筑特点

9.2.1 采用钢结构"竹叶单元式"屋盖

大厅斜拱与双层网架构成的"竹叶"组成屋面结构标准单元，16 个标准单元通过单层网格连成一个整体。双层网架采用抽空三角锥的网格形式，两个端跨不再抽空以加强刚度。在拱中部附近对应每个标准单元结合建筑幕墙布置两个圆管梭形斜柱支承，梭形柱支承之间设置交叉钢拉杆和纵向倒三角形空间管桁架，形成抗侧力系统，传递水平力，如图 9.2-1 所示。

空侧连廊及指廊同样由数个标准"竹叶"单元构成，指廊与空侧连廊交接处设置交叉十字拱＋单层网格结构体系，如图 9.2-2 所示。

以一个"叶片"作为标准单元，重复构成整体屋盖系统，具有标准化、工业化程度高的特点，可有效控制工程质量和提高施工速度，同时赋予建筑强烈的韵律效果。

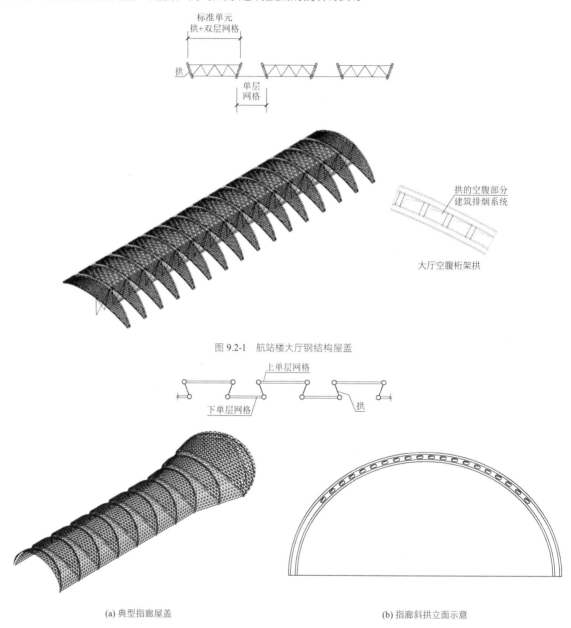

图 9.2-1 航站楼大厅钢结构屋盖

(a) 典型指廊屋盖　　　　　　　　(b) 指廊斜拱立面示意

图 9.2-2 指廊钢结构屋盖

9.2.2 丰富的钢结构构件与节点形式

本项目对钢结构构件形式、节点形式进行了仔细推敲，保证受力安全合理的同时，特别注意了建筑美感的体现；钢结构空间网格的划分充分考虑了建筑的需求以及幕墙的需求。

结合建筑造型，大厅斜拱采用矩管空腹桁架拱，空腹部分可同时作为建筑的排烟通风系统，二者和谐地结合在一起，如图 9.2-3 所示。指廊斜拱上、下弦均为圆管，腹板为实腹钢板，在跨中的大部分腹板区域结合建筑天窗采光区开设椭圆形孔，与斜拱两侧的单层网格形成韵律上的呼应，如图 9.2-4 所示。

图 9.2-3　航站楼大厅空腹桁架拱 　　　　　　　　　　图 9.2-4　指廊斜拱

双层网格上弦节点采用焊接球节点，下弦由于建筑要求暴露在吊顶下，为了与玻璃部分单层网格形式上统一，下弦采用钢管相贯焊接节点；梭形柱上、下端采用铸钢节点；主拱拱脚采用多耳板销轴铸钢节点。如图 9.2-5 所示。

对重要节点，采用了计算分析、有限元分析和试验研究相结合的方法，并遵循"节点构造符合计算假定""传力直接""施工简便"等原则，确保节点安全、可靠。

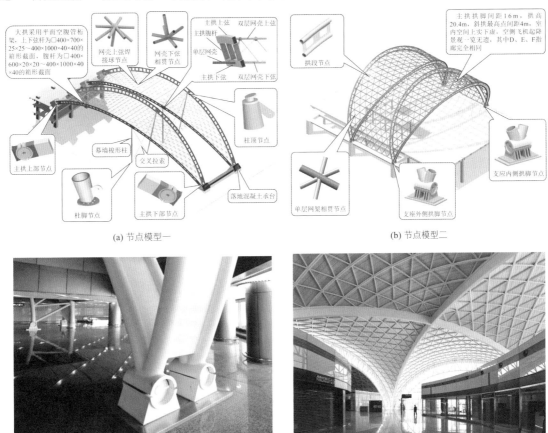

(a) 节点模型一　　　　　　　　　　　　　　　　(b) 节点模型二

(c) 典型钢结构节点　　　　　　　　　　　　　　(d) 典型钢结构构件与节点

图 9.2-5　钢结构节点

9.2.3　超长无缝设计

1. 混凝土结构超长无缝设计

航站楼中央处理大厅混凝土结构平面尺寸为 496m × 145.6m，为了更好地满足建筑要求和使用功能要求，没有设置伸缩缝，大大超过了《混凝土结构设计规范》GB 50010 规定的框架结构中 55m 以内可以不设伸缩缝的要求，而是采用在框架梁及次梁中设置预应力筋，并通过合理设置施工后浇带、优化构造做法、采用低收缩高性能混凝土等措施，有效地控制了温度及混凝土收缩产生的应力，避免了开裂，使用情况良好。

2．钢结构超长无缝设计

钢结构屋盖采用空间斜拱与单层网格或双层网格的组合结构体系，拱结构竖向面内刚度大，水平方向面外刚度差，而网格结构竖向刚度差，水平刚度大，两者结合后取长补短，互为对方提供面外支撑，共同形成刚度大、整体性好的屋盖结构体系。另外，双层网格和单层网格交错布置既解决了拱上、下弦杆的稳定问题，又有效释放了超长屋面钢结构的纵向温度应力。

3．多点多维弹性地震反应分析

相关研究及地震工程实践表明，对于本项目这种平面超长的复杂结构，地震波的行波效应显著。因此，对上部钢结构与下部混凝土结构的整体组装模型进行了多点多维弹性地震反应分析，并根据分析结果进行针对性地设计。

9.3 体系与分析

9.3.1 结构布置

1．结构布置

航站楼下部结构采用现浇钢筋混凝土框架结构，其中大厅典型柱网尺寸为 16m × 16m，框架梁及次梁中均布置后张有粘结曲线预应力钢绞线，既可以抵抗竖向荷载的作用，有效减小梁截面，也可以解决超长结构的收缩应力和温度应力，防止开裂；钢筋混凝土楼板厚 120mm。结构典型平面布置图如图 9.3-1 所示。

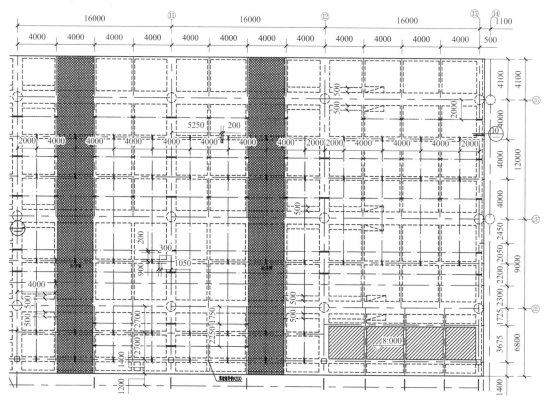

图 9.3-1 混凝土结构典型平面布置图

航站楼大厅、指廊和连廊屋面由一对倾斜主拱和柱面网壳构成相同的"竹叶"形标准单元，主拱通过网壳共同形成屋面刚度。沿"竹叶"边设置的主拱倾斜，网壳横向杆在竖向荷载下受拉，为主拱平面外稳定提供支撑（图9.3-2、图9.3-3），也使屋面结构纵横向动力特性相近。大厅拱形结构使出发区形成无柱空间，为航站楼布局提供灵活性，适应运营变化的需求，同时可为人行道和汽车道提供拱形遮篷。单层网壳有效地减小了屋面结构的高度，并与已建成的 T1 航站楼指廊屋盖单层柱面网壳的结构形式协调统一，形成了一个整体的建筑效果。

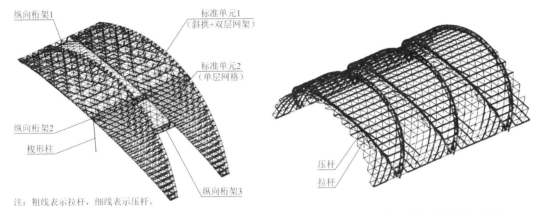

注：粗线表示拉杆，细线表示压杆。

图 9.3-2 大厅陆侧标准单元结构布置示意图　　　　图 9.3-3 指廊、连廊标准单元结构布置示意图

大厅钢结构斜拱上拱脚支承在 18.900m 标高的混凝土柱顶，下拱脚支承于桩承台上，拱跨 125.2m，汇交于最低点的斜拱间距为 32m，最高点间距为 4m。斜拱中部在幕墙外侧设置梭形柱，梭形柱之间设钢拉杆和纵向倒三角形空间管桁架。大厅屋面钢结构纵向总长度 508m，屋盖钢结构展开面积 58437m²。

指廊斜拱跨度 38m，末端拱跨逐渐变至 58m，汇交于最低点的斜拱间距为 16m，最高点间距为 4m，空侧连廊及指廊屋盖钢结构投影面积 111984m²。

2. 主要构件截面

主要混凝土柱截面为 ϕ1200mm，支承大厅钢结构大拱的混凝土柱截面为 1600mm × 2400mm，主要框架梁截面为 1400mm × 1000mm，主要次梁截面为 400mm × 950mm。混凝土强度等级：柱 C45；梁、板 C40；地下室侧壁、底板、楼梯等 C30。预应力钢绞线为 ϕ^s15.2（$f_{ptk} = 1860N/mm^2$）。

大厅钢结构主拱采用平面空腹管桁架（图9.3-4），桁架上、下弦中心线竖向距离 2190mm。上下弦杆为 □400 × 700 × 25 × 25～400 × 1000 × 40 × 40（mm）的箱形截面，腹杆为 400 × 600 × 20 × 20～400 × 1000 × 40 × 40（mm）的箱形截面 [图9.3-4（a）]。双层网壳杆件采用 ϕ89 × 4～ϕ180 × 8 钢管，单层网壳杆件采用 ϕ159 × 6～ϕ219 × 8 钢管。

指廊钢拱上、下翼缘为钢管 ϕ299 × 16（标准段）和 ϕ325 × 16/ϕ351 × 20（扩大头），通过 25mm 厚开洞腹板连接构成 [图9.3-4（b）]。

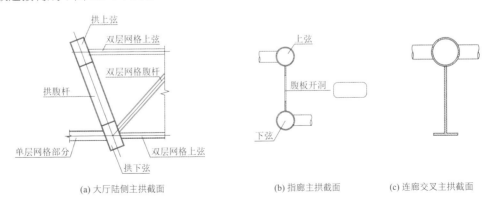

(a) 大厅陆侧主拱截面　　　　(b) 指廊主拱截面　　　　(c) 连廊交叉主拱截面

图 9.3-4　钢结构拱截面示意图

梭形柱截面为$\phi900 \times 25 \sim \phi500 \times 25$，梭形柱之间的圆钢拉杆直径为100mm。

大厅钢结构空侧连廊与指廊采用Q235B钢材，大厅钢结构陆侧部分（含预埋件）采用Q345B钢材。铸钢材料选用G20Mn5QT，销轴采用40Cr高强合金钢。拉杆为建筑用UU型等强钢拉杆，强度级别为460级。

3．基础设计

钢筋混凝土主体结构主要采用柱下独立基础 + 抗水底板，持力层为稍密卵石层，抗水底板厚度为500mm。大拱下拱脚基础采用桩 + 承台的形式，因为拱脚推力较大，因此对桩分别进行了竖向静载试验和水平静载试验，以确定桩的竖向承载力和水平承载力。基础混凝土强度等级为C30。

9.3.2 性能目标

1．抗震超限分析和采取的措施

本项目抗震设防类别为乙类，建筑结构造型复杂，上部为大跨度空间结构，整体平面布置为超长复杂结构。根据《超限高层建筑工程抗震设防专项审查技术要点》及《四川省抗震设防超限高层建筑工程界定标准》的要求，"屋盖的跨度大于120m或悬挑长度大于40m或单向长度大于300m，屋盖结构形式超出常用空间结构形式的大型航站楼"为超限大跨度空间结构，必须进行超限专项审查。主要超限情况为：①大厅下部混凝土结构总长496m，结构超长，地震及温度应力较复杂；②大厅上部大跨度空间钢结构总长508m，结构超长；③大厅在考虑偶然偏心的地震作用下，大厅楼层最大水平位移和层间位移与该楼层平均值的比值最大值为1.32，大于1.2，但小于1.4，属于扭转不规则。

针对超限问题，设计中采取了如下措施：

（1）针对下部混凝土结构超长，采用在梁中施加预应力的方法解决超长混凝土结构的混凝土收缩徐变应力及温度应力。

（2）针对上部钢结构超长，采取以下措施：①钢拱之间的双层网格结构和单层网格结构采用上下交错布置，以有效释放温度应力；②加强大厅钢结构的纵向刚度，在梭形柱上方沿纵向布置一道三角形空间立体管桁架，适当调整梭形柱夹角，并在梭形柱间设置交叉钢拉杆，在大拱上部支座前、大拱前端屋面起始处及大拱室内端中部布置了三道纵向加劲构件；③由于边桷页片温度及地震应力相对集中，且还要承受侧面玻璃幕墙传来的风荷载，受力情况比较复杂，故对边桷叶片的双层网壳进行了加强处理，采用不抽空三角锥双层网壳。

（3）在计算分析方面，先对下部混凝土及上部钢结构分别建模分析，再将下部混凝土及上部钢结构合并为一个整体模型进行计算分析。

（4）对整体模型进行多点多维地震时程分析，充分考虑地震行波效应对超长结构的影响。

（5）针对扭转不规则，调整抗侧力构件布置，使之均匀对称，减小质心与刚心之间的偏心，以减小结构的扭转效应；与建筑专业协商将局部夹层布置于两端，增强两端结构刚度，增强整个结构的扭转刚度。

（6）与屋面钢结构拱相连的柱由于非常重要，按一级抗震构造，并做到中震不屈服。

2．抗震性能目标

根据抗震性能化设计方法，确定了主要结构构件的抗震性能目标，如表9.3-1所示。

主要构件抗震性能目标 表9.3-1

地震水准	多遇地震	设防烈度地震	罕遇地震
允许层间位移	1/550	—	1/120
混凝土结构柱	弹性	受弯不屈服，受剪弹性	受剪不屈服
钢结构	弹性	弹性	主要构件大震不屈服

9.3.3 结构分析

1. 小震弹性计算分析

下部钢筋混凝土结构采用 SATWE、PMSAP 及 MIDAS 三种程序计算，计算结果表明：结构动力特性基本吻合，分别计算的周期、层间位移角及位移比值接近，各类指标均在合理范围内，且满足现行规范的要求，说明计算所选程序合适，计算结果可靠。其中，结构自振周期：$T_1 = 0.6743s$，Y向平动；$T_2 = 0.5612s$，X向平动；$T_3 = 0.5313s$，扭转周期比为 0.78。X向最大层间位移与层间平均位移之比为 1.03，Y向最大层间位移与层间平均位移之比为 1.32。

2. 动力弹塑性时程分析

采用 SAP2000 软件进行结构的动力弹塑性时程分析，分析模型采用屋盖钢结构与下部混凝土结构的整体模型。

1）构件模型及材料本构关系

SAP2000 的杆单元为集中塑性铰模型，塑性铰的力与变形关系是由 FEMA356 相关规定得到，其中混凝土塑性铰的特性是基于混凝土截面及其配筋特性而来，相关参数见 FEMA356；钢构件塑性铰是根据截面及材料强度得到的，相关参数见 FEMA356。

根据构件的受力情况，定义不同的塑性铰模型：混凝土框架梁两端设置 M3 铰；混凝土框架柱两端设置 PMM 铰。对于钢结构部分，由于杆件数目非常多（共计 42357 根杆件），若设置塑性铰过多，则在计算机上难以实现，故塑性铰主要设在受力较大的部位，即钢拱的支座部位、钢拱与混凝土框架相连部位、钢支柱支承点附近的钢拱构件、钢拱跨中构件以及梭形柱。对于钢拱构件两端设置 PMM 铰，以承受轴力为主的梭形柱中部设置 P 铰。计算塑性铰属性时，采用材料强度标准值。

2）地震波输入

根据规范要求，选取了 4 组地震波，分别是 El Centro 波、蒲江五星波 05lPJW（"5·12"汶川地震时记录到的）、Kobe 波以及 1 组人工波，对结构进行弹塑性时程分析。考虑到地面运动的多维性，在分析中采用三向地震输入，即两个水平方向及竖向，三维输入时地震波峰值加速度 $a_x : a_y : a_z$ 按 $1 : 0.85 : 0.65$ 的比例进行调整。每组地震波的最大输入峰值加速度调整为 230cm/s²（根据《成都双流国际机场 T2 航站楼工程场地地震安全性评价报告》，50 年超越概率为 2% 的 PGA 为 230cm/s²）。图 9.3-5 所示为安评报告提供的人工波加速度时程，这组波有水平分量而无竖向分量。地震波的最大峰值加速度分别沿结构 X 向、Y 向输入（结构的长向为 X 向，短向为 Y 向），共计 8 组时程工况。罕遇地震作用时结构阻尼比取 5%。动力弹塑性分析时，采用与刚度和质量有关的瑞雷阻尼。时程分析的起始工况为恒荷载 + 0.5 活荷载。

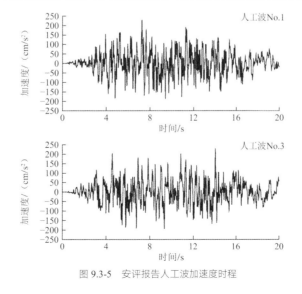

图 9.3-5 安评报告人工波加速度时程

3）动力弹塑性分析结果

（1）层间位移角（表9.3-2、表9.3-3）

楼层	El Centro		Kobe		051PJW		人工波	
	X向	Y向	X向	Y向	X向	Y向	X向	Y向
1	1/378	1/286	1/312	1/295	1/332	1/516	1/372	1/457
2	1/268	1/300	1/256	1/322	1/313	1/548	1/328	1/485
3	1/209	1/210	1/186	1/219	1/334	1/327	1/257	1/309
4	1/216	1/261	1/200	1/274	1/295	1/377	1/256	1/370

楼层	El Centro		Kobe		051PJW		人工波	
	X向	Y向	X向	Y向	X向	Y向	X向	Y向
1	1/445	1/235	1/359	1/250	1/387	1/459	1/438	1/398
2	1/324	1/245	1/289	1/274	1/359	1/491	1/364	1/440
3	1/250	1/178	1/213	1/197	1/381	1/294	1/300	1/280
4	1/254	1/230	1/231	1/248	1/335	1/334	1/308	1/356

由表9.3-2、表9.3-3 可以看出，下部钢筋混凝土框架结构在大震条件下，最大弹塑性层间位移角为 1/178，满足变形不超过规范限值 1/50 的抗震性能设计目标要求。

比较位移角最大值发生位置情况发现，各楼层X向最大层间位移角通常出现在角点，Y向最大位移角出现在长边的中部。分析其原因是对这种超长结构的X向来说，其楼板平面内刚度接近刚性，位移反应在角部最大，而对Y向，由于楼板平面内刚度较弱，面内变形显著，在地震波作用下楼板中部发生了相对两端的挠曲变形，导致中部的变形大于端部。从结构的模态图中也可观察到这种楼板平面内振动的模态。另外，从各层板顶典型点的层间位移角时程曲线也可发现，X向层间位移角时程较为一致，而Y向层间位移角时程曲线明显差异较大。需要说明的是，在重力荷载作用下，钢拱对混凝土框架有侧推作用，故Y向的层间位移角时程曲线在初始时刻$T = 0$时初始值已有不为 0 的情况。

（2）塑性铰分布情况

图9.3-6、图9.3-7 分别为在 Kobe 波及人工波X主方向作用下整体结构及支承钢拱框架的塑性铰分布图。经观察可知，钢结构部分没有出现塑性铰，其在罕遇地震作用下处于弹性状态；混凝土框架部分的塑性铰比较多，主要处于立即可用或可修的状态，大多数铰出现在梁端，符合"强柱弱梁"的设计准则。

特别值得关注的是支承钢拱框架柱的抗震性能，这些柱所处的状态直接影响到其所支承的大跨度钢拱的安全性。从图9.3-6、图9.3-7 可以看到，这些框架柱大多处于弹性，仅有个别柱刚刚进入屈服，且这些柱进入塑性的程度轻微。其余几组工况的塑性铰分布与此类似，支承钢拱的框架柱均表现出基本处于弹性的状态。

此次设计的框架柱表现出良好的抗震性能，主要是对框架柱的设计除了考虑多遇地震的影响外，还考虑了以下因素：①温度变化对框架柱的影响；②对于不同部位的框架柱采用了不同的多点地震影响系数，计入了行波效应对柱内力的放大；③对于普通框架柱进行了中震不屈服的设计，支承钢拱的框架柱抗震等级提高为一级，并进行了中震弹性设计；④支承钢拱的框架柱按二级裂缝控制，配置了预应力筋，以有效抵抗钢拱推力引起的巨大弯矩。通过对这些因素的考虑，框架柱的抗震能力得到有效提高。然而在最开始的初步设计中没有计入以上因素对框架柱的影响，仅按常规的工况组合进行设计，随后的弹塑性时程分析表明，虽然楼层最大层间位移角满足规范"不倒"的要求，但底层框架柱普遍屈服，有部分柱进入 CP 段，达到难以修复的状态，显然对于这种大型公共建筑来说是一种难以接受的性能状态。在施工图设计阶段，对框架柱的设计考虑了以上诸多因素的影响，框架柱的抗震能力得到明显改善，在罕遇地震作用下表现出良好的性能。

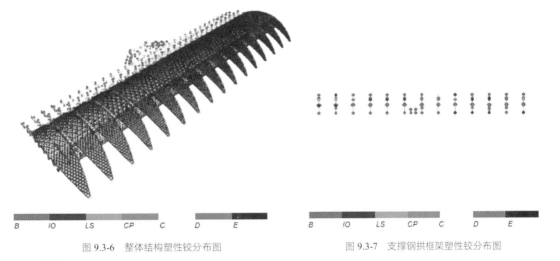

图 9.3-6　整体结构塑性铰分布图　　　　　图 9.3-7　支撑钢拱框架塑性铰分布图

（3）结论

由上述分析结果可知：①在罕遇地震作用下，T2 航站楼的钢筋混凝土框架最大层间位移角小于 1/50，满足现行规范的要求；②X 向最大位移角通常出现在建筑的角点，Y 向最大位移角出现在长边的中部，超长结构在地震波作用下楼板平面内变形显著；③大跨度钢结构构件未出现塑性铰，处于弹性状态；④混凝土框架的塑性铰主要出现在框架梁端，少数框架柱出现塑性铰，这些塑性铰大部分处于立即可用或可修复状态范围，结构的刚度、承载力没有明显下降；⑤支承钢拱的框架柱基本处于弹性状态，具有良好的抗震性能。分析结果表明整体结构在大震作用下是安全的，达到了预期的抗震性能目标。

9.4　专项设计

9.4.1　稳定分析

本工程大量采用斜置钢拱和单层网壳结构，钢拱和网壳独自作为结构在经典弹性屈曲分析中其稳定问题突出，将这两类结构进行组合应用，需要对钢结构稳定进行仔细分析。采用 ANSYS 和 MIDAS 有限元分析软件分别进行了完善结构屈曲特征值分析、带初始缺陷的几何非线性屈曲分析以及考虑几何和材料双非线性屈曲分析（材料模型采用理想弹塑性模型）。针对拱的受力特点，上述分析考虑了活荷载满跨和半跨的不同分布。

1. 大厅钢结构屋盖稳定分析

大厅陆侧屋面结构由相同的标准单元组成，单层网壳与主拱桁架的刚度差异较大，特征值屈曲分析的前 30 阶失稳模态均为单层网壳的局部失稳，直到第 31 阶才开始出现有主拱参与的整体失稳模态。典型屈曲模态如图 9.4-1、图 9.4-2 所示，特征值如表 9.4-1 所示。

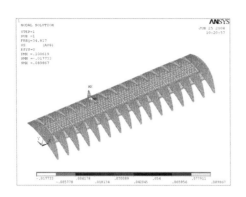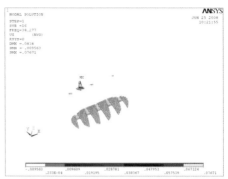

图 9.4-1　单层网壳第 1、16 阶屈曲模态
（荷载系数 34.7、38.3）

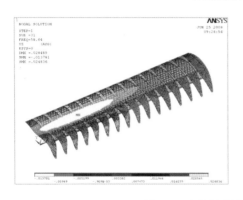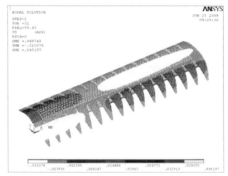

图 9.4-2　大厅陆侧整体第 31、32 阶屈曲模态
（荷载系数 58.6、59.5）

大厅陆侧屋盖结构屈曲模态特征值　　　　　　　　　　　　　　　　表 9.4-1

工况	第 1 阶	第 2 阶	第 3 阶	整体反对称屈曲模态	整体对称屈曲模态
工况 1	34.817	34.818	34.933	74.694	81.914
工况 2	35.395	35.59	35.747	74.877	81.241
工况 3	32.497	32.994	33.077	68.65	73.121

　　对大厅屋盖进行考虑几何非线性和双非线性的屈曲分析，荷载-位移曲线如图 9.4-3～图 9.4-5 所示。

　　大厅主拱几何非线性屈曲分析表明：①主拱整体稳定性受初始缺陷分布与活荷载分布相对关系影响；②活荷载的不同分布对屈曲荷载系数产生不同影响，其满跨、前半跨、后半跨分布时，主拱屈曲荷载系数分别为 38、40、28。

　　大厅主拱材料和几何双非线性屈曲分析表明：①主拱整体稳定性受材料塑性影响较大，主拱屈曲荷载系数约为仅考虑几何非线性的 1/4；②当活荷载满跨、前半跨、后半跨分布时，主拱屈曲荷载系数分别为 9.6、9.9、6.4；③初始缺陷对屈曲荷载系数的影响与仅考虑几何非线性时类似。

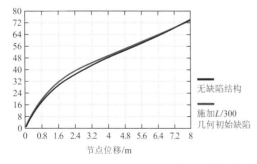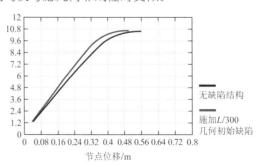

图 9.4-3　满跨活荷载几何非线性及双非线性荷载-位移曲线

经典回眸　中国建筑西南设计研究院有限公司篇

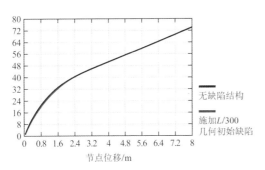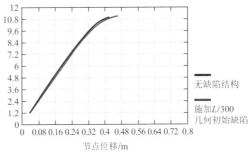

图 9.4-4　前半跨活荷载几何非线性及双非线性荷载-位移曲线

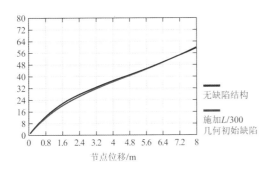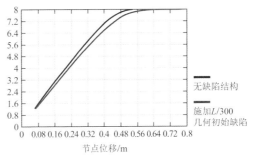

图 9.4-5　后半跨活荷载几何非线性及双非线性荷载-位移曲线

　　由于双层网壳和拱顶中部布置有梭形斜柱，对大厅主拱桁架提供了良好的支承作用，大厅主拱的受力类似两跨曲梁，其考虑几何及材料非线性整体屈曲的荷载系数均大于 6，满足结构整体稳定性要求。

2．指廊、连廊钢结构屋盖稳定分析

　　对指廊、连廊屋盖进行特征值屈曲分析、考虑几何非线性和双非线性的屈曲分析。分析结果表明，主拱面外上、下弦受网壳纵向拉杆约束时，主拱屈曲特征值较高，低阶屈曲特征值多为单层网壳屈曲模态。但对主拱在无面外上、下弦处的屈曲和局部屈曲仍应高度关注，主拱在同时考虑几何非线性和材料非线性的情况下，结构整体屈曲荷载系数均大于 5，图 9.4-6、图 9.4-7 所示为连廊和指廊在恒荷载＋活荷载作用下的典型屈曲模态，图 9.4-8、图 9.4-9 所示为考虑双非线性的荷载-位移曲线，结果表明，结构满足整体稳定性要求。

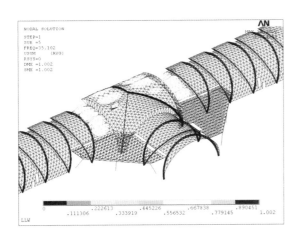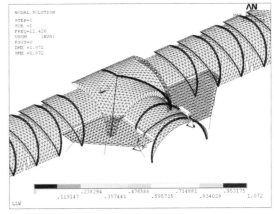

图 9.4-6　连廊单层网壳 1 阶与主拱 1 阶屈曲模态

（荷载系数 35.102、22.426）

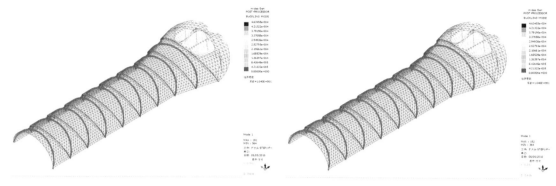

图 9.4-7　指廊第 1、2 阶屈曲模态
（荷载系数 10.40、10.41）

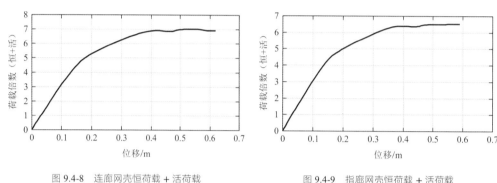

图 9.4-8　连廊网壳恒荷载 + 活荷载
几何非线性及双非线性荷载-位移曲线

图 9.4-9　指廊网壳恒荷载 + 活荷载
几何非线性及双非线性荷载-位移曲线

3. 结论

分析结果表明，侧向约束主拱平面外和单层网壳部分的稳定问题相对其他主拱较为突出。几何非线性缺陷、分布形式以及材料的塑性特性对各部分钢结构屋盖的稳定承载力具有不同程度的影响。对于复杂钢屋盖稳定的设计应进行更深入地考虑，尤其是对缺陷分布形式及大小的选取，荷载作用工况等应深入研究。

9.4.2　节点分析与设计

大厅主拱间的双层网壳下弦及单层网壳部分采用相贯节点，根据室内建筑韵律效果要求，选择水平杆作为受力主管。根据三向网格特点，网壳部分节点形式可分为三种类型：单层网壳夹角呈 180° 的双 K 型节点、双层网壳的 7 杆及 9 杆节点。在几何关系上，后者是在前者基础上附加斜腹杆而成；在受力上，腹杆内力一般较小。因此确定 180° 的双 K 型节点的极限承载力分析就是关键。在网壳弦杆与主拱连接部位同样采用相贯节点，根据与主拱连接位置的不同分为上弦及下弦节点。上述节点承载力计算方法，在国内外设计规范中均未提及，故需采用数值分析及节点试验的方法进行确定。

在 ANSYS 软件中采用 shell181 单元对圆管进行模拟，采用 10mm 网格并在节点区加密一级，有限元建模尺度控制在 $3D \sim 6D$（D 为各杆直径），边界条件为一端固定、一端仅有轴向位移，同时约束支杆以防止失稳，在加载端设置厚钢板以防止边界过早屈服。有限元计算考虑材料及几何非线性，钢材采用双线性模型，强化阶段弹性模量取弹性阶段的 1%。由于不同的加载路径会影响极限承载力的最终结果，并考虑到温度内力是杆件内力的主要成分，尤其对水平弦杆更是如此，故在温度工况内力中，首先完成恒荷载、活荷载、风荷载等的一次加载，然后施加温度作用，分两个荷载步完成，最终加载值为设计值的 2.5 倍。

1. 单层网壳节点分析

在 MIDAS 整体内力分析中,除恒荷载之外还考虑了 3 组活荷载工况(满跨、前半跨及后半跨),6 组风荷载工况以及±25℃的温度作用。首先考虑对单层网壳中部的节点进行分析(图 9.4-10),主管为 $\phi180 \times 8$,支管为$\phi159 \times 6$,选取的双向压力工况为含有升温荷载的工况:1.35D(恒)+ 1.0L(活)+ 0.84W2(风)+ 1.0 升温工况。图 9.4-11 给出了最终的分析结果,相关曲线约在 400kN 时具有明显的拐点,如果按照位移为 2%主管管径所对应的加载力可以取为 410kN,同时发现,按照位移为 3%主管管径所确定的极限荷载与按位移为 2%主管管径并无明显差别,杆件轴力最大值为 160kN,因此,此类型节点受力性能可得到保证。从图 9.4-11 还可以看出,节点具有良好的延性性能。

图 9.4-10　单层网壳节点

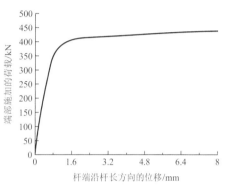

图 9.4-11　双 K 型节点荷载-位移曲线

2. 双层网架下弦 9 杆节点分析

双层网壳下弦根据抽空与非抽空区有 7 杆及 9 杆节点(图 9.4-12),腹杆内力较小,主管以承受拉力为主,个别杆件在温度工况下出现反号,但内力不大,下弦斜杆内存在较大的压力。网壳水平主管为 $\phi159 \times 8$,斜向支管为$\phi127 \times 5$,腹杆为$\phi89 \times 4$。内力分析所取工况同前述单层网壳。在有限元分析之前,根据《钢结构设计规范》GB 50017-2003,按照夹角为 180°的双 K 型节点进行初步计算(规范适用条件为$\phi \leqslant 120°$),其设计承载力为 476kN。ANSYS 分析结果如图 9.4-13 所示,极限值约 470kN,相应的位移为 3.1mm,而 2%主管管径对应的位移也为 3.2mm。杆件设计最大内力为 170kN,因此节点设计是安全的。对应于极限荷载状态,从主管壁 von Mises 应力分布判断截面较大部分进入塑性状态。

图 9.4-12　9 杆节点透视图

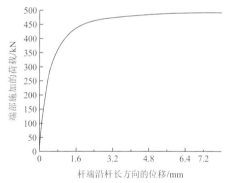

图 9.4-13　9 杆节点荷载-位移曲线

3. 结论

利用 ANSYS 软件,在充分分析网壳结构受力特点的基础上,结合国内外对相贯节点的研究成果,通过对典型节点的双非线性分析得到如下结论:①采用 2%主管管径控制变形得到极限承载力的方法在计算分析和试验上方便且具有可操作性,2%主管管径与 3%主管管径的变形控制指标没有明显差别;②相贯节点具有良好的位移延性性能，节点塑性发展集中在焊缝周围；③设置加劲肋的网壳与主拱的相贯节点能够保证在设计荷载水准下处于弹性状态；④相贯线处应力水平较高。

9.4.3　连续倒塌分析

连续倒塌是一个复杂的动态过程，相应地伴随着结构、材料的非线性。主要设计方法有事件控制法、间接设计法和直接设计法。事件控制法即消除引起连续倒塌的原因，一般很难做到。间接设计法主要是概念设计，即通过加强结构的整体性和延性，提高结构的冗余度和坚固性，从而提高抗连续倒塌的能力。直接设计法包括多重荷载路径法（即采用改变传力路径进行分析设计，与引起连续倒塌的原因无关）和抵抗局部破坏法。其中，多重荷载路径法又包括静力线性分析、静力非线性分析、动力线性分析及动力非线性分析。本项目对大厅采用拆除构件即多重荷载路径法进行分析。

对落地拱支座处、梭形柱处及上拱脚支座处，考虑撞击、炸弹袭击或火灾等意外荷载导致可能失效的情况。

1．概念设计

钢结构屋盖通过设置纵向桁架和系杆形成了一个稳固的整体，同时各个标准单元相对独立，对抗连续倒塌十分有利。对支承屋盖的下部混凝土结构相应的梁柱构件进行了适当的加强。

2．拉结设计

当上拱脚支座、梭形柱、落地拱支座分别失效时，对应的纵向桁架 1、纵向桁架 2、纵向桁架 3 通过相邻的未失效标准单元形成拉结作用，相当于悬链线。具体的计算分析结合下文的拆除构件法进行。

3．拆除构件设计

拆除构件设计选用静力非线性分析，同时进行静力弹性分析以作为参照。对于倒塌的动态过程，通过动力效应放大系数考虑。采用 MIDAS/Gen（V730）软件，用竖向 push 的方法进行静力非线性分析，竖向 push 即在重力方向进行静力推覆，观察塑性铰出现的位置及数量，结合强度和变形判断结构是否变为机构而倒塌。单元均采用梁柱单元，单元塑性铰定义为：将标准单元 1 的双层网架杆件单元定义为轴力铰，斜拱及标准单元 2 的单层网格杆件单元定义为轴力弯矩铰。塑性铰参数根据 FEMA356 确定。

对与被拆除构件直接相连的标准单元及相邻的标准单元，竖向荷载动力放大系数取 2，即：$S = 2.0 \times (1.0$ 恒荷载 $+ 0.25 \times$ 活荷载$) + 0.2 \times$ 风荷载；对其他不与被拆除构件直接相连的屋盖部分，竖向荷载动力放大系数取 1，即：$S = 1.0 \times$ 恒荷载 $+ 0.25 \times$ 活荷载 $+ 0.2 \times$ 风荷载。

材料强度采用标准值，考虑构件应力状态多为正应力、剪应力同时存在，存在脆性破坏的可能，材料强度不予提高。

分析结果如图 9.4-14～图 9.4-17 所示。

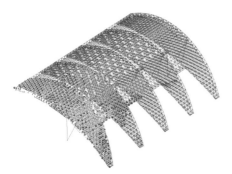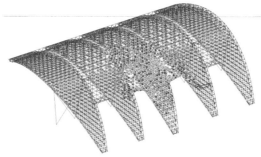

图 9.4-14　边榀去掉落地拱脚支座 push 出铰示意图　　　图 9.4-15　中间榀去掉落地拱脚支座 push 出铰示意图

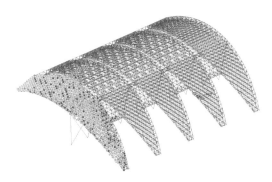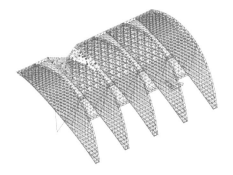

图 9.4-16　边榀去掉一个上拱脚支座 push 出铰示意图　　　图 9.4-17　中间榀去掉一个上拱脚支座 push 出铰示意图

4. 结论

对关键构件失效后的屋盖抗连续倒塌分析表明，结构具有较强的抗连续倒塌能力。这主要源于以下几个方面：①多荷载路径十分明确，即拆除梭形柱后，荷载卸给了大斜拱，这是个完整的受力单元，在比常规荷载小得多的荷载作用下，大拱能够撑起与拆除构件相连的剩余结构；②整个屋盖由若干个标准单元（子结构）组成，各标准单元几乎相对独立，这在概念上使得结构抗连续倒塌能力足够强，落地拱脚支座破坏导致某一榀单元破坏，不会对整个结构造成连锁反应；③悬链线拉结设计对于大跨度结构有重要作用，通过对其适当加强，可有效减轻倒塌失效程度；④弹性分析可以作为竖向 push 分析的有益参照。

9.4.4　超长结构设计

航站楼大厅长 496m、宽 145.6m，属超长超大混凝土框架结构，受收缩及温差影响大。材料自身收缩以及环境降温，使混凝土结构具有收缩的趋势；柱的约束作用将使梁板产生拉应力，同时在柱内产生约束弯矩。当混凝土结构超长超大时，如不采取相应措施，将导致混凝土梁板柱开裂；环境升温使结构膨胀，柱的约束作用将使梁板产生压应力，混凝土压应力在一定范围内对梁板不会造成不良影响，此时应注意柱内约束弯矩对柱的影响。对此，采取以下措施：

（1）实测本地原材料配制混凝土材料性能，确定其抗压强度、抗拉强度、弹性模量和收缩随混凝土龄期变化的特点和规律，确定计算模型相关参数。

（2）实测类似建筑冬夏温度分布。T1 航站楼与 T2 航站楼邻近，建筑结构形式类似，利用对 T1 航站楼冬夏温度分布的实测，确定 T2 航站楼屋盖、楼面和底板的温度分布参数。

（3）外约束是产生收缩和温差应力的主要原因。除结构平面尺度对外约束产生影响外，柱网、层高、柱/梁/板截面尺寸和形式等也会对外约束产生影响。设计沿纵向采用 16m 的较大柱网，柱尽量采用圆形和沿纵向为短边的矩形截面，减小对梁板的约束。

（4）采用基于性能控制的混凝土大跨度超长结构设计思路。传统的混凝土结构设计时，在满足强度的基础上，一般局限于混凝土材料的固有性能、设计结构与组织施工。除强度外，考虑结构设计与混凝土施工组织需要，提出具体性能指标，设计满足性能要求的混凝土。通过施工前对混凝土材料及组分的优化，测量并推测工程混凝土总收缩率。采用低收缩、低弹性模量混凝土，且混凝土的收缩能够尽量在前期完成。对高性能混凝土提出要求：强度满足规范要求，混凝土总收缩率小于 400×10^{-6}，静压弹性模量不小于 $3.0 \times 10^4 N/mm^2$ 且不大于 $3.25 \times 10^4 N/mm^2$，后浇带封闭时两侧混凝土残余总收缩率小于 160×10^{-6}。这种基于混凝土性能控制的设计思路包含三方面的设计施工措施：首先，对混凝土的材料组分进行研究，采用低收缩、低弹性模量、收缩快速释放的混凝土；其次，应有良好的混凝土施工、养护措施，确保混凝土性能；最后，应有有效的混凝土性能监控措施，在确认其收缩率达到要求后，封闭混凝土后浇带。

（5）在变形计算分析中考虑收缩和温度作用工况及其组合，并考虑混凝土徐变和开裂在收缩和升降温时的不同影响。降温时，考虑混凝土徐变产生的应力松弛，以及梁混凝土开裂后刚度的下降。升温时，混凝土梁板承受压应力，不考虑开裂折减，主要考察其对混凝土柱的不良影响；同时考虑短期荷载作用下对柱的不良影响，不考虑混凝土徐变产生的应力松弛的折减；仅考虑与混凝土收缩的叠加。

（6）采用预应力混凝土结构。对混凝土收缩及降温在梁板中产生的拉应力，利用预应力筋在结构中产生的有效预压应力来抵抗。预应力的施加方式：在混凝土梁中施加预应力，用于抵抗竖向荷载和拉应力。

（7）布置混凝土后浇带。结合预应力张拉工序，将大厅楼面用后浇带划分为长宽 20～40m 不等的 48 个施工单元，进行分块施工，单元梁柱同时浇筑，释放混凝土在龄期前段收缩应力。在较长单元中部增设加强带。

（8）其他相应措施：①楼板采用细而密的双层双向配筋；②增大梁上部通长筋和腰筋的配筋率；③所有钢筋均按受拉要求进行锚固或搭接；④对混凝土的水泥用量、水胶比、骨料类型和质量等提出具体规定；⑤适当掺加微膨胀剂和抗裂纤维。

（9）对超长地下室底板及侧墙采取构造措施以减小温度应力，对底板及侧墙厚度进行优化。地下混凝土结构使用过程中温差较上部结构小，但由于地下室底板及侧墙均比较厚，混凝土收缩徐变应力较大，设计中结合设备管井及地沟需要，在底板及外墙每隔 40～50m 采取构造措施，以减小混凝土收缩应力及温度应力。

9.5 结语

成都双流国际机场 T2 航站楼作为进入成都市区的门户，造型独特，采用空间斜拱与双层网架或单层网格结构组成"叶片"标准单元，重复构成整体屋盖系统，赋予建筑强烈的韵律感。设计对钢结构构件形式、节点形式进行了仔细推敲，保证受力合理、安全的同时，特别注意了建筑美感的体现；钢结构空间网格的划分充分考虑了建筑的功能需求以及幕墙的需求。

项目结构较为复杂，设计采用了多种模型和多个软件进行计算分析，对结构进行了性能化抗震设计。对钢斜拱、网壳组合结构整体稳定性进行了分析计算，对超长结构采用基于性能控制的设计方法，考虑多点地震输入和混凝土收缩徐变及温度等影响。对设计中其他关键问题，如节点、抗连续倒塌等均进行了仔细的分析，并采取有效的措施予以解决，确保结构安全、经济、合理。项目投入运营以来，各方面使用情况良好，业界评价良好。

设计团队

肖克艰、陈志强、王立维、冯 远、赵广坡、易 丹、杨 文、周定松、陈平友、罗 昱、周浩璋、李常虹、毕 琼、冯中伟、易 勇、廖 理、夏 循

执笔人：肖克艰、陈志强、冯 远、赵广坡

获奖信息

四川省优秀工程勘察设计一等奖（2017 年，四川省住房和城乡建设厅）；

第九届全国优秀建筑结构设计二等奖（2016 年，中国建筑学会）；

空间结构奖银奖（2015 年，中国钢结构协会空间结构分会）；

中建总公司科学技术奖三等奖（2013 年，中国建筑工程总公司）。

第10章

青岛机场

10.1 工程概况

10.1.1 建筑概况

青岛胶东国际机场位于青岛市胶州市东北 11km，大沽河西岸地区，距离青岛市中心约 40km，定位为"面向日本、韩国，具有门户功能的区域性枢纽机场，环渤海地区的国际航空货运枢纽"。机场占地面积为 16.25km²，2 条远距离跑道，4F 运行等级。该机场为一次性规划，分期实施，本期航站楼（T1）面积为 47.8 万 m²，可满足年旅客吞吐量 3500 万人次、货邮吞吐量 50 万吨、飞机起降 30 万架次的保障需求。未来，全场可以满足年旅客吞吐量达 5500 万人次的需求。图 10.1-1 为鸟瞰效果图。

航站楼平面采用"海星"形布局，分为 F 区中央大厅及向心布置的 A、B、C、D、E 五个指廊。其中，中央大厅地下局部 2 层，地上 4 层，屋盖最高点标高为 43.000m。A、B 指廊地上 3 层，屋盖最高点标高为 22.000～25.000m。C、D、E 指廊地上 3 层，屋盖最高点标高为 24.000～26.000m。城铁及地铁在地下分别位于 E 指廊侧面，穿越中央大厅。

中央大厅主要功能包括：地下 1 层（标高分别为 -3.000m、-6.500m、-9.500m、-15.500m）为行李系统地下通道、设备机房及管廊、通往轨道交通旅客过厅；地上 1 层（标高 ±0.000m）为国内及国际迎宾厅、到达行李提取厅、行李系统处理机房、各类业务用房及机房；2 层（标高 4.500m）为国内及国际到达旅客通道、国际到达检验检疫及边检大厅、各类业务及设备用房、部分商业用房；3 层（标高 9.000m）为出港层、国内出港安检通道、商业及业务用房；4 层（标高 13.500m）为值机大厅、商业用房及国际安检通道；5 层（标高 18.000m）为商业用房。

指廊主要功能包括：1 层（标高 ±0.000m）为远机位候机厅、特种车库及机房；2 层（标高 4.500m）为到达廊及业务用房；3 层（标高 9.000m）为出港候机厅。

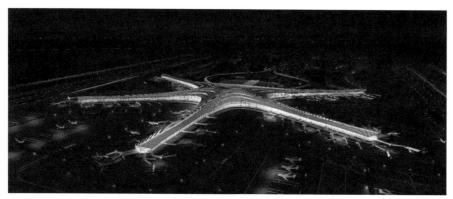

图 10.1-1　航站楼鸟瞰效果图

航站楼前方为综合交通中心及停车楼，塔台位于综合交通中心及停车楼内。塔台为一栋单塔式建筑，地上 17 层，地下 2 层，总高度 92.8m，层高 6m，主要功能为塔顶的管制室、休息室及设备层。如图 10.1-2 所示。

塔台地上 12 层为空调机房层，14 层为站坪管制室，15 层为设备层，16 层为休息室，17 层为指挥室。1～15 层采用混凝土内筒＋钢外网筒组合的结构形式，中部利用电梯井道设置钢筋混凝土核心筒，混凝土筒延伸至 16 层，顶层指挥室为钢框架结构。混凝土内筒直径 7.65m，钢外网筒底部为圆形，直径 15.34m，中部收窄，顶部放大，中部最窄处直径约为 13.89m，高宽比较大。钢外网筒平面形状沿高度逐渐由圆形过渡为弧边三角形，顶部弧边三角形边长约为 18m。钢外网筒每隔 6m 设置水平环梁一道，内筒与钢外网筒之间通过两端铰接的矩管连杆相连，连杆每隔 3 层布置一道。在 14 层，由于功能需要，对钢外网筒杆件进行了抽空处理。典型楼层的结构布置如图 10.1-3 所示。

青岛胶东机场航站楼及附属建筑于2015年完成施工图设计,2020年建设、调试完成并正式投入使用。

图 10.1-2 航站区鸟瞰照及塔台区位示意

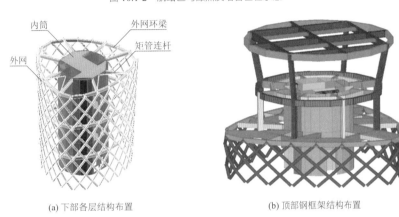

(a) 下部各层结构布置   (b) 顶部钢框架结构布置

图 10.1-3 塔台典型楼层结构布置

10.1.2 设计条件

1. 主体控制参数（表10.1-1）

控制参数 表 10.1-1

结构设计使用年限	50 年	
结构设计耐久性	100 年	
建筑结构安全等级 （重要性系数）	屋面钢结构为一级	$\gamma_0 = 1.1$
	竖向构件、转换构件、基础及关键节点为一级	
	其余为二级	$\gamma_0 = 1.0$
建筑抗震设防类别	航站楼: 重点设防类（简称乙类） 塔台: 高于乙类	
框架抗震等级	指廊支撑屋盖的钢管混凝土柱为一级, 其余梁柱均为二级 F 区大厅框架与黏滞阻尼器相连框架为特一级, 其余均为一级	
地基基础设计等级	甲级	
基础设计安全等级	一级	
地下室防水等级	一级	
防水混凝土设计抗渗等级	标高±0.000~−7.200m 为 P6 标高−7.200m 以下为 P8	
场地类别	Ⅱ类	
抗震设防烈度	7 度	

设计地震动参数	设计地震分组	第三组
	基本地震加速度	0.10g
抗震措施		8 度
阻尼比	钢结构	小震 0.025，中震 0.025，大震 0.03
	A～E 指廊钢筋混凝土结构	0.05（所有设防烈度）
	F 区大厅 预应力钢筋混凝土结构	小震 0.04，中震 0.04，大震 0.05
	钢屋盖与混凝土 结构整体建模　A～E 指廊	小震 0.04，中震 0.04，大震 0.05
	F 区大厅	小震 0.03，中震 0.03，大震 0.05
	建筑耐火等级	一级
耐火极限	钢筋混凝土	柱 3.0h，梁 2.0h，板 1.5h
	钢管混凝土柱	钢管混凝土柱柱高 9m 以下为 2.5h
混凝土结构环境类别		一至二 b
裂缝控制等级		三级
最大裂缝宽度限制		0.3mm

2. 抗震设防

2014—2015 年，本工程初步设计时，《中国地震动参数区划图》GB 18306-2015 尚未实施，按《建筑抗震设计规范》GB 50011-2010，本工程位于 6 度设防区，由于安评报告提供的地震动参数在小震及中震下已经非常接近 7 度水平，且《中国地震动参数区划图》GB 18306-2015 已将该区域的设防烈度提高至 7 度，参照《山东省地震重点监视防御区管理办法》的规定，对于重要建筑物需提高一度进行抗震设防，即按 7 度（0.10g）抗震设防。综合以上因素，同时执行超限抗震审查专家意见，本工程按 7 度、设计地震分组第三组进行抗震设防。

3. 风荷载

混凝土结构部分考虑 50 年风压 $w_0 = 0.60\text{kN/m}^2$；屋面钢结构部分考虑 100 年风压 $w_0 = 0.70\text{kN/m}^2$；地面粗糙度按 B 类考虑，其余风荷载参数（如体型系数、风振系数等）按照风洞试验结果取值。

4. 温度作用

对混凝土结构，室内考虑升温 25℃、降温 20℃，室外考虑升温 28℃、降温 39℃，楼板一半在室内一半在室外的情况取二者平均值；对钢结构，室内考虑升温 30℃、降温 20℃，室外悬挑雨篷考虑升温 30℃、降温 48.3℃，室外阳光直射钢管混凝土柱考虑升温 40℃、降温 48.3℃。

10.2 建筑特点

1. 建筑尺度大

本工程平面尺度大，航站楼平面长 1090.2m、宽 948.3m。中央大厅与各指廊间设置抗震缝，分为 F 区中央大厅与 A～E 指廊共 6 个结构子单元，大厅平面长 500.7m、宽 391.2m，指廊最大长度 395.0m。较大的尺度给结构设计带来挑战。

2．屋面造型复杂

大厅中部因采光及通风要求设置了 9 道贯穿的侧天窗带，天窗带如何既保证屋盖大跨度受力性能要求，又能实现简洁通透的建筑效果，是本项目设计的关键之一。

3．高铁和地铁穿越航站楼

目前航站楼设计都尽可能减小旅客步行距离，因此，航站楼都是按综合交通换乘枢纽的要求进行设计，高铁、地铁与航站楼距离尽量缩短，高铁、地铁需从航站楼下方穿过。由于空间狭窄，高铁、地铁与航站楼结构设计相互影响较大，如何处理好三者之间的关系，对于结构安全、造价、工期等有较重要的影响。另一方面，高铁以 250km/h 的速度从地下穿越，如此高的速度对航站楼上部结构的振动影响是否能满足旅客舒适度要求也是本项目设计的关键之一。

4．屋面围护体系抗风防腐要求高

青岛胶东国际机场航站楼体型复杂，风洞试验结果显示，屋面围护结构最不利负风压值为−6.10kPa，所以本工程屋面系统抗风揭性能的设计尤为重要。青岛属于沿海地区，外围护材料的防腐蚀也是重点考虑的因素。经航站楼建设方及设计方慎重研判，最终决定采用连续焊接不锈钢屋面系统，消除渗漏及风揭的隐患。

10.3 体系与分析

10.3.1 结构体系

1．结构单元分区

航站楼平面纵向最长为 948.3m，横向最宽为 1090.2m，平面尺度大，按照结构需要及建筑使用功能设置伸缩变形缝兼防震缝。屋盖钢结构在 F 区中央大厅与 A、B、C、D、E 指廊间分别设置 5 条伸缩变形缝兼防震缝，共分为 6 个独立结构单元（图 10.3-1）。其中，大厅平面尺寸为 316m × 232m（最窄处）～500m × 391m（最宽处），A、B 指廊平面尺寸约为 360m × (37～52)m，C、D、E 指廊平面尺寸约为 395m × (53～69)m。

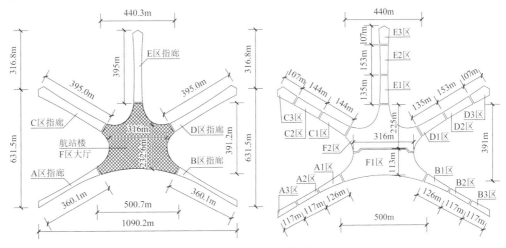

图 10.3-1　屋盖及下部结构分缝图

2．大厅结构布置

大厅地下局部 1 层，地上 4 层，1 层、2 层、3 层层高均为 4.5m，钢结构屋顶最大标高 43.000m。下部结构采用钢筋混凝土框架结构体系，并在下部混凝土结构中增加黏滞流体阻尼器耗散地震作用。下部混凝土框架主要柱网尺寸为 9m×9m 及 15.588m×18m，柱截面尺寸为ϕ1000～1400mm；次梁采用井字梁布置，框架梁主要截面为 500mm×700mm、1000mm×1200mm，楼板厚度为 120mm。F 区大厅计算模型如图 10.3-2 所示。

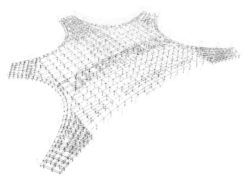

图 10.3-2　F 区大厅计算模型

大跨度及温度内力较大的区域采用后张预应力梁；设置一道贯通混凝土结构全高的变形缝兼抗震缝，将下部混凝土结构分为 F1 区和 F2 区两个结构单元。

大厅屋盖呈海星形，中部设置 9 道天窗带，屋盖结构形式为正交正放四角锥钢网架，网架支承柱采用钢管混凝土柱，柱距为 36m×62.4m，刚接于钢筋混凝土楼面。

3．指廊结构布置

各指廊结构布置情况相似，以 C 指廊为例进行说明。

C 指廊主体为 2 层钢筋混凝土框架结构。1 层、2 层层高均为 4.5m，钢结构屋面高度为 24～26m。下部钢筋混凝土楼盖平面呈由窄变宽的长条形，宽度为 40.3～55.4m，总长度约为 396m，在长度方向设置 2 道缝，将其分为 3 个结构单元。主体框架结构主要柱网尺寸为 9m×9m 和 9m×(12～15)m（局部抽柱形成大空间），柱截面尺寸为ϕ700～1000mm。

屋盖钢网架由两列钢管混凝土柱支承，沿指廊长度方向的柱距为 36～45m，沿指廊宽度方向的柱距为 44.2～56.8m，支撑网架钢管混凝土柱截面尺寸为ϕ1600×30（mm）。在 2 层楼板处（4.500m 标高）设置水平 V 形钢支撑将钢管柱与下部混凝土主体结构连接，该水平支撑可减小钢管柱内力，为屋盖支承柱提供额外的冗余度，V 形钢支撑典型节点构造如图 10.3-3 所示。结构计算模型如图 10.3-4 所示。

图 10.3-3　V 形支撑节点构造

图 10.3-4　C 指廊计算模型

4．大厅屋盖钢结构设计

大厅屋盖采用正放四角锥焊接球网架，在 9 道天窗带位置局部抽空杆件，以确保天窗带视觉通透性且具有良好的采光性，如图 10.3-5 所示。屋盖最高点高度 43.5m，入口处作为雨篷悬挑 25～35m，网架厚度为 3.5～4.0m，入口雨篷悬挑根部厚度约 6m。网架杆件材质为 Q345B。网架下部支承于钢管混凝土柱上，主要柱网尺寸约为 36m × 62m。钢管柱与网架间大部分采用固定铰接支座，为释放大尺寸钢屋盖温度应力，在钢屋盖周边采用了水平可滑动弹簧支座。

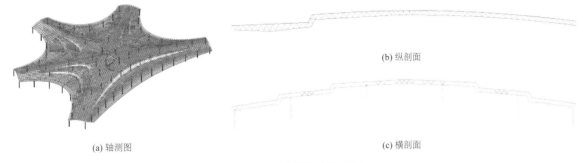

(a) 轴测图   (b) 纵剖面   (c) 横剖面

图 10.3-5 大厅屋盖网架示意图

1）柱顶支座释放对比

由于大厅屋盖平面尺度较大，且不同位置的支承柱长度不一，刚度差异较大，若屋盖与柱间采用固定铰支座连接，在温度作用下周边柱和较短柱会产生较大的剪力。因此在周边柱和短柱上设置弹性支座释放刚度，最终升温工况内力有较大改善（图 10.3-6）。

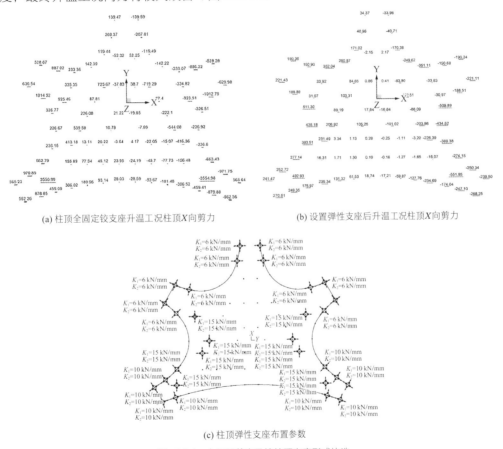

(a) 柱顶全固定铰支座升温工况柱顶X向剪力   (b) 设置弹性支座后升温工况柱顶X向剪力

(c) 柱顶弹性支座布置参数

图 10.3-6 大厅屋盖支承柱柱顶支座形式比选

2）钢屋盖天窗带加强措施

由于采光及通风的要求，大厅钢屋盖需设置 9 道天窗带，建筑专业从美观角度考虑，希望天窗带的杆件尽量简洁，达到通透的建筑效果。结构设计时，在此位置设置了空间桁架，桁架横剖面为菱形，菱形对角线设置一道钢连杆，整个横剖面形成稳定形体（图 10.3-7）。天窗侧面由于建筑设置金属屋面板遮挡，可连续布置支撑杆件加强钢桁架刚度；由于天窗顶面及底面为主要的采光透气通道，结构取消斜向构件，仅每隔一段距离设置 V 形撑杆，既保证了钢桁架的刚度，又确保了通透、简洁的建筑效果。天窗实景如图 10.3-8 所示。

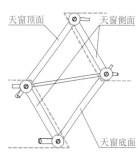

图 10.3-7 天窗带剖面

图 10.3-8 大厅天窗实景

3）钢屋盖抗连续倒塌设计

对航站楼大厅钢结构屋盖进行抗连续倒塌分析，考虑由于意外偶然荷载导致某根钢管混凝土柱破坏，采用拆除法分析了屋盖在三种情况下的破坏情况，以了解结构的抗连续倒塌能力并做出相应的加强处理。

通过分析屋盖分别拆除大厅中部柱、大厅入口处柱及角部柱后的出铰情况（图 10.3-9），发现作为屋面支撑的钢管混凝土柱均保持弹性状态，塑性铰主要集中在拆除柱附近的网架杆件上，且产生塑性铰区域的范围均小于网架面积的 15%，网架其他部位的杆件依然保持弹性。可见，本工程钢网架屋盖具有较强的抗连续倒塌的能力。

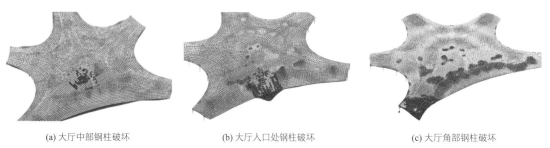

(a) 大厅中部钢柱破坏　　　　　(b) 大厅入口处钢柱破坏　　　　　(c) 大厅角部钢柱破坏

图 10.3-9 屋盖在三种拆除方法下的出铰情况

5. 指廊屋盖钢结构设计

指廊屋盖结构形式类似，仅尺度有别，下面以 B 指廊为例进行比较分析（图 10.3-10）。指廊屋盖造型为空间曲面，采用正交正放四角锥网架结构，基本厚度为 2.5m，B 指廊在与大厅衔接的位置局部厚度渐变为 3.5m，在悬挑位置局部厚度增大为 5.0m。杆件采用高频直缝焊管，材质为 Q345B，节点采用焊接球节点。支承柱柱顶与网架下弦节点均采用成品球铰支座连接。为减小温度应力，指廊两端部分柱顶支座采用单向的水平可滑动弹簧支座。

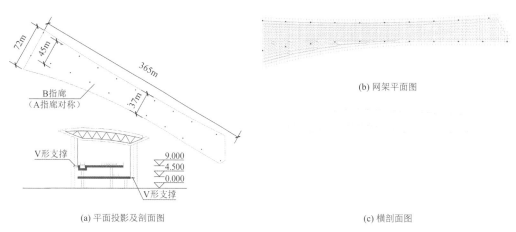

(a) 平面投影及剖面图

(b) 网架平面图

(c) 横剖面图

图 10.3-10 B 指廊平面及剖面图

1）支承屋盖的钢管柱是否设置水平 V 形支撑的比选

B 指廊钢结构从整体上可定义为空间排架结构，由于建筑外观和功能的需要，无法设置柱间支撑，在复杂的荷载工况作用下结构冗余度偏低，水平荷载作用下的传力路径单一，结构的稳定性较差。

因此，考虑在指廊到达层（4.500m 标高）位置设置水平 V 形支撑（图 10.3-11），以改善指廊钢结构的受力性能。钢筋混凝土框架结构和水平 V 形支撑的刚度可以近似等代为在柱 4.500m 标高的一个水平双向弹簧支座，弹簧刚度由下部钢筋混凝土框架结构计算分析得到。V 形支撑可以有效降低钢管柱和柱下基础设计内力，减小柱和基础尺寸。

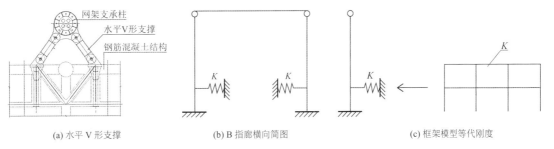

(a) 水平 V 形支撑　　　　(b) B 指廊横向简图　　　　(c) 框架模型等代刚度

图 10.3-11　B 指廊钢结构单体模型 V 形支撑

2）柱顶支座形式的比选

B 指廊长轴方向尺寸较大，温度作用效应明显，为减小温度应力对钢结构的不利影响，如图 10.3-12 所示，对两端部区域柱顶沿长轴方向设置水平可滑动弹簧支座。从图 10.3-13 可知，采用单向水平可滑移支座的分析模型，长轴方向最大水平反力的峰值有明显降低，最大水平反力出现的位置也由整个钢结构的两端移动至未设置水平滑移支座的柱上。

两端采用纵向的水平可滑移支座后，沿长轴方向的平动振型因为纵向刚度的削弱成为基本振型，各阶模态对应的周期略有变长。如果过多地设置水平可滑移支座，则长轴方向的结构刚度会有更多的下降，因此，设置水平可滑移支座的数量应尽量少，将水平支反力调节到可接受的范围即可。

图 10.3-12　B 指廊柱顶水平滑动弹簧支座布置

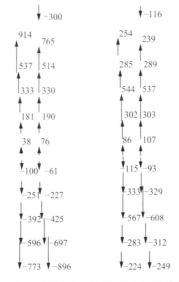

(a) 柱顶固定铰支座　　　(b) 柱顶设置水平滑移支座

图 10.3-13　B 指廊升温工况柱剪力对比

10.3.2 大厅主体结构设缝分析比选

大厅平面尺度大，部分楼层开洞、连廊等造成楼板缺失较严重，长短柱并存的情况较多，选择合理的结构分缝，可以减小由于温度作用等引起的结构内力，有利于提高结构抗震性能，降低结构成本，同时设缝也应不过多影响建筑功能。为此，对比分析了三种伸缩缝（兼防震缝）设置方案（图 10.3-14）。

方案一：在大厅中部位置横向设置 1 条缝，竖向设置 2 条缝，将大厅划分为 6 个结构单元；

方案二：仅在大厅中部位置横向设置 1 条缝，将其分为 2 个结构单元，同时在 2 层宽度较小到达廊处设置伸缩缝，以减少该处温度作用引起的应力集中。

方案三：大厅不设置伸缩变形缝，整个大厅混凝土结构为一个结构单元。

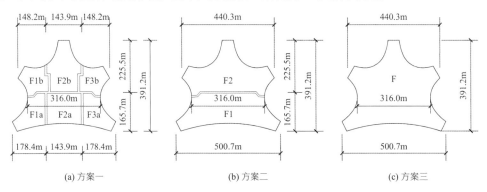

(a) 方案一   (b) 方案二   (c) 方案三

图 10.3-14 航站楼 F 区大厅设缝方案示意图

方案一中，F2b、F3a、F3b 区第 1 振型扭转成分较大，特别是 F3b 区，其第 1 振型扭转成分已接近 50%，且 F2b 区 X 向最大位移比已达到 1.93，远超规范限值；部分结构单体抗扭刚度相对较弱，扭转效应明显，不利于结构抗震。各单体楼板温度应力普遍较低，大部分楼板主拉应力小于混凝土抗拉强度标准值；由于应力集中的影响，部分紧缩部位温度应力较大，如 F2b 区 2 层 Y 向楼板紧缩部位，其主拉应力最大值为 2.7MPa。

方案二中，各结构单体具有良好的抗扭转性能，规则性也较好，其中最大位移比均不超过 1.40，各项指标满足规范要求。由于在部分 2 层到达廊紧缩部位设置了变形缝，2 层及 3 层楼板温度应力较为接近，最大温度拉应力在 2.8MPa 左右，略高于方案一中楼板温度应力。

方案三中，结构扭转效应显著，其第 1 振型扭转分量较大，同时结构扭转位移比最大值达到 1.86，远超规范限值，对结构抗震不利。由于不设置变形缝，2 层、3 层多数楼板主拉应力接近或超过混凝土抗拉强度标准值，其最大温度拉应力在 2 层和 3 层分别达到 4.0MPa 和 4.4MPa，远高于前两种方案中的楼板温度应力。

从以上分析可以看出，F 区大厅设缝方案二在抗震性能方面具有较大优势，其温度应力略大于设缝方案一，远小于设缝方案三；又考虑到设缝方案二仅在结构中部设置一道伸缩缝，对建筑影响相对较小，故选择设缝方案二作为 F 区大厅最终实施方案。

10.3.3 塔台设计

1. 外网杆件布置形式比选

塔台钢外网筒的设计由风荷载作用下结构整体位移角控制，且钢外网筒杆件布置方式对整体结构位移有着直接的影响。为找到受力性能较优的杆件布置形式，同时确保建筑立面简洁美观，需要在保证建筑外皮形状的前提下，进行多个不同的杆件布置方案计算比选。外网杆件所在曲面为空间异形曲面，难以通过传统手段进行建模，故利用犀牛软件中的 Grasshopper 插件对钢外网筒建立参数化几何模型，如

图 10.3-15 所示。

在进行对比计算时，建立了多种网格尺寸的结构模型，考察了不同网格尺寸下结构的受力性能。外皮每层竖向划分数量取 1～4（每半个网格对应一段划分），水平向划分数量取 20、22、24、26，共形成了 16 个结构模型。随着水平及竖向划分数量的变化，外网标准层杆件与水平面的夹角随之发生变化。统计了不同的网格划分形式下，结构在风荷载和地震作用下 1～15 层的最大层间位移角及结构顶部位移，结构位移与杆件夹角的关系如图 10.3-16 所示。由此可得出以下结论：①钢外网筒杆件与水平面夹角小于 75°时，夹角越大，结构抗侧刚度越大；②若需获得最大结构抗侧刚度，则钢外网筒杆件与水平面的最优夹角为 70°～75°。

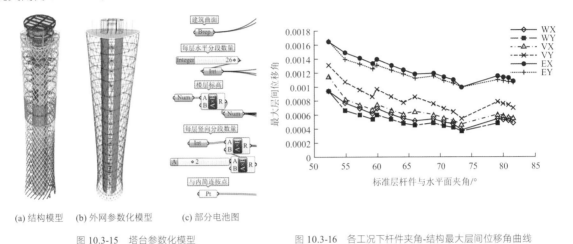

(a) 结构模型　(b) 外网参数化模型　(c) 部分电池图

图 10.3-15　塔台参数化模型　　　　图 10.3-16　各工况下杆件夹角-结构最大层间位移角曲线

2. 外网屈曲分析

利用 SAP2000 软件考察了钢外网筒在恒荷载＋活荷载组合下的稳定性。计算得到钢外网筒 1 阶特征屈曲系数 $k_1 = 37$，然后对钢外网筒进行了考虑几何非线性和材料非线性的屈曲分析，最终得到钢外网筒非线性屈曲变形如图 10.3-17 所示，荷载-位移曲线如图 10.3-18 所示。

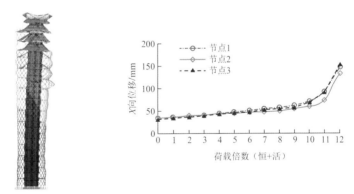

图 10.3-17　钢外网筒非线性屈曲变形　　图 10.3-18　钢外网筒屈曲分析荷载-位移曲线

3. 外网节点建筑结构一体化设计

塔台外网为突出建筑效果，避免在外观上出现明显的三角形网格，采取了环梁与外网所在曲面错开的做法。在节点设计时，采用了将矩管环梁的上下翼缘扩大并"卡"在外网上，同时在连杆与环梁相交处，将连杆与环梁连接节点的耳板贯穿环梁，与外网直接相连的节点形式。如图 10.3-19 所示。

利用有限元分析软件 ANSYS 对该节点建立了有限元模型，采用 Solid186 单元模拟厚板，采用 Shell63 单元模拟薄板，按罕遇地震作用下结构内力分析节点受力。计算得到环梁与外网连接区域的 von Mises 应力分布如图 10.3-20 所示。由此可见，环梁与外网连接处板件应力均小于钢材屈服强度，说明这种节点形式传力有效，安全可靠。

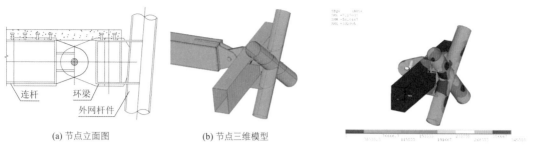

(a) 节点立面图	(b) 节点三维模型

图 10.3-19　外网与环梁连接节点

图 10.3-20　环梁与外网连接处 von Mises 应力分布/kPa

10.3.4　性能目标

1. 大厅性能目标

大厅具有位移比超限（大于 1.20 但小于 1.50）、楼板开大洞、局部穿层柱、屋盖单向长度大于 300m 等多项不规则，根据结构特点及不规则情况，确定航站楼 F 区大厅结构抗震性能目标为《高层建筑混凝土结构技术规程》JGJ 3-2010（简称《高规》）性能目标 C，具体如表 10.3-1 所示。

F 区大厅性能目标 表 10.3-1

总体性能目标:《高规》性能目标 C			
多遇地震		完好，按常规设计	
承载力	设防地震	总体性能	轻微损坏
		钢筋混凝土框架柱	受剪弹性 受弯不屈服
		钢筋混凝土框架梁	受剪弹性；受弯不屈服
		钢管混凝土柱、钢网架	中震弹性
		连接节点	受剪弹性
	罕遇地震	总体性能	轻微至中等破坏
		钢筋混凝土框架柱	受剪不屈服；部分（5%～30%）受弯屈服（不允许成片出现）
		钢筋混凝土框架梁	除部分单跨梁外受弯屈服；受剪不屈服
		钢管混凝土柱、钢网架	大震不屈服
		连接节点	受剪不屈服
层间位移	多遇地震	钢筋混凝土结构和支撑屋面的钢管混凝土结构层间位移角分别小于弹性位移限值 1/550 和 1/250	
	设防地震	钢筋混凝土结构和支撑屋面的钢管混凝土结构层间位移角分别小于 1/250 和 1/125	
	罕遇地震	钢筋混凝土结构和支撑屋面的钢管混凝土结构层间位移角分别小于 1/120 和 1/65	
抗震构造	钢筋混凝土框架	（1）根据一致和非一致激励下地震分析结果，有针对性地加强结构薄弱部位框架柱的承载力；控制钢筋混凝土框架柱、梁的剪跨比，适当提高梁柱的配箍率，以提高其延性水平； （2）增加钢筋混凝土梁柱节点区域的箍筋配置，保证节点区域良好的抗震性能； （3）控制短柱剪压比； （4）现浇楼梯采用滑动梯板构造，以消除其斜撑作用对结构抗震的不利影响； （5）部分梁抬柱处设置双向梁，减小抬柱梁扭转效应；抬柱梁内力乘以增大系数 1.5，全长箍筋加密	
	楼板	（1）以弹性楼板模型考虑楼板对结构抗震的影响，仔细分析楼板的应力情况，以此为依据对楼板配筋进行加强； （2）检查各层分缝处相应位置的上部及平面狭长区域楼板应力，并予以配筋加强	

2. C 指廊性能目标

C 指廊具有位移比超限、楼板开大洞、局部穿层柱、屋盖单向长度大于 300m 等多项不规则，其抗震性能目标为《高规》性能目标 C，具体如表 10.3-2 所示。

总体性能目标:《高规》性能目标 C

	多遇地震		完好，按常规设计
承载力	设防地震	总体性能	轻微损坏
		钢筋混凝土框架柱	受剪弹性，受弯不屈服
		钢筋混凝土框架梁	个别（5%以下）受弯屈服，其余受弯不屈服；受剪弹性
		钢管混凝土柱、钢网架	中震弹性
		连接节点	中震弹性
	罕遇地震	总体性能	轻微至中等破坏
		钢筋混凝土框架柱	少数（10%以内）受弯屈服，其余受弯不屈服；受剪不屈服
		钢筋混凝土框架梁	部分（30%～50%）受弯屈服；受剪不屈服
		钢管混凝土柱、钢网架	大震不屈服
		连接节点	受剪不屈服
层间位移	多遇地震		钢筋混凝土和钢管混凝土结构层间位移角分别小于弹性位移限值 1/550 和 1/250
	设防地震		钢筋混凝土和钢管混凝土结构层间位移角分别小于 1/250 和 1/125
	罕遇地震		钢筋混凝土和钢管混凝土结构层间位移角分别小于 1/125 和 1/65
抗震构造	钢筋混凝土框架		（1）框架构件设计取各结构区块单体与整装模型包络值，并考虑地震动输入的非一致性影响；计算模型中楼板考虑面内刚度，以符合楼板开洞和平面长宽比偏大的变形特征； （2）框架柱剪跨比不小于 2，并提高框架柱配箍率，配箍特征值不小于 0.10，且最小配箍率不小于 0.5%；个别剪跨比小于 2 的柱体积配箍率不小于 1.2% 并全高加密； （3）由于柱跨度较大，配筋较多，为保证梁柱节点混凝土浇筑质量和梁纵筋可靠锚固，梁布置时轴心与柱轴心重合，圆柱截面直径不小于梁宽加 300mm； （4）现浇楼梯采用滑动梯板构造，以消除其斜撑作用对结构抗震的不利影响
	楼板		（1）以弹性楼板模型考虑楼板对结构抗震的影响，仔细分析平面形状变化处楼板的应力情况，以此为依据对楼板配筋进行加强； （2）重点加强钢管混凝土柱与钢筋混凝土连接的 V 形支撑附近楼板刚度及应力分析，并以此加强配筋，保证在设防烈度下不开裂，大震不屈服，以有效传递水平力

10.4 专项设计

10.4.1 超长混凝土结构设计

1. 等效温差计算

结构设计时虽然在大厅和指廊设置伸缩缝（兼防震缝），但由于建筑使用功能和造型的要求，每个结构单元的最大长度都超过了规范中结构收缩缝最大间距的要求，其中 A、B 指廊最大结构单元长度为 126m，C、D、E 指廊最大结构单元长度为 153m，F 区大厅最大结构单元长度为 440m，下部混凝土结构各单元均为超长混凝土结构。结构温度变化和混凝土收缩徐变等非直接荷载作用效应显著，应对其进行效应分析，并在此基础上采取相应的设计、构造和施工措施。

温度作用计算时，在考虑外部环境温度影响基础上，综合考虑混凝土收缩、徐变、结构开裂刚度折减等因素，计算"等效温差"并输入模型进行分析。

2. 设计措施

（1）混凝土结构设计计算时，等效温差作用下的温度内力应参与荷载效应组合。

（2）设置伸缩缝，将下部混凝土结构分为若干个结构单元，减小温度作用影响。

（3）在梁板内增大普通纵向钢筋配筋率，以抵抗温度作用的拉力。

（4）在梁内设置连续的预应力筋。

（5）采用高性能补偿收缩混凝土。

（6）按一定间距设置施工后浇带，并尽可能推迟后浇带的封闭时间至3个月左右。

（7）在梁、板、墙配筋时，尽量采用细而密的配筋方式，并沿主要温度方向通长设置。

（8）根据需要在底板和地下室外墙内设置温度控制缝（引导缝）。

（9）适当提高地下室和管廊的底板、侧壁以及各层平面楼板水平钢筋的配筋率。

3．施工措施

超长混凝土结构的施工措施包括施工材料和施工工艺。结构设计对施工的要求与一般工程不同，对混凝土的选材、施工顺序、混凝土养护、后浇带合拢温度、强度评定、验收标准等各个方面均应提出严格的要求，同时要求施工单位制订详细的混凝土施工方案。

本工程针对超长混凝土结构所要求的主要施工措施包括：

（1）采用混凝土60d后期强度作为混凝土强度评定、工程交工验收及混凝土配合比设计的依据，并要求控制混凝土在施工完成后的强度不大于设计强度的1.2倍。

（2）混凝土配合比应经过试配后试验确定，并应满足设计对高性能补偿收缩混凝土工艺性能、力学性能、变形性能和抗裂性能的要求。

（3）为降低混凝土水化热，采用矿渣水泥并掺入适量的粉煤灰和高效减水剂，以减少用水量，降低水灰比。

（4）配制混凝土所用的骨料，其质量除应符合现行国家标准的规定外，粗骨料含泥量控制在1%以内，细骨料含泥量控制在1.5%以内。

（5）在混凝土内掺入适量膨胀剂和聚丙烯纤维，并可掺入适量陶砂以改善混凝土的韧性，控制混凝土弹性模量。

（6）为减小混凝土的收缩变形，要求施工单位制订混凝土养护保湿、控温的具体措施，并采用自动测温系统测量温度，确保混凝土浇筑体里表温差不大于25℃，表面与大气温差不大于20℃。

（7）混凝土施工后浇带的合拢温度为15～25℃，尽可能低温合拢。

10.4.2 大厅减震设计

考虑到本工程重要性，参考《山东省人民政府办公厅关于进一步提升建筑质量的意见》（鲁政办发〔2014〕26号）的相关要求，有必要加强大厅的抗震性能。在对比隔震结构和减震结构后，择优采用了减震结构方案。在对比位移型阻尼器与速度型阻尼器后，尤其考虑到本工程超大混凝土结构温度效应显著的特点，采用了速度相关型黏滞阻尼器。经计算分析，设置黏滞阻尼器可有效吸收地震能量，降低主体结构地震效应，减少地震下结构位移及损失，增加了结构的抗震防线，满足多道抗震防线的要求，有效提高了主体结构的抗震性能。

1．选型比较

本工程由于航站楼的使用工艺特点，地下仅有少量设备管廊，无大面积地下室，若采用隔震技术，必须设置隔震层，这部分地下空间无实际使用价值，经济上较为不利。另一方面，青岛地区地震烈度较低，减震技术已经能很好地满足提高主体结构抗震能力，增加地震下结构冗余度的要求，故本工程采用减震技术。

由于航站楼结构本身尺度较大，受温度影响较为显著，在温度工况下结构位移较大，从图10.4-1可见，本工程温度工况下楼层最大位移达到 16mm。在这种大变形下，位移型阻尼器出力较大，其额定承载力有相当大一部分用于抵抗温度变形，在主体结构内产生较大结构温度应力，且削弱了地震作用下阻尼器的耗能能力，效率较低。故位移型阻尼器不太适合结构尺度巨大、温度影响大的结构。

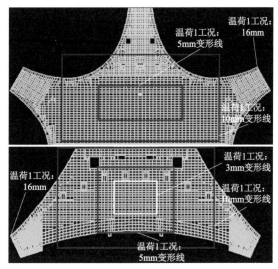

图 10.4-1　航站楼温度工况下变形示意

速度型阻尼器的出力主要与结构速度相关，结构的温度变形不会造成速度型阻尼器的出力；同时，速度型阻尼器基本上没有结构静刚度，不会阻碍主体结构在温度下的变形。综上所述，速度型阻尼器非常适合结构尺度巨大、温度影响大的结构，本工程最终采用速度型黏滞阻尼器。

2. 阻尼器布置

本工程共设置了 138 个黏滞阻尼器，1 层、2 层、3 层分别布置了 54 个、72 个、12 个，2 层阻尼器位置如图 10.4-2 所示。黏滞阻尼器的速度指数为 0.3，阻尼系数为 $2000kN \cdot (s/m)^{0.3}$，最大出力约 1000kN，设计位移为 ±50mm。阻尼器的分布基本对称，且根据结构自身刚度和变形特征进行了优化。

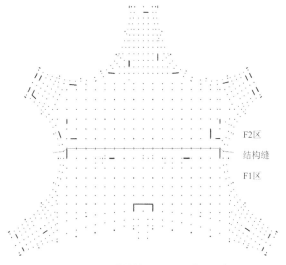

图 10.4-2　航站楼柱网及阻尼器位置示意

3. 多遇地震分析

多遇水准地震作用下黏滞阻尼器的减震效果通过时程分析检验，主体结构保持弹性状态，考虑黏滞阻尼器的非线性性能，7 组地震波作用下的平均减震效果如表 10.4-1 所示，最大层间位移角和底部剪力峰值分别降低 42% 和 29%，减震效果明显。黏滞阻尼器附加阻尼比 X 方向和 Y 方向分别为 6.7% 和 6.8%。

	多遇地震减震效果（7 组地震波平均值）		表 10.4-1
指标	原结构	减震结构	减震率/%
最大层间位移角/rad	1/1375	1/2390	42
底部剪力/kN	139638	98378	29

4．罕遇地震分析

黏滞阻尼器最大出力约 1000kN，黏滞阻尼器的耗能占比状况比较稳定。X 主向和 Y 主向激励时，黏滞阻尼器耗能占地震总输入能量之比平均为 29%；底部剪力峰值降低 10% 以上；各组地震波作用下结构最大层间位移角基本上降低 15% 以上。

航站楼大厅罕遇地震下各层柱在是否设置阻尼器情况下出铰对比如图 10.4-3 所示。未设置黏滞阻尼器时，钢筋混凝土框架柱出铰数量约占总数的 35%，且许多柱的塑性铰状态已进入 LS 阶段（生命安全），个别柱的塑性铰进入了 CP 阶段（防止倒塌），极个别柱已进入承载力下降阶段。设置阻尼器后，框架柱的出铰数量明显减少，出现塑性铰的框架柱占总数的比例约为 12%，且塑性铰状态均保持在 IO 阶段，纵向钢筋最大拉应变多在 0.0023 左右，损伤程度明显减轻。结合阻尼器耗能占地震总输入能量的比例来看，F 区大厅结构设置阻尼器后的减震效果显著，阻尼器的大量耗能有效地保护了主体框架结构，明显减轻了主体结构地震损伤程度。

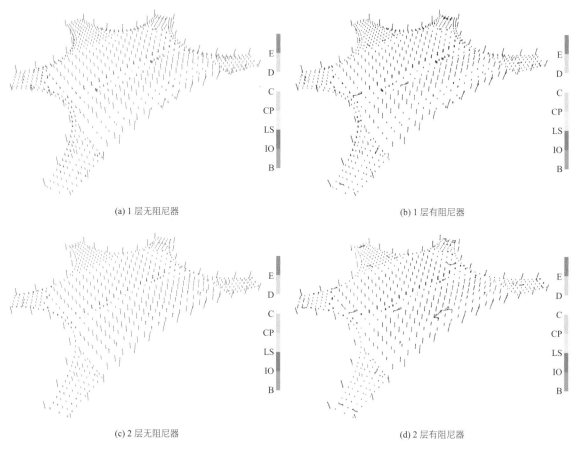

(a) 1 层无阻尼器　　　　　　　　　　　(b) 1 层有阻尼器

(c) 2 层无阻尼器　　　　　　　　　　　(d) 2 层有阻尼器

图 10.4-3　航站楼大厅罕遇地震下各层柱在是否设置阻尼器情况下出铰对比

10.4.3　高铁和地铁穿越航站楼设计

济青客运专线在胶东国际机场地下交通中心内设站，形成胶州北站—机场—红岛站的交通走廊。城市轨道方面，M8 为轨道快线，经规划行政中心，向北进入铁路红岛站、新机场，最后至胶州北站。最终，两条轨道交通贯穿胶东国际机场。如图 10.4-4 所示。

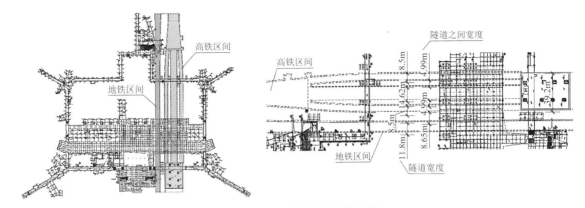

图 10.4-4 高铁和地铁穿越航站楼示意图

因高铁方案确定相对滞后，施工周期紧张，经轨道设计方论证，航站楼区域轨道侧壁宽度较大，不适合盾构施工，故采用明挖施工方案。航站楼部分桩基与高（地）铁明挖基坑围护桩位置重叠，为节省工期及造价，最终确定部分桩基共用、承台与冠梁共用，即共用桩在施工期间作为高（地）铁基坑的围护桩使用，在使用期间作为航站楼的永久桩基使用。共用桩的材料、桩长、桩径、尺寸、配筋等需满足双方的要求。支护桩兼作结构桩如图 10.4-5 所示。

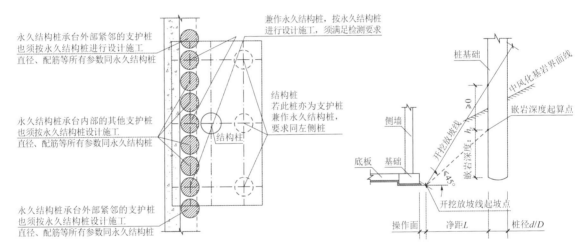

图 10.4-5 支护桩兼作结构桩示意图

10.4.4 高铁穿越航站楼减振设计

1. 计算分析

地铁穿越航站楼所有区域及高铁穿越航站楼大部分区域均为隧道段，可从航站楼柱网间穿越通过，但航站楼南侧与高铁重叠部分为高铁站厅的一部分，高铁站厅尺度较大，航站楼部分柱只能落在高铁顶板上（减振支座区域）。由于与高铁站厅直接接触，高铁高速通过的振动通过结构构件传递给航站楼主体结构，导致较大的振动舒适度问题。对此，设计方与业主委托建研科技股份有限公司（简称"建研科技"）和哈尔滨工业大学（简称"哈工大"）分别对振动问题进行专项研究。

建研科技计算模型考虑了土体＋地下结构＋地上结构，隧道结构按照实际界面精细化建模，激励考虑高（地）铁轮轨激励及高铁列车风激励，计算模型如图 10.4-6 所示。设置减振支座后，最大 Z 振级均小于 75dB，超过 70dB 的区域均位于商业区，满足振动控制要求。

哈工大计算模型考虑了土体＋地下结构＋地上结构，仅考虑高（地）铁轮轨激励，计算模型如图 10.4-7 所示。

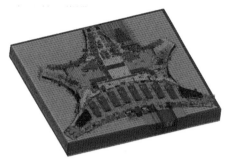

图 10.4-6 建研科技中心区整体计算模型（包含边界）   图 10.4-7 哈工大中心区整体计算模型

根据两个单位相互独立的专项研究，得出结论为：

（1）若不设减振支座，列车以 250km/h 的速度在中心区范围内相向会车时，中心区 1 层和 4 层在减振支座位置上部区域的加速度响应最大值均大于 150mm/s²，这些区域结构振动不满足规范要求。且当列车以 250km/h 的速度在中心区范围内相向会车时，中心区 1 层和 4 层在减振支座上部区域的 Z 振级大于《城市区域环境振动标准》GB 10070-88 的限值 75dB，不满足规范要求。

（2）设置减振支座后，各工况下中心区所有区域的加速度响应均小于 150mm/s²；休息区等要求严格的区域加速度响应均小于 50mm/s²。各工况下中心区的 Z 振级均小于《城市区域环境振动标准》GB 10070-88 的限值 75dB，满足规范要求。

由以上对比可以看出，在中心区南部梁板区域（非隧道段）设置减振支座是有必要的，而且减振支座可以起到预期的减振效果。

2. 减振器设计

经过哈尔滨工业大学及建研科技股份有限公司分别对振动问题进行专项研究并通过专家论证会后，业主委托第三方进行减振支座产品设计。根据第三方提供的产品布置图及支座参数，完成了带减振支座的地震计算、限位台验算、减振支座安装及放张强迫位移对结构的影响验算等，并使减振层与站房顶板柔性脱开，保证减振效果。如图 10.4-8～图 10.4-10 所示。

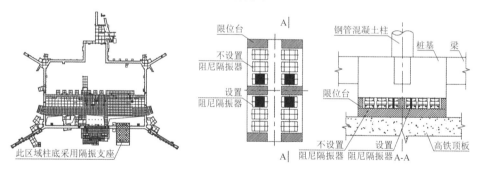

图 10.4-8 减振支座布置示意图   图 10.4-9 典型减振支座大样图

图 10.4-10 减振支座施工完成实景

3. 实测复核

在航站楼及高（地）铁相继投入使用后，两家单位对振动情况进行了实测复核。

（1）青岛理工大学测试结果，如图10.4-11、图10.4-12及表10.4-2所示。

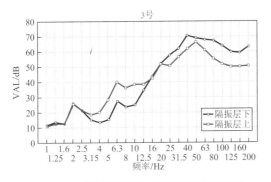

图10.4-11 3号柱减振层上、下测点振动时程区间

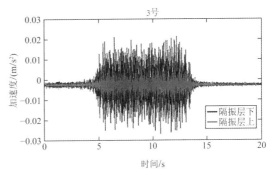

图10.4-12 3号柱减振层上、下振动加速度均值

减振支座上、下Z振级（dB）对比 表10.4-2

编号	位置	1	2	3	4	5	均值
3	隔振层下 250km/h 过站	63.76	65.16	62.85	64.41	65.81	64.40
	隔振层上 250km/h 过站（16节）	58.61	58.15	58.34	58.78	59.61	58.70
4	隔振层下 250km/h 过站	65.02	62.99	65.57	64.96	63.89	64.49
	隔振层上 250km/h 过站（16节）	59.63	57.21	59.71	59.71	60.51	59.35
6	隔振层下 250km/h 过站	66.17	61.32	64.34	61.90	65.93	63.93
	隔振层上 250km/h 过站（16节）	56.54	53.59	57.05	53.51	56.74	55.49

（2）哈尔滨工业大学测试结果，如图10.4-13～图10.4-15所示。

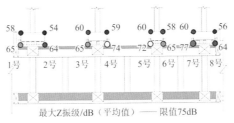

图10.4-13 柱位编号及典型测点剖面图

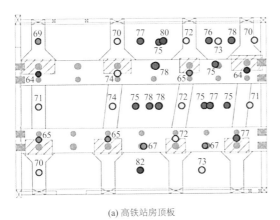

(a) 高铁站房顶板

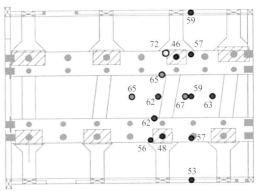

(b) 减振支座正上方1层

图10.4-14 站房顶板减振前后振级对比

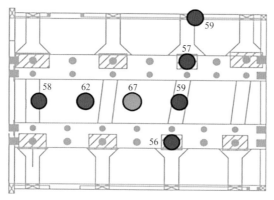

图 10.4-15　减振支座正上方 3 层（减振后）Z 振级

减振后振动加速度均低于 150mm/s^2，减振后 Z 振级均低于 75dB，减振效果约为 5.17～8.44dB。经数值分析及实测数据验证，减振措施有效，航站楼在高铁通过时满足舒适度要求。

10.4.5　塔台风减振（TMD）设计

塔台由于高宽比较大，在不考虑 TMD 的作用时，顶部使用房间顺风向和横风向风振加速度均不满足规范要求。故设计中考虑在顶部设置 TMD，确保结构舒适度满足要求。

1. TMD 控制系统设计

由于塔台顶部两层分别为空中管制层和空管休息层，不具备设置 TMD 的条件，本工程巧妙地利用楼梯下方的空间，在内筒 77.250m 标高处设置单摆式 TMD（图 10.4-16）。

经计算可得，结构的总质量约为 52164t，1 阶模态的振型参与质量系数为 7.6%，其模态质量为 3965t。

鉴于塔台建筑的特殊性和重要性，本工程分别对比分析了在 10 年一遇风荷载作用下，不设置 TMD、设置 30t 的 TMD（简称 TMD-A）、设置 40t 的 TMD（简称 TMD-B）三种不同方案的结构顺风向和横风向振动加速度及顶点位移情况。根据模态分析结果，两种型号的 TMD 参数见表 10.4-3。

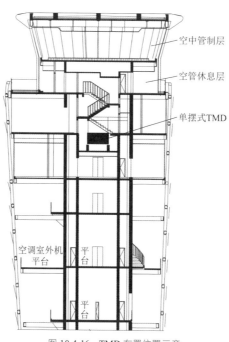

图 10.4-16　TMD 布置位置示意

			TMD 参数			表 10.4-3
编号	控制频率/Hz	质量/t	质量比	TMD 阻尼比	刚度/（kN/m）	阻尼系数/（kN·s/m）
TMD-A	0.448	30	0.76%	6%	237.72	16.88
TMD-B	0.448	40	1.01%	6%	316.4	22.52

2．顺风向风振响应分析

根据面积等效原则，计算得到结构各层的风荷载，基于 SAP2000 有限元模型，进行顺风向结构风致响应的 TMD 控制效果分析。管制室标高（88.100m）处的无控/有控（不同 TMD 参数）的结构峰值加速度、峰值位移见表 10.4-4。未设置 TMD 时管制室的加速度峰值为 0.1660m/s²，大于舒适度限值 0.15m/s²，采用 TMD 后可使管制室标高处结构的峰值加速度和峰值位移降低约 30%。

10 年一遇风荷载作用下结构响应			表 10.4-4
结构响应	峰值加速度	峰值位移	TMD 行程/mm
无 TMD	0.1660m/s²	16.67mm	—
TMD-A	0.1150m/s²	11.71mm	45
TMD-A 控制效果	31%	30%	—
TMD-B	0.1095m/s²	10.76mm	40
TMD-B 控制效果	34%	35%	—

注：以 TMD-A 为例，控制效果 = (TMD-A − 无 TMD)/无 TMD × 100%，余同。

3．横风向风振响应分析

有限元模型计算中采用谐波激励模拟横向风荷载（漩涡脱落），根据上面计算得到的最大加速度，在塔顶将荷载缩放为最大振幅 0.184m/s² 的激励荷载。为确保塔台具有稳态的最大振幅响应，定义谐波荷载的时长超过 300s。管制室标高处的无控/有控（不同 TMD 参数）的结构峰值加速度见表 10.4-5。可以看出，采用 TMD 后能够有效减小管制室标高处结构的峰值加速度。

对比表 10.4-4 和表 10.4-5 可见，横风向的减振效果比顺风向的减振效果好。根据 TMD 制振原理，TMD 系统频率与主结构频率、激励频率越接近，减振效果越好，因此与顺风向的脉动风荷载相比，横风向的简谐荷载激励与 TMD 频率吻合高，减振效果较好。

横向风荷载作用下无控/有控结构响应			表 10.4-5
	结构响应	峰值加速度	
控制室	无 TMD	0.1842m/s²	
	TMD-A	0.054m/s²	
	TMD-A 控制效果	70%	
	TMD-B	0.0481m/s²	
	TMD-B 控制效果	74%	

10.4.6　焊接不锈钢金属屋面系统设计

青岛地区风压高、腐蚀大、雨水强。经航站楼的建设方及设计方慎重研判，最终决定采用连续焊接不锈钢屋面系统，消除渗漏及风揭的隐患。航站楼包括 1 个大厅及 5 个指廊，金属屋面面积约为 22 万 m²，为世界上最大的连续焊接不锈钢屋面单体建筑（图 10.4-17）。

连续焊接不锈钢屋面系统构造层次如图 10.4-18 所示，其中不锈钢屋面板、隔声泡棉、自粘防水卷材、镀铝锌平钢板、镀铝锌压型钢板的构造为项目连续焊接不锈钢屋面系统的特有构造层次，其余功能层与其他金属屋面系统类似。

图 10.4-17　青岛机场金属屋面实景

图 10.4-18　不锈钢屋面系统构造层次

通过对风洞试验报告的分析，综合考虑抗风揭能力和屋面的经济性，设计时将屋面工程分为高风压区和低风压区，并分别进行了试验样板的抗风揭能力测试。通过对试验破坏的样板进行拆卸检查，发现常规屋面系统破坏的方式为连接衬檩的螺钉拉断或拉脱，而连续焊接不锈钢屋面的特有构造层次完全没有破坏，焊接不锈钢系统有着超强的抗风能力。

10.5　钢管混凝土柱防火专项设计及试验研究

10.5.1　研究方案

青岛胶东国际机场航站楼支撑钢结构屋盖的钢管混凝土柱均采用圆截面焊接钢管，直径 1600～2100mm，钢管内填充 C50 微膨胀自密实混凝土。钢管混凝土柱设计耐火极限为 3.0h，本工程设计建造时，国内外尚无 2.5～3.0h 及以上耐火极限条件下以膨胀型涂料涂层为防火保护措施的钢管混凝土柱耐火性能研究和设计规范依据。在既有钢管混凝土组合结构构件力学性能和耐火性能相关理论研究的基础上，拟定了试验研究与理论分析相结合的方法，开展采用膨胀型防火涂层保护的钢管混凝土结构的耐火性能研究、揭示高耐火极限下膨胀型钢结构防火涂料与钢管混凝土共同作用的研究论证思路，为膨胀型防火涂层在青岛新机场钢管混凝土柱防火保护中的应用提供技术依据。

10.5.2　钢管混凝土柱耐火极限试验研究

论证试验研究包含 8 个圆钢管混凝土组合结构试件，开展了 ISO-834 标准火灾作用下耐火极限试验研究。其中 2 个试件不涂刷防火涂料（1 个轴心加载，1 个偏心加载），其余 6 个均采用偏心加载。选择了目前市场上 3 个不同品牌的主流防火涂料厂家的膨胀型产品，每个产品选用了两种涂层厚度。

试验结果显示，在标准火灾环境和设计加载条件下，无保护试件 PY1 和 ZY1 的耐火极限仅为 71min 和 81min；受膨胀型防火涂层保护的钢管混凝土试件连续受火 180min 或因设备原因两阶段受火总长超过 180min 仍未达到失效标准，具备不低于 180min 的耐火极限。以无保护试件 PY1 和受保护试件 PY5 为例，试验前后在炉内的形态如图 10.5-1 所示。

| 试验前 | 试验后 | 试验前 | 试验后 |

(a) PY1（无保护，受火 71min 失效）　　　　　(b) PY5（受保护，受火 180min 未失效）

图 10.5-1　试件 PY1 和 ZY1 试验前后的形态

典型的无保护试件（以 PY1 为例）和受保护试件（以 PY5 为例）各温度测点的升温曲线如图 10.5-2 所示。可见，无保护试件 PY1 失效时，钢管外壁的温度已经高达 707℃，钢材力学性能显著退化；而受保护的试件 PY5 受火 180min 后，钢管外壁温度仅为 350℃，钢材尚未进入明显的高温退化阶段。此外，在试验时间内，不论有无保护，试件核心混凝土的温度都较低。

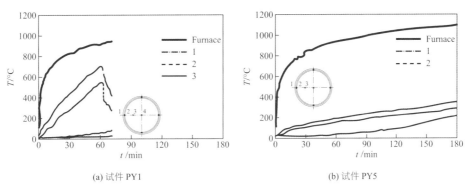

(a) 试件 PY1　　　　　　　　　　　(b) 试件 PY5

图 10.5-2　典型试件内温度测点的升温曲线

10.5.3　钢管混凝土柱耐火极限理论分析

基于通用有限元分析平台 ABAQUS 建立了采用实体单元的理论分析模型并采用试验数据进行了验证，包括温度场分析和热-力耦合分析两部分内容。温度场分析阶段，基于相关规范和文献，选取了钢、混凝土材料合理的导热系数、比热和质量密度等计算参数。验证性分析环节，对无保护的试件采用了考虑热对流和热辐射为热传导分析的边界条件，以及试验中实测钢管表皮温度作为边界条件的两种方法开展传热分析并进行了对比。因膨胀型防火涂料受热膨胀变化显著，涂层材料实际的导热系数、比热、密度等均持续发生变化，对有膨胀型防火保护涂层的试件采用以实测钢管表皮温度作为边界条件开展传热分析。

所建立的理论分析模型的分析结果与试验结果吻合良好，在此基础上对工程中的原型足尺构件进行了耐火极限分析（图 10.5-3），验证了在本工程的设计条件下，不采取保护措施时不能达到设计耐火极限，而采用膨胀型防火涂料涂层的足尺钢管混凝土柱可以达到设计耐火极限 3.0h，如图 10.5-4 所示。

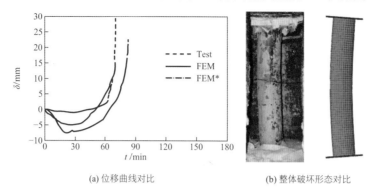

(a) 位移曲线对比　　　　　　　　　　(b) 整体破坏形态对比

图 10.5-3　PY1 热力耦合分析与试验结果对比

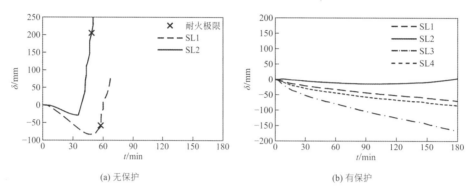

(a) 无保护　　　　　　　　　　(b) 有保护

图 10.5-4　足尺钢管混凝土柱的时间-位移曲线

10.6　结语

青岛胶东国际机场为区域性枢纽机场，航站楼单体面积大，导致其平面尺度大，混凝土结构及上部钢结构屋盖均为超长结构。作为交通枢纽，下穿高铁、地铁对航站楼主体结构影响较大。本工程所在地区风荷载较大，对结构设计的影响不可忽略，建筑建成使用至今，表现良好。主体结构设计过程中，主要解决了以下几方面重点及难点问题。

1. 超长结构

下部混凝土结构及钢结构屋面虽然设置伸缩缝（兼防震缝），但其平面尺寸仍然远超规范要求，综合考虑建筑、结构抗震等多方面需求，通过采取合理的计算、构造及施工措施，妥善地解决了超长结构的设计问题。

2. 减震设计

在大厅下部钢筋混凝土结构内，增设速度型黏滞阻尼器。通过结构抗震计算分析，表明黏滞阻尼器在小、中、大震作用下均可有效改善结构抗震性能，同时此类型阻尼器在温度、混凝土收缩等作用下不会产生附加作用，将速度型黏滞阻尼器应用于大尺度结构优势明显，为同类型结构的减震设计提供了借鉴。

3. 高铁、地铁穿越航站楼结构设计及减振设计

根据高铁、地铁穿越的不同情况采用不同的结构方案，并着力于航站楼与高（地）铁隧道的同期施工，缩减工期；重点考察过站高铁对航站楼的振动影响，设置减振支座，通过计算分析及实测验证减振

经典回眸　中国建筑西南设计研究院有限公司篇

措施切实有效。

4．钢管混凝土柱防火

面对青岛胶东国际机场设计中防火保护措施选型的实际需求，中国建筑西南设计研究院有限公司与清华大学联合在国内外首次开展了长达 3.0h 的长时间标准火灾条件下膨胀型钢结构防火涂料涂层保护的钢管混凝土柱耐火性能专项论证研究。

5．塔台设计

塔台外网采用参数化建模技术，进行建筑-幕墙-结构一体化设计，经过比选计算，最终做到了结构体系与幕墙的完美统一，建筑立面简洁、美观，结构体系安全、可靠、高效。采用扩宽环梁翼缘使之与外网杆件连接的节点形式，可有效传递结构内力，连接安全、可靠。不同风参数下顺风向和横风向结构风致振动响应的 TMD 控制效果分析表明，单摆式 TMD 控制系统可有效减小结构的风致振动响应，从而有效提高结构舒适度、增加结构的安全可靠度。

6．焊接不锈钢金属屋面

相较于 PVC 和 TPO，不锈钢屋面具有更好的强度、耐久性和建筑表现力，更适合大型复杂公共建筑的屋面设计要求。连续焊接不锈钢屋面的无缝阻水式设计能够适应复杂的建筑造型，改变传统金属屋面在复杂节点处的拼接构造，为建筑披上可靠的、耐久的金属外衣。使用效果表明，屋面在抗风、防水等方面的表现优秀。

设计团队

结　构：冯　远、吴小宾、陈志强、王立维、易　丹、夏　循、肖克艰、邓开国、王建波、张　彦、马永兴、宋谦益、李剑群、张　琦、熊小林、罗福平、罗甘霖、欧阳池毅、谢俊乔

幕　墙：董　彪、殷兵利、罗建成、李　铭、陈昭焕

执笔人：陈志强、马永兴、宋谦益

获奖信息

青岛胶东国际机场航站楼获 2021 年度四川省优秀工程勘察设计一等奖；

青岛胶东国际机场塔台获 2022 年度四川省优秀工程勘察设计结构一等奖；

青岛新机场航站楼及综合交通中心工程获 2022—2023 年度建设工程鲁班奖；

青岛新机场航站楼及综合交通中心工程获第十九届中国土木工程詹天佑奖。

第11章

成都天府国际机场航站楼

11.1 工程概况

11.1.1 建筑概况

作为我国"十三五"期间规划建设的最大民用机场，天府国际机场定位为成都国际航空枢纽的主枢纽机场，是服务成渝地区双城经济圈建设，构建成渝世界级机场群的核心机场。机场位于简阳芦葭镇，规划用地面积 52km²，至成都市中心天府广场直线距离约 50km，距天府铁路新客站约 30km，距成都双流国际机场约 50km。项目于 2019 年正式完成设计施工图，2021 年全面建成投入运营。

方案设计构型以"太阳神鸟"为造型基础（图 11.1-1），充分体现成都独特悠久的历史文化。主航站楼建筑外部造型以流畅的曲线为基调，从两侧指廊的曲面向中央汇聚，似神鸟振翅，气势非凡。

图 11.1-1　天府国际机场效果图

机场航站区主要建筑包括航站楼和综合交通枢纽（GTC）。航站楼由中央大厅、指廊和连接 T1、T2 之间的空侧连廊构成。T1、T2 航站楼总建筑面积约 71 万 m²，其中 T1 航站楼 40 万 m²，T2 航站楼 31 万 m²。核心建筑航站楼南北长 1380m，东西宽 1260m。采用单元式航站楼布局，两栋航站楼均为"T"形构型。T1 航楼被结构缝分为中央的 D 区大厅和 3 条指廊，3 条指廊从左至右分别为 A 指廊、B 指廊和 C 指廊。T1 航站楼主要功能为国际航班的出发与到达，也可兼顾部分国内航班。T2 航站楼与 T1 近似呈镜像布置，局部略有区别，主要用于国内航班的执飞。图 11.1-2 为项目总体布置示意图。

本项目规模宏大、功能全面、造型新颖独特，结构设计着力于航站楼大厅超大无柱空间及陆侧超大挑檐等大跨度空间设计，并重点考虑了高（地）铁下穿的振动影响、大厅及指廊天窗结构形式等设计关键点，统筹兼顾，展现了结构力学与建筑美学的高度统一，保证了最终整体效果的呈现。

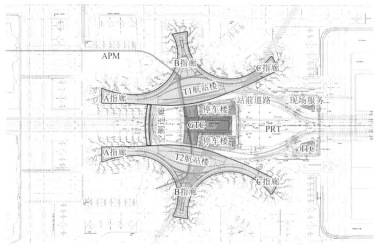

图 11.1-2　总体布置示意图

经典回眸　中国建筑西南设计研究院有限公司篇

11.1.2　设计条件

1. 主体控制参数（表11.1-1）

控制参数　　　　　　　　　　　　　　　　　　表11.1-1

设计使用年限	50 年		
建筑结构安全等级	屋面钢结构、竖向构件、转换构件、基础及关键节点为一级（$\gamma_0 = 1.1$）其余为二级（$\gamma_0 = 1.0$）		
建筑抗震设防分类	重点设防类（乙类）		
地基基础设计等级	一级		
设计地震动参数	抗震设防烈度	7 度	
	场地类别	Ⅱ类	
	设计地震分组	第二组	
	基本地震加速度	0.10g	
	小震特征周期	0.45s	
	大震特征周期	0.50s	
抗震措施	8 度		
阻尼比	大厅钢结构（指廊钢结构）	小震及中震 0.025（0.02） 大震 0.03	
	指廊钢筋混凝土结构	小震及中震 0.04 大震 0.05	
	大厅预应力钢筋混凝土结构	小震及中震 0.04 大震 0.05	
	钢屋盖与混凝土结构整体建模	指廊	小震及中震 0.04 大震 0.05
		大厅	小震及中震 0.03 大震 0.05

2. 风荷载

基本风压：

混凝土结构部分$w_0 = 0.30\text{kN/m}^2$（考虑 50 年风压）；

屋面钢结构部分$w_0 = 0.35\text{kN/m}^2$（考虑 100 年风压）。

地面粗糙度：B 类。

风振系数、体型系数：由风洞试验结果确定。

本工程委托重庆大学采用刚性模型进行测压风洞试验，研究作用于建筑物上的风荷载及风致振动特性。试验几何缩尺比例为 1∶200，风向角间隔取为 15°，共 24 个试验工况。

3. 地震作用

依据《建筑抗震设计规范》GB 50011-2010（简称《抗规》）以及《中国地震动区划图》GB 18306-2015的规定，本工程地面加速度峰值为 0.05g，抗震设防烈度为 6 度，设计地震分组为二组，场地类别综合为Ⅱ类建筑场地，场地特征值$T_g = 0.40\text{s}$。

按照四川省住房和城乡建设厅意见，航站楼抗震设防烈度按 7 度设计。设计地震分组为二组，场地类别综合为Ⅱ类建筑场地，参考安评意见取场地特征值$T_g = 0.45\text{s}$。设计反应谱参数见表 11.1-2，与《抗规》反应谱对比见图 11.1-3。

设计反应谱参数　　　　　　　　　　　　　　　　　　表11.1-2

参数	50 年超越概率		
	63%	10%	2%
$A_{\max}/(\text{cm/s}^2)$	34[18]	109[50]	213[125]

参数	50 年超越概率		
	63%	10%	2%
T_0/s	0.10	0.10	0.10
T_g/s	0.45[0.40]	0.45[0.40]	0.50[0.45]
β_m	2.5[2.25]	2.5[2.25]	2.5[2.25]
c	0.9	0.9	0.9
α_{max}	0.085[0.04]	0.27[0.12]	0.53[0.28]

注：[ ]内为《抗规》反应谱取值。

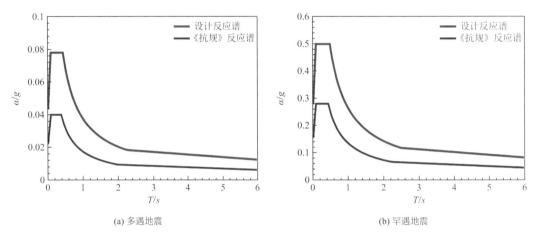

(a) 多遇地震　　　　　　　　　　　(b) 罕遇地震

图 11.1-3　设计反应谱与《抗规》反应谱对比

时程分析中，D 区大厅小震采用 7 组地震波，其余区域采用 3 组地震波。选波原则满足以下条件：地质条件尽量接近；基底剪力满足单条为反应谱法得到基底剪力的 65%～135%，多条为反应谱法得到基底剪力的 80%～120%。地震波反应谱与设计反应谱对比见图 11.1-4。

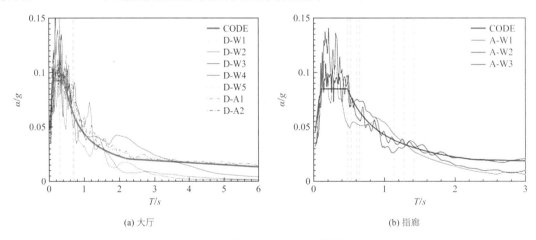

(a) 大厅　　　　　　　　　　　(b) 指廊

图 11.1-4　地震波反应谱与设计反应谱对比

4．行李系统荷载（表 11.1-3）

行李系统荷载取值　　　　　　　　　　　　　　　表 11.1-3

行李系统荷载标准值（含运行使用荷载）	14.000m 标高值机区	5.0	考虑行李输送及分拣系统吊装在 14.000m 标高下
	8.800m 标高出发行李区	无分拣系统吊挂 4.0（恒 3.0 + 活 1.0）	考虑行李输送及分拣系统吊装在 8.800m 标高下
		有分拣系统吊挂 8.0（恒 5.5 + 活 2.5）	

11.2 建筑结构特点

11.2.1 航站楼大厅超大无柱空间设计

出发层大厅空间作为旅客进入的第一站，营造一个表面简洁、气势恢宏的完整空间是航站楼设计成功的关键点，因此建筑专业对入口空间提出了极为严格的要求。一方面，室内需要一个跨度 80m、长度 500m、净空高度超过 20m 的无柱空间；另一方面，入口处屋盖挑檐的悬挑长度必须大于 40m，以覆盖到达车道，整体形成 120m×500m 的巨大空间（图 11.2-1、图 11.2-2）。

该空间只被允许在挑檐根部设置一排钢管混凝土斜柱作为竖向构件，该斜柱既要承载 80m 内跨大空间，又要支撑起前端 40m 的大悬挑区域，单柱负荷巨大，无疑是本工程最重要也是最薄弱的结构构件。此排斜柱向外倾斜 8°～10°，如采用普通悬臂柱的设计思路，柱直径将达到惊人的 3m，整体效果短而粗，结构十分笨重且呆板，严重影响建筑的美观性。

为此结构设计必须想办法在安全的前提下，尽可能减小柱截面。经过试算与论证，最终采取了两个措施：①将斜柱中上段内填混凝土换为泡沫混凝土，保证柱承载能力的同时，减少柱上段自重约 50%；②在 2 层楼板位置设置钢制 V 形水平撑，将斜柱与结构主体有效连接，减小柱脚弯矩近 40%，增加结构安全冗余度。但此措施将使 V 形水平撑承受极大的水平拉力，如何合理消化和传导力流，且不使混凝土结构产生局部破坏就显得十分关键（图 11.2-3）。设计时将 V 形水平撑与预埋于混凝土主体内的钢骨连接，以保证水平拉力的可靠传递。

航站楼入口大跨度空间的结构设计，通过力学角度的巧思，充分发挥了构件的受力特性，使建筑意图得以呈现，满足了建筑专业对美观和空间的诉求，体现了优雅的结构力学美。

图 11.2-1 航站楼入口大厅实景

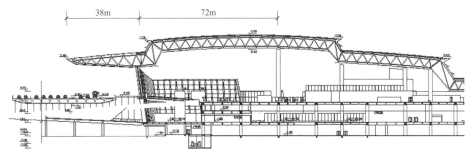

图 11.2-2　入口大厅剖面示意图

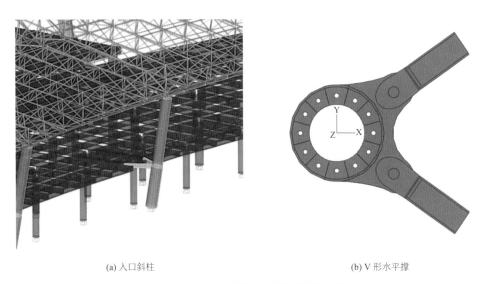

(a) 入口斜柱　　　　　　　　　　　　　　(b) V 形水平撑

图 11.2-3　入口斜柱及 V 形水平撑示意图

11.2.2　大厅侧天窗设计

　　建筑专业为了采光与通风在屋盖设置了三道侧天窗，其中一道贯穿大厅入口处的 80m 跨屋面，高差达 12m，另外两道略小，高差为 4～5m（图 11.2-4）。这样的设置给结构设计带来挑战，不仅屋面整体性被破坏，削弱了屋面结构承载力，屋盖网格布置也必须依据侧天窗及下部支承柱来划分。尤其是第一道"贯穿侧天窗"，其高度大于屋盖结构厚度，形态上形成了一个折板，大大降低了结构的刚度。

　　结构设计充分尊重建筑自然采光的需求，对大厅天窗带的网架构型开展研究与计算分析。首先，从杆件布置和网格划分出发，将屋盖按连续壳体模拟计算了结构主受力方向；其次，根据主受力方向调整上、下弦的杆件布置，提高结构传力效率［图 11.2-5（a）］，并对第一道贯通天窗的边界进行针对性加强；为增加天窗纵向刚度，在支承柱对应的天窗区域设置了 V 形斜向腹杆［图 11.2-5（b）］。通过以上措施及局部构件的加强，达到了建筑效果与结构安全的协调统一。

图 11.2-4　大厅侧天窗实景

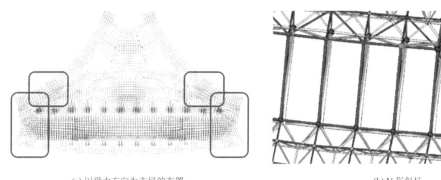

(a) 以受力方向为主导的布置　　　　　　　　　　(b) V 形斜杆

图 11.2-5　天窗杆件布置

11.2.3　国内首个时速 350km 高铁全速下穿减振设计

作为未来西部主要交通枢纽，与其他交通方式之间的无缝换乘显得尤为重要。轨道交通作为运力最大、最高效的陆运方式，空轨衔接必然是天府国际机场的基本配置。按照规划，成自高速铁路以 350km/h 全速斜向穿越机场航站楼下方，地铁 13、18 号线横穿 GTC，同时还有 APM 系统连接 T1 和 T2 航站楼，穿越关系如图 11.2-6 所示。穿越区域内航站楼的竖向构件直接通过高铁隧道顶板进行转换，这在国内航站楼设计中尚属首次。为保证航站楼使用舒适度，研究地下轨道交通带来的振动影响及相应的减振措施是本航站楼设计中极其重要的一环。

中国建筑西南设计研究院联合哈尔滨工业大学进行了列车荷载下的结构振动专项研究（模型如图11.2-7 所示），并确定设置弹簧阻尼隔振器为主要减振措施，隔振器由减振弹簧及中间阻尼器共同组成（图 11.2-8），能对竖向振动起到隔绝、减弱的作用，楼板 Z 振级从 75dB 减小到 67dB，加速度从 7cm/s^2 减小到 2.5cm/s^2，降幅高达 64%，具体见第 11.4.4 节所述。

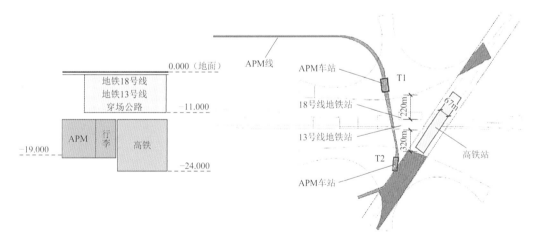

图 11.2-6　航站楼地下线路穿越关系示意

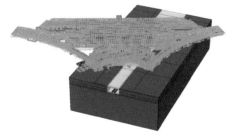

图 11.2-7　减振分析整体模型

图 11.2-8　隔振器成品

11.2.4 创新"局部张弦网架"屋盖体系设计

对于指廊中置带形天窗，为保证天窗的通透性，使建筑内部获得充足的自然光照明，降低建筑能耗，屋盖结构设计时借用张弦结构概念，将跨中天窗范围内的网架下弦杆改为预应力拉杆，形成局部张弦网架结构（图11.2-9），以减小结构构件带来的遮挡。同时，该结构通过下弦预应力钢拉杆预张拉形成了局部自平衡体系，既可以保证屋盖刚性，又可减小端部斜向支承柱柱底弯矩15%~20%，且不用设置贯通的垂索，增加了下部室内空间的有效高度，达到了结构与建筑融合、一举三得的效果。

为保证屋盖结构的整体性和传力路径的畅通性，根据结构体型及支承情况，将屋面划分为柱上板带和普通区域（图11.2-10）。对于天窗带处的结构布置，仅柱上板带采用拉杆形成"柔性板带"[图11.2-11（a）]，普通区域采用常规平面桁架形成"刚性板带"[图11.2-11（b）]。

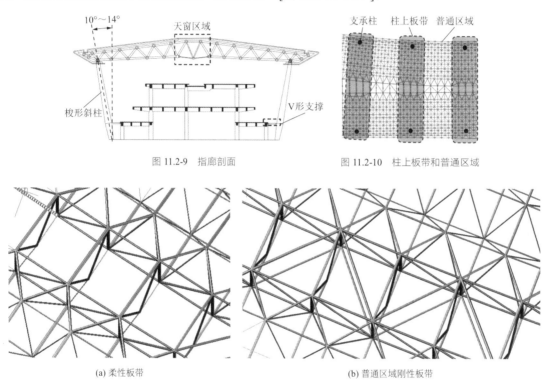

图11.2-9　指廊剖面　　　　　　图11.2-10　柱上板带和普通区域

(a) 柔性板带　　　　　　　　　　　(b) 普通区域刚性板带

图11.2-11　柱上板带与普通区域刚性板带示意

11.2.5 出发大厅超长混凝土不设缝设计

针对建筑专业希望大厅室内空间尽可能简洁完整的诉求，结构设缝的位置必须从受力和使用功能两方面进行平衡。通过对比各层全设缝、各层不设缝以及下层设缝上层不设缝三种设缝方案的整体计算及温度应力结果，择优采用了1~3层设缝分为3段，4层出发大厅不设缝的方案，保证了出发大厅层近500m长混凝土结构的完整性（图11.2-12）。

为解决超长混凝土结构温度应力问题，从设计、施工及材料运用等多角度出发，设置了多项应对措施。除调整混凝土材料配合比，加入膨胀剂、聚丙烯纤维等添加剂调节混凝土补偿收缩性能外，还应用了两项创新：①混凝土梁内设置预应力筋拉结，并改进端头锚固构造，解决了施工空间狭小、施工速度慢的问题；②进行了混凝土标准收缩试验、不同混凝土材料配合比及膨胀剂掺量的缩尺梁和足尺梁现场同条件养护收缩试验，并根据试验结果指导现场采用"跳仓法"施工，大大提升了施工效率和工程质量。

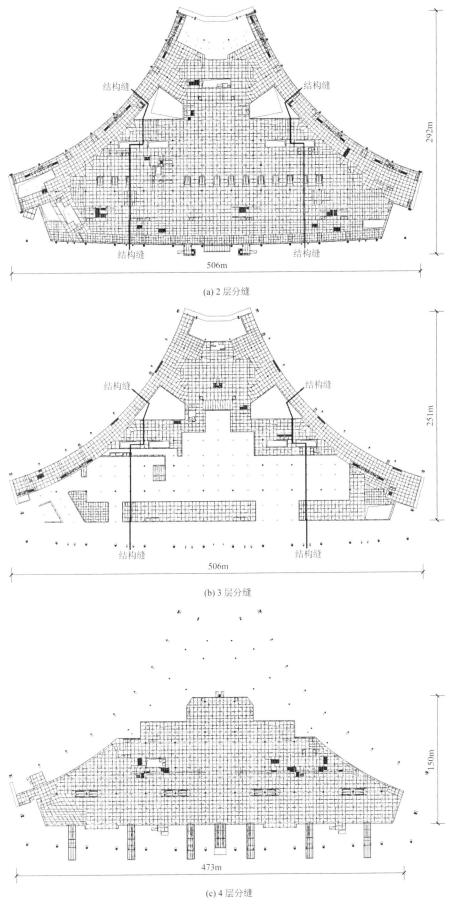

结构缝　　　　　　　　结构缝

292m

结构缝　　　　　　　　结构缝

506m

(a) 2 层分缝

结构缝　　　　　　　　结构缝

251m

结构缝　　　　　　　　结构缝

506m

(b) 3 层分缝

150m

473m

(c) 4 层分缝

图 11.2-12　混凝土结构分缝示意图

11.2.6 超长地下管廊抗温度效应设计

天府国际机场配置了较长的设备管廊和行李通道，其长度远远超过规范规定的伸缩缝间距限值，属于超长结构，同时考虑其功能及使用要求，在地面以下不设缝，必须通过技术措施解决混凝土收缩应力和温度应力。T1 航站楼地下管廊最大连续长度为876m，具体布置见图 11.2-13。

通过多方案计算比较，结构设计除了采用设置若干沉降和伸缩后浇带、使用高耐久性补偿收缩防水混凝土等常规手段外，根据结构特点，在管廊两侧侧壁及底板均设置凸槽，形成 1m×1m 的外扩内空，顶板设置凸槽形成 1m×0.25m 的上扩空间，以便管廊混凝土沿纵向收缩后形成缓冲段（图 11.2-14）。每隔 100m 左右设置一道，凸槽周围设置一圈柔性填充物将凸槽包围，凸槽段之间管廊侧壁外与土体之间用防水油毡等措施隔离，减小土体对墙体沿管廊纵向的变形约束。

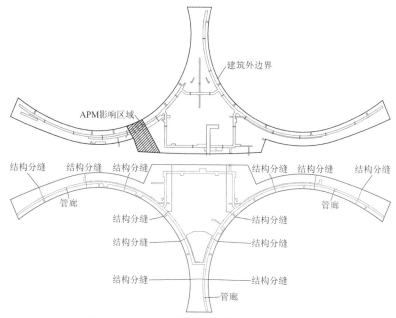

图 11.2-13　T1 及 T2 航站楼地下管廊及行李通道布置

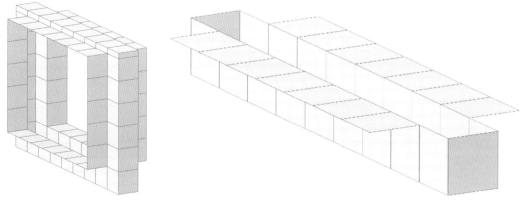

图 11.2-14　地下管廊凸槽示意图

11.3 体系与分析

11.3.1 方案对比

采用多参数从建筑效果、结构受力性能和经济性等多维度着手，对指廊和大厅分别进行了结构方案

经典回眸　中国建筑西南设计研究院有限公司篇

比选。

1. 下部钢筋混凝土部分

D 区大厅平面尺度大，开洞、连廊等造成平面形状复杂，竖向各楼层之间差别很大。选择合理的结构分缝可以减少温度等引起的结构复杂内力，并有利于抗震设防，从而降低结构成本，同时不过多影响建筑功能。为此计算对比了三种伸缩变形缝（兼防震缝）设置方案（图 11.3-1）。

方案一：D 区大厅不设缝。

方案二：仅在 D 区大厅 2 层及 3 层 Y 向设置 2 条缝。

方案三：D 区大厅沿 Y 向设置 2 条缝，分成 3 个结构单元。

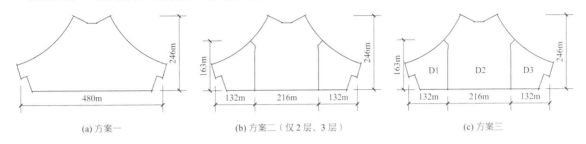

(a) 方案一　　　　　　　　(b) 方案二（仅 2 层、3 层）　　　　　　　(c) 方案三

图 11.3-1　伸缩变形缝设置方案示意图

采用 PMSAP 软件对混凝土结构各设缝方案进行计算分析，计算结果见表 11.3-1～表 11.3-3。

周期　　　　　　　　　　　　　　　　　　　　　　　表 11.3-1

方案	周期/s		扭转成分	X 侧振成分	Y 侧振成分	总侧振成分
方案一	T_1	0.5945	3%	94%	3%	97%
	T_2	0.5651	0%	3%	97%	100%
	T_3	0.5171	95%	5%	0%	5%
方案二	T_1	0.5932	4%	93%	3%	96%
	T_2	0.5621	0	3%	97%	100%
	T_3	0.5191	94%	6%	0	6%
方案三 D1 区	T_1	0.6191	0%	79%	21%	100%
	T_2	0.5928	4%	26%	70%	96%
	T_3	0.5146	78%	2%	20%	22%
方案三 D2 区	T_1	0.6120	18%	79%	3%	82%
	T_2	0.5598	0	3%	97%	100%
	T_3	0.4970	58%	41%	1%	42%

层间位移角　　　　　　　　　　　　　　　　　　　　表 11.3-2

方案	楼层	风荷载作用下最大层间位移角		地震作用下最大层间位移角		X 向位移比	Y 向位移比	规范限值
		X 向	Y 向	X 向	Y 向			
方案一	2 层	1/158303	1/90297	1/3058	1/2756	1.17	1.32	1.50
	3 层	1/124339	1/60141	1/2211	1/1677	1.18	1.37	
	4 层	1/136944	1/61089	1/2135	1/1637	1.12	1.34	
方案二	2 层	1/163384	1/95135	1/3173	1/2889	1.17	1.33	1.50
	3 层	1/124336	1/60057	1/2232	1/1668	1.16	1.38	
	4 层	1/137527	1/61095	1/2157	1/1626	1.06	1.35	

续表

方案	楼层	风荷载作用下最大层间位移角		地震作用下最大层间位移角		X向位移比	Y向位移比	规范限值
		X向	Y向	X向	Y向			
方案三 D1区	2层	1/44683	1/43629	1/2691	1/4416	1.42	1.05	1.50
	3层	1/34803	1/28774	1/1827	1/2217	1.08	1.08	
	4层	1/38816	1/33714	1/1887	1/1790	1.05	1.30	
方案三 D2区	2层	1/44683	1/43629	1/3167	1/3110	1.28	1.18	1.50
	3层	1/34803	1/28774	1/2707	1/2033	1.07	1.20	
	4层	1/38816	1/33714	1/1446	1/1837	1.31	1.32	

温度应力　　　　　　　　　　表 11.3-3

方案	区域	楼层	楼板温度拉应力/MPa			说明
			X向	Y向	主拉应力S_1	
方案一	D区	2层	3.0	2.2	3.0	去除个别应力集中峰值区域
		3层	1.6	1.4	1.6	
		4层	1.1	0.5	1.0	
方案二	D区	2层	2.1	2.1	2.1	—
		3层	0.7	0.7	0.8	
		4层	1.5	0.7	1.5	
方案三	D1区	2层	0.9	1.2	1.5	—
		3层	0.3	0.3	0.5	
		4层	0.3	0.3	0.5	
	D2区	2层	1.8	1.9	2.1	—
		3层	0.6	0.5	0.8	
		4层	0.3	0.3	0.5	

从计算结果可见，方案三下部混凝土完全形成三个单体，结构周期加长，整体刚度较方案一、方案二小，且 D2 区第 1 振型的扭振成分明显增加，扭转效应加大，加之建筑专业不希望在 4 层设缝，故将其淘汰。而方案二在温度应力方面较方案一更优，与方案三接近，结合建筑需求，最终选取方案二作为航站楼大厅的实施方案。

2．钢结构屋盖部分

1）D 区大厅

T1 航站楼屋盖为大跨度钢结构屋盖，大厅屋盖尺寸约为 522m × 324m，顶上设置三道贯穿天窗带。设计过程中从屋盖结构形式、网架网格形式、网架网格尺寸及厚度、支承柱节点形式、支座设置五个方面进行了分析比较，以确保屋盖结构安全经济。

（1）屋盖结构形式

本航站楼大厅屋面有 3 处天窗，并设置大悬挑雨篷，张弦桁架结构无法满足要求，主要考虑空间网格结构和空间管桁架结构两种形式。试算以大厅中部跨度最大处为参考，分别建立四角锥网架模型和倒三角管桁架模型（图 11.3-2）。网架支承柱网基本尺寸为 36m × 72m。为避免管桁架间的连系主檩条挠度过大，主桁架榀距定为 18m。

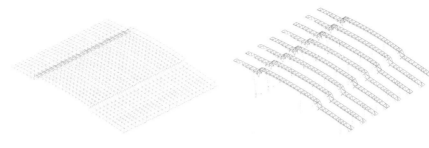

|(a) 四角锥网架模型|(b) 倒三角管桁架模型|

图 11.3-2 屋盖结构对比模型

管桁架主檩条间距同网架网格尺寸，因此屋面系统的次檩条及附属构件用钢量可视为与网架相等，对比网架与管桁架用钢量指标时，仅需统计网架杆件及节点重量与管桁架及主檩条重量。经计算分析，对比结果见表 11.3-4。

网架与管桁架结构用钢量对比 表 11.3-4

项目	正放四角锥网架	倒三角管桁架
最优用钢量对比	100%	106%
跨中位移	1/585	1/627

综合来看，虽然管桁架杆件数量较少，但为了便于施工，减少弦杆变截面接头，上、下弦杆不宜频繁改变截面规格，用钢量将略大于网架模型。因此最终选择对建筑曲面和支座的适应性更强、结构整体性更好、结构冗余度更高且经济性更好的空间网格结构方案。

（2）屋盖网架网格形式对比

主要分析对比了三种网格构型（图 11.3-3）：正放四角锥网架、三角锥网架和三向交叉网格。对比结果见表 11.3-5，可知三种网格的跨中位移均满足规范的要求，在三种网格跨中位移相近的情况下，正放四角锥网架比三角锥网架节约用钢量 10%，比三向交叉网格节约用钢量 32%，是最为经济的网格构型，故本机场采用正放四角锥网架作为基本网格。

|(a) 正放四角锥网架|(b) 三角锥网架|(c) 三向交叉网格|

图 11.3-3 网格形式对比

D 区大厅不同网格形式用钢量对比 表 11.3-5

项目	正放四角锥网架	三角锥网架	三向交叉网格
最优用钢量对比	100%	110%	132%
跨中位移	1/549	1/570	1/574

（3）网架网格尺寸及厚度比较

网架结构的下部支承柱网典型尺寸为 36m × 72m，针对这一柱网尺寸，计算了网格尺寸分别为 4m × 4m、4.5m × 4.5m、5m × 5m 和 6m × 6m 四种情况，而 6m 以上网格由于杆件自身稳定的问题，往往导致用钢量增大，故不予考虑。将网壳厚度 3.5m、4m 及 4.5m 几种情况与以上 4 种网格尺寸进行排列组合，共计 12 个模型，计算结果见表 11.3-6。可以看到，最优的结果为 5m × 5m 网格与 4m 网架厚度的组合。

高度/m	项目	网格尺寸/m			
		6×6	5×5	4.5×4.5	4×4
3.5	最优用钢量对比	108%	97.4%	99.4%	100%
	挠度（恒＋活）	1/585	1/549	1/579	1/574
4	含钢量对比	105.7%	95.7%	98.6%	103%
	挠度	1/659	1/633	1/645	1/639
4.5	含钢量对比	104.8%	106%	114.8%	113.4%
	挠度	1/738	1/746	1/632	1/704

经典回眸　中国建筑西南设计研究院有限公司篇

（4）支承柱端节点形式

分别对柱"上铰下刚"及"下铰上刚"两种节点构造形式的结构性能进行了分析，结果见表 11.3-7。采用"下铰上刚"的连接方式时，柱顶温度应力较小，梁柱节点构造简单，但网架用钢量较大。对于"上铰下刚"的连接方式，可通过在柱顶设置水平可滑动弹簧支座的办法来减小温度应力，因此从经济性、可靠性考虑采用"上铰下刚"方案。

不同柱端节点形式的结构性能对比　表 11.3-7

模型	网架杆件用钢量（含钢管柱）	网架节点用钢量	温度作用下X方向最大水平反力	温度作用下Y方向最大水平反力	最大竖向位移（跨中）
上铰下刚	100%	100%	100%	100%	100%
下铰上刚	111%	105%	63%	85%	92.4%

（5）支座布置

在温度作用下，网架支座水平向剪力较大，最大剪力达 1618kN，对支座以及支承柱的设计带来较大困难，而且第1、第2阶自振模态周期十分接近，2阶平动模态附带有一定程度的扭转效应。因此，考虑在屋盖两端设置部分弹性滑动支座，达到释放温度内力、改善屋盖振动模态的效果。

按图 11.3-4 设置弹性支座后，升温工况下左右两端支座水平向剪力大幅下降，最大值由原来的 1618kN 降为 385kN，仅为原方案的 23.7%（图 11.3-5）。结构自振特性改变明显，前3阶自振模态不再密集分布，结构性能明显改善，第1阶平动周期由 1.498s 降为 1.282s。

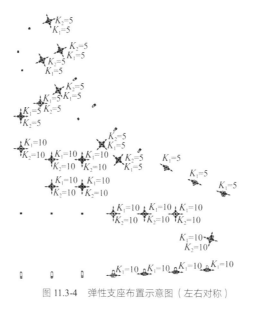

图 11.3-4　弹性支座布置示意图（左右对称）

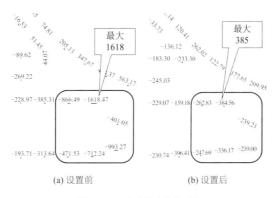

(a) 设置前   (b) 设置后

图 11.3-5   支座影响效应对比

2）A、C指廊

A、C指廊的屋面形态一致，以A指廊为例，平面尺寸长度为404m，宽度为68~112m。除与大厅交界位置，横向为单跨，跨度为53~72m（端头）。为改善结构受力性能，从屋盖结构形式和是否设置V形支撑两方面进行了比选。

（1）屋盖结构形式比选

考虑到指廊中部天窗带通透性要求较高，两侧支承柱为斜柱，在恒、活荷载下产生较大的柱底弯矩，不利于结构设计，故对比了钢网架方案、钢桁架方案以及局部设置预应力拉杆的张弦网架三种方案（图11.3-6）。

网架方案主体采用正交正放四角锥网架，跨中厚度4.0m，端部厚度1.5m，网格基本尺寸为4.5m×4.5m。两侧支承柱沿纵向柱距36m，跨中天窗带宽度4~9.6m，上弦杆件进行局部变换至与下弦杆件在同一个竖向平面内，取消竖向平面外斜腹杆，并每间隔20~23m设置水平横向支撑。

桁架方案采用倒三角截面的空间管桁架，沿纵向柱距每18m布置一榀主受力桁架。桁架高度与网架高度一致。

局部采用预应力钢拉杆的张弦网架方案，结构布置和支座条件与网架方案基本相同，在网架下弦天窗带局部采用钢拉杆跨越。

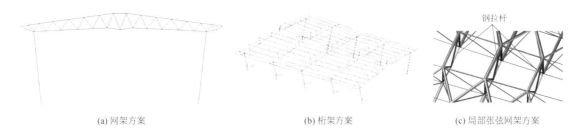

(a) 网架方案   (b) 桁架方案   (c) 局部张弦网架方案

图 11.3-6   指廊屋盖方案示意图

由表11.3-8、表11.3-9所示计算结果可见，三种结构形式的跨中位移均满足规范要求，在位移指标相近的情况下，网架方案和局部张弦网架方案结构用钢量基本一致，桁架方案（包括主受力桁架和纵向设置的主檩，不含次檩）用钢量约为网架用钢量的114%（表11.3-8）。同时，下弦设置的预应力拉杆能减小钢柱弯矩约20%（表11.3-9），且能更好地实现通透的建筑效果，故最终选定指廊钢屋盖的结构形式为局部张拉正交正放四角锥网架。

指廊不同结构形式用钢量对比   表 11.3-8

项目	网架方案	桁架方案	局部张弦网架方案
最优用钢量	100%	114%	98%
跨中位移（挠跨比）	202mm（1/271）	199mm（1/275）	197mm（1/278）

模型	柱1	柱2	柱3	柱4
网架模型	5193	4733	4464	4855
局部张弦网架模型	4319	3847	3431	3812

（2）支承屋盖的钢管柱是否设置水平 V 形支撑

指廊结构冗余度偏低，水平荷载作用下的传力路径单一，结构稳定性较差。因此，考虑在指廊 4.800m 标高层（局部 8.800m 标高层）设置水平 V 形支撑（图 11.3-7），以改善指廊钢结构的受力性能。其优点在于：①提高了网架支承柱的超静定次数，提高了结构冗余度；②由于钢筋混凝土结构的侧向刚度远大于钢结构，设置支撑可以有效提高钢结构的侧向刚度和抗风荷载作用的能力；③设置 V 形支撑后可有效减小斜柱的柱底弯矩，利于钢管混凝土柱及下部基础设计。

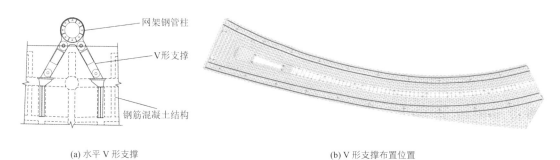

（a）水平 V 形支撑　　　　　　　　　　　　　　（b）V 形支撑布置位置

图 11.3-7　指廊钢结构单体模型 V 形支撑示意图

由表 11.3-10 可以看出，在设置水平 V 形支撑后，支承柱柱底弯矩都有较大幅度的降低，可以有效减小柱和基础尺寸。图 11.3-8 所示为设置水平 V 形支撑前后钢结构基本自振模态的对比，两种情况下指廊钢结构的 1 阶模态均为纵向平动，模态基本相同，但设置水平 V 形支撑后，自振周期变短，钢结构的侧向刚度有一定提高。

指廊钢结构是否设置水平 V 形支撑柱弯矩对比/（kN·m） 表 11.3-10

钢柱位置	指廊端部		天井部位		指廊中部（最大处）		指廊大厅交界处	
	无 V	有 V	无 V	有 V	无 V	有 V	无 V	有 V
柱列1	9752	5843	9586	4515	13351	9022	−11724	−7541
柱列2	8978	6446	11379	5467	22171	14960	15915	14987
降幅	40.1%	28.2%	53%	52.9%	32.5%	33.6%	35.6%	5.9%

注：表中弯矩为柱底在荷载组合下，跨度方向绝对值最大的弯矩，正号表示柱顶受推。

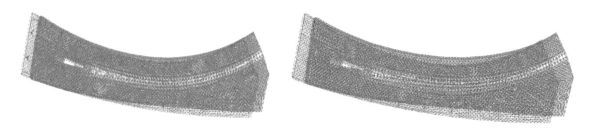

（a）设置水平 V 形支撑（T = 1.481s）　　　　　　　（b）未设置水平 V 形支撑（T = 1.571s）

图 11.3-8　是否设置水平 V 形支撑振型模态对比

11.3.2 结构布置

1. 上部结构

大厅及指廊结构主要平面布置如图 11.3-9、图 11.3-10 所示。其中，钢筋混凝土结构大厅部分主要柱网尺寸为 9m×9m、12m×18m 和 18m×18m 三种，指廊柱网尺寸大部分采用 8m×12m、8m×18m、12m×12m 及 12m×18m 四种。

2. 基础

根据《成都新机场可研阶段岩土工程详细勘察报告》，场地位于丘陵地区，部分区域为挖方区，部分区域为填方区，整体地基条件较好，持力层选定为中风化岩石，主要采用桩基础和独立基础两种基础形式。轨道交通影响区域，采用桩基础，桩端深入轨道交通最低标高以下。普通填方区按桩基考虑，承台间设置地梁拉结；挖方区采用独立基础，独基如全部嵌入持力层岩石中，则不设置地梁，反之需设置地梁拉结。

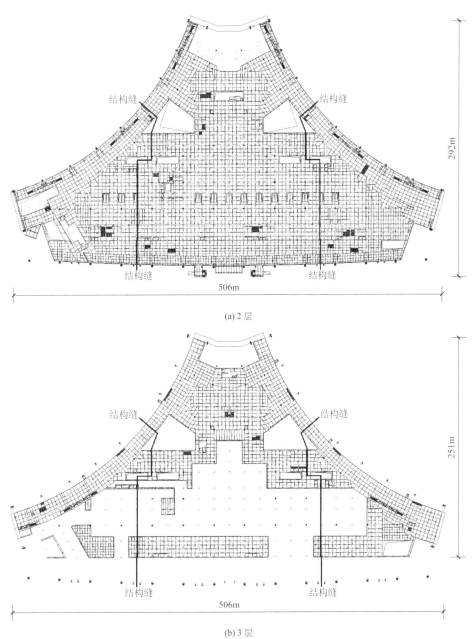

(a) 2 层

(b) 3 层

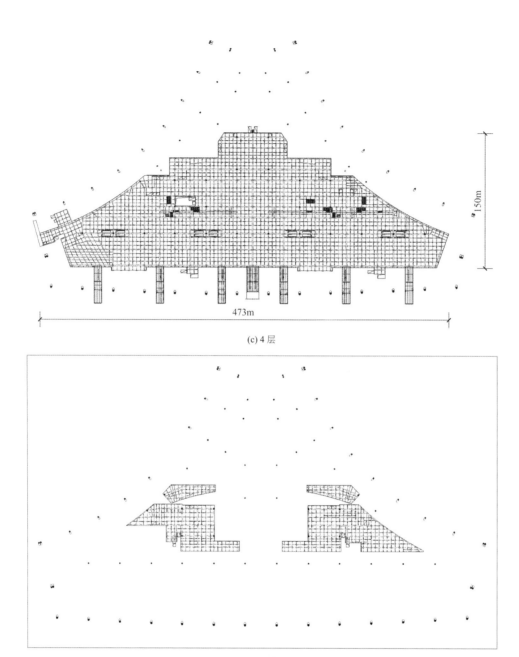

(c) 4 层

(d) 5 层

图 11.3-9　大厅平面布置图

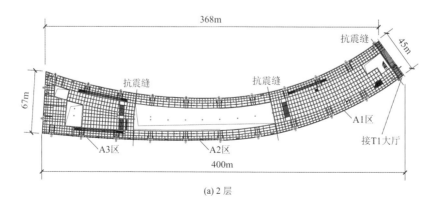

(a) 2 层

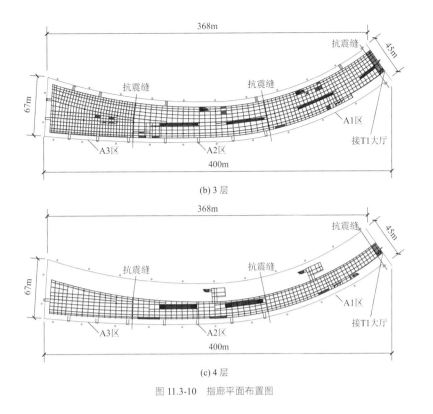

(b) 3层

(c) 4层

图 11.3-10　指廊平面布置图

11.3.3　结构分析

1. 大厅结构分析

1）多遇地震分析

设计反应谱下的多遇地震分析采用 PMSAP 和 SAP2000 软件分别计算，结果见表 11.3-11、表 11.3-12。两种软件计算的结构总质量、振动模态、基底剪力等均基本一致，可以判断模型的分析结果准确可信。屋盖结构周期比为 0.76，混凝土结构周期比为 0.84，最大位移角为 1/1253，结构总体受力性能良好。

大厅结构总质量与基底剪力计算结果　　　　　　　　　　表 11.3-11

项目		PMSAP	SAP2000
恒荷载质量/t		310170	311603
活荷载质量/t		52099	48286
总质量/t		362269	359889
基底剪力/kN	X向	133581	143358
	Y向	127258	124413

大厅结构位移角计算结果　　　　　　　　　　表 11.3-12

作用类型	最大层间位移角	发生楼层
X向地震	1/1411	2
Y向地震	1/1253	4
X向风	1/65048	4
Y向风	1/24857	4

采用 SAP2000 软件分析了 D 区大厅下部混凝土结构和屋盖整体模型在多遇地震作用下的弹性时程响应。根据拟建场地特性选取了 5 组天然地震波和 2 组人工波输入。

时程作用下，X主向和Y主向的钢管混凝土柱最大层间位移角的各地震波最大值分别为 1/574 和 1/347，均小于弹性位移角限值 1/300。钢筋混凝土结构的最大层间位移角分别为 1/1268 和 1/1168，显著小于弹性位移角限值 1/550。7 组多遇地震波下，结构弹性时程分析的位移角均小于结构性能目标的限值，构件完全弹性无损伤，满足多遇地震作用下结构性能目标要求。设计中采用时程分析与反应谱分析结果的较大值。

2）大震弹塑性分析

罕遇地震按前述地震动参数计算地震作用，结构阻尼比取为 0.05。选择 3 组地震波输入，其中 2 组为天然波，1 组为人工波。分析采用下部混凝土结构和屋盖整体模型。

（1）非线性时程分析结果

时程作用下，钢管混凝土柱的X主向和Y主向最大层间位移均发生在钢屋盖层，各地震波计算结果的最大值分别为 1/206 和 1/148，均小于罕遇地震作用下结构性能目标位移角限值 1/65。钢筋混凝土结构的X主向和Y主向最大层间位移角多发生在 2 层，各地震波计算结果的最大值分别为 1/227 和 1/248，均小于罕遇地震作用下结构性能目标位移角限值 1/120。

下部混凝土结构防震缝的初始净宽均为 120mm。罕遇地震作用下净宽变化的典型时程曲线如图11.3-11 所示。各组地震波作用下各层防震缝的净宽最小值为 114mm。3 层是可能发生碰撞的最高楼层，缝边节点沿缝宽方向的绝对最大位移分别为 17.6mm 和 18.2mm（不同步）。混凝土结构均未发生碰撞，且净宽富余较多。

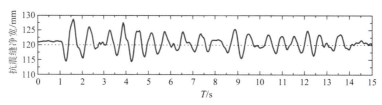

图 11.3-11　D 区大厅 3 层混凝土结构防震缝净宽变化典型时程曲线

（2）结构弹塑性发展历程

随着地震加速度的增大，下部钢筋混凝土框架梁首先出现弯曲塑性铰，部分钢筋混凝土框架柱出现弯曲塑性铰；框架梁、柱均未出现剪切铰。所有出现弯曲塑性铰的框架柱均处于 IO 阶段（立即使用），损伤程度轻微，出现塑性铰的框架柱数量约占总数的 5.4%［图 11.3-12（a）～（c）]。多数钢筋混凝土梁出现了塑性铰，但仍保持在 IO 阶段（梁端塑性转角最大值为 10^{-4} 量级），损伤水平较低。

从分布状况来看，底层框架柱仅极个别出现受弯屈服；2 层柱的塑性铰零散分布，并未集中出现；3 层柱的塑性铰多集中分布于左右两侧翼，此处框架柱的长度较小，相对线刚度较中部大跨度区域的越层柱明显偏大，承担的地震力较大。各组地震波作用下仅极个别柱的上、下端均出现受弯塑性铰（IO 阶段）。钢筋混凝土梁塑性铰多聚集于各框架跨度较小的区域，大跨度区域框架梁相对较少出现塑性铰。

D 区大厅支承屋面钢网架的钢管混凝土柱均未出现塑性铰。屋盖网架在罕遇地震作用下的塑性铰分布如图 11.3-12（d）所示，出铰杆件均为斜腹杆，数量约为总数的 0.2%，且均非支座附近的关键杆件。支承屋盖的钢管混凝土柱与混凝土楼面之间的 V 形支撑保持不屈服状态。

3）钢屋盖分析

基于建筑物可能出现的受荷情况，最终确定在钢屋盖模型中施加 9 种风工况、2 种温度工况、2 种地震工况，共计 357 种组合。构件设计中，各处应力控制水平按以下原则确定：①根据参数化分析结果，采用柱上板带杆件、支座附近杆件、普通杆件分别控制；②满足抗震性能化目标；③单体模型与整体模型计算结果包络取值。网架模型计算指标如表 11.3-13 所示，总装模型与单体模型（图 11.3-13）的计算指标对比如表 11.3-14 所示。

(a) 1 层柱塑性铰	(b) 2 层柱塑性铰
(c) 2 层梁塑性铰	(d) 钢网架塑性铰

图 11.3-12　D 区大厅在罕遇地震作用下塑性铰分布

钢结构网架模型计算指标　　　　　　　　　　　　　　　　　表 11.3-13

自振周期/s	1 阶	1.498（X 向平动）
	2 阶	1.300（Y 向平动）
	3 阶	1.181（水平扭转）
构件应力比	钢管柱	多遇地震组合：0.792 设防地震组合：0.934 罕遇地震组合：0.994
	网架	多遇地震组合：0.800 设防地震：0.513 罕遇地震：0.900
挠度	1.0 恒 + 1.0 活	181mm，$f = L/181$（悬挑） 180mm，$f = L/400$（跨中）
柱层间位移角	风工况	1/966
	地震工况 （含重力荷载代表值）	多遇地震：1/309
		设防地震：1/232
		罕遇地震：1/148

总装模型与单体模型计算指标对比　　　　　　　　　　　　　表 11.3-14

计算模型		计算指标				
		1 阶自振周期	钢管柱柱顶最大水平力		柱顶水平位移角	
			风	地震	风	地震
大厅	总装模型	1.507	429	311	1/855	1/257
	单体模型	1.498	437	168	1/1097	1/309
指廊	总装模型	1.428	134	238	1/1587	1/310
	单体模型	1.342	140	218	1/1660	1/327

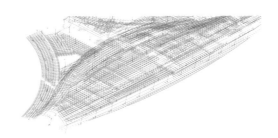

(a) 总装模型   (b) 单体模型

图 11.3-13 屋盖计算模型示意图

经上述数据对比发现，本结构总体指标表现良好，刚度合理，自振特性符合要求。由于整体模型为屋盖与下部模型在竖直方向串联，侧向刚度变小，具体表现为：总装模型的自振周期略大于单体模型；风荷载作用下，单体模型反力较大。

4）抗震性能汇总

总体而言，D 区大厅结构抗震性能满足《高层建筑混凝土结构技术规程》JGJ 3-2010 性能目标 C 的要求，按照中等延性构造进行设计，对应抗震性能计算分析结果汇总见表 11.3-15。

D 区大厅结构抗震性能计算分析结果汇总   表 11.3-15

项目	多遇地震	设防地震	罕遇地震
最大层间位移角 （钢管混凝土柱）	X向：1/574 < [1/250]，其中重力下 1/895，地震下 1/1601 Y向：1/347 < [1/250]，其中重力下 1/491，地震下 1/1183 满足规范要求	X向：1/343 < [1/125] Y向：1/225 < [1/125]	X向：1/206 < [1/65] Y向：1/148 < [1/65]
最大层间位移角 （钢筋混凝土框架）	X向：1/1268 < [1/550] Y向：1/1168 < [1/550] 满足规范要求	X向：1/414 < [1/250] Y向：1/403 < [1/250]	X向：1/227 < [1/120] Y向：1/248 < [1/120]
钢管网架	弹性	弹性	关键杆件不屈服，其余杆件极个别屈服
钢管混凝土柱、V 形支撑	弹性	弹性	不屈服
钢筋混凝土框架柱	弹性	受弯不屈服，受剪弹性	部分框架柱受弯屈服，受剪不屈服
钢筋混凝土框架梁	弹性	允许受弯屈服，受剪弹性	框架梁受弯屈服，受剪不屈服

2. 指廊结构分析

A、C 指廊结构左右对称，整体布置基本一样，内部布置细微区别，故以 A 指廊为例进行结构分析。

1）多遇地震分析

设计反应谱下的多遇地震分析计算结果见表 11.3-16。PMSAP 与 SAP2000 软件计算的结构总质量、振动模态、基底剪力等均基本一致，可以判断模型的分析结果准确、可信。屋盖结构周期比为 0.82，混凝土结构周期比为 0.76，最大位移角为 1/1083，表明结构总体受力性能良好。

多遇地震下总质量与基底剪力计算结果   表 11.3-16

项目		PMSAP	SAP2000
恒载质量/t		62156	63714
活载质量/t		10212	10117
总质量/t		72368	73831
基底剪力/kN	X向	22452	22045
	Y向	22816	21983

经典回眸 中国建筑西南设计研究院有限公司篇

采用 SAP2000 分析了 A 指廊整体模型在多遇地震作用下的弹性时程响应，输入选取了 2 组天然地震波和 1 组人工波。

时程作用下，X主向和Y主向钢管混凝土柱最大层间位移角的最大值分别为 1/329 和 1/333，均小于弹性位移角限值 1/300。钢筋混凝土结构的最大层间位移角分别为 1/837 和 1/677，显著小于弹性位移角限值 1/550。3 组多遇地震波下，结构弹性时程分析的位移角均小于结构性能目标的限值，构件完全弹性无损伤，满足多遇地震作用下结构性能目标要求，设计中采用时程分析与反应谱分析结果的较大值。

2）大震弹塑性分析

罕遇地震与大厅一致，选用了"2 + 1"组地震波，采用上下部总装模型进行弹塑性分析。

（1）非线性时程分析结果

经计算，钢管混凝土柱的X主向和Y主向最大层间位移角均发生在钢屋盖层，各地震波计算结果的最大值分别为 1/123 和 1/112，均小于罕遇地震作用下结构性能目标位移角限值 1/65。钢筋混凝土结构的X主向和Y主向最大层间位移角多发生在 2 层，各地震波计算结果的最大值分别为 1/229 和 1/224，均小于罕遇地震作用下结构性能目标位移角限值 1/120。

下部混凝土结构防震缝的初始净宽均为 120mm。罕遇地震作用下净宽变化的典型时程曲线如图 11.3-14 所示。分析表明，各组地震波作用下各层防震缝的净宽最小值为 82mm。4 层是可能发生碰撞的最高楼层，缝边节点沿缝宽方向的绝对最大位移分别为 27.3mm 和 40.5mm（不同步）。混凝土结构均未发生碰撞，且净宽富余较多。

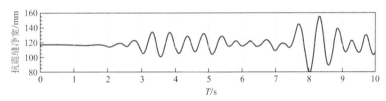

图 11.3-14　A 指廊混凝土结构防震缝净宽变化典型时程曲线

（2）结构弹塑性发展历程

A 指廊的钢管混凝土柱和 V 形支撑在罕遇地震作用下均未屈服，屋面网架个别杆件屈服出铰，杆件屈服未发生在支座附近，对屋面网架整体影响不大，屋面网架保持弹性状态。下部钢筋混凝土框架梁首先出现弯曲塑性铰，随着地震加速度的增大，部分钢筋混凝土框架柱出现弯曲塑性铰。

从分布状况来看，1 层柱没有出现塑性铰，2 层柱的塑性铰出铰比例在 5% 以内，出铰柱多分布于 A2 区边界两长边侧翼，3 层柱的塑性铰出铰比例在 10% 以内，多散布于三个分区的中间跨。各组地震波作用下没有钢筋混凝土框架柱的上、下端均出现受弯塑性铰（IO 阶段），梁上柱上、下端均出现受弯塑性铰（IO 阶段），对于部分处于单（少）跨区域出铰的柱，实际设计时适当增大柱配筋，提高承载力和延性。

图 11.3-15 所示为 A 指廊在罕遇地震作用下的塑性铰分布状况，可见多数钢筋混凝土梁出现了塑性铰，但仍保持在 IO 阶段，损伤水平较低。

(a) 1 层柱塑性铰　　　　　　　　　　　　　　　　　(b) 2 层柱塑性铰

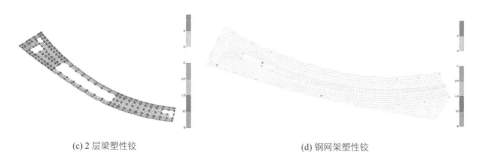

(c) 2 层梁塑性铰　　　　　　　　　　　(d) 钢网架塑性铰

图 11.3-15　A 指廊在罕遇地震作用下塑性铰分布

11.4 专项设计

11.4.1 行波效应分析

本项目基础持力层均设于基岩，地质勘察表明场地基岩分布较均匀，未发现局部异常岩土层，故本次非一致激励分析着重考察行波效应对结构抗震设计的影响。分析采用 SAP2000 程序进行，在考虑行波效应进行多向多点时程分析时，地震波波形不变，而到达各支座的时间有差异。行波效应系数定义为 ϕ（为考虑行波效应后构件内力与不考虑行波效应构件内力的比值）。ϕ_n、ϕ_v 和 ϕ_m 分别代表杆件轴力、剪力和弯矩行波效应系数。

分析采用三向地震动输入，主方向地震动加速度峰值取 0.34m/s²，三方向地震动加速度峰值之比取 1：0.85：0.65，以视波速 600m/s 进行多向多点地震响应分析。以 D1 大厅为例，经 SAP2000 软件计算后，X 向行波效应系数如表 11.4-1 所示，图 11.4-1 为 D 区大厅 B 轴底层框架柱行波效应系数走势。

X向行波效应系数　　　　　　　　　　　　　　　　　　　　表 11.4-1

楼层	轴力行波效应系数			剪力行波效应系数			弯矩行波效应系数		
	< 1.0	1.0~1.5	> 1.5	< 1.0	1.0~1.5	> 1.5	< 1.0	1.0~1.5	> 1.5
1 层	79%	19%	2%	66%	25%	9%	68%	26%	6%
2 层	84%	15%	1%	98%	2%	0%	96%	2%	2%
3 层	78%	22%	0%	99%	1%	0%	100%	0%	0%

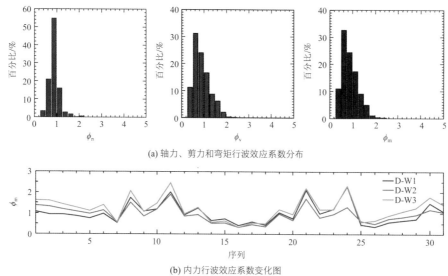

(a) 轴力、剪力和弯矩行波效应系数分布

(b) 内力行波效应系数变化图

图 11.4-1　D 区大厅 B 轴底层框架柱行波效应系数走势

根据计算结果，行波效应影响特点如下：

（1）3组地震动记录沿X向与Y向传播时，网架与框架柱的内力行波效应系数的分布范围在两个方向比较接近，峰值区间也基本相同；钢筋混凝土框架柱的行波效应在底层最为显著，2层、3层明显减少；底层柱的超载系数主要分布于1.0～1.5范围；底层行波效应系数超过1.5的柱约占总数20%以内，且主要分布于1.5～2.0之间。

（2）钢结构网架超载杆件比例约为15%～25%，超载系数处于1～1.25区间。网架杆件的轴力行波效应较小，对于杆件的承载力和稳定性设计不起控制作用。

（3）由于地震动到达时间差异，框架柱底部剪力存在反号抵消的情况，非一致激励下各单元的底部剪力峰值均小于相应的一致激励峰值。

11.4.2　航站楼钢屋盖抗倒塌连续性分析

为考察结构的抗连续倒塌性能，采用拆除法分别拆除大厅中部柱、陆侧主入口中间柱及陆侧角部柱三类钢管混凝土柱，分析屋盖在三种情况下的结构响应和破坏情况。

计算采用MIDAS/Gen软件，对与被拆除构件直接相连及附近的杆件，竖向荷载动力放大系数取2.0，即：$S = 2.0 \times (1.0$ 恒荷载 $+$ 准永久值系数 $\times$ 活荷载)，其中活荷载的准永久值系数取为0.5。对其他不与被拆除构件直接相连的屋盖部分，竖向荷载动力放大系数取1.0，即：$S = 1.0 \times$ 恒荷载 $+$ 准永久值系数 $\times$ 活荷载。

1. 拆除大厅中部钢管混凝土柱

拆除大厅中部钢管混凝土柱后，T1航站楼网架中心区域的竖向最大位移为0.711m（图11.4-2），大多数塑性铰出现在拆除柱的区域及附近天窗位置的网架杆件上（图11.4-3）。总体屈服杆件区域小于大厅面积的15%，而且仅在被拆除柱及附近的天窗位置区域存在，并未引发其余区域杆件的屈服。同时，作为屋面支承的其他未拆除钢管混凝土柱均在材料弹性范围内，可认定不存在连续倒塌可能。

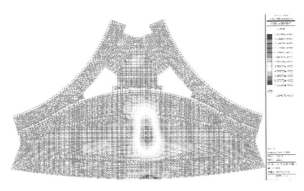 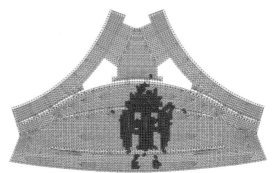

图11.4-2　拆除大厅中部柱钢屋盖变形图　　　　　　图11.4-3　拆除大厅中部柱塑性铰分布示意图

2. 拆除大厅陆侧主入口中间钢管混凝土柱

拆除大厅陆侧主入口正中的钢管混凝土柱后，分析结果显示屋面网架的悬挑端发生了较大的竖向变形，竖向最大位移为1.089m（图11.4-4）。塑性铰出现在拆除柱区域及悬挑端的网架杆件上（图11.4-5），且产生塑性铰的杆件数量相对拆除大厅中部柱情况时较少，范围也较小。与拆除柱相邻的其他钢管混凝土柱未见塑性铰产生，仍处于材料弹性范围内，可判定为未发生连续倒塌。

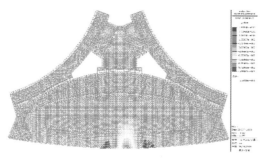
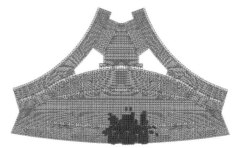

图 11.4-4 拆除陆侧主入口中间柱钢屋盖变形图　　图 11.4-5 拆除陆侧主入口中间柱塑性铰分布示意图

3. 拆除大厅陆侧角部钢管混凝土柱

拆除角部钢管混凝土柱后，T1 航站楼网架产生的最大竖向位移为 3.690m（图 11.4-6）。虽然拆除角柱后，屋盖的竖向变形较大，但整体上出现塑性铰区域局限于角部（图 11.4-7），范围相对较小。同时，作为屋面支承的钢管混凝土柱均在材料弹性范围内，可判定为未发生连续倒塌。

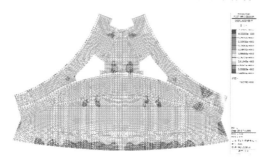

图 11.4-6 拆除陆侧角部柱钢屋盖变形图　　　图 11.4-7 拆除陆侧角部柱塑性铰分布示意图

通过分别对拆除大厅中部柱、陆侧主入口中间柱及陆侧角部柱三种情况进行分析，作为屋面支承的钢管混凝土柱均保持弹性状态，塑性铰主要集中在拆除柱附近的网架杆件上，且产生塑性铰区域的范围均小于网架面积的 15%，网架其他部位的杆件依然保持弹性，故认为本工程钢网架屋盖具有较强的抗连续倒塌能力。

11.4.3 钢管混凝土柱 V 形支撑连接承载力分析

为优化航站楼周边室外的钢管混凝土斜柱的受力情况，在 2 层楼板处设置了 V 形支撑（图 11.4-8），在 V 形支撑连接的对应位置，设置型钢混凝土梁形成水平内支撑。为确保与支撑连接的混凝土结构安全，计算采用通用有限元软件进行建模（图 11.4-9），分别研究内力设计值荷载下的 V 形支撑和混凝土结构内力分布情况，以及极限承载力条件下混凝土及内部钢筋应力状态，大震作用下，分析结果如图 11.4-10、图 11.4-11 所示。

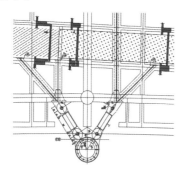
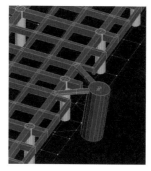

图 11.4-8 V 形支撑示意图　　　图 11.4-9 V 形支撑计算模型示意图

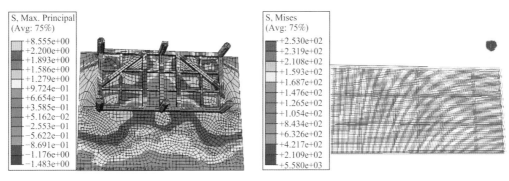

图 11.4-10　混凝土中应力分布　　　　　　　　图 11.4-11　板内钢筋应力分布

由分析可知，在小震作用下混凝土未开裂，V 形支撑节点区域混凝土的水平钢筋最大应力为 61.12MPa，远小于钢筋强度设计值。节点抗拉强度极限值约为 7140kN，大于大震作用下 V 形支撑最大内力值 5630kN，此时楼板有开裂，钢骨最大应力为 370MPa（Q355 钢材），局部进入屈服，但未达极限应力，钢筋最大应力为 279.2MPa，小于屈服极限。分析结果证明 V 形支撑节点处的连接承载力满足安全性要求。

当支撑内力达到设计值 3084kN 时节点应力云图如图 11.4-12 所示。各部件设计荷载下的应力水平均小于材料的设计强度，满足设计要求。将内力逐步增大，对该节点承载力做弹塑性的全过程分析，节点的最大承载力约为 17000kN，为最大设计内力 3084kN 的 5.51 倍，表明该节点强度余度大，不存在安全隐患。

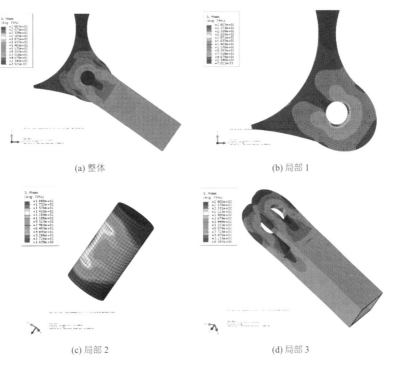

(a) 整体　　　　　　　　　　　(b) 局部 1

(c) 局部 2　　　　　　　　　　(d) 局部 3

图 11.4-12　节点应力云图

11.4.4　高铁全速下穿振动影响及减振分析

对于由运行列车引起的周围环境或建筑物的振动问题或建筑物室内的二次噪声，可以认为是一个振幅随时间变化的移动荷载在半无限弹性空间体（土体）表面以一定速度移动，产生的振动波的传播和散射、反射问题。本项目中高铁从建筑物下方全速穿越，属于典型的近场振动。为研究结构在车辆振动下的响应特性，进行了以下两方面分析：

（1）建立车辆—轨道相互作用力学模型，确定列车激励荷载。

（2）建立包含隧道、土体和航站楼结构有限元模型，通过在列车轨道位置施加振动荷载时程，得到航站楼结构的响应。经计算发现，本工程1层楼板处结构振动最大，未采取任何隔振措施的情况下，最大Z振级超过规定的72dB。故设置隔振支座作为建筑减振措施，大厅和指廊结构的布置方案如图11.4-13所示。

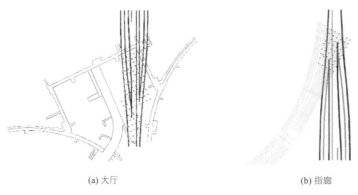

(a) 大厅   (b) 指廊

图11.4-13 隔振支座布置方案

设置隔振支座后，能将此处楼板Z振级从75dB减小到67dB，加速度从7cm/s²减小到2.5cm/s²，降幅高达64%，满足《城市区域环境振动标准》GB 10070-88对于混合区、商业中心区的环境振动要求。减振效果如图11.4-14所示。

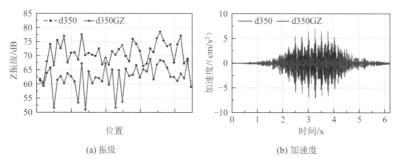

(a) 振级   (b) 加速度

图11.4-14 1层顶板竖向监测点Z振级及加速度对比

11.4.5 超长混凝土的跳仓法施工

对于超长混凝土结构，结构温度变化和混凝土收缩徐变等非直接荷载作用产生的结构变形及因变形协调而产生的约束内力效应显著，应对其进行效应分析。

在等效温差作用下考虑梁板共同工作的楼板温度应力如图11.4-15和表11.4-2所示。可以看出，部分区域最大主拉应力大于混凝土轴心抗拉强度标准值2.39MPa（C40混凝土）。在温度应力较大区域，考虑设置预应力钢筋，达到在温度作用组合下满足裂缝宽度控制要求。

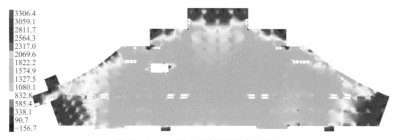

图11.4-15 D区4层楼板温度应力云图

楼层	楼板温度拉应力/MPa		
	X向	Y向	主拉应力S_1
2 层	2.4	2.5	2.9
3 层	1.0	1.3	2.0
4 层	1.5	0.8	1.8

　　为了加快施工进度，满足建设要求，本项目最终采用跳仓法施工，这在同类大型航站楼中尚属首次。采用跳仓法施工的关键是通过调整混凝土配合比，严格控制施工工艺及养护工艺，保证混凝土在后仓封闭后的残余应变不大于 160με。为此进行了混凝土标准收缩试验、现场足尺及缩尺构件的收缩试验。试验采用连续式数据采集设备振弦式应变计，在单个构件的跨中、端部及 1/4 处共设 3 个测试点，进行了104d 的长期跟踪记录。试验对配筋及未配筋的混凝土均进行了记录。现场试验及数据记录如图 11.4-16～图 11.4-18 所示。

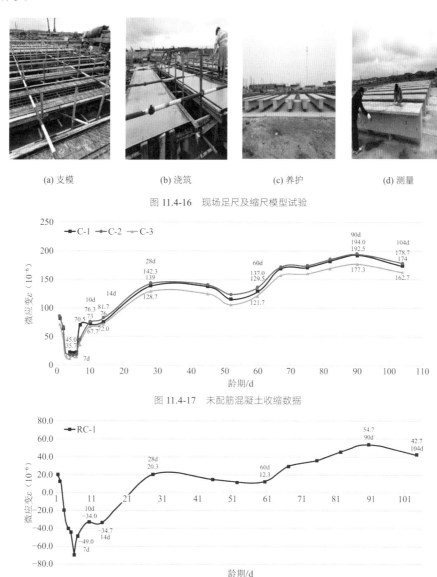

(a) 支模　　　　(b) 浇筑　　　　(c) 养护　　　　(d) 测量

图 11.4-16　现场足尺及缩尺模型试验

图 11.4-17　未配筋混凝土收缩数据

图 11.4-18　配筋混凝土收缩数据

　　本次试验显示，通过调整混凝土配合比、新型膨胀剂的掺用、构造配筋、施工养护等多种措施，无配筋未掺膨胀剂混凝土 90d 收缩值在 180～200με 之间；无配筋掺加膨胀剂混凝土 90d 收缩值有较大减小，在 120～130με 之间；有配筋掺膨胀剂混凝土 90d 收缩值更小，在 50～80με 之间。混凝土收缩值在 90d 后均开始减小，到 104d 时，减小幅度在 10～20με 之间。以上试验为实际施工采用"跳仓法"提供了依据。

实际施工中还需考虑施工操作和材料因素。从施工操作层面出发，按一定间距设置施工后浇带，并尽可能推迟后浇带的封闭时间至 3～6 个月，以减少混凝土的收缩变形；混凝土施工后浇带的合拢温度为 15～25℃，尽可能低温合拢。从材料层面出发，混凝土材料除调整配合比、加入膨胀剂外，掺入适量聚丙烯纤维，并可掺入适量陶砂以改善混凝土的韧性，控制混凝土弹性模量；配置混凝土所用的骨料，其质量除应符合国家现行标准的要求外，粗骨料含泥量控制在 1% 以内，细骨料含泥量控制在 1.5% 以内。

11.5 结语

天府国际机场从设计到建成历时 5 年，其建成标志着成都成为我国继上海、北京后全国第三个拥有两座 4F 等级机场的城市。天府国际机场结构设计以体现建筑整体效果为目标，采用"大跨度钢结构网架与超大超长混凝土结构"结合的结构体系，充分发挥了力学之美，完美呈现了"太阳神鸟展翅翱翔"的建筑寓意。结构设计工作中，主要完成了以下四个方面的重难点工作。

1. 入口大厅大跨度屋盖的设计及侧天窗设计

为满足建筑专业对出发层大厅空间视野极致的追求，结构在 40m 挑檐与 80m 大跨度空间中间设置了一排外倾的钢管混凝土柱，形成了 500m×120m 的超大空间，并通过设置水平钢制 V 形支撑将斜柱与混凝土结构连接，在保证结构安全性的同时增加了轻盈感。

为克服建筑专业设置大高差侧天窗和带形中置天窗对结构带来的不利影响，结构对屋顶的网架构型和杆件布置进行了创新设计。首先，从杆件布置和网格划分出发，根据主受力方向调整上、下弦的杆件布置，在支承柱对应的天窗区域设置了 V 形斜向腹杆，对其边界进行针对性加强，取得了建筑效果与结构安全的协调统一；其次，通过调整斜柱上段混凝土质量、设置 V 形连接支撑，有效降低了斜柱内力，减小支承柱截面的同时增加了结构冗余度；最后，通过调整网架支座类型和水平刚度，明显减小结构扭转效应的同时，大幅降低了支座水平剪力。

2. 高铁全速下穿减振设计研究

按规划，成自高铁以 350km/h 全速通过机场下方隧道，穿越区域内航站楼竖向构件直接通过高铁隧道顶板进行转换，这在国内尚属首次。为解决振动问题，进行了振动专项分析研究。通过设置弹簧阻尼隔振器来降低高铁高速过站的振动影响，将楼板 Z 振级降低了 11%，加速度降低了 64%，使建筑的使用舒适度得到显著提升。

3. 指廊采用创新"局部张弦"网架结构

为减小指廊斜柱柱底弯矩，同时保证天窗结构的通透性，设计借用张弦结构概念，将跨中天窗范围内的网架下弦杆改为拉杆，并施以预应力，形成局部张弦网架结构。该结构通过下弦施加了预应力的钢拉杆形成局部自平衡体系，有效减小了支承柱底弯矩，同时保证天窗区域的通透性和美观效果。

4. 超大超长混凝土结构无缝设计及应对措施

结构设计通过对比各层全设缝、各层不设缝以及下层设缝上层不设缝三种不同方案的温度应力结果，择优采用了 1～3 层设缝，4 层出发大厅不设缝的方案，保证了出发大厅层近 500m 超长混凝土结构的完整性，并通过采用高性能补偿收缩材料、设置预应力、混凝土收缩试验、"跳仓法"施工等综合措施，较好地解决了超长混凝土收缩裂缝问题。

通过设计过程中的一次次打磨创新，天府国际机场的结构设计成功解决了高铁地铁下穿、天窗构型、无柱大空间、超长无缝设计等关键技术问题。整体结构通过合理确定构件的抗震性能目标，确保了结构体系多道抗震设防和耗能机制的实现；构件基于多参数精细化比选结果进行布置，充分发挥了各类构件受力特性，平衡了建筑物的安全、经济和美观性，实现了天府国际机场创新、智慧、人文和绿色的设计初衷，获得业界的广泛好评。

设计团队

刘宜丰、周劲炜、夏　循、吴小宾、陈志强、肖克艰、谢明典、陈小峰、刘　莎、徐竞雄、马永兴、陈林之、谢俊乔、付利兵、朱建甫、杨　林、马玉龙、候雪林、谭俊波、李荣尧、金　鑫

执笔人：刘宜丰、夏　循、谢明典、陈小锋、马永兴

获奖信息

2021年获四川省优秀工程勘察设计一等奖

第12章

重庆江北国际机场 T3B 航站楼

12.1 工程概述

12.1.1 建筑概况

重庆江北国际机场位于重庆市渝北区。T3B 航站楼作为已建成投入使用的 T3A 航站楼的卫星厅，设计年吞吐量 3500 万人次，总建筑面积约 35 万 m²，效果图如图 12.1-1 所示。

T3B 航站楼由中央大厅（M）和指廊（I、J、K、L）组成，形成四指廊、平面 X 构型。平面轮廓尺寸为 846m×582m。除 M 区大厅两侧局部为混凝土屋盖以外，其余大面屋面均为钢结构轻质屋面，钢屋盖完成面最高标高为 37.900m。I、K、L 指廊屋面平面尺寸约为 237m×(58～94)m，下部混凝土结构平面尺寸约为 216m×(41～76)m；J 指廊屋面平面尺寸约为 225m×(58～91)m，下部混凝土结构平面尺寸约为 205m×(41～73)m；指廊钢屋盖完成面最高 30.4m。如图 12.1-2 所示。

T3B 航站楼主要功能分布如下：地下 1 层为地下室（建筑标高−6.500m），主要功能为 APM 轨道及站台、应急出发和到达厅、能源中心、设备机房及设备管廊等；1 层为站坪层（建筑标高 0.000m），主要功能为远机位候机区、综合业务用房、中转行李处理机房、设备用房及特种车库等；2 层（建筑标高 4.800m），主要功能为到达廊、中转厅、设备机房等；3 层（建筑标高 8.800m），主要功能为商业、候机区、旅客服务岛等；4 层（建筑标高 14.800m），主要功能为商业、两舱休息、候机平台以及屋顶花园等。建筑剖面如图 12.1-3 所示。

图 12.1-1 江北机场 T3B 航站楼效果图

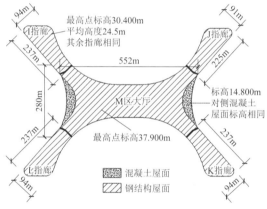

图 12.1-2 航站楼分区

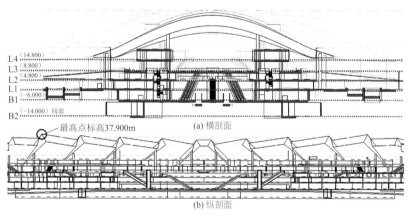

图 12.1-3 建筑剖面图

大厅所在场地较为平坦，其中 J、K 指廊之间的大厅区域为填方区，最大填方深度达 12m，其余区域处于挖方区。基础以中风化砂质泥岩（或中风化砂岩）为持力层。挖方区域采用柱下独立基础，地下室侧墙下方设置条形基础；填方区域，中风化砂质泥岩层距地下室底板底不大于 3m 的区域采用柱下独立基础，大于 3m 的区域采用大直径灌注桩基础。

12.1.2 设计条件

1. 主体控制参数（表 12.1-1）

控制参数 表 12.1-1

结构设计工作年限		50 年		
结构耐久性设计年限		除作为地下轨道交通的 M 区大厅 ±0.000 及以下为 100 年，其余均为 50 年		
建筑结构安全等级（重要性系数）		一级（$\gamma_0 = 1.1$）		
建筑抗震设防类别		重点设防类（简称乙类）		
地基基础设计等级		甲级		
地下室防水等级		一级		
抗震设防标准	抗震设防烈度	6 度（0.05g）		
	设计地震分组	第一组		
	多遇地震特征周期	0.35s		
	罕遇地震特征周期	0.40s		
建筑结构阻尼比	结构或结构部位	多遇地震	设防地震	罕遇地震
	大厅、指廊钢结构	0.02	0.02	0.02
按材料类型输入或单独钢结构模型阻尼比	大厅下部钢筋混凝土结构	0.04	0.04	0.05
	指廊下部钢筋混凝土结构	0.05	0.05	0.06
按钢屋盖与下部混凝土结构整体模型综合阻尼比	大厅	0.03	0.03	0.035
	指廊	0.04	0.04	0.045

2. 建筑防火标准

建筑耐火等级为一级，主要构件的耐火极限不应低于以下规定。

（1）钢筋混凝土结构耐火极限：柱 3.0h，梁 2.0h，楼板及疏散楼梯 1.5h，支承防火墙的梁及与其有支承关系的梁、防火墙顶部梁 3.0h。

（2）钢结构耐火极限：钢管柱及 V 形支撑 3.0h，钢梁及钢桁架 2.0h，网架杆件及球节点 1.5h，钢楼梯 1.5h。

3. 设计地震动参数

根据场地地震安评报告，除安评反应谱与规范设计反应谱有差别外，场地挖方和填方区的水平地震影响系数最大值 α_{max} 均较规范值有所提高，故设计地震作用按以下原则取用：设计按规范反应谱，多遇地震 α_{max} 取安评报告结果，相应加速度最大值 A_{max} 按照 $\beta_{max} = 2.25$ 换算，设防地震及罕遇地震的 α_{max} 和 A_{max} 根据多遇地震的安评报告值与规范值的比值做等比例放大，由此确定的各水准地震动参数见表 12.1-2。

设计地震动参数 表 12.1-2

地震影响	T_g/s	A_{max}/gal	水平地震影响系数最大值 α_{max}
多遇地震	0.35	22/38	0.051/0.089
设防地震	0.35	56/97	0.133/0.233
罕遇地震	0.40	139/243	0.311/0.544

4．风荷载

混凝土结构按 50 年重现期基本风压，取 $w_0 = 0.40kN/m^2$；屋盖钢结构按 100 年重现期基本风压，取 $w_0 = 0.45kN/m^2$。地面粗糙度类别为 B 类；风振系数按风洞试验结果确定；体型系数取风洞试验与规范的包络值。

根据混凝土结构及钢结构对季节性气温引起的结构温度场不同的特点，并考虑室内外温度差别，制订两类结构可能遭遇的气候温度；针对屋面钢网架结构，虽然其处于室内状态，但根据类似项目设计经验，由于室内冷空气的下沉作用，接近屋面顶部的温度往往较高，因此在网架设计时，适当提高升温荷载。

本工程混凝土后浇带的闭合温度 $T_0 = 10℃～30℃$。混凝土结构计算的升降温度：地上室内混凝土结构升温 $\Delta T = 20℃$、降温 $\Delta T = -20℃$；地上室外混凝土结构升温 $\Delta T = 25℃$、降温 $\Delta T = -25℃$；地下室混凝土结构升温 $\Delta T = 15℃$、降温 $\Delta T = -15℃$。

本工程钢结构的闭合温度 $T_0 = 15℃～25℃$。钢结构计算的升降温度：室内升温 $\Delta T = 25℃$、降温 $\Delta T = -25℃$；室内钢屋盖升温 $\Delta T = 30℃$、降温 $\Delta T = -25℃$；室外悬挑雨篷升温 $\Delta T = 30℃$、降温 $\Delta T = -29℃$；室外阳光直射钢构件升温 $\Delta T = 39℃$、降温 $\Delta T = -29℃$。

12.2 建筑特点

12.2.1 建筑平面超长

T3B 航站楼由中央大厅和 4 个指廊组成，整体呈 X 造型，平面轮廓尺寸为 846m × 582m（见图 12.1-2），属于大尺度超长平面。

屋盖结构设计设 4 道永久缝脱开大厅和指廊；混凝土结构在屋盖结构对应位置设缝基础上，大厅（M区）地下室顶板以上设 2 道缝将其分为 3 个结构单元，指廊不再分缝。如图 12.2-1 所示。

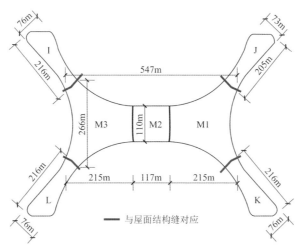

图 12.2-1　T3B 下部混凝土结构分缝示意

由于各结构单元仍然平面尺寸超长，且局部存在楼板缺失、大洞口削弱楼盖温度应力集中情况，在大厅和各指廊结构单元部分楼层内部再设置若干条局部伸缩缝，以解决温度应力集中问题，例如 M 大厅的 2 层温度应力较大，且建筑功能原因楼面开洞较多，设置温度缝将各结构单元再划分为 2～3 个分区。各层结构平面图如图 12.2-2～图 12.2-5 所示。

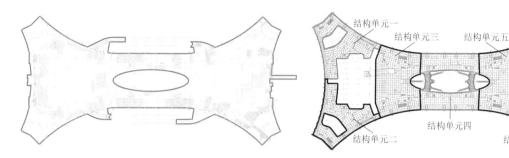

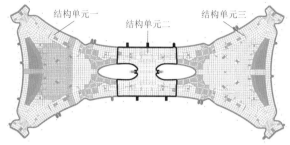

图 12.2-2 地下室顶板 1 层（标高 −0.100m）结构平面图

图 12.2-3 2 层（标高 4.700m）结构平面图

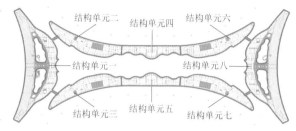

图 12.2-4 3 层（标高 8.700m）结构平面图

图 12.2-5 4 层（标高 14.700m）结构平面图

12.2.2　屋面造型复杂

航站楼屋盖系统需要解决建筑构型、天窗形式与结构布置的协调问题。T3B 航站楼屋面造型为自由曲面，多道起伏的侧向天窗如鱼鳞状布置于大厅屋盖，指廊屋盖在脊线处设置贯通天窗。侧天窗的自然采光及可视度属性决定了结构布置的杆件应尽量少、截面尺寸小、通透性好且符合建筑韵律感，势必影响屋盖网架结构的整体性。结构设计中以合理的天窗结构布置为出发点，借助 RHINO-Grasshopper 等参数化设计平台进行多轮结构方案比选，并利用 BIM 模型平台进行细部构件设计和节点配合，在体系合理、传力直接、安全可靠的基础上兼顾建筑表达和建筑效果，形成最终方案，效果图如图 12.2-6、图 12.2-7 所示。

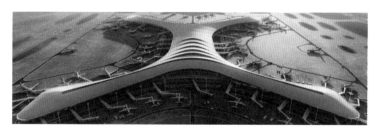

图 12.2-6　航站楼屋面建筑造型效果图

图 12.2-7　航站楼室内建筑效果图

12.2.3　平面开洞大

中央大厅（M 区）中部为旅客竖向交通核心区，其中地下 1 层为捷运系统站台、2 层为到达旅客汇散区、3 层为出发旅客汇散区，均设置竖向交通设备，在建筑平面中部形成长轴约 160m、短轴约 44m 的椭圆形大开洞，以保证交通核心区的通透与开阔。结构布置上，在 2 层及 3 层仅靠中部跨度最大达 48m 的连桥拉结，形成平面薄弱部位。结构设计将连桥与楼盖均采用固定铰连接，以尽量弥补楼盖的缺失影响。同时，2 层局部还存在其他楼板缺失等开洞情况，有较多的薄弱连接楼板带，采用分缝及加强薄弱楼板带的方式分别进行处理。M 区钢桁架连桥如图 12.2-8 所示。

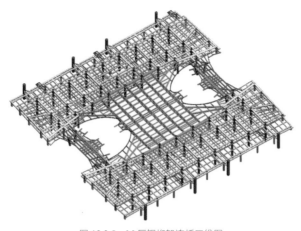

图 12.2-8　M 区钢桁架连桥三维图

12.2.4　各专业系统交叉复杂的 BIM 全过程解决方案

T3B 航站楼由于结构复杂，土建施工难度大；专业系统繁多，机电管线综合及与结构交叉处理困难，组织协调难度大。因而从设计到管理都对 BIM 技术应用提出了急迫需求。为此，以实现数字孪生机场为主要目标，实施全过程的 BIM 应用。

（1）设计阶段：进行 BIM 正向设计，并实现方案及过程、最终状态的功能模拟，提升方案、施工图设计优选范围和设计图纸质量，减少因设计变更造成的投资浪费。

（2）施工阶段：建立协同平台，通过扁平化管理、规范化流程，实现高效办公，达到深化设计精准，施工节点细化，减少工程变更，避免返工、拆改，提升施工效率，实现高质量施工、节材绿色施工。

（3）竣工阶段：建立一套完整的 BIM 数字化资产模型，并作为承载建筑产品的数据结算、运营及维护的平台。

12.3　体系与分析

12.3.1　结构体系

1. 下部混凝土结构体系

以中央大厅（M 区）结构单元为例，下部结构采用钢筋混凝土框架结构体系，主要柱网尺寸为 6m×12m、9m×12m、12m×13m 及 20m×24m，次梁采用双向井字梁布置，大跨及温度内力较大区域采用后张预应力梁，局部净高要求较大的区域采用密肋楼盖。整体计算模型如图 12.3-1 所示。

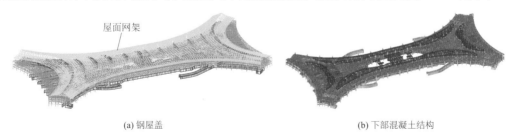

屋面网架

(a) 钢屋盖　　　　　　　　　　　　(b) 下部混凝土结构

图 12.3-1　M 区整体计算模型

2 层大厅中央位置连桥跨度约 29m，采用钢矩管梁，因存在较大拉力，矩管梁与两侧混凝土结构刚性连接。

3 层大厅中央位置连接南、北侧楼面的连桥跨度达 48m，采用鱼腹形平面钢桁架结构，共 7 榀，最大高度约 2.8m，桁架间距约 6m。桁架支座采用固定铰支座，支承于两侧支承柱或梁上，支承柱均采用钢管混凝土柱，支座梁采用钢矩管梁。

2．钢屋盖结构选型

屋盖钢结构设缝如图 12.3-2 所示，在 I—L 四个指廊与 M 区大厅之间设置温度变形缝，该缝与下部混凝土的温度变形缝对齐。分缝后中央大厅钢屋盖平面最大尺寸为 280m×552m，指廊最大平面尺寸为 94m×237m。

钢屋盖东西向剖面呈拱形，结构最高点标高约 36.500m，屋面共设置 12 道采光天窗，其中南北向最外侧各设置 1 道贯穿天窗与指廊天窗连续相接，大厅中部设置 10 道东西向不贯通的采光天窗；天窗平面呈鱼腹状，最宽处约 9m，两侧屋盖呈阶梯状布置，高度阶差约 5～7.5m。屋盖通过两侧的室外柱及天窗处的室内柱形成多点支承体系，主要柱网尺寸为 33m×36m（外侧两列柱）、33m×(48～90)m（室内柱网）。钢屋盖三维图如图 12.3-3 所示。

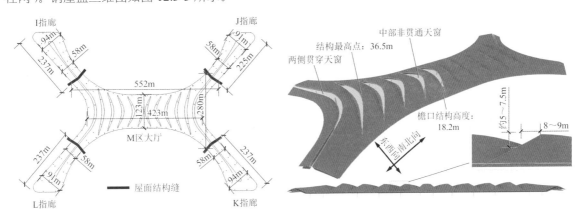

图 12.3-2　屋盖钢结构设缝示意图　　　　　　图 12.3-3　M 区大厅钢屋盖三维示意图

针对屋盖整体造型及天窗带对屋盖结构的影响，经多方案比选后，以如下两种方案进行深化对比。

（1）方案一，如图 12.3-4 所示，屋盖中间均匀分布的横向采光天窗，将屋面结构划分为多个横向放置的 V 形结构单元，在屋盖边缘过渡相连为整体，相邻天窗相交处设置两排支承柱，与两排边缘柱共同形成网架的多点支承。

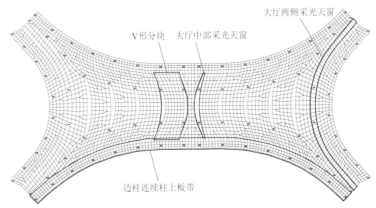

图 12.3-4　方案一 M 区大厅屋盖钢结构布置示意图

在屋盖中部，为保证采光天窗的通透性，相邻天窗弦杆间采用单根杆件连接，以传递水平力，如图 12.3-5 所示。在屋盖两端，天窗靠近指廊四角约 78m 长的区域，天窗的外端侧只有单根支承柱，另一侧有两根支承柱，屋盖结构利用天窗靠近中柱约 1/4 跨，如图 12.3-6（c）所示，基本处于竖向荷载作用下屋盖结构连续跨弯矩反弯点的位置，从而形成弯矩较小的特点。在天窗处布置变截面梭形矩管，与网架刚接形成具有一定拱效应的连续梁式结构。在符合结构力学特点下，可保证建筑效果的通透性。如图 12.3-6 所示。

经计算分析，该方案具有较好的竖向刚度及承载力，但水平刚度较弱，整体性稍差。

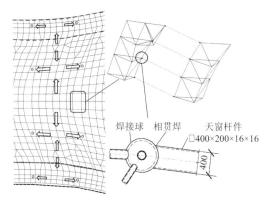

图 12.3-5　方案一 M 区大厅钢屋盖中部天窗结构示意图

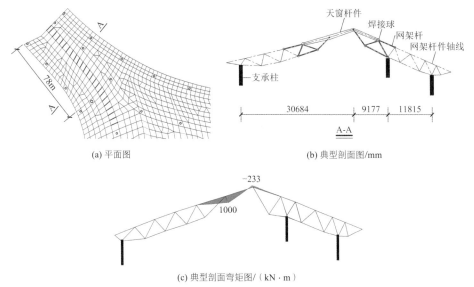

(a) 平面图

(b) 典型剖面图/mm

(c) 典型剖面弯矩图/（kN·m）

图 12.3-6　方案一 M 区大厅钢屋盖角部结构示意图

（2）方案二，如图 12.3-7、图 12.3-8 所示，结合天窗带设置正放三角立体桁架，桁架跨度约 48～90m，桁架高度约 4.5～7.0m，桁架网格尺寸约 8～12m，由天窗两侧的结构柱支承。天窗带桁架之间次结构采用正放四角锥网架，过渡到两侧边约 15m 宽的连续网架板带。屋盖支承方式为天窗桁架采用上弦支撑，其余位置采用下弦支撑。

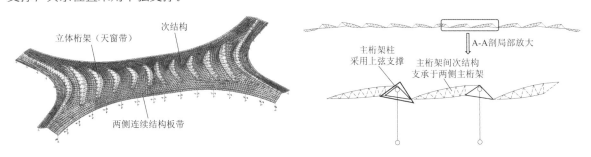

图 12.3-7　方案二 M 区大厅屋盖钢结构布置示意图

图 12.3-8　方案二 M 区大厅钢屋盖剖面示意图

比较两个方案，方案二天窗桁架构件数量多于方案一，但正放三角立体桁架的斜腹杆与天窗装饰的韵律基本契合，同时其结构整体性、水平面内刚度优于方案一。综合结构整体性能、与建筑及内装方案的契合度、经济性和制作加工安装难度，选择方案二作为实施方案进行深化设计。

经典回眸　中国建筑西南设计研究院有限公司篇

钢屋盖支承柱形式：室外采用钢管混凝土直柱，在 2 层楼面（4.700m 标高）设置 V 形支撑与主体混凝土楼盖相连，以增加其冗余度和减小计算长度；室内公共空间采用两端铰接的梭形重力柱，其余室内柱采用下大上小的锥形柱。柱顶采用关节轴承或成品钢铰支座与网架杆件相连，角部周边区域设置滑动铰支座用于释放过大的温度应力。

12.3.2　超长混凝土结构温度影响分析

M 区大厅平面尺度大，由于开洞、连廊等造成平面不规则。选择合理的结构分缝，可以减小由于温度等引起的结构附加内力，同时有利于结构抗震。为此，计算对比了两种伸缩缝（兼防震缝）设置方案（图 12.3-9）：方案一，在 M 区大厅不设缝；方案二，在 M 区大厅 2～4 层Y向设置两条缝。为了尽量减小对 3 层商业及出发大厅空间的影响，变形缝应尽量靠近中部连桥。采用 PMSAP 软件对下部混凝土结构各设缝方案进行计算分析，结果表明，楼盖温度应力相差较大，方案一各层大部分楼板X方向温度应力很大，最大处位于中部连桥两侧，已超过混凝土抗拉强度标准值；方案二中，温度应力低于方案一，同时也低于混凝土抗拉强度标准值。从温度应力的对比来看，方案二是较优的结构布置方案。两种方案的楼板最大温度应力计算结果如表 12.3-1、表 12.3-2 所示。

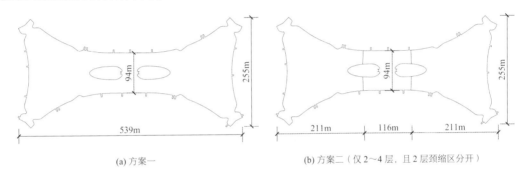

(a) 方案一　　　　　　　　　　　　　　(b) 方案二（仅 2～4 层，且 2 层颈缩区分开）

图 12.3-9　航站楼 M 区大厅设缝方案示意图

方案一楼板最大温度应力（去除应力集中处）　　　　　　　　　表 12.3-1

楼层	楼板温度拉应力/MPa			说明
	X向	Y向	主拉应力S_1	
1 层	3.7	3.7	3.8	地下室顶板层，去除应力集中
2 层	4.4	3.0	4.5	—
3 层	3.8	1.0	3.9	—
4 层	2.0	0.5	2.1	—

方案二楼板最大温度应力（去除应力集中处）　　　　　　　　　表 12.3-2

楼层	楼板温度拉应力/MPa			说明
	X向	Y向	主拉应力S_1	
1 层	3.6	3.7	3.7	地下室顶板层，去除应力集中
2 层	1.6	1.2	1.6	—
3 层	1.2	1.0	1.2	—
4 层	0.3	0.5	0.5	—

温度作用计算概况：根据重庆地区气象资料，极端气温为−2.9～44.5℃，基本气温为 1～37℃，年平均相对湿度值为 79%。混凝土楼盖的温度拉应力的大小取决于后浇带封闭结硬时的温度和使用期间温度

的差值。降温工况下，计算时考虑混凝土开裂后刚度的折减；升温工况下，混凝土受压，不考虑混凝土开裂引起刚度的折减。以此得到混凝土结构等效当量温差，将其代入计算分析，结果表明，部分区域主拉应力超过混凝土抗拉强度标准值，此区域考虑设置预应力钢筋，作为抗温度裂缝的措施。

12.3.3 超长屋盖钢结构分析

中央大厅（M区）钢屋盖平面最大尺寸为 280m × 552m，下部混凝土结构设置 2 条主缝将下部混凝土结构分为 3 个结构单元，形成整体钢屋盖与 3 个混凝土下部结构的类连体结构。为了解此类结构的特点，采用对上部钢屋盖对应分缝、形成上下分缝一致的分塔模型，与钢屋盖不设缝的整体模型进行对比分析。分缝模型如图 12.3-10 所示。分析结果表明，整体钢屋盖模型抗侧刚度优于分缝模型，其层间位移角减小幅度达 6.92%；整体模型的 M1 区和 M3 区竖向构件内力相对分缝模型有所减小，M2 区有所增加；柱内力最大差异约 12.7%，发生在混凝土结构缝两侧，故对温度缝两侧的结构柱应进行加强。

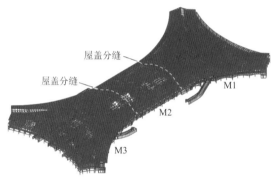

图 12.3-10 钢屋盖分缝模型

为了解下部混凝土结构分塔动力响应对上部整体钢屋盖影响，将钢屋盖结构进行单独模型的计算分析，对柱底施加相位完全相反的强迫位移以模拟分析下部 3 个单体在地震作用下水平变形存在相位差（即不同步变形）时对上部钢结构的影响，如图 12.3-11 所示，杆件分区如图 12.3-12 所示。计算结果表明，非一致输入下应力比的增加在 0.15 以内，杆件应力的变化主要集中在下部结构缝两侧区域，以跨越下部结构缝的区域 3 最为突出，约 30% 的杆件应力比增加超过 5%；距离下部结构缝较远的 5 区及 6 区，网架杆件应力保持不变。钢屋盖结构设计应采取相应的加强措施。

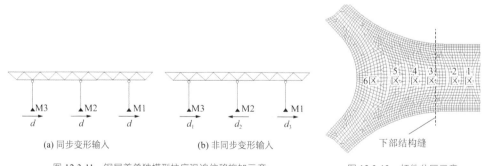

(a) 同步变形输入   (b) 非同步变形输入

图 12.3-11 钢屋盖单独模型柱底强迫位移施加示意   图 12.3-12 杆件分区示意

12.3.4 抗震性能化设计

抗震性能化设计目标为整体满足《高层建筑混凝土结构技术规程》JGJ 3-2020 中性能目标 C 的要求，以中央大厅（M区）为例，其结构构件相应抗震性能水准如表 12.3-3、表 12.3-4 所示。

项目			多遇地震	设防地震	罕遇地震
结构宏观性能	性能水准		1	3	4
	定性描述		完好	轻度损坏	中度损坏
	位移角限值	混凝土框架	1/550	—	1/60
		钢框架	1/250	—	1/60
		钢管混凝土柱（屋盖网架层）	1/300	—	1/60
下部混凝土结构	关键构件	支承大跨连桥的柱；转换梁、柱；穿层柱；错层柱；	无损坏	轻微损坏	轻度损坏
	普通竖向构件	除"关键构件"之外的竖向构件	无损坏	轻微损坏	部分构件中度损坏
	耗能构件	框架梁	无损坏	轻度损坏、部分中度损坏	中度损坏、部分比较严重损坏
屋盖钢结构	关键构件	外围柱的 V 形支撑；支座处网架杆件；天窗杆件；支承屋盖的钢管混凝土柱	无损坏	轻微损坏	轻度损坏
	普通构件	网架其余构件	无损坏	轻度损坏、部分中度损坏	部分中度损坏
	连接节点	—	无损坏	轻微损坏	轻度损坏

中央大厅（M 区）结构构件性能水准的承载力设计要求   表 12.3-4

项目			多遇地震	设防地震	罕遇地震
下部混凝土结构	关键构件	支承大跨连桥的柱；转换梁、柱；穿层柱；错层柱；	弹性	受剪弹性；受弯不屈服	不屈服
	普通竖向构件	除"关键构件"之外的竖向构件	弹性	受剪弹性；受弯不屈服	受剪截面满足限制条件
	耗能构件	其余框架梁	弹性	受剪不屈服	受剪截面满足限制条件
屋盖钢结构	关键构件	V 形支撑；支座处网架杆件；两侧天窗杆件；支撑屋盖的钢管（混凝土）柱	弹性	弹性	不屈服
	普通构件	网架其余构件	弹性	弹性	极个别屈服
	连接节点	—	弹性	弹性	不屈服

中央大厅（M 区）罕遇地震作用下的结构弹塑性分析表明，下部钢筋混凝土结构的框架梁首先出现弯曲塑性铰，随着时程的发展，梁端塑性铰数量进一步增加；随后中部和两侧的部分钢筋混凝土框架柱也出现弯曲塑性铰，出铰框架柱数量约占总数的 5.46%；但柱的弯曲塑性铰绝大多数处于 IO 阶段，损伤程度较轻。

12.4 专项设计

12.4.1 多梁相交的宽扁梁-柱节点设计

由于层高限制，3 层部分大跨度区域的梁高只能做到 525mm，需采用宽扁梁，且该区域平面异形、钢筋混凝土柱布置较稀少，导致多根宽扁梁集中于同一根柱的情况，形成平板式柱帽。由于高度较小，柱帽的抗冲切承载力成为需要面对的问题。

节点设计除沿钢筋混凝土柱设置环梁以外，沿各梁中心线设置伸入柱的工字形型钢剪力架，作为提高抗冲切能力的加强措施。采用 ABAQUS 软件对节点进行了有限元分析，钢筋采用 T3D2 单元模拟，型钢采用 S4R 模型模拟，混凝土采用 C3D8R 单元模拟，模型如图 12.4-1 所示。

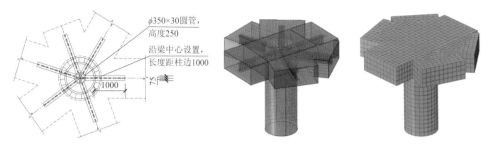

图 12.4-1　节点有限元模型

在设计荷载作用下，型钢剪力架及纵筋强度均未达到设计值，节点安全。从有无型钢剪力架的位移对比可以看出，型钢剪力架作用明显，有效控制了节点区的剪切变形（剪切破坏）。有限元计算结果如图 12.4-2 所示。

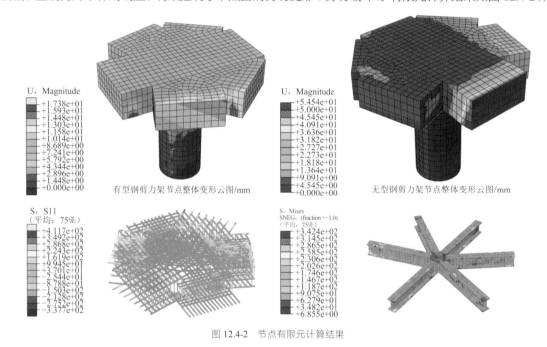

图 12.4-2　节点有限元计算结果

12.4.2　天窗结构与建筑构型的一体化设计

　　航站楼屋盖基于带状天窗的功能逻辑构建整体造型，结构设计以力学性能和整体性为出发点，使天窗结构简洁通透以实现建筑创意效果。天窗结构布置如图 12.4-3 所示，在天窗处设置正放三角形空间立体桁架作为基本结构单元，其一侧临空面为天窗带迎光面，另一侧则形成屋面网架的边腹杆，而标高较低侧屋面网架与三角形空间立体桁架下弦杆铰接，形成结构体系。在天窗处设置两根柱支承三角形空间立体桁架上弦，与两端交汇的连续网架支承柱一同形成屋盖钢结构体系。天窗范围的"次结构→主桁架→支承柱"的传力路径，与两端交汇的连续网架传力路径结合，具有明确的空间结构特征，传力效率高，结构整体性强。将天窗三角桁架设置为上弦支撑，可避免柱顶节点的构造影响天窗的简洁性和韵律感，并通过 BIM 设计避免上弦支承节点出现构件相碰或影响装饰构造的情况。

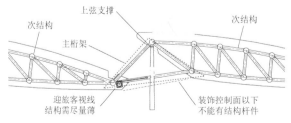

图 12.4-3　中央大厅（M 区）天窗结构布置示意图

天窗支承柱从 3 层起，总高度约 20～30m，采用上下铰接的重力柱，仅承担屋面竖向荷载引起的轴力，水平力则通过天窗桁架传至周边连续网架的支承边柱。与主创建筑师协调，天窗支承柱身采用 Q355B 钢板卷制而成的梭形变截面圆管，中部直径 900mm，顶部和底部直径 600mm，显得轻巧灵动。重力柱顶部采用关节轴承节点（图 12.4-4），其连接销件采用向心关节轴承以实现耳板面外方向的转动，根据重力柱上下节点在各个工况下的包络相对位移计算确定面外关键轴承的转角容许值；销轴耳板采用 Q420B 钢板，销轴轴体采用 40Cr 材料，向心关节轴承采用 40Cr13 材料。重力柱底部节点按建筑效果的"节点柱身一体化"要求，避免出现耳板、加劲肋等与圆柱柱身不协调的构成元件，为此进行专门设计，采用万向转动铸钢节点，节点上部与钢管焊接，外轮廓延续柱身的截面收分并在内部设置承压球形凹槽，节点下部设置承压球形端，与节点上部接触承压，接触面打磨光滑并设置聚乙烯耐磨滑板以保证良好转动性能，上、下节点边缘设置卡口以防止特殊工况下柱受拉引起节点分离。对节点上部球形凹槽的弧度及最小厚度通过有限元参数化分析，根据计算结果取节点上部最小厚度100mm，弧面半径 240mm。节点有限元分析结果如图 12.4-5 所示，整个滑动面上大面应力小于 103MPa，周边环向区域局部达到 150MPa，节点整体应力水平较小且相对均匀，应力较大处主要由约束产生应力集中，节点受压状态下的最大变形为 0.22mm。

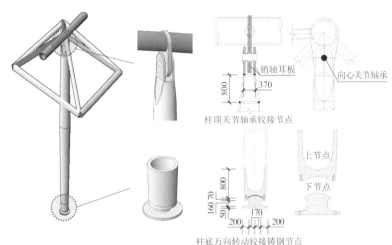

图 12.4-4　室内天窗重力柱及其节点示意

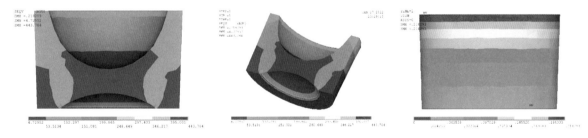

图 12.4-5　重力柱柱底铸钢节点有限元分析结果

12.4.3　重载大跨钢连桥设计

3 层钢连桥跨度达到 48m，两侧挂载自动扶梯，为旅客通行的重要通道，对其进行如下专项分析。

1. 舒适度分析

根据结构布置情况，按照封闭连廊和室内天桥选取荷载及相应的加速度限值。连桥竖向峰值加速度限值按 0.15m/s² 控制，根据《建筑楼盖结构振动舒适度技术标准》JGJ/T 441-2019 进行单人行走及连桥人群竖向荷载激励，得到人群竖向荷载激励最不利点峰值加速度为 0.23m/s²，超过限值。为此，采用设置 TMD 措施加以解决。减振计算分析时，在 MIDAS 软件中采用弹簧和线性阻尼器模拟 TMD，共计设置 12 组，每组质量 2.0t，频率 3.8Hz，人群竖向荷载激励最不利点峰值加速度为 0.11m/s²，满足限值要求，减振比例为52%。TMD布置如图12.4-6所示。

2. 钢桁架连桥支座节点分析

3层的连桥采用钢桁架结构，端部采用上弦支承，在主体结构的钢管柱或楼面矩管钢梁的牛腿上设置固定铰支座，如图12.4-7所示。采用ABAQUS软件对牛腿节点进行计算分析，单元采用C3D10，包含罕遇地震工况下的最不利加载。计算结果表明，柱牛腿最大应力出现在牛腿顶和钢管柱相交的柱壁，应力达到355MPa，但全节点应力绝大部分在100MPa左右，没有进入屈服，整体应力水平较低；梁牛腿的最大应力出现在牛腿顶和钢梁相交的梁侧壁，应力达到355MPa，但全节点应力基本在80MPa左右，整体应力水平较低，说明节点和矩管支承梁承载力可靠。牛腿节点计算应力如图12.4-8所示。

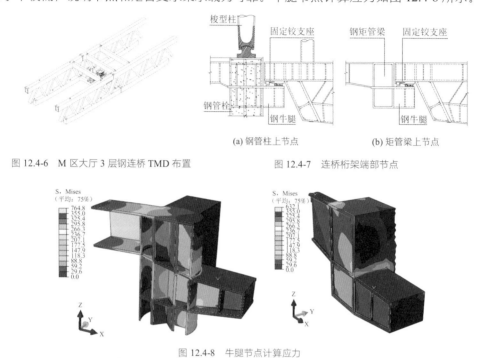

图12.4-6 M区大厅3层钢连桥TMD布置   （a）钢管柱上节点   （b）矩管梁上节点

图12.4-7 连桥桁架端部节点

图12.4-8 牛腿节点计算应力

12.4.4 索网幕墙设计

幕墙采用单索结构体系，具有轻巧、美观、抗震性能好的特点。拉索与玻璃面板之间的固定选用不锈钢四点球铰型夹具，其特点是玻璃面板以球铰的转动中心发生转动，与玻璃面板接触的球铰面与夹具压盖内侧有足够的转动空间，面板在挠度限值范围内可随意变形，玻璃板材应力较小，可减小玻璃的厚度。而传统的固定夹具的玻璃幕墙，四个角被固定，玻璃从夹具压盖内侧的边缘就开始产生挠度变形，将产生较大的玻璃应力。球铰型夹具节点如图12.4-9所示。

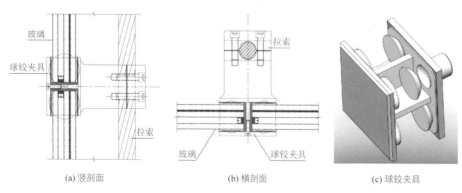

(a) 竖剖面   (b) 横剖面   (c) 球铰夹具

图12.4-9 拉索球铰型夹具节点

本项目采用独立设置的门式钢架作为幕墙索结构支承结构，与索形成自平衡体系。竖向索下端固定于楼层混凝土梁上，上端固定于门式钢架水平钢梁，由楼层混凝土梁及水平钢梁承受拉索拉力，水平荷载通过拉索下部传递给楼层混凝土梁，上部通过门式钢架水平钢梁由摇臂传递给屋面的网架结构，不设置横向钢索。如图 12.4-10 所示。

　　门式钢架柱间距约 18m，高度约 13m，顶部梁采用截面 800mm×600mm×45mm 的箱形梁，两侧抗风柱采用梯形截面（图 12.4-11）。抗风柱与主体结构为铰接固定，能够适应水平变形；顶部与钢梁连接的摇臂间距为 5m 左右，摇臂与钢梁以及摇臂与主体网架均采用铰接连接（图 12.4-12），使主体网架仅承受水平荷载作用。拉索规格选用 φ36，布置间距同玻璃面板宽度为 3m，材质为不锈钢 316，预张力按钢索破断力的 20%～25% 取值。

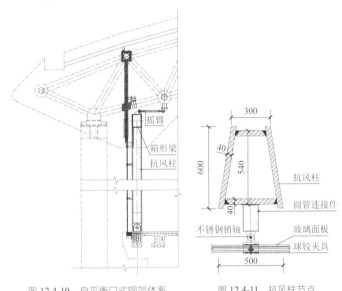

图 12.4-10　自平衡门式钢架体系　　　图 12.4-11　抗风柱节点

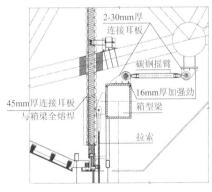

图 12.4-12　拉索顶部节点

　　拉索张拉端设置在索底部，节点构造如图 12.4-13 所示。抗风柱的柱脚采用销轴的铰接连接方式，节点构造如图 12.4-14 所示。

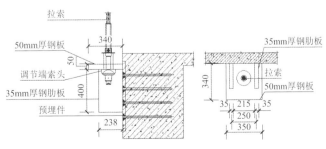

图 12.4-13　拉索张拉连接节点　　　　　　图 12.4-14　抗风柱柱脚连接节点

12.4.5 钢结构施工模拟分析

采用 MIDAS/Gen（2021）软件对钢结构的施工全过程进行模拟分析。

1. 支撑系统验算

支撑系统由 D609 × 10 单管支撑、顶部 H588 × 300 × 12 × 20 连系梁、中间 D180 × 6 连系拉杆组成。分别对窄钢连桥、宽钢连桥按 CS1~CS5、CS6~CS10 各 5 个安装工况，以及 XZ1、XZ2 各 1 个卸载工况进行施工模拟分析，如图 12.4-15、图 12.4-16 所示。计算结果表明，钢结构施工过程中的最大竖向变形为 14mm，支撑最大应力为 28MPa < 210MPa，支撑最大反力为 41t，均符合设计预期。

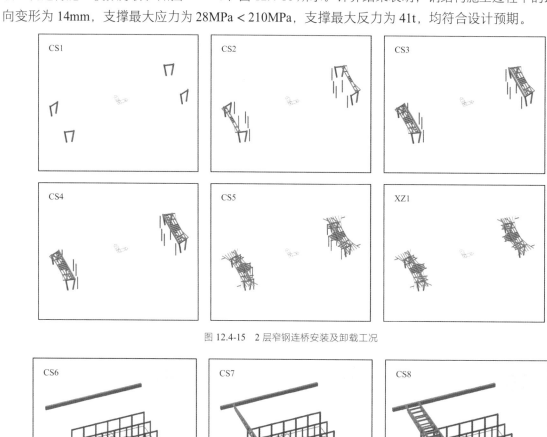

图 12.4-15 2 层窄钢连桥安装及卸载工况

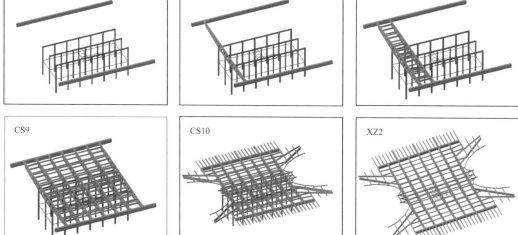

图 12.4-16 3 层宽钢连桥安装及卸载工况

2. 屋面钢结构施工模拟分析

屋面钢结构采用楼面拼装后整体提升的施工方式。例如中央大厅（M 区），按平面尺寸 552m × 280m 划分为 7 个分区，如图 12.4-17 所示。各分区拼装成形后提升到位，然后进行分块之间杆件的高空嵌补。为使施工过程中的结构受力状态与最终状态尽量相近，避免大规模的构件加强，除上下铰接的梭形重力柱外，尽可能利用原屋盖支承柱作为提升架布置吊点。在此基础上，分块提升验算不能满足变形控制要求的，另外设置临时提升点。最终提升点布置如图 12.4-18 所示，其中支架类型一、二利用原支承柱作为提升点，支架三为新设置提升支架。整体施工顺序如图 12.4-19 所示。对屋盖钢结构需要的临时提升支架，在其底部设置钢转换梁将荷载转移到承载力较大的结构梁上，如图 12.4-20 所示。对需要汽车起重机的范围，在楼面的行进路线进行规划，复核相关楼板和结构梁，并将相关加强措施在施工图设计中予以体现（图 12.4-21）。

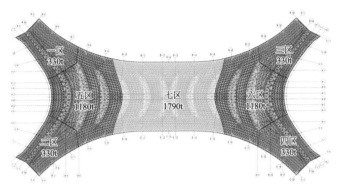

图 12.4-17　屋盖提升分区示意

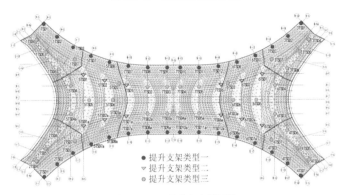

● 提升支架类型一
▽ 提升支架类型二
◎ 提升支架类型三

图 12.4-18　提升点布置示意

施工阶段一：一~四区提升
最大变形：提升 36mm、卸载 34mm
最大应力：提升 84MPa、卸载 84MPa
分缝两侧相对变形：
$\Delta_{XYmax} = 14mm$
$\Delta_{Zmax} = 27mm$

施工阶段二：五、六区提升
最大变形：提升 40mm、卸载 42mm
最大应力：提升 163MPa、卸载 149MPa
分缝两侧相对变形：
$\Delta_{XYmax} = 15mm$
$\Delta_{Zmax} = 38mm$

施工阶段三：七区提升、整体成形
最大变形：提升 56mm、卸载 57mm
最大应力：提升 150MPa、卸载 136MPa
施工完成：　最大变形 57mm
　　　　　　最大应力 136MPa

图 12.4-19　M 区大厅钢屋盖整体施工顺序

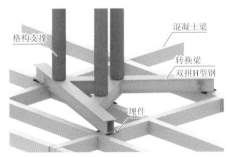

格构支撑
混凝土梁
转换梁
双拼H型钢
埋件

图 12.4-20　提升支架

汽车起重机行进路线
汽车起重机

图 12.4-21　汽车起重机

12.4.6 BIM 正向设计及数字化应用场景

T3B 航站楼作为大型复杂交通建筑，设计阶段涉及各个专业的配合与协调，二维图形的传统设计方式在关系核对上容易疏漏或不直观，导致专业间配合出现意外。为此，采用全专业正向 BIM 设计，以三维模型相互提资方式，保证设计的准确性、同步性；采用轻量化工具 navisworks 进行模型配合与检查，保证净高控制、管线综合的质量；在从三维设计模型生成二维图纸交付方面取得进展，达到图模一致。模型如图 12.4-22 所示，设计流程如图 12.4-23 所示。

经典回眸 中国建筑西南设计研究院有限公司篇

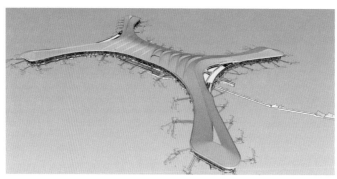

图 12.4-22　REVIT 三维模型

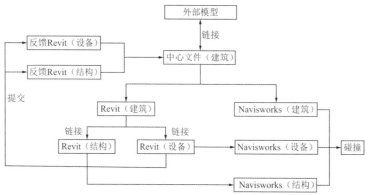

图 12.4-23　BIM 正向设计流程

设计阶段依托全专业 BIM 模型，进行了以下数字化应用：

（1）采用数字化方法对建筑风环境、日照、采光、照明等进行分析与调整。

（2）对楼内进行包括烟气模拟与人员疏散模拟等消防性能化分析。

（3）依托 BIM 模型进行结构重要节点分析。

（4）通过 BIM 模型整合，优化了航站楼内空间，并进行精装方案推敲。

（5）利用 BIM 模型进行 VR 展示。

（6）利用 BIM 模型数据搭载能力，将划分标段有关信息直接录入模型，便于全过程控制。

施工阶段依托全专业 BIM 模型，进行了以下数字化应用：

（1）利用 BIM 模型进行施工方案论证。例如，对复杂节点处的构造进行可视化模型搭建，方便节点方案论证，型钢混凝土梁柱节点施工模拟如图 12.4-24 所示；利用 Dynamo 及衍生式设计工具，比选最佳跳仓法分区方案。

（2）利用 BIM 模型进行模架深化设计，如图 12.4-25 所示。

（3）利用 BIM 模型进行 4D 施工进度模拟，快速直观地进行进度对比分析，及时纠偏。

（4）利用 BIM 模型进行构件二维码运输监控管理，如图 12.4-26 所示。

（5）利用 BIM 模型与施工实体扫描的数据进行分析，对施工偏差进行控制。

此外，通过 BIM 模型建立网状立体协同体系（图 12.4-27），对协同平台各项目业务数据进行实时汇总分析，管理人员通过直观的数据看板了解项目相关业务信息。通过建立云平台＋各参与方＋BIM 工程项目全过程总控管理机制，从根本上解决项目全生命周期各阶段和各专业系统间信息断层问题，全面提高从策划、设计、施工、技术到管理的信息化服务水平和应用效果。通过基于 BIM 模型的数字化应用，项目取得较大直接经济效益，例如预留洞口使用率达到 85%，减少返工率 15%，减少 70% 变更量，实现直接经济效益约 1900 万元，保证了关键工序的完成节点，共节省约 40d 有效工期。

图 12.4-24　型钢梁柱节点施工模拟

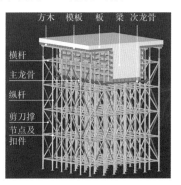

图 12.4-25　高支模模架深化设计

项目名称：重庆江北机场T3
B大厅M区
层及区域：L3层钢骨梁
构件编号：L3-XGKL3-1
重量（kg）：603
规格（主体板厚mm）：BH60

图 12.4-26　构件二维码运输监控

图 12.4-27　网状立体协同体系

12.4.7　多维多点地震分析

T3B 航站楼中央大厅（M 区）平面尺寸为 547m × 266m，超过 300m，有必要进行多点输入地震反应分析。所选用地震波为人工波 RGB1 及天然波 TH002、TH030，地震波主方向最大加速度为 38cm/s²。根据场地基岩剪切波速并结合有关工程实践经验，行波视速度取为 $V = 800m/s$。分析时分别考虑地震波传播 X 向及 Y 向，如图 12.4-28 所示。

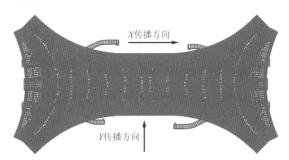

图 12.4-28　M 区大厅结构平面简图及地震波传播方向

分别观察行波效应对结构杆件内力的影响，总结关键受力构件的行波效应规律、基底地震剪力的变化情况如下。

（1）对于钢屋盖结构部分，在 RGB1 波、TH002 波及 TH030 波作用下出现行波效应内力增大的杆件数量百分比分别为 23.2%、22.3% 及 28.5%，行波效应系数多分布在 1.0～1.1 之间，系数大于 1.2 的杆件极少，且行波效应系数较大的杆件的一致输入下的杆件应力比一般小于 0.1。而一致输入下轴力较大的杆件（$P_{max}/P_{cr} > 0.6$）其行波系数一般小于 1.0。

（2）多点输入对框架柱内力的影响，轴力明显小于剪力和弯矩，其原因在于地震动引起的轴力占柱轴力比例较小。底层框架柱的剪力和弯矩行波系数大于上部楼层；结构楼板开洞处、分缝位置以及边柱行波效应系数大于其余位置柱。

（3）多点输入下的基底剪力小于一致输入，其原因归结于多点激励时各杆件振动步调不一致，叠加为基底剪力时有部分相互抵消。

（4）对跨缝相关构件受行波效应影响进行研究，主要考察了中央大厅（M区）下部混凝土结构分缝对其上方钢屋盖构件的影响，以及2层（4.700m标高）局部楼板分缝对3层（8.700m标高）相关水平构件（框架梁及楼板）和竖向构件的影响，结果如下：

①分缝上方钢屋盖构件出现行波效应内力增大的杆件数量比例根据不同地震波在1.69%～16.82%之间，行波效应系数分布在1.0～1.4之间，极个别杆件达到2.0。计算模型如图12.4-29所示。

②2层（4.700m标高）局部分缝的行波效应对上部整体楼层结构构件的影响，通过提取局部分缝1和局部分缝2两个典型位置进行观察，如图12.4-30所示。计算结果表明，柱轴力行波效应系数基本在1.0左右，剪力和弯矩行波效应系数变化规律基本一致，大多数情况在0.9～1.0之间，局部分缝1位置C2、C3柱行波系数相对较大，最大达1.6～1.8，应予以加强。梁轴力和板应力行波效应系数的变化明显大于梁弯矩和剪力，梁轴力行波系数主要分布在0.5～2.0之间，个别位置最大可达2.69；板应力行波系数主要分布在0.8～1.49之间，个别位置最大为1.49。而除极个别位置外，梁的弯矩和剪力行波效应系数均小于1.0，且地震行波顺梁布置方向输入时对梁轴力的影响明显大于垂直梁布置方向输入时的影响。由于行波效应对分缝位置上方梁和板轴向力有明显放大现象，应加强跨缝梁纵筋和梁侧钢筋配置，提高跨缝范围楼板配筋率。

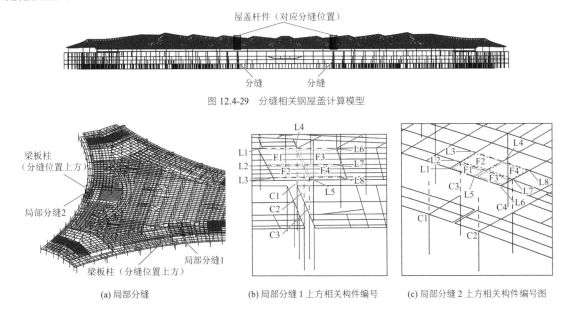

图12.4-29　分缝相关钢屋盖计算模型

(a) 局部分缝　　　　(b) 局部分缝1上方相关构件编号　　　(c) 局部分缝2上方相关构件编号图

图12.4-30　2层局部分缝计算示意

12.4.8　钢屋盖防连续倒塌分析

中央大厅（M区）钢屋盖支承于下部84根钢管混凝土柱或钢管柱上，考虑室外支承柱有遭受汽车炸弹等偶然荷载作用的可能性，进行了钢屋盖防连续倒塌分析。分析采用拆除构件法，进行弹塑性时程分析，观察柱构件破断后塑性铰出现的位置及数量，结合承载力和变形判断结构是否形成机构或倒塌。分析表明，拆除1根支承柱后，屋盖竖向变形在拆除位置达到0.26～4.5m，在拆除柱所在跨及相邻跨的杆件出现塑性铰，但整体出铰面积比例小于10%。同时，作为屋面支承的其他未拆除支承柱均处于弹性，故屋面钢结构不存在连续倒塌的可能性。如图12.4-31所示。

(a) 拆除边柱1，最大变形0.265m，
屈服杆件数量0.3%

(b) 拆除边柱2，最大变形0.72m，
屈服杆件数量0.28%

(c) 拆除边柱3，最大变形4.5m，
屈服杆件数量1.54%

图 12.4-31　M 区大厅拆除相关边柱后屋盖出铰示意

12.5　结语

重庆江北国际机场 T3B 航站楼结构设计过程中，主要完成了以下几方面的创新性工作。

1. 注重建筑结构一体化设计

在屋盖钢结构和中央大厅连桥设计时，结构设计充分考虑建筑方案特点，结合结构的力学特性，通过结构布置优化比选，使得结构和构件形式与建筑表达融合，构件截面结合建筑空间要求，实现了建筑与结构相互融合的设计。

2. 优选结构方案

在超大尺寸平面的主体混凝土结构和屋盖钢结构分缝、屋盖天窗选型及支承柱布置、中央大厅大跨度连桥结构布置及连接节点构造设计、多宽扁梁相交的梁柱顶节点设计、幕墙体系的四点球铰夹具应用等方面，通过结构方案优选与创新，做到传力合理、安全可靠、功能优化、施工便宜。

3. 力求设计施工一体化

设计阶段根据可能施工方案，结合工期需求，对重点区域进行施工模拟，如主体结构上层楼盖考虑屋盖钢结构的拼装及提升安装，从施工措施、附加造价成本等多维度考虑结构设计方案，做到成本与工期、施工难度的最优契合。

4. 全专业 BIM 正向设计及全过程数字化应用

通过全专业 BIM 正向设计及全过程数字化应用，便于方案比选优化，降低了出错概率，提升了设计质量。施工通过设计 BIM 模型，可建立网状立体协同体系，建立云平台＋各参与方＋BIM 工程项目全过程总控管理机制，从根本上解决项目全生命周期各阶段和各专业系统间信息断层问题，全面提高从策划、设计、施工、技术到管理的信息化服务水平和应用效果，取得较好的经济效益及社会效益。

设计团队

结构设计：吴小宾、陈志强、易　丹、王建波、谢俊乔、肖克艰、刘宜丰、马玉龙、杨　林、刘益舟、乔杨错

幕墙设计：董　彪、殷兵利、莫红梅、文　靖

执　笔　人：王建波、吴小宾、陈志强、谢俊乔、董　彪

第13章

成都中海天府新区 489m 超高层项目

13.1 工程概况

13.1.1 建筑概况

成都中海天府新区超高层项目位于四川省成都市天府新区总部商务区核心区域，建筑高度为488.9m，为目前西南地区最高楼。塔楼建筑平面为近似于正方形的风车状，四边中间有通高凹槽；塔体自下而上逐渐收进，呈内倾锥形的形态。89层以上为呈竖向阶梯状收进的塔冠。建筑效果图见图 13.1-1，结构 BIM 模型见图 13.1-2，结构立面及分区示意见图 13.1-3，建筑典型平面图见图 13.1-4。

图 13.1-1　建筑效果图

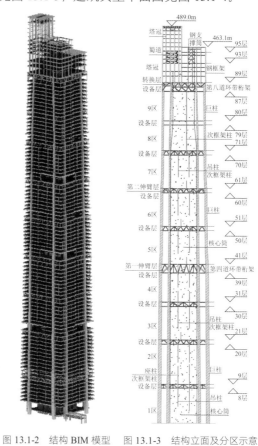

图 13.1-2　结构 BIM 模型　　图 13.1-3　结构立面及分区示意

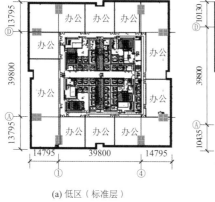

(a) 低区（标准层）

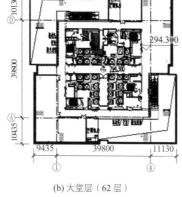

(b) 大堂层（62 层）

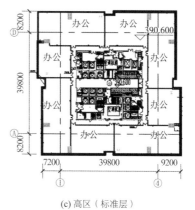

(c) 高区（标准层）

图 13.1-4　建筑典型平面图/mm

建筑主要功能：办公及观光；地上建筑面积：34.75 万 m²；建筑层数：地上 95 层，地下 5 层；建筑高度：488.9m（96 层屋面高度为 463.5m）；层高：标准层 4.5m，设备层 5.1～5.4m；建筑尺寸：底部尺寸 67.8m × 67.8m, 大屋面尺寸 57.8m × 55.8m; 高宽比: 以外轮廓计约 6.5, 以巨柱外围计 7.0。

结构抗侧力系统采用高效的巨柱框架-核心筒-伸臂-次框架结构体系, 在 89 层以上的塔冠观光层, 由于建筑功能及体型收进, 设置转换层将巨柱体系转换为外周钢框架体系, 与向上延伸的筒体组成钢框架-核心筒结构体系, 并在 93~95 层核心筒改变为钢支撑筒。塔楼采用考虑桩土共同作用的桩筏基础, 采用直径 1m 的干作业钻孔灌注桩, 基础埋深约 30.4m。

13.1.2 设计条件

1. 主体控制参数 (表 13.1-1)

控制参数　　　　　　　　　　　　　　　　　　　　　　　表 13.1-1

结构设计基准期		50 年
结构耐久性		重要构件: 100 年; 次要构件: 50 年
建筑结构安全等级		重要构件: 一级; 次要构件: 二级
结构重要性系数		重要构件: 1.1; 次要构件: 1.0
建筑抗震设防分类		重点设防类 (乙类)
地基基础设计等级		甲级
设计地震动参数	抗震设防烈度	7 度 (0.10g)
	设计地震分组	第三组
	场地类别	Ⅱ 类
	多遇地震特征周期	0.45s
	罕遇地震特征周期	0.50s
建筑结构阻尼比	多遇地震	地上: 主楼 0.04, 塔冠 0.03; 地下: 0.05
	罕遇地震	主楼 0.06, 塔冠 0.05
时程分析输入地震峰值加速度 / (cm/s²)	多遇地震	35
	设防烈度地震	100
	罕遇地震	220

注: 重要构件—核心筒、巨柱、环带桁架、伸臂桁架、加强层水平支撑、89 层转换构件及竖向构件, 包括次柱、塔冠柱、其他小柱。次要构件—除重要构件外的其他构件, 如外周钢框架梁、楼面次梁等。

2. 建筑防火标准

本工程建筑耐火等级为一级, 塔楼 (含塔楼投影范围的地下室) 的承重竖向构件 (柱及剪力墙) 以及环带桁架、伸臂桁架、塔冠柱转换梁等重要构件的耐火极限为 4.0h, 水平构件如梁、水平支撑等的耐火极限为 3.0h。

3. 结构抗震设防标准

综合地震安评报告及超限审查专家建议, 地震反应谱曲线按《建筑抗震设计规范》GB 50011-2010 建议的反应谱曲线, 在自振周期 6s 后采用水平直线。地上塔楼结构抗震等级见表 13.1-2。

地上塔楼结构抗震等级　　　　　　　　　　　　　　　　表 13.1-2

范围	构件类型	部位	抗震等级
地上	核心筒	全楼	特一级
	巨柱	底部加强区, 加强层及其上下层, 斜柱转折层及其下层	特一级
		其他楼层	一级
	伸臂/环带桁架	全楼 (钢结构构件)	一级

范围	构件类型	部位	抗震等级
地上	87～89 层塔冠转换结构	钢桁架及钢梁	一级
		型钢混凝土转换梁	特一级
	外周钢框架（次柱、梁），塔冠框架，次柱或巨柱与核心筒相连的径向钢框梁	全楼	二级
	钢支撑筒	93～95 层	一级

塔楼结构以地下室顶板为嵌固层，地下室的钢管混凝土巨柱外包 300mm 厚钢筋混凝土形成型钢混凝土巨柱，主楼范围内的地下室顶板框架梁采用型钢梁，室内外高差通过梁板加腋方式确保塔楼水平力可靠传递到周边地下室。

4. 风荷载

根据《建筑结构荷载规范》GB 50009-2012（简称《荷载规范》），场地所在地区 50 年一遇基本风压为 0.30kN/m²。进行缩尺比例 1：500 的风洞试验，同时对现有和未来工况下塔楼周边建筑物进行建模，试验时包括塔楼及塔楼周围 610m 半径范围内的所有建筑地貌。为模拟场地模型以外的大气边界层上风向地貌对塔楼的影响，在风洞工作段前方设置了适当的湍流尖塔与地面粗糙元对每个风向逐一模拟。上风向地貌情况见表 13.1-3。

上风向地貌   表 13.1-3

上风向地貌	风向（以正北方向为 0°顺时针计算）
开阔/郊区（近 B 类）一靠近塔楼有一些中高层建筑，远处为开阔地貌	60°～300°
市郊（近 C 类）一靠近塔楼有一些中高层建筑，远处为成都市郊	10°～50°、310°～360°

试验采用双高频测力天平的试验方法，除了在塔楼底部安装一个测力天平来测量整个塔楼的基底荷载之外，在塔冠的底部额外安置了一个迷你测力天平。通过结合迷你天平收集到的塔冠荷载和结构特性中塔冠响应明显的高阶模态，得到更为准确的塔冠荷载。对比风洞试验和《荷载规范》计算的风荷载，Y 方向的风洞荷载略大于 80%规范荷载，X 方向的风洞荷载略小于 80%规范荷载，设计采用两者的包络值。对塔楼关键楼层在风荷载作用下的楼层加速度进行监测表明，在 10 年重现期风荷载作用下，塔楼的主体结构 86 层（办公分区最高层）最大加速度为 0.059m/s²，塔冠部分 93 层（商业分区最高层）最大加速度为 0.067m/s²、95 层（观光分区最高层）为 0.072m/s²，满足《荷载规范》对风振舒适度的限值要求。

13.2 建筑特点

主塔楼从山峰的造型取意，自下而上逐渐收分，形成稳固而又巍峨壮观的效果；位于"山巅"呈阶梯状延伸凸起的塔冠犹如"冰山"露出一角；在塔楼不同标高设置多个空中大堂和公共空间，完善了山峰的纵向生态，增加了塔楼楼层间的丰富性；同时，融入山水意境、冰川元素及公园城市等众多地域属性特征，是一栋极具成都特色的 500m 级摩天大楼。

13.2.1 竖向体型收进

建筑方案伊始就考虑了结构因素，超塔内倾锥形的形态有利于抗震、抗风并符合结构力流传递特征；塔楼在水平及竖向多种退台收进及立面缺口设计，可有效减小超塔结构横风的影响；塔冠的阶梯状收进可显著减小风荷载作用下涡旋脱落产生的振动响应。建筑体型呈竖向逐渐收进的金字塔形，8 根巨柱采用双向倾斜方案。底层大堂结构布置及巨柱收进如图 13.2-1 所示，方向 1 为径向收进，平均角度约 0.65°；方向 2 为环向收进，平均倾斜角度 0.67°。

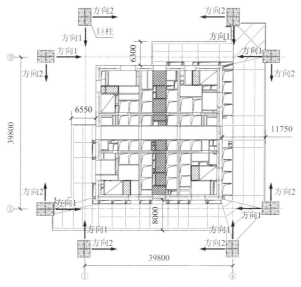

图 13.2-1 建筑底层大堂结构布置及巨柱收进方式/mm

建筑沿竖向设置空中大堂及特殊办公大堂层,并在这些特殊楼层进行较大尺寸的立面收进,收进尺寸约 1.5~3.5m,如图 13.2-2 所示。这造成巨柱无法连续地保持同一倾斜角度,需在这些楼层范围内将巨柱进行局部转折,为避免转折过于突变,与建筑设计师协调采用 3 层过渡转折,使得巨柱最大倾斜角度控制在 3.6°以内。巨柱变斜度起始层设置在加强层上弦层,可利用环带桁架及伸臂桁架来分担斜柱的拉力。

(a) 立面推退台   (b) 空中大堂效果图   (c) 空中大堂巨柱收进

图 13.2-2 建筑大堂及立面收进

13.2.2 视野通透的外立面

超塔建筑有"金边钻石角"之说,主创建筑设计师要求尽可能留出角部无遮挡景观视野空间,作为平面最佳办公场地,因此采用巨柱退进、角部大悬挑的布置方式。巨柱之间的四边,也尽量减少重力柱数量及截面大小,且通过采用坐与吊结合方式的重力柱,在各区段内会有一层是无重力柱楼层,景观通透,造就了极致的办公空间及独一无二的景观视野,如图 13.2-3 所示。

(a) 中部   (b) 角部

图 13.2-3 室内办公视野

1 区采用不落地的纯吊柱方式，以匹配首层大堂开阔空间的建筑效果需求；3 区、5 区、6 区的空中大堂层每侧只设置单根次坐柱，有意避开两个对角两层通高的空间，实现了通透开阔的视野空间；2～7 区的中间层不设置次柱，营造出令人印象深刻的大跨度无柱办公空间；8～9 区结合巨柱间距缩小，每侧巨柱间设置的次柱减少为 1 根，形成 15m 以上的开阔空间，可远眺东侧龙泉山景或西侧雪山美景。

四个角部从巨柱最大悬挑达到 12.5m，造就了 270°极致景观视野。通过合理的结构布置及精确的设计分析，避免了大悬挑桁架斜杆及柱的出现，并巧妙设置小尺寸振动杆，隐藏于幕墙立挺边，提高角部办公的舒适度，确保办公环境的高品质呈现。

从抗侧力性能来说，巨型斜撑具有高效提升超塔结构抗侧刚度的特点，但基于前述情况，业主和主创建筑师都反对设置巨型斜撑。在不设置斜撑的情况下，结构设计有意将外围次框架结构与次柱、巨柱均采用刚接节点，以提升次框架体系对超塔结构抗侧力能力的贡献，也提高其自身的二道防线能力。次框架结构经过详细的防连续倒塌分析及施工模拟分析，被证明为安全可靠。

13.2.3 塔冠建筑-结构融合设计

塔冠作为观光文旅的重要载体，也是建筑重点打造的亮点。塔冠由三个分塔通过局部楼盖连接而成，在 90 层以上沿竖向呈阶梯状收进，如图 13.2-4 所示。为契合塔冠轻盈通透的建筑风格，塔冠采用钢框架结构，将巨柱变为细长形的矩管柱。在顶部的设备层中设置转换桁架或大梁将巨柱体系转换为钢框架体系。最高塔冠即塔冠 1 位于平面西南侧，高度约 61.5m，内部布置"中国窗花"造型的人行步道，寓意"蜀道"。塔冠结构将外围钢框架与人行步道和阶梯斜段组合而成的空间结构结合，通过建筑-结构一体化融合设计，解决了塔冠抗侧刚度偏弱的问题；同时，在顶部利用机电层空间设置桁架，进一步增加塔冠的抗侧刚度。

(a) 塔冠效果图

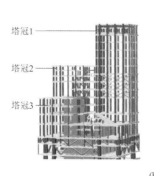

塔冠1
塔冠2
塔冠3

(b) 塔冠结构

图 13.2-4 塔冠建筑与结构

13.3 体系与分析

13.3.1 结构体系

塔楼采用巨柱框架-核心筒-伸臂-次框架结构体系,如图 13.3-1 所示,由核心筒、巨柱框架(包括巨柱和环带桁架)、伸臂桁架、次级钢框架构成。塔楼沿建筑平面外边线每边设置 2 根钢管混凝土巨柱,共 8 根,巨柱角部内退约 10~12m;巨柱随塔楼竖向收进而向内对称双向倾斜,平均角度约 0.66°。

建筑方案要求立面简洁及视野开阔,不设置巨型支撑,因此环带桁架作用尤为重要。对环带桁架进行敏感性分析如表 13.3-1 所示,8 区环带桁架效率不高,也可不承担次柱转换,可不设置;4 区环带桁架作用效果明显,加强设置为双层;确定采用在 1~7 区、9 区的设备/避难层设置 8 道环带桁架的方案,其中除位于 39~41 层的 4 区环带桁架为双层外,位于 87~89 层的 9 区环带桁架部分兼作塔冠结构的转换桁架也设置为双层,其余均为单层。

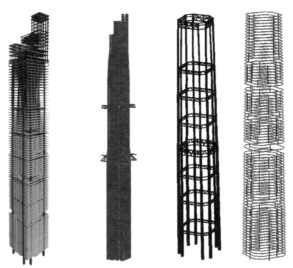

(a) 整体结构体系　　(b) 核心筒 + 伸臂桁架　　(c) 巨柱框架　　(d) 次级钢框架

图 13.3-1　塔楼结构体系组成

环带桁架敏感性分析　　　　　　　　　　　　　　　　　　　　　表 13.3-1

方案	环带位置(区)	第 1 周期/s	刚重比	层间位移角
7 道	1, 2, 3, 4, 6, 7, 9	8.44	1.77	1/747(77)
8 道	1, 2, 3, 4, 5, 6, 7, 9	8.37	1.80	1/749(78)
	1, 2, 3, 4, 5, 6, 8, 9	8.43	1.77	1/706(69)
9 道	1, 2, 3, 4, 5, 6, 7, 8, 9	8.36	1.82	1/761(67)

伸臂桁架敏感性分析如表 13.3-2 所示。在塔楼 1/3 与 2/3 高度左右,即 4 区及 6 区的设备/避难层设置伸臂桁架,可有效改善塔楼结构的整体性能。考虑到建筑通道的功能需求及不同伸臂形式的效率,结构第一道伸臂采用跨两层的单斜杆方式,第二道伸臂采用单层人字形布置的方式。

伸臂桁架敏感性分析　　　　　　　　　　　　　　　　　　　　　表 13.3-2

方案	伸臂位置(区)	刚重比	层间位移角	伸臂杆件最大应力比(中震)
无伸臂	—	1.60	1/676(66)	—
一道伸臂	4	1.72	1/702(66)	0.82
二道伸臂	4, 6	1.80	1/749(78)	0.79
	4, 7	1.81	1/770(66)	0.85

13.3.2 结构布置

1. 楼盖体系

塔楼地面以上核心筒内楼盖采用现浇混凝土，核心筒外采用钢筋桁架楼承板。塔楼标准办公层板厚为 120mm，设备/避难层板厚为 200mm，在加强层核心筒外的上、下弦杆层设置水平钢支撑。

为满足走道净高要求，中低区跨度较大的径向钢梁采用变截面 H 型钢梁，走道范围梁高 500mm，其余部分梁高 600mm。次梁按两端简支组合梁设计，部分翼缘采用上窄下宽的形式以提升材料使用效率。建筑平面四个角部为大悬挑区域，悬挑长度从巨柱边算起为 11.0～12.5m，办公层角部采用主、次梁悬挑结合的布置方案，1～7 区各边巨柱之间设两根次框架柱，8～9 区各边巨柱之间设单根次框架柱，如图 13.3-2（a）、（b）所示；设备/避难层荷载较大，角部采用悬挑桁架支承方案，如图 13.3-2（c）所示；89 层作为 9 区环带桁架上弦层，又是塔冠柱的转换层，转换桁架布置如图 13.3-2（d）所示。

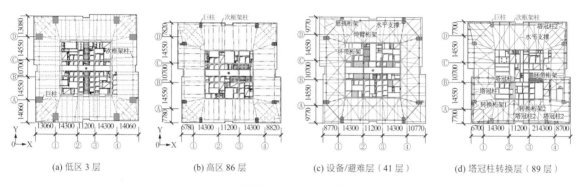

(a) 低区 3 层　　(b) 高区 86 层　　(c) 设备/避难层（41 层）　　(d) 塔冠柱转换层（89 层）

图 13.3-2　典型结构平面图/mm

2. 核心筒

核心筒采用经典九宫格布置，平面呈方形，底部尺寸约为 34.2m×35.4m，到大屋面层（89 层屋顶）平面尺寸减小为 27.2m×27.1m。竖向三次收进均采用斜墙的方式。第一次斜墙收进在 41～43 层，南北侧翼墙各收进 1.3m；第二次在 71～77 层东西侧翼墙各收进 2.55m；第三次在 78～82 层北侧翼墙收进 2.85m，南侧翼墙收进 0.95m，塔冠 89～93 层的核心筒偏西收进，到最高的 93 层平面尺寸为 8.45m×27.1m，如图 13.3-3 所示。底层核心筒面积占塔楼建筑面积的 23.2%，按底部尺寸计算核心筒高宽比为 13。

核心筒翼墙底部的厚度为 1400mm，往上逐渐减薄至 450mm；腹墙在底部的厚度为 700mm，往上逐渐减薄至 450mm。核心筒采用内含钢骨的钢板混凝土剪力墙，在底部楼层及伸臂加强层设置材质为 Q420GJ 的高强钢板，以提高剪力墙的受压、受剪承载力，减小了竖向构件尺寸。弹塑性分析和振动台试验显示，顶部塔冠"鞭梢效应"对顶部核心筒剪力墙有较大影响，故 88 层以上核心筒剪力墙也设置钢板。剪力墙全高采用 C60 混凝土。

(a) 41～43 层第一次收进　　(b) 71～77 第二次收进　　(c) 78～82 第三次收进　　(d) 顶部核心筒收进

图 13.3-3　核心筒收进示意

经典回眸　中国建筑西南设计研究院有限公司篇

在伸臂加强层、斜柱起始层、斜墙起始层的对应位置的连梁设置型钢，确保这些特殊楼层水平力的可靠传递。其他连梁根据抗剪计算情况，对剪压比超限连梁设置型钢。标准层核心筒外围局部位置采用双连梁布置，以配合机电风管贴板底出核心筒要求。

3. 巨柱及次框架

巨型外框系统设置 8 根矩形钢管混凝土巨柱。巨柱靠塔楼板边布置，随塔楼外形缩进双向倾斜。沿塔楼平面环向，同边 2 根巨柱的柱距从底部到顶部由 40.1m 收进到 30.3m，该方向上单根巨柱总收进量约 4.9m，平均倾斜角度 0.67°；沿塔楼平面径向，塔楼北侧和南侧巨柱之间的柱距从底部到顶部由 61.3m 收进到 51.8m，该方向上单根巨柱总收进量约 4.75m，平均角度约 0.65°，东西侧之间基本相同。

巨柱截面由 4.5m×3.4m 逐渐减小到 2.5m×1.6m。巨柱截面采用 4 腔，随着高度过渡到 2 腔，并设置分仓板及竖向加劲肋以控制板件宽厚比，钢材采用 Q390GJ 和 Q345GJ，外壁钢板厚为 40～26mm，含钢率为 5.3%～6%，混凝土强度等级为 C70～C50。在巨柱内各腔体设置构造钢筋笼，以提高巨柱结构延性，并降低巨柱内混凝土收缩和徐变的不利影响。巨柱典型截面构造如图 13.3-4 所示。

不考虑楼盖，仅考虑环带桁架对巨柱的约束，得到巨柱屈曲模态以及屈曲临界荷载，以反推巨柱构件计算长度系数 μ，如图 13.3-5 所示；基于系数 μ 分析结果验算巨柱承载力表明，底部巨柱以轴向受力为主、弯矩冗余量较大，至顶部巨柱弯矩分量变大，但各工况包络作用下整体承载力满足要求。

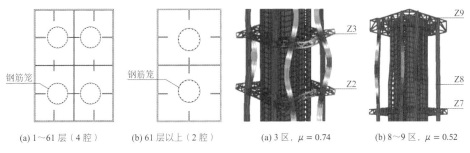

(a) 1～61 层（4 腔）　(b) 61 层以上（2 腔）　　(a) 3 区，$\mu=0.74$　(b) 8～9 区，$\mu=0.52$

图 13.3-4　巨柱典型截面构造　　　　　　　图 13.3-5　巨柱屈曲模态

次框架柱典型截面尺寸 1～7 区为 H650×650×40×40（mm），8～9 区为 H750×750×40×40（mm），钢材为 Q390GJ。为加强巨柱框架体系的抗侧能力及提升二道防线能力，框架梁与巨柱、次框架柱均采用刚接。框架梁采用 H 型钢，典型截面尺寸为 H1000×400×18×30（mm）、H1000×500×18×34（mm），钢材为 Q355B。

4. 环带桁架及伸臂

环带桁架与巨柱组成巨柱框架，同时作为转换桁架，支承次框架柱。共设置 8 道环带桁架（图 13.3-6），89 层为两层环带桁架，角部由于插窗机等因素不能设置斜腹杆，故加强了上、下层弦杆，其截面为 H900×900×40×70（mm）；1 区环带桁架杆件采用矩管，其余环带桁架杆件均采用 H 型钢，截面高为 750～1000mm，钢材均采用 Q390GJ。所有巨柱间环带桁架居中对称布置，弦杆中心线与巨柱中心连线重合，以减少巨柱偏心受力。

第一道伸臂采用跨两层的单斜杆方式，位于 39～40 层，腹杆截面 H1200×800×100×100（mm）；第二道伸臂采用单层人字形布置，位于 60 层，腹杆截面 H1000×800×80×80（mm），伸臂桁架钢材均采用 Q390GJ。伸臂与核心筒及巨柱均为刚接，为减小核心筒与钢管混凝土巨柱存在竖向变形差导致的附加内力，伸臂桁架斜腹杆待塔楼封顶后再行安装。

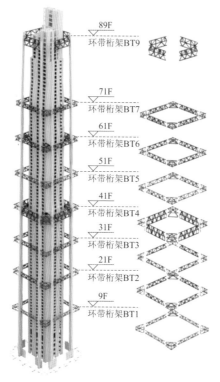

图 13.3-6　环带桁架示意

经典回眸　中国建筑西南设计研究院有限公司篇

5．塔冠及转换

89 层楼面以上由巨柱框架体系转换成钢框架体系，钢柱间距 5.4m，转换构件为 89 层外围环带桁架及内部型钢混凝土梁。主塔冠结构由 16 根截面为 900mm 方钢管柱和楼面梁及 95 层以上每 5m 高度布置、截面尺寸为□300×400×14×45（mm）外围闭合框架梁组成；顶部利用机电层空间设置桁架增加抗侧刚度。位于 93～95 层的人行步道和阶梯斜段形成具有较强抗侧刚度的空间结构，其平面图如图 13.3-7（a）所示，将其输入塔冠独立模型后，模型自振周期从 1.47s 减小为 1.38s。塔冠柱钢材为 Q345GJ，柱壁厚度在 95 层以上由 34mm 变为 70mm，以满足上部空旷结构的稳定性及抗侧刚度要求。振动台试验及时程分析表明，塔冠"鞭梢效应"较为明显。塔冠设计采用以下 3 个模型进行计算分析并取内力包络值：①带塔冠的塔楼整体模型，考虑了多遇地震弹性时程分析结果的放大系数；②89 层以上塔冠结构单独整体模型，地震输入采用楼面谱，阻尼比取为 3%；③主塔冠（塔冠 1）的单独模型，如图 13.3-7（b）所示，地震输入采用楼面谱，阻尼比取为 2%。

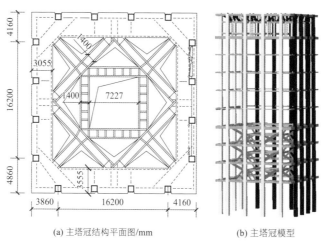

(a) 主塔冠结构平面图/mm　　　　(b) 主塔冠模型

图 13.3-7　主塔冠结构

塔冠钢柱在柱脚位置设置面外梁，确保其稳定性，转换桁架平面位置如图 13.3-2（d）所示，典型的塔冠转换桁架布置及杆件尺寸如图 13.3-8 所示。

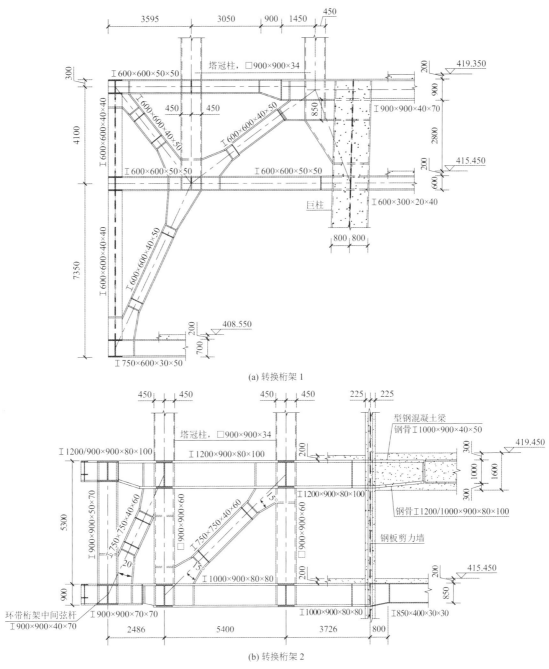

(a) 转换桁架 1

(b) 转换桁架 2

图 13.3-8　转换桁架布置及杆件尺寸/mm

13.3.3　性能目标

1. 抗震超限分析和采取的措施

塔楼存在以下超限项：①高度超限；②存在转换层、加强层；③伸臂加强层的下层 59 层与伸臂加强层 60 层的刚度比小于 0.9，存在刚度软弱层；④底部有 5 层扭转位移比大于 1.2 且小于 1.4，存在扭转不规则；⑤91 层以上立面收进后偏心率 0.24，大于 0.15；91 层以上楼层的楼板形状为 L 形，平面凹进尺寸为相应方向总尺寸 46.9%，大于 30%；⑥个别楼层楼板开洞面积与该层楼面面积比例为 40%，大于 30%，以及楼板典型宽度小于 50%；⑦巨柱为斜柱，核心筒剪力墙有斜墙，以及楼层夹层等局部不规则项。

针对超限情况，采取以下加强措施：

（1）采用矩形钢管混凝土巨柱、外围环带桁架、伸臂桁架、钢筋混凝土核心筒组成的巨柱框架-伸臂-核心筒体系，次框架采用刚接，提高外围框架体系的抗侧刚度和二道防线能力。

（2）核心筒呈正方形，整体结构的巨柱及核心筒近似轴对称，确保核心筒的质心和刚心接近，偏心处于最小状态。

（3）沿高度布置8道环带桁架，满足结构抗侧刚度和外框架二道防线要求。由于环带桁架数量较多，使得各环带桁架杆件截面相对较小，有利于减小加强层形成的薄弱层效应，也提高外框架的防连续倒塌能力。加强层楼板厚度增大为200mm，并设置楼面水平钢支撑，确保加强层楼盖的水平传力能力。适当加大加强层次钢梁截面，以增强环带桁架的稳定性。将环带桁架作为关键构件，按规范中的转换构件要求对多遇地震的内力放大1.6倍，并满足承载力中震弹性设计的要求。

（4）在塔楼39～40层、60层设置2道外伸臂桁架，确保结构体系的高效抗侧能力。伸臂桁架贯通墙体，以确保内力传递的有效性。第一道伸臂采用跨两层的单斜杆的布置方式，尽可能减少所产生的抗侧刚度突变。外伸臂桁架与巨柱及墙体的连接将在塔楼封顶以后安装，以减小竖向构件变形差所引起的附加内力。

（5）中低区核心筒采用内含钢骨的型钢混凝土剪力墙，并在底部楼层及伸臂加强层设置钢板，以提高剪力墙的受压、受剪承载力，降低轴压比。88层以上核心筒剪力墙也设置钢板以应对顶部塔冠"鞭梢效应"影响。剪力墙全高采用C60混凝土。在伸臂加强层、斜柱转折起始层、斜墙起始层的对应位置的连梁设置型钢，确保这些特殊楼层水平力的可靠传递；对剪压比超限连梁设置型钢。

（6）地震作用组合下的巨柱轴压比控制在规范限值0.65以内。矩形钢管内设置分仓隔板，将巨柱从下而上划分为4腔和2腔，严格控制钢管壁宽厚比值。在各腔内布置芯柱，以提高钢管腔内混凝土的延性，减小混凝土的收缩和徐变。

（7）巨柱变斜度、斜墙起始层设置在加强层上弦层，利用环带桁架及伸臂桁架来承担斜柱、斜墙引起的拉压力。加强与斜墙正交的翼墙和腹墙配筋，设置暗梁或型钢满足设防地震弹性设计的承载力需求，连梁设置型钢以有效传递水平力。对相关范围楼板进行应力分析，根据计算结果加强楼板配筋，并优化楼板施工顺序，以减小斜柱及斜墙重力荷载的影响。

（8）塔顶结构支承于89层的转换层上，按规范要求对转换环带桁架的多遇地震内力放大1.6倍，局部型钢混凝土转换梁多遇地震内力放大1.9倍，同时满足中震弹性的抗震性能水准要求。塔冠89～91层的核心筒按底部加强区设计，抗震等级为特一级。在钢框架柱的柱脚位置双向设梁，确保其稳定性。

（9）对不同施工加载方式、考虑混凝土收缩徐变的长期荷载下的结构状态进行分析。混凝土收缩徐变的长期荷载下巨柱的底部轴力增大约12%，故巨柱及其基础设计时，其轴力按放大1.12倍进行承载力复核。

（10）对复杂节点进行精细化分析，复核其承载力，结合施工便利性等因素，优化巨柱及伸臂连接等复杂节点的构造。

2. 抗震性能目标

本工程核心筒、巨柱、环带桁架、伸臂桁架、加强层楼盖设置的水平钢支撑、89层转换构件设定为重要构件，重要系数取1.1，并将各构件的重要部位设定为关键构件。结构总体性能目标选定为不低于《高层建筑混凝土结构技术规程》JGJ 3-2010所规定的C级，各构件对应的抗震性能目标见表13.3-3。各抗震性能目标对应的结构变形控制目标为：多遇地震作用下，塔楼层间位移角限值为[1/500]，塔冠钢结构部分限值为[1/250]；罕遇地震作用下，塔楼层间位移角限值为[1/100]，塔冠钢结构部分限值为[1/50]。

项目		设防烈度	罕遇烈度
性能水准定性描述		轻度破坏，可修复损坏	中度破坏
层间位移角限值		—	1/100，93 层以上 1/50
关键构件	核心筒剪力墙的底部加强区、89 层以上部位、加强层及其上下层范围、斜墙	承载力按弹性设计	受剪承载力按不屈服设计；构件受弯状态的弹塑性分析结果允许进入塑性但程度轻微（θ < IO）
	底部加强区范围、加强层及其上下层范围的巨柱		
	其他剪力墙及巨柱	承载力按抗弯不屈服、抗剪弹性设计	满足受剪截面控制条件；构件受弯状态的弹塑性分析结果允许进入塑性（θ < LS）
	伸臂桁架	承载力按不屈服设计	构件的弹塑性分析结果允许进入塑性（ε < LS）
	环带桁架、89 层转换桁架和转换梁，加强层楼盖水平钢支撑	承载力按弹性设计	承载力按不屈服设计
	93 层以上的钢支撑筒	承载力按弹性设计	构件的弹塑性分析结果允许进入塑性但程度轻微（θ < IO）
普通竖向构件	89 层以下次框架钢柱	吊柱：承载力按弹性设计 坐柱：承载力按不屈服设计	构件的弹塑性分析结果允许进入塑性（ε < LS）
	89 层以上钢框架柱	承载力按弹性设计	构件的弹塑性分析结果允许进入塑性但程度轻微（ε < IO）
耗能构件	连梁	支承楼面梁的连梁：抗剪按弹性设计，抗弯按不屈服设计；其他：允许屈服但满足受剪截面控制条件	构件的弹塑性分析结果允许进入塑性（θ < CP）
	钢框架梁	承载力按不屈服设计	构件的弹塑性分析结果允许进入塑性（ε < LS）
节点		不先于相关构件破坏	

13.3.4 结构分析

采用 ETABS 及 YJK 软件进行弹性分析，振型数取 45 个，周期折减系数为 0.85。多腔体钢管混凝土巨柱在两个软件模型中按等效刚度的杆单元进行模拟；组合钢板剪力墙在 ETABS 中按等效刚度均质壳单元模拟，在 YJK 中按钢板剪力墙单元输入；剪力墙内型钢柱及钢斜撑直接按杆单元建入剪力墙单元中。同时进行了小震弹性时程分析，并按照规范要求根据小震时程分析结果对反应谱分析结果进行相应调整。

1. 多遇地震分析

1）结构周期

结构前 3 阶自振周期与振型对比如表 13.3-4 所示，结构扭转为主的第 1 自振周期与平动为主的第 1 自振周期之比为 0.66，满足规范要求。

结构周期与振型对比 表 13.3-4

YJK		ETABS		ETABS/YJK	备注
周期/s	振型（$X:Y:Z$）	周期/s	振型（$X:Y:Z$）		
T_1 8.37	0.91：0.08：0.01	T_1 8.39	0.98：0.02：0.00	100.2%	Y 向平动
T_2 8.28	0.09：0.91：0.00	T_2 8.33	0.02：0.98：0.00	100.6%	X 向平动
T_3 5.54	0.02：0.01：0.97	T_3 5.70	0.02：0.01：0.97	102.9%	扭转为主

2）刚重比与剪重比

塔楼沿高度方向逐渐收进，楼层质量下大上小，考虑楼层质量沿高度分布不均匀影响后，结构修正后的刚重比在 X 向为 1.8，Y 向为 1.86，均大于 1.4。进行整体结构屈曲分析，整体弯曲失稳模态第 1 阶为 X 向屈曲，屈曲系数为 14.4，大于限值 10，满足整体稳定性要求，但应考虑重力二阶效应的影响。多遇地震作用下，计算剪重比最小值在 X 向为 0.97%，大于 1.2% × 0.8 = 0.96% 的限值，满足超限审查技术要点要求；结构设计时地震剪力按 1.2% 的剪重比进行放大调整。

3）层间位移角及最大水平位移

由表 13.3-5 可知，地震及风荷载工况的层间位移角均小于规范限值要求；相比于风荷载，地震作用起控制作用。塔冠顶部在多遇地震及风荷载作用下最大水平位移分别为 505mm、335.8mm，均出现在 X 方向。

多遇地震和风荷载作用下最大层间位移角　　　　　　　　　　表 13.3-5

荷载工况	X 向		Y 向	
	混合结构（93 层以下）	钢结构（93 层以上）	混合结构（93 层以下）	钢结构（93 层以上）
地震作用	1/749（78）	1/456（95）	1/747（65）	1/439（94）
风荷载	1/1241（89）	1/564（95）	1/1196（78）	1/832（94）
弹性时程分析	1/804（93）	1/328（95）	1/863（83）	1/341（94）

4）外框架的地震剪力和倾覆弯矩分配比例

为确保塔楼的外框架具有一定的抗侧刚度和相当的二道防线的能力，全高共设置 8 道环带桁架，同时巨柱间次级框架采用刚接的梁柱节点，以加强次框架对抗侧刚度的贡献。采取上述措施后，外周巨柱框架承担的地震剪力比例见图 13.3-9，其中塔冠外框架以其起始层即 89 层为底部总剪力计算层，可知塔楼总数量 65% 以上楼层的巨柱框架地震剪力比例大于 8%，1～7 区楼层巨柱框架的最小地震剪力比例大于 5%，8～9 区楼层巨柱框架最小地震剪力比例大于 2%，满足抗震超限审查专家对本塔楼巨柱框架最小地震剪力比例的要求。由于 8～9 区巨柱框架的地震剪力比例偏低，在次框架抗震承载力设计时内力调整按全楼次框架最大剪力计算值的 1.5 倍进行调整，以加大次框架抗震承载力储备。以上调整不包括加强层及其上下层、夹层等特殊楼层。

多遇地震作用下，塔楼核心筒及外周巨柱框架倾覆力矩分配见图 13.3-10，巨柱框架在底部 X、Y 向承担的倾覆力矩按规范方式计算分别为 12.1% 及 10.9%。

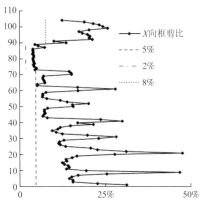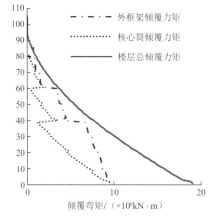

图 13.3-9　楼层框架剪力比例　　　　图 13.3-10　核心筒及外周巨柱框架倾覆力矩分配

2. 设防地震分析

1）构件应力比

在设防水准等效弹性反应谱法计算的地震作用下，全楼次框架柱、转换桁架、伸臂桁架、环带桁架及塔冠柱的构件最大应力比见表 13.3-6，均满足中震弹性的性能目标。

主要钢构件应力比　　　　　　　　　　表 13.3-6

地震工况	最大应力比				
	次框架柱	转换桁架	伸臂桁架	环带桁架	塔冠柱
设防地震	0.77	0.54	0.79	0.91	0.61

2）竖向构件受拉分析

采用等效弹性反应谱法进行核心筒剪力墙在设防地震作用下的竖向构件拉应力验算。两个伸臂桁架层的设置减小了地震作用下的中低区核心筒墙肢拉应力，例如第一个伸臂层上一层即 42 层剪力墙最大平均名义拉应力由无伸臂层时的 1.34MPa 减小为 0.79MPa。塔冠范围剪力墙的平均名义拉应力最大值为 2.25MPa（ $0.79f_{tk}$ ）。巨柱全高没有出现拉力。

3. 罕遇地震弹塑性分析

采用 PERFORM-3D 和 ABAQUS 软件进行罕遇地震作用下动力弹塑性分析。ABAQUS 剪力墙受压损伤分布见图 13.3-11，由图可知，连梁首先损伤且大部分连梁进入屈服阶段；塔楼 61 层以上部分墙体、塔冠墙体有一定范围的中度损伤，需要加大剪力墙配筋率进行改善；底部加强区、加强层墙肢及斜墙均在轻微损坏以下。PERFORM-3D 分析得到的巨型框架性能评价见图 13.3-12，由图可知，巨柱、全部环带桁架、伸臂桁架以及次框架柱没有进入塑性，满足大震不屈服的要求，而绝大多数框架梁处于弹性阶段，个别塔冠框架梁在大震作用下杆端出现塑性铰，但塑性发展十分轻微，均满足 IO 的标准。

罕遇地震作用下，塔楼最大层间位移角为 1/142，发生在 77 层；塔冠钢结构最大层间位移角为 1/78，发生在 99 层，均满足规范对应的限值要求。

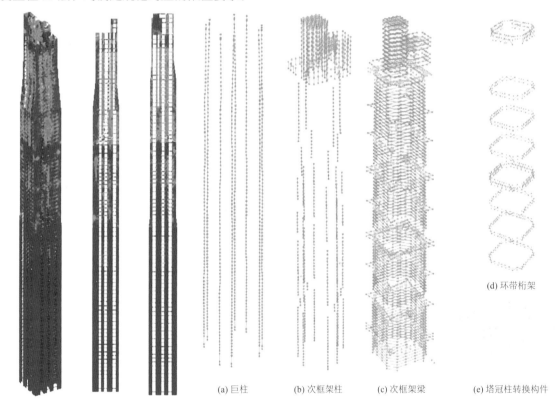

(a) 巨柱　　(b) 次框架柱　　(c) 次框架梁　　(d) 环带桁架　　(e) 塔冠柱转换构件

图 13.3-11　ABAQUS 剪力墙受压损伤分布　图 13.3-12　PERFORM-3D 巨型框架性能评价（ $0.2 \leqslant$ 青 $\leqslant 0.5 \leqslant$ 绿 $\leqslant 0.8 \leqslant$ 黄 $\leqslant 1.0 \leqslant$ 红）

13.4 专项设计

13.4.1 基础分析与设计

1. 基础选型

超塔基底持力层主要为中等风化泥岩、砂岩互层体，且以泥岩为主，砂岩分布范围小，场地地层分布如图 13.4-1 所示。岩土工程勘察重点研究了中等风化泥岩的工程特点，通过野外特征调查、室内试验对比、原位测试，结合经验法、规范法、试验法等多种方法综合分析、判定，最后确定本工程中等风化泥岩的地基承载力特征值 f_{ak} 取 2100kPa，该值为本地区相同岩层所取最高值，其他极限侧阻力、极限端阻力标准值分别为 320kPa、7800kPa。

工程前期对采用天然地基的筏形基础的可能性进行了论证，最终考虑本工程的重要性及对地基要求的敏感性，并基于基底反力接近地基承载力特征值 f_{ak}，基底软弱夹层及基岩裂隙分布、岩层分布的不均匀性以及泥岩遇水软化特性等因素，决定采用考虑桩土协同工作的桩筏基础，既充分利用中等风化泥岩层的承载力，又通过桩基础改善土层的不均匀性，将基底荷载传递至更大范围以提高地基安全可靠性。对比筏形基础、桩基础及桩土共同工作的桩筏基础，三种基础方案的经济性对比见表 13.4-1。其中桩土共同工作的桩筏基础布置时，考虑到传力的直接、有效性，桩主要布置于核心筒和巨柱下，共 429 根，筏板为四边切角的矩形，平面尺寸 79.2m×79.2m，厚度 5.5m，混凝土强度等级 C45，具体布置见图 13.4-2。

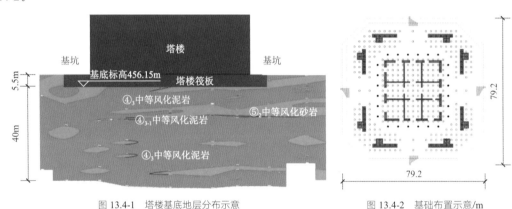

图 13.4-1　塔楼基底地层分布示意　　　　　图 13.4-2　基础布置示意/m

不同基础方案经济性对比　　　　　　　　　　　　　表 13.4-1

基础形式	筏形基础	桩基础	桩土共同作用桩筏基础
筏板厚度/m	5.5	6.0	5.5
桩直径/m	—	1.0	1.0
桩间距/m	—	3×3 梅花形布置	3×3 正方形布置
桩数量/根	—	558	429
造价估算/万元	4665（100%）	6955（149%）	5550（119%）
可靠性评估	低	高	中

2．基础设计及分析

本工程桩筏基础设计使用年限为 50 年，设计等级为甲级，安全等级为一级，主楼筏板受力满足中震弹性及大震受剪不屈服要求。

1）地基承载力及变形验算

考虑桩土协同工作的地基变形参数应基于上部结构-基础-地基协同作用变形分析，分析采用岩土有限元分析软件 PLAXIS 3D。在满足工程精度要求下，将地上 10 层楼面至基底按实际结构建模，10 层以上简化为总竖向荷载输入至第 10 层核心筒和巨柱顶；模型岩层建立至钻孔揭露微风化泥岩深度，总厚150m，岩层力学参数通过反演原位试验结果确定，分析模型见图 13.4-3。通过分析并统计不同部位桩、土反力及对应变形，得到基桩线刚度及综合基床系数均值，见表 13.4-2。

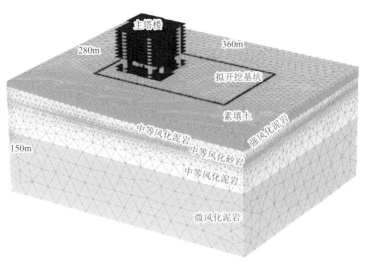

图 13.4-3 分析模型

地基变形参数均值

表 13.4-2

基础类型	基桩线刚度/（MN/m）		综合基床系数K/（MN/m³）		
	巨柱下	核心筒下	巨柱下	核心筒下	其他
桩筏基础	410	375	36	29	26

　　传至筏板的上部结构荷载（1.0 恒荷载 + 1.0 活荷载）为 7307MN，其中核心筒、巨柱轴力分别为 4122MN（占比 56%）、3185MN（占比 44%）。将表 13.4-2 中桩线刚度及综合基床系数输入 YJK 软件基础模型进行计算并统计地基反力，其中桩、基底土反力总和分别为 4094MN（占比 50%）、4072MN（占比 50%）。图 13.4-4 所示为 1.0 恒荷载 + 1.0 活荷载组合下地基沉降及反力分布，其中图 13.4-4（a）显示地基沉降为周边小、中间大，符合常规框架-核心筒结构筏板基础特点；而核心筒正中最大地基沉降 31mm，远小于规范 0.002 倍筏板宽度，即 160mm 限值。核心筒正中桩及基底土反力最大，分别为 12600kN、983kPa。设计采用直径 1m 干作业钻孔灌注桩，桩端持力层为中等风化泥岩或中等风化砂岩，桩长 24m，单桩竖向承载力特征值 $R_a = 14000$kN；基底中等风化泥岩地基承载力特征值 $f_{ak} = 2100$kPa，基底最大土反力不到 f_{ak} 的一半。因此，本工程采用的桩筏复合地基有较高的安全储备。

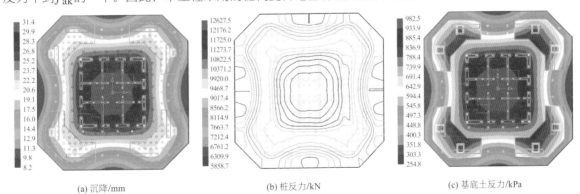

| (a) 沉降/mm | (b) 桩反力/kN | (c) 基底土反力/kPa |

图 13.4-4　地基沉降及反力分布

　　表 13.4-2 的地基变形参数为不同区域统计平均值，与上部结构-基础-地基协同分析得到的实际分布存在差异，此差异对筏板内力存在一定影响。为考察基桩线刚度及综合基床系数差异对筏板内力的影响程度，分别对基桩线刚度及综合基床系数乘以刚度折减系数 0.5 进行分析比较，统计桩、土反力分担比例，并复核筏板冲切、剪切及受弯承载力。表 13.4-3 列出了 3 种刚度系数组合情况下桩、土总反力值，可见，桩、土刚度分别折减 0.5 倍情况下，对应桩、土反力分别降低 16%。

序号	类别	刚度折减系数	总反力/MN	比例
1	桩	1.0	4094	50%
	土	1.0	4072	50%
2	桩	1.0	5371	66%
	土	0.5	2794	34%
3	桩	0.5	2738	34%
	土	1.0	5428	66%

2）筏板抗冲切措施及验算

采用巨型框架-核心筒结构的超高层建筑的基础筏板厚度一般由巨柱或核心筒对筏板的冲切或剪切承载力要求控制。为提高基础整体性，尽可能保证筏板基础均匀受力，国内已建高度 500m 及以上的超高层建筑大多在巨柱周围设置一定范围和高度的翼墙。翼墙或沿巨柱周边进行围合式布置，或直接与核心筒相连，或两者兼而有之。本工程在巨柱周边从基顶至地下 3 层设置 3 层高翼墙，由于建筑功能原因，翼墙较短且存在偏心，冲切验算应考虑偏心作用影响。例如，右下侧巨柱和翼墙组合体受力简图如图 13.4-5 所示，在荷载组合"1.3 恒荷载 + 1.5 活荷载"作用下，翼墙将承受共 155MN 轴力，约占巨柱总轴力的 30%，该力相对翼墙中心偏心 1m。巨柱和翼墙组合体的总轴力设计值 $F = 533MN$，相对筏板冲切锥体的偏心距达 2.3m。巨柱和翼墙组合体对筏板冲切验算结果见表 13.4-4，可见，荷载偏心对应的不平衡弯矩导致筏板冲切应力增加约 9%，同时注意到，桩、土刚度的相对变化对筏板冲切影响不大。

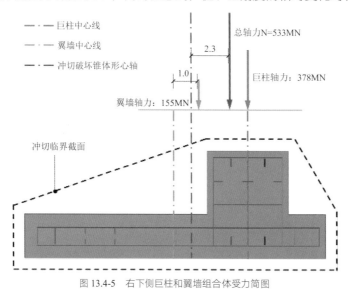

图 13.4-5　右下侧巨柱和翼墙组合体受力简图

右下侧巨柱及翼墙组合体对筏板冲切验算结果　　　　　　　　　　表 13.4-4

荷载组合	N /MN	桩刚度折减系数	土刚度折减系数	F_l /MN	τ_F /MPa	τ_M /MPa	$\dfrac{\tau_M}{\tau_F}$
1	533	1.0	1.0	338	1.63	0.14	8.5%
		1.0	0.5	334	1.61	0.14	8.6%
		0.5	1.0	344	1.65	0.15	9.1%
2	549	1.0	1.0	349	1.68	0.15	8.9%
		1.0	0.5	345	1.66	0.15	9.0%
		0.5	1.0	354	1.70	0.15	8.8%
3	584	1.0	1.0	370	1.78	0.16	9.4%
		1.0	0.5	365	1.75	0.16	9.1%
		0.5	1.0	375	1.81	0.16	8.8%

注：1. 荷载组合 1、2、3 分别为恒荷载 + 活荷载、恒荷载 + 活荷载 + 风荷载、恒荷载 + 活荷载 + 地震作用对应的基本组合。
　　2. N、F_l 分别为巨柱和翼墙组合体轴力及其对应筏板冲切破坏锥体外的地基净反力，τ_F、τ_M 分别为巨柱和翼墙组合体底部轴力、弯矩对筏板的冲切应力。

为满足筏板抗冲切承载力要求，通过在核心筒周边增加24根桩（图13.4-2黑色实心桩），以提高核心筒下地基刚度、增大冲切锥体内地基反力，达到减小冲切力的目的。加桩后核心筒冲切破坏锥体内总反力增加约3%，对应冲切力显著下降，最大达20%，有效地利用了核心筒锥体内的桩作用，达到减小筏板厚度的效果。

　　3）筏板抗剪切措施及验算

　　《建筑地基基础设计规范》GB 50007-2011规定平板式筏基必须进行抗剪切验算，并在条文说明中给出了边柱与核心筒之间的距离较大时的计算方法，运用到本工程的计算简图，如图13.4-6（a）所示，其计算剪切力取图中水平线填充区域净反力，对应计算剪切边长度等于核心筒上、下边缘与巨柱的中分线之间长度b_1。规范条文说明特别强调，当边柱与核心筒之间的距离较小时，应根据工程具体情况慎重确定计算剪切边的边长，不能简单套用规范方法，而应根据筏板实际剪力分布进行修正。图13.4-7列出了YJK软件基础有限元法计算的筏板x、y向横剖面剪力分布，可见距核心筒边缘h_0处的筏板剪力仅在红粗线范围较均匀，其长度b_2等于核心筒宽度与2倍h_0之和，黑粗线范围剪力为零，即黑粗线为筏板零剪力边。由于对称性，零剪力边与水平方向夹角为45°。根据以上筏板剪力分布规律，得到修正的剪切面计算简图如图13.4-6（b）所示，计算剪切边和零剪力边将核心筒外围筏板划分为两两对称的4个区块，各剪切边的剪力取其相邻外部区块筏板净反力，筏板计算宽度b_2为核心筒宽度与2倍筏板有效高度之和。此抗剪计算剪切面简图可供类似结构参考。

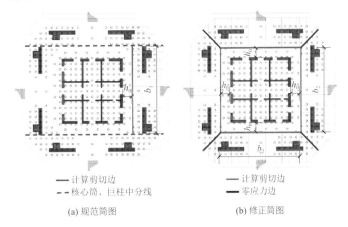

　　　　(a) 规范简图　　　　　　　　　　　(b) 修正简图

图13.4-6　筏板受剪计算简图

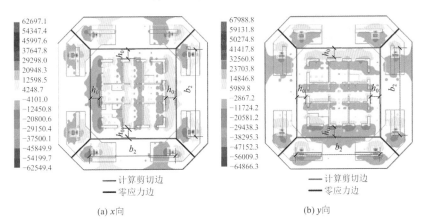

　　　　(a) x向　　　　　　　　　　　(b) y向

图13.4-7　筏板横剖面剪力分布/（kN/m）

13.4.2　加强层楼板及附加水平支撑分析

　　加强层楼盖承担伸臂桁架协调核心筒与巨柱框架共同工作所带来的水平力，是水平作用下结构体系变形协调、发挥结构空间整体性能的重要构件。同时，部分加强层楼盖为斜柱斜墙的起始层，起到重力荷载下传递水平分力作用。设计时对加强层楼盖采取以下加强措施：①楼板板厚采用 200mm，双层双向通长配筋，配筋率不小于 0.25%，并根据楼板应力分析结果对应加强配筋；②在核心筒与巨柱框架间的楼板下设置附加水平钢支撑，作为楼板损伤后备用水平传力路径，以确保加强层楼盖传递水平作用不丧失。

1. 加强层楼板分析

对于承担次框架柱上坐下吊形式的环带桁架，其竖向荷载传力路径如图 13.4-8 所示。可以看出，标准层楼板竖向荷载一部分通过楼层框架梁传递至巨柱，另一部分则通过次框架柱传递至环带桁架，再由环带桁架传递至巨柱。

以 Z3 区加强层为例，按楼板逐层浇筑的施工顺序，分析环带桁架上、下弦楼板在荷载1D + 0.5L 所受拉应力，结果如图 13.4-9（a）所示，上弦楼板在巨柱与竖腹杆间出现拉应力，下弦楼板在次框架柱附近出现拉应力，上、下弦楼板最大拉应力分别为 5.4MPa、2.5MPa，大于混凝土抗拉强度标准值 2.2MPa。为尽可能地减小环带桁架上、下弦楼板混凝土应力，将施工次序优化为环带桁架上、下弦楼板混凝土最后浇筑，优化后所受拉应力如图 13.4-9（b）所示，环带桁架上、下弦楼板应力明显减小，最大拉应力分别为 2.1MPa、1.7MPa，小于混凝土的抗拉强度标准值。

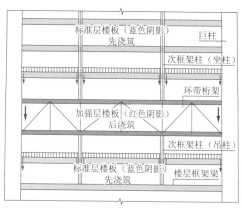

图 13.4-8　环带桁架楼板竖向荷载传力路径

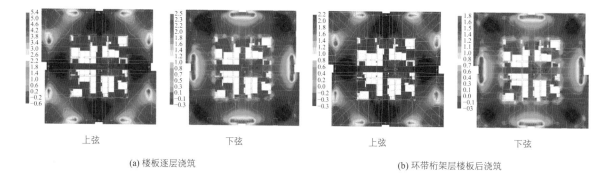

(a) 楼板逐层浇筑　　　　　　　　　　　　　　(b) 环带桁架层楼板后浇筑

图 13.4-9　30 层环带桁架上、下弦楼板应力（1D + 0.5L）

2. 加强层附加水平支撑分析

加强层核心筒与外框之间剪力交换较大，在地震作用下，加强层楼板可能开裂。为保证加强层的传力路径，在加强楼板配筋的同时，在加强层楼板下 50mm 处布置了楼面水平支撑，不承担楼面荷载，形成除楼板外的第二道传力路径。典型的加强层水平支撑布置如图 13.3-2（c）所示，水平支撑按中震弹性、大震不屈服设计，采用 Q355B 的ϕ200 × 15 钢管。

13.4.3　防连续倒塌分析

防连续倒塌分析主要内容包括：①采用拆除构件法，分析了该超高层建筑在关键竖向构件拆除后剩余结构的抗连续倒塌性能；②采用增量动力分析方法评估该建筑的抗地震倒塌能力；③基于该建筑所处地理位置和实际情况，开展了两种可能爆炸情景下的抗倒塌性能评估。

1. 基于拆除构件法的抗连续倒塌能力分析

次框架柱在底部 1 区采用吊柱，在中部 2～7 区采用上部楼层吊柱、下部楼层坐柱，在顶部 8～9 区采用坐柱，如图 13.1-3 所示。次框架结构最不利失效工况类型包括：

（1）8～9 区采用坐柱形式的次框架结构，坐柱的底部柱发生失效时，其上部次框架柱变为吊柱。

（2）1～7 区采用下部坐柱、上部吊柱形式，分成下坐上吊两个部分的次框架结构，其下部在底部坐柱失效后，下部框架成为类似空腹桁架结构，上部顶部两根吊柱其中之一失效，上部框架重力荷载将由另一根吊柱和框架梁形成的新框架承担。

（3）环带桁架某根弦杆、斜腹杆或竖腹杆失效。

采用拆除构件法，在 SAP2000 软件中，通过动力非线性分析方法，分析上述工况的关键构件拆除后剩余结构的抗连续倒塌性能力。分析结果表明，在所模拟的可能出现的失效情况下，结构具有的备用传递路径发挥作用，通过有效的内力重分布，剩余结构构件能够维持相当的承载力而不引起大范围的连续倒塌。图 13.4-10 所示为拆除 1 区环带桁架层下方一根吊柱后柱底竖向位移时程，由图可知，在拆除该构件时，其下柱底位移最大达到 55mm，随后在次框架梁拉结力作用下竖向位移有所减小，在约 49mm 竖向位移值时达到平衡。而该过程中，其余构件均未达到极限承载力。

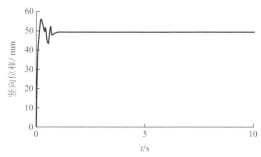

图 13.4-10 拆除 1 区顶部一根吊柱后柱底竖向位移时程

2. 抗地震倒塌能力分析

在 MSC.MARC 软件中采用 IDA 方法评估本项目的抗地震倒塌性能。基于本项目超高层结构所在地罕遇地震反应谱，选取了 8 组地震动记录（包含 2 组人工波和 6 组天然波）作为有限元模型的基本输入，逐步增大地震动强度，直至结构发生倒塌。每组地震动记录包含两个水平方向记录和一个竖直方向记录，时长达到结构第 1 周期的 5～10 倍。8 组地震动记录下该超高层结构倒塌临界地震动强度及破坏位置、对应的倒塌模式如图 13.4-11 所示。结构 10%倒塌率所对应的 PGA 约为 0.39g，结构 50%倒塌率所对应的 PGA 约为 0.79g，结构倒塌临界 PGA 均值约为 0.91g，如图 13.4-12 所示。该超高层结构设防烈度为 7 度，罕遇地震 PGA 为 0.22g。由此可得 50%倒塌率所对应的抗倒塌安全储备系数 CMR50%为 0.79/0.22 = 3.59。可见，该超高层结构抗倒塌安全储备较高，具有良好的抗大震性能。

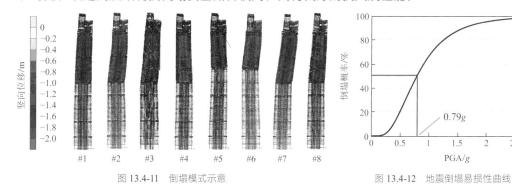

图 13.4-11 倒塌模式示意　　　　　　图 13.4-12 地震倒塌易损性曲线

3．抗爆能力分析

考虑本工程所处的地理位置和实际情况，主要针对两种可能的爆炸情景（即箱包炸弹和面包车炸弹）开展分析。由于结构布置较为方正规整，假定爆炸发生在结构西侧。依据《民用建筑防爆设计标准》T/CECS 736-2020 来确定两种爆炸情景的爆炸荷载。

箱包炸弹，炸药类型 PBX-9404，在爆炸源距西侧墙面 5m 情况下，采用如下方法计算爆炸荷载：考虑只有底部两层（高度 16.5m）承担爆炸荷载，得到建筑西侧墙面上的爆炸压强如图 13.4-13（a）所示。假定施加到建筑墙面上的冲击波压强均无损耗地传递至结构西侧的两根巨柱上，则基于西侧墙面面积可得到每根巨柱承担的爆炸超压正压产生的荷载峰值为 1.70×10^6 kN，爆炸超压负压产生的荷载峰值为 3.39×10^4 kN。

面包车炸弹 TNT 当量为 500kg，假定炸药类型为烈性较强的 PBX-9404，TNT 当量折算后为 850kg。在爆炸源距西侧墙面 10m 情况下，采用与箱包炸弹爆炸荷载相同的计算方法，得到建筑西侧墙面上的爆炸压强如图 13.4-13（b）所示。西侧每根巨柱承担的爆炸超压正压产生的荷载峰值为 4.52×10^6 kN，爆炸超压负压产生的荷载峰值为 4.52×10^4 kN。

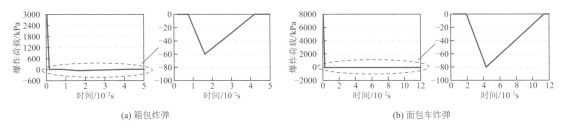

(a) 箱包炸弹　　　　　　　　　　　(b) 面包车炸弹

图 13.4-13　西侧墙面爆炸压强

先对结构施加重力荷载，而后将上述爆炸荷载施加到结构有限元模型上进行动力时程分析，时间步长取 0.0001s。在箱包炸弹下，巨柱在爆炸冲击波方向的峰值位移约为 0.7mm；在面包车炸弹下，巨柱在爆炸冲击波方向的峰值位移约为 4.0mm。在重力荷载下，巨柱有微小侧向位移；当爆炸发生后，巨柱先是在超压正压作用下迅速达到峰值位移，而后在超压正压和负压的间隙以及在超压负压作用下，巨柱侧向位移逐渐回到重力荷载下的水平，并在该位移水平附近微小振动。主结构在两种爆炸情景下均未发生破坏。通过对构件的应力和应变水平进行检查，发现所有构件均未出现塑性铰。

13.4.4　施工模拟分析

采用 ETABS（V2017）进行超高层施工模拟分析，巨柱和核心筒混凝土采用 CEB-FIP90 徐变收缩模型。

1．施工阶段定义

超高层施工中，一般采用"筒体先行"的"不等高同步施工"的施工组织计划。假定施工进度如下：核心筒领先钢管混凝土柱 5 层，钢管混凝土柱、钢梁、楼板及其附加恒荷载及施工活荷载顺次落后 3 层流水施工。吊柱施工阶段按坐柱，由临时支撑连接支承在该区段环带桁架上，待施工完成后拆除临时支撑。主体结构施工速度按 6d/层，塔冠在主体结构施工完成后 2 个月内完成、伸臂腹杆在主体结构施工完成后安装。结构整体施工完成后，取消所有施工活荷载并替换为设计时的活荷载。以 1 区为例，典型施工过程如图 13.4-14 所示。

图 13.4-14　1 区施工过程模拟

2．伸臂构件后装验算

按照 10 年重现期确定施工阶段的地震作用（$a_{\max} = 0.029$）与风荷载（$w_{0,10} = 0.20\text{kN/m}^2$），验算施工过程中的结构整体稳定性与水平变形见表 13.4-5，均满足要求。伸臂构件可以在整体结构施工完成后再安装，以最大限度减小核心筒与巨柱竖向变形差带来的附加内力。

施工过程中结构整体稳定性与水平变形验算（10 年重现期）　　　　　表 13.4-5

结构施工状态	刚重比（限值[1.4]）				层间位移角（限值[1/800]）				稳定性与水平变形评价
	风荷载		地震作用		风荷载		地震作用		
	X向	Y向	X向	Y向	X向	Y向	X向	Y向	
整体结构	1.72	1.65	2.02	2.01	1/1218	1/959	1/1491	1/1421	√
塔冠	1.58	1.52	1.71	1.72	1/1218	1/959	1/1491	1/1421	√
8 区	1.96	1.99	1.97	2.02	1/2116	1/2176	1/1786	1/1798	√

3．竖向构件变形差及其影响

1）竖向变形

分别提取施工完成时、施工完成 1 年后、施工完成 3 年后、施工完成 10 年后的巨柱与核心筒角点竖向变形见图 13.4-15。

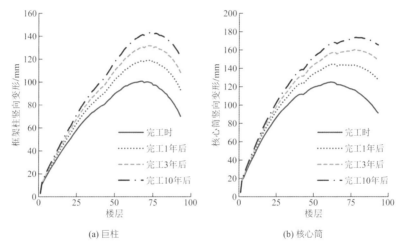

(a) 巨柱　　　　　　　　　　　　　　　(b) 核心筒

图 13.4-15　竖向构件的竖向变形

结构完工时，巨柱竖向变形最大值为 100.8mm，位于 68 层；核心筒竖向变形最大值为 125mm，位于 78 层。完工 10 年时，巨柱竖向变形最大值为 143.3mm，位于 74 层，核心筒竖向变形最大值为 173.7mm，位于 78 层。竖向构件的最大变形发生在结构中上部，且随着时间的增长，最大值出现位置有随楼层上移的趋势。

在结构完工时，巨柱与核心筒竖向变形的构成见图 13.4-16，其中巨柱收缩徐变造成的竖向变形占总变形约 30%，核心筒占总变形约 60%。随着时间增长，混凝土收缩徐变造成的竖向变形逐渐增加，在结构完工 10 年时，巨柱混凝土收缩徐变造成的竖向变形约占 46%，核心筒混凝土收缩徐变造成的竖向变形约占 67%。

典型楼层核心筒与巨柱的竖向变形差统计见表 13.4-6。表中"设计工况"为考虑混凝土收缩徐变、实际施工顺序和构件后装的工况。由表可知，在一次性加载工况中，巨柱竖向变形大于核心筒，但考虑施工顺序和混凝土收缩徐变后，核心筒竖向变形大于巨柱，且随着时间增长，差值逐渐变大。当结构完工时，40 层（第一伸臂层）核心筒与巨柱之间存在 33.075mm 的变形差，在完工 10 年后达到 37.55mm，由于伸臂腹杆在整体结构施工完成后安装，增长的 4.475mm 将引起附加内力，相比于未考虑构件后装情况已大大减小了竖向变形差产生的附加内力。

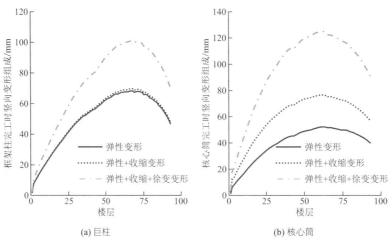

(a) 巨柱   (b) 核心筒

图 13.4-16 竖向构件的竖向变形构成

典型楼层核心筒与巨柱的竖向变形差（mm）   表 13.4-6

计算工况	40 层（第一伸臂层）	89 层（巨柱顶）
一次性加载工况	−5.206	−18.613
设计工况（完工时）	33.075	21.077
设计工况（完工 10 年后）	37.55	43.384

2）构件内力

提取巨柱、核心筒轴力计算结果见图 13.4-17，由图可知：①考虑施工顺序和混凝土收缩徐变后，由于核心筒竖向变形大于巨柱，其所受轴力向巨柱转移，使得核心筒轴力较一次性加载工况时减小，而巨柱轴力较一次性加载工况时增加；②在结构完工 3 年后，竖向构件轴力基本稳定，10 年后，底层巨柱轴力约为一次性加载工况的 112%，而核心筒轴力约为一次性加载工况的 88%。

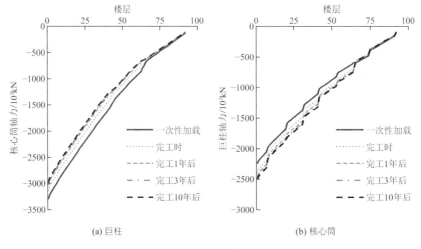

(a) 巨柱   (b) 核心筒

图 13.4-17 竖向构件的轴力变化

结构在 4 区、6 区设置伸臂桁架并考虑伸臂腹杆后装，比较伸臂桁架轴力可知：考虑伸臂腹杆后装，可以极大地减小竖向变形差导致的附加应力；在结构施工完成后，由于混凝土收缩徐变持续增加，核心筒和巨柱竖向变形差也逐渐增长，伸臂杆件附加应力相应增长，4 区伸臂腹杆由竖向变形差引起的附加应力比为 0.17，6 区伸臂腹杆由竖向变形差引起的附加应力比为 0.21，该值可认为是伸臂腹杆在重力荷载作用下的应力比，与风荷载和地震作用组合形成作用工况。

结构在各区底部设置了吊柱，其施工工艺为底部设置临时支撑，待本区顶部环带桁架施工完毕后再拆除临时支撑。以 1 区吊柱为例,在一次性加载工况下吊柱拉力为 1541.4kN。施工模拟分析,在拆除临时支撑前,吊柱受压力为−585.7kN;在 1 区桁架施工完成后拆除临时支撑,待主体结构施工完成后,吊柱受拉力为 1290.8kN,小于一次性加载工况的内力。

4．设计及施工措施

针对施工模拟结果,设计及施工采取如下措施:①巨柱在长期荷载下的混凝土压缩徐变将导致其底部轴力增大约 12%,故巨柱及其基础设计时,其轴力应放大 1.12 倍进行承载力复核;②伸臂腹杆待整体结构施工完成后安装;③伸臂弦杆在施工时尽量先铰接,待整体结构施工完成后变为刚接。

13.4.5 楼盖舒适度分析

1．大悬挑楼盖平面布置

根据建筑功能需求,塔楼标准层四角设置大悬挑楼盖,最大悬挑长度约 12.5m。角部大悬挑楼盖布置除满足承载力与变形要求外,楼盖人致振动引起的舒适度是关键控制因素。以 3 层西北侧角部悬挑楼盖为例,在钢梁截面基本相同情况下,平面布置提出了三种对比方案,如表 13.4-7 所示。

大悬挑楼盖平面布置方案对比   表 13.4-7

布置方案	方案一	方案二	方案三
	巨柱单悬挑 + 次级悬挑	巨柱双悬挑 + 次级悬挑	巨柱单悬挑 + 次级悬挑 + 扁担梁
平面布置示意			
竖向振动频率/Hz（规范限值 3Hz）	4.528	5.484	5.194
竖向峰值加速度/（mm/s²）（规范限值 50mm/s²）	53.6	26.4	35.9

从表 13.4-7 可知,方案一竖向自振频率最低,为 4.528Hz;方案二由于巨柱处增加了 1 根主悬挑梁,增加了悬挑体系竖向刚度,其竖向频率最高,可达 5.484Hz;方案三在巨柱单悬挑的基础上增加了扁担梁,形成类似"井字梁"效果,竖向刚度得到一定加强,其 1 阶竖向自振频率居中,为 5.194Hz。单人行走激励作用下,方案一竖向峰值加速度略大于规范限值;方案三竖向峰值加速度大于方案二,但方案二、方案三竖向峰值加速度均满足规范要求。综合竖向自振频率及峰值加速度分析,方案二、方案三均满足规范相关要求,但方案二巨柱同侧有 2 根悬挑梁和 1 根框架梁相连,同时 2 根主悬挑梁搭接角度较小,节点较为复杂,因此,最终采用方案三的布置形式。

2．振动控制杆设置

为增加楼板振动舒适度设计冗余度,避免出现普遍性振动舒适度问题,在不影响建筑使用及立面效果的前提下,考虑在角部悬挑楼盖边缘处的幕墙竖杆后布置 2 根振动控制杆,如图 13.4-18 所示。所有角部悬挑楼盖最不利点上同时出现行人激励的情况为小概率事件,振动控制杆通过竖向串联多个楼层的悬挑楼盖产生整体效应,从而抑制局部楼层的竖向振动。振动控制杆截面设计考虑不承担结构自重下的重力荷载,待该区域楼盖结构形成后才进行安装,以尽量减小其内力和截面尺寸,并按以下两种活荷载不利工况进行设计:①全区满布活荷载;②楼上所有层布置活荷载,但本层及以下楼层不布置活荷载。

经计算，振动控制杆截面尺寸采用□150×150×9（mm），考虑受压稳定系数后的最大应力比为0.45。

表13.4-8给出了振动控制杆连接不同楼层数量时，角部悬挑楼板处的1阶竖向模态示意及1阶竖向自振频率。可以看出，振动控制杆连接不同数量楼层时，楼板1阶竖向自振频率变化仅1%左右，振动杆对楼板竖向自振频率影响较小。由无振动控制杆、振动控制杆连接2层楼板及连接5层楼板时的角部悬挑楼板进行单层单人行走激励验算的峰值加速度值可以看出，布置振动控制杆后，角部悬挑楼板最不利点的峰值加速度明显减小，且振动控制杆连接楼层数越多，峰值加速度越小。

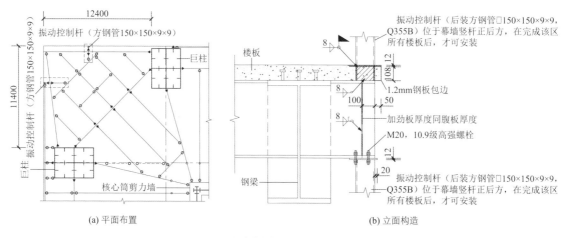

图13.4-18　振动控制杆平面布置及立面构造示意

振动控制杆分析对比　　　　　　　　　　　　　　　　　　　　　　表13.4-8

模型方案	无振动控制杆	振动控制杆连接2层楼板	振动控制杆连接5层楼板
第1振型			
自振频率/Hz	5.194	5.174	5.138
竖向峰值加速度/（mm/s²）	35.9	18.9	6.9

综上分析，由于振动控制杆藏于幕墙构件后，对建筑使用功能及立面效果影响较小，在每一区标准办公层角部均布置2根振动控制杆，串联本区域办公层内所有悬挑楼盖，以最大程度地提高楼板振动舒适度设计冗余度。

13.4.6　复杂节点构造及分析

1. 节点分析和设计原则

节点构造合理与否直接影响结构整体的传力性能。由于巨柱自身的尺寸效应和超高层结构布置特点，本项目巨柱节点有以下特殊性：①梁、柱截面尺寸差异较大，梁所传递的内力与巨柱截面承载能力相比较小，且梁一般相对柱偏心布置；②由于柱截面尺寸大，内部需要设置分仓板、水平和竖向加劲肋、构造钢筋笼等，节点区设置传力板件的构造极为复杂，为钢构件制造加工及混凝土浇筑带来困难，基于传力顺畅、承载力可靠及制作施工便利为目标的节点构造十分重要。以下特别选取伸臂桁架与核心筒连接、伸臂桁架与巨柱连接等节点，通过有限元精细化分析计算和参数化设计对比进行说明。

为保证节点设计的合理性，节点分析和设计的基本原则及目标是：①保证在正常使用状态下和风荷载作用下节点处于弹性状态；②地震作用下保证"强节点弱杆件"的失效机制，即在地震作用下节点极限承载能力高于相邻构件极限承载能力；③节点构造处理应满足传力顺畅、易于施工的要求以保证质量。

2．软件分析及模拟

采用 ABAQUS 软件，从结构整体模型中截取局部建立模型，边界条件为剪力墙底设置固定约束。在节点有限元模型中，剪力墙采用实体单元 C3D8R 模拟，型钢与钢板采用壳单元 S4R 模拟，钢筋采用桁架单元 T3D2 模拟。剪力墙、型钢和钢板、钢筋均采用共节点的方式形成三个独立的部件，各部件之间通过嵌入约束（embedded）协调变形。混凝土材料多轴本构关系采用塑性损伤模型，单轴本构关系采用 Mander 单轴本构模型；钢材的多轴本构模型采用经典金属塑性模型（Mises 屈服准则，相关流动法则，各项同性强化），单轴本构关系采用双折线模型，材料强度取标准值。提取中震（等效弹性反应谱法）和大震（弹塑性时程分析法）的最不利荷载组合内力进行计算。

3．关键节点构造与分析

1）伸臂桁架与剪力墙连接节点

对伸臂桁架与核心筒剪力墙连接节点进行了四种构造方案对比分析，如图 13.4-19 所示，其中方案四节点的板件应力最小，且做法简单，传力路径明确。在一字形加劲板方案基础上，进一步加大节点腹板尺寸，形成最终方案，其节点构造及分析结果如图 13.4-20 所示。有限元分析表明，在罕遇地震作用的最不利荷载下，该节点钢材的最大应力为 390MPa，位于节点区以外加劲板端部的斜腹杆腹板的极小区域出现屈服。混凝土部分整体应力较低，为 40MPa 左右，对应的混凝土压缩损伤因子为 0.41 左右；钢筋最大应力水平为 331MPa。分析结果表明该节点不会先于桁架各杆件破坏。

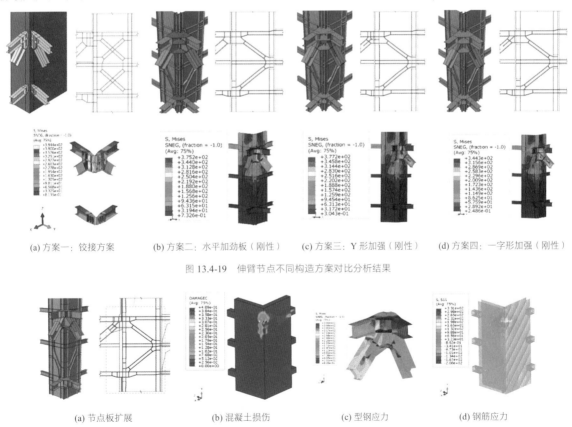

(a) 方案一：铰接方案　　(b) 方案二：水平加劲板（刚性）　　(c) 方案三：Y 形加强（刚性）　　(d) 方案四：一字形加强（刚性）

图 13.4-19　伸臂节点不同构造方案对比分析结果

(a) 节点板扩展　　　　(b) 混凝土损伤　　　　(c) 型钢应力　　　　(d) 钢筋应力

图 13.4-20　斜腹杆受拉工况下节点构造及分析结果

2）伸臂与巨柱连接节点

以 40 层伸臂桁架与巨柱连接节点为例，巨柱内混凝土强度等级为 C70，钢管柱壁材料为 Q390GJ。如图 13.4-21 所示，方案一将伸臂腹杆连续贯穿巨柱壁、延伸至节点中心与十字分仓板相交，其传力直接、明确，但深入巨柱的斜向板与巨柱分仓板夹角过小，焊接控制质量困难，且此区域局部空间小，混凝土难以浇筑，施工质量无法保证；方案二保持巨柱壁贯通，伸臂构件腹板在柱壁处截断，伸臂水平方向与巨柱外壁中心对齐，利用分仓板作为对应腹板的传力构件，其构造简单，利于钢构件加工和混凝土浇筑，但节点传力路径更长，且存在一定节点偏心。

节点区不考虑混凝土的约束提高作用。模型加载时，巨柱底部固接，其余各杆件端部作为加载端，对不同地震水准下的对应节点进行加载。应力分析结果如图 13.4-22 所示，方案一基本处于弹性阶段，节点区钢材应力约 168～223MPa，伸臂腹杆上翼缘折角处以及翼缘与柱壁相交处角部出现局部应力集中，达 334MPa；方案二相应荷载作用下钢材的应力约 195～260MPa，局部应力集中约 325～390MPa，应力峰值同样位于伸臂腹杆上翼缘折角处。由分析结果可以看出，方案二应力略大于方案一，但均小于屈服应力，且有一定富余。从施工难易程度和施工质量的保证考虑，最终选取方案二作为实施方案。对方案二进一步加载至不收敛验证其承载力：至 1.4～1.5 倍大震不屈服设计荷载时，节点刚度开始下降；至 1.55 倍大震大屈服设计荷载下，伸臂腹杆节点区约 30%进入屈服，安全可靠，且有一定承载能力富余。

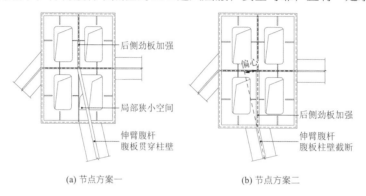

(a) 节点方案一　　　　　　(b) 节点方案二

图 13.4-21　伸臂与巨柱相连节点方案构造示意

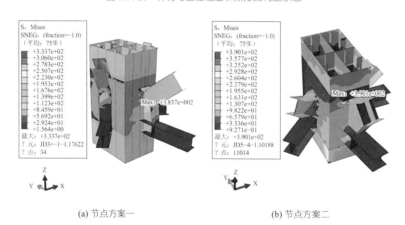

(a) 节点方案一　　　　　　(b) 节点方案二

图 13.4-22　伸臂节点包络荷载作用下钢柱壁应力分析结果

3）楼层梁环板分仓设置分析

常规钢梁-钢管混凝土柱连接节点，主梁翼缘处均设置满腔加劲环板。而对于巨柱节点（图 13.4-23），由于外框环梁与径向梁高度不一致，径向梁高小于外框环梁，径向梁下翼缘加劲肋位于外框环梁上、下翼缘两层加劲肋的中间，若采取与外框梁上、下翼缘加劲肋满设方式，混凝土浇筑质量难以保证。为此，节点设计将内力较大的外框梁作为主要框架梁，上、下翼缘处满腔设置加劲肋以传递楼层主要荷载；而将内力较小的径向梁作为次要框架梁，仅设置局部加劲肋传递内力。如图 13.4-24 所示，对次要梁节点可能采用的满腔肋、L 形肋、环向肋和径向肋四种形式的环板加劲肋布置进行了对比分析，计算结果见表 13.4-9。满腔肋和 L 形肋布置时，巨柱侧壁应力差距在 5%以内，内环板应力差距约在 10%，且内环板应力不起控制作用；环形肋和径向肋计算应力基本相同，与采用 L 形肋相比，柱壁应力增加 18%～20%，环板应力增加 120%，节点处局部应力显著增大。四种环板形式的节点抗弯刚度大小表征为梁端加载处竖向变形大小，计算结果表明基本相同。综上，最终选取 L 形肋作为径向次要梁加劲肋布置形式。

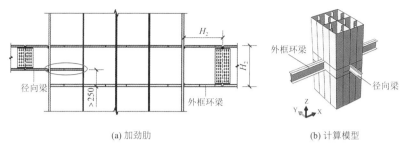

(a) 加劲肋   (b) 计算模型

图 13.4-23 巨柱与水平梁节点加劲肋

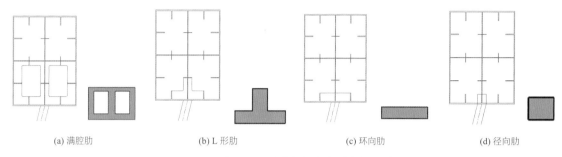

(a) 满腔肋   (b) L 形肋   (c) 环向肋   (d) 径向肋

图 13.4-24 次要梁下翼缘节点内环板加劲肋布置形式

不同内环板加劲肋布置计算结果   表 13.4-9

布置形式	侧壁最大应力/MPa	内环板最大应力/MPa	梁端加载处变形/mm
满腔肋	126	42	6
L 形肋	126	37	6
环向肋	148	81	6.07
径向肋	150	81	6.08

节点设计的合理性应从强度和刚度两个方面考虑，即加劲板宽度应保证节点区相关板件应力水平合理，同时应保证满足节点刚性连接的基本要求，为此，对 L 形加劲肋宽度进行参数化分析，了解其对应力分布、节点转动性能影响，计算结果见图 13.4-25。对刚性连接节点的判定，参照欧洲标准 EN1993-1-8: 2005 对节点刚度的要求：

$$S_{j,ini} \geqslant k_b EI_b / L_b \tag{13.4-1}$$

式中：$S_{j,ini}$——节点刚度；

k_b——与结构形式有关的系数，区别有支撑结构和无支撑结构；

EI_b / L_b——梁的线刚度。

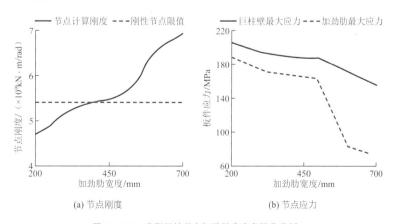

(a) 节点刚度   (b) 节点应力

图 13.4-25 典型巨柱节点加劲肋宽度参数化分析

由图 13.4-25 可知，基于节点刚性要求所需的最小水平节点加劲肋宽为 400mm，此时节点区巨柱壁最大应力为 190MPa，承载力有较大富余。节点加劲肋宽增加到 600mm 时，加劲肋应力显著减小，而巨柱壁最大应力减小至 173MPa，减小幅度有限。综合考虑混凝土浇筑质量要求及经济性后，该巨柱的水平加劲肋宽度取 400mm。

13.5 试验研究

13.5.1 试验概况

图 13.5-1 振动台试验模型

在中国建筑科学研究院抗震试验室进行了振动台试验。模型设计满足与原型在材料特性、几何特性、构件和节点构造、荷载分布等方面的相似关系，并根据结构体系的特点，在满足试验目的的前提下，经过可行性分析对模型结构做一定简化。模型尺寸相似性缩尺比例为 1/40，底板尺寸为 3.4m × 3.4m，高 12.224m；根据振动台承载能力，确定质量密度相似比为 5.487，模型自重为 6.07t，加配重 42.83t。振动台试验模型如图 13.5-1 所示。试验工况包括了小震、中震、大震，并在 7 度大震完成后，继续进行了 7.5 度大震的试验。

通过测定试验模型分别经受 7 度多遇、设防、罕遇、超罕遇地震等不同水准地震作用时的动力响应，包括结构在弹性和弹塑性阶段的位移、加速度及主要构件动应变反应，分析结构不规则性所产生的地震效应，以实现如下三方面的试验目的：

（1）观察、分析结构抗侧力体系在地震作用下的受力特点和破坏形态及过程（如构件开裂、塑性破坏的过程、位置关系等），找出可能存在的薄弱层及薄弱部位。

（2）检验重要构件如外框架、环带桁架、伸臂桁架、核心筒关键构件在三个水准地震作用下的抗震性能，检验结构各部分是否达到设计设定的抗震性能目标。

（3）在试验结果及分析研究的基础上，对本结构设计提出可能的改进意见与措施，进一步提高结构的抗震安全性。

13.5.2 试验现象与结果

7 度小震工况下，整体振动幅度小，未听到破坏声响，主要构件未发现损伤；模型自振频率略降；最大层间位移角满足抗震性能目标要求。7 度中震工况下，模型 X、Y 方向 1 阶频率分别略降至初始弹性阶段的 91.0% 和 90.2%，表明结构发生了轻微损伤。试验现象及动应变测试结果表明，结构的关键构件基本保持弹性。7 度大震工况下，振动幅度较大，出现明显的构件破坏声响，结构顶部轻微扭转。模型 X、Y 方向 1 阶频率分别下降至初始弹性阶段的 79.7% 和 77.4%。结构发生了一定损伤，但仍保持较好的整体性。结构（未含塔冠钢结构）最大层间位移角，X 方向为 1/97（98 层），Y 方向为 1/122（85 层）。考虑试验的偶然因素及层间位移角数据采集的特殊性，结合结构的损伤情况，认为结构能满足抗震性能目标"弹塑性层间位移角小于 1/100"的要求。7.5 度大震工况下，振动幅度剧烈，伴随较大构件破坏声响，出现轻微扭转现象。模型 X、Y 方向的 1 阶频率分别下降到初始弹性阶段的 63.5% 和 60.0%，说明损伤进一步增加，但结构仍保持了较好的整体性，关键构件基本完好，表明结构有一定的抗震储备能力。

根据应变测试结果并结合对模型损伤的观察，钢管混凝土外框巨柱、次柱、外框钢梁、环带桁架、伸臂桁架、角部桁架、悬挑桁架、塔冠柱转换桁架总体动应变水平不高，均未发生屈服或屈曲等损伤，认为上述桁架的设计可以满足抗震性能目标。核心筒剪力墙总体损伤较多，损伤形式包括墙体受拉水平裂缝、受剪斜裂缝、受压竖向裂缝及连梁端部受弯裂缝，均为细小裂缝，裂缝分布均匀，未观察到较严重的压剪或拉剪损伤。受振动台承载能力所限，振动模型配重稍有不足，影响到重力荷载代表值作用下的构件内力，导致试验模型竖向构件组合内力受拉偏大而受压偏小，核心筒剪力墙观察到较多受拉水平裂缝，裂缝总体上分布较均匀，但在剪力墙底部、加强层上部且存在斜墙收进及截面减小情况的 41～42 层、62～64 层之间分布较为密集，如图 13.5-2 所示。尽管塔冠鞭梢效应较大，塔冠结构并未出现大的损伤，仅 96 层楼层平面收进，塔冠钢柱根部出现局部屈曲外鼓现象，如图 13.5-3 所示。

振动台试验验证结构设计合理，总体可达到预设的抗震设计性能目标。

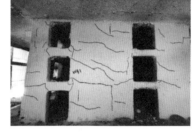

(a) 41～42 层   (b) 62～64 层

图 13.5-2　试验后核心筒开裂较多的部位

(a) 塔冠转换桁架   (b) 塔冠柱局部屈曲外鼓

图 13.5-3　塔冠损伤情况

13.5.3　试验结论

经过试验研究，可以得到如下结论：

（1）结构顶部鞭梢效应显著，93 层以上范围非结构构件设计动力系数宜加强，设计针对屋顶处的女儿墙采用结构翻边成形。

（2）加强层上部刚度突变、主要抗侧力构件截面减小、构件收进等均会造成结构侧向刚度和承载力的突变，伸臂加强层上的 1～3 层剪力墙裂缝较多，设计通过提高其竖向配筋率及局部位置增加型钢予以加强。

（3）针对 96 层楼层平面收进，个别塔冠钢柱根部出现局部屈曲外鼓现象，设计对 96 层塔冠柱根部增加加劲板予以加强。

13.6　结语

成都中海天府新区超高层项目主塔楼高 488.9m，为目前在建的西南第一高楼，也是世界上能远眺海拔 7000m 以上雪山的最高超高层建筑。采用巨柱框架-核心筒-伸臂-次框架结构体系，具有良好的抗侧力性能，主要指标均满足性能目标要求，实现了建筑的造型、功能及空间效果。在结构设计过程中，完成了以下几方面的创新性工作。

（1）综合试验、规范确定了地基承载力参数，基础形式采用考虑桩土共同作用的桩筏基础。通过分别折减桩、土刚度，对筏板进行包络设计，并考虑巨柱和翼墙组合体不平衡弯矩，混凝土收缩徐变导致巨柱、核心筒内力重分布等因素对筏板受力影响，保证了基础受力安全并兼顾了经济性。基于桩筏有限元计算结果，对规范提出的筏板抗剪验算计算简图进行修正，使之适用于本工程。

（2）采用无斜撑的巨柱框架-核心筒-伸臂-次框架结构体系，具有较好的景观视野。利用避难层设置了8道环带桁架，2个伸臂加强层。通过增大次框架剪力调整、采用梁柱刚接的方式加强次框架结构，提高整体结构抗侧能力以及外周巨柱框架结构的二道防线能力。

（3）下部区域次框架结构采用下部坐柱、上部吊柱形式，中间可形成一层视野开阔的无次柱景观。每边设置次柱2根，即使其中1根柱失效，也不会发生次框架结构的连续倒塌；上部区域次框架结构采用坐柱形式，即使坐柱失效，上部即成为吊柱系统，同样可防止次框架结构发生连续性倒塌。

（4）针对平面四角大悬挑楼盖，采用悬挑主梁和悬挑次梁结合的布置方式，尽可能加强悬挑楼盖的竖向刚度和结构冗余度，提高悬挑梁可能失效后大悬挑楼盖的抗连续倒塌能力和人致振动的舒适度，并通过设置振动控制杆实现更加可靠的舒适度保证。

（5）塔冠结构的"鞭梢效应"作用明显，塔冠构件设计时，进行塔冠单独模型的楼面谱分析，并与整体模型包络设计。

（6）结合经济性及施工便利因素，对关键节点进行参数化分析以优化复杂节点的构造，既满足"强节点弱构件"的性能目标，又可取得良好的综合效益。

（7）复核长期荷载下混凝土收缩徐变导致的结构内力重分布，其中钢管混凝土巨柱及伸臂桁架内力明显增大，相关构件包含筏板基础承载力设计均予以考虑。

（8）对加强层、斜墙、斜柱等重点部位进行了精细化计算分析并采取针对性的加强措施，确保工程的安全性和合理性。

参考资料

[1] 安邸建筑环境工程咨询（上海）有限公司. 成都天府新区超高层项目风致结构响应研究[R]. 2021

[2] Thornton Tomasetti, Inc. "成都天府新区超高层项目—1号楼"超限高层建筑工程抗震设防审查专项报告[R]. 2021.

[3] KPF建筑设计事务所. 成都天府新区超高层项目100%方案文本[R]. 2020

[4] 建研科技股份有限公司. 中海成都天府新区超高层项目振动台试验报告[R]. 2022

设计团队

中国建筑西南设计研究院有限公司：吴小宾、刘宜丰、彭志桢、陈　强、肖克艰、冯中伟、谢俊乔、殷　杰、秦　攀、涂　雨、林俊舟、龙振飞、尉建伟、陈小龙

香港华艺设计顾问（深圳）有限公司：梁莉军、江　龙、俞歆晨、傅伟东、周靖人
TT、中国建筑科学研究院等团队人员

执笔人：吴小宾、彭志桢、刘宜丰、陈　强、谢俊乔、秦攀、涂雨、龙振飞

第14章

成都环球金融中心

14.1 工程概况

14.1.1 建筑概况

成都环球金融中心位于成都市天府二街与吉泰路交汇处，总建筑面积约 28.4 万 m²，其中地上 22.0 万 m²，地下 6.4 万 m²。地下 4 层，主要用途为车库；地上由两栋 47 层超甲级办公楼建筑及 5 层商业裙房组成，形成一个"凯旋门"式建筑。塔楼标准层层高 3.95m，地面以上结构高度 199.3m，建筑高度 199.8m；裙房结构高度 29.75m。两栋塔楼为斜向对称布置，斜向角度为 33°，最近点相距约 33.9m，顶部 44～47 层由连廊相接。连廊下窄上宽、外立面为空间曲面形状，其 44 层最窄处宽度约 11.8m，屋面最窄处宽度约 31.0m。项目建成实景如图 14.1-1（a）所示，建筑剖面图如图 14.1-1（b）所示。

(a) 项目建成实景

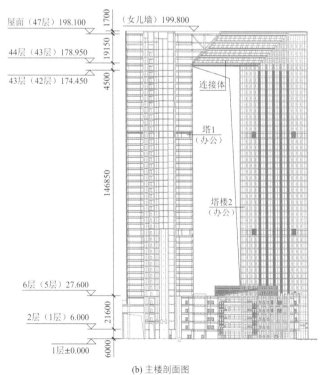

(b) 主楼剖面图

图 14.1-1 项目建成实景和主楼剖面图

两栋塔楼结构平面及布置基本相同。单塔平面形状为正方形，长宽均为 42.7m，高宽比约为 4.67；核心筒长 24.7m，宽为 22.2m，高宽比为 8，核心筒面积约占主楼平面面积的 30%。建筑典型平面图如图 14.1-2 所示。

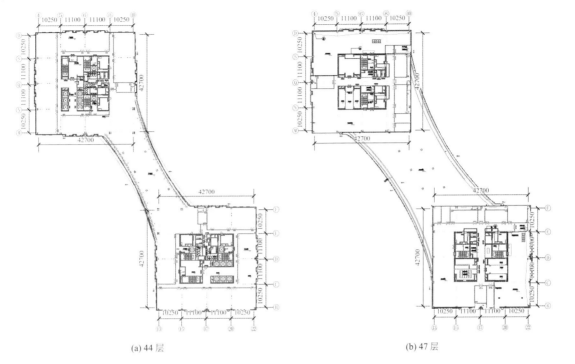

| (a) 44 层 | (b) 47 层 |

图 14.1-2　建筑典型平面图

塔楼与裙房之间在地面以上设置抗震缝，裙房采用钢筋混凝土框架结构；塔楼采用矩形钢管混凝土柱-钢梁-钢筋混凝土核心筒结构体系；连廊采用钢桁架结构。

主楼采用筏形基础，持力层为中风化泥岩层，地基承载力特征值为 $f_{ak} = 1000kPa$，筏板混凝土强度等级为 C40，基础埋置深度约 17.8m。

14.1.2　设计条件

1. 主体控制参数（表14.1-1）

控制参数　　　　　　　　　　　　　　　　　　表 14.1-1

结构设计工作年限		50 年
建筑结构安全等级（重要性系数）		塔楼竖向构件、基础、连廊：一级（$\gamma_0 = 1.1$） 其他：二级（$\gamma_0 = 1.0$）
建筑抗震设防类别		重点设防类（乙类）
地基基础设计等级		甲级
建筑抗震设计标准	抗震设防烈度	7 度（0.10g）
	设计地震分组	第三组
	场地类别	Ⅱ 类
	多遇地震特征周期	0.45s
	罕遇地震特征周期	0.50s
建筑结构阻尼比	多遇地震	地上：0.04；地下：0.05
	罕遇地震	0.06

2. 地震动参数与抗震措施

《领地·环球金融中心场地地震安全性评价报告》与《建筑抗震设计规范》GB 50011-2010（简称《抗规》）水平地震动参数对比如表 14.1-2 所示。多遇地震设计采用安评报告值，设防地震和罕遇地震采用规范值。

安评报告与规范水平向地震动参数对比及设计取值 　　　　　　　　　　表 14.1-2

地震烈度	场地特征周期T_g/s		地震峰值加速度/gal			水平地震影响系数最大值α_{max}		
	《抗规》	安评	《抗规》	安评	设计取值	《抗规》	安评	设计取值
多遇地震	0.45	0.45	35	42	42	0.08	0.096	0.096
设防地震	0.45	0.45	100	120	100	0.23	0.288	0.23
罕遇地震	0.50	0.45	220	215	220	0.50	0.516	0.50

塔楼核心筒剪力墙、塔楼底部加强区范围的框架柱、与连廊相连的框架柱的抗震等级为特一级，其余竖向构件抗震等级为一级；连体桁架及与桁架相连的塔楼范围内框架钢梁、主楼内斜撑抗震等级为一级，其余为二级。

3. 风荷载

结构变形验算时，取 50 年一遇基本风压为 0.30kN/m²，承载力验算时，将基本风压乘以 1.1 倍放大系数。场地粗糙度类别为 B 类。考虑建筑之间的相互干扰，体型系数乘以干扰增大系数 1.485，取μ_s = 1.485 × 1.4 = 2.08。

14.2 建筑特点

14.2.1 云端空中连廊

飞架南北两座塔楼的云端空中连廊是项目的最大亮点和精华所在，连廊部分的双曲面外立面与笔直塔楼完美衔接，带来强烈的视觉冲击力。云端空中连廊以 33° 斜向连接南北主楼对角，呈下窄上宽形态，横立面及纵立面均为梯形，外轮廓不断变化呈扭曲状，如图 14.2-1（a）、（b）所示。连廊空间曲面形状的实现以及与主楼立面无缝连接是建筑最核心的诉求；在契合连廊的曲面扭曲造型的同时，尽可能留出更多自由灵活的建筑使用空间，是连廊结构方案的重要关注点。最终采用反对称布置的 4 榀钢桁架形成连廊主承重结构的方案，其中连廊中间 2 榀桁架为 4 层高度，跨度为 39.6m，外侧 2 榀桁架设置于顶部 2 层，呈弧形，跨度为 54.8m。外围弧线曲面造型通过调节从 4 榀桁架伸出的悬挑梁长度来实现，并通过在悬挑梁外侧端部设置细小的圆形斜拉（压）杆，来增加连廊整体性和悬挑梁冗余度，也作为幕墙构件支点。如图 14.2-1（c）、（d）所示。以上方案较好地解决了建筑体型与结构传力合理的统一性问题。

(a) 仰视图　　　　　　　　　　　　　　　(b) 与主体连接细部图

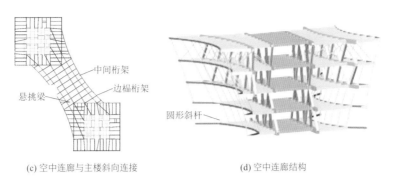

(c) 空中连廊与主楼斜向连接　　　　(d) 空中连廊结构

图 14.2-1　空中连廊

14.2.2　高品质室内空间

本项目定位为超甲级办公楼，在建筑层高仅 3.95m 条件下，对楼层净高提出 2.85m 的高要求。为此，采用变高度的变截面钢梁，即靠近核心筒的管道密集处高度 450mm，其余高度 700mm；采用在钢梁腹板中开洞，风管穿梁而过的方案，最大开洞尺寸达 350×1100mm，如图 14.2-2 所示。通过对开洞梁细致的有限元分析，采取加劲板加强措施，确保了开洞梁的承载力和刚度要求，同时避免了楼盖人致振动的舒适度问题。

为满足不同业主的办公定制需求，结构设计在局部特定区域设置了可拆卸楼板，实现从大平层变成跃层（Loft）通高空间的变换，并对楼盖采取楼板加强等提高整体性的措施。

图 14.2-2　钢梁开洞现场

14.3　体系与分析

14.3.1　结构体系

塔楼采用矩形钢管混凝土柱-钢梁-钢筋混凝土核心筒-钢桁架连体的混合结构体系。钢梁与钢筋混凝土核心筒铰接，与钢管混凝土柱刚接。钢管柱延伸至地下 1 层并采用钢筋混凝土外包，地下 2 层至地下 3 层转换为型钢混凝土柱，地下 3 层以下改为钢筋混凝土柱。整体结构模型如图 14.3-1 所示。

顶部连廊采用 4 榀钢桁架作为主承力结构，如图 14.3-2 所示。其中桁架 2、桁架 3 位于连廊中间，为平面桁架，跨度为 39.6m，桁架高度跨越 4 个楼层；桁架 1、桁架 4 位于连廊外侧，为弧形平面桁架，高度跨越顶部 2 个楼层，跨度为 54.8m。连廊外侧设置竖向斜杆，增加两侧悬挑结构的整体性和冗余度。

连廊与塔楼采用刚性连接的方式，与两栋反对称布置、平面和体型基本相似、动力特性相近的塔楼连接，整体形成门形结构，整体性强，具有较好的抗侧刚度，有利于结构抗震设计。

　　连体结构力学特点是：连接体不仅在地震作用和风荷载作用下对塔楼产生水平力，即使重力荷载作用下，也将对塔楼产生较大水平力。因此《高层建筑混凝土结构技术规程》JGJ 3-2010（简称《高规》）要求：连廊与主体结构刚接时，连廊结构的主要构件应至少伸入主体结构一跨并可靠连接，以实现可靠传力。对于框架-核心筒结构，核心筒是主要承接水平力的结构，连接体桁架如能与核心筒剪力墙直接连接，是最有效的传力方式。如图 14.3-3 所示，本工程由于连廊与塔楼斜交，为尽量不影响建筑使用空间，连接体桁架无法直接在塔楼向内延伸至核心筒，只能通过在相邻外围框架柱间和框架柱与核心筒间设置钢斜撑来间接传力，传力路径比较长。

　　为验证结构布置的传力有效性，通过 3 个计算模型进行分析：模型 A，设置上述钢斜撑的工程模型；模型 B，未设置上述钢斜撑的对比模型；模型 C，未设置上述钢斜撑，且 44 层至屋面层塔楼核心筒与外围框架柱之间区域的楼板厚度设为 0，即无楼板的对比模型。图 14.3-4 为模型 A、B、C 的 46 层右下角核心筒墙肢的计算剪力的相对比值，可见取消钢斜撑后的模型 B 的墙肢剪力减小最大约 12%，继续将相邻区域楼板取消后的模型 C 则减小最大约 29%，说明设置的钢斜撑和相关楼层的楼板对水平剪力的传递起到重要作用，设计时予以加强。

图 14.3-1　整体结构模型

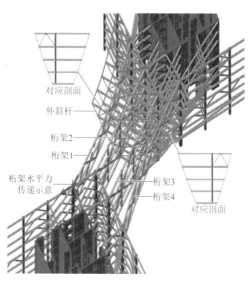

图 14.3-2　连廊结构构成

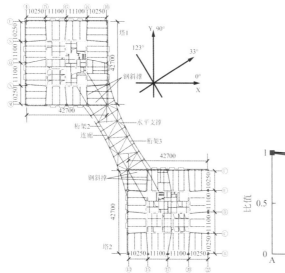

图 14.3-3　连廊底层 44 层结构平面布置

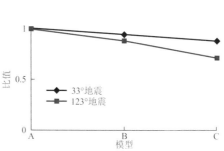

图 14.3-4　连廊 46 层右下角核心筒墙肢剪力相对比值

经典回眸·中国建筑西南设计研究院有限公司篇

14.3.2 结构布置

两个方向的外框架柱至核心筒距离分别约为 11.1m 及 10.0m，采用径向布置梁方式，梁与核心筒铰接，与框架柱刚接，布置避开核心筒连梁。核心筒外的楼板采用钢筋桁架楼承板，2 层、3 层开洞附近楼板厚 130mm，标准层板厚 110mm，45~47 层的连廊楼层板厚 150mm；连接体底层（44 层）和顶层（47 层）屋面层板厚 180mm，中间楼层板厚 150mm。核心筒内采用现浇钢筋混凝土梁板体系，板厚 100mm。为增强连接体楼盖抗水平力的可靠性，各连体层楼板下设置交叉水平支撑，截面为 $\phi245 \times 10$。塔楼 1 结构平面如图 14.3-5 所示，连体楼层平面如图 14.3-6 所示。

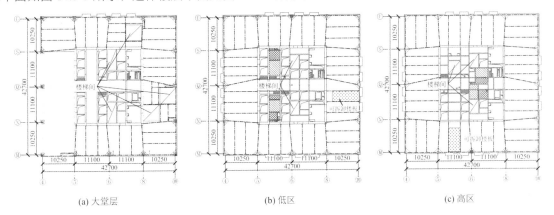

| (a) 大堂层 | (b) 低区 | (c) 高区 |

图 14.3-5 塔楼 1 典型结构平面图

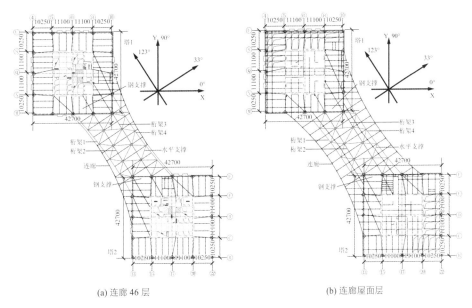

| (a) 连廊 46 层 | (b) 连廊屋面层 |

图 14.3-6 连体典型层结构平面图

框架柱采用方钢管混凝土柱，从下往上的截面为 □1200×1200×38~□700×700×20（mm），支承连廊的方钢管柱截面为 □1300×1300×38~□1000×1000×30（mm），各层截面尺寸如表 14.3-1 所示。钢筋混凝土核心筒墙厚自底部的翼墙 850mm、腹墙 400mm 过渡到顶部翼墙 500mm、内腹墙 200mm，并加强了连廊范围核心筒。15 层以下混凝土强度等级为 C60，16~28 层为 C50，29~41 层为 C40，42 层楼面以上为 C50。

钢管混凝土柱截面和材质   表 14.3-1

楼层	柱截面/mm	材质
基顶至地下室顶板	1800×1800，1700×1700（型钢柱）	Q345B + C50
1~4 层楼面	1300×1300×38，1200×1200×38（钢管混凝土柱）	Q345B + C50

楼层	柱截面/mm	材质
5 层、6 层楼面	1200×1200×35，1100×1100×35（钢管混凝土柱）	Q345B + C50
7～13 层楼面	1000×1000×35（钢管混凝土柱）	Q345B + C50
14～17 层楼面	1000×1000×30（钢管混凝土柱）	Q345B + C50
18～23 层楼面	1000×1000×30，900×900×25（钢管混凝土柱）	Q345B + C50
24～28 层楼面	1000×1000×30，800×800×20（钢管混凝土柱）	Q345B + C50
28～33 层楼面	1000×1000×30，800×800×20（钢管混凝土柱）	Q345B + C40
34 层以上	1000×1000×30，700×700×20（钢管混凝土柱）	Q345B + C40

外围框架梁主要截面尺寸为 H700×350×14×26（mm），主要钢次梁截面高度均为 700mm，并在腹板上开洞供风管等穿过，最大开洞宽度 1.1m。开洞及构造加强如图 14.3-7 所示。

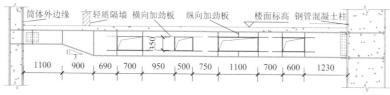

图 14.3-7　变截面钢梁开洞及构造加强示意

连廊 4 榀桁架均采用矩管，材料为 Q345B，布置形式如图 14.3-8 所示。桁架 2、桁架 3 位于连廊中间，高度跨越 4 层，弦杆及腹杆宽度均为 500mm，上弦截面统一为 □700×500×16×30（mm），下弦截面统一为 □900×500×20×30（mm），端部腹杆截面为 □500×500×35×35（mm），中部腹杆截面为 □400×500×30×30（mm）。桁架 1、桁架 4 位于连廊外侧，高度跨越顶部 2 层，呈弧形，弦杆及腹杆宽度均为 400mm，上、下弦截面均为 □700×400×14×30（mm），端部腹杆截面为 □400×400×35×35（mm），中部腹杆截面为 □400×400×30×30（mm）。为减小对连廊空间效果的影响，仅在连廊顶层每个钢柱外侧设置横向桁架，腹杆截面为 $\phi220×10$，连廊结构外侧悬挑端部沿弧形曲面设置斜杆，截面为 $\phi200×8$，其立面布置如图 14.3-8（c）所示。

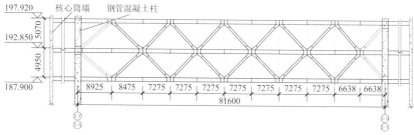

(a) 桁架 1、桁架 4 立面布置

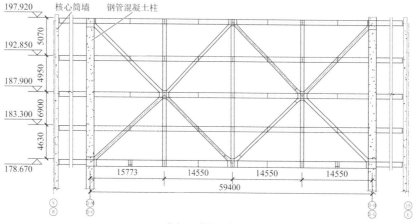

(b) 桁架 2、桁架 3 立面布置

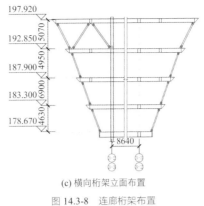

(c) 横向桁架立面布置

图 14.3-8 连廊桁架布置

14.3.3 抗震性能化设计

1. 抗震超限分析和采取的措施

项目存在如下超限项：①建筑高度超限，规范限值 190m，超限约 5%；②高位连体结构；③2 层、3 层有较大的楼板缺失；④部分楼层扭转位移比大于 1.2，小于 1.4。

针对超限情况，采取以下加强措施。

1）结构布置

对于连廊形成的楼层抗侧刚度及受剪承载力突变，在其下数层设置柱间斜撑进行过渡，以调整楼层刚度及受剪承载力变化趋势，满足规范对结构竖向规则性的要求；对连廊层楼板进行加强，增强其传递水平力能力，并在连廊各层设置水平支撑作为加强楼盖的补充措施。

2）计算分析

（1）针对塔楼抗侧结构主方向与连廊不一致，对结构进行多角度方向地震输入，并按包络值进行设计。

（2）考虑竖向地震作用。计算时除多遇地震和设防地震水准采用竖向振型分解反应谱法外，还进行考虑竖向地震分量输入的动力时程分析；连体桁架竖向地震作用标准值不小于其重力荷载代表值的 15%。

（3）分析地震行波效应对连体结构特别是连廊结构的影响，复核关键部位的承载力。

（4）连廊桁架及与塔楼相连构件（含支撑）按中震弹性、大震不屈服设计，连接体构件的内力计算按有楼板和无楼板，并用两个以上结构软件相互复核，取计算结果的包络值。

（5）对连接体进行防连续倒塌验算和舒适度验算。

（6）考虑连廊安装前工况，对塔楼各自独立抗风、抗震进行验算；对连廊整体吊装方式进行施工模拟验算。

3）构件设计

与连廊相连的柱在顶部连廊相邻楼层的截面尺寸增大到 1m，增加其承载力裕度；核心筒的角部全高设置型钢，其中底部楼层及连廊楼层为计算型钢，其余为构造型钢。连廊楼层及其下部楼层的核心筒剪力墙，在设防地震和罕遇地震下计算应力较大，最小配筋率增大到水平分布钢筋 0.6%、竖向分布钢筋 1.0%。

2. 抗震性能目标

结构总体性能目标选定为不低于《高规》所规定的 C 级，将底部加强区核心筒、与连体相连的框架柱、连廊桁架、连体层设置的水平钢支撑设定为关键构件，各构件对应的抗震性能水准要求如表 14.3-2 所示。

项目		多遇地震	设防地震	罕遇烈度
性能水准定性描述		完好	轻度破坏，可修复损坏	中度破坏
层间位移角限值		1/615	—	1/111
关键构件	底部加强区的剪力墙	弹性	抗震承载力按弹性设计	抗剪承载力按不屈服设计；构件受弯状态的弹塑性分析结果允许进入塑性，但程度轻微
	与连体相连的框架柱	弹性		
	连接体桁架	弹性	抗震承载力按弹性设计	抗震承载力按不屈服设计
	连廊楼层水平支撑	弹性	抗震承载力按弹性设计	抗震承载力按不屈服设计
普通竖向构件	其他部位剪力墙	弹性	受弯不屈服，受剪弹性	满足受剪截面控制条件；构件的弹塑性分析结果允许进入塑性，但程度轻微
	其他部位框架柱	弹性	受弯不屈服，受剪弹性	构件的弹塑性分析结果允许进入塑性，但程度轻微
耗能构件	连梁	弹性	允许屈服但满足受剪截面控制条件	构件的弹塑性分析结果允许进入塑性
	钢框架梁	弹性	少量受弯屈服	构件的弹塑性分析结果允许进入塑性
	与柱相连钢支撑	弹性	受弯不屈服	控制塑性转角及轴向拉压应变
节点			不先于相关构件破坏	

14.3.4 结构分析

1. 多遇地震下弹性计算分析

采用 SATWE 及 MIDAS/Buliding 软件进行计算分析。重点比较连体结构与单塔结构的动力特性与地震响应，计算的连体结构与单塔结构周期如表 14.3-3 所示，前 3 阶振型如图 14.3-9 所示。连体结构模型第 1 阶振型为门形结构面外（垂直于连廊方向）的摆动，第 2 阶振型为门形结构面内（沿连廊方向）摆动，前两阶振型具有典型的门形刚架变形特征；第 3 阶振型为连廊带动两侧塔楼绕整体的对称竖轴同方向转动，其中上部连体部位接近整体转动，塔楼部分包含自身扭转及摆动。而对比的单塔结构模型第 1、2 阶振型分别为沿Y向和X向的摆动，其方向与单塔抗侧力体系主方向一致，第 3 阶振型为扭转。因此，连体结构的地震最大响应方向将不是塔楼抗侧力体系的主方向。

连体结构与单塔结构周期   表 14.3-3

计算指标		连体结构模型		单塔模型	
		STAWE	MIDAS/Building	STAWE	MIDAS/Building
周期/s	T_1	4.856（0）	4.6714（0）	5.0994（0）	4.9069（0）
	T_2	4.5451（0.08）	4.3491（0.06）	5.0473（0.05）	4.8819（0.01）
	T_3	4.0933（0.83）	3.8348（0.82）	3.4665（0.93）	3.2132（0.97）
周期比	T_3/T_1	0.842	0.821	0.68	0.655

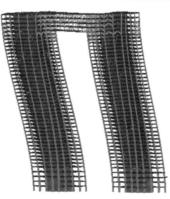
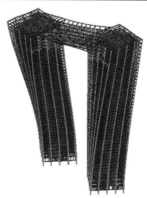

(a) 连体第 1 阶振型，平动   (b) 连体第 2 阶振型，沿连廊平动   (c) 连体第 3 阶振型，扭转

经典回眸 中国建筑西南设计研究院有限公司篇

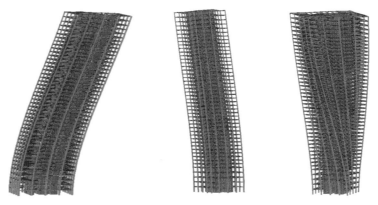

(d) 单塔第 1 阶振型，X 向平动　(e) 单塔第 2 阶振型，Y 向平动　(f) 单塔第 3 阶振型，扭转

图 14.3-9　连体结构与单塔结构前 3 阶振型

多遇地震作用下连体结构整体参数计算结果如表 14.3-4 所示。连体结构模型的中下部楼层的扭转位移比明显小于单塔结构模型，反映出连廊对塔楼扭转的约束作用，如图 14.3-10 所示；但紧邻连接体的下部数个楼层的扭转位移比则发生突然增大，也是连接体影响的结果。鉴于独立单塔抗扭转能力与连体结构的性能相关，设计时先行控制单塔的扭转位移比将有利于连体结构的后续计算。

多遇地震下连体结构整体参数计算结果　　　　　　　　　　　　　　表 14.3-4

计算程序		SATWE	MIDAS/Buliding
底层地震力/kN	0°	37084	36081
	90°	36965	35930
	33°	39008	38282
	123°	37637	36520
最大层间位移角（＜1/615）	0°	1/853	1/906
	90°	1/919	1/979
	33°	1/787	1/841
	123°	1/933	1/975
楼层侧向刚度比（＞0.9）	0°	0.99	1.01
	90°	0.97	0.99
	33°	1	1.02
	123°	0.93	0.98
受剪承载力比值（＞0.8）	0°	0.9	0.97
	90°	0.9	0.98
	33°	0.89	0.96
	123°	0.89	0.97
刚重比（＞1.4）	0°	2.78	2.69
	90°	3.14	3.02
	33°	2.5	2.61
	123°	3.24	3.32

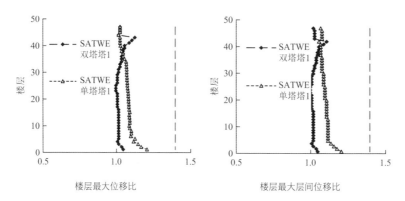

图 14.3-10　连体结构模型和单塔结构模型扭转位移比

2．地震作用的方向性影响分析

为了解门形连体结构地震内力分布规律，特别是在塔楼抗侧力构件布置方向与连廊抗侧力构件布置方向不一致情况下，地震作用主方向与结构内力分布的相关性，将地震作用主方向分别按多角度输入进行计算，研究典型构件的内力变化情况。构件编号如图 14.3-11 所示。

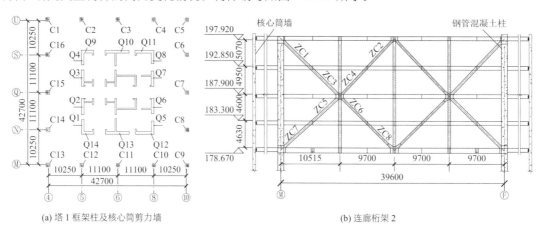

(a) 塔 1 框架柱及核心筒剪力墙　　　　　(b) 连廊桁架 2

图 14.3-11　构件编号

取典型构件的地震内力进行比较。表 14.3-5 所示为塔楼 1 的 1 层和 43 层（连廊底层）的核心筒剪力墙角部组合墙肢在设防地震作用下，对应于不同地震作用方向的轴力情况，表中正值为拉力，负值为压力。可知各墙肢轴力与地震输入方向密切相关。

剪力墙角部组合墙肢轴力/kN　　　　　　　　　　　　　　表 14.3-5

楼层	地震方向	Q1 + Q14	Q4 + Q9	Q5 + Q12	Q8 + Q11
1 层	0°	−20484	15	−21849	−30771
	33°	−25690	−9190	−13461	−32303
	90°	21292	−22543	18390	−3779
	123°	14912	−23701	24081	3883
43 层	0°	2260	−1908	5125	2258
	33°	−1158	1205	2922	1785
	90°	−3171	3426	−4567	−992
	123°	−3422	3396	−6455	−1475

表 14.3-6 所示为连廊桁架 2 腹杆在多遇地震作用下的轴力随地震作用方向变化情况，可知顺连廊方向（123°）的地震作用在桁架腹杆产生的轴力最大。

地震方向	ZC1	ZC2	ZC3	ZC4	ZC5	ZC6	ZC7	ZC8
0°	−694	711	−697	749	1124	−1027	1157	−991
33°	−132	69	−130	73	115	−128	124	−123
90°	942	−1073	951	−1129	−1697	1440	−1753	1393
123°	1154	−1261	1163	−1326	−1952	1702	−1995	1638

3．罕遇地震下动力弹塑性时程分析

采用 SAUSAGE 软件对结构进行罕遇地震下的动力弹塑性时程分析。选用 2 组天然和 1 组人工模拟的加速度时程曲线。计算中，罕遇地震波峰值加速度取 220cm/s²，地震波持续时间取大于 50s。结构初始阻尼比取 4%。每个工况地震波峰值按水平主方向：水平次方向：竖向 = 1：0.85：0.65 进行调整。

计算结果表明，地震作用主方向在 33°和 123°时，结构的地震响应较大，表 14.3-7 给出了两个塔楼的底部剪力峰值及楼层层间位移角计算结果。33°方向为主输入方向时，楼顶最大位移为 721mm（天然波 1），楼层最大层间位移角为 1/210（天然波 1，第 18 层）；123°方向为主输入方向时，楼顶最大位移为 542mm（天然波 1），楼层最大层间位移角为 1/161（天然波 1，第 32 层）。

大震时程分析计算结果 表 14.3-7

工况			USER13	USER11	USER91	包络值
底部剪力/kN	33°	塔 1	77710	70366	68646	77710
		塔 2	62439	66532	60786	66532
	123°	塔 1	78191	61357	70086	78191
		塔 2	70147	60216	60930	70147
楼层层间位移角	33°	塔 1	1/210	1/298	1/267	1/210
		塔 2	1/211	1/350	1/296	1/211
	123°	塔 1	1/161	1/226	1/183	1/161
		塔 2	1/170	1/258	1/238	1/170

分析表明，罕遇地震作用下，大部分连梁损伤严重，发挥了耗能作用；核心筒剪力墙在底部加强区范围及连廊楼层出现轻微—轻度损伤，其余剪力墙墙肢基本完好；钢管混凝土柱及钢支撑、连接体结构均未进入塑性。构件损伤情况如图 14.3-12 所示。

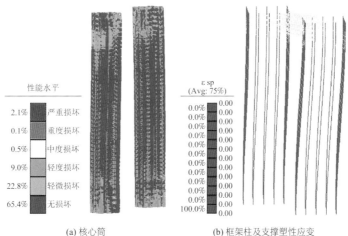

性能水平

2.1%	严重损坏
0.1%	重度损坏
0.5%	中度损坏
9.0%	轻度损坏
22.8%	轻微损坏
65.4%	无损坏

ε sp
(Avg: 75%)

0.0% 0.00
0.0% 0.00
0.0% 0.00
0.0% 0.00
0.0% 0.00
0.0% 0.00
0.0% 0.00
0.0% 0.00
0.0% 0.00
100.0% 0.00

(a) 核心筒　　(b) 框架柱及支撑塑性应变

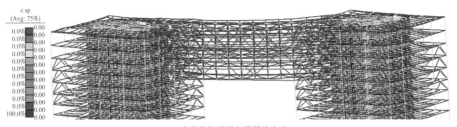

(c) 连廊及柱间钢支撑塑性应变

图 14.3-12 典型构件损伤情况

14.4 专项设计

14.4.1 连廊专项设计

1. 竖向地震作用及其影响分析

塔楼顶部为高位连体结构，且连接体桁架跨度大于 39.6m，结构设计采用 ETABS 软件，分别进行竖向反应谱方法和竖向时程分析法的竖向地震作用分析。时程分析采用 2 条天然波和 1 条人工波，竖向地震加速度幅值取 $0.65 \times 42 = 27.3 \text{cm/s}^2$，计算得到竖向地震力与重力荷载代表值的比值（即竖重比）沿楼层的分布曲线如图 14.4-1 所示。反应谱法计算结果与时程分析法计算结果包络值相近，结构底部竖重比近 5%。从连接体桁架内力计算结果看，连廊结构竖重比在 12%～15%，说明在竖向地震作用下连廊的地震响应比塔楼大。从图 14.4-2 所示的连廊桁架上弦节点的竖向加速度分布可知，桁架中部竖向地震反应显著大于与塔楼相接部位。因而各阶段地震作用均应考虑竖向地震作用，且多遇地震反应谱分析时，连廊桁架竖重比不应小于 15%。

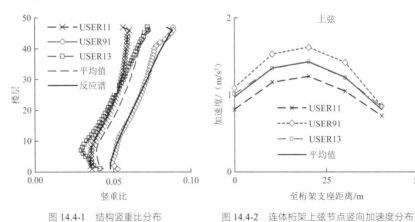

图 14.4-1 结构竖重比分布　　　　图 14.4-2 连体桁架上弦节点竖向加速度分布

2. 连接体桁架内力分析

重力荷载代表值作用下，连接体桁架最大应力比为 0.3；设防地震和罕遇地震作用下，分别采用等效弹性反应谱法和弹塑性时程分析法，按不同角度地震输入得到的中间桁架 2、桁架 3 的最大应力比为 0.87，外侧桁架 1、桁架 4 最大应力比为 0.71，其中桁架 2、桁架 3 应力最大构件均为下部腹杆，桁架 1、桁架 4 应力最大构件为端部上部腹杆。

两个塔楼平面投影的形心距离为 93.7m，最远点的距离约 155m。采用 MIDAS/Gen 软件按相对位移法对连接体进行设防地震下的行波效应分析。根据土等效剪切波速，计算时考虑三种地震波传播速度，分别为 250m/s、500m/s、750m/s，对应时差 0.37s、0.19s、0.12s。分析表明随着时差的计入，桁架腹杆的最大轴力变化范围约为 0.96～1.04 倍。而即使考虑 1.04 的地震放大系数，连接体桁架在不同地震水准下依然符合设定的抗震性能目标要求。

3．连接体楼板应力分析及水平支撑设置

罕遇地震作用下，连接体的部分楼板允许开裂，但需保证楼板的整体性，确保其仍然能够有效传递水平力。采用 SAP2000 软件对连接体楼板应力进行分析，在地震作用输入角度 123°时连接体屋面层楼板主拉应力最大值出现在连廊与核心筒相连处，楼板最大拉应力为 4.96MPa。此外，桁架弦杆附近楼板应力集中，连接体底层（44 层）最大楼板应力出现在靠近桁架下弦杆部位，局部剪力为 311.2kN/m，在楼板厚度为 180mm，双层双向配筋$\oplus$14@100 情况下，该部位楼板的受剪承载力V_s为 361.8kN/m，大于地震剪力。如图 14.4-3 所示。

为进一步加强连接体楼盖，在连接体楼板下设置水平支撑作为第二道防线，该水平支撑不承担楼面竖向荷载。按无楼板计算时，罕遇地震作用下屋面层水平支撑平均轴力约 1000kN，44 层水平支撑平均轴力约 700kN，水平支撑采ϕ245 × 10 的热轧钢管按等强与相邻钢梁连接。

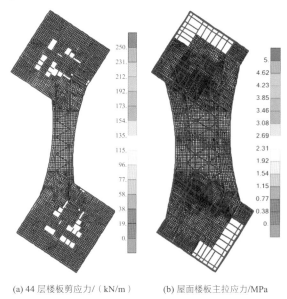

(a) 44 层楼板剪应力/（kN/m）　　(b) 屋面楼板主拉应力/MPa

图 14.4-3　罕遇地震作用下连接体楼板内力图

4．连廊楼盖舒适度分析

采用 SAP2000 软件对大跨连廊的楼板进行人致振动的舒适度分析。以 44 层为例，如图 14.4-4 所示，采用稳态分析得到连廊不利点处楼板的自振频率分别为$f_1 = 7.0$Hz，$f_2 = 10.0$Hz，$f_3 = 8.0$Hz，均大于 3Hz；在最不利点处施加步行荷载激励，得到的楼板竖向加速度时程曲线如图 14.4-5 所示，最大竖向振动加速度为 0.00184m/s^2，远小于规范舒适度限值 0.05m/s^2。

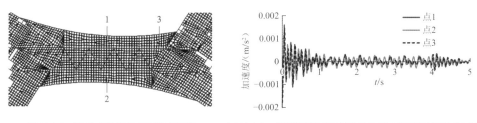

图 14.4-4　第 44 层连廊振动不利点位置　　图 14.4-5　步行荷载激励下连廊内不利点竖向加速度时程曲线

5．防连续倒塌分析

采用 MIDAS/Gen 软件的拆除构件法，分析连接体结构的防连续倒塌能力。计算模型的连接体楼板设置为弹性楼板，计入重力二阶效应，分别拆除连体桁架的端部上腹杆、端部下腹杆、端部下弦杆及端部上弦杆，模拟分析上述构件失效后结构的力学状态。例如，在施加考虑动力系数 2.0 的楼面重力荷载

及相关水平风荷载情况下，桁架 2 端部下腹杆失效后，该榀桁架其余杆件的内力及变形如图 14.4-6 所示，桁架杆件的应力均小于钢材屈服强度标准值 295MPa，桁架竖向变形最大值仅为 0.16m，表明连接体结构具有较好的防连续倒塌能力。

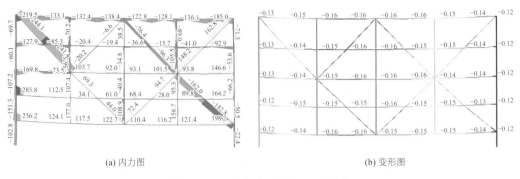

(a) 内力图　　　　　　　　　　　　　　　　(b) 变形图

图 14.4-6　桁架 2 拆除端部下腹杆分析结果

14.4.2　施工模拟分析及吊装分析

连廊结构拟采用地面拼装、整体吊装方式，即将桁架 1、桁架 4 和桁架 2、桁架 3 在其正下方的裙房屋面上拼装为整体，并完成包括钢结构的防腐、防火、钢筋桁架楼承板安装等；再利用塔楼顶部设置 8 组提升平台或吊点进行整体提升、安装，提升重量约 1200t；提升行程约 180m，为当时国内领先。提升吊点构造如图 14.4-7 所示。

对所提升连接体按实际吊点的模型计算分析表明，提升力最大值为 1143kN，连接体构件的最大应力比为 0.283，临时加固杆件的最大应力比为 0.615，跨中变形最大值为 12.6mm，如图 14.4-8 所示。提升现场如图 14.4-9 所示。

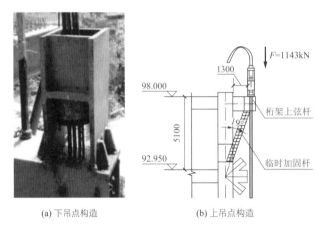

(a) 下吊点构造　　　　　　　　(b) 上吊点构造

图 14.4-7　吊点构造

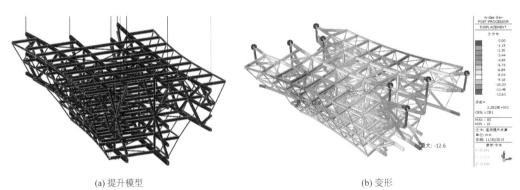

(a) 提升模型　　　　　　　　　　　　　　　(b) 变形

图 14.4-8　连廊起吊分析

| (a) 连廊在裙房屋面准备起吊 | (b) 连廊提升至屋顶 |

图 14.4-9　连廊提升现场

14.4.3　开洞钢梁分析

在 3.95m 层高的标准层，为保证楼层净高，钢梁腹板预留洞口让通风等管道穿越，最大开洞尺寸达 350mm × 1100mm，为了解开洞对钢梁力学性能的影响，分别对开洞主梁及开洞次梁进行有限元应力及挠度的分析。

主梁与框架柱刚接，与核心筒铰接，分析时不考虑楼板作用。图 14.4-10 所示为开洞主梁的端部应力及洞口边应力与梁跨中挠度关系，可知，未开洞梁端屈服时，跨中挠度值为 25.4mm；开洞梁端屈服时，最大挠度为 31.7mm，说明开洞对梁挠度有较大影响，但梁洞口腹板处应力较小，未超过屈服应力。在设计荷载下，梁端应力最大值为 103MPa，最内侧洞口附近的梁腹板最大，为 67.5MPa；跨中最大位移为 9mm，小于挠度限值 $L/400 = 26$mm。

结构整体计算时，采用对开洞主钢梁抗弯刚度乘以折减系数 γ 来处理，而 γ 可近似取无开洞梁及开洞梁在固端屈服时的跨中位移的比值，即 $\gamma = 25.4/31.7 = 0.8$。

开洞主梁的屈服时应力如图 14.4-11 所示，固端处主梁翼缘先进入屈服，其附近洞口腹板应力约 210MPa，腹板剪应力最大约 142.2MPa，小于抗剪屈服应力 180MPa。可以确定在地震及竖向荷载组合作用下，开洞主梁梁端弯曲破坏先于腹板剪切破坏。

次梁两端均铰接，高度及开洞与主梁保持一致，在荷载的标准组合作用下，开洞次梁的跨中底部最大应力为 139.8MPa，跨中最大变形值为 9.4mm，如图 14.4-12 所示。

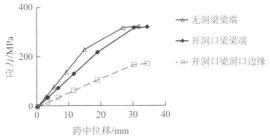

图 14.4-10　主梁关键点应力—跨中挠度关系

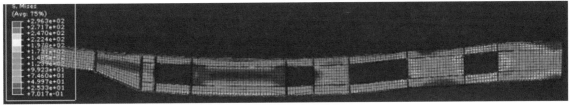

(a) Mises 应力

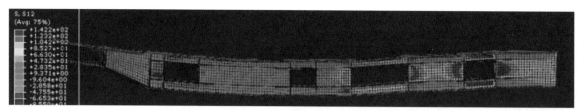

(b) 剪应力

图 14.4-11 开洞主梁的屈服时应力

(a) Mises 应力

(b) 实际荷载下变形图（变形放大 20 倍）

图 14.4-12 开洞次梁的应力及变形

14.4.4 复杂节点分析

节点设计的基本原则是：各地震水准作用下应保证"强节点弱杆件"的失效机制，即节点极限承载力高于相连接杆件的极限承载能力；节点构造处理应满足传力平顺、施工便利的要求。为此，采用 ABAQUS 软件进行节点有限元分析。选取连廊桁架 2、桁架 3 与主楼矩形钢管混凝土柱相连的节点（JD1）及中间交叉节点（JD2）为研究对象，节点模型及构造见图 14.4-13。钢管及钢板采用壳单元 S4R 模拟，本构关系采用理想弹塑性模型，钢材材质为 Q345B；钢管混凝土构件段的混凝土采用八节点实体单元，受压本构关系采用约束混凝土的本构，受拉按照混凝土结构设计规范的本构关系。采用等效反应谱法计算的设防地震弹性组合内力，用大震弹塑性桁架腹杆最大轴力时刻的节点相连各杆件内力进行复核。

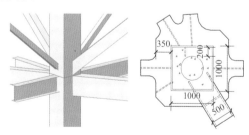

(a) 桁架 2、桁架 3 与钢管柱相连节点—JD1　　　　(b) 桁架 2、桁架 3 中间交叉节点—JD2

图 14.4-13 节点模型及构造

由于连廊桁架 2、桁架 3 与钢管混凝土柱相连的水平构件及钢支撑较多，JD1 的水平构件采用外环板的连接形式，钢支撑与钢管混凝土柱连接的水平内隔板间设置 200mm 宽的竖向加劲板传力。节点应力计算结果如图 14.4-14 所示，节点内所有钢材均未屈服，其中钢支撑对应节点区的应力最大，达 294.6MPa，但范围较小；为此，对该部位隔板厚度加大至 35mm，以进一步确保节点屈服晚于相连杆件。

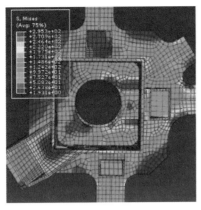
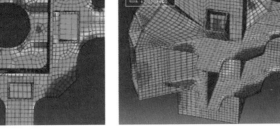
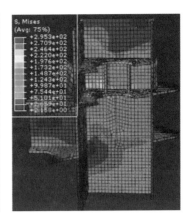

| (a) 节点正面 | (b) 节点外部 | (c) 节点内部 |

图 14.4-14　JD1 节点应力

　　连廊桁架 2、桁架 3 的中间交叉节点 JD2 有三个方案：一是斜腹杆通过扩大节点域，与竖向腹杆采用圆弧倒角连接，但有限元分析表明受压斜腹杆的圆弧倒角处出现失稳，其矩管仅由前后两个面板受力，交界处应力超过屈服强度，如图 14.4-15（a）所示；二是在上述圆弧倒角内部设置加劲板，受力有所改善，轴力传至节点中心区域，如图 14.4-15（b）所示，但该构造节点域较大；三是采用斜腹杆与竖向腹杆直接相交，并在相交处设置横向加劲板，如图 14.4-16 所示，计算分析表明，该节点构造的承载力有较大的富余，可实现"强节点弱构件"的性能目标。

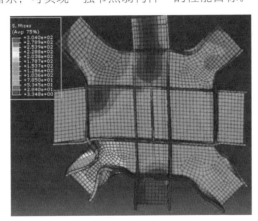
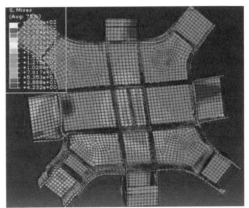

| (a) 无加劲板 | (b) 倒角处设置横向加劲板 |

图 14.4-15　JD2 采用圆弧倒角构造的节点应力

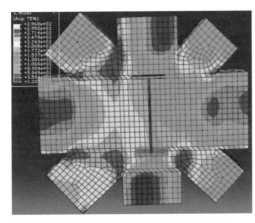
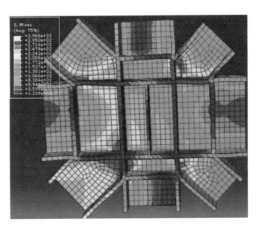

| (a) 节点外部 | (b) 节点内部 |

图 14.4-16　JD2 采用直接相交构造的节点应力

14.5 结语

作为典型超高层连体结构，结构设计进行了以下几方面的论证和研究：

（1）门形连体结构振动特点是，第 1 阶振型为垂直于连廊方向的摆动，第 2 阶振型为沿连廊方向的摆动，前两阶振型具有典型的门形刚架变形特征；第 3 阶振型为连廊带动两侧塔楼绕整体的对称竖轴同方向转动，其中上部连体部位接近整体转动，塔楼部分包含自身扭转及摆动。因此，连体结构的地震最大响应方向与连廊抗侧力体系方向基本一致，而不是塔楼抗侧力体系的主方向。

（2）对平面斜交的连体结构进行了水平地震作用的方向性影响分析，表明构件由地震作用引起的内力大小与水平地震作用的方向密切相关，不同构件或部位出现地震内力峰值的地震作用方向不同，设计时应取包络值。

（3）由于高位连体，且连接体桁架跨度大，多遇地震下连廊计算的竖向地震力与重力荷载代表值的比值（竖重比）为 12%～15%，大于塔楼的 5%值。

（4）变截面开洞钢梁的有限元应力及挠度的分析结果表明，开洞对梁挠度有较大影响，针对竖向抗弯刚度降低，可在结构整体计算时将抗弯刚度乘以折减系数来处理，折减系数可近似取无开洞梁及开洞梁在固端屈服时的跨中位移的比值；在地震及竖向荷载组合作用下，需确保开洞主梁梁端弯曲破坏先于腹板剪切破坏。

参考资料

[1] 吴小宾，彭志桢，夏宇. 某超高层大跨度门形双塔连体结构分析研究[J]. 建筑结构，2019, 49 (7)：9-14.

[2] 向波，邹维，黄德兵. 领地·环球金融中心空中连廊安装过程关键技术[J]. 技术，2019, 12：57-59.

设计团队

吴小宾、夏　宇、彭志桢、冯　远、朱道清、周　全

执笔人：彭志桢、吴小宾

获奖信息

2017 年第十二届中国钢结构金奖工程；

2018 年度四川省优秀工程勘察设计一等奖；

2019 年中国建设工程鲁班奖。

第15章

中国欧洲中心

15.1 工程概况

15.1.1 建筑概况

中国—欧洲中心项目由超高层塔楼、地下音乐厅、地下剧场、住宅和地下车库组成，建筑面积 21.2 万 m²，其建成实景及总平面功能分区如图 15.1-1、图 15.1-2 所示。该项目地下室为 3 层，从上至下层高分别为 4.5m、3.9m、3.6m；塔楼地上 46 层，层高 5～3.6m，避难层设在 10 层、30 层，层高 3.9m；塔楼结构高度为 185.10m，建筑高度 192m，典型平面及剖面功能分区如图 15.1-3、图 15.1-4 所示。塔楼采用钢管混凝土柱-钢梁-钢筋混凝土核心筒混合结构体系，纯地下室采用钢筋混凝土框架结构，塔楼采用筏形基础和独立基础。该项目设计完成于 2013 年 8 月，于 2017 年 5 月竣工。

图 15.1-1 项目建成实景

图 15.1-2 总平面功能分区

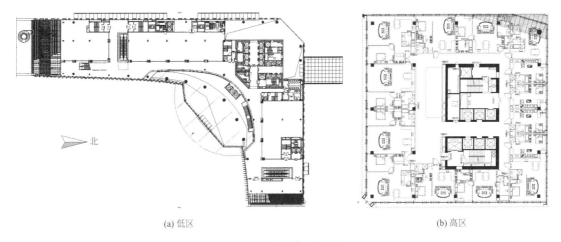

(a) 低区　　　　　　　　　　　　　　(b) 高区

图 15.1-3　建筑典型平面图

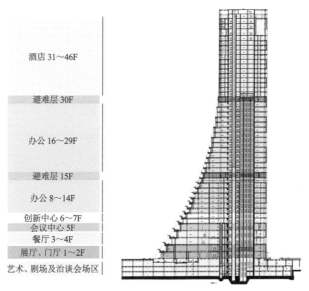

酒店 31～46F

避难层 30F

办公 16～29F

避难层 15F

办公 8～14F

创新中心 6～7F
会议中心 5F
餐厅 3～4F
展厅、门厅 1～2F

艺术、剧场及治谈会场区

图 15.1-4　剖面功能分区

15.1.2　设计条件

1. 主体控制参数（表15.1-1）

控制参数　　　　　　　　　　　　　　　　　　　　　　　　　　表 15.1-1

结构设计基准期		50 年
建筑结构安全等级		一级
结构重要性系数		1.1
建筑抗震设防分类		重点设防类（乙类）
地基基础设计等级		甲级
设计地震动参数	抗震设防烈度	7 度
	设计地震分组	第三组
	场地类别	Ⅱ类
	小震特征周期	0.45s
	大震特征周期	0.50s
	基本地震加速度	0.1g

续表

建筑结构阻尼比	多遇地震	地上：0.04； 地下：0.05	
	罕遇地震	0.05	
水平地震影响系数 最大值	多遇地震	0.106	安评报告
	设防烈度地震	0.308	
	罕遇地震	0.559	
地震峰值加速度	多遇地震	41cm/s²	

2．结构抗震设计条件

主塔楼核心筒剪力墙抗震等级为特一级，框架抗震等级为一级。由于塔楼周边地面存在较多开洞，且嵌固层刚度比不满足规范要求，采用地下室顶板及地下 2 层顶板作为上部结构的嵌固端进行包络设计。

3．风荷载

结构变形验算时，按 50 年一遇取基本风压为 0.30kN/m²；承载力验算时按基本风压的 1.1 倍；场地粗糙度类别为 B 类。

15.2 建筑特点

15.2.1 建筑平面不规则

塔楼为不等肢 L 形平面，单肢长度达 127m，如图 15.2-1 所示。为更好地实现建筑功能及其立面效果，结构未设置防震缝，结构扭转效应较为明显。

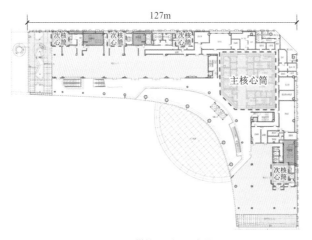

图 15.2-1 塔楼 L 形平面布置图

15.2.2 建筑立面不规则

建筑创意源自冰峰与雪山，为实现冰峰陡峭既视感，塔楼在西北处立面上下部位切角，结构角柱缺失，形成多处斜柱转换。同时塔楼立面在 L 形两端逐渐向内收进，造成竖向构件连续转换。此外，31 层建筑功能发生改变，形成柱的高位转换。如图 15.2-2、图 15.2-3 所示。

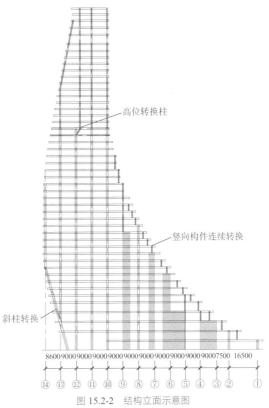

图 15.2-2　结构立面示意图

(a) 西北切角

(b) L 形端部

图 15.2-3　建筑立面实景

15.2.3　建筑底部高大空间

东南入口处为 5 层楼高的挑高空间，形成了 27m 高长径比穿层柱，如图 15.2-4 所示。

(a) 东南入口处立面   (b) 27m 挑高空间内部

图 15.2-4   东南入口处 27m 挑高空间

15.3 体系与分析

15.3.1 结构布置

塔楼平面呈 L 形，为平面不规则结构，立面在 L 形两端逐渐向内收进，竖向刚度变化比较均匀，结构平面布置如图 15.3-1、图 15.3-2 所示。为了减轻自重、减小柱截面尺寸和提高结构的抗震性能，采用钢管混凝土框架柱、钢框架梁、组合楼板的混合框架-钢筋混凝土核心筒的结构体系。核心筒剪力墙厚度四周为 600～1000mm，中部为 200～400mm；钢管柱截面直径为 700～1000mm，钢管壁厚 16～50mm，内填 C40～C60 混凝土；地下室采用钢筋混凝土框架；除受力较大的转换节点外，钢管柱与钢梁的连接主要采用内环板连接。

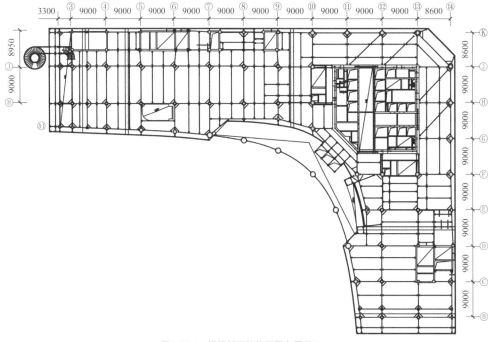

图 15.3-1   塔楼低区结构平面布置图/mm

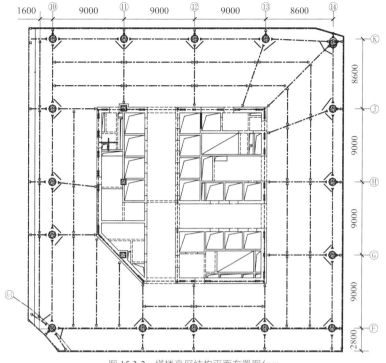

图 15.3-2　塔楼高区结构平面布置图/mm

　　塔楼主核心筒基础方案采用筏形基础。对基础下地基进行地基处理，处理后复合地基承载力特征值不低于 700~1500kPa（具体范围如图 15.3-3 所示）。基础筏板核心筒区域板厚根据承载力需求不同分别为 2000~3500mm，基底标高−13.850m。塔楼非主筒范围的筏形基础及独立基础以中风化泥岩作为基础持力层，地基承载力特征值不低于 650kPa。塔楼范围结构基础平面布置图如图 15.3-4所示。

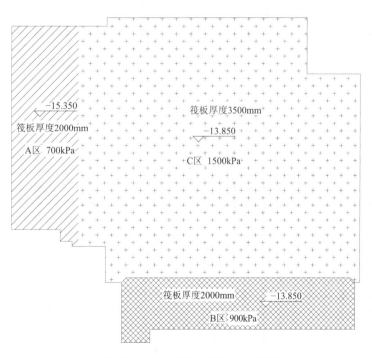

图 15.3-3　主核心筒地基承载力需求示意图

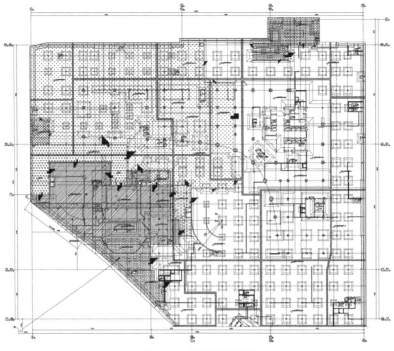

图 15.3-4　基础平面布置图

15.3.2　抗震性能目标

1. 抗震超限分析和采取的措施

塔楼结构体系超限判断如表 15.3-1 所示。

结构体系超限判断　　　　　　　　　　　　　　　　　　表 15.3-1

项目	结构现状	规范要求	是否超限
高度	185.10m	钢框架-钢筋混凝土核心筒最大适用高度为 160m 混合框架-钢筋混凝土核心筒最大适用高度为 190m	是
塔楼高宽比	185.1/35.6 = 5.2	混合框架-混凝土核心筒结构的最大适用高宽为 7	否
塔楼平面长宽比	1	建筑的平面长度与平面宽度之比：7 度不大于 6.0	否
平面规则性	地震作用时，塔楼各楼层水平位移比均小于 1.2，仅下部裙房端部位移比大于 1.2	楼层的最大弹性水平位移（或层间位移），不宜大于该楼层两端弹性水平位移（或层间位移）平均值的 1.2 倍，不应大于 1.4 倍	否
	平面塔楼呈 L 形凸出一侧的尺寸为相应投影方向总尺寸的 38%	平面凹进或凸出一侧的尺寸不大于相应投影方向总尺寸的 35%	是
竖向规则性	最小值为 X 向 7 层与 8 层侧向刚度比值 95.8%	结构楼层的侧向刚度不宜小于相邻上部楼层侧向刚度的 70% 或其上相邻三层侧向刚度平均值的 80%	否
	最小值为 X 向 7 层与 8 层层间受剪承载力比 80.3%	抗侧力结构的层间受剪承载力不宜小于相邻上一楼层 80%	否
	局部框架柱上下不连续	竖向抗侧力构件的内力由水平转换构件向下传递	是

由表 15.3-1 可知，塔楼存在如下超限：

（1）高度超过规范规定的 160m（根据《高层建筑混凝土结构技术规程》JGJ 3-2010 从严控制）。

（2）平面凹进或凸出一侧的尺寸大于相应投影方向总尺寸的 35%。

（3）竖向抗侧力构件的内力由水平转换构件向下传递形成转换构件。

针对超限问题以及结构特点，设计采取了如下应对措施：

（1）针对剪力墙的加强措施

塔楼混凝土核心筒承担了绝大部分水平力，为保证核心筒在地震作用下的延性，在各楼层处沿核心筒外圈设置型钢梁，在主核心筒角部及较大洞口两侧设置型钢暗柱，并加大剪力墙竖向及水平分布筋配筋率；31 层剪力墙核心筒局部收进外圈应力集中处的剪力墙内设置型钢斜撑，且外圈剪力墙边缘构件水平箍筋直径不小于 16mm。

（2）针对框架的加强措施

为增加框架柱的延性和减轻重量，框架柱均采用钢管混凝土柱，梁均采用钢梁；斜柱转换处楼层的水平拉梁保证设防烈度地震作用下弹性。

（3）针对楼板的加强措施

对楼板采用有限元分析，对于大洞口周边板、斜柱转换所在楼层楼板、31 层剪力墙核心筒收进处楼面板，根据应力分析结果采取增大楼板厚度并双层双向配筋的措施。

（4）针对斜柱转换节点及框架梁、柱节点的措施

斜柱转换处节点连接杆件较多、杆件间夹角较小、内力大、受力复杂、施工难度也较高，在采用 ANSYS 软件对上述节点进行有限元分析的同时，开展了缩尺比例节点模型加载试验。根据节点分析以及试验结果，在斜柱内增设加劲肋及外环板。

2．抗震性能目标

根据抗震性能化设计方法，确定结构主要构件的抗震性能目标如表 15.3-2 所示。

主要构件抗震性能目标 　　　　　　　　　　　　　　　　表 15.3-2

项目	多遇地震	设防烈度地震	罕遇地震
允许层间位移	1/800	—	1/100
核心筒墙肢性能	弹性	受弯不屈服，受剪弹性	剪压比 $V/F_{ck}A < 0.15$
连梁性能	弹性	允许进入塑性	—
框架柱	弹性	受弯不屈服，受剪弹性	控制塑性转角及轴向拉压应变
转换梁柱	弹性	受弯不屈服，受剪弹性	控制塑性转角及轴向拉压应变
1～4 层斜柱	弹性	弹性	受弯不屈服，受剪弹性
转换层楼板配筋	弹性	不屈服	

15.3.3　结构分析

1．小震弹性计算分析

采用 ETABS 和 SATWE 软件分别计算。计算结果见表 15.3-3。两种软件计算的结构总质量、振动模态、周期、基底剪力、层间位移比等均基本一致。同时进行了小震弹性时程补充分析，并按照规范要求，根据小震时程分析结果对反应谱分析结果进行了相应调整。

塔楼小震弹性计算结果 　　　　　　　　　　　　　　　　表 15.3-3

项目		SATWE	ETABS
模型编号		模型 1	模型 2
周期 T/s		3.7897 3.4177 1.4303	3.88768 3.40496 1.59632
周期比（T_t/T_1）		0.377	0.411
结构总质量/t		295567	299300
最大剪力/kN	X	38856	33720
	Y	36613	34350
最小剪重比	X	2.51%	2.30%
	Y	2.37%	2.30%
有效质量系数	X	99.71%	97.00%
	Y	99.77%	97.00%

项目			SATWE	ETABS
水平力与整体坐标夹角0°				
地震作用	层间位移角Δ_u/h	X	1/916（47层）	1/831（51层）
		Y	1/1063（41层）	1/1063（45层）
	偶然偏心下楼层扭转位移比	X	1.11（10层）	1.11（10层）
		Y	1.17（41层）	1.14（11层）
风荷载	层间位移角Δ_u/h	X	1/2461（41层）	1/2620（41层）
		Y	1/2867（37层）	1/3491（38层）
水平力与整体坐标夹角29°（最不利地震）				
地震作用	层间位移角Δ_u/h	X	1/752（44层）	1/864（51层）
		Y	1/877（41层）	1/1160（42层）
	偶然偏心下楼层扭转位移比	X	1.16（10层）	1.03（18层）
		Y	1.18（10层）	1.07（21层）
风荷载	层间位移角Δ_u/h	X	1/1543（41层）	1/2722（43层）
		Y	1/2066（39层）	1/3152（38层）
各楼层层刚度比			满足规范	满足规范
层受剪承载力比			满足规范	满足规范
框架部分承受的倾覆力矩比值			11.52%	20.7%
刚重比			5.44（X向）5.86（Y向）	3.22（X向）3.92（Y向）
底部加强区平均剪应力/平均轴压力			0.32	0.33
剪力墙最大轴压比			0.41	0.42
钢管混凝土柱最大轴压比			0.85	0.86
纯地下室柱最大轴压比			0.78	0.77

2. 动力弹塑性时程分析

采用 ABAQUS 软件进行结构的弹塑性时程分析，主要分析结果见表 15.3-4。

动力弹塑性时程分析主要分析结果　　　　　　表 15.3-4

地震波		最大基底剪力/kN		顶点位移/m		层间位移角	
地震波 1	X	111586	100610	1.098	0.928	1/135	1/150
	Y	100178	99533	0.842	0.770	1/131	1/135
地震波 2	X	89681	96900	1.039	0.899	1/129	1/147
	Y	98760	95352	0.795	0.752	1/117	1/124
地震波 3	X	111099	112276	0.998	0.865	1/132	1/148
	Y	100316	101212	0.701	0.691	1/133	1/143
包络值	X	111586	112276	1.098	0.928	1/129	1/147
	Y	100316	101212	0.842	0.770	1/117	1/124

1）罕遇地震下竖向构件损伤情况

图 15.3-5 所示为结构核心筒剪力墙及连梁的总体损伤情况。由图可知，连梁损伤发展较为突出，耗能效果明显，主体墙肢损坏相对较轻。连梁钢筋的最大屈服程度相对较小，约 $1.0 \times e^{-2}$，为中度破坏水平。框架柱损伤情况如图 15.3-6 所示，可见外框架钢管混凝土柱的钢管均未发生塑性应变，处于弹性工作状态，钢管混凝土柱内混凝土出现一定程度受拉开裂，但未出现受压刚度退化现象。

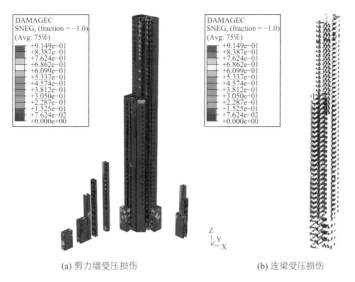

(a) 剪力墙受压损伤　　　　　　　　　　(b) 连梁受压损伤

图 15.3-5　剪力墙及连梁损伤情况

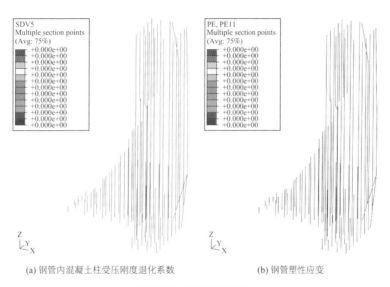

(a) 钢管内混凝土柱受压刚度退化系数　　　　　　(b) 钢管塑性应变

图 15.3-6　框架柱损伤情况

2）罕遇地震下钢梁的损伤情况

钢梁的塑性发展较为普遍，主要集中在塔楼上部，塑性应变最大值位于 1～2 倍屈服应变区间，属于轻度破坏，具体如图 15.3-7 所示。

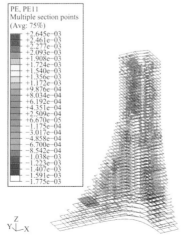

图 15.3-7　框架梁塑性发展情况

3）结论

（1）3组地震波都能顺利完成整个时间历程的动力弹塑性计算，数值收敛性良好。

（2）各组地震波计算完成后结构依然处于稳定状态，满足"大震不倒"的抗震设防目标。

（3）连梁较早产生损伤，连梁混凝土出现刚度退化后，形成较好的耗能机制，有效保护了主体墙肢；大部分主体墙肢处于轻度到中度破坏水平。

（4）钢管混凝土柱受力性能良好，钢管没有进入塑性，钢管内混凝土出现一定程度的受拉刚度退化，没有出现受压破坏。

（5）钢梁的塑性发展较为普遍，两种结构最大塑性应变值均在 1～2 倍的屈服应变区间，属于轻度破坏。

15.4 关键问题的专项分析

15.4.1 地基以及基础选型问题

根据地质勘察报告，塔楼所在持力层为泥岩，其地基承载力特征值 $f_a = 650\text{kPa}$。由于强风化与中风化泥岩互层严重，导致承载力不均匀，且持力层 SO_4^{2-} 含量高达 $6895.0\sim7010.0\text{mg/kg}$，对钢筋及混凝土均具有强腐蚀性（图 15.4-1），而筒体下承载力需要达到 1500kPa。经方案比较，采用大直径素混凝土置换桩复合地基处理以满足塔楼基底承载力的要求，混凝土中采用抗硫酸盐特种水泥。

根据筏板应力分布，处理范围如图 15.3-3 所示。A 区处理后复合地基承载力为 700kPa，处理面积为 413.13m^2，桩端进入中风化泥岩，单桩承载力为 3600kN，设计桩径为 1000mm，正方形满堂布置，桩间距为 2700mm，桩长 9.0m，桩身混凝土强度等级为 C25，共计 105 根；B 区处理后复合地基承载力为 900kPa，处理面积为 373.01m^2，桩端进入中风化泥岩，单桩承载力为 5500kN，设计桩径为 1000mm，正方形满堂布置，桩间距为 2800mm，桩长 13.0m，桩身混凝土强度等级为 C25，共计 60 根；C 区处理后复合地基承载力为 1500kPa，处理面积为 2086.74m^2，桩端进入中风化泥岩，部分进入微风化泥岩。单桩承载力为 9700kN，设计桩径为 1300mm，正方形满堂布置，桩间距为 2700mm，桩长 18.0m，桩身混凝土强度等级为 C25，共计 324 根。处理完成后分别对三个处理区域进行加载试验，根据承载力大小，试验采用反力架或堆载方式进行。如图 15.4-2、图 15.4-3 所示。

图 15.4-1 现场钻勘出的石膏晶体

图 15.4-2 试验桩压力传感装置

| (a) C 区试验桩现场 | (b) A 区、B 区试验桩现场 |

图 15.4-3　试验桩现场

15.4.2　27m 穿层柱稳定问题

东南入口处 4 根 5 层通高穿层柱，高度 27m，位置如图 15.4-4 所示。忽略弧形梁对穿层柱的有利作用，对柱进行单独分析，下端支座取顶板刚接，上端延伸至 6 层，其简化模型如图 15.4-5 所示。

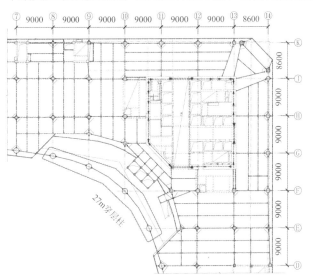

图 15.4-4　27m 穿层柱所在位置/mm

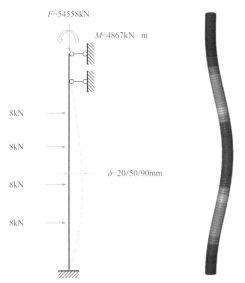

图 15.4-5　27m 穿层柱简化模型

针对不同初始缺陷（20mm、50mm、90mm），采用 ABAQUS 软件进行有限元分析，考虑混凝土收缩，混凝土与钢管内壁摩擦系数为 0，分析结果如图 15.4-6、图 15.4-7 所示。

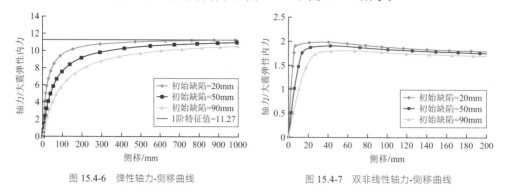

图 15.4-6 弹性轴力-侧移曲线   图 15.4-7 双非线性轴力-侧移曲线

经典回眸 中国建筑西南设计研究院有限公司篇

由以上分析可知，穿层柱对于初始缺陷较为敏感，在施工过程中将初始偏心控制在 20mm 以内，以保证柱的稳定性。

15.4.3 4 层斜柱转换问题

塔楼在西北角立面收进，在 4 层及 10 层存在转换问题，夹角仅为 16°，如图 15.4-8 所示。

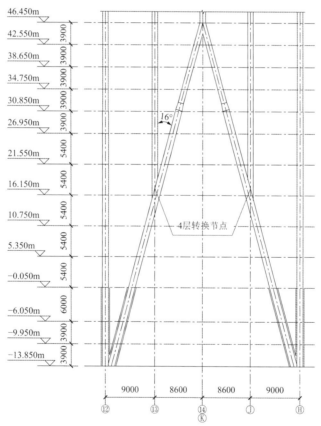

图 15.4-8 4 层转换节点立面图/mm

由于夹角较小，混凝土在此处难以保证振捣密实，因此仅考虑钢管受力，混凝土作为罕遇地震作用下的安全储备。ANSYS 分析结果如图 15.4-9 所示。

由图 15.4-9 可知，应力最大点为梁柱相交处，因此将梁柱节点改为外环板。

为进一步验证节点承载力与性能，委托重庆大学进行了低周往复试验，考虑实验室的设备加载能力，采用 1∶3.7 的缩尺比例，设计了 4 组构件，分别为无混凝土填充 2 组、全混凝土填充 2 组。

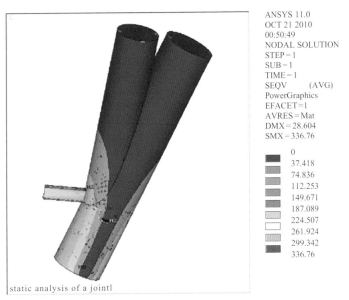

ANSYS 11.0
OCT 21 2010
00:50:49
NODAL SOLUTION
STEP=1
SUB=1
TIME=1
SEQV   (AVG)
PowerGraphics
EFACET=1
AVRES=Mat
DMX=28.604
SMX=336.76

0
37.418
74.836
112.253
149.671
187.089
224.507
261.924
299.342
336.76

static analysis of a jointl

图 15.4-9　4 层转换节点应力云图/MPa

通过试验可知，空心节点在单调加载试验中刚好达到其罕遇地震作用下设计承载力，在低周往复试验中并未达到罕遇地震作用下设计承载力；而在填充混凝土后，无论是在单调加载试验（达到罕遇地震作用下 1.7 倍）还是在低周往复试验（达到罕遇地震作用下 1.6 倍），节点依然保持承载能力，并未发生破坏，由此也可验证设计的安全性和合理性。

通过对比空心节点、仅斜柱填充混凝土节点以及全填充混凝土节点单调静力加载试验的轴力应变曲线和低周反复试验的骨架曲线，证明了填充混凝土后，特别是全填充混凝土后节点的承载力有了较大幅度的提高，在支管屈服后依然能够保证节点的承载力。

现场加载情况如图 15.4-10、图 15.4-11 所示。试验结果表明，应力分布情况与有限元分析接近，钢管中填充混凝土对节点承载力提升明显。

图 15.4-10　4 层转换节点试验现场模型

图 15.4-11　4 层转换节点试验加载现场

对于 4 层转换节点（图 15.4-12），根据节点分析以及试验结果，在斜柱内增设加劲肋（图 15.4-12 中 B-B 及 C-C 剖面），以减少应力集中现象；为避免钢管壁的应力集中导致层间撕裂，此处梁柱节点采用外环板（图 15.4-12 中 A-A 剖面）。

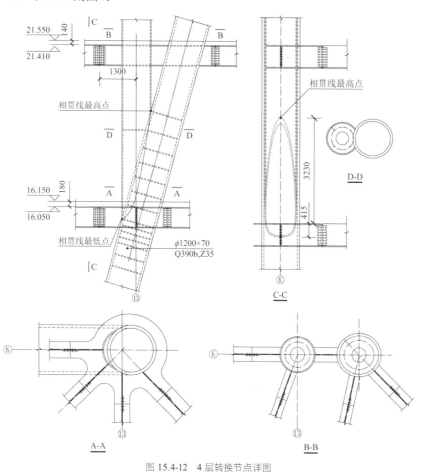

图 15.4-12　4 层转换节点详图

15.4.4　立面收进问题

塔楼沿竖向层层收进，造成局部框架柱上下不连续，竖向抗侧力构件的内力需通过水平转换构件向下传递，如图 15.4-13 所示。

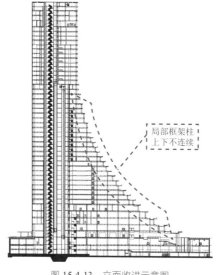

图 15.4-13　立面收进示意图

由于筒体随高度增加，侧向位移增大，转换柱柱脚弯矩也随之增大，造成转换柱脚设计困难。为减小转换梁负担，将 13 层及以上转换柱设计为摇摆柱，让柱仅承担竖向荷载，每块耳板均增设 4 道加劲肋以保证耳板面外的稳定性。摇摆柱柱脚大样如图 15.4-14 所示。

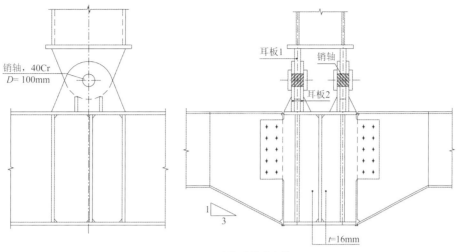

图 15.4-14　摇摆柱柱脚大样

为保证楼层面内刚度，将其所在跨楼板加厚，钢筋双层双向布置，并在板下平面内增加角钢斜撑，如图 15.4-15 所示。

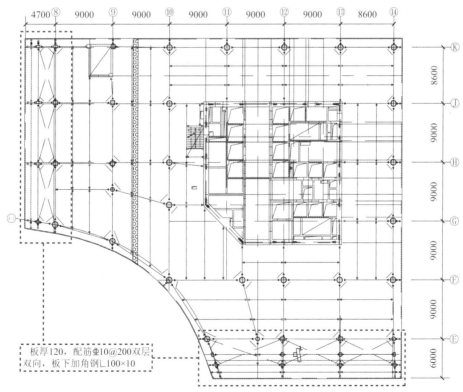

图 15.4-15　摇摆柱所在跨加强措施示意图/mm

15.4.5　筒体收进问题

由于建筑功能发生改变，核心筒左侧部分在 31 层的筒体收进处存在刚度突变问题（图 15.4-16），动力弹塑性时程分析损伤情况如图 15.4-17、图 15.4-18 所示，可见收进处筒体连梁损伤严重。

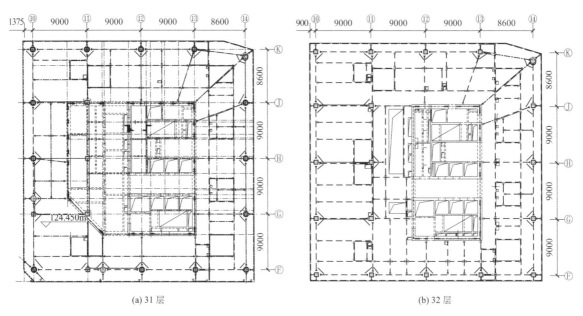

(a) 31 层　　　　　　　　　　　　　　　　(b) 32 层

图 15.4-16　31 层以上筒体收进平面示意图/mm

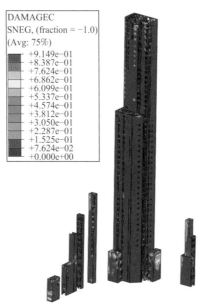

图 15.4-17　弹塑性时程分析墙体损伤示意图

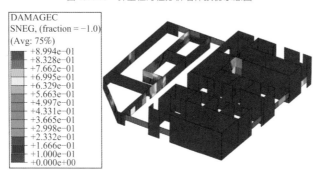

图 15.4-18　30～31 层筒体损伤示意图

　　针对筒体收进造成刚度变化的不利影响，在收进标高 124.45m 上一层以及下两层的筒体内增加斜撑，如图 15.4-19 所示。标高 124.45～153.25m 范围内增加 BRB 屈曲约束支撑，布置如图 15.4-20 所示。

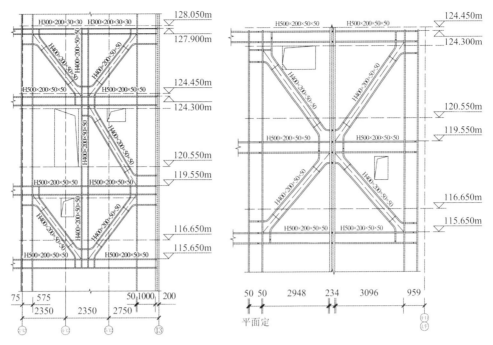

图 15.4-19 30～31 层筒体钢骨典型斜撑/mm

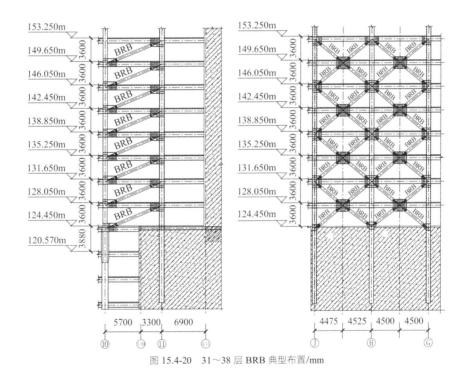

图 15.4-20 31～38 层 BRB 典型布置/mm

15.4.6 31 层转换柱问题

为满足酒店功能需求，塔楼在如图 15.4-21 所示位置存在两根柱的转换问题。对此节点进行有限元分析，得到应力云图如图 15.4-22 所示。

根据 ABAQUS 有限元分析结果，为保证转换斜撑不早于上层柱发生破坏，设计时，对斜撑以及与斜撑相连转换梁及框架柱进行了加强。将转换斜撑两端对应梁柱增加水平及竖向加劲肋，并灌注细石混凝土，具体节点如图 15.4-23 所示。

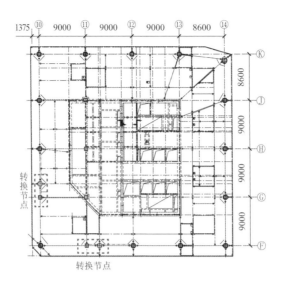

图 15.4-21　30 层转换柱位置示意图/mm

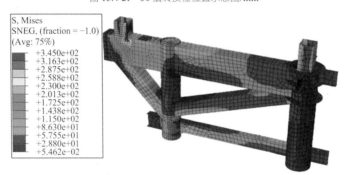

图 15.4-22　30 层转换柱应力云图/MPa

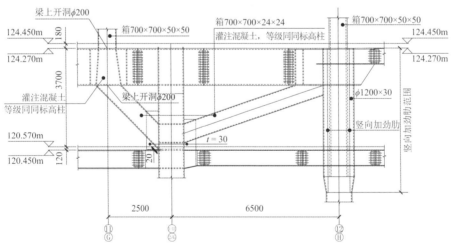

图 15.4-23　30 层转换柱节点立面图/mm

15.5　结语

根据结构体系和受力特点，设计制订了合理的结构抗震性能目标，并采取了相应的加强措施，以确保结构的抗震性能。通过对本工程一些特殊构件和关键问题的分析，得到如下结论：

（1）在钢框架-混凝土核心筒结构中，当高区柱上下不连续，核心筒刚度较大，造成钢框架设计困难时，在满足结构位移限值的前提下，可释放钢框架柱在与核心筒相连平面内的柱端转动约束，同时另外一个方向的柱端应按刚接设计。此时，钢框架不再作为抗震二道防线，仅承担竖向荷载。

（2）在筒体收进楼层附近墙体应力复杂，可在筒体收进相关影响范围墙体内增加钢骨斜撑以提高筒体承载力及延性，可对筒体收进位置以上楼层钢框架增加一定刚度以改善筒体突变带来的影响。

设计团队

毕　琼、雷　雨、杨雨嘉、罗　刚、邓开国、方长建、黄　刚、赵广坡

执笔人：毕　琼、雷　雨

获奖信息

中国建筑金属结构协会钢结构金奖工程；

四川省优秀勘察设计一等奖；

中建总公司优秀建筑工程设计二等奖；

中国建筑学会结构专业三等奖。

第16章

成都金融城双子塔项目

16.1 工程概况

16.1.1 建筑概况

成都金融城双子塔项目，位于成都市高新区天府大道北段 966 号，为已建建筑群中的加建项目。该项目包括两栋塔楼和一个大底盘地下室，两栋塔楼分别为南塔（办公楼）和北塔（公寓楼），建筑高度均为 220m，大屋面高度为 202.325m，南塔地上 48 层，北塔地上 58 层，地下共 3 层。基础形式为筏形基础，埋深 15.5m，以中风化泥岩作为基础持力层。

两栋塔楼的平面近似呈椭圆形，建筑外观沿竖向上下小、中部大，呈流线形"鱼腹"状，外形高耸挺拔，建筑建成实景如图 16.1-1 所示，建筑典型平面图如图 16.1-2 所示。两塔的建筑功能不同，北塔公寓隔墙更多，且北塔在相同高度内的层数较多，导致其质量和地震作用都更大。另外，两塔平面尺寸相近，但北塔核心筒宽度更小。因此，北塔的设计条件更为苛刻，结构设计难度较南塔大，本文的介绍以北塔为主。该项目于 2010 年完成设计，2019 年建成。

图 16.1-1 成都金融城双子塔建成实景

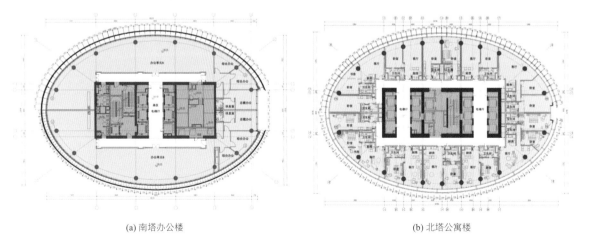

(a) 南塔办公楼   (b) 北塔公寓楼

图 16.1-2 建筑典型平面示意图

16.1.2 设计条件

1. 主体控制参数（表 16.1-1）

控制参数 表 16.1-1

控制参数		
结构设计基准期		50 年
建筑结构安全等级		二级
结构重要性系数		1.0
建筑抗震设防分类		标准设防类（丙类）
地基基础设计等级		塔楼甲级，其余乙级
设计地震动参数	抗震设防烈度	7 度
	设计地震分组	第三组
	场地类别	Ⅱ 类
	小震特征周期	0.45s
	大震特征周期	0.50s
	基本地震加速度	0.10g
建筑结构阻尼比	多遇地震	采用材料阻尼比：钢 0.02，混凝土 0.05
	罕遇地震	0.05
水平地震影响系数最大值	多遇地震	0.103（安评）
	设防烈度地震	0.23（规范）
	罕遇地震	0.50（规范）
地震峰值加速度	多遇地震	41cm/s²（安评）

2. 结构抗震设计条件

塔楼核心筒剪力墙底部加强区及上一层、伸臂桁架层及其上下各一层的抗震等级为特一级，其余为一级；塔楼型钢（钢管）混凝土框架柱抗震等级为特一级，钢框架梁抗震等级为一级。取地下室顶板层为上部结构嵌固端，地下室结构的楼层侧向刚度与首层侧向刚度比大于 2，满足作为上部结构嵌固的条件。

3. 风荷载

结构变形验算时，按 100 年一遇取基本风压为 0.35kN/m²，承载力验算时按基本风压的 1.1 倍；场地粗糙度类别为 C 类。项目还开展了风洞试验，模型缩尺比例为 1∶300。

16.2 建筑特点

16.2.1 建筑抗风特点

对超高层建筑而言，风荷载是结构设计的控制性荷载之一。在本项目中，两栋超高层建筑塔楼高度均超过 200m，且相距较近，最近处距离仅 25m 左右，高层建筑之间的气动干扰效应难以估计。同时，两栋超高层建筑的立面外表附有一层金属装饰网格，外附金属装饰网格距离建筑幕墙表面约 900mm，由宽度为 60mm 的铝条构成，镂空率约为 68%（镂空率定义为金属装饰网格所在面的镂空面积与整个面积的比例），使建筑所受风荷载效应变得复杂。非典型的超高层建筑的群体干扰效应和外附金属装饰网格的气动效应，在现行规范中未给出相应的设计规定，需进行相应的专题研究。

16.2.2 建筑抗震特点

双子塔属于加建项目，需要在极小的占地面积内建造 16.8 万 m² 的使用空间，注定体型纤细。以北塔为例，建筑高度为 202.325m，底部尺寸为 48.977m×33.148m、中部为 52.823m×34.957m（最大）、顶部为 29.737m×27.710m，核心筒宽度为 11.5m，建筑高宽比为 6.1，核心筒体的高宽比约为 20。该结构抗侧刚度薄弱是结构抗震设计的重难点之一。

此外，北塔功能为公寓楼，根据户型设置，存在大量的分户墙及户内隔墙，墙体的重量较大，相应的地震作用效应较大。北塔地上 58 层，在国内通常 58 层的建筑高度会达到近 300m，甚至更高。可见，以北塔约 202m 高度容纳 58 层，可算为极致楼层了，这也进一步增大了建筑重量，使得地震作用加大。

这个既重又细的超高层建筑，位于成都这座频繁受到周围地震带影响的城市，双塔建筑的抗震成为结构设计的重难点。

16.3 体系与分析

16.3.1 方案对比

根据建筑高度、体型及功能，本项目采用框架-核心筒结构体系。结构利用建筑中部竖向交通体、管井等设置钢筋混凝土核心筒，作为主要抗侧力构件。对于结构体系中的框架部分，采用钢结构可以有效减轻重量，从而减小地震效应，选择了钢管混凝土柱 + 钢梁 + 钢筋桁架楼承板的混合结构体系。在方案设计阶段，从建筑效果、结构性能和施工难度的角度出发，对比了多种结构方案，主要考虑外框柱间距及尺寸、外框柱与核心筒连接方式、伸臂桁架敏感性分析等。

1. 低区稀柱与密柱方案对比

建筑功能在低区为小户型公寓，高区为大户型，外框架柱间距随着户型的变化，低区布置为密柱，高区抽掉部分框架柱，实现大户型建筑对采光、景观的需求，平面图如图 16.3-1 所示。从概念上讲，高区抽掉部分框架柱（占比为 6/22）会带来楼层刚度的突变，对结构抗震性能产生不利影响。因此，尝试在低区同样采用稀柱方案，以降低抽柱带来的不利影响。方案阶段对下部密柱上部稀柱方案与上下稀柱方案进行了比较，考量结构侧向刚度情况，两种方案的层间位移角对比如图 16.3-2 所示。

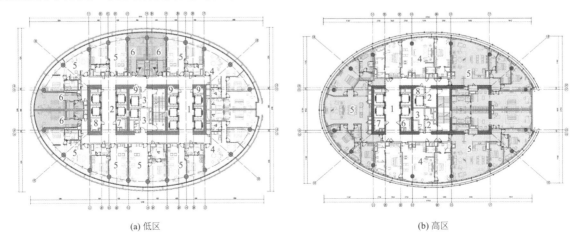

(a) 低区　　　　　　　　　　　　　　　　(b) 高区

图 16.3-1 公寓楼典型平面图

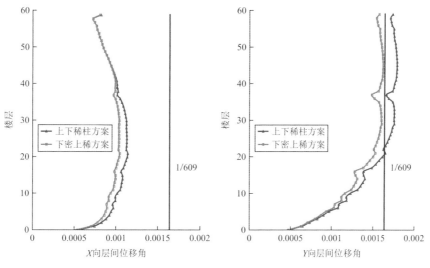

图 16.3-2　上下稀柱方案与下密上稀方案的层间位移角对比

由图 16.3-2 可见，若在低区采用稀柱，横向的层间位移角增大较多，约 2/3 的楼层在 Y 向地震作用下不满足规范限值。因此，最终选择下密上稀的柱布置方式，以保证结构的抗侧刚度。

2. 钢管柱截面尺寸对比

外框柱的截面尺寸，一方面要满足承载能力要求，另一方面也影响着结构的整体抗侧刚度。本项目中，钢管混凝土柱套箍系数控制在 1.0～1.5 之间。为对比框架柱截面尺寸对结构性能的影响，在保证相同套箍系数的前提下，分析了三种截面尺寸，即钢管柱外径分别取基准柱截面的 0.9、1.0、1.1 倍，具体分析结果如表 16.3-1、图 16.3-3 所示。

由表 16.3-1 可见，柱轴压比与柱截面尺寸成反比关系；图 16.3-3 反映出框架柱尺寸对结构层间位移角影响较为明显，采用"柱截面 × 0.9"方案的层间位移角在中上部楼层超过规范限值。综合考虑结构受力性能和建筑效果，最终采用"柱截面 × 1.0"的框架柱截面尺寸。

不同钢管柱截面尺寸对应轴压比　　　　　　　　　　　表 16.3-1

楼层	柱截面 × 0.9（$D \times t$）/mm	柱截面 × 1.0（$D \times t$）/mm	柱截面 × 1.1（$D \times t$）/mm	混凝土强度等级	柱形式	轴压比
53～60	540 × 14	600 × 16	660 × 18	C40	稀柱	
42～52	630 × 16	700 × 18	770 × 20			
39～41	720 × 18	800 × 20	880 × 22	C50		
31～38	810 × 22	900 × 25	990 × 28			
	720 × 18	800 × 20	880 × 22			
	630 × 16	770 × 18	770 × 20	C55	密柱	
21～30	810 × 22	900 × 25	990 × 28			
11～20	900 × 20	1000 × 30	1100 × 33	C60		
1～10	1035 × 32	1150 × 35	1265 × 39			

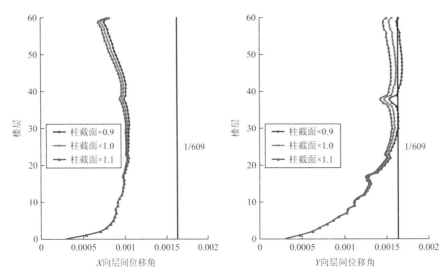

图 16.3-3　不同钢管柱截面尺寸对层间位移角的影响

3. 钢梁与核心筒刚接或铰接方案对比

在通过设置加强层来满足整体抗侧刚度的前提下，研究钢框梁与核心筒连接形式，即刚接和铰接对结构抗侧刚度的影响。图 16.3-4 所示为钢框梁与核心筒刚接和铰接方式的结构层间位移角对比，结果表明，刚接情况下 X 向的楼层抗侧刚度平均值比铰接情况增大约 7.7%，Y 向增大约 16.0%。当采用刚接方案时，结构的整体刚度得到增强，但考虑到核心筒内设置型钢节点，施工难度较大；而采用铰接时，具有施工方便，柱弯矩相对较小，墙柱竖向变形不协调产生的构件附加内力较小，梁筒支端上部受压，利于组合梁方案，降低梁高需求等优势，结构最终采用了铰接方式。

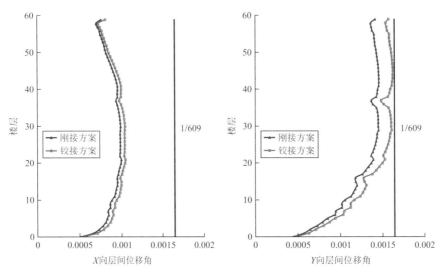

图 16.3-4　刚接方案与铰接方案的层间位移角对比

4. 加强层敏感性分析

1）加强层道数

当超高层建筑抗侧刚度较弱时，可以通过设置伸臂桁架来增强内筒外框的协同能力，从而有效提高结构整体抗侧刚度。建筑功能允许伸臂桁架设在 17 层、38 层（避难层）和顶层（不影响使用）。顶层核心筒剪力墙墙体收进，伸臂桁架效果减弱，且在地震作用下，顶层伸臂桁架会使框架柱受拉，故考虑伸臂桁架设在 17 层和 38 层。基于此进行了设置伸臂道数的方案比选，结果如表 16.3-2 和图 16.3-5 所示。

经典回眸　中国建筑西南设计研究院有限公司篇

伸臂桁架道数	不设伸臂桁架	仅 17 层	仅 38 层	17 层和 38 层
第 1 周期（T_1）/s	6.32	6.03	6.02	5.78
第 2 周期（T_2）/s	4.68	4.65	4.66	4.63
第 3 周期（T_t）/s	3.37	3.28	3.33	3.24

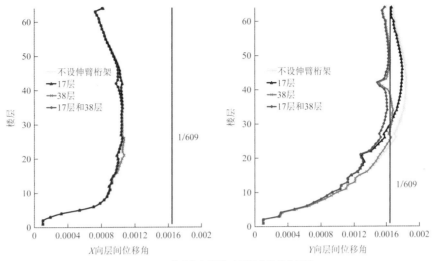

图 16.3-5　伸臂桁架道数对层间位移角的影响

由表 16.3-2 和图 16.3-5 可知，伸臂桁架的设置增加了结构的抗侧刚度，周期随之减小。由于 X 向抗侧刚度相对较大，伸臂桁架对 X 向的刚度影响不大。对于 Y 向，若仅在 17 层设置伸臂桁架，中上部楼层的层间位移角超出规范限值较多；若仅在 38 层设置伸臂桁架，上部层间位移角满足要求，但中下部部分楼层仍超出规范限值。因此，需同时在 17 层及 38 层设置伸臂桁架，使结构抗侧刚度增加，层间位移角满足规范要求。同时，为解决伸臂桁架导致外框架柱受力不均匀的剪力滞后效应，在伸臂桁架层设置环带桁架，以协调外框柱之间的受力，增强结构的整体性。

2）刚度过渡层

设置加强层提高了整体结构抗侧能力，但伸臂桁架及环带桁架层与相邻层的刚度差异悬殊。在地震作用下，加强层的相邻层容易产生应力集中和突变，形成软弱层和薄弱部位，从而影响结构的整体抗震性能。在设计时，引入"刚度过渡层"的概念，即在加强层的下面一层，在尽量不影响建筑功能的前提下，利用公寓分户墙体位置，设置一些斜撑，降低楼层间的抗侧刚度差和楼层受剪承载力差。是否设置刚度过渡层对 Y 向楼层受剪承载力的对比分析结果如图 16.3-6 所示。无过渡层的相邻层受剪承载力之比分别为 0.82 和 0.75，设置过渡层后分别为 0.86 和 0.83，满足规范 0.80 的限值要求。

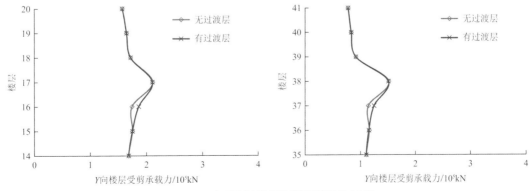

图 16.3-6　有无刚度过渡层的楼层受剪承载力对比

3）加强层桁架斜腹杆采用 BRB

除设置刚度过渡层外，在满足规范要求的前提下，尽可量采用较小的构件截面尺寸，也是降低楼层间刚度和受剪承载力差的方法之一。在加强层的伸臂桁架和环带桁架中，斜腹杆是一个突破口，斜腹杆在地震作用下会出现受压稳定问题，如采用普通的钢支撑，其截面尺寸需求较大；若采用具有同等受拉受压承载力属性的屈曲约束支撑（BRB），可减小构件截面尺寸，做到"有限刚度"。

对伸臂桁架、环带桁架中斜腹杆及过渡层中斜腹杆采用 BRB 和普通钢支撑进行了对比分析。图 16.3-7 为小震作用下的分析结果，当采用普通钢支撑时，楼层刚度比小于 0.9，楼层受剪承载力比小于 0.8；BRB 替换普通钢支撑后，楼层刚度比大于 0.9，楼层受剪承载力比为 0.86，满足规范限值要求。

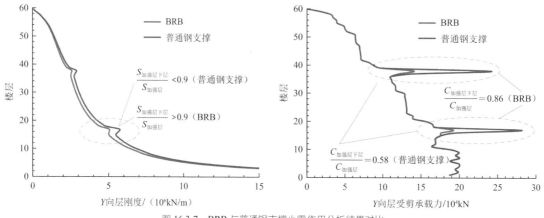

图 16.3-7　BRB 与普通钢支撑小震作用分析结果对比

图 16.3-8 为大震作用下的分析结果。当采用普通钢支撑时，普通钢支撑的巨大刚度效应导致了加强层及附近层剪力墙的破坏；当采用 BRB 时，斜撑构件刚度有限，且 BRB 作为耗能构件，可以通过自身耗能保护剪力墙体，同时辅助过渡层的耗能构件，实现了结构的有序耗能机制和多道防线，增强了结构的整体耗能能力和抗震能力。

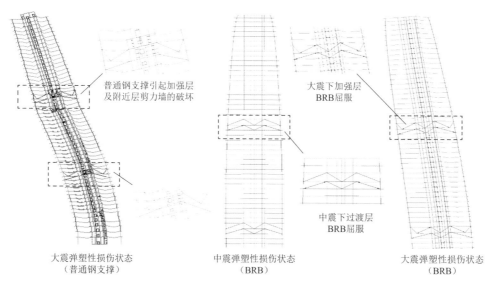

图 16.3-8　BRB 与普通钢支撑大震作用分析结果对比

16.3.2　结构布置

北塔采用了钢管混凝土框架-钢筋混凝土核心筒混合结构体系，标准层结构平面布置图如图 16.3-9 所示。

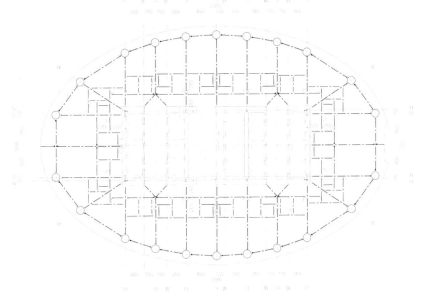

图 16.3-9 标准层结构平面布置图

1. 主要构件截面

地面以上楼层的核心筒纵墙外侧厚 1000~400mm，横墙外侧厚 800~400mm，内横墙厚 600~300mm，楼（电）梯井道内横向墙厚均为 300mm；圆钢管混凝土柱直径为 1150~700mm，钢材强度等级为 Q345B；混凝土强度等级为 C60~C40。连接核心筒与柱的钢框架梁截面为 H(650~500)×300×20×30（mm），外围框架梁截面为 H650×300×20×30（mm），次梁截面为 H500×200×15×20（mm）。2 层、5~7 层、16 层、37 层钢筋混凝土板厚 150mm；17 层、18 层、38 层、39 层钢筋混凝土板厚 160mm；其余层板厚 110mm。

2. 基础设计

北塔设有 3 层地下室，地基基础设计等级为甲级，采用筏形基础，基础平面布置图如图 16.3-10 所示。以中风化泥岩层为基础持力层，根据基坑原位载荷板试验结果，该层承载力特征值 f_{ak} = 1500kPa。

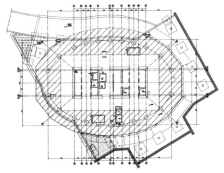

图 16.3-10 基础平面布置图

16.3.3 性能目标

1. 抗震性能目标

根据建筑高度、结构体系、不规则性及设防烈度等因素，确定结构主要构件的抗震性能目标如表 16.3-3 所示。

项目		多遇地震	设防地震	罕遇地震
位移指标 （最大层间位移角）		小于 1/609，满足规范要求	小于 1/200，满足性能水准 4 的要求	小于 1/111，满足性能水准 4 的要求
构件性能目标	核心筒墙体	弹性	正截面承载力不屈服；受剪保持弹性	部分墙体正截面承载力屈服；所有墙体受剪满足截面控制条件
	钢筋混凝土连梁	弹性	部分连梁屈服；所有连梁受剪承载力均不屈服	多数连梁屈服；所有连梁受剪满足截面控制条件
	钢管混凝土柱	弹性	弹性	正截面承载力不屈服，斜截面受剪弹性
	伸臂桁架及 BRB	弹性	伸臂桁架和环带桁架的弦杆、BRB 均保持弹性；过渡层 BRB 屈服	伸臂桁架、环带桁架的弦杆不屈服，BRB 屈服
	连接节点	弹性	承载力保持弹性	承载力不屈服
结构屈服机制及破坏模式		弹性状态	连梁最先受弯屈服，随后加强层下层的过渡层 BRB 屈服，其余未屈服	连梁最先受弯屈服，随后加强层下层 BRB 屈服，然后加强层 BRB 屈服，部分核心筒墙体屈服，最后框架柱、梁等均未屈服

2. 抗震超限分析和采取的措施

根据《超限高层建筑工程抗震设防专项审查技术要点》（建质〔2010〕109 号），北楼在如下方面存在超限：

①结构高度超过 7 度区钢-混凝土混合结构最大适用高度 190m 约 6%；

②存在加强层；

③地下 1 层顶板处，存在室内外地面高差 1.5m 的错层。

针对超限问题，设计中采取了如下应对措施：

（1）对钢管混凝土框架柱的框架剪力进行了高于规范水准的调整，以保证结构二道防线的实现，即 $0.2Q_0$ 调整系数取 $\min(0.25Q_0, 1.8V_{max})$ 和 $0.15Q_0$ 的较大值。框架柱抗震等级提高为特一级。

（2）对钢筋混凝土核心筒，严格控制其剪力墙轴压比，要求全高小于 0.45；底部（地下 1 层至 5 层）抗震等级提高为特一级；根据大震弹塑性分析结果，加大部分核心筒剪力墙配筋率：地下 1 层至 5 层为 0.6%，5～12 层为 0.5%。在地下 1 层至 3 层墙体、伸臂桁架楼所在层的墙体中适当增设斜向筋。

（3）为满足加强层伸臂桁架和环带桁架在各级地震作用下的性能目标要求，伸臂桁架及环带桁架中斜腹杆采用了承载力型 BRB，避免了普通钢支撑由于受压稳定问题而导致截面过大，从而引起刚度和受剪承载力沿竖向突变的不利因素，且避免失稳造成的突然失效而非强度屈服。为进一步优化加强层与加强层下面一层过渡层的抗侧刚度和受剪承载力，使其均匀过渡，在过渡层设置了耗能型 BRB。为防止 BRB 在罕遇地震作用下构件失效从而引起结构的大变形，严格限制 BRB 的应力比，要求其轴力不应大于极限承载能力，累积塑性应变不大于 1%。

（4）对加强层及其上下层的楼板，厚度均取为 160mm，在核心筒角部及其他应力集中部位增设双层钢筋网片。

16.3.4 结构分析

1. 小震弹性计算分析

采用 ETABS、SATWE 及 MIDAS/Building 软件分别计算，多遇地震下的弹性反应谱分析地震动参数按安评报告提供的参数，水平地震影响系数最大值为 0.103，$T_g = 0.42s$。计算结果见表 16.3-4～表 16.3-6。三种软件计算的振动模态、周期、基底剪力、层间位移比等均基本一致，可以判断模型的分析结果准确、可信。结构第 1 扭转周期与第 1 平动周期比值为 0.506，满足规范要求。同时进行了小震弹性时程补充分析，并按照规范要求根据小震时程分析结果对反应谱分析结果进行了相应调整。

結構周期計算結果 表 16.3-4

周期	STAWE		ETABS		MIDAS/Building	
	周期/s	扭转系数	周期/s	扭转系数	周期/s	扭转系数
T_1（Y向）	5.318	0	5.469	0.00	5.378	0.07
T_2（X向）	3.718	0	4.128	0.01	4.051	0.00
T_3（扭转）	2.689	1	3.044	0.99	2.991	1.00
T_3/T_1	0.506		0.557		0.556	

基底剪力计算结果/kN 表 16.3-5

荷载工况	SATWE	ETABS	MIDAS/Building
X向地震	22745	20686	21373
Y向地震	19668	19004	19087
X向风	6800	6018	6411
Y向风	9487	9007	9220

层间位移角及位移比计算结果 表 16.3-6

项目	荷载工况	SATWE		ETABS		MIDAS/Building	
		层间位移角	发生楼层	层间位移角	发生楼层	层间位移角	发生楼层
最大层间位移角	X向地震	1/1266	41	1/1061	30	1/1136	42
	Y向地震	1/656	44	1/660	31	1/647	44
	X向风	1/3628	31	1/3788	26	1/3572	25
	Y向风	1/1155	43	1/1390	42	1/1260	31
位移比或层间位移比	X向地震	1.10		1.12		1.09	
	Y向地震	1.13		1.23		1.21	

2．动力弹塑性时程分析

罕遇地震非线性时程分析输入了 3 组水平双向地震波（N1，N2 和 A3），其中，A3 为安评报告提供的 2 条罕遇地震人工波。参考《建筑抗震设计规范》GB 50011-2010 的规定，地震波水平方向主、次分量加速度峰值的比值为 1∶0.85，地震波主分量加速度峰值取 220cm/s^2，次分量峰值为 187cm/s^2。

北塔结构罕遇地震下X向和Y向最大层间位移角如图 16.3-11 所示。X向最大楼层层间位移角为 1/145（24 层）；Y向最大楼层层间位移角为 1/127（42 层）。罕遇地震下最大层间位移角均小于罕遇地震水准时结构性能目标限值 1/111。

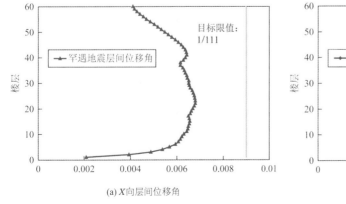

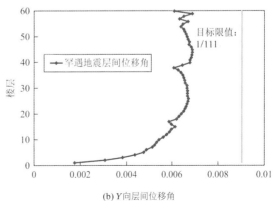

(a) X向层间位移角　　　　　　(b) Y向层间位移角

图 16.3-11　罕遇地震非线性分析所得层间位移角

罕遇地震作用下结构连梁及支撑损伤情况如图 16.3-12 所示。随着地面运动加速度的不断增大，钢筋混凝土核心筒连梁最先出现塑性铰。随后，加强层下一层的部分 BRB 开始屈服；结构顶层最大位移时刻，多数连梁均发生了受弯屈服，耗散了相当一部分地震输入能量；加强层的 BRB 开始屈服；核心筒底部若干层墙体混凝土拉应力超过混凝土抗拉强度，出现了水平裂缝，大部分墙肢损伤轻微，仅个别墙肢发生了较为严重的损伤，全楼未发现墙体混凝土压碎现象。罕遇地震作用下，钢管混凝土柱均未屈服，型钢梁则均处于弹性阶段。

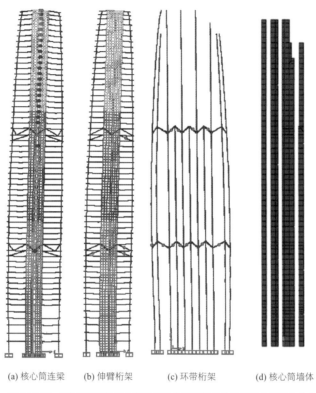

(a) 核心筒连梁　　(b) 伸臂桁架　　(c) 环带桁架　　(d) 核心筒墙体

图 16.3-12　*Y* 主向罕遇地震非线性时程分析所得结构连梁及支撑损伤分布

16.4　专项设计

16.4.1　钢梁开孔有限元分析

为提升建筑品质，增加建筑净高，方便管道布置，需在公寓楼 7～58 层外环梁的腹板开设 260mm×130mm 的矩形洞口。除左右两侧梁开两个孔洞外，其余梁仅开一个孔洞，洞口至钢梁顶（或梁底）最小距离为 150mm，洞口至柱边最小距离为 500mm（避过隅撑范围）。孔口边缘采用纵向和横向加劲肋加强，因洞口至梁顶距离小于规范要求的 0.25 倍梁高，进行了钢梁开孔的有限元分析。

采用有限元分析软件 ANSYS 进行开洞应力分析。外环梁主要承担地震作用（梁两端反向弯矩）和楼板传来的荷载（均布荷载），其中地震作用占主要部分，分析考虑两种加载方式。将开孔梁的应力与不开孔梁的应力的增幅比例做对比，分析应力增幅比随各参数的变化，最后确定开孔对梁强度的影响是否在可接受范围内。

1. 洞口至钢梁顶距离

选取梁截面 H650×300×12×25（mm），梁长 3.5m，洞口距柱边 500mm。开孔梁与不开孔梁的最大等效应力增幅比 γ 随洞口至梁顶距离的变化关系如图 16.4-1 所示。

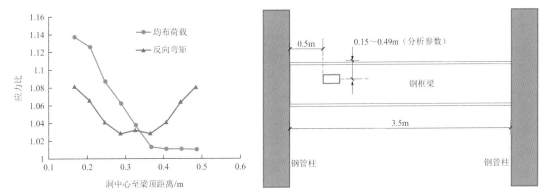

图 16.4-1　γ随洞口至梁顶距离的变化关系

从图 16.4-1 可以看出，开孔梁与不开孔梁最大等效应力增幅比γ，反向弯矩工况下，洞越靠近梁腹板中心，γ越小；均布荷载工况下，洞越靠近梁腹板下边缘，γ越小。采用按规范推荐的洞口加强方式得到的应力增幅比γ约为 1.04。

2．洞口至柱边距离

选取梁截面 H650×300×12×25（mm），梁长 3.5m，洞口距钢梁顶 150mm。开孔梁与不开孔梁最大等效应力增幅比γ随洞口至柱边距离的变化关系如图 16.4-2 所示。

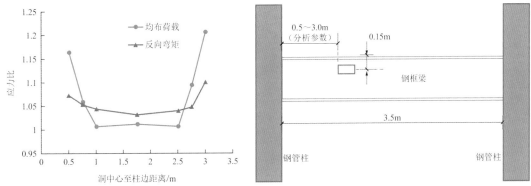

图 16.4-2　γ随洞口至柱边距离的变化关系

从图 16.4-2 可以看出，开孔梁与不开孔梁最大等效应力增幅比γ，在反向弯矩工况和均布荷载工况下，洞越靠近梁中心，γ越小，采用按规范推荐的洞口加强方式得到的应力增幅比γ约为 1.05。

3．洞口受梁长度影响

选取梁截面 H650×300×12×25（mm），洞口距钢梁顶 150mm，洞口距柱边 1500mm。开孔梁与不开孔梁最大等效应力增幅比γ随梁长度的变化关系如图 16.4-3 所示。

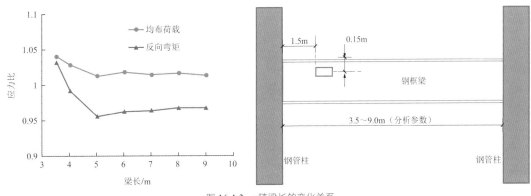

图 16.4-3　γ随梁长的变化关系

从图 16.4-3 可以看出，开孔梁与不开孔梁最大等效应力增幅比γ，在反向弯矩工况和均布荷载工况下，梁越长，γ 越小，最后在一个小范围内波动。

4. 梁上两设备孔

梁截面 H650 × 300 × 12 × 25（mm），洞口尺寸 500mm × 250mm，洞边间距 250mm，梁长度取净长度 3.8m。对相邻矩形孔间距较小的梁，如图 16.4-4 所示，在规范规定的构造设计基础上（方法 A），在孔之间设置了斜向加劲肋（方法 B）；对两种方法进行了应力分析，如图 16.4-5、图 16.4-6 所示。

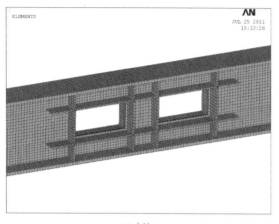
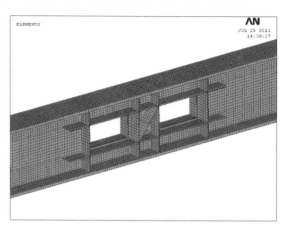

(a) 方法 A   (b) 方法 B

图 16.4-4　钢梁双洞口加强方式对比

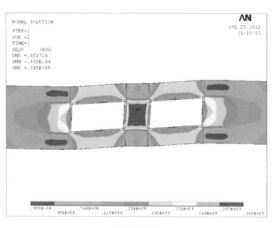
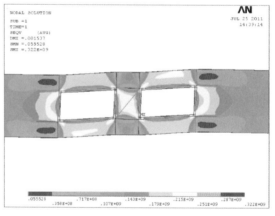

(a) 方法 A   (b) 方法 B

图 16.4-5　钢梁双洞口腹板 von Mises 应力

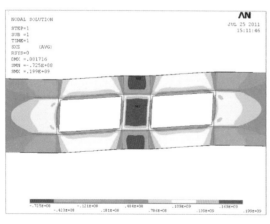
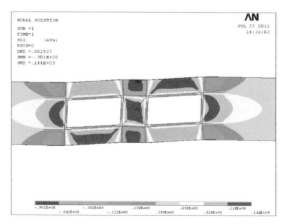

(a) 方法 A   (b) 方法 B

图 16.4-6　钢梁双洞口腹板剪应力

经典回眸·中国建筑西南设计研究院有限公司篇

由图 16.4-5 可知，方法 A，梁最大等效应力已达材料屈服强度 345MPa，主要位于孔间区域，此区域大面积已进入塑性；方法 B，最大等效应力为 322MPa，出现于孔角部应力集中区域，腹板大部分区域的最高应力为 180～250MPa，低于 Q345 钢材的设计强度。

由图 16.4-6 可知，方法 A，腹板最大剪应力为 199MPa，超过 Q345 的屈服剪应力，表明孔间区域已进入塑性；方法 B，腹板最大剪应力为 144MPa，小于 Q345 钢材抗剪设计强度。可见，采用腹板中部加斜向加劲肋的方式能有效降低孔间区域的剪应力和等效应力峰值，满足规范要求。

16.4.2 BRB 连接节点有限元分析

为保证 BRB 充分发挥增强抗侧刚度及耗散地震能量的作用，与 BRB 相连接的节点和构件需具有足够的承载能力，以符合"强节点弱构件"的设计理念。因此，通过非线性有限元分析，研究与 BRB 相连接的节点在支撑轴向力作用下的极限承载力及破坏形态。共选取了 5 个典型节点（图 16.4-7）进行三维实体有限元分析，分析结果如图 16.4-8、表 16.4-1 所示。

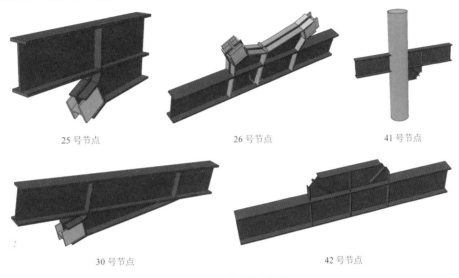

图 16.4-7 典型节点模型

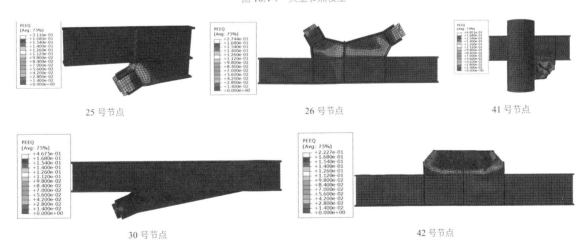

图 16.4-8 典型节点应力图

节点有限元分析结果   表 16.4-1

节点位置	受力工况	节点屈服承载力/kN	节点极限承载力/kN	BRB 设计屈服承载力/kN	BRB 极限承载力比
25 号节点	压力	9726	14455	9500	1.268
26 号左接头	压力	8677	>11000	6900	>1.328

节点位置	受力工况	节点屈服承载力/kN	节点极限承载力/kN	BRB 设计屈服承载力/kN	BRB 极限承载力比
26 号右接头	拉力	10069	13754	9500	1.206
30 号节点	压力	6052	6993	4250	1.371
41 号节点	压力	5617	6653	3550	1.562
42 号左接头	拉力	6277	7282	3550	1.709
42 号右接头	压力	6277	7700	3550	1.808

由图 16.4-8 及表 16.4-1 可知，节点破坏形态主要为节点斜向加劲板、钢梁腹板相继屈曲使得节点反力下降。节点提供的最大反力能够使支撑全截面达到钢材的极限强度，节点具有足够的强度，可实现"强节点弱构件"。节点具有良好的塑性变形能力。节点屈服承载力大于 BRB 屈服承载力，节点极限承载力大于 1.2 倍的 BRB 屈服承载力，满足规范要求。

16.4.3 底层短柱分析

因室外地下室顶板覆土绿化原因，室内板面与室外地下室顶板面存在 1.5m 的高差，在两个标高处均设置了外框架梁，高差范围内形成了极短柱。极短柱在地震作用下将承受较大的剪力，通常呈脆性破坏模式。在结构超限分析时，往往关注上部结构的整体抗震性能，计算分析模型在满足地下室顶板嵌固条件时通常不包含地下室部分，或模型虽包含地下室，但忽略室内外高差，如图 16.4-9 中模型 A 所示。在施工图阶段，当按真实情况建模时，如图 16.4-9 中模型 B 所示，极短柱所承担的剪力较模型 A 增大十几倍，对柱的抗剪能力提出了更高的要求，需重视。

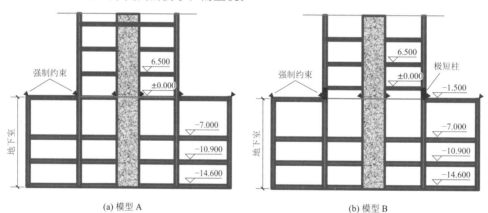

(a) 模型 A　　　　　　　　　　　　(b) 模型 B

图 16.4-9　室内外高差计算模型示意图

为增强室内外高差所致的极短柱的抗剪能力，在−5.000～1.800m 标高范围内的钢管混凝土柱内部增加了双向十字加劲肋，如图 16.4-10 所示。

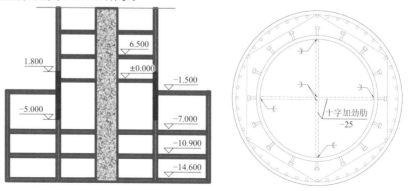

图 16.4-10　极短柱抗剪加强措施

经典回眸　中国建筑西南设计研究院有限公司篇

16.4.4 框架柱转折点设计

本项目建筑体型沿竖向上下小、中部大，呈流线形"鱼腹"状。外框柱随着外立面呈空间曲线，因此，采用钢管混凝土柱在各楼层处转折，以实现建筑曲线形态。各楼层的转折部位在梁顶面上，正好位于剪力最大处，转折角度各有不同，需要解决框架柱轴力的水平分量及最大剪力对柱拼接焊缝部位的抗剪影响问题。设计时根据不同框架柱直径，沿钢梁方向在转折面处增设竖向加劲肋，如图 16.4-11 所示，以增强转折点拼接焊缝截面的抗剪能力。

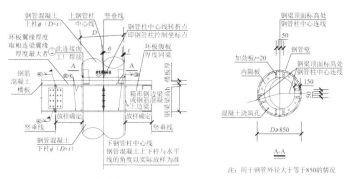

(a) 等高梁与上下等截面钢管柱刚性连接，用于 4 层及以上各层

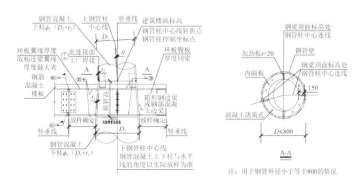

(b) 等高梁与上下不等截面钢管柱刚性连接，用于 4 层及以上各层

图 16.4-11 外框柱转折点拼接焊缝截面的抗剪加强措施

16.4.5 风洞试验研究

超高层建筑是典型的风敏感结构。在本项目中，风荷载效应主要存在以下两个特点：一是群体干扰效应，金融城双塔的建筑高度和体型基本一致，呈对称布置，最近处相距仅25m，且周边还存在其余高层干扰建筑，如此近距离的干扰效应在规范中无相应的具体规定。二是建筑幕墙外表面的外附金属装饰网格会改变涡旋脱落频率，进而影响结构的横风向响应。为研究复杂周边环境和外附金属装饰网格气动措施对风荷载的影响，开展了风洞试验研究。

风洞试验在同济大学土木工程防灾国家重点实验室进行，风洞试验模型的几何缩尺比为 1/300，如图 16.4-12 所示。受限于模型制作精度，在保持相同镂空率的条件下，调整了外附金属装饰网格的形式和尺寸，试验模型中铝条宽度调整至 0.5mm。风洞试验模型与实际外附金属装饰网格模型细部对比如图 16.4-13 所示。试验风向角间隔15°，共24 个风向，如图 16.4-14 所示。试验在模拟 C 类大气边界层风场中进行，共设定了 4 种试验模型工况，如表 16.4-2 所示。对比工况 A 和工况 B 可以了解复杂周边建筑的影响，对比工况 B 和工况 C 可知双塔的相互影响，对比工况 C 和工况 D 可得到外附金属装饰网格的影响。

图 16.4-12　风洞试验模型

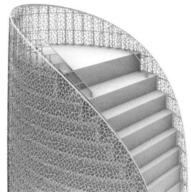

图 16.4-13　风洞试验模型与实际外附金属装饰网格模型细部对比

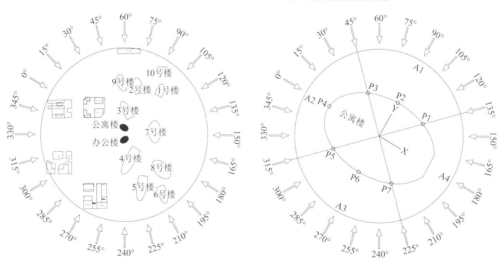

图 16.4-14　试验风向角间隔示意图

风洞试验模型工况　　　　　　　　　　　　　　　　　表 16.4-2

模型工况	工况描述	有无双塔外的周边建筑	有无双塔	有无外附金属装饰网格
工况 A	完全周边建筑，有金属装饰网格	√	√	√
工况 B	简单周边建筑，有金属装饰网格	×	√	√
工况 C	孤立，有金属装饰网格	×	×	√
工况 D	孤立，无金属装饰网格	×	×	×

1. 周边环境的影响

如图 16.4-15、图 16.4-16 所示，比较工况 A 和工况 B 结果可知，当风沿长轴（ X 轴）方向作用时，受到周边高层建筑的遮挡影响，公寓楼的长轴方向平均气动力和脉动气动力均减小，随着风向的偏移，遮挡效应逐渐减弱。比较工况 B 和工况 C 可以看出，在风向角 180°～300°范围内，双塔的存在会减小公寓楼的平均气动力 C_{Mx}，平均气动扭矩 C_{MT} 也受到明显影响，在 240°风向角下，当办公塔处在公寓楼的正上游时，公寓楼在工况 A 和工况 B 中两个主轴方向的基底弯矩系数和扭矩系数均值都减小到零附近，但均方根值的波动较为剧烈，x 方向的脉动气动力还出现了较高的峰值。

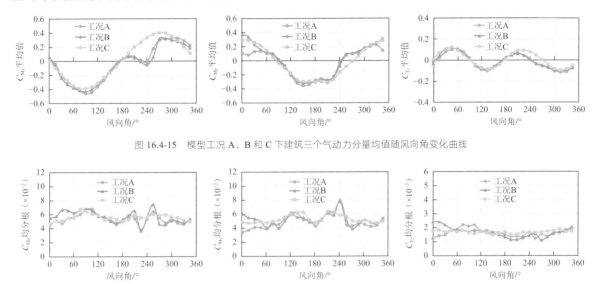

图 16.4-15　模型工况 A、B 和 C 下建筑三个气动力分量均值随风向角变化曲线

图 16.4-16　模型工况 A、B 和 C 下建筑三个脉动气动力分量随风向角变化曲线

2. 外附金属装饰网格的影响

如图 16.4-17、图 16.4-18 所示，比较工况 C 和工况 D 可知，当风沿长轴（X 轴）方向作用时，外附金属装饰网格使顺风向平均气动力 C_{My} 和脉动气动力增大，横风向平均气动力 C_{Mx} 和脉动气动力减小，平均气动扭矩 C_{Tz} 和脉动气动扭矩减小；当风沿短轴（Y 轴）方向作用时，外附金属装饰网格对各方向平均气动力的影响微弱，对顺风向脉动气动力和脉动扭矩影响较小，减小了横风向的脉动气动力。

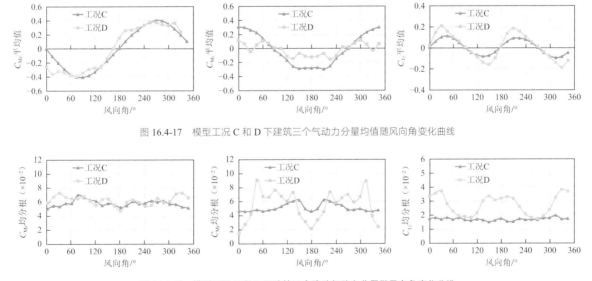

图 16.4-17　模型工况 C 和 D 下建筑三个气动力分量均值随风向角变化曲线

图 16.4-18　模型工况 C 和 D 下建筑三个脉动气动力分量随风向角变化曲线

3. 原因分析

公寓楼受到的气动力均值，主要来源于主体结构迎风面和背风面所受法线方向的风压和侧面阻挡气流切向流动所受切向风压。当来流沿长轴方向吹来时，主体结构的迎、背风面面积较小，所受风压较小；

但侧面外附金属装饰网格面积较大,所受切向气动力较大,故外附金属装饰网格对顺风向气动力的影响很大。当来流方向偏离长轴转向短轴方向时,主体结构迎、背风面面积逐渐增加,主体结构气动力也逐渐增大;而两侧面外附金属装饰网格面积逐渐减小,所受切向气动力也逐渐减小,故外附金属装饰网格对基底弯矩均值的影响逐渐减弱。

建筑上的脉动气动力主要来源于来流湍流和尾流激励两个方面,顺风向的脉动气动力主要来源于前者,横风向和扭转向的脉动气动力通常来源于后者。当风向角方向由长轴向短轴发生偏移时,主体结构的迎、背风面面积逐渐变大,而侧面外附金属装饰网格总面积逐渐变小,这使得外附金属装饰网格上附加的脉动气动力对作用在建筑上总的顺风向脉动气动力的影响减弱。对于横风向而言,当风向角位于长轴方向时,长轴方向两侧面会形成交替的涡旋脱落,脱落区域将产生较大的负压,并对截面形心形成扭矩。当主体结构外附金属装饰网格后,金属装饰网格上也会承受较大的切向风力,该切向风力与主体结构立面上的负风压同步脉动,削减了横风向脉动气动力和脉动气动扭矩。当风向角位于短轴方向时,短轴方向两侧面曲率较大,涡旋脱落强度相对较大,导致工况 D 的横风向脉动气动力较大;外附金属装饰网格也增大了建筑表面的粗糙度,削弱了规则性的涡旋脱落,使得工况 C 的横风向脉动气动力降低。

通过上述分析,主要结论如下:

(1)复杂周边建筑对目标建筑的气动力均值的影响主要表现为遮挡效应,但在一定条件下可能放大目标建筑所受到的脉动气动力。

(2)建筑两侧面绕流区的外附金属装饰网格所受切向气动力使建筑顺风向气动力均值及脉动值增大,增大的程度与阻挡气流绕流的外附金属装饰网格面积相关。

(3)外附金属装饰网格对建筑表面粗糙度的改变使建筑两侧气流的涡旋脱落强度削弱,导致横风向脉动气动力减小;周期性涡旋脱落引起的外附金属装饰网格上的脉动风力将部分抵消主体结构上的涡激力脉动导致的结构气动扭矩脉动值。

(4)分析给出了适用于本项目结构设计的等效静力风荷载及相应组合系数。

16.5 结语

高耸、挺拔的成都金融城超高层双塔建筑的结构设计,基于较为苛刻的建筑条件,选用了带伸臂桁架和环带桁架的钢筋混凝土核心筒-钢管混凝土框架混合结构体系,通过方案对比、抗震性能化分析、专项分析等工作,实现了建筑的功能需求和建筑效果。

1. 加强层的引入和优化

针对北塔公寓楼核心筒高宽比大、重量大等特点,采取了设置加强层(伸臂桁架 + 环带桁架)的措施来提高结构整体抗侧刚度。为减轻加强层导致的楼层刚度和受剪承载力突变的不利影响,引入了"适度刚度"的概念,即伸臂及环带桁架斜腹杆均采用 BRB,同时采用在加强层下层设置"刚度过渡层"等方式,保证了结构适宜的抗侧刚度和合理的屈服机制。

通过抗震性能化分析,北塔公寓楼在罕遇地震作用下,钢筋混凝土核心筒的连梁多数产生了塑性铰,耗散了较大部分地震输入能量;核心筒墙体的屈服集中发生在底部若干层,形成较强的耗能能力,核心筒较好地发挥了第一道抗震防线的作用。加强层下一层的过渡层 BRB 先于加强层内 BRB 屈服,实现了BRB 的有序耗能,适度地协调了外框架和核心筒之间的共同工作。作为第二道防线的外围钢管混凝土框架柱始终未屈服,钢梁也保持在弹性受力阶段,有效地发挥了第二道防线的作用。

2. 建筑抗风性能研究

双塔建筑间距较近,且周边环境复杂,风荷载存在群体干扰效应;双塔幕墙的外附金属装饰网格改变了风的流动路径和频率，进而影响主体结构风荷载。通过风洞试验研究发现，本项目的复杂周边环境在一定条件下放大了目标建筑所受到的脉动气动力；外附金属装饰网格使得建筑顺风向气动力均值及脉动值增大，横风向脉动气动力减小，周期性涡旋脱落引起的外附金属装饰网格上的脉动风力将部分抵消主体结构上的涡激力脉动导致的结构气动扭矩脉动值。最后，分析给出了本建筑的等效静力风荷载及相应组合系数，用于指导双塔的结构抗风设计。

3. 专项分析

进行了多项针对性的精细化分析。例如，钢梁开孔，通过对洞口左右位置、洞口上下位置、钢梁构件长度等参数分析，确定了经济、合理的设计参数；在钢梁开两个设备孔的分析过程中，提出了在孔间区域增设斜腹板的措施，降低孔间区域的剪应力和等效应力，以满足结构受力和使用功能要求；对室内外高差导致的极短柱、外框柱转折点等进行分析并提出了相应的抗剪加强措施。同样，为保证 BRB 充分发挥增强抗侧刚度及耗散地震能量的作用，符合"强节点弱构件"的设计理念，选取了典型的 BRB 局部连接节点进行有限元分析，确保在结构安全的前提下充分满足建筑功能的需求。

4. 安全与经济协调，建筑与结构统一

在满足结构性要求的同时，项目最终取得了良好的经济性，实现了建筑和结构的和谐统一。北塔地上部分钢筋用量为 $50.86kg/m^2$，钢材用量为 $86.7kg/m^2$。

设计团队

冯 远、曹 莉、伍 庶、张蜀泸、蒋朝志、成 锐、孙 觅、马永兴、徐龙坤、肖克艰、方长建

执笔人：冯 远、张蜀泸、曹 莉、伍 庶

获奖信息

2019—2020 年度"中国建筑大奖"卓越项目奖（设计类）；

2020 年度中建总公司优秀（公共）建筑设计一等奖；

2020 年度四川省优秀建筑工程设计一等奖；

2021 年度行业优秀勘察设计奖优秀建筑设计一等奖。

第17章

重庆高科 "太阳座" 项目

17.1 工程概况

17.1.1 建筑概况

"太阳座"项目位于重庆市北部新区两江幸福广场北侧 H5-1/02 地块,本项目建设用地面积约 24547m²,总建筑面积约 100000m²。整个项目由一栋 210m(40 层)的超高层写字楼、附属商业裙房及相应地下室组成。本工程抗震设防类别为标准设防类(丙类),抗震设防烈度为 6 度,设计基本加速度为 0.05g,场地类别为 II 类,本工程除收进部位上下各两层核心筒抗震等级为一级外,其余框架和核心筒抗震等级为二级。结构设计使用年限为 50 年,建筑结构安全等级为二级。基本风压取 0.4kN/m²(承载力设计时风荷载按基本风压 1.1 倍取值),地面粗糙度为 C 类。设计理念来自舞动极光"光之舞",将太阳座设计成高低塔,南塔自东立面扭曲上升,延伸至南立面,北塔自北立面扭曲上升,延伸至西立面,以独特的双曲面模拟极光的独特形态,真正做到移步换景,从不同的角度可以欣赏到不同的曲面形态。直线和曲线相互咬合错叠,产生柔中带刚的塔楼视觉效果,作为该片区规划核心地块,最终设计出独具创新性的塔楼形象。建筑周边规划概况和实景图如图 17.1-1 和图 17.1-2 所示。

图 17.1-1 周边规划概况

图 17.1-2 "太阳座"实景图

项目基地依山顺势,整体布局顺应北侧的照母山和南侧的百林公园,注重各视觉节点的呼应和对话,并结合幸福广场中轴线规划形成该区域的视觉地标。塔楼的形体设计需要在简洁高效的方形塔楼基础上添加具有流动性的优雅曲线,庄严而不失活泼,创造出刚柔并济的地标形象。

本项目立面采用贝塞尔曲线拟合而成,塔楼中间层角部存在较大收进。因此本次结构设计时没有采用柱子上下直线贯通方案，而采用沿幕墙轮廓变化的空间扭曲斜柱方案。如图17.1-3所示，高区4根斜柱从2层开始，沿北立面倾斜上升，在31层西立面恢复为直柱；低区4根斜柱从2层开始，沿东立面倾斜上升，在29层南立面恢复为直柱。根据确定的结构外轮廓线，按照斜柱在各层柱距保持固定比例的原则，通过相似三角形，确定柱的位置。两层之间用直柱连接，柱位情况如图17.1-4所示。

本项目最终在2016年设计完成，2022年正式竣工。

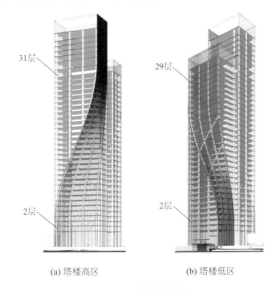

(a) 塔楼高区   (b) 塔楼低区

图 17.1-3 塔楼透视图

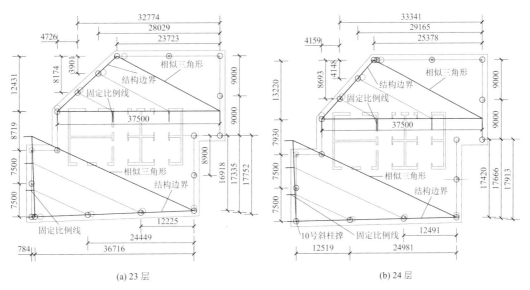

(a) 23 层   (b) 24 层

图 17.1-4 柱位示意图/mm

17.1.2 设计条件

1. 主体控制参数（表17.1-1）

控制参数	表 17.1-1
结构设计基准期	50 年
建筑结构安全等级	二级
结构重要性系数	1.0
建筑抗震设防分类	标准设防类（丙类）
地基基础设计等级	甲级

2．结构抗震设计条件

本工程底部加强区剪力墙和框架柱抗震等级为一级，其余区域剪力墙和框架柱抗震等级为二级。本工程计算嵌固端为基础顶面。

3．风荷载

用于该项目主体结构的风荷载信息包括：

基本风压：0.4kN/m²（承载力设计时取 1.1 × 0.4 = 0.44kN/m²）；

　　　　　　0.20kN/m²（10 年一遇，用于风振舒适性验算）。

地面粗糙度：C 类。

风振系数：根据《建筑结构荷载规范》GB 50009-2012 第 7.4.2 条确定。

体型系数：1.4。

风洞试验制作了 1 : 300 的刚性测压模型及周边建筑模型，进行群体试验，并进行动态测压试验。设计中采用了规范风荷载和风洞试验结果进行位移和强度包络验算。风洞试验模型如图 17.1-5 所示。

图 17.1-5　风洞试验模型

4．基础设计

塔楼设有 2 层地下室，基础设计等级为甲级，基础持力层选为中风化泥岩。塔楼基础形式采用核心筒下筏板基础 + 柱下独立基础 + 基础系梁，筏板混凝土强度等级为 C40，核心筒下筏板厚度为 2.0m，柱下独立基础高度为 3.0m。

17.2　建筑特点

17.2.1　与建筑形体走向统一的扭曲斜柱

本项目塔楼高度较大、高宽比较大，因此结构形式选择了常规的框架-核心筒结构，主要设计难点在于外围弯曲的框架柱。根据外立面复杂的构型，框架柱相应地采用了布置更为灵活的钢管-混凝土圆柱，接下来面临的难题便是框架柱的走向。

如图 17.2-1 所示，本项目立面采用贝塞尔曲线拟合而成，塔楼中间层角部存在较大收进。若将柱子按直立柱布置在较小的建筑边界内，会造成下部楼层房间中部出现柱子，严重影响建筑使用功能。

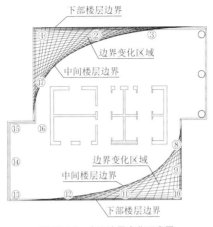

图 17.2-1 上下边界变化示意图

结合建筑边线的逐层变化，经过反复推敲，最终确定采用斜柱的方案，柱子紧贴幕墙内皮，逐层顺应幕墙变化而变化，平面定位由正面渐变至侧面，结构走向与建筑造型统一，空间利用率高。这一方案建筑与结构体系逻辑一致，内外统一，充满韵律感，结构构件巧妙地编排到了建筑中，既不喧宾夺主，又能展示出结构的力与美，实现了建筑艺术与结构美学的高度统一，具有地标建筑的内生震撼力。单面整体扭转达到 90°，南立面单层扭拧角度最高达到 8.8°，是目前国内扭曲最大的建筑之一。

斜柱方案存在框架柱斜率较大、带有转换和复杂节点等受力不利因素，使得斜柱在结构体系方面需采取大量加强措施。据此，采用了竖向构件增加斜撑的优化措施，在斜率较大的竖向构件位置增加三道斜撑，形成受力更为合理的外框架体系。

17.2.2 大角度斜交钢管混凝土网格节点

由于反向斜撑的存在，形成了多个复杂的 X 形节点和 V 形节点。如何设计关键节点，保证建筑和结构安全可靠，成为结构设计中需要关注的部分。为了达到建筑轻盈、通透的效果，在保证结构安全性的前提下，尽可能地将节点处理得"干净"一些，对部分受力复杂的钢节点进行了数值分析，深入分析其力学机理。

由于某些节点是由支管和主管相贯连接，相贯线长度接近 1 层层高，此时其管截面已经变成不规则半圆形截面，对混凝土的约束能力大大降低，在角度尖锐处等部位可能造成混凝土浇筑不密实，因此在建立有限元模型时，分别考虑了钢管内是否有混凝土两种情况。在复杂节点相贯处，原有典型钢管混凝土柱已经改变其截面形式形成倒椭圆锥形合仓柱，其管壁对内部混凝土的约束能力已经不是传统的圆形套箍作用，需要单独分析。

此外，对于有内部隔板的混凝土节点，内部隔板会影响混凝土的密实度，导致实际受力与理论不符，引起管壁的应力集中现象，必须进行分析。基于以上原因，本项目分别进行了不考虑混凝土作用、考虑混凝土作用（主管、支管）以及考虑隔板作用的节点分析。同时，与重庆大学合作进行振动台试验研究，结果表明试验结果与有限元分析结果基本一致，节点的设计方法可行，构造合理。

17.2.3 扭曲斜柱带来的结构复杂性

由于外框架柱扭曲上升，柱轴力会产生水平分量，使楼板和框架梁产生了较大的拉压力。在外框架柱扭曲角度较大位置，竖向荷载作用下的水平分量对楼面外环梁及内框架梁形成了比较大的拉压力，结构在 12~27 层之间形成细腰形，结构整体刚度减弱。综上，整个外框受力较复杂，给结构设计带来了较大的困难和挑战。

针对以上问题，结构设计时分别进行了楼面梁力学性能分析、楼板力学行为分析以及整体模型和最不利层的屈曲分析，通过概念设计和专项分析相结合，验证结构设计的合理性。

17.3 体系与分析

17.3.1 结构布置

本工程结构平面为两个错位的长方形组成，长方形长宽分别为 39.9m 和 20.4m，根据建筑功能及受力特性，选择框架-核心筒的结构体系。如图 17.3-1 所示，框架和核心筒在承担竖向荷载的同时，核心筒作为第一道抗侧力体系，其较大的刚度能有效抵抗地震和风荷载作用下的水平荷载，满足结构的受力和正常使用及舒适性要求；框架作为第二道抗侧力体系，具有良好的塑形变形能力，能在强震下出铰耗散大量地震能量，保证结构大震不倒。

在重力荷载作用下与扭曲斜柱相连的外框架梁除了承受弯矩、剪力外，还要承受轴向力的作用。本工程为双向斜柱，斜柱变角度及交叉部位较多，柱在竖向变化处对梁和楼板产生较大的拉压力。本工程楼板及内框架梁作为协调扭曲斜柱传力的关键构件，是结构第二道防线很重要的组成部分。

经典回眸 中国建筑西南设计研究院有限公司篇

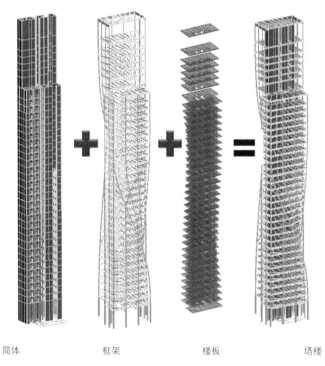

| 筒体 | 框架 | 楼板 | 塔楼 |

图 17.3-1 结构多重抗侧力体系

塔楼范围内核心筒采用钢筋混凝土剪力墙；框架柱采用钢管混凝土；外围框架梁采用型钢混凝土梁，框架柱与筒体相连的梁采用普通钢筋混凝土梁；斜撑采用钢管混凝土斜杆；楼面次梁、板均采用钢筋混凝土梁板。

塔楼结构采用的混凝土强度等级如表 17.3-1 所示，采用的钢材及钢筋型号如表 17.3-2 所示。

结构采用的混凝土强度等级 表 17.3-1

构件		混凝土强度等级
墙、连梁	1～12 层楼面	C60
	13～21 层楼面	C50
	22～31 层楼面	C40
	32 层至屋面	C30
柱		C60
混凝土梁、板		C30

结构采用的钢材及钢筋型号 表17.3-2

构件	钢材及钢筋型号
钢管柱及型钢梁	Q345B
钢筋混凝土梁	HRB400（纵筋）、HRB400（箍筋）
钢筋混凝土筒体	HRB400（纵筋）、HRB400（箍筋及分布筋）
钢筋混凝土板	HRB400

太阳座塔楼的竖向构件主要包括钢筋混凝土核心筒剪力墙和外围框架的钢管混凝土柱，尺寸如图 17.3-2 所示。外围框架梁采用型钢混凝土梁，主要截面尺寸为 450mm × 1200mm，内置型钢为 H900 × 250 × 18 × 18（mm）。钢管混凝土柱与筒体相连的梁采用普通钢筋混凝土梁，主要截面尺寸为 450mm × 850mm。

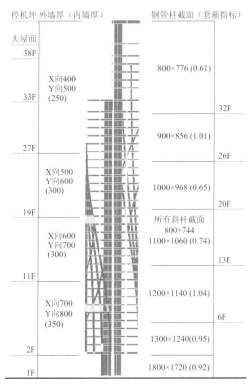

图 17.3-2　太阳座塔楼竖向构件尺寸示意图/mm

本工程除收进部位上下各两层核心筒抗震等级为一级外，其余框架和核心筒抗震等级为二级，设计具体参数如表 17.3-3 所示。

抗震设计参数 表17.3-3

设计地震动参数	抗震设防烈度	6 度
	设计地震分组	第一组
	场地类别	Ⅱ类
	小震特征周期	0.35s
	大震特征周期	0.40s
	基本地震加速度	0.05g
建筑结构阻尼比	多遇地震	0.04
	罕遇地震	0.05
水平地震影响系数最大值	多遇地震	0.04
	设防烈度地震	0.12
	罕遇地震	0.28
地震峰值加速度	多遇地震	18gal

17.3.2 性能目标

1. 抗震超限分析和采取的措施

1）竖向尺寸规则性判别

结构楼层在 33 层收进，无转换。收进部位与下层的尺寸关系如图 17.3-3 所示。上部楼层收进部位的高度为 155.950m，与房屋总高度的比值大于 0.2，收进后的平面尺寸小于下部楼层水平尺寸的 75%。结构的高阶振型明显。

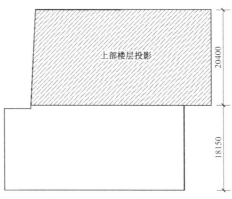

图 17.3-3 33 层收进部位与下层的尺寸关系/mm

结构高宽比为 214.300/38.55 = 5.56，小于 7（从嵌固端起算）。结构嵌固层以上高度为 214.300m，满足规范中钢管混凝土框架-钢筋混凝土核心筒高度限值。

2）外围框架柱为空间扭曲形态，局部柱通过交叉斜柱传递竖向力，竖向构件传力不直接，可认为竖向抗侧力构件不连续。如图 17.3-4 所示。

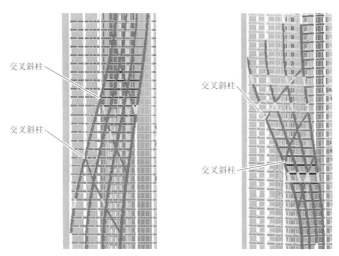

图 17.3-4 交叉斜柱位置示意

3）结构整体计算指标

楼层最大扭转位移比为 1.31，大于 1.20；结构扭转为主的第 1 周期与平动为主的第 1 周期之比为 0.50，小于 0.85，周期比满足规范要求，计算指标均满足规范要求。楼层侧向刚度比、受剪承载力之比均满足规范要求。

综上所述，本工程塔楼顶部收进，外围框架柱空间扭曲，竖向交叉斜柱传力复杂。本工程需进行超限设计。

针对超限问题，设计中采取了如下应对措施。

（1）框架柱

①对框架剪力进行了高于规范水准的调整，保证了结构二道防线的实现，$0.2Q_0$ 调整取

$\max[\min(0.2Q_0, 1.5V_{f,max}), V_{fi}]$。对框架总剪力无须调整的部分楼层，为适当增加框架的能力，将框架楼层总剪力最小调整系数定为 1.17；

②钢管混凝土柱混凝土强度等级均为 C60；

③适当增加钢管壁厚，提高框架柱的承载能力。

（2）核心筒

①剪力墙外墙轴压比全高控制小于等于 0.5；

②筒体外围剪力墙底部加强区配筋率加大至 0.6%，底部加强区以上加大至 0.4%。

（3）外环梁

外环梁内设置钢骨，以平衡斜柱在重力荷载作用下产生的拉压力，增加整体刚度。

（4）斜撑

沿高度方向设置多道钢管混凝土斜撑，提高结构整体刚度，增加结构冗余度，改善斜柱的受力特性。

（5）楼板

①适当加厚 15~24 层的楼板至 120mm，加大楼板的配筋（楼板配筋取ϕ10@100）。楼板起到了连系外框与内筒协同受力的作用，保证了扭曲造型的外框在重力荷载及水平力作用下的传力可靠。

②核心筒内电梯厅处楼板应力水平较高，斜柱与筒体较近部位（5~14 层局部）的楼板的应力水平也比较高。施工图阶段将加大这些区域的板配筋量，以保证楼板能有效传递水平剪力。

2．抗震性能目标

根据钢管混凝土框架-钢筋混凝土核心筒结构体系的受力特点以及本工程斜柱框架的复杂性，本工程关键构件为：

（1）底部加强区范围框架柱，交叉撑楼层框架柱和斜撑；

（2）底部加强区范围核心筒外筒剪力墙；

（3）8 层和 15 层所有框架梁（拉力较大楼层），有交叉撑楼层外框架梁。

其余竖向构件定义为一般竖向构件，内框架梁和连梁定义为耗能构件。

如图 17.3-5 和图 17.3-6 所示。

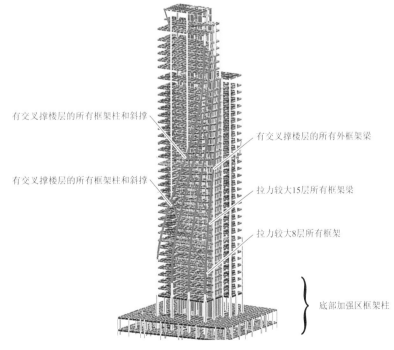

图 17.3-5　关键构件示意一

图 17.3-6 关键构件示意二

根据规范规定，结合业主要求等综合考虑，结构整体抗震性能目标设为 C 级。本工程对结构进行概念加强后，性能目标细化如表 17.3-4 所示。

经典回眸·中国建筑西南设计研究院有限公司篇

结构性能目标 表 17.3-4

总体性能目标 C			结构高度超限：$H = 214.3\text{m} < [220\text{m}]$，最大扭转位移比超限，外框柱扭曲，竖向不规则	
			总体性能目标：《高层建筑混凝土结构技术规程》JGJ 3-2010 性能目标 C	
	结构构件承载力	多遇	完好，按常规设计	
		设防	总体性能	轻微破坏
			关键构件：底部加强区范围框架柱，交叉撑楼层框架柱和斜撑	弹性，满足式(1)：$\gamma_\text{G} S_\text{GE} + \gamma_\text{Eh} S_\text{Ehk}^* + \gamma_\text{Ev} S_\text{Evk}^* \leqslant R_\text{d}/\gamma_\text{RE}$ (1)
			底部加强区范围核心筒外筒剪力墙	弹性，承载力满足式(1)
			8 层和 15 层所有框架梁（拉力较大楼层），有交叉撑楼层外框架梁	弹性，满足式(1)
			一般竖向构件（核心筒内筒剪力墙和一般楼层框架柱）	受剪弹性，满足式(1)；受弯承载力满足式(2)：$S_\text{GE} + S_\text{Ehk}^* + 0.4 S_\text{Evk}^* \leqslant R_\text{k}$ (2)
			连梁和非关键框架梁	受弯进入屈服，受剪承载力满足式(2)
			连接节点	保持弹性，满足式(1)
		罕遇	总体性能	中等破坏
			关键构件：底部加强区范围框架柱，交叉撑楼层框架柱和斜撑	受剪弹性，满足式(1)；受弯不屈服，满足式(2)
			底部加强区范围核心筒外筒剪力墙	受弯不屈服，满足式(1)；受剪不屈服，满足式(2)
			8 层和 15 层所有框架梁（拉力较大楼层），有交叉撑楼层外框架梁	受剪弹性，满足式(1)；受弯不屈服，满足式(2)
			一般竖向构件（核心筒内筒剪力墙和一般楼层框架柱）	允许受弯屈服；受剪截面满足式(3)：$V_\text{GE} + V_\text{Ek} \leqslant 0.15 f_\text{ck} b h_0$ (3)
			连梁和非关键框架梁	允许受弯屈服；受剪满足截面控制条件：$V_\text{GE} + V_\text{EK}^* \leqslant \begin{cases} 0.20\beta_\text{c} f_\text{ck} b h_0, & \text{跨高比大于 2.5 时} \\ 0.15\beta_\text{c} f_\text{ck} b h_0, & \text{跨高比不大于 2.5 时} \end{cases}$ (4)
			连接节点	受弯不屈服，满足式(2)；受剪弹性，满足式(1)
	层间位移	多遇	完好，变形小于弹性位移限值 1/693	
		设防	轻微损坏，变形小于 2 倍弹性位移值，即目标限值为 1/346	
		罕遇	中等破坏，变形约为 4 倍弹性位移值，即目标限值为 1/173	

17.3.3 结构分析

1. 小震弹性计算分析

结构主要周期与振型如表 17.3-5 所示，两个软件（PMSAP 和 MIDAS/Building）的主要计算结果保持一致，证明模型的分析准确。结构扭转为主的第 1 自振周期与平动为主的第 1 自振周期之比为 0.503，表明结构具有较强的抗扭性能。

PMSAP		MIDAS/Building	PMSAP 与 MIDAS/Building 之比	备注
周期/s	振型（X∶Y∶Z 扭转）	周期/s		
$T_1 = 4.2402$	0.05∶0.94∶0.01	$T_1 = 4.1185$	1.036	Y向平动
$T_2 = 3.2193$	0.93∶0.05∶0.02	$T_2 = 3.2338$	1.003	X向平动
$T_3 = 2.1312$	0.09∶0.03∶0.88	$T_3 = 2.1576$	0.979	扭转为主
$T_3/T_1 = 0.503$		$T_3/T_1 = 0.524$	—	—

2．罕遇地震作用下结构性能分析

采用 EPDA 进行了模型的弹塑性时程分析，主要目的是考察在罕遇地震作用下结构弹塑性的发展历程和构件的损伤程度，并对构件能否达到预期性能目标进行校核。根据规范要求，在进行动力时程分析时，按建筑场地类别和设计地震分组选用 2 组实际地震记录（USA00684 和 USA04448）和 1 组人工模拟的加速度时程曲线。将其主方向 PGA 标定为 125gal，次方向 PGA 标定为 $0.85 \times 125 = 106.25$gal，对模型进行了双向激励。

1）层间侧移

该塔楼在罕遇地震作用下的弹塑性层间位移角如图 17.3-7 所示。可见，X向主激励时最大层间位移为 1/341（EPDA 软件第 39 层），Y向主激励时最大层间位移为 1/185（EPDA 软件第 40 层），以上位移值均小于罕遇地震作用下结构性能目标所定位移角限值 1/162。

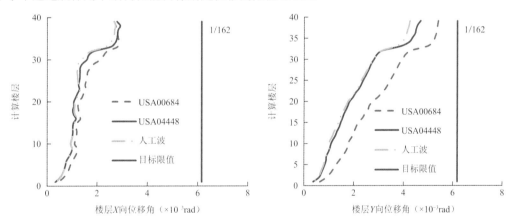

图 17.3-7 罕遇地震下非线性分析所得楼层层间位移角

2）楼层剪力

该结构在罕遇地震作用下弹塑性时程分析的楼层剪力分布如图 17.3-8 所示。

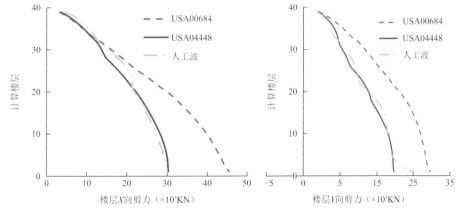

图 17.3-8 罕遇地震下非线性分析所得楼层剪力

由图 17.3-8 可知，罕遇地震波激励下，X 向结构底部剪力峰值平均值约为 35393kN（EPDA 软件），是 X 向多遇地震底部剪力峰值平均值（5439kN）的 6.5 倍；罕遇地震波激励下，Y 向结构底部剪力峰值平均值约为 26124kN（EPDA 软件），是 Y 向多遇地震底部剪力峰值平均值（4102kN）的 6.37 倍。罕遇地震作用下的地震动峰值加速度（$A_{\max} = 125$gal）与设计采用的多遇地震作用下的地震动峰值加速度（$A_{\max} = 18$gal）之比为 6.94。X 向和 Y 向罕遇地震作用下结构底部剪力峰值与相应的多遇地震作用下结构底部剪力峰值之比均小于加速度峰值之比，表明结构在罕遇地震作用下有部分构件进入塑性，耗散了部分地震能量。

17.4 专项设计

17.4.1 楼面梁力学性能分析

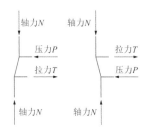

图 17.4-1 斜柱受力示意图

本工程外围斜柱及斜撑传力不直接，斜柱部分轴力以水平分力形式传递给与斜柱相连的框架梁及楼板。斜柱受力如图 17.4-1 所示。

在不同楼板厚度假定下，楼面梁拉压力差别较大。现以斜柱扭转比较大的 17 层楼板为例，比较在不同板厚假定下，斜柱水平力传递给梁及楼板的情况。板厚 100mm 和板厚为 0 时楼面梁拉压力如图 17.4-2 所示，括号内为板厚为 0 时楼面梁拉压力，数值中拉力为正，压力为负；图中典型梁在板厚为 0 和板厚为 100mm 时拉压力对比如表 17.4-1 所示。

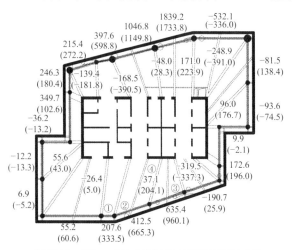

图 17.4-2 100mm（0）板厚时 17 层楼面梁拉压力/kN

不同板厚楼面梁拉压力对比/kN   表 17.4-1

梁编号	板厚 0	板厚 100mm
①	333.5	207.6
②	665.3	412.5
③	960.1	635.4
④	204.1	37.1

由表 17.4-1 和图 17.4-2 可知，在考虑楼板面内实际刚度情况下，楼面梁拉压力较小；与不考虑楼板厚度相比，楼面梁拉压力变化明显，外围框架梁拉压力明显降低，柱筒间进深框架梁及次梁拉压力变化较大。由此可知，斜柱及斜撑构件竖向角度变化处产生了较大水平分力，水平分力传递给与其相连的梁，并通过楼板协调拉压应力及剪应力。在外围框架与筒体之间，楼板传递水平力。因此对承受较大水平分

力梁位置的楼板进行加强。

17.4.2 楼板力学行为分析

外框与筒体之间通过楼面梁板协同受力。本工程楼板作为传递水平力重要构件，有必要对其进行详细应力分析。

1. 斜撑对楼板应力影响

通过设置弹性楼板计算，对恒荷载作用下低区和高区斜撑位置处楼板应力进行统计，以判断斜撑位置对各楼层楼板应力的影响，得到关系曲线如图 17.4-3 和图 17.4-4 所示。由图可知，斜撑位置对楼板应力有较大影响，存在斜撑与外框架柱相连节点的楼层，楼板应力远大于其他楼层相应位置应力，而无此节点的各楼层楼板应力数值相近。

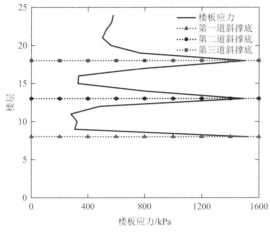
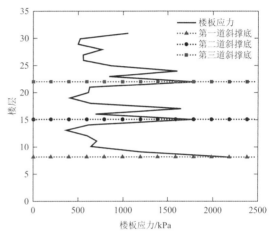

图 17.4-3 低区斜撑位置楼板应力与楼层关系　　　　图 17.4-4 高区斜撑位置楼板应力与楼层关系

斜撑杆附近楼板应力较大，高区斜撑第一道、第二道和第三道斜撑底楼板应力分别为 2218kPa、1781kPa、1809kPa，低区斜撑第一道、第二道和第三道斜撑底楼板应力分别为 1522kPa、1495kPa、1507kPa。由此可知，三道斜撑位置处楼板应力，按楼层从低到高呈减小趋势。相近楼层高区斜撑节点处楼板应力则普遍大于低区节点处楼板应力。

2. 竖向荷载作用下楼板应力分析

对恒荷载和活荷载标准组合作用下（1.0 恒 + 1.0 活）楼板应力进行分析，现选取楼板应力较大楼层（8 层、17 层、24 层、31 层）进行分析，楼板应力云图如图 17.4-5 所示。

由图 17.4-5 可知，随着框架柱扭曲，在斜柱分叉部位楼板内局部应力也达到最大值，局部层最大应力略大于混凝土抗拉强度标准值 2.01N/mm^2（C30），但此几层最大应力仅为个别点，单元平均应力均小于混凝土抗拉强度标准值，混凝土未开裂。适当增加楼板厚度，提高混凝土强度等级，能让斜柱水平分力有效传递至梁及筒体。

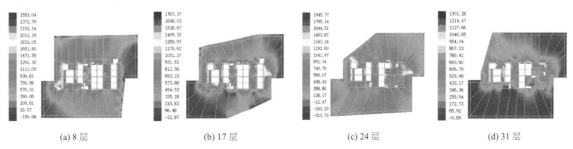

(a) 8 层　　　　　(b) 17 层　　　　　(c) 24 层　　　　　(d) 31 层

图 17.4-5 "1.0 恒 + 1.0 活"组合作用下楼板应力云图/kPa

3. 地震组合作用下楼板应力分析

地震作用会叠加到重力荷载产生柱脚轴力,所以对塔楼楼板进行了多遇地震组合作用下(1.0 恒 + 0.5 活 + 1.0 多遇地震)楼板应力分析。通过分析,可以直观地看到楼板薄弱部位,从而对薄弱部位进行针对性加强,为结构设计提供指导。

地震作用下,由于斜柱节点的存在,楼层重力荷载在斜柱节点处等效为两个应力分量,分别为沿柱轴向分量和水平分量,其中水平分量由楼板承受,导致斜柱节点处楼板拉应力较大,与斜柱相连区域应力普遍大于其他区域。

1)多遇地震组合作用下楼板应力分析

楼板应力云图如图 17.4-6 所示。可以看出,楼板处于未开裂状态。在剪力墙附近及交叉斜柱处出现少许应力集中现象,楼板整体工作性能良好。

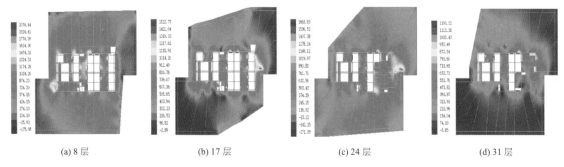

(a) 8 层   (b) 17 层   (c) 24 层   (d) 31 层

图 17.4-6 多遇地震组合作用下楼板应力云图/kPa

2)设防地震组合作用下楼板应力分析

对塔楼楼板进行了设防地震组合作用下(1.0 恒 + 0.5 活 + 1.0 设防地震)楼板应力分析,楼板应力云图如图 17.4-7 所示。可以看出,楼板处于未开裂状态。在剪力墙附近及交叉斜柱处出现少许应力集中现象,楼板整体工作性能良好。

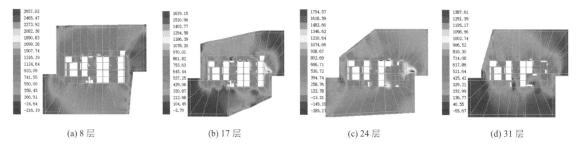

(a) 8 层   (b) 17 层   (c) 24 层   (d) 31 层

图 17.4-7 设防地震组合作用下楼板应力云图/kPa

3)罕遇地震组合作用下楼板应力分析

对塔楼楼板进行了罕遇地震组合作用下(1.0 恒 + 0.5 活 + 1.0 罕遇地震)楼板应力分析,楼板应力云图如图 17.4-8 所示。可以看出,多数楼层楼板最大应力已超过混凝土抗拉强度标准值,但通过计算可知,大多数楼层楼板最大应力产生的裂缝满足规范对楼板正常使用裂缝要求。

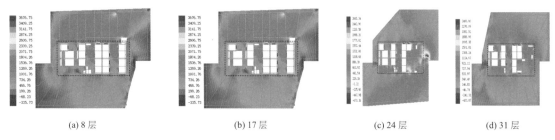

(a) 8 层   (b) 17 层   (c) 24 层   (d) 31 层

图 17.4-8 罕遇地震组合作用下楼板应力云图/kPa

4．对比分析

通过对竖向荷载、多遇地震、设防地震和罕遇地震作用下楼板应力分析，得到如下结论：

（1）竖向荷载作用下，斜柱分叉处对楼面梁及板产生较大水平分力。对于楼板不连续、大开洞、平面不规则等结构，在水平荷载作用下，面内可能产生比较大的轴向力和剪力。通过对楼板应力分析，适当加厚 8～24 层楼板至 120mm，局部应力较大处板厚加大至 200mm，加大楼板配筋，使楼板成为第二道防线重要组成部分。

（2）在多遇地震作用下，各层楼板应力水平不大，绝大部分楼板应力均小于混凝土抗拉强度标准值 2.01MPa，满足多遇地震作用下未开裂要求。

（3）在设防地震作用下，各层楼板中大部分楼板未开裂，在筒体角部附近出现应力集中现象，但在现有板配筋量情况下，楼板仍可保持弹性工作状态。

（4）与设防地震作用下状态类似，在罕遇地震作用下，各层楼板中大部分楼板裂缝宽度满足正常使用要求，但在核心筒内电梯厅处楼板应力水平较高。如图 17.4-8 所示，虚线框区域内核心筒应加强配筋，其余楼板应力较大处视具体情况加强配筋，以保证楼板能有效传递水平剪力。

17.4.3　屈曲分析

1．分析概述

根据 PMSAP 计算结果，X 向刚重比为 3.46，Y 向刚重比为 2.43，均满足高层建筑结构整体稳定性要求。但本工程外框筒柱扭转上升，立面上有收进和外延，这种复杂结构形式仅由规范来确定整体稳定性是不全面的。现采用 SAP2000 进行屈曲分析，确保结构满足稳定性要求。

2．屈曲分析模型

用 SAP2000 建立整体结构分析模型，分别进行线性屈曲分析和考虑初始缺陷几何非线性屈曲分析，分析过程中均考虑 $P\text{-}\Delta$ 效应对结构的不利影响。

3．整体屈曲分析计算结果

1）"1.0 恒 + 1.0 活"工况下特征值屈曲分析

结构在该工况下屈曲特征值见表 17.4-2。

"1.0 恒 + 1.0 活"工况下屈曲特征值　　　　　表 17.4-2

屈曲模态	1	2	3	4	5	6
特征值	20.8	24.5	26.0	28.6	29.4	29.9

结构的整体失稳屈曲系数大于 10 的控制指标，说明结构稳定性能较好。

2）几何非线性屈曲稳定分析

以"1.0 恒 + 1.0 活"非线性静力工况下第 1 阶整体模态作为初始缺陷位移形态，以顶点位移达到高区塔楼高度 H 的 1/650（$H/650 = 307.7$mm）为基准重新生成所有点坐标。非线性分析采用位移加载模式，结构顶层 41000059 号节点 Y 方向位移达到高区塔楼高度 H 的 1/162（$H/162 = 1250$mm）时分析结束。

图 17.4-9 给出了位移-基底反力曲线，顶点位移达到 1250mm 限值时，对应基底竖向反力为 1.328×10^5kN，初始工况下基底竖向反力为 2.2×10^4kN，可得整体结构的临界荷载系数 $K = 6$。相关文献建议高层结构几何非线性临界荷载应大于 5.0 倍初始标准重力荷载，因此可以认定本结构稳定系数 $K = 6$ 满足要求，结构整体稳定、安全。

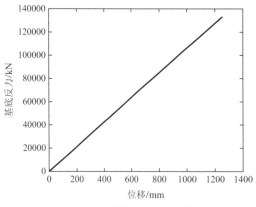

图 17.4-9 位移-基底反力曲线

17.4.4 节点设计

本工程节点较多，节点形式多样，形成多个复杂节点。本节考虑不同的边界条件及荷载工况，选取2 种复杂节点进行分析，以验证复杂节点设计的合理性，分别是分叉柱形式 V 形节点（节点一）和支管底部与主管端部交汇处 X 形节点（节点二）。两种节点在节点形式、主管与支管角度上各有不同。

基于第 17.2.2 节所述原因，分别进行了不考虑混凝土作用、考虑混凝土作用的节点分析。

1. 节点一（V 形）

该节点位置在 9～11 层，相贯线超过 1 层层高，如采用两钢管相贯，则相贯线太长，无法保证焊接质量，现考虑采用分叉柱形式。节点及截面详图如图 17.4-10 所示。

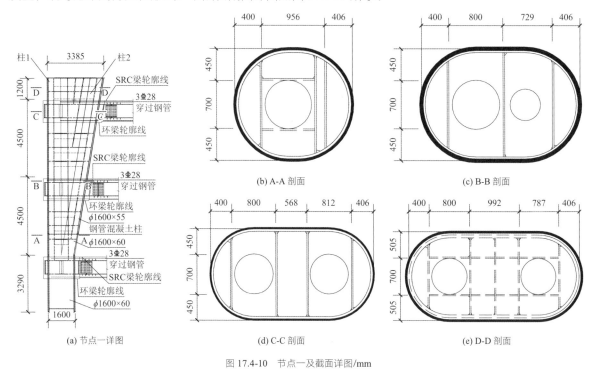

(a) 节点一详图

(b) A-A 剖面

(c) B-B 剖面

(d) C-C 剖面

(e) D-D 剖面

图 17.4-10 节点一及截面详图/mm

1）边界条件及荷载工况

分别在梁柱端部建立局部坐标系，以便约束和加载。分叉柱下端铰接，约束 X、Y、Z 三个方向位移，转动不约束。上部两柱分别约束 X、Y 方向位移，沿柱轴向位移不约束，三个方向转动位移不约束。梁端均只约束梁轴向位移。端荷载加载情况如表 17.4-3 所示。

模型	编号	加载点	轴力/kN	X向弯矩/(kN·m)	Y向弯矩/(kN·m)
	柱1主管	钢管	8345.9	−1717.88	−1271.9
模型一		混凝土	—	—	—
	柱2支管	钢管	17591	61.8	956
		混凝土	—	—	—
	柱1主管	钢管	8345.9	−1717.88	−1271.9
模型二		混凝土	13500	—	—
	柱2支管	钢管	17591	61.8	956
		混凝土	28455	—	—

2）计算分析结果

模型一如图17.4-11所示。在初始荷载作用下模型一的应力云图如图17.4-12所示。由图可知，在设计荷载作用下节点区整体受力均匀，最大应力为233MPa，主要集中在1层竖向隔板及加劲肋处，应力及变形均较小。

模型二为在模型一基础上仅在1层隔板内加入混凝土。考虑到施工工艺原因，导致混凝土浇筑不密实，承载能力降低，建模时采取创建部分混凝土，施加全部轴力，在保持计算效率的基础上，计算结果也更加安全。原因在于钢管混凝土柱的承载能力优于空心钢管，在模型中创建部分混凝土相当于完整钢管混凝土柱内部存在脱空缺陷，会导致钢管混凝土柱的整体承载力降低，即承载力小于创建全部混凝土的钢管混凝土柱。因此施加全部轴力而只创建部分混凝土所得的结果是偏于安全的。

考虑混凝土与横纵隔板、加劲肋和钢管壁的接触作用。接触设置为接触面法向硬接触，切向考虑0.3摩擦系数。混凝土轴力13500kN和钢管轴力8345.9kN分别施加于混凝土表面及钢构件柱端。模型二的应力云图如图17.4-13、图17.4-14所示。

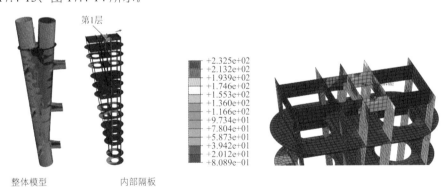

整体模型 内部隔板

图17.4-11 模型一示意图

图17.4-12 模型一设计荷载下应力云图/MPa

模型二的设计荷载下隔板应力、混凝土应力云图如图17.4-13和图17.4-14所示。

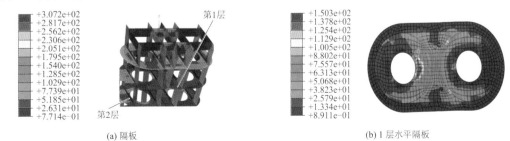

(a) 隔板

(b) 1层水平隔板

图17.4-13 模型二设计荷载下隔板应力云图/MPa

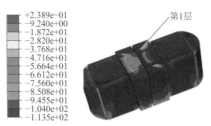

图 17.4-14　模型二设计荷载下混凝土应力云图/MPa

由应力云图可知，分叉柱整体受力均匀，柱轴力有效转换到隔板与加劲肋上，1 层、2 层隔板，加劲肋受力较大，属于节点关键位置，在 1 层加劲肋处局部很小区域应力达到 307MPa，其余位置应力均小于 290MPa。1 层混凝土整体受力均匀，小于 C60 混凝土设计值，但在混凝土边缘的部分单元应力超过了混凝土强度设计值，可能是由于模型边缘尖角造成的应力集中。

通过模型一、模型二的计算，可以看出分叉柱钢管受力均匀，能够有效地实现柱轴力传递与转换。1 层、2 层隔板处于关键位置，在将 1 层、2 层隔板加劲肋厚度加大到 36mm 基础上，结构应力小于设计强度，满足设计要求。综合对比图 17.4-12～图 17.4-14 可以发现，不考虑混凝土作用时，结构受力不均匀，1 层竖向隔板及加劲肋处受力最大达到 233MPa，1 层横隔板应力仅为 0.8MPa，应力集中现象较为明显，没有充分发挥横隔板的作用。而考虑混凝土作用时，竖向隔板的应力达到 307MPa（这是由于模型二额外对混凝土结构施加了荷载），横向隔板的最大应力达到了 150MPa，混凝土有效把支管轴力转移到横隔板上，发挥了钢管混凝土柱优点，有利于结构整体稳定，提升混凝土柱极限承载力。

综上，不考虑钢管内混凝土作用时，钢管混凝土柱的承载力降低明显，因此对于相贯线较长、存在混凝土浇筑不密实风险的节点，要分别建立考虑和不考虑混凝土作用的两种模型，保证计算结果的安全性。

2. 节点二（X 形）

节点位置在 21～23 层。该节点区域为支管的底部和主管交汇处，构造复杂，采用分叉柱形式构造与计算。

有限元模型考虑两种节点做法（图 17.4-15）：第一种节点形式主管从 21 层起做成合仓形式，柱 3 与 22 层的梁环台相交（模型一）；第二种节点形式从 21 层起合仓，柱 3 一直延伸至与柱 1 相交（模型二）。目前两种模型均先考虑没有混凝土作用，只有钢管的情况。

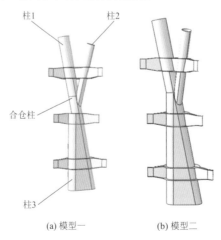

(a) 模型一　　　　(b) 模型二

图 17.4-15　节点二示意图

1）边界条件及荷载工况

分别在梁柱端部建立局部坐标系，以便约束和加载。合仓柱柱底下端铰接，约束情况与节点一相同。建立不考虑混凝土，只考虑钢管的有限元模型。将钢管部分承受的轴力施加到有限元模型上，具体加载情况如表 17.4-4 所示。

经典回眸　中国建筑西南设计研究院有限公司篇

编号	加载点	轴力/kN	X向弯矩/（kN·m）	Y向弯矩/（kN·m）
柱1主管	钢管	5500	−202	−330
柱2支管	钢管	3500	340	−342

2）计算分析结果

由图 17.4-16 和图 17.4-17 可知，两种节点的做法均能保证钢管处于弹性状态，但模型二的构造形式最大应力更小，只有 144MPa，模型一的构造形式使 22 层节点的环台连接处产生较大应力 275MPa。这主要是因为模型一的柱 1 与柱 3 在 22 层环台处断开，柱子不连续，轴力传递到 22 层的环台处，内环板直接承受轴力，需要在内环板下部增设加劲肋实现力的传递与转换；而模型二柱 1 与柱 3 连续，做法相对更合理，节点域处柱的截面积更大，柱从上到下连续，是一个整体。应力集中主要发生在支管与主管的相交位置，支管对主管产生 144MPa 的集中应力。

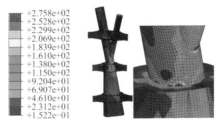

图 17.4-16　模型一设计荷载下钢管应力云图/MPa

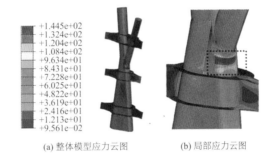

(a) 整体模型应力云图　　　(b) 局部应力云图

图 17.4-17　模型二设计荷载下钢管应力云图/MPa

节点是结构的重要部位，"斜柱"结构较为复杂，往往会存在复杂节点。实际施工过程中，由于施工工艺和客观原因，易造成混凝土浇筑不密实，使结构承载力下降。通过对典型节点进行有限元分析，得到以下结论：

（1）分析各节点力学性能和应力分布特点，验证节点设计的合理性和安全性。

（2）由于施工工艺和客观原因，导致混凝土浇筑不密实，要分别建立考虑和不考虑混凝土作用的两种模型，保证计算结果的安全性。对于截面形式不规则的节点，应对混凝土受力情况进行单独分析，避免由于应力集中导致混凝土破坏。

（3）对于合仓柱形式节点以及有内部隔板的节点，由于其构造较为复杂，应对合仓柱和隔板力学行为进行分析。

17.5　试验研究

本项目塔楼属于超限高层结构，交叉斜柱受力情况复杂，为确保结构抗震安全性和可靠性，除了采取有效的计算分析设计手段和构造措施外，有必要对结构体系进行地震模拟振动台试验。在上述数值分析和结构计算的基础上，与重庆大学开展技术合作，进行了缩尺模型地震模拟振动台试验研究。

17.5.1　试验目的

（1）测定模型结构的自振周期、振型、结构阻尼比等动力特性及其在不同水准地震作用下的变化规律。

（2）研究模型结构在遭受不同水准地震作用时，加速度、位移、应变等动力响应及变化规律，以检验该结构是否满足不同水准的抗震要求。

（3）观察模型结构抗侧力体系在不同水准地震作用下的破坏情况及过程，找出可能存在的薄弱层及薄弱部位。

（4）分析结构的不规则性所产生的地震效应，如塔楼底部角柱、交叉节点、核心筒外墙等关键构件的受力特点。

（5）检验结构是否满足现行规范"三水准"的抗震设防要求，检验结构各部分是否达到设计设定的抗震性能目标。

（6）依据试验结果评价原型结构的抗震性能及结构方案设计的合理性，为结构设计提出相应的优化意见与改进措施。

17.5.2　试验设计

试验缩尺模型参数如下：采用微粒混凝土模拟普通混凝土；镀锌铁丝（屈服强度为310MPa）模拟钢筋混凝土梁、柱和墙中纵筋；焊接铁丝网模拟钢筋混凝土梁、柱中箍筋以及剪力墙和楼板中分布筋；钢管（屈服强度为250MPa）模拟型钢混凝土梁和钢管混凝土柱中钢骨。模型施工完成后总高度为8.806m，其中模型高度为8.556m，底座厚0.25m。模型整体效果如图17.5-1所示。采用铅板和铁块作为模型配重。

(a) 东北视角　　　　　　　　　　(b) 正北视角

图 17.5-1　振动台模型整体效果

在地震试验时，由台面依次输入 USA00361 波、KAU050 波和人工波，地震波持续时间按相似关系压缩为原地震波的 1/8.763，输入方向分为单向或双向水平输入。

17.5.3　试验现象与结果

1. 6 度多遇地震试验阶段

在 6 度多遇地震输入下，模型结构晃动不明显，模型表面未发现可见裂缝。地震波输入结束后采用白噪声扫频，分析结果表明模型结构自振周期未增大，可认为模型结构处于弹性工作阶段。

2. 6度设防地震试验阶段

在6度设防地震输入下，模型结构产生轻微晃动，模型表面未发现可见裂缝。地震波输入结束后采用白噪声扫频，分析结果表明模型结构自振周期基本保持不变，可认为模型结构基本处于弹性工作阶段。

3. 6度罕遇地震试验阶段

如图 17.5-2 所示，在6度罕遇地震输入下，模型结构晃动明显，塔楼外框架梁端部、收进后核心筒剪力墙底部及连梁端部产生微裂缝。地震波输入结束后采用白噪声扫频，分析结果表明模型结构X向自振周期增大 4%，Y向自振周期增大 1%，说明结构已有轻微损伤。部分梁端部出现裂缝。

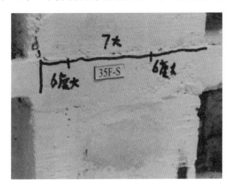 

(a) 核心筒剪力墙35层   (b) 8层交叉节点梁端裂缝

图 17.5-2　6度罕遇地震下模型损伤

4. 7度罕遇地震试验阶段

如图 17.5-3 所示，在7度罕遇地震输入下，模型结构晃动较剧烈，塔楼外框架梁端部、收进后核心筒剪力墙底部裂缝继续发展，并在更多楼层角柱节点处框架梁端部产生裂缝。地震波输入结束后采用白噪声扫频，分析结果表明模型结构X向自振周期增大 15%，Y向自振周期增大 10%，说明结构已有较大损伤。部分核心筒剪力墙底部出现裂缝，角柱节点处框架梁出现大量裂缝。

(a) 核心筒剪力墙34层   (b) 40层角柱节点处梁端裂缝

图 17.5-3　7度罕遇地震下模型损伤

5. 8度罕遇地震试验阶段

如图 17.5-4 所示，在8度罕遇地震输入下，模型结构晃动剧烈，塔楼外框架梁端部裂缝急剧发展、角柱节点框架梁端部出现大量裂缝，试验过程中，能听见微粒混凝土明显的撕裂声。地震波输入结束后采用白噪声扫频，分析结果表明模型结构X向自振周期增大 20%，Y向自振周期增大 13%，结构已发生严重破坏。3 层核心筒剪力墙外墙内部产生水平通长裂缝；4 层框架梁端部出现裂缝，并向核心筒剪力墙延伸；除中部个别楼层外，角柱节点处框架梁端部出现大量裂缝；交叉节点并未发生破坏。

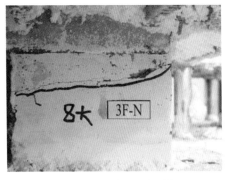

| (a) 核心筒剪力墙 3 层通长裂缝 | (b) 塔楼南立面部分裂缝 |

图 17.5-4　8 度罕遇地震下模型损伤

通过缩尺模型试验，对模型结构动力特性、试验现象等进行记录，根据相似准则对原型结构进行推算，对比分析试验结果，得出如下结论：

（1）根据试验测得模型结构基本周期，利用相似关系推算出原型结构*X*和*Y*方向的基本周期分别为 3.310s 和 4.386s。

（2）结构体系可适用于 6 度设防地区，6 度多遇、设防和罕遇地震作用下，原型结构能够满足"小震不坏、中震可修、大震不倒"抗震设防标准。

（3）在 8 度罕遇地震作用下，结构主要抗侧力构件核心筒剪力墙在 3 层底部有较严重开裂现象，外墙根部裂缝基本贯通，破坏严重。除个别楼层外，塔楼外框架梁端裂缝急剧发展，角柱节点框架梁端出现大量裂缝。

17.5.4　对比分析

表 17.5-1 为 7 度和 8 度罕遇地震下各楼层最大扭转角，综合对比数值模拟结果与试验结果，得到以下结论：

（1）由表 17.5-1 可知，同一水准地震作用下，模型结构*Y*方向扭转角大于*X*方向扭转角，这与图 17.3-7 中数值模拟结果一致。

（2）该结构扭转效应及鞭梢效应比较明显。结构 33 层以上塔楼竖向不对称收进，产生了较大楼层位移和扭转角。随着地面输入峰值加速度提高，扭转效应与鞭梢效应相互作用，急剧增大了楼层位移和扭转角，如表 17.5-1 所示，34 层扭转角显著增大。这一点在数值模拟结果（图 17.3-7）位移角的变化中得到了证实。

（3）在 8 度罕遇地震作用下，由于结构 3 层通高，外框架与内核心筒连系较弱，出现了较大扭转反应，产生了很大楼层位移，与结构初设分析判断结构 3 层通高为结构薄弱层相符合。

（4）结构初设分析时判断结构 3 层为薄弱层，因此加大了钢管混凝土柱和型钢混凝土梁截面尺寸，提高 3 层抗侧刚度和抗侧承载力。由于加大了底部框架截面尺寸，导致结构 4 层核心筒剪力墙外墙出现通长裂缝，形成薄弱层转移。

7 度、8 度罕遇地震下各楼层最大扭转角　　　　　　　　　　　　　表 17.5-1

楼层	人工波（7 度）		人工波（8 度）
	*Y*向主激励	*X*向主激励	*X*向
屋面	1/61	1/85	1/36
34	1/25	1/19	1/9
33	1/149	1/176	1/93
25	1/172	1/190	1/132

楼层	人工波（7度）		人工波（8度）
	Y向主激励	X向主激励	X向
17	1/197	1/265	1/158
9	1/301	1/422	1/135
3	1/898	1/390	1/22

17.5.5 设计建议

根据以上分析结论，提出以下设计建议：

（1）应重视塔楼收进以上楼层扭转效应和鞭梢效应。

（2）可适当降低结构X方向抗侧刚度，使结构两个主方向抗侧刚度更为接近，有利于提高整体结构的抗震性能。

（3）重视交叉斜柱与节点抗震设计，保证构件整体与局部稳定及构件间有效连接。

（4）采取必要措施加强外框架和核心筒连系，控制楼层扭转反应。

试验结果对设计、施工的指导内容：

（1）对塔楼上部收进部位进行有限元分析，在设计中考虑"抗"和"放"相结合的方式来保证结构安全。其中，"抗"是指增加竖向构件安全系数（本层筒体墙按约束边缘构件进行设计，并适当提高纵筋配筋率），保证塑性铰上移；"放"是指减弱水平构件（连梁）刚度，在地震中靠其耗能来转移和缓解竖向构件负担，从而保证结构整体安全。

（2）对节点进行有限元分析，为节点焊接工艺提供指导依据。对节点区域应力较大易发生鼓曲破坏的区域，严格按照一级全熔透焊缝进行控制。同时为节点区的混凝土浇筑提供依据。

（3）对楼板应力较大的楼层，采用增加板厚和增大楼板配筋的方式，通过楼板协调拉压应力及剪应力。在外围框架与筒体之间，楼板传递水平力。增强外框架和核心筒之间的连系。

17.6 结语

随着超高层建筑的不断发展，作为城市的风景线，建筑造型越来越独特，给结构设计提出了更高的要求。如何做到结构安全性、经济性与美观性的统一，是对结构工程师的重大挑战。如何统筹结构设计中的各种因素，并最终回归到结构专业本身去解决对应的问题，势必会成为未来结构设计的核心思考模式与技术手段。在整个项目的设计过程中，结构设计并没有止步于关注结构效率的最优化从而限制建筑方案对美的创造，而是力求在结构合理的受力范围内，充分考虑方案的美观需求，最终实现结构受力合理，结构与建筑完美融合的终极目标，取得了很好的社会效益。

本工程设计分别采用 PMSAP、MIDAS、EPDA、ABAQUS 等软件，对"斜柱"结构体系受力机理和性能进行研究和分析。进行了缩尺模型地震模拟振动台试验研究。在上述研究基础上，结合重庆高科"太阳座"项目设计经验，进行对比分析，得到以下结论：

（1）斜柱及斜撑构件竖向角度变化处会产生较大水平分力，水平分力传递给与其相连的梁；外框架梁分担斜柱轴力的水平分量，是外框平面桁架的重要组成部分。设计时采用型钢混凝土梁既可以平衡斜柱在重力荷载下产生的水平分力，也为外框提供足够的刚度。

（2）"斜柱"结构一般存在竖向不连续情况，上部楼层竖向构件无法直接落地，需要转换。反向支撑能够增加结构整体刚度，既保证未落地竖向构件应力的有效传递，避免应力集中，又改善了"斜柱"结构的扭转效应。

（3）斜柱在重力荷载下产生的水平分力传递给与斜柱相连的框架梁及楼板，楼板可以协调拉压应力及剪应力，设计时应对楼板进行应力分析，并适当加大楼板厚度，增加楼板配筋，从而增加结构整体性。

（4）节点设计时，考虑到施工工艺和客观原因，可能导致混凝土浇筑不密实，所以分别建立了考虑和不考虑混凝土作用的两种模型，保证计算结果的安全性。对于合仓柱形式节点以及有内部隔板的节点，由于其构造较为复杂，应对合仓柱和隔板力学行为进行分析。

设计团队

郭　赤、李金哲、郭红飞、肖克艰、冯中伟、廖作霞、宋家璐、刘　夏、张　龙、刘　晓、李　鹏、刘海波、钟华君、王学远、史伟男

执笔人：郭　赤、李金哲

获奖信息

2023 年度四川省优秀工程勘察设计建筑结构一等奖；

2023 年度重庆市优秀工程勘察设计建筑设计（含一般工业建筑）类一等奖。

第18章

成都高新科技商务广场

18.1 工程概况

18.1.1 建筑概况

拥有 5 幢建筑物的成都高新科技商务广场，位于成都市高新区。整体建筑体量设计犹如一个宝石加工过程，将大块宝石切割成 5 块并把它们分开，就得到了总体空间形态和宝石中心的梭形水晶体（即本文 C 座主楼），单体建筑与群体的反差与对比，形成建筑极高的辨识度。建筑群东、西侧立面如图 18.1-1 所示。除 C 座为全钢结构外，其余 4 幢均为钢筋混凝土框架-剪力墙结构。该工程于 2002 年 12 月完成设计，2005 年建成投入使用。

图 18.1-1　建筑群东、西侧立面

成都高新科技商务广场 C 座为一幢智能化办公楼，地上 13 层，总高 51.4～62.2m；地下 2 层；地上建筑面积 61170m²。底层层高 8m，以上各层层高 4.2m。外圈柱为长 12.2m 的连层柱。建筑平面为长 202m、宽 41m 的梭形平面布局，弧形立面为室内办公空间提供了使用上的变化及自然照明的多样化。C 座主楼全貌如图 18.1-2 所示。

图 18.1-2　C 座主楼全貌

18.1.2 设计条件

1. 主体控制参数（表18.1-1）

控制参数

表 18.1-1

控制参数		
结构设计基准期		50 年
建筑结构安全等级		二级
结构重要性系数		1.0
建筑抗震设防分类		标准设防类（丙类）
地基基础设计等级		二级
设计地震动参数	抗震设防烈度	7 度
	设计地震分组	第三组
	场地类别	II 类
	小震特征周期	0.45s
	大震特征周期	0.50s
	基本地震加速度	0.10g
建筑结构阻尼比	多遇地震	地上：0.02
		地下：0.05
水平地震影响系数最大值	多遇地震	0.08
	设防烈度地震	0.23
	罕遇地震	0.50
地震峰值加速度	多遇地震	35cm/s²

2. 结构抗震设计条件

框架抗震等级为二级。地下一层顶板作为上部结构的嵌固端。

3. 风荷载

按 50 年一遇的基本风压为 0.30kN/m²，场地粗糙度类别为 C 类。

4. 温度场

暴露在室外的构件温度取值为±25℃，室内构件温度取值为±15℃。

18.2 建筑特点

该建筑物特点包括：

（1）建筑平面尺寸 202m×41m，为超长建筑且宽度较小。

（2）建筑物东、西两端悬挑 16.3m，需布置大悬挑转换结构。

（3）中部要跨越一条宽 28.8m 的道路，需布置大跨转换结构。

（4）8 层以上中部位置因使用功能要求设置了中庭花园，中部仅有的 6 排柱网因此被取消 2 排，致使中部位置的楼板缺失较多，平面刚度受到较大削弱。

（5）建筑的使用功能要求底层为开敞的广场，除端部楼电梯间及中部少数横向位置外，一律不允许设置除框架之外的抗侧力构件。

（6）建筑设计要求，凡显露于广场的柱、桁架、节点、楼梯等结构构件的造型，均应体现建筑美学且具个性化。

18.2.1 东、西两端 16.3m 大悬挑转换桁架

建筑东、西两端自 3 层以上的各层均悬挑 16.3m，端部大悬挑立面造型简洁、独特且具标志性，如图 18.2-1 所示。结构设计为沿建筑平面的外边缘设置悬挑转换桁架，支承在依托于柱上的横向外挑桁架上，实为间接转换结构。此结构实现了建筑两端极具视觉冲击力的立面造型，并由此获得建筑空间布局的多样性。悬挑转换层上部轻盈、纤细的框架结构构件与玻璃幕墙体系的组合，为建筑营造出高朗、空透的景观室内空间，如图 18.2-2。

经典回眸 中国建筑西南设计研究院有限公司篇

图 18.2-1 C 座主楼东侧大悬挑立面　　　　图 18.2-2 建筑东、西侧上部景观室内空间

18.2.2 中部跨越 28.8m 宽道路的大跨转换桁架

建筑物中部跨越一条宽 28.8m 的南北向城市道路。建筑使用功能要求底层架空设计，1 层和 2 层局部为无围护结构，为整个项目提供一个有遮蔽的公共性广场，如图 18.2-3 所示。

结构设计在中部设置上抬十余层楼层荷载的大跨度转换桁架。应建筑美学要求，以圆钢管作桁架腹杆，两端与弦杆的连接部位采用十字形截面。桁架构件截面形态变化的结构表现，以及装饰色彩强烈对比的建筑表达，使其成为底层广场中央主轴的一道亮点。

图 18.2-3 建筑中部跨越城市道路

18.2.3 个性化设计的构件及节点

1. 十字形截面长柱及上圆下方锥台形铸钢框架节点

为实现底层广场开放的建筑空间，结构柱采用十字形截面，突显钢构板材的线条造型特征。构件形

态作为一种语汇参与建筑表达，呈现出现代时尚的空间氛围。十字形柱既作为主受力构件，又在通高的形态上顺势衍生出装饰性，以实现建筑设计的艺术诉求，达到力与形的统一，如图18.2-4所示。建筑2层以上结合室内办公空间及交通流线布置，要求框架柱采用钢管柱，构件圆润无棱角的形态营造出流畅而友好的空间氛围。结构设计需要解决十字形柱（下柱）与圆管柱（上柱）截面形式在节点域发生变化的问题，为此，设计当时在国内首次采用了上圆下方的锥台形铸钢件作为框架节点。

图18.2-4 十字形长柱立面及上圆下方锥台形铸钢框架节点

2. 圆管桁架腹杆及支撑斜杆的十字板相交节点

建筑设计要求，凡暴露在底层广场的桁架腹杆和柱间支撑斜杆均采用圆钢管，腹杆与弦杆相连节点、支撑斜杆与框架梁柱相连节点均采用十字板相交的截面形式，以满足建筑对构件及节点造型美观精致的要求，如图18.2-5、图18.2-6所示。

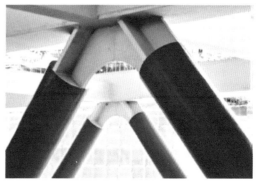

图18.2-5 中部转换桁架腹杆及十字板相交节点

图18.2-6 广场中的柱间人字支撑斜杆及十字板相交节点

3. 异形楼梯

1）悬挂楼梯

采用立柱支承梯梁、梯板的楼梯形式已被人熟知。当采用钢筋混凝土材料时，其受力是合理的。但是当选择钢材为楼梯材料时，它的不合理性就表现出来了。钢材由于受压产生的稳定问题，导致受压构件的截面积远远大于受拉构件的需要值，尤其对于本项目底层 8m 层高来说，该缺陷暴露得更加明显。加之，底层大空间广场的特殊使用要求，粗大的支承柱既对空间使用造成障碍，又影响视觉效果。针对这一问题，设计利用钢材优良的受拉性能，改变传统的立柱支承形式，采用细细的钢棒代替粗大的立柱建成悬挂楼梯。不仅节约了钢材，还提供了一个无障碍的底层空间，塑造了美观、新颖的楼梯形象。如图 18.2-7 所示。

图 18.2-7　悬挂楼梯

2）螺旋楼梯

设计由两块单板作为楼梯螺旋形边肋，其间的踏步板作为边肋的连接，利用螺旋形空间刚度形成空间受力结构。设计采用 Solidwork 程序建立有限元实体模型，采用 COSMOS 软件进行理论分析，实现了新颖且极具个性化的板件组合螺旋楼梯。如图 18.2-8 所示。

图 18.2-8　螺旋楼梯

18.3　体系与分析

18.3.1　结构体系可行性方案比较

基于建筑特点及要求，对钢筋混凝土结构和钢结构两种结构体系的可行性方案进行了分析比较，考虑超长结构、平面及竖向不规则、大跨度转换、大悬挑转换，且结构构件具个性化设计等因素，结构采用钢框架-钢支撑体系。

1. 方案1——钢筋混凝土结构

众所周知，混凝土的抗拉强度远较其抗压强度为低，对于本项目总长202m的高层结构产生的温度应力和混凝土施工过程中产生的收缩应力，采用普通钢筋混凝土是难以承受的。难题之一是，如按常规方法，设置数条缝（兼顾温度、收缩和防震），将202m分隔成几个独立的结构受力单元，可用以解决超长问题，但由于建筑物的使用要求底层中部为开敞的广场，不允许设置剪力墙，只能在两端的电梯间设置，导致中部结构单元成为纯框架结构。该建筑物高度62m，地处抗震设防区，计算分析结果表明，中部结构单元在不设置剪力墙的布置情况下，建筑物的侧向位移不能满足规范的要求。所以钢筋混凝土结构设缝的常规措施在该建筑物特定情况下不能实施。如果不设缝，需采取更多的针对超长混凝土结构的设计和施工系列措施。

另一难题是，东、西两端16.3m大悬挑以及中部28.0m跨度的转换结构，均承受上部十几层建筑的重量。如采用钢筋混凝土结构，由于截面大小由承载力确定，且为了将变形及裂缝值控制在规范限值内，势必需要很大尺寸的构件截面，自重增加，并将带来支模和大体积混凝土浇筑等一系列施工难题。粗大构件还影响建筑美观和使用功能。由于设置了转换层，竖向承力构件不连续，传力路线不直接，沿建筑物高度方向刚度的均匀性受到很大的影响。采用大截面尺寸的构件作为转换结构，造成结构竖向刚度突变、集中，设计对大跨度转换结构对整体结构抗震性能的不利影响甚为关注，如何使如此大尺度且间接支承的转换结构，既能安全承载上部数层楼层重量，又具经济性和美观性，成为本项目的关键问题之一。

2. 方案2——钢结构

钢结构利用钢材的高抗拉强度特性，能较容易地解决超长结构的温度应力问题，对202m长结构的温度影响问题，采用了三种不同的软件进行计算分析。构造上对钢梁上铺设混凝土板采取切缝构造、留置施工后浇带、添加抗拉纤维等措施，解决混凝土板的超长问题。

端部大悬挑和中部大跨度转换处采用钢桁架结构的转换形式，利用其传力路径明确、自重轻、抗侧刚度小、对整体结构产生的刚度突变影响小等优点，最大程度减小了结构抗震不利影响。

由于建筑底层空旷，不能设置混凝土剪力墙，最终采用了钢框架-钢支撑体系。与钢筋混凝土构件相比，钢结构截面尺寸和结构自重得以大幅度减小和减轻，可满足建筑造型要求，体现了建筑轻盈、空透、现代的鲜明特征。钢结构还具有施工速度快，自重轻，构件截面小以增加建筑使用空间和面积，有利于环保等一系列优越性。施工中的钢结构全貌如图18.3-1所示。

图18.3-1　施工中的钢结构全貌

18.3.2　结构布置

结构沿平面横向布置了四道支撑，分别对称设置在距东、西两端约1/4总长处的楼（电）梯间及中部转换桁架两侧。沿纵向布置了四道支撑，位于两端楼（电）梯间，与横向支撑构成L形。由于中部转换桁架下弦处的平面没有楼板，为保证该桁架及2层楼板的整体性，在每榀桁架间设置了与桁架刚性连接的箱形梁。8层以上由于设置中庭花园，在两边仅剩的各一跨柱间设置水平支撑，以增加楼盖的水平刚度，保证水平力传递到有竖向支撑的框架上。

地下室部分采用钢骨混凝土框架柱，其钢骨是由上部十字形柱插入。梁板采用普通钢筋混凝土构件。结构剖面及整体平面布置如图18.3-2所示。

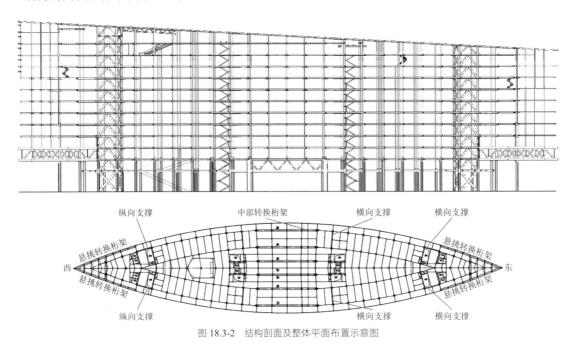

图18.3-2 结构剖面及整体平面布置示意图

18.3.3 结构构件设计

1. 框架柱

底层广场十字形框架柱的柱长12.2m，截面取为700mm×700mm，翼缘厚40mm，腹板厚30mm。支承中部转换桁架的框架柱，为保证具有足够的刚度和强度，截面形式为王形，设计采取了向腹板构成的两个封闭空间内填充混凝土，这样既可提高柱的稳定性，又可在一定程度上代替节点内在梁翼缘位置设置的横隔板。上部室内采用钢管柱，考虑经济性要求并满足节点施工方便的原则，按受力大小，由下往上采用同外径变壁厚的钢管柱：柱外径为559mm，壁厚分别为36mm、28mm、22mm、16mm。十字形柱与圆管柱的连接采用了上圆下方的圆锥台铸钢件作为框架节点。

2. 梁

框架梁及次梁采用热轧H型钢。为了减小十字形长柱的长度系数，增加约束，1层、2层框架梁采用了中翼缘H型钢，其余各层采用窄翼缘H型钢。次梁考虑受压区的混凝土楼板作用，设计成组合梁，其承载力和刚度都较不考虑受压区混凝土板作用的H型钢梁有大幅度的提高，次梁数量很大，采用组合梁是降低用钢量和工程造价的重要途径。

3. 支撑

由于底层广场通行及美观的需要，3层以下的中部横向支撑按人字形设置，腹杆为圆管；其余位置的横向支撑按十字交叉设置，截面为箱形。横向支撑简图见图18.3-3。纵向支撑因使用原因设置成人字形，宽度取200mm，以与周围隔墙齐平；为了满足长细比要求，做成箱形截面。

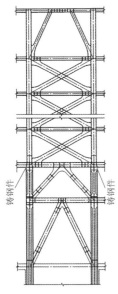

图18.3-3 横向支撑简图

4．转换桁架

桁架设计采用多个计算软件，考虑多种荷载工况的效应组合，对人字形、十字交叉形、单斜杆形等多种腹杆布置方案进行计算分析，并将支承于桁架上部的再生柱、梁与桁架作为共同体进行整体分析，考虑变形协调来评价全部构件的强度要求。制订施工方案，使其上部梁柱与转换桁架先形成空腹桁架结构，再作用楼面荷载，最终设计出经济、合理、美观的大跨度、大悬挑转换桁架。在大跨度及大悬挑桁架支座根部均采用拼接焊缝外移节点，即从柱内整板延伸一段，避开剪力、弯矩最大值，同时避免钢板层状撕裂情况，从而确保安全，达到经济合理的目的。

1）端部大悬挑转换桁架

悬挑转换桁架沿建筑的边缘设置，未能直接支承于端部柱上，而是支承在依托于柱上的横向外挑桁架上，实为间接转换结构。如图18.3-4所示。

桁架弦杆和腹杆均采用箱形截面：弦杆截面800mm×800mm，壁厚30mm；腹杆406mm×406mm，壁厚16mm。结构设计比较了两种腹杆布置方案，如图18.3-5所示，A方案为单斜腹杆布置；B方案为十字交叉腹杆布置。分析结果表明，两种方案中桁架各杆件的应力值均在规范规定范围内，但A方案的弹性挠度值46.93mm，较B方案41mm为大，刚度相对较弱，从而导致桁架所支托的上部框架的个别梁、柱的应力值超限。综合考虑外装饰玻璃幕墙对结构变形限值的要求，最终采用B方案。悬挑转换桁架简图见图18.3-6所示。

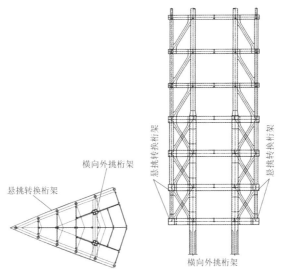

图 18.3-4 悬挑转换桁架结构平面及横向外挑桁架立面简图

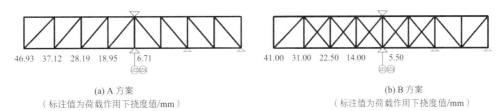

(a) A 方案
（标注值为荷载作用下挠度值/mm）

(b) B 方案
（标注值为荷载作用下挠度值/mm）

图 18.3-5 悬挑转换桁架腹杆布置方案比较

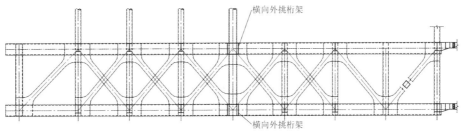

图 18.3-6 悬挑转换桁架简图

2）中部大跨度转换桁架

桁架弦杆采用箱形截面 800mm×800mm，壁厚 50mm；腹杆采用 ϕ610mm，壁厚 36mm 的圆管。腹杆与弦杆连接处采用了十字形截面板。结构设计比较了两种腹杆布置方案，如图 18.3-7 所示，C 方案为斜腹杆加竖腹杆；D 方案为人字形腹杆布置。分析结果表明，C 方案有两根腹杆应力超限，D 方案所有杆件应力值均满足规范要求。再者，C 方案的弹性挠度值较 D 方案大，刚度较差，导致桁架所支托的上部框架的个别梁、柱应力值超限，最终采用 D 方案。大跨度转换桁架简图见图 18.3-8。

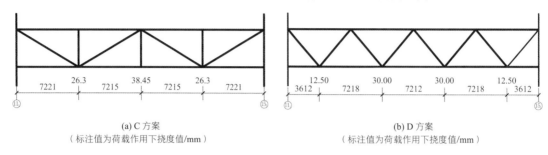

(a) C 方案
（标注值为荷载作用下挠度值/mm）

(b) D 方案
（标注值为荷载作用下挠度值/mm）

图 18.3-7　中部大跨度转换桁架腹杆布置方案比较

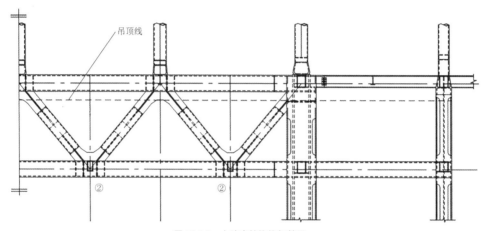

图 18.3-8　大跨度转换桁架简图

5．基础结构设计

主楼基础采用平板式筏形基础，混凝土强度等级为 C35，保护层厚 50mm。基础持力层为稍密卵石层，地基承载力特征值为 360kN。筏板基本厚度 1500mm，端部和中部筏板厚度 1900~2000mm，基顶标高−9.900m。C 座主楼基础平面布置图如图 18.3-9 所示。

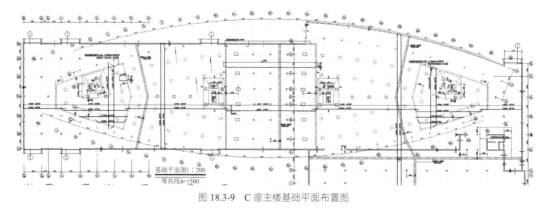

图 18.3-9　C 座主楼基础平面布置图

18.3.4　结构分析

本工程进行了静力、地震作用下的整体内力及位移计算，对部分节点采用有限元分析程序 COSMOS

实体模型，进行了局部应力分析。

荷载工况考虑重力荷载、风荷载、水平地震作用及温度作用效应组合。

各软件考虑扭转耦联计算的周期见表18.3-1，最大层间位移、顶点位移见表18.3-2。

周期计算结果　　　　　　　　　　　　　　　表18.3-1

软件	T_1/s（Y向平动）	T_2/s（X向平动）	T_3/s（扭转振动）	T_3/T_1
SATWE	2.38	2.31	2.09	0.878
PMSAP	2.41	2.35	2.12	0.880
SAP84	2.52	2.46	2.22	0.881

位移计算结果　　　　　　　　　　　　　　　表18.3-2

软件	层间位移/mm（位移角）		顶点位移/mm（位移角）	
	风荷载	地震作用	风荷载	地震作用
SATWE	7.38（1/569）	12.08（1/348）	51.57（1/1138）	92.21（1/634）
PMSAP	9.98（1/421）	12.96（1/324）	52.93（1/1109）	88.19（1/663）
SAP84	6.50（1/650）	18.80（1/225）	25.90（1/2255）	77.20（1/760）

三个软件计算的振动模态、周期、层间位移、顶点位移等值均基本一致，分析结果准确、可信。结构第1扭转周期与第1平动周期的比值小于0.9，满足规范要求。

SATWE程序计算的位移曲线见图18.3-10。

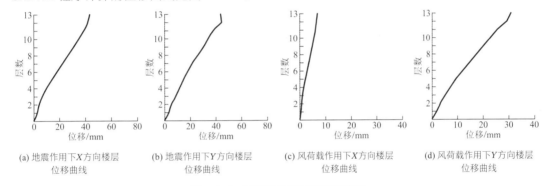

(a) 地震作用下X方向楼层　　(b) 地震作用下Y方向楼层　　(c) 风荷载作用下X方向楼层　　(d) 风荷载作用下Y方向楼层
位移曲线　　　　　　　　　位移曲线　　　　　　　　　位移曲线　　　　　　　　　位移曲线

图18.3-10　SATWE程序计算的位移曲线

18.4 专项设计

对于钢框架结构而言，由于钢材自身良好的延性，对节点的抗震是有利的。但是，如果节点设计得不合理，将导致节点部位发生局部屈曲和脆性破坏，而不能使这种材料的延性在结构中充分体现。因此，节点设计对钢框架结构的设计十分重要，合理的节点设计不仅能提高结构的安全度，而且能节省钢材、便于施工。

随着现代建筑造型和设计日益丰富，结构中的节点形式呈现多样化、个性化趋势，同时节点空间受力的复杂性增强。在本工程中部大跨度和端部大悬挑转换桁架、支撑、框架节点中，采用了45种形式的节点。对形式特殊、受力复杂的典型节点采用COSMOS有限元软件分析，了解应力状况，从而指导、改进和优化设计。

18.4.1 框架节点设计

1. 上圆下方锥台形铸钢框架节点

由于工程采用了圆管和十字形截面两种形式的柱，因此产生了上接圆管柱下连十字形截面柱的框架节点，该节点位于整幢建筑的关键部位，受力复杂。由于上下截面形式不连续，在节点域发生了变化，如按传统方法将上下柱直接焊接，则将出现严重的刚度突变和应力集中现象，这对于抗震设防设计的高层钢结构框架节点是极为不利的。为此，设计选择了可塑性强的铸钢，在国内首创了在框架节点核心部位采用上圆下方铸钢锥台，节点模型如图 18.4-1 所示。设计从材料上研究其化学成分、可焊性及力学性能，以满足静力和抗震要求；从铸造工艺、铸后处理方法、焊接方案等方面进行研究，以保证实施性。

图 18.4-1　上圆下方锥台形铸钢框架节点模型

该铸钢件重 1.58t，节点构造大样如图 18.4-2 所示。铸钢件上连圆管柱，下连十字形柱（与铸钢件连接处十字形柱变为方形柱），竖向拐点位置即连接 H 型钢框架梁上下翼缘的位置，锥台上下各设一道隔板，既是 H 型钢框架梁连接受力的需要，也是增强铸钢件整体刚度的需要。锥台上部带有一节圆管，目的是避免连接焊缝出现在最大内力处。铸钢件壁厚根据铸钢与框架柱钢材的设计强度换算而来。构造上所有内折角必须做成圆角，同时中间两隔板必须开洞以便脱模，内折角的圆角半径及隔板开洞大小根据砂型铸造工艺要求先初步确定，并采用有限元理论（COSMOS 有限元软件）研究铸钢锥台的受力状况、框架节点承载力、应力分布情况，再进行局部尺寸调整，以对节点进行优化设计。铸钢节点分析应力云图如图 18.4-3 所示。

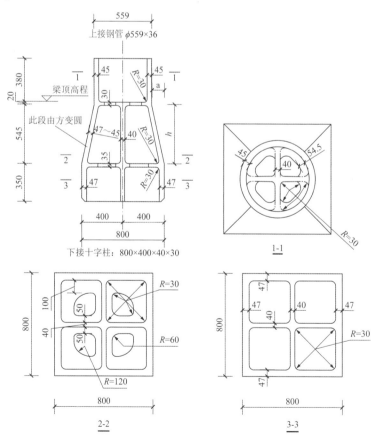

图 18.4-2　铸钢节点构造大样图

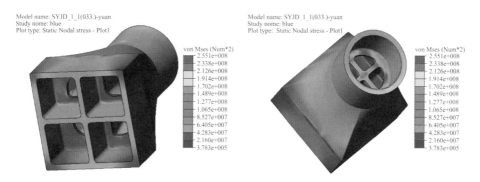

Model name: SYJD_1_1(033.)-yuan
Study nome: blue
Plot type: Static Nodal stress - Plot1

Model name: SYJD_1_1(033.)-yuan
Study nome: blue
Plot type: Static Nodal stress - Plot1

图 18.4-3　上圆下方锥台形铸钢框架节点应力云图

本工程对铸钢节点进行了低周反复荷载抗震试验和静力试验,对框架节点的理论分析和试验结果进行比较,评价节点抗震性能,提出了钢框架节点的延性评价方法,同时对钢框架节点抗震性能的试验方法进行了研究。

理论分析研究和试验结果表明,这种形式的节点可使上下柱平稳过渡,传力途径直接、明确,能有效地解决刚度突变与应力集中问题。铸钢节点与相连构件之间的形状吻合,为不同形状的构件连接提供了很好的途径,尤其对于在建筑设计中需要表现的部位,可以提供形式上的多样性,表达优美的造型。

2. 外弧形环板圆管柱框架节点

我国《高层民用建筑钢结构技术规程》JGJ 99-98 及《建筑抗震设计规范》GB 50011-2002 均要求框架柱采用贯通型,并在柱内梁翼缘标高处设置水平隔板。为解决圆管由工厂成管批量生产,在管内设置水平隔板难度较大的问题,设计采用了设置外环板取代内隔板的节点形式,以满足传递梁翼缘的水平力的要求。节点如图 18.4-4 所示。

图 18.4-4　外弧形环板圆管柱框架节点

设计对外环板框架节点开展了环板形状、环板宽度、影响节点内最大应力的因素及抗震性能等方面的理论和试验研究。

采用有限元理论对国家标准图集推荐的棱形环板和国内工程常用的圆形环板及本项目的外弧形环板进行应力分析,在相同荷载作用下的环板最大应力值见表 18.4-1。

环板最大应力值　　　　　　　　　　　　　　　　　　　表 18.4-1

$D \times t - h_s/b_f$	棱形环板	圆形环板	外弧形环板	最大应力比
$559 \times 25 - 0.5$	394N/mm²	463N/mm²	246N/mm²	1.60：1.88：1
$559 \times 25 - 0.7$	385N/mm²	423N/mm²	210N/mm²	1.83：2.01：1
$610 \times 25 - 0.5$	393N/mm²	478N/mm²	242N/mm²	1.62：1.98：1
$610 \times 25 - 0.7$	347N/mm²	401N/mm²	206N/mm²	1.68：1.95：1
$660 \times 25 - 0.5$	377N/mm²	486N/mm²	241N/mm²	1.56：2.02：1
$660 \times 25 - 0.7$	352N/mm²	438N/mm²	205N/mm²	1.72：2.14：1

注：D 为圆管柱外径,t 为柱壁厚,h_s 为板厚,b_f 为翼缘宽度。

节点环板形式及应力云图见图 18.4-5。

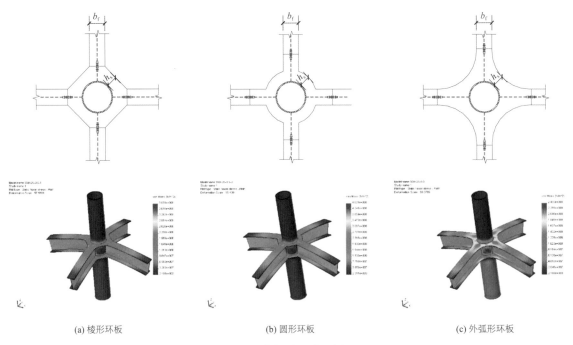

(a) 棱形环板　　　　　　　　　(b) 圆形环板　　　　　　　　　(c) 外弧形环板

图 18.4-5　节点环板形式及应力云图

计算分析表明，棱形环板和圆形环板在梁翼缘与外环板连接处存在明显的拐点，出现较大的应力集中。其中，圆形环板节点应力集中最为明显，棱形环板节点次之，而外弧形环板节点应力集中明显缓解。圆形环板节点的最大应力值与外弧形环板节点的最大应力值之比为 2.14∶1。由此可见钢框架结构圆管柱设置外环板的环板形状应采用平滑过渡无拐点的弧形外环板，避免采用有较大应力集中的棱形环板和圆形环板。

关于环板宽度的取值，我国规范没有明确规定，仅在钢结构节点设计图集中规定环板宽度应大于等于梁翼缘宽度的 0.7 倍，在日本《钢管构造设计施工指针同解说》中提出了环板宽度的计算公式，但没有考虑柱上应力的影响。通过计算分析发现，当节点应力水平较大时，取 0.7 倍翼缘宽度不够；节点应力很小时，不需要 0.7 倍。因此设计最终得出了圆管柱钢框架节点设置外环板的宽度取值不宜简单地按外环板宽度与梁翼缘宽度之比取用，否则可能造成设计浪费，或存在安全隐患。当钢管柱应力值较小时可参考日本《钢管构造设计施工指针同解说》中关于环板宽度的计算公式，但当钢管柱应力值较大时应采用有限元分析确定的结论。分析节点内最大应力的影响因素，得出钢管柱壁厚、环板宽度以及柱上应力对节点内最大应力影响较大的结论，以准确了解节点性能，从而优化了设计。节点计算模型及应力云图见图 18.4-6。

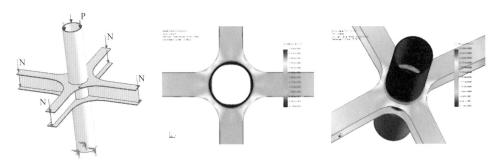

图 18.4-6　外弧形环板圆管柱框架节点计算模型及应力云图

"强柱弱梁，更强节点"是抗震区框架节点的设计原则。框架节点采用梁翼缘与柱焊接，腹板与柱高强度螺栓连接方式，俗称栓焊连接。该连接方式具有便于施工的优点，但据美国北岭地震和日本阪神地震震害调查发现，在两次大地震中这种连接节点都遭到广泛破坏。设计分析了该连接节点的破坏机理及原因，为避免在柱面处破坏，采用了带悬臂段的刚性节点（图18.4-7），即上、下翼缘与外弧形环板连为整体后与柱焊接，腹板与柱直接焊接，在距柱边一定位置采用栓焊拼接。

图18.4-7 带悬臂段的刚性框架节点

钢框架柱的安装单元采用带外环板的悬臂梁段的柱贯通型单元，两层为一个单元，柱高8.4m，柱工地接头设于主梁顶面以上1.0m处。带外环板的悬臂段与框架梁相连，上、下翼缘采用全熔透工地焊接，腹板采用10.9级摩擦型高强度螺栓连接，节点平面图见图18.4-8。为防止弧形环板受压力时屈曲，在上、下环板之间设加劲板，采用角焊缝焊接。环板与柱之间在工厂采用全熔透等强焊接，腹板与柱采用双面贴角焊。如果外环板采用无拼接整体下料，则钢材浪费较大，为了减少因钢材下料造成的浪费，设计上允许外环板拼接，拼接位置在应力值较小的45°处，但要求错开加劲肋位置，以避免焊缝重叠，外环板拼接焊缝采用全熔透等强焊接。钢构件在工厂焊接成安装单元，在工地现场与梁拼装。由于运输的限制，悬臂段长度加柱直径总长控制在2.4m以内。

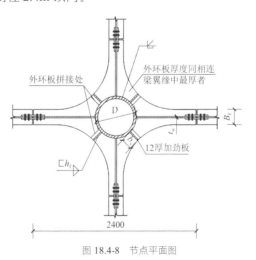

图18.4-8 节点平面图

该节点与传统节点相比有两处改进，一是利用外弧形环板对连接部位进行局部加强，可避免塑性铰出现在柱面附近引起柱出铰，可使梁端塑性铰外移；二是将腹板与柱直接焊接，抗弯能力更好，从而减小梁翼缘与柱连接焊缝应力，使其节点抵抗强震的能力更强，抗震性能更优良。通过1/2模型的低周反复荷载试验证明，该节点具有"强柱弱梁"性能以及良好的能量耗散能力。

3．十字形截面长柱钢框架节点

设计对十字形截面长柱与H型钢梁组成的钢框架节点进行有限元分析，尤其对仅一向与梁连接的单向约束节点进行分析。通过节点试验，并对该框架节点的理论分析和试验结果进行比较，对十字形截面长柱钢框架节点的抗震性能做出研究和评价。

18.4.2 复杂、个性化节点设计

1. 典型节点一

为满足建筑造型美观需要，凡暴露在底层广场的桁架腹杆和柱间支撑腹杆均采用圆钢管，弦杆采用箱形杆，腹杆与弦杆相连节点采用十字板相交的截面形式。节点大样见图 18.4-9。该节点的突出问题是圆环形截面和十字形截面之间，由于两种形式截面相连导致力的传递不连续，会出现严重的应力集中，而该节点又位于转换桁架上，因此极易成为整个工程的薄弱环节，影响安全。

设计采取改变截面连接的方案，考虑尽可能将十字形截面与圆管通过相对广泛的连接区域实现截面的转换，从而达到平缓过渡，应力均匀。采用有限元分析了十字板插入圆管内的长度值 H 与所出现的最大应力值的关系，分析显示最大应力值随十字板插入长度 H 增加而减小，当长度达到一定值时应力变化趋于稳定。该节点的另一个关键点是在斜腹杆相交处的十字板上可能存在应力集中现象。设计采用公切圆弧平滑过渡方法，使相交处应力集中显著减缓，分析了两十字板之间的公切圆弧半径 R 与最大应力值的关系，显示最大应力值随半径 R 的增大而降低，当半径增大至一定值时，相交区应力水平趋于稳定。节点应力云图见图 18.4-9。根据大量的计算分析，得出十字板插入圆管内的最佳长度 H 及十字板之间的最佳圆弧半径 R，最终设计出既满足安全要求，又取得良好经济指标和建筑美观效果的个性化节点。应力与插入深度及公切圆弧半径的关系见图 18.4-10、图 18.4-11。

图 18.4-9 典型节点一大样及应力云图

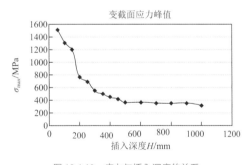

图 18.4-10 应力与插入深度的关系

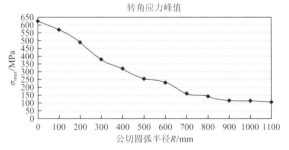

图 18.4-11 应力与公切圆弧半径的关系

2. 典型节点二

柱间支撑斜杆与梁、柱连接处会出现明显的应力集中，设计对节点采用有限元计算，节点大样及应力云图见图 18.4-12。可见当斜杆上下翼缘与梁、柱相交处采用外切圆弧形式，可以有效减缓应力集中。分析了圆弧半径 R 与应力峰值的对应关系，确定了最佳半径 R 值。设计在保证结构安全的同时取得了良好的经济性，并考虑了施工的可行性。节点处外切圆弧半径与应力的关系见图 18.4-13。

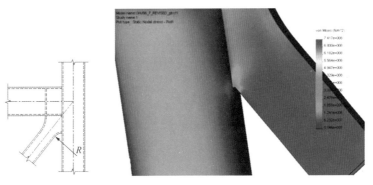

图 18.4-12　斜杆与圆管柱连接节点大样及应力云图

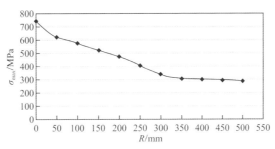

图 18.4-13　节点处外切圆弧半径与应力的关系

　　端部悬挑转换桁架节点，因其位置特殊，在结构设计中的重要性相对突出，因此，对本工程中端部悬挑转换桁架节点进行应力计算，了解受力特点是十分必要的。悬挑转换桁架上的节点由箱形截面弦杆及立杆、圆管柱、箱形截面斜腹杆、工字梁组合而成，此类节点的峰值应力点均不在箱形弦杆上；当相交方向采用工字梁时，应力最大值往往出现在工字梁翼缘角部，部分节点则在相连钢柱内出现应力最大值。图 18.4-14 分别为在设计组合荷载工况下节点峰值应力出现在工字梁翼缘角部和相连钢柱内的应力云图。

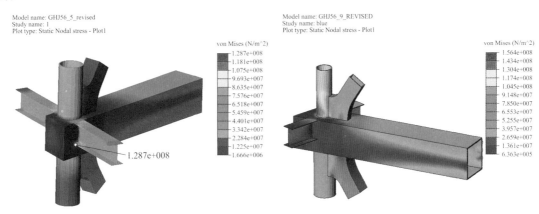

图 18.4-14　悬挑转换桁架节点应力云图

3. 典型节点三

　　由悬挑桁架弦杆、腹杆、横向外挑桁架弦杆和再生框架柱组成的节点，分析模型如图 18.4-15 所示。该节点形式和受力复杂，采用 Solidwork 实体建模，Cosmos-Worker 弹性分析，Cosmos-M 非线性分析，弹塑性分析选取整体结构计算多工况组合的控制内力作为节点荷载，对相连横向外挑桁架弦杆和再生框架柱考虑各内力共同作用（轴力、剪力及双向弯曲作用）。实体单元划分为棱锥体，选取荷载相对较小的节点端部构件施加约束，分析了节点在控制荷载作用下的受力特征，了解节点核心区应力峰值及分布情况，评估节点性能，为设计提供依据。

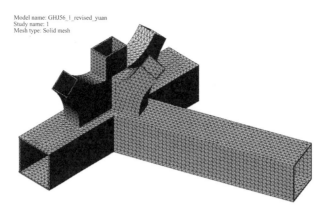

Model name: GHJ56_1_revised_yuan
Study name: 1
Mesh type: Solid mesh

图 18.4-15　典型节点三分析模型

18.4.3　特殊节点构造

中部转换桁架上、弦杆采用箱形截面 800mm × 800mm，壁厚 50mm；腹杆采用φ610mm，壁厚 36mm 的钢管。由于建筑要求，腹杆与弦杆连接时转换成十字板连接。支承桁架的框架柱采用王形截面，在与弦杆、腹杆连接的部位柱截面变为王形。中部转换桁架是该工程最重要的受力构件之一，除考虑桁架自身满足各种工况的受力及变形要求外，桁架与柱的连接构造成为设计的重点，构造上要保证连接处受力可靠、传力明确、焊接牢固、易于施工。中部转换桁架与柱的连接节点构造如图 18.4-16 所示。

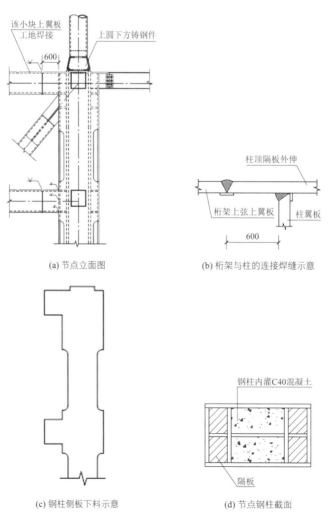

(a) 节点立面图

(b) 桁架与柱的连接焊缝示意

(c) 钢柱侧板下料示意

(d) 节点钢柱截面

图 18.4-16　中部转换桁架与柱的连接节点构造

桁架与柱的连接焊缝须避开受力最大处，并且在焊接时避免出现柱翼板（板厚 50mm）的层状撕裂及焊缝堆积现象，本工程采取桁架上、下弦杆连接面外移至距柱边 600mm 处焊接［图 18.4-16（b）］，将节点处柱两侧翼缘钢板包括外伸段 600mm 整体下料［图 18.4-16（c）］。在桁架上、下弦杆的翼板与柱连接处，按规范要求应在柱内设置隔板，但曰形柱中间两区格无论采取何种焊接方法，都无法保证隔板四边均与柱腹板焊接。本工程采取往曰形柱中间两区格灌 C40 混凝土的方式来改善传力性能，其余四边区格仍采取加隔板的构造措施［图 18.4-16（d）］。

18.5 试验研究

项目采用了三种复杂而特殊的钢框架节点：①上圆管下十字形截面柱与 H 型钢梁组成的铸钢节点（也称为上圆下方铸钢节点）；②圆管柱设外弧形环板与 H 型钢梁组成的节点；③十字形长柱与 H 型钢梁组成的节点。关于此三种框架节点抗震性能的相关文献在当时国内外均很少，并且在设计当时，国内尚无铸钢用于抗震设防的高层钢结构框架中的先例。尽管对三种钢框架节点进行了大量的理论分析，但还有必要进行科学试验，通过试验研究与理论分析相结合的方法，研究框架节点的抗震性能和静力特性。

18.5.1 试验目的

本项目开展了低周反复荷载试验和静力（单调）荷载试验。低周反复荷载值取试件钢材达到屈服强度时所对应的荷载值，模拟高层框架的水平地震作用，研究三种框架节点在低周反复荷载作用下的应力状况、破坏机理、变形、延性、耗能能力、刚度的变化和承载力情况、荷载及其响应的变化规律。静力（单调）荷载试验则研究铸钢、环板在静力作用下的应力分布、变形特性。通过试验评价节点抗震性能，验证节点能否满足设计要求，并提出钢框架节点的延性评价方法。

18.5.2 试验设计

试验制作了 13 个 1/2 缩尺模型试件，其中 11 个试件用作低周反复荷载试验，2 个试件用作静力（单调）荷载试验。对三种节点都分别按"强节点、弱构件"和"弱节点、强构件"两种原则设计和制作试件。在进行试件设计前，进行有限元分析以了解应力状况和控制点。节点试件及试件加载装置如图 18.5-1、图 18.5-2 所示。

 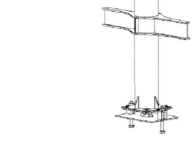 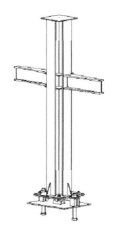

(a) 上圆管下十字形截面柱与 H 型钢梁组成的铸钢 节点 J61（J62）　　(b) 钢管柱设外弧形环板与 H 型钢梁组成的节点 J11（J12）　　(c) 十字形长柱与 H 型钢梁组成的节点 J31（J32）

图 18.5-1 节点试件示意图

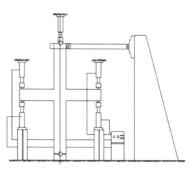

图 18.5-2 试件加载装置及简图

18.5.3 试验现象与结果

如图 18.5-3 所示三种节点的荷载-位移滞回曲线中，上圆下方铸钢节点和圆管柱设外弧形环板节点的滞回包络图相比十字形长柱节点要饱满，表明前两种节点的能量耗散能力优于十字形长柱节点。结合延性系数综合判断，上圆下方铸钢框架节点和圆管柱设外弧形环板钢框架节点的抗震性能最好，具有良好的延性性能和能量耗散性能；十字形长柱钢框架节点的抗震性能次之，但仍具备一定的耗能能力。

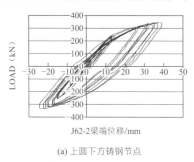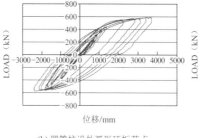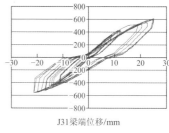

(a) 上圆下方铸钢节点 (b) 圆管柱设外弧形环板节点 (c) 十字形长柱节点

图 18.5-3 荷载-位移滞回曲线

各试验节点屈服荷载时的应力分布云图如图 18.5-4 所示。

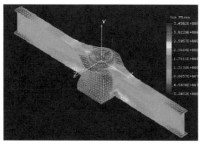

试件 J61 强节点应力分布 试件 J62 弱节点应力分布

(a) 上圆管下十字形截面柱与 H 型钢梁组成的铸钢节点

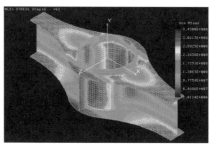

试件 J11 弱节点应力分布 试件 J12 强节点应力分布

(b) 钢管柱设外弧形环板与 H 型钢梁组成的节点

J31 弱节点应力分布　　　　　　　　J32 强节点应力分布

(c) 十字形长柱与 H 型钢梁组成的节点

图 18.5-4　试验节点应力分布云图

将有限元计算的承载力结果与试验承载力对比，以及各试件的延性系数和等效黏滞阻尼系数如表 18.5-1 所示。

有限元计算结果及试验承载力对比　　　　　　　　　　　表 18.5-1

试件编号	试件类型		计算值/kN	试验值/kN	差值	延性系数	等效黏滞阻尼系数
J61	上圆管下十字形截面柱与 H 型钢梁组成的铸钢节点	强节点	66	70	9.1%	3.01	0.226
J62		弱节点	240	240	—	2.67	0.162
J11	圆管柱设外弧形环板与 H 型钢梁组成的节点	弱节点	570	570	—	3.73	0.161
J12		强节点	278\466\492	310\430\527	7.1%	4.26	0.231
J31	十字形长柱与 H 型钢梁组成的节点	弱节点	375	360	−4.0%	2.31	0.103
J32		强节点	217\274	210\273	−3.2%	2.39	0.091

18.5.4　试验结论

（1）上圆管下十字形截面柱和 H 型钢梁组成的钢框架铸钢节点具有良好的延性和能量耗散能力，并具有足够的承载能力，符合"强节点、弱构件"的设计原则。

（2）铸钢节点在强震作用下具有良好的抗震性能，铸钢件的应用解决了采用传统方法焊接的节点所难以解决的两种不同形状框架柱的连接问题，避免了刚度突变、应力集中，完全满足抗震性能的要求，节点设计是合理的、科学的、先进的。

（3）圆管柱设置外弧形环板与 H 型钢梁组成的钢框架节点具有良好的延性和能量耗散能力；节点具有足够的承载力，符合"强节点、弱构件"的设计原则，是三种形式中抗震性能最好的。

（4）环板应力最大值出现在环板与梁相交处，环板上应力值由靠梁两端向中部汇交处（核心区范围）逐渐减小。按本项目设计的环板形状和宽度可保证环板上的应力值小于等于梁上应力值。

（5）十字形长柱与 H 型钢梁组成的钢框架节点的抗震性能不如前述两种节点，但节点仍具有足够的承载力，符合"强节点、弱构件"的设计原则。

（6）三种钢框架节点应用在工程中是可行的，设计是合理的。

18.6　结构监测

16.3m 悬挑长度和 28.8m 跨度的转换桁架，上抬层数多，是本项目的关键构件，节点受力及构造复杂，因此对桁架进行了施工过程及完工后 1 年的杆件应力及挠度测试。对中部桁架及悬挑桁架共计 12 品桁架进行了监测，共布设应力测点 478 个，挠度测点 74 个，测试内容为桁架自重状态下及其上部结构每完成 1 层后（以浇筑混凝土楼板计算）的各工况下应力、挠度测试；并对温度作用下的应力、挠度进行测试，要求在上部竖向荷载无变化的状态下选择昼夜温差较大的一天 24h 不间断监测，施工完成后选择部分点作为完工后 1 年的长期观测点。最终测试结果显示该结构应力及变形均满足设计要求。

18.7 结语

（1）结构设计在国内抗震设防高层建筑中首次采用了上圆下方锥台形铸钢框架节点，将两种截面形状不同的框架柱进行连接。理论分析和试验结果表明，该节点具有良好的抗震性能，能使上、下柱平缓过渡，传力途径直接、明确，有效避免刚度突变和应力集中的问题。这从根本上解决了两种不同形式的截面的连接问题，为高层钢结构形式多样化、个性化提供了更多的可能性，拓宽了钢结构在工程中的应用范围。

（2）结构采用设置外弧形环板的圆管柱框架节点，对节点开展环板形状、环板宽度、影响节点内最大应力的因素及抗震性能等方面的理论和试验研究。研究了钢管柱壁厚及环板宽度对节点内最大应力值的影响规律，分析了国内常用的圆形环板和棱形环板存在明显应力集中的情况，提出了本项目中的外弧形环板形式，从而使应力集中现象明显改善。分析并指出了日本规范关于环板计算公式中未考虑柱应力对环板的影响，研究了柱上应力对环板应力及宽度取值的影响规律，提出了环板宽度的取值建议，给同类设计提供了参考。

（3）为验证采用的新型框架节点的抗震性能以指导及优化设计，完成了 13 个 1/2 缩尺比例的节点试验，其中 11 个试件用作低周反复荷载试验，模拟高层框架的水平地震作用，研究三种形式钢框架节点在低周反复荷载作用下的应力状况、破坏特性、变形、延性、耗能能力、刚度的变化和承载力情况、荷载及其响应的变化规律。2 个试件用作静力（单调）荷载试验，研究铸钢、环板在静力作用下的应力分布、变形特性。保证了各类节点在工程中的成功应用。

（4）采用了钢框架-钢支撑体系的全钢结构，可满足建筑物长 202m 不设伸缩缝、建筑物有大悬挑转换结构、大跨度转换结构、构件形式要求个性化、保证宽敞的广场不设置剪力墙等一系列建筑要求。

（5）设计进行了转换结构的形式对高层结构抗震影响的分析；进行了不同腹杆布置形式的计算、比选；进行了复杂节点有限元分析；进行了再生框架与转换桁架作为共同体整体受力分析等多项工作，设计出结构合理、建筑美观、上抬十余层建筑的 28.8m 跨度转换桁架及悬挑长度为 16.3m 上抬数层楼层重量的间接悬挑转换桁架。此外，对节点焊缝采取特殊构造处理，避开弯矩剪力最大处，并避免层状撕裂，最终设计的转换桁架极好地满足了建筑立面造型和内部空间使用功能的要求。

（6）为满足建筑造型美观、构件体现个性化的要求，凡暴露在室外的桁架腹杆、柱间支撑腹杆均采用圆钢管，腹杆两端与弦杆或柱的连接部位采用十字形截面。由于圆环形截面和十字形截面之间力的传递不连续，会出现应力集中。设计用有限元软件分析了十字板插入圆管内的长度值与所出现的最大应力值的关系，分析了两腹杆相交处十字板的夹角与应力值的关系，确定了十字板插入圆管内的最佳长度及十字板的最佳夹角，既满足了安全性，又取得了良好的经济指标和建筑效果。

（7）设计了带悬臂段的刚性框架节点，使其在地震时梁上塑性铰外移，更好地实现"强柱弱梁，更强节点"的设计目标。

（8）异形楼梯设计。由单块钢板作为螺旋形边肋及水平踏步板，利用螺旋形空间刚度形成空间受力结构，设计出新颖、美观、极具个性化的板件组合螺旋楼梯；利用钢材优良的受拉特性，改变传统的立柱支承形式，采用细钢棒替代粗大的立柱，在建筑物的中部广场设计了美观、轻盈的悬挂楼梯。

设计团队

冯　远、何建波、杨　曦、唐思明、王立维、黄宗瑜、石　军、李　巧、朱道清、陈文明

执笔人：冯　远、杨　曦、何建波、王立维、李　巧

获奖信息

"成都高新科技商务广场钢结构设计"获 2007 年中国建筑学会第五届全国优秀建筑结构设计一等奖；

论文《成都高新科技商务广场 C 座钢结构设计》获 2006 年中国土木工程学会第七届优秀论文奖三等奖；

"成都高新区科技商务广场 C.B2 座"工程获 2005—2006 年度中国建筑工程总公司优秀工程设计一等奖；获 2006 年四川省建设厅优秀工程设计一等奖；

科研项目"高层钢结构框架节点的试验研究与应用"，获 2004 年中国建筑工程总公司科学技术奖二等奖；获 2007 年四川省科学技术进步奖二等奖。

第19章

广州南沙青少年宫

19.1 工程概况

19.1.1 建筑概况

南沙青少宫位于广州市南沙区明珠湾起步区内，凤凰大道西侧南沙体育馆片区。总建筑面积56258m²，主体建筑地上5层、地下1层，结构高度23.65m，为多层建筑，集合了剧场、展示、教学、办公等多种功能。南沙青少年宫建成后担负起港珠澳三地青少年交流中心的职能。

项目选址于南沙新区珠江江畔，场区尺度开阔，周边的城市肌理尚未成型，如何应对空旷的环境是处理建筑与场地关系的思考出发点。南沙是一个滨海新区，有浓厚的海洋文化，已经建成的体育馆被当地人亲切地称为"海螺"（图19.1-1）。青少年宫设计时，结合青少年的认知心理，设计团队选用了"海星"这一构型（图19.1-2），希望以海洋文化为主题，与相邻的体育馆呼应。"海螺"是一团火，"海星"则是满天星。体育建筑强调竞技精神，教育建筑更希望展现知识的传播和发散。海星形平面造型以更加开放包容的姿态缝合了城市新旧肌理和空间秩序，既是城市功能上的缝合补充，亦是城市形态上的衔接共生。项目于2018年11月设计完成，2019年12月建成投入使用。

图 19.1-1 体育馆俯瞰图

图 19.1-2 青少年宫俯瞰图

19.1.2 设计条件

1. 主体控制参数（表 19.1-1）

控制参数　　　　　　　　　　　　　　　　　　　　　　　　　　　表 19.1-1

设计使用年限		50 年
建筑结构安全等级		一级
结构重要性系数		1.1
建筑结构抗震设防类别		重点设防类（乙类）
地基基础设计等级		甲级
设计地震动参数	抗震设防烈度	7 度
	设计地震分组	第一组
	场地类别	Ⅲ类
	特征周期	0.45s
	基本地震加速度	0.1g
水平地震影响系数最大值	多遇地震	0.08
	设防烈度地震	0.23
	罕遇地震	0.50

2. 风荷载

按 50 年一遇取基本风压为 0.65kN/m²，地面粗糙度类别为 B 类。

3. 温度作用

设计时考虑了温度效应。计算时采用当量温差，混凝土部分为升温 3℃，降温−12℃；钢结构部分为升温 25℃，降温−20℃。

19.2　建筑特点

19.2.1　内聚性城市广场的实现

如何建立与城市的连接，是设计公共建筑时设计师必须思索的问题。设计时希望以这个项目为契机，让城市与环境之间产生更好的化学反应。平面构型的收放，使得城市空间更为自然地渗透进场地。无论是商业空间的延续、公园路径的穿插，还是体育馆人群与青少年宫的互动，海星状布局结合中庭架空（图 19.2-1）使这些都成为可能。

图 19.2-1　中庭架空实景

中庭顶棚最大尺寸约 46m × 26m，顶棚下的广场为使用者提供了丰富的公共活动场所与框景空间，形成建筑实体与室外场景的自然过渡。中庭 1 层、2 层通高架空且无柱，3 层、4 层平面设置了直径约 18m 的类圆形采光洞口，这些特点对结构选型提出了较高的要求。

19.2.2　特色游走路径的结构表达

建筑方案中，建筑南入口处 2 层中庭需要设置约 60m 跨度的吊桥。一般情况下首先会考虑设置柱来支撑或吊挂吊桥，柱的截面一般较大，影响建筑方案效果。本项目设计做了积极探索与创新，与建筑专业密切配合吊桥平面找形，最终确定将平面曲线修正为两段反对称 S 形曲线，每段采用单侧挂索方式承重。斜拉索拉力的竖向分力承担吊桥桥面的竖向荷载，斜拉索的水平分力及吊桥两端约束，在 S 形吊桥内建立了自平衡内力。这种精巧的结构设计，将柔性的斜拉索巧妙有序地布置在飞廊沿线，拉索与水平面的倾角沿着吊桥呈现规律性变化，赋予吊桥琴丝般的韵律。从少年宫的主入口看过来，显得无比轻盈，宛若一条丝带穿梭其间（图 19.2-2）。

(a) 施工中的吊桥　　　　　　　　　　　　　　(b) 竣工后的吊桥

图 19.2-2　吊桥施工前后实景

19.2.3　建筑与城市对话的窗口

为了回应不规则的场地，设计积极利用项目自身形体与城市对话。"海星"的五个肢端用不同的方式配合特定的功能成为对话城市的窗口。剧场、办公、陶艺、书法、舞蹈、声乐等教室安置在各不相同的肢端，各肢端设计具有识别性立面，指引不同人群有序进入青少年宫。为了实现建筑立面效果，对西南、东南及西北等三肢端部悬挑进行灵活处理。

如图 19.2-3 所示，西南肢端为了实现 2 层露台无柱效果，设计采用单拉杆悬挑桁架（图 19.2-4），最大悬挑长度 7.5m。东北肢端部边榀框架为了实现建筑立面造型，设置了交叉斜杆悬挑桁架（图 19.2-5），最大悬挑长度 10m。悬挑桁架传力直接、有效，具有较大的抗弯刚度，便于控制结构竖向变形。

图 19.2-3　建筑西南肢端实景

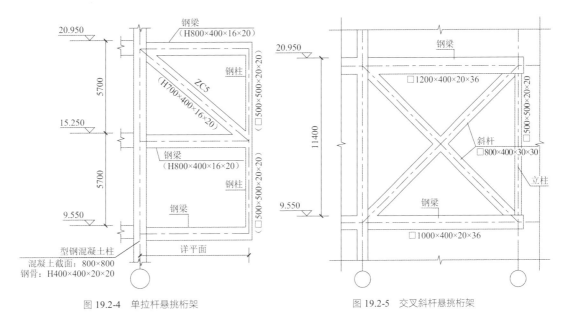

图 19.2-4 单拉杆悬挑桁架

图 19.2-5 交叉斜杆悬挑桁架

东南肢端为了实现建筑立面造型，采用型钢混凝土斜柱结构，屋面结构伸出主体约 15m，如图 19.2-6 所示。首层与斜柱相连的主体结构柱内设置钢骨，此处柱钢骨按承受斜柱轴力的水平分量进行设计，同时为了便于节点施工且有效传力，此节点与斜柱对齐的水平楼层梁也采用型钢混凝土梁。

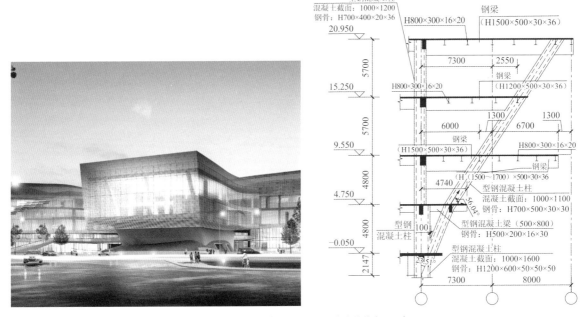

图 19.2-6 斜柱结构（左为效果图，右为结构立面图）

19.3 结构体系及分析

19.3.1 结构布置

本建筑平面及空间均较复杂，平面总长度约为 182.24m，总宽度约为 164.80m，建筑入口处为弧形，中庭为多边形且中部为开口约 46m×26m 的无柱空间。结构结合建筑周边楼、电梯间布置剪力墙，主体选用框架-剪力墙结构体系，结构典型平面布置如图 19.3-1 所示。本项目采用机械旋挖混凝土灌注桩基础，以中风化花岗岩为桩端持力层。

为改善结构扭转，提高抗震性能，在西南肢、西北肢及北肢端部布置了部分 BRB（防屈曲约束支撑）。入口及中庭大开口无柱空间，通过 55m 的跨层弧形桁架、3 层/4 层正交空腹桁架楼盖、洞口边界跨层内环桁架形成整体协同受力，利用较小的结构高度，较好地解决了建筑连续两层无柱大空间的需求；针对建筑设置于底层与 2 层楼盖间的弧形吊桥，结构通过找形调整吊桥线形，采用单边悬挂方式，实现了桥下中庭无柱的同时保留了建筑趣味，新颖独特；结构北肢主要为剧场，2 层、3 层大开洞，4 层、5 层 28.3m 大跨度楼盖采用单向密肋简支钢梁和钢筋桁架楼承板楼盖；西南肢和东北肢采用悬挑桁架吊挂下层的方式实现大悬挑及 2 层露台的无柱空间。整体结构计算模型如图 19.3-2 所示。

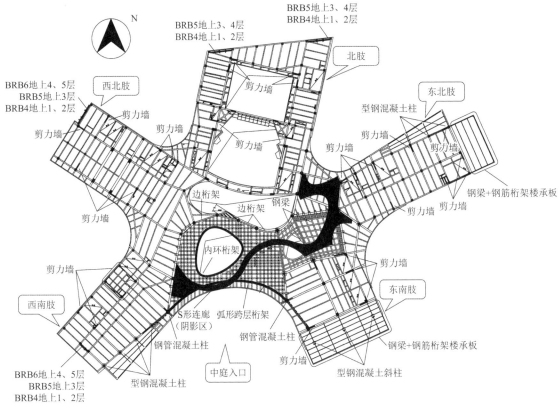

图 19.3-1 结构典型平面布置图

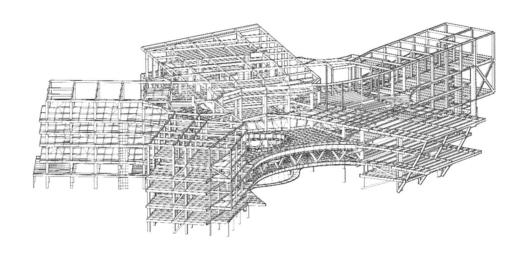

图 19.3-2 整体结构计算模型

19.3.2　性能目标

本项目是复杂的多层结构,根据《建筑抗震设计规范》GB 50011-2010 的要求,综合考虑抗震设防类别、设防烈度、结构特殊性、建造费用及震后损失程度等各项因素,抗震性能目标定为 C 级。主要结构构件性能目标见表 19.3-1。

构件性能目标   表 19.3-1

地震水准			多遇地震	设防地震	罕遇地震
结构抗震性能水准			1	3	4
宏观损坏程度			完好	轻度损坏	中度损坏
构件性能	关键构件	入口处大跨弧形桁架及延伸跨支撑	保持弹性	受弯不屈服 受剪弹性	受弯不屈服 受剪不屈服
		1~5 层剧场两侧框架柱和框架梁			
		1~5 层悬挑桁架的支承柱			
		1~5 层斜框架柱及拉框架梁			
		1~5 层与 BRB 相连的梁和柱			
		1~5 层南入口两侧钢管混凝土柱			
		剪力墙底部加强部位			
		3 层、4 层中庭周边框架梁、转换梁			
	普通构件	其余框架柱		不屈服	部分构件屈服,控制塑性变形,但受剪满足截面限制条件
		其余剪力墙			
	耗能构件	楼面框架梁		受弯屈服 受剪不屈服	容许耗能构件出铰,出现中度损伤,部分严重损坏,控制塑性变形
		连梁			
		BRB 支撑		大部分进入屈服	全部屈服
最大位移角			1/800	—	1/100

为实现表 19.3-1 所示性能目标,设计中采取以下措施:

(1)在周边肢端适当位置设置 BRB,在改善结构整体扭转效应的同时,提高了中震、大震下结构的抗震性能,并验算 BRB 子结构满足大震下承载力的要求。

(2)对支承大跨度弧形桁架的框架柱采用钢管混凝土柱,内灌自密实高强混凝土,并对桁架与柱相连的关键节点进行精细化有限元分析。

(3)与西南肢端和东北肢端侧面悬挑桁架相连的框架柱采用型钢混凝土柱,控制柱的轴压比不大于 0.65。

(4)东南肢端的斜柱采用型钢混凝土柱,同时验算柱钢骨单独受力承载力不小于斜柱中震下的受力(轴力与弯矩)。

(5)结构楼层大开洞、转换梁、斜柱区域、中庭空腹桁架楼盖区域等处楼板采用弹性楼板进行分析。

(6)局部转换梁、大跨度梁(跨度大于 18m)及相连竖向构件按抗震等级提高一级进行设计,并控制大跨度梁的裂缝与挠度。

19.3.3　结构分析

本项目中庭结构设计是整体结构设计的关键。由于建筑总高受限,3 层结构高度只能控制在 1m 以内，4 层结构高度只能控制在 1.4m 以内。在楼盖高度受限前提下，3 层、4 层的楼盖结构采用了空腹桁架的形式（图 19.3-3），弦杆采用 T 形截面，竖杆采用矩管，均采用等强焊接连接。这种结构形式自重小，能够有效传递楼层水平力，设备管线也能够在空腹间灵活穿越，显著节约楼层净空。

(a) 计算模型   (b) 施工现场

图 19.3-3 正交空腹桁架典型结构单元

设计时重点从跨层组合结构体共同受力的角度做了探索与尝试，思路是：通过在入口处设置跨度 55m 的大跨度跨层弧形桁架、中庭中部洞口边跨层内环桁架以及中庭周边梁（边桁架），共同支承 3 层、4 层正交空腹桁架楼盖，形成整体协同受力。如图 19.3-4 所示。

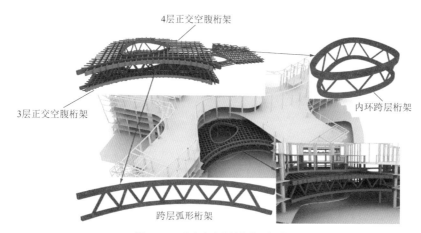

图 19.3-4 中庭大跨度结构体系组成

对于中庭网格部分进行了多方案比选：网格尺寸分别采用 1.5m、2.0m、2.5m；网格形式分别采用正交斜放网格、三向网格、正交正放网格。如图 19.3-5～图 19.3-7 所示。

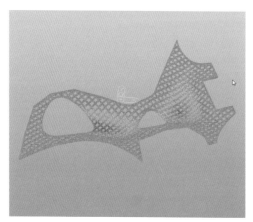

图 19.3-5 正交斜放网格 2.0m 间距变形示意图

 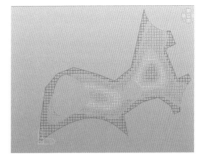

图 19.3-6 三向网格 1.5m 间距变形示意图　　图 19.3-7 正交正放网格 1.5m 间距变形示意图

在整体挠度基本一致的情况下，不同网格形式相同挠度下的结构用钢量对比如表 19.3-2 所示。

不同网格形式相同挠度下的结构用钢量对比　　　　　　　　表 19.3-2

网格形式	三向 1.5m	三向 2.0m	三向 2.5m	正交正放 1.5m	正交正放 2.0m
用钢量/t	387	472	560	373	448
弦杆截面/mm	300×200×6	300×200×10	300×200×15	300×200×8.5	300×200×14
挠度/mm	60	60	60	60	60

由表 19.3-2 可知，在满足控制挠度的前提下，采用 1.5m 间距的正交正放网格楼盖用钢量最少。

分析 3 层、4 层正交空腹桁架、内环桁架与大跨度弧形桁架协同受力时，中庭周边折线形边界条件模拟是关键。由图 19.3-1 可知，中庭楼盖桁架周边存在楼板和开洞两种情况。第一种情况，当周边存在楼板时，正交空腹桁架楼盖上、下弦杆件均连接于边梁侧面（图 19.3-8），其上、下弦杆轴向力作用往往会对边梁产生较大的扭矩；为了尽量减小中庭边梁扭矩，边梁周边次梁尽量对齐空腹桁架的上、下弦杆布置，使次梁的支座弯矩平衡部分空腹桁架上、下弦杆在边梁产生的扭矩；计算时下弦端点与上弦端点采用主、从节点约束，保证上、下节点能够发生相同的转角，可以较好地模拟结构实际受力和变形情况。第二种情况，3 层中庭靠近剧场一侧边梁侧面开洞，边梁侧面无法布置次梁来抵消空腹桁架产生的扭矩，此区段采用空腹边桁架代替混凝土边梁（图 19.3-9），中庭空腹桁架的弦杆内力由边桁架的上、下弦杆侧向受弯承担，把边界抗扭转化为抗弯，受力更可靠。

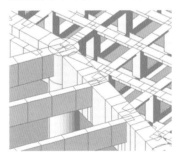 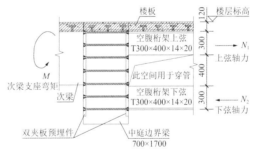

(a) 混凝土边梁边界模型　　　　　　　(b) 混凝土边梁受力示意图/mm

图 19.3-8 正交空腹桁架与中庭边梁连接示意

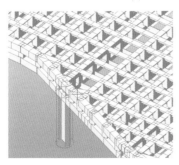 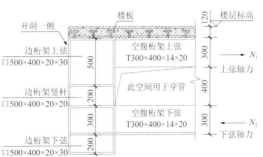

(a) 边桁架边界模型　　　　　　　(b) 边桁架受力示意图

图 19.3-9 正交空腹桁架与边桁架连接示意

如图 19.3-10 所示，中庭空腹桁架构件应力比大部分小于 0.8，最大应力比为 0.83；如图 19.3-11 所示，中庭空腹桁架楼盖的最大竖向挠跨比为 1/650。空腹桁架用较小的上、下弦 T 形截面和较小的桁架高度（跨高比 1/29）实现了结构大跨度，不但使结构承载力富余度大，而且使楼盖具有较好的竖向抗弯刚度。中庭结构竖向最大挠度与构件最大应力比见表 19.3-3，其强度、变形均满足规范要求。

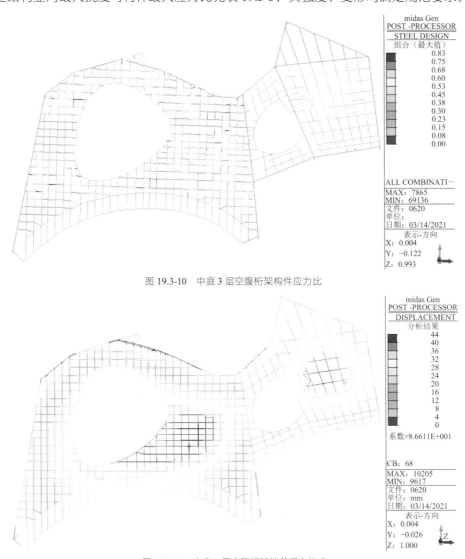

图 19.3-10　中庭 3 层空腹桁架构件应力比

图 19.3-11　中庭 3 层空腹桁架楼盖竖向挠度

中庭结构竖向最大挠度与构件最大应力比 　　　　　　　　　　　　表 19.3-3

位置	竖向最大挠度/mm	构件最大应力比
中庭正交桁架楼盖（3 层）	48	0.83
中庭正交桁架楼盖（4 层）	44	0.85
入口处大跨度弧形桁架	36	0.82
中庭洞口边内环桁架	43	0.83

中庭入口处的弧形桁架（跨度达 55m）支承两层约 46m×26m 的正交钢网格空腹桁架楼盖，较好地实现了建筑南入口首层无柱超大空间需求。图 19.3-12 所示为弧形桁架立面图，桁架上、下弦分别与 3 层和 4 层的楼板及楼层处的正交空腹桁架相连接。设计中采取以下措施，以确保大跨度弧形桁架安全：①对弧形桁架、延伸跨斜撑及钢管混凝土柱按大震受弯不屈服和受剪弹性进行设计；②对斜腹杆与弦杆按固接和铰接包络设计；③弧形桁架与钢管混凝土连接处受力复杂，对此区域节点进行了有限元分析；④加

强了弧形桁架上、下弦楼层处楼板板厚与板配筋，配筋率不小于 0.25%；⑤严格控制弧形桁架的竖向变形（1/1400）与构件的应力比（0.75 以内）（图 19.3-13、图 19.3-14）。

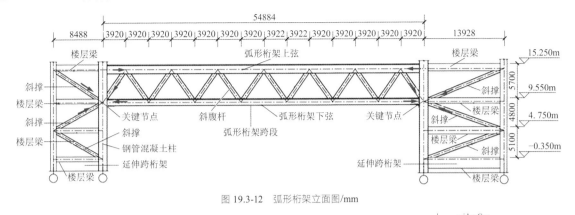

图 19.3-12　弧形桁架立面图/mm

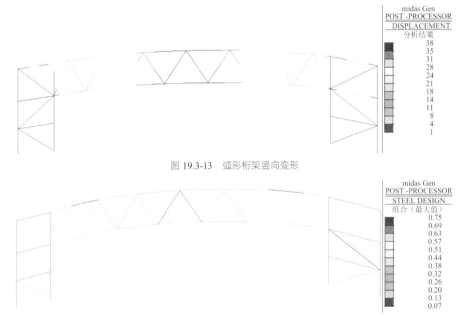

图 19.3-13　弧形桁架竖向变形

图 19.3-14　弧形桁架构件最大应力比

　　中庭吊桥跨度达 60m，采用拉索悬挂于 3 层中庭底部。单侧悬挂 S 形吊桥的结构剖面如图 19.3-15 所示，由中部纵向主梁 [□700×300×25×25（mm）]、横向梁 [□(700～200)×200×14×14（mm）]、封口梁 [□梁高（变数）×200×12×12（mm）]、吊索耳板（板厚 42mm）、周边蒙皮钢板（板厚 8mm）及肋板（板厚 8mm，间距 400mm）组成，单边吊索采用锌-5%铝-混合稀土合金镀层钢绞线。拉索节点采用单耳板形式，耳板厚度为 42mm。荷载取值：恒荷载 2.0kN/m²；活荷载 5.0kN/m²；栏杆线荷载活荷载 1.5kN/m，恒荷载 1.5kN/m。材料：Q355 钢材；1860 钢绞线索；C30 混凝土。截面：索截面直径 36mm，板厚 120mm。

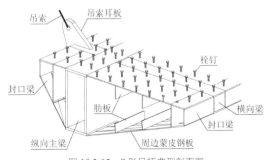

图 19.3-15　S 形吊桥典型剖面图

针对吊桥结构选型，分别分析了不同索力、不同倾角、纵向主梁不同截面高度下弧形吊桥的受力。

（1）纵向主梁不同截面高度的对比。索力100kN，倾角32°，不同截面高度吊桥结构的变形如表19.3-4所示。

不同截面高度结构变形			表19.3-4
纵向主梁截面高度/mm	500	600	700
最大位移/mm	98	81	69
最大位移差/mm	82	65	53

由表19.3-4可知，纵向主梁截面高度对结构变形的影响较大，结合建筑效果，最终确定纵向主梁截面高度为700mm。

（2）不同拉索倾角的影响。取索力100kN，截面高度700mm，不同拉索倾角下吊桥结构的变形如表19.3-5所示。

不同拉索倾角结构变形			表19.3-5
倾角/°	54	45	32
恒荷载作用下（含自重）最大位移/mm	28.0	28.0	31.2
"恒+活"作用下最大位移/mm	57.0	58.8	69.0
"恒+活"作用下最大位移差/mm	55.2	54.4	54.0

由表19.3-5可知，拉索倾角变化对吊桥结构整体变形影响较小。

（3）不同索力的影响。截面高度700mm，倾角54°，不同拉索索力下吊桥结构的变形如表19.3-6所示。

不同拉索索力结构变形			表19.3-6
索力/kN	100	125	150
恒荷载作用下（含自重）最大位移/mm	28.0	26.5	25.0
"恒+活"作用下最大位移/mm	57.0	55.7	54.4
"恒+活"作用下最大位移差/mm	55.2	55.0	54.0

由表19.3-6可知，索力变化对变形影响较小。

（4）进一步尝试每根索采用不同的倾角。当采用两侧倾角小、中间倾角大的方式时，可显著减少结构的变形。拉索变倾角模式下的结构变形如图19.3-16所示。

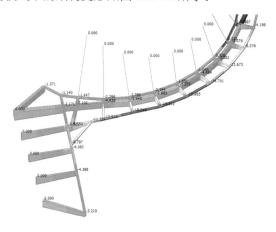

图19.3-16 变倾角模式下的结构变形

分析可知，结构在"恒 + 活"作用下最大位移为 18.86mm，最大变形差为 16.8mm。

变倾角模式下结构局部受力分析如图 19.3-17 所示。由于倾角的变化，两根拉索之间产生不平衡力，不平衡力绕结构形心产生弯矩，与桥面恒荷载、活荷载产生的弯矩相抵消，可显著减少结构的相对变形。综合上述（1）～（4）的分析，最终确定吊桥结构采用变倾角模式，截面高度为 700mm，控制索力不大于 150kN。

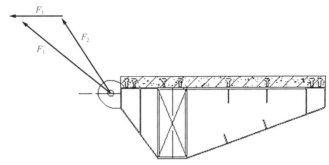

图 19.3-17　变倾角模式下结构局部受力分析示意图

单边吊索吊点主要设置在横向梁与封口梁交接处。斜索拉力竖向分力承担吊桥桥面的竖向荷载，斜索拉力的水平分力与吊桥两端约束，在 S 形吊桥内建立了自平衡内力。计算模型如图 19.3-18 所示。吊桥结构断面通过蒙皮钢板形成异形多边形箱形截面，大幅提升了吊桥的抗扭刚度，能够很好地抵抗吊桥承受的扭矩。蒙皮钢板应力分布如图 19.3-19 所示，可知钢板应力较小，表明截面抗扭性能较好。

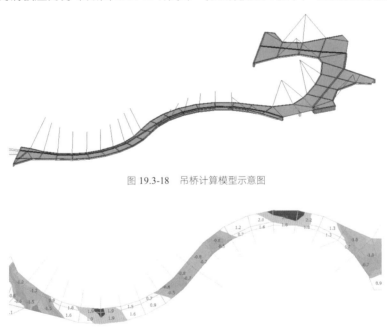

图 19.3-18　吊桥计算模型示意图

图 19.3-19　吊桥结构蒙皮钢板应力分布/MPa

19.4　专项设计

19.4.1　大跨度楼板舒适度分析

1. 大跨度楼板舒适度分析

图 19.4-1 所示为本项目 4 层武术厅大跨度梁施工现场和建成实景，梁跨达 29m，主梁截面为

H1600×600×30×36（mm）。选取偏不利位置，分析多人原地踏步下的楼板舒适度如图 19.4-2 所示，最大楼面加速度为 0.145m/s²，满足规范要求。项目投入使用以来，已多次举办儿童比赛活动，使用效果良好。

图 19.4-1 4 层武术厅施工现场和建成实景

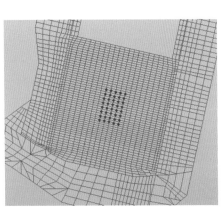
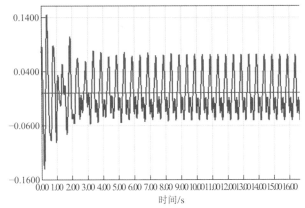

图 19.4-2 4 层武术厅楼板舒适度分析

2. 中庭结构舒适度分析

本项目中庭为空腹桁架结构，选取偏不利位置，分析多人原地踏步下的楼板舒适度如图 19.4-3 所示，最大楼面加速度为 0.115m/s²，满足规范要求。项目投入使用以来，效果良好。

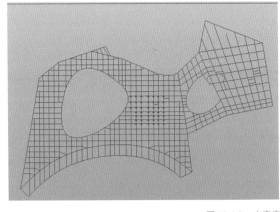
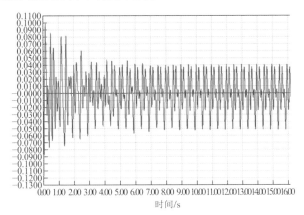

图 19.4-3 中庭空腹桁架楼板舒适度分析

3. 吊桥结构舒适度分析

本项目吊桥为柔性连接结构体系，设计分析了吊桥在风荷载作用下的舒适度。采用 10 年一遇基本风压 0.35kN/m²，利用 Davenport 谱 AR 法模拟风速时程，脉动风压时程曲线如图 19.4-4 所示。分别考虑风沿着与主入口中心线（假定为中庭入口两端柱中心连线）夹角（逆时针方向）为30°、60°、90°、120°、150°自外吹向中庭内，经分析吊桥最大加速度为 0.205m/s²，小于规范限值 0.25m/s²。

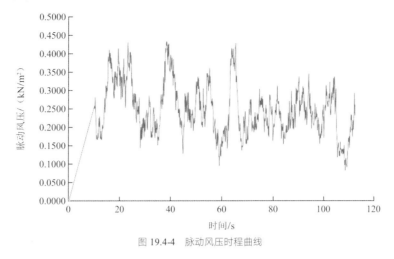

图 19.4-4　脉动风压时程曲线

吊桥设计时，分别考虑单人行走、单人跑步、多人连续行走工况，其中多人连续加速度值最大为 0.087m/s²，小于规范限值 0.25m/s²。主体完成后，业主委托华南理工大学对吊桥进行现场动力测试，结果见表 19.4-1。由表可知，列队行走的加速度值远大于并排行走，主要原因是并排行走时步伐相干性较强，列队行走时易出现"齐步走"的情况，不过最终实测结果均满足相关规范要求。

不同测试工况下的加速度值　　　　　　　　　　　　　　　　　　　　　　　表 19.4-1

测试工况		最大加速度值/（m/s²）	规范限值/（m/s²）
一	10 人并排（间距 1m×1m） 慢速行走（步距 0.60m，步频 1.7Hz）	0.063	0.25
二	10 人并排（间距 1m×1.25m） 慢速行走（步距 0.75m，步频 2.0Hz）	0.087	0.25
三	10 人并排（间距 1m×1.5m） 慢速行走（步距 0.90m，步频 2.3Hz）	0.140	0.25
四	10 人列队（间距 1m） 慢速行走（步距 0.60m，步频 1.7Hz）	0.060	0.25
五	10 人列队（间距 1.25m） 慢速行走（步距 0.75m，步频 2.0Hz）	0.153	0.25
六	10 人列队（间距 1.5m） 慢速行走（步距 0.90m，步频 2.3Hz）	0.156	0.25

19.4.2　超长不设缝楼盖分析

结构超长未设缝，对楼板进行了温度作用分析。楼板温度应力如图 19.4-5（a）所示，混凝土楼板大部分应力不大于 1.4MPa，小于 C30 混凝土抗拉强度；局部区域应力集中，最大应力为 2.31MPa。

设计中采用了以下措施：①根据考虑温度应力计算结果配置梁板抗温度钢筋，边、端部受温度应力影响较大的竖向构件也适当加大配筋；②纵、横向每隔 30～40m 设置一道后浇带，适当延长后浇带封闭时间，控制合拢温度为 15～20℃；③改善混凝土性能，采取高湿度养护等措施以减小混凝土收缩应变和早期开裂风险。目前，主体结构已经历一年四季的时间循环，梁板尚未出现任何明显裂缝。

图 19.4-5（b）和图 19.4-5（c）分别为 X 向和 Y 向设防地震下 3 层楼板的应力云图。由图可知，设防地震作用下，楼板拉应力小于 1.4N/mm²，均小于 C30 混凝土的抗拉强度，楼板具有较好的抗裂性。

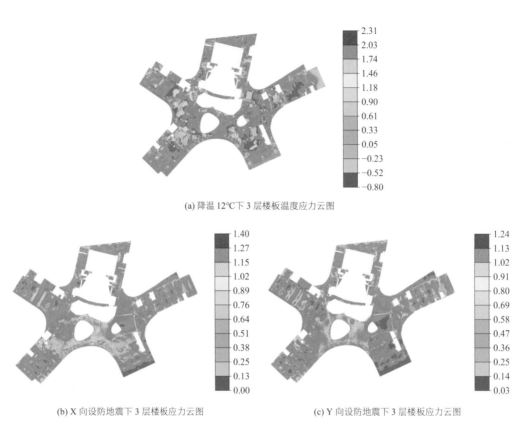

(a) 降温 12℃下 3 层楼板温度应力云图

(b) X 向设防地震下 3 层楼板应力云图

(c) Y 向设防地震下 3 层楼板应力云图

图 19.4-5　楼板应力云图/MPa

19.4.3　复杂节点有限元分析

大跨度弧形桁架与钢管混凝土柱相交节点可靠性对结构整体受力影响很大，利用 ANSYS 有限元方法进行分析。该节点钢管柱与桁架杆件强度等级为 Q420B，梁内型钢强度等级为 Q355B，管内混凝土强度等级为 C50。典型节点模型如图 19.4-6（a）所示，钢材采用 Solid165 单元，混凝土采用 Solid65 单元，约束钢管柱的下端平动与转动，其余构件端部为自由，以构件的端内力作为荷载输入，选取最不利荷载工况。分析结果如图 19.4-6（b）～（d）所示。

两倍最不利工况荷载下钢管混凝土柱下部应力比较大，但整体应力处于 300MPa 以下，节点处的钢构件仍然处于弹性状态。钢管混凝土柱下部区域混凝土应力最大，但都在 20MPa 以内（小于混凝土抗压强度设计值），混凝土应变仅为 0.0015，混凝土基本处于弹性状态。

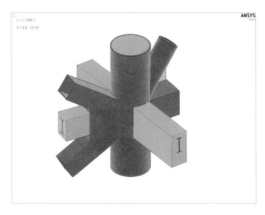

(a) 节点有限元模型简图

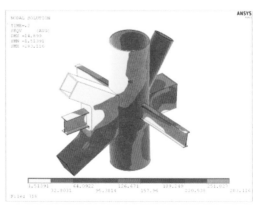

(b) 节点钢材 von Mises 等效应力云图/MPa

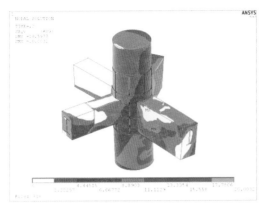 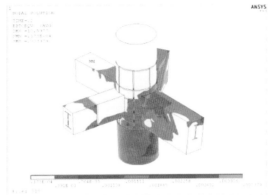

(c) 节点混凝土 von Mises 等效应力云图/MPa   (d) 节点混凝土 von Mises 等效应变云图/MPa

图 19.4-6 复杂节点有限元分析

19.4.4 BRB 减震专项分析

根据建筑平面各肢连接相对薄弱的特点,在各肢适当位置设置 BRB(图 19.4-7),一方面控制各肢小震作用下的周期比、层间位移角和位移比(图 19.4-8),增加了结构刚度,改善结构整体扭转效应,同时也提高了大震作用下的结构抗震性能。

图 19.4-7 典型节点楼层 BRB 布置示意图

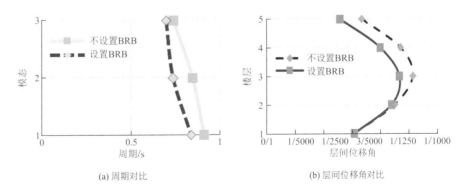

(a) 周期对比   (b) 层间位移角对比

图 19.4-8 层间位移角和位移比

根据规范选取 7 条地震波进行大震弹塑性时程分析,BRB 均发生屈服耗能。典型 BRB 耗能滞回曲线如图 19.4-9 所示,滞回曲线饱满,说明 BRB 在大震作用下发挥了耗能作用。

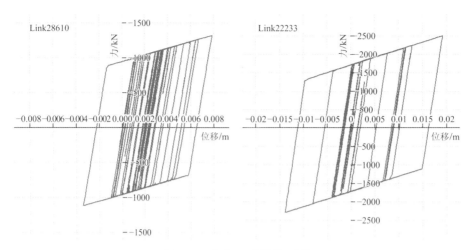

图 19.4-9　典型 BRB 耗能滞回曲线

由图 19.4-10 和图 19.4-11 可知，大震作用下主体结构大部分连梁呈现重度—严重损伤，说明连梁进入塑性耗能，由于连梁和 BRB 的耗能，使得大部分剪力墙呈轻度损伤，只有少量底部剪力墙呈中度损伤；大震作用下只有顶层少部分框架柱进入中度损伤，大部分主体框架柱为轻度损伤。大震作用下最大弹塑性层间位移角为 1/103，小于规范限值 1/100。大震作用下屈曲约束支撑首先进入屈服耗能，然后剪力墙连梁发生损伤耗能，框架梁逐渐发生损伤耗能，最后部分顶层框架柱和底层剪力墙发生损伤。从结构整体屈服过程看，屈服机制合理，结构基本实现了多道设防的目标，具有良好的抗震性能。

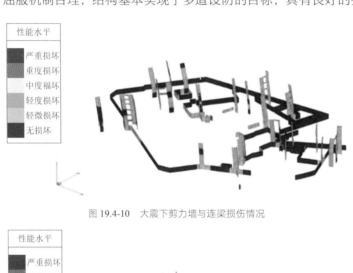

图 19.4-10　大震下剪力墙与连梁损伤情况

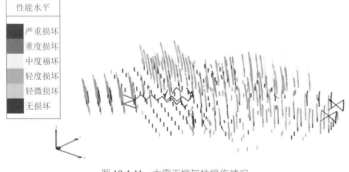

图 19.4-11　大震下框架柱损伤情况

19.5　结语

本工程属于复杂多层结构，为实现建筑复杂的平、立面造型及建筑空间需求，通过系统的计算分析及可靠的构造措施，确保了整体结构设计安全、可靠。主要结论如下：

（1）结构选型合理，性能化措施适当。小震作用下，结构抗侧刚度、抗扭刚度、位移角、受剪承载力之比等各项指标均满足相关规范要求。大震作用下，BRB 先进入屈服，随后连梁、框架梁逐次发生损伤，最后剪力墙底部与顶层部分柱发生损伤，整体结构屈服机制合理，实现了多道设防的目标。

（2）3 层及 4 层正交空腹桁架楼盖、内环桁架与大跨度弧形桁架协同受力，整个组合体竖向挠度、舒适度均满足相关规范要求，构件应力比均控制在 0.85 以内。大跨度弧形桁架关键节点受力可靠，具有较高的安全裕度。

（3）2 层悬挂吊桥通过合理找形，实现内力自平衡并显著减小了竖向变形差；通过采取桥面蒙皮钢板的措施保证了吊桥结构体侧向抗扭能力。吊桥在风荷载与人群荷载作用下的舒适度均满足相关规范要求。

（4）超长楼盖通过温度应力分析与构造加强措施，已经历一年四季的时间循环，梁板均未出现任何明显开裂。

参考资料

[1] 陈远, 刘宜丰, 邢银行, 等. 广州南沙青少年宫结构设计[J]. 建筑结构, 2022(5): 139-145.

设计团队

刘宜丰、陈　远、邢银行、邓普天、李常虹、冯中伟、周厚玲、叶　枫、吴啟钧

执笔人：陈　远、刘宜丰、邢银行、邓普天

获奖信息

2021 年度行业优秀勘察设计奖一等奖；

2021 年度四川省优秀勘察设计奖一等奖；

2021 年度四川省优秀勘察设计奖结构专项一等奖。

第20章

济南历下区文体档案中心

20.1 工程概况

20.1.1 建筑概况

历下区文体档案中心位于济南市历下区，为集游泳馆、体育馆、剧场、档案馆、图书馆、科技馆、体检中心等功能于一体的综合性建筑，建筑实景如图 20.1-1 所示，剖面图如图 20.1-2 所示。平面近似为 112m × 125m 的矩形，建筑总高度为 39.600m，建筑面积约 10 万 m²。建筑以天圆地方为核心概念，将各场馆布置于建筑四角，通过共享中庭串联各场馆。

本工程地上 6 层，采用钢筋混凝土框架-剪力墙结构体系。结合建筑特点，局部大跨度区域采用预应力混凝土梁或钢桁架；基础设计等级为乙级，采用独立基础、墙下条形基础，持力层为中风化石灰岩（较完整）和为中风化灰岩（较破碎）。典型结构平面布置图如图 20.1-3 所示。本项目设计完成时间为 2018 年，项目建成时间为 2020 年。

(a) 整体实景

(b) 体育馆实景

(c) 剧场入口实景

(d) 剧场实景

<table>
<tr><td>(e) 图书馆实景</td><td>(f) 中庭实景</td></tr>
</table>

图 20.1-1　建筑实景

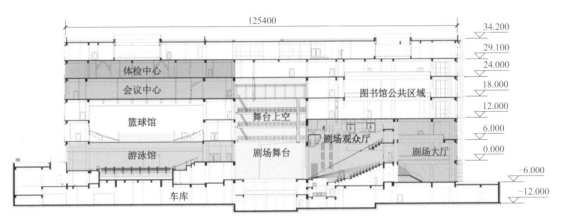

图 20.1-2　建筑剖面图

<table>
<tr><td>(a) 6.000m 标高</td><td>(b) 12.000m 标高</td></tr>
</table>

图 20.1-3　6.000m 和 12.000m 标高结构平面布置图

20.1.2　设计条件

1. 主体控制参数

结构安全等级如表 20.1-1 所示，结构设计主要控制参数如表 20.1-2 所示。

结构构件	安全等级	结构重要性系数
钢桁架、桁架支撑柱	一级	$\gamma_0 = 1.1$
吊柱、穿层柱	一级	$\gamma_0 = 1.1$
其余构件	二级	$\gamma_0 = 1.0$

控制参数 表 20.1-2

结构设计使用年限及基准期		50 年
建筑抗震设防分类		重点设防类（乙类）
地基基础设计等级		乙级
设计地震动参数	抗震设防烈度	7 度
	设计地震分组	第三组
	场地类别	Ⅱ类
	小震特征周期	0.45s
	大震特征周期	0.50s
	基本地震加速度	0.10g
建筑结构阻尼比	多遇地震	0.045
	罕遇地震	0.065（等效弹性算法）
水平地震影响系数最大值	多遇地震	0.08
	设防烈度地震	0.23
	罕遇地震	0.50
地震峰值加速度	多遇地震	35cm/s²

2. 结构抗震设计条件

地震作用参数按照《建筑抗震设计规范》GB 50011-2010 及《山东省建设工程抗震设防条例》取值。抗震设防烈度为 7 度，设计基本加速度值为 0.10g，设计地震分组为第三组，抗震等级如表 20.1-3 所示。

抗震等级 表 20.1-3

构件类型		抗震等级
剪力墙	中震下小偏拉剪力墙	特一级
	其余剪力墙	一级
混凝土框架	跨度大于 18m 框架	一级
	其余框架	二级
钢桁架		二级
钢框架		三级

本项目室外地坪起伏大，标高由南至北从 −6.000m 渐变至 ±0.000m，结构嵌固端设置在 −6.000m 标高楼层。

3. 风荷载

结构变形验算时，按 50 年一遇取基本风压为 0.45kN/m²，场地粗糙度类别为 C 类。

20.2 结构特点

20.2.1 结构布置

结构体系采用框架-剪力墙结构体系，为了满足建筑功能的要求，剪力墙尽量布置在电梯及楼梯周围，整体分析模型如图 20.2-1 所示。

结合建筑功能对游泳池、体育馆、剧场等大跨度区域采用了灵活的差异化处理，大跨度构件如图 20.2-2 所示。

考虑到游泳池区域室内空气湿度大，且空气中含有对钢结构腐蚀性较强的氯离子，故游泳池上方设置 34m 跨度的预应力混凝土梁。

体育馆上部为常规柱网的会议中心和体检中心，共设置 6 榀高度为 6m、跨度为 34m 的钢桁架；剧场舞台上部为常规柱网的图书馆，在建筑第 3 层设置 2 榀高度为 6m、跨度为 25.2m 的钢桁架。桁架上方设置钢框架，下方设置吊柱。通过设置钢桁架，实现楼上密柱至楼下稀柱的转换。

由于建筑功能的需要，对应楼板内凹区域，在建筑第 5 层设置 4 榀高度为 5.2m、跨度分别为 35.4m，25.2m 的钢桁架。

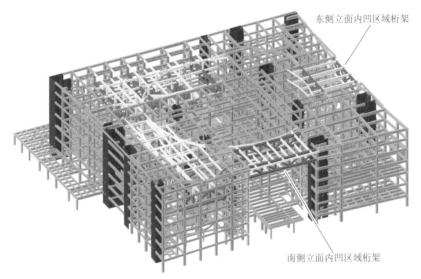

图 20.2-1　整体分析模型

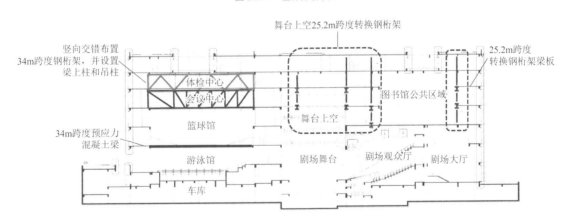

图 20.2-2　大跨度构件示意

20.2.2　结构多重复杂

1. 交错桁架转换结构

体育馆上方为常规柱网的会议中心和体检中心，共设置 6 榀高度为 6m、跨度为 34m 的钢桁架，为避免桁架集中于一层带来的抗侧力刚度突变，其中 3 榀钢桁架设置于建筑第 3 层，另外 3 榀钢桁架设置于建筑第 4 层，如图 20.2-3 所示。

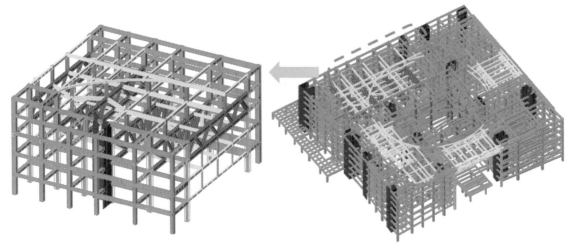

图 20.2-3　体育馆上方交错桁架示意

2．结构不规则项多

本工程具有大跨度转换、竖向构件不连续、楼板不连续、扭转不规则、凹凸不规则、局部夹层等多项不规则项。

3．构件类型复杂

主体结构采用钢筋混凝土框架-剪力墙结构体系，根据受力特点及使用条件选择合适的构件类型，如预应力混凝土梁、钢框架、钢桁架、钢吊柱、型钢混凝土梁、型钢混凝土柱等。

20.2.3　确保平面规则性的创新措施

本项目室外地坪起伏大，标高由南至北从−6.000m 渐变至±0.000m。本工程结构嵌固端设置在−6.000m 标高楼层，−6.000m 标高以上仅在建筑物北侧设置挡土墙，为了避免挡土墙与主体结构相连导致扭转不规则，将挡土墙与主体结构采用滑动连接，释放挡土墙的面内刚度。同时利用主体结构作为水平支点，避免 6m 高悬臂挡土墙造成用钢量的增加。挡土墙滑动连接做法及计算简图如图 20.2-4 所示。

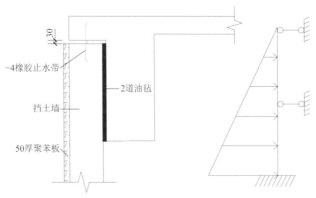

图 20.2-4　挡土墙滑动连接做法及计算简图

游泳池偏置于建筑地下 1 层北侧，池底标高−5.050m，池顶标高−2.350m，泳池顶部通过观众看台与 1 层相连。泳池跨层且泳池侧壁偏置造成结构扭转、刚度集中等抗震不利问题。通过在泳池观众看台及走道四周设置滑动支座，有效释放了水池侧壁刚度，达到结构受力合理、可靠的目标。泳池滑动支座分缝做法示意如图 20.2-5 所示。

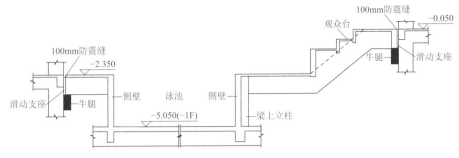

图 20.2-5　泳池滑动支座分缝做法示意

20.3　体系与分析

20.3.1　方案对比

体育馆上方共需设置 6 榀高度为 6m、跨度为 34m 的钢桁架作为水平转换构件。关于多道水平转换桁架的布置方案有两种,一种为多道桁架布置于同一楼层,一种为交错布置于不同楼层,如图 20.3-1 所示。

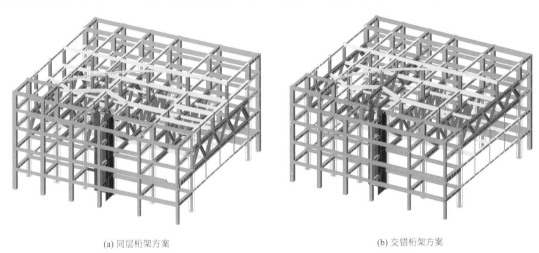

(a) 同层桁架方案　　　　　　　　　　　　　　(b) 交错桁架方案

图 20.3-1　桁架布置方案

"同层桁架"与"交错桁架"在多遇地震下指标对比如表 20.3-1 所示。由表可见,两种方案的自振周期非常接近,但沿 Y 向即桁架方向的刚度比、受剪承载力之比相差较大。"同层桁架"方案中,6 榀桁架集中布置于一层,导致刚度比与受剪承载力之比均不满足规范要求,出现了抗震不利的薄弱层。"交错桁架"方案,6 榀桁架交错布置于两层,各层刚度和受剪承载力更为均匀,无抗震薄弱层。

整体指标对比　　　　　　　　　　　　　　　　　表 20.3-1

指标项		同层桁架	交错桁架
自振周期/s	T_1	1.13	1.13
	T_2	1.07	1.08
	T_3	0.98	0.98
最小刚度比	X 向	1.00	1.00
	Y 向	0.79 < [0.90]	0.94
最小楼层受剪承载力之比	X 向	0.99	0.95
	Y 向	0.71 < [0.80]	1.00

采用 SAUSAGE 软件对两种方案进行弹塑性时程分析，罕遇地震下两种方案Y向层间位移角如图 20.3-2 所示。由图可知，交错桁架方案的层间位移角曲线更为平滑。

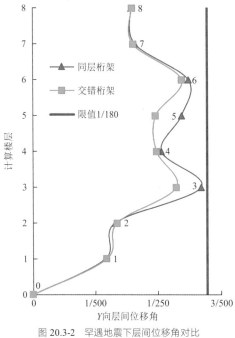

图 20.3-2　罕遇地震下层间位移角对比

罕遇地震下两种方案墙和柱的性能状况如图 20.3-3 所示。由图可知，对于 3 层、4 层竖向构件的损伤，交错桁架方案明显优于同层桁架方案；对于 5 层竖向构件的损伤，两种方案均较轻。

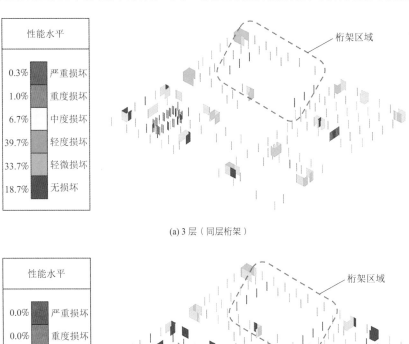

(a) 3 层（同层桁架）

(b) 3 层（交错桁架）

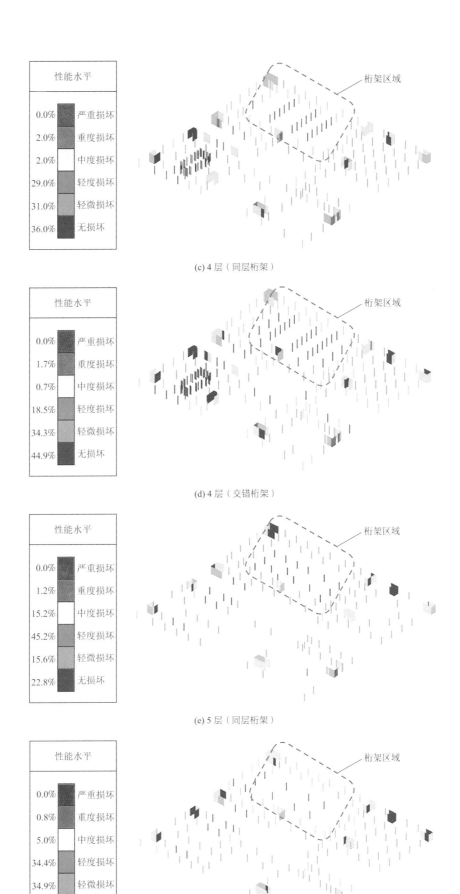

性能水平

0.0%	严重损坏
2.0%	重度损坏
2.0%	中度损坏
29.0%	轻度损坏
31.0%	轻微损坏
36.0%	无损坏

桁架区域

(c) 4 层（同层桁架）

性能水平

0.0%	严重损坏
1.7%	重度损坏
0.7%	中度损坏
18.5%	轻度损坏
34.3%	轻微损坏
44.9%	无损坏

桁架区域

(d) 4 层（交错桁架）

性能水平

0.0%	严重损坏
1.2%	重度损坏
15.2%	中度损坏
45.2%	轻度损坏
15.6%	轻微损坏
22.8%	无损坏

桁架区域

(e) 5 层（同层桁架）

性能水平

0.0%	严重损坏
0.8%	重度损坏
5.0%	中度损坏
34.4%	轻度损坏
34.9%	轻微损坏
24.9%	无损坏

桁架区域

(f) 5 层（交错桁架）

图 20.3-3　罕遇地震下墙和柱的性能状况

综上，桁架交错布置于不同楼层，使得楼层刚度、受剪承载力和层间位移角更为均匀，避免出现抗震不利的薄弱层。罕遇地震下竖向构件性能状况，交错桁架方案也明显优于同层桁架方案。

20.3.2 性能目标

1. 抗震超限分析和采取的措施

结构在以下方面存在超限：①扭转不规则——考虑偶然偏心的最大位移比 1.36 大于 1.2；②楼板不连续——第 3 和第 6 计算层楼板有效宽度均小于 50%；③局部不规则——局部穿层柱，部分钢柱、吊柱通过桁架转换。

针对超限问题，设计中采取了如下应对措施：

（1）结构抗震性能目标按 C 级。

（2）对于设防地震下小偏拉剪力墙，控制其名义拉应力不超过 $2f_{tk}$，墙肢内增设型钢，提高墙体竖向分布筋配筋率至 1.5%。

（3）沿建筑全高设置剪力墙约束边缘构件。

（4）桁架及其支撑柱按关键构件进行抗震性能化设计；钢桁架计算时不考虑楼板分担桁架弦杆轴力的有利作用，仅考虑楼板传来的荷载；补充竖向地震计算，保证桁架在竖向地震作用下安全。

（5）严格控制桁架杆件的长细比和应力比。长细比限值：$120 \times (235/f_{ay})^{1/2}$；应力比限值：多遇地震为 0.75，设防地震为 0.85，罕遇地震为 0.95。

（6）进行钢桁架的抗连续倒塌计算，确保桁架杆件的局部失效不会引起结构连续倒塌。

（7）进行钢桁架及大跨度预应力梁区域楼板舒适度分析。

（8）穿层柱截面及配筋验算的地震力放大至同层框架柱的平均值，并适当加强穿层柱相连的水平构件。

（9）进行地震作用下楼板应力计算，细腰处楼板设置水平交叉钢支撑。确保薄弱部位的楼板满足中震弹性、大震不屈服的性能目标。桁架及细腰处楼板厚度增大至 150mm，双层双向配筋，且配筋率提高至不小于 0.3%。

2. 抗震性能目标

根据抗震性能化设计方法，确定主要结构构件的抗震性能目标如表 20.3-2 所示。

主要构件抗震性能目标   表 20.3-2

项目			多遇地震	设防地震	罕遇地震
结构整体性能		性能水准	1	3	4
		定性描述	完好	轻度损坏	中度损坏
		位移角限值	1/800	1/360	1/180
混凝土结构	关键构件	钢桁架的支撑柱	弹性	弹性	受弯不屈服，受剪弹性
		底部加强部位剪力墙，穿层柱	弹性	受弯不屈服，受剪弹性	受弯不屈服，受剪不屈服
	普通竖向构件	一般区域剪力墙、普通框架柱	弹性	受弯不屈服，受剪弹性	受剪满足截面限制条件
	耗能构件	连梁、框架梁	弹性	受剪不屈服	框架梁受剪满足截面限制条件
	楼板	桁架弦杆相连处楼板，细腰处楼板	楼板不开裂	基本不开裂	允许开裂，钢筋不屈服；受剪不屈服
	连接节点	钢桁架的支撑柱节点	弹性	弹性	弹性
		其余框架节点	弹性	弹性	不先于构件破坏

项目			多遇地震	设防地震	罕遇地震
钢结构	关键构件	钢桁架	弹性	弹性	受弯不屈服，受剪弹性
		吊柱	弹性	弹性	弹性
	普通竖向构件	普通框架柱	弹性	受弯不屈服，受剪弹性	受弯屈服，受剪弹性
	耗能构件	框架梁	弹性	受弯屈服，受剪弹性	受弯屈服，受剪不屈服
	连接节点	桁架节点域	弹性	弹性	弹性
		其余框架节点域	弹性	按《高层民用建筑钢结构技术规程》JGJ 99-2015 第7.3.8条执行	

20.3.3　结构分析

1.多遇地震弹性计算分析

分别采用 PKPM 与 SAP2000 软件进行计算，振型数取 30 个，周期折减系数取 0.8。结构第 1 平动周期为 0.96s，扭转和平动周期比为 0.83，层间位移角见表 20.3-3。

地震和风荷载作用下最大层间位移角　　　　　　　　　　表 20.3-3

层号	X向地震作用	Y向地震作用	X向风荷载	Y向风荷载
7	1/1769	1/2358	1/9999	1/9999
6	1/1702	1/2011	1/9999	1/9999
5	1/1734	1/1767	1/9999	1/9999
4	1/1830	1/1621	1/9999	1/9999
3	1/2173	1/1691	1/9999	1/9999
2	1/2865	1/2140	1/9999	1/9999
1	1/5327	1/3139	1/9999	1/9999

同时，采用 SATWE 与 SAP2000 软件分析了结构在多遇地震作用下的弹性时程响应。时程分析所用的地震波以规范反应谱为参照进行选择，根据拟建场地特性选取了 5 组天然波及 2 组人工波作为时程分析的输入，并按照规范要求根据小震时程分析结果对反应谱分析结果进行了相应调整。

2.动力弹塑性时程分析

采用 SAP2000 与 SAUSAGE 软件进行结构的弹塑性时程分析，并考虑以下非线性因素：几何非线性、材料非线性、施工过程非线性。

1）基底剪力响应

表 20.3-4 给出了罕遇与多遇时程分析基底剪力峰值（单位为 kN）及对比结果。根据《建筑抗震设计规范》GB 50011-2010，罕遇地震和多遇地震的主分量加速度峰值之比为 6.29。X 向底部剪力峰值与相应多遇地震作用下底部剪力峰值之比的平均值为 4.91，Y 向为 4.90；X 主向和 Y 主向设防地震作用下结构底部剪力峰值与相应的多遇地震作用下结构底部剪力峰值之比均小于加速度峰值之比，表明结构在罕遇地震作用下部分构件进入塑性后，结构刚度有所下降，结构部分耗能机制已经形成。

时程分析基底剪力峰值对比　　　　　　　　　　表 20.3-4

地震波	TH125			TH010			TH002		
	多遇	罕遇	比值	多遇	罕遇	比值	多遇	罕遇	比值
X向	58816	280743	4.77	48679	256812	5.28	39796	186295	4.68
Y向	60279	273342	4.54	46729	262265	5.61	46906	213137	4.54

2）层间位移角响应

SAP2000 计算结果如图 20.3-4 所示，可知X向主激励时最大层间位移角为 1/258（第 4 计算层），Y 向主激励时最大层间位移角为 1/211（第 4 计算层）。SAUSAGE 计算结果如图 20.3-5 所示，可知X向主激励时最大层间位移角为 1/298（第 6 计算层），Y向主激励时最大层间位移角为 1/269（第 6 计算层）。SAP2000 与 SAUSAGE 最大层间位移角均满足预期目标 1/180 的要求。

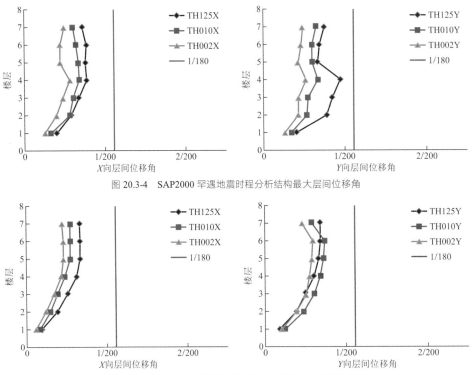

图 20.3-4　SAP2000 罕遇地震时程分析结构最大层间位移角

图 20.3-5　SAUSAGE 罕遇地震时程分析结构最大层间位移角

3）框架柱的损伤情况

SAP2000 罕遇地震弹塑性分析桁架支承柱 P-M2-M3 铰分布如图 20.3-6 所示，框架柱 P-M2-M3 铰分布如图 20.3-7 所示。可见桁架支撑柱处于线弹性阶段；部分框架柱进入屈服阶段，其中绝大多数框架柱 P-M2-M3 铰的性态未超过性能点 IO（立即使用），极少数框架柱铰性态接近性能点 LS（生命安全）。对两端均出铰的框架柱，设计进行了适当的配筋加强。

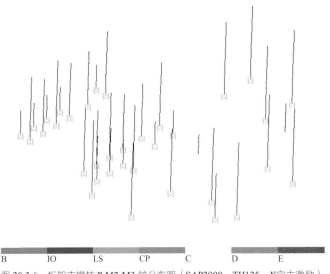

| B | IO | LS | CP | C | | D | E |

图 20.3-6　桁架支撑柱 P-M2-M3 铰分布图（SAP2000，TH125，X向主激励）

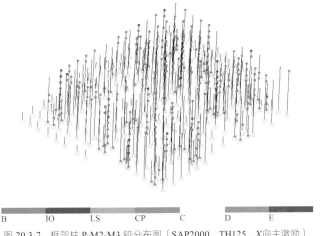

B   IO   LS   CP   C   D   E

图 20.3-7   框架柱 P-M2-M3 铰分布图（SAP2000，TH125，X向主激励）

4）剪力墙的损伤情况

剪力墙损伤情况如图 20.3-8 所示，少量墙体处于轻微损坏和轻度损坏（$d_c \leqslant 0.001$），90% 墙体处于中度损坏（$d_c \leqslant 0.2$），个别墙肢为重度损坏（$0.2 < d_c \leqslant 0.35$）。针对重度损坏墙肢，在 1～3 计算层墙肢内部增加 20mm 厚（墙厚的 1/30）钢板。

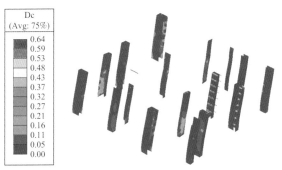

图 20.3-8   剪力墙损伤（SAUSAGE，TH125，X向主激励）

5）框架梁的损伤情况

框架梁弯曲铰分布如图 20.3-9 所示，SAP2000 中大部分框架梁已受弯屈服，已屈服的大部分框架梁弯曲铰的性态未超过性能点 IO（立即使用），少量弯曲铰性态接近性能点 LS（生命安全）。

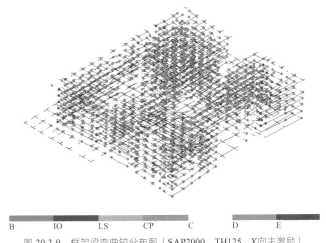

B   IO   LS   CP   C   D   E

图 20.3-9   框架梁弯曲铰分布图（SAP2000，TH125，X向主激励）

6）桁架和钢柱的损伤情况

SAP2000 模型中选取 TH125 地震波考察桁架与钢柱出铰情况如图 20.3-10 所示，可见在罕遇地震作用下，桁架与钢柱均处于弹性状态。

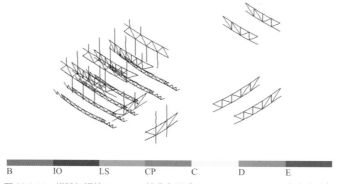

B   IO   LS   CP   C   D   E

图 20.3-10　桁架与钢柱 P-M2-M3 铰分布图（SAP2000，TH125，*X*向主激励）

7）结论

由上述分析结果可知，在罕遇地震作用下，结构的侧移指标满足规范要求。结构的塑性状态主要表现为连梁屈服，部分框架柱、框架梁屈服，但大部分铰未超过 IO（立即使用）性能点，仅少量铰接近 LS（生命安全）性能点，少量剪力墙处于轻微损坏和轻度损坏状态，90%剪力墙（较低楼层）处于中度损坏状态。整体结构及各结构构件达到了罕遇地震作用下预期的抗震性能目标。

20.4　专项设计

20.4.1　桁架区域楼板应力分析

楼板较大的面内刚度，使得楼板分担桁架弦杆大部分轴力，由此易导致楼板受拉开裂及受压损伤。图 20.4-1 所示为恒荷载 + 活荷载作用下楼板的应力分布，可见桁架区域最大楼板拉应力为 6～7MPa，大大超过了混凝土抗拉强度标准值，已经开裂。

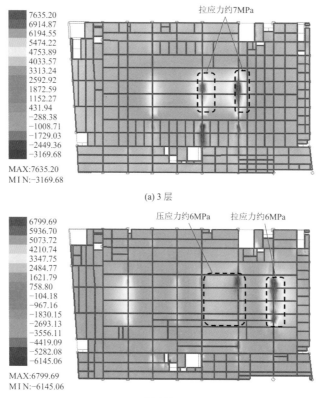

(a) 3 层

(b) 4 层

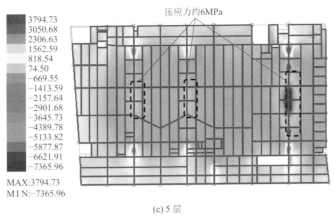

压应力约6MPa

MAX:3794.73
MIN:−7365.96

(c) 5 层

图 20.4-1　恒荷载 + 活荷载下楼板应力

1. 采用抗拔不抗剪栓钉

　　抗拔不抗剪栓钉是在传统栓钉的外围包裹刚度很小的泡沫塑料。在保留栓钉抗拔作用的前提下，允许栓钉发生滑移，构造形式如图 20.4-2 所示。抗拔不抗剪栓钉使钢-混凝土界面在不发生分离的条件下，产生自由滑动，从而释放混凝土板面内应力，降低混凝土楼板开裂的风险。

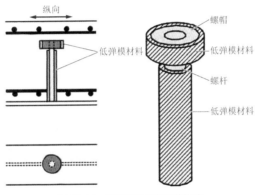

纵向

低弹模材料

螺帽

低弹模材料

螺杆

低弹模材料

图 20.4-2　抗拔不抗剪栓钉的构造

　　根据聂建国、陶慕轩关于抗拔不抗剪栓钉的研究，楼板面内刚度考虑 0.4 的折减系数，简化模拟布置抗拔不抗剪栓钉后楼板在面内自由滑动的特性。考虑抗拔不抗剪栓钉影响后，楼板拉应力如图 20.4-3 所示，楼板最大拉应力为 4MPa，相较于采取措施前，楼板应力降低约 43%。

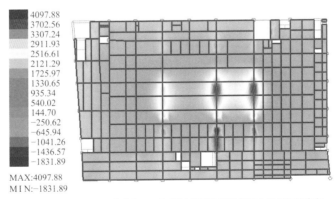

MAX:4097.88
MIN:−1831.89

图 20.4-3　恒荷载 + 活荷载作用下设置抗拔不抗剪栓钉后 3 层楼板拉应力

2. 设置后浇带

　　设置抗拔不抗剪栓钉可降低楼板应力，但楼板最大拉应力依然大于混凝土抗拉强度标准值。因此采取设置后浇带的措施，如图 20.4-4 所示，待各层施工完成后浇筑桁架两侧后浇带混凝土。通过设置桁架后浇带，使得恒荷载作用下，楼板不再参与桁架弦杆共同受力，仅在活荷载及装修荷载作用下与桁架弦杆共同承担轴力。此时，楼板拉应力如图 20.4-5 所示，楼板最大拉应力约为 1.45MPa，小于混凝土抗拉强度设计值，确保了正常使用工况下楼板不开裂。

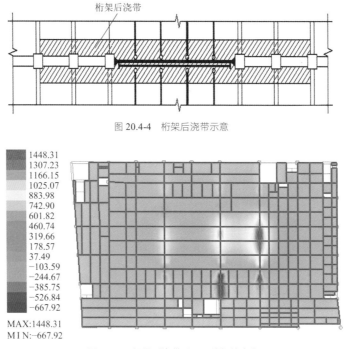

图 20.4-4　桁架后浇带示意

图 20.4-5　设置后浇带后 3 层楼板拉应力

20.4.2　空腹桁架效应分析

由于桁架竖向刚度有限，故桁架上方钢框架与桁架会形成空腹桁架导致共同受力。图 20.4-6 所示为桁架上方钢梁轴力图和变形图，最大钢梁轴力为 1542kN。较大的轴力使得钢梁截面加大，并导致梁柱连接节点设计困难。

为减小空腹桁架效应，桁架上方梁柱连接节点采用图 20.4-7 所示的长圆孔连接且螺栓后拧的措施，使得空腹桁架效应仅在活荷载及装修荷载下产生。设置长圆孔连接前后桁架上方钢梁轴力及腹板螺栓数对比见表 20.4-1，钢梁轴力降幅达到 73%。

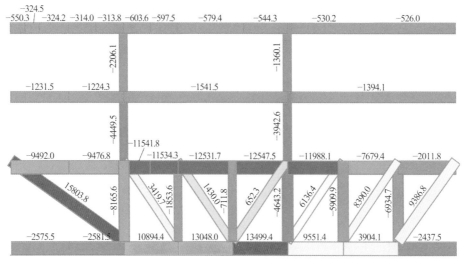

(a) 轴力图/kN

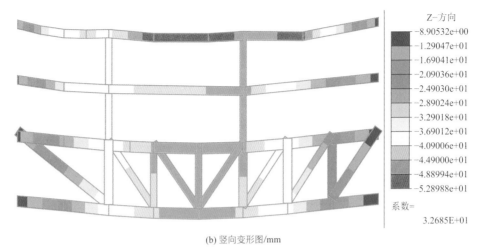

(b) 竖向变形图/mm

图 20.4-6 桁架上方钢梁轴力图和变形图

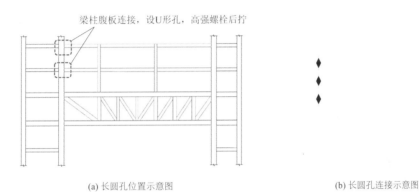

(a) 长圆孔位置示意图   (b) 长圆孔连接示意图

图 20.4-7 长圆孔位置与连接示意图

钢梁轴力及腹板螺栓数对比   表 20.4-1

类型	轴力/kN	腹板螺栓数
不设长圆孔	1542	8M24
设长圆孔且后拧	240	2M24

20.4.3 施工模拟分析

前文所述减小桁架区域楼板应力的措施如设置后浇带，减小空腹桁架效应的措施如设置长圆孔且后拧，均与施工工序相关。

交错布置桁架，使得施工组织较同层桁架方案难度有所增加。钢桁架、桁架上方的钢框架，桁架下方的吊柱，其构件内力和施工顺序紧密相关。因此，对于交错桁架结构，精细化施工模拟分析尤为关键，既关系到施工便利性，也关系到结构设计的安全性。

本工程交错桁架施工顺序如图 20.4-8 所示：①逐层施工混凝土结构；②安装钢桁架，确保钢桁架参与结构整体受力后，浇筑钢桁架范围内楼板混凝土，并留设桁架后浇带；③逐层安装桁架下吊柱及与之相连的钢梁，并浇筑钢梁范围内楼板混凝土；④逐层安装桁架上方框架柱及与之相连的钢梁，浇筑钢梁范围内楼板混凝土，并留设桁架后浇带；⑤拧紧桁架上方梁柱节点中的长圆孔螺栓，浇筑桁架后浇带的混凝土。

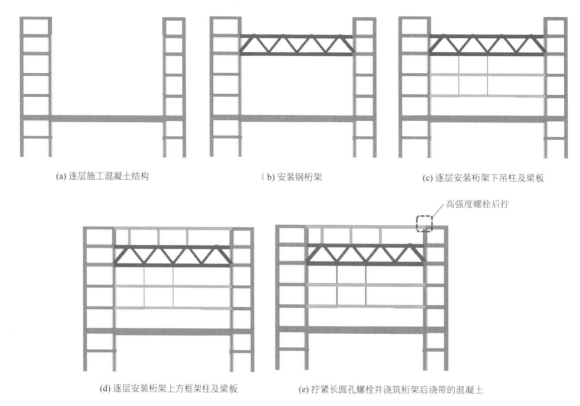

| (a) 逐层施工混凝土结构 | （b）安装钢桁架 | (c) 逐层安装桁架下吊柱及梁板 |

高强度螺栓后拧

(d) 逐层安装桁架上方框架柱及梁板　　(e) 拧紧长圆孔螺栓并浇筑桁架后浇带的混凝土

图 20.4-8　交错桁架施工顺序示意

20.4.4　大跨度楼盖舒适度分析

本工程在体育馆等大跨度区域均设置钢桁架，其中体育馆上方钢桁架跨度为 34m，剧场区域钢桁架跨度为 25.2m，两处内凹区域钢桁架跨度分别为 35.4m 和 25.2m。选取跨度较大的体育馆桁架、5 层内凹钢桁架区域进行舒适度分析，考察人致振动加速度是否满足舒适度要求。依据《建筑楼盖结构振动舒适度技术标准》(征求意见稿)，体育馆钢桁架处采用有节奏运动计算楼盖的振动响应，内凹区域钢桁架处采用单人行走激励计算楼盖的振动响应。

1. 参数取值

依据《建筑楼盖结构振动舒适度技术标准》中的相关规定，舒适度分析工况下的结构部分参数取值如下。

1）活荷载

依据《建筑楼盖结构振动舒适度技术标准》可知，内凹区域钢桁架和体检中心钢桁架处楼盖有效均布荷载取值分别为 $0.5kN/m^2$、$0.5kN/m^2$；体育馆钢桁架处人的等效均布荷载的标准值为 $1.5kN/m^2$。

2）混凝土弹性模量

依据《建筑楼盖结构振动舒适度技术标准》，舒适度计算时，钢筋混凝土楼板的混凝土弹性模量放大 1.35 倍。

3）阻尼比

依据《建筑楼盖结构振动舒适度技术标准》，体育馆钢桁架处楼盖在进行舒适度分析时阻尼比取 0.06，体检中心、内凹区域钢桁架楼盖在进行舒适度分析时阻尼比取 0.05。

2. 竖向频率分析

采用 SAP2000 程序建立模型，楼板采用壳单元进行模拟；梁、柱、支撑采用梁单元进行模拟。体育馆以及内凹区域钢桁架楼盖的竖向振型如图 20.4-9、图 20.4-10 所示。

内凹区域钢桁架楼盖竖向自振频率为 3.57Hz，满足《建筑楼盖结构振动舒适度技术标准》大于 3Hz 的要求。体育馆钢桁架楼盖竖向自振频率为 3.75Hz，不满足《建筑楼盖结构振动舒适度技术标准》大于 4Hz 的要求，下面对其进行楼盖竖向振动加速度分析。

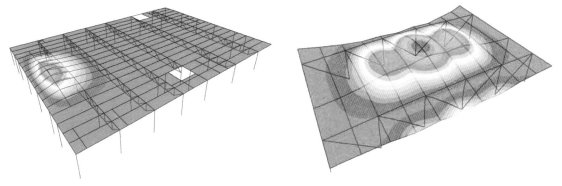

图 20.4-9　体育馆钢桁架楼盖第 1 阶振型　　　　图 20.4-10　内凹区域钢桁架楼盖第 1 阶振型

3. 加速度分析

体育馆钢桁架楼盖以有节奏运动计算楼盖的振动响应，依据《建筑楼盖结构振动舒适度技术标准》，有节奏运动荷载时程曲线如图 20.4-11 所示。取节点 1 分析体育馆钢桁架楼盖在有节奏运动荷载下的加速度，得到节点 1 加速度时程曲线如图 20.4-12 所示。

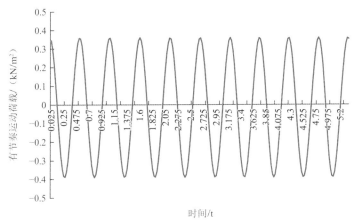

图 20.4-11　体育馆钢桁架楼盖有节奏运动荷载时程曲线

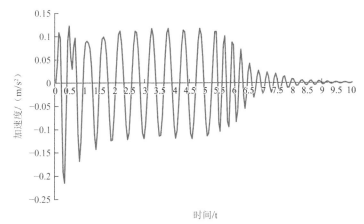

图 20.4-12　节点 1 加速度时程曲线

内凹区域钢桁架楼盖以单人行走激励计算楼盖的振动响应，依据《建筑楼盖结构振动舒适度技术标准》，单人行走荷载时程曲线如图 20.4-13 所示。取节点 3 分析内凹区域钢桁架楼盖在单人行走激励荷载下的加速度，得到节点 3 加速度时程曲线如图 20.4-14 所示。

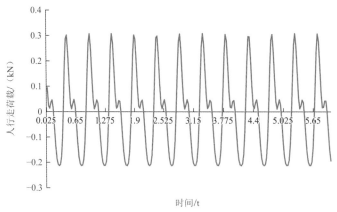

图 20.4-13　内凹区域钢桁架楼盖单人行走荷载时程曲线

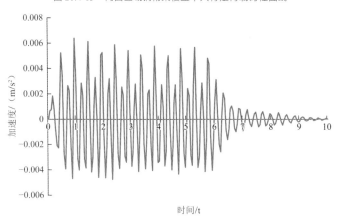

图 20.4-14　节点 3 加速度时程曲线

通过以上分析可知，体育馆钢桁架楼盖典型节点最大加速度为 0.12m/s²，满足《建筑楼盖结构振动舒适度技术标准》小于 0.5m/s² 的要求；内凹区域钢桁架楼盖典型节点最大加速度为 0.0063m/s²，满足《建筑楼盖结构振动舒适度技术标准》小于 0.15m/s² 的要求。

20.4.5　钢桁架抗倒塌分析

钢桁架在整个结构体系中起着重要作用，若钢桁架失效引起结构倒塌将带来严重的后果。因此采用拆除构件法，基于有限元软件 SAP2000，研究钢桁架在支座斜腹杆失效的情况下结构的抗倒塌性能。依据《建筑结构抗倒塌设计规范》CECS 392-2014，在"1.0 恒荷载 + 0.5 活荷载"工况下，利用非线性动力分析对钢桁架进行抗倒塌分析，考察钢桁架的受力性能。其中材料强度取标准值，梁的非线性采用集中弯曲塑性铰（M3 铰）模拟，同时受轴力和双向弯矩耦合作用的柱采用集中轴力-弯曲塑性铰（P-M2-M3铰）模拟。

由图 20.4-15 和图 20.4-16 可知，在拆除体育馆上方钢桁架支座处斜腹杆后，桁架面内最大位移为 41.44mm（1/820），面外最大位移为 0.42mm。拆除斜腹杆后，支座处桁架上弦杆件形成塑形铰，塑性铰的性态未超过性能点 IO（立即使用）。

拆除钢桁架支座处斜腹杆后，相邻斜腹杆轴力时程曲线如图 20.4-17 所示。由分析结果可知，拆除钢桁架支座处斜腹杆后，各杆件在时程过程中最大应力比为 0.759，最大剪应力比为 0.513，且折算应力小于屈服强度标准值，材料未达到屈服。

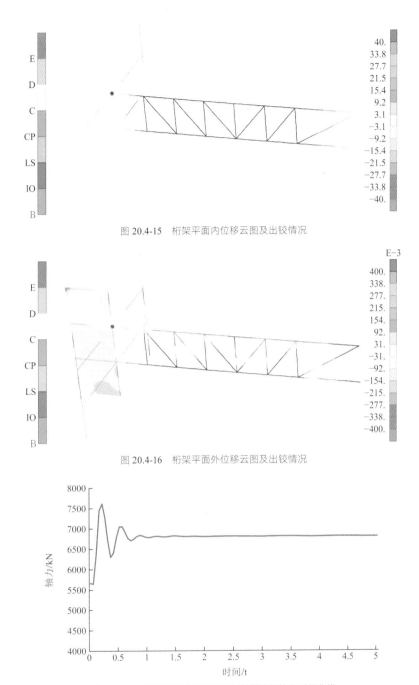

图 20.4-15　桁架平面内位移云图及出铰情况

图 20.4-16　桁架平面外位移云图及出铰情况

图 20.4-17　拆除支座处斜腹杆后相邻斜腹杆轴力时程曲线

20.5　结语

　　历下区文体档案中心项目，建筑造型以古代玉器玉琮为形象依托，创造方圆有致的建筑形态，为集游泳馆、体育馆、剧场、档案馆、图书馆、科技馆、体检中心等功能于一体的综合性场馆。建筑设计时将各场馆布置于建筑四角，通过共享中庭进行串联，以体现天圆地方的核心概念。本项目作为济南市重要的片区文化项目，现已成为历下区地标性建筑。

　　本项目通过结构体系的合理选择、灵活的抗震设计思路、精细化的计算分析，以及设计施工的密切配合，保证了建筑效果的完美呈现。

参考资料

[1] 广东省住房和城乡建设厅. 建筑结构荷载规范: DBJ 15-101-2014[S]. 北京: 中国建筑工业出版社, 2014.

[2] 吕西林. 超限高层建筑工程抗震设计指南[M]. 上海: 同济大学出版社, 2010.

[3] 住房和城乡建设部. 建筑抗震设计规范: GB 50011-2010[S]. 北京: 中国建筑工业出版社, 2016.

[4] 住房和城乡建设部. 高层建筑混凝土结构技术规程: JGJ 3-2010[S]. 北京: 中国建筑工业出版社, 2011.

[5] 聂建国, 陶慕轩, 聂鑫, 等. 抗拔不抗剪连接新技术及其应用[J]. 土木工程学报, 2015, 48(4): 7-14.

[6] 庄亮东, 陈伟, 聂鑫, 等. 抗拔不抗剪连接件在钢-混凝土组合框架结构中的应用[J]. 建筑结构学报, 2020, 41(1): 104-112.

设计团队

周劲炜、周　佳、吴小宾、周定松、金　升、赵　建、张恒飞、舒　欣

执笔人: 周劲炜、周　佳、赵　建、金　升

获得信息

2022 年度四川省优秀工程勘察设计建筑结构设计一等奖。

第21章

西昌综合医院

21.1 工程概况

21.1.1 建筑概况

西昌综合医院位于西昌北城新区宁远大道旁。医院占地 202 亩，总建筑面积 29.79 万 m²，由三级甲等综合医院、国际康养服务中心、教育与就业培训中心 3 个部分组成。其中综合医院建筑面积 17.05 万 m²，地下 2 层，地上 16 层（另有 1 层屋架）；塔楼标准层层高 4m，建筑高度 70.5m；塔楼平面呈 Z 形，长度 134.4m，单肢宽度 23.9m；裙房地上 4 层，建筑高度 21.3m，呈矩形平面，长度 193.2m，宽度 109.9m。项目建成实景如图 21.1-1 所示，典型建筑剖面图如图 21.1-2 所示，典型建筑立面图如图 21.1-3 所示，建筑典型平面图如图 21.1-4 所示。

图 21.1-1 项目建成实景

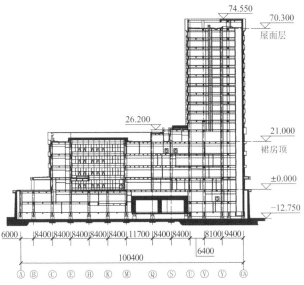

图 21.1-2 典型建筑剖面图

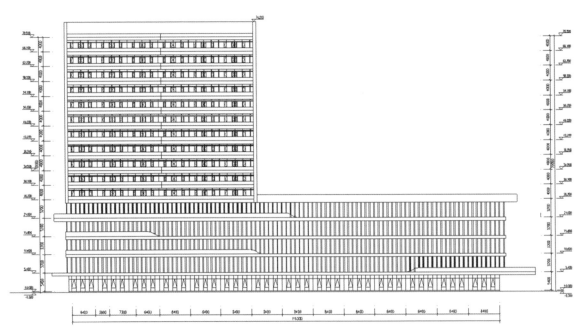

图 21.1-3 典型建筑立面图

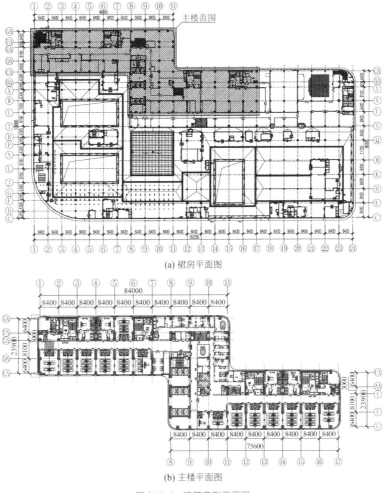

(a) 裙房平面图

(b) 主楼平面图

图 21.1-4 建筑典型平面图

21.1.2 设计条件

1. 主体控制参数（表 21.1-1）

控制参数 表 21.1-1

结构设计工作年限		50 年
建筑结构安全等级		基础、竖向构件、隔震层构件为一级，其余为二级
结构重要性系数		基础、竖向构件、隔震层构件为 1.1，其余为 1.0
建筑抗震设防分类		重点设防类（乙类）
地基基础设计等级		甲级
设计地震动参数	抗震设防烈度	9 度（0.40g）
	设计地震分组	第三组
	场地类别	Ⅱ类
	多遇地震特征周期	0.45s
	罕遇地震特征周期	0.50s
	考虑近场放大系数	1.5
建筑结构阻尼比	多遇地震	0.05
	罕遇地震	0.06
时程分析输入地震峰值加速度/（cm/s²）	多遇地震	140 × 1.5 = 210
	设防烈度地震	400 × 1.5 = 600
	罕遇地震	620 × 1.5 = 930

2．建筑抗震设防标准

根据《川投西昌医院（综合医院）场地地震安全性评价报告》，与《建筑抗震设计规范》GB 50011-2010（2016年版）（简称《抗规》）水平地震动参数比较见表21.1-2，设计采用的地震动参数取安评报告及考虑1.5的近场系数规范地震动参数较大值。

<table>
<tr><td colspan="7" style="text-align:center">《抗规》与安评报告水平地震动参数比较　　　　　　　　　表21.1-2</td></tr>
<tr><td rowspan="2">地震烈度</td><td colspan="2">场地特征周期T_g</td><td colspan="2">时程分析加速度峰值/gal</td><td colspan="2">水平地震影响系数最大值α_{max}</td></tr>
<tr><td>《抗规》</td><td>安评</td><td>《抗规》</td><td>安评</td><td>《抗规》</td><td>安评</td></tr>
<tr><td>多遇地震</td><td>0.45s</td><td>0.45s</td><td>$140 \times 1.5 = 210$</td><td>149</td><td>$0.32 \times 1.5 = 0.48$</td><td>0.373</td></tr>
<tr><td>设防地震</td><td>0.45s</td><td>0.45s</td><td>$400 \times 1.5 = 600$</td><td>455</td><td>$0.90 \times 1.5 = 1.35$</td><td>1.138</td></tr>
<tr><td>罕遇地震</td><td>0.50s</td><td>0.50s</td><td>$620 \times 1.5 = 930$</td><td>801</td><td>$1.40 \times 1.5 = 2.10$</td><td>2.003</td></tr>
</table>

3．风荷载

结构变形验算时，按50年一遇取基本风压为0.3kN/m²，承载力验算时按基本风压的1.1倍；场地粗糙度类别为B类；体型系数为1.4。

21.2 建筑特点

21.2.1 建筑总图方案对复杂场地基于抗震的适应性

近年来，四川省内地震多发，抗震形势严峻。项目场地所在西昌市属于9度设防地区，且市内有多条活跃断裂带分布。根据场地安评报告，安宁河东支断裂从场地西侧通过，至场地北侧的最近距离约200m，上断点埋深90～100m，不属于全新世活动断层，见图21.2-1；但场地至则木河断裂带主断面距离约为2.5km，应考虑其影响。安评报告结论是：该场地适宜工程建设，可忽略发震断裂错动对地面建筑的影响，但需考虑近断层影响。

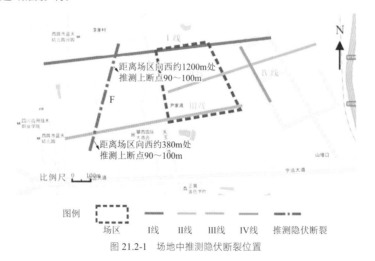

图 21.2-1 场地中推测隐伏断裂位置

场地西北侧距离安宁河东支断裂较近，且北侧场地软弱土层较厚，场地类别为Ⅲ类，而南侧场地类别为Ⅱ类，因此北侧建筑场地比南侧差。原建筑方案在靠近西侧布置综合医院和配套高层建筑，为进一步提升项目抗震可靠性，对建筑方案进行调整，将综合医院和配套高层建筑调整至东南侧，尽可能远离断裂带，即由图21.2-2（a）调整为图21.2-2（b），同时，由于高层建筑由Ⅲ类场地调整至Ⅱ类场地，地震响应明显降低，有利于建筑抗震设计，项目的经济性和安全性得到提升，建筑总图方案对复杂场地基于抗震的适应性得到有效加强。

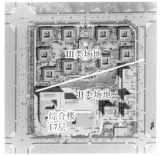

(a) 调整前   (b) 调整后

图 21.2-2 总图调整

21.2.2 高烈度设防区的超限复杂建筑结构

综合医院塔楼建筑高度 70.5m，大于 9 度区钢筋混凝土框架-剪力墙结构最大适用高度 50m，属于高度超限的高层建筑工程。基于建筑功能布局等因素，综合医院主楼偏置于裙房一侧，收进塔楼与裙房层的综合质心相差 25.8%，大于规范限值 15%；裙房楼层收进部位高度与房屋高度之比为 0.4，大于规范限值 0.2；收进水平尺寸与下部楼层水平尺寸之比为 57%，大于规范限值 25%，属于立面不规则结构。因此，综合医院属于竖向体型收进的复杂高层建筑结构。

综合医院建筑结构的复杂性还在于：塔楼平面呈 Z 形异形平面，总长度 134.4m，单肢宽度 23.9m，由于 Y 方向宽度远小于 X 方向长度，该方向抗侧刚度相对较小，为此，在剪力墙设置上有意加强 Y 方向，并在裙房以上楼层 Y 方向设置了 4 榀防屈曲约束支撑（BRB），以弥补由于建筑功能无法设置落地剪力墙的缺陷；裙房平面尺寸超长，长度 193.2m，宽度 109.9m，且楼层及屋面的楼盖有 4 处大开洞，最大洞口达到 13m×14m。

21.3 体系与分析

21.3.1 结构体系

针对综合医院超限、复杂高层结构、地震作用巨大的特殊性，对基础隔震的钢筋混凝土框架-剪力墙结构与非隔震的钢框架-支撑结构两种方案进行综合对比分析，如图 21.3-1 所示。从经济性角度，按照当时主要材料的市场价大致测算，不考虑维修及钢结构防火防腐造价的前提下，钢筋混凝土框架-剪力墙的隔震方案仅材料造价就可节省约 1.2 亿元，如表 21.3-1 所示。

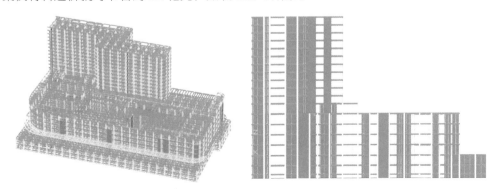

(a) 钢筋混凝土框架-剪力墙结构隔震方案模型

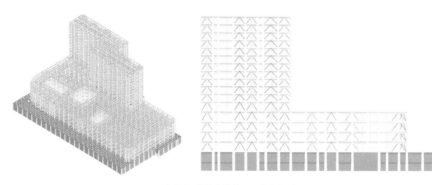

(b) 钢框架-支撑结构非隔震方案模型

图 21.3-1　两种结构方案对比模型

经典回眸·中国建筑西南设计研究院有限公司篇

隔震方案与非隔震方案经济性对比　　　　　　　　　　　表 21.3-1

材料用量	钢筋混凝土框架-剪力墙结构隔震方案	钢框架-支撑结构非隔震方案
混凝土用量/m³	69952.18	31218.87
总钢筋量/t	11189.27	3019.13
型钢用量/t	12464.86	37692.62
隔震支座造价/万元	4750	—
混凝土用量/（m³/m²）	0.41	0.18
钢筋用量/（kg/m²）	65.75	17.74
型钢用量/（kg/m²）	73.25	221.50
造价估算/万元	30224.12	42313.80
总建筑面积/m²	170167.87	
单方造价/（元/m²）	1776.14	2486.59

　　非隔震结构的典型振型如图 21.3-2 所示，可知第 5 振型与塔楼高位收进相关。由图 21.3-3（a）隔震与非隔震模型前 35 阶振型的基底剪力图可知，在 Y 向地震作用下，第 5 振型基底剪力大于第 1 振型，可见高位收进对非隔震结构的抗震不利影响较大，且易导致结构出现薄弱部位；在合理设置隔震层后，隔震模型 Y 向基底剪力主要由第 1 振型引起，其他振型对 Y 向基底剪力几乎无贡献。由图 21.3-3（b）不同振型的质量参与系数对比可知，隔震模型的振型质量参与系数集中在前 3 阶振型，而非隔震模型在 15～35 高阶振型均有质量参与。非隔震模型以摆动为主，而隔震模型主要变形集中于隔震层，上部结构的振动形式以整体平动为主，从而有效减小了高位收进引起的高阶振型效应。因此，采用隔震技术应对结构复杂性，可降低结构地震作用的效应，有效减少由于不规则引起的结构扭转效应、高振型效应。

　　通过反应谱法计算得到的隔震与非隔震模型的层间位移角及层间位移比见图 21.3-4。非隔震模型在 Y 向多遇地震作用下，降度后（按 8 度，并考虑 1.5 的近场增大系数）的部分楼层层间位移角及层间位移比接近或超过规范限值，裙房层间位移比达到 1.58，优化调整难度大，代价高。隔震模型按 9 度且考虑 1.5 的近场增大系数后，在地震作用增大近 1 倍的情况下，最大层间位移比仅为 1.38，小于规范限值 1.4，且层间位移角沿高度分布较为均匀，远小于非隔震模型的层间位移角及规范限值。

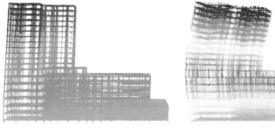

(a) 第 1 阶（$T_1 = 1.248$s）　　　　　(b) 第 5 阶（$T_5 = 0.395$s）

图 21.3-2　非隔震结构典型振型

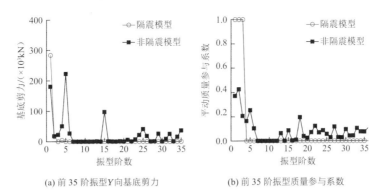

(a) 前 35 阶振型Y向基底剪力　　　　(b) 前 35 阶振型质量参与系数

图 21.3-3　隔震与非隔震模型参数对比

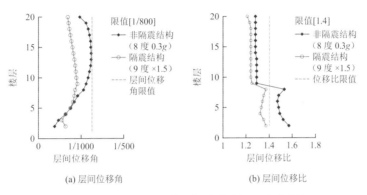

(a) 层间位移角　　　　(b) 层间位移比

图 21.3-4　隔震与非隔震模型的层间位移角及层间位移比

21.3.2　结构布置

主体结构采用框架-剪力墙结构体系，在电梯及楼梯间设置了剪力墙，裙房以上塔楼Y方向设置了 4 榀防屈曲约束支撑，主要参数见表 21.3-2，典型结构平面布置如图 21.3-5 所示。

主要构件截面：塔楼剪力墙厚度 600mm，裙房剪力墙厚度 500mm，部分采用钢板混凝土剪力墙，钢板厚度 16~40mm；塔楼框架柱截面尺寸 1200×1200mm，采用十字形钢骨型钢混凝土柱，裙房框架柱截面尺寸 800×800mm~1200×1200mm。

墙柱混凝土等级 C60~C40，隔震层支墩和转换梁混凝土等级 C60，其余梁板混凝土等级 C30~C35。钢材强度等级 Q355B。

采用筏板基础，以稍密~密实卵石为持力层，地基承载力特征值$f_{ak} \geqslant 300kPa$。

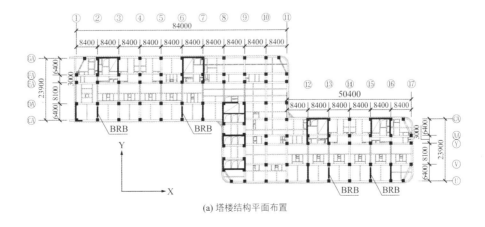

(a) 塔楼结构平面布置

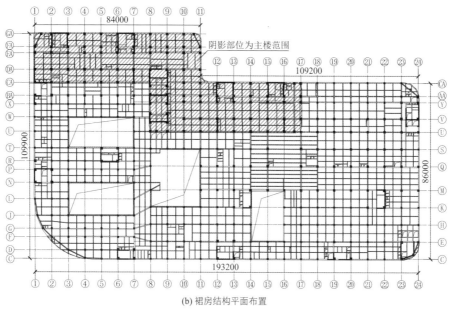

(b) 裙房结构平面布置

图 21.3-5 典型结构平面布置

防屈曲约束支撑（BRB）主要参数 表 21.3-2

所在楼层	屈服前刚度/（kN/mm）	屈服力/kN	极限位移/mm
5~6	786	4500	30
7~8	918	4000	25
9~10	940	3500	25
11~16	940	3000	25

21.3.3 抗震性能化设计

1. 抗震超限分析和采取的措施

本项目属超 A 级高度的超限高层建筑，且有以下不规则项：①扭转不规则，扭转位移比大于 1.2，小于 1.4；②竖向不规则，上部楼层收进部位高度与总高之比大于 0.2，上部楼层收进后的水平尺寸为下部楼层水平尺寸的 26%；③塔楼与裙房偏置，单塔质心与底盘结构在裙房顶层质心水平偏心 25.8%，大于 25%；④角部重叠的平面不规则；⑤局部不规则，有 4 根穿层柱。

针对超限问题采取如下加强措施：

（1）采用基础隔震技术有效减少由于不规则引起的结构扭转效应、高振型效应，提高结构的抗震性能。

（2）主体结构抗震性能目标设定为 C 级，将隔震层上下支墩及剪力墙转换梁、设置阻尼器支墩间框架梁及隔震层以上 7 层塔楼的剪力墙和框架柱、与 BRB 相连的梁和框架柱设定为关键构件，其中隔震层上下支墩及剪力墙转换梁、设置阻尼器支墩间框架梁性能水准提高至中震弹性设计，大震受剪弹性、受弯不屈服设计，高于 C 级要求。

（3）隔震层剪力墙转换梁及与黏滞阻尼器相连的框架梁、柱均采用型钢混凝土，梁箍筋全长加密。

（4）裙房顶上一层以下楼层的剪力墙采用钢板剪力墙，端部设置型钢，轴压比全高不大于 0.45。

（5）剪力墙底部加强部位和塔楼范围位于裙房屋面上下楼层的剪力墙水平分布钢筋配筋率不小于 0.40%，竖向钢筋配筋率不小于 0.6%；其他剪力墙水平分布钢筋配筋率不小于 0.35%，竖向分布钢筋配筋率不小于 0.4%。

（6）多遇地震、设防地震计算隔震层剪力墙转换梁内力时，周边楼板按弹性板考虑；大震下增加转换梁无楼板情况考虑，设计取包络值。

（7）隔震层楼板板厚及配筋予以加强，按设防地震下楼板不屈服、罕遇地震下钢筋承担全部楼板拉力验算，其中裙房部位板厚160mm，配筋率不小于0.25%；塔楼部位板厚180mm，配筋率不小于0.3%。裙房楼面开大洞附近楼板及裙房屋盖楼板板厚及配筋予以加强，板厚150mm，配筋率不小于0.25%，双层双向配筋；塔楼在裙房屋盖的上下层楼板，以及塔楼角部Z形重叠区域的楼板和BRB支撑框架附近的楼板加强板厚至130mm，配筋率不小于0.25%，双层双向配筋。

（8）隔震沟外挡土墙按照罕遇地震弹性设计。

（9）对超长混凝土结构进行了温度作用参与的组合工况分析，并对关键构件进行承载力复核。

2．抗震性能目标

结构总体抗震性能目标设定为C级，构件抗震性能水准如表21.3-3所示。

构件抗震性能水准 表21.3-3

项目		多遇地震	设防地震	罕遇地震
变形	最大层间位移角限值	1/800	1/267	1/111
关键构件	隔震层上下支墩	弹性	弹性	弹性
	隔震层框支转换梁、设置阻尼器支墩间框架梁	弹性	弹性	抗震受弯不屈服；受剪弹性；轻微损伤
	隔震层上7层塔楼范围内框架柱	弹性	弹性	抗震承载力不屈服；轻度损伤
	BRB相连的梁、柱	弹性	弹性	抗震承载力不屈服；轻度损伤
普通竖向构件	剪力墙 隔震层上7层	弹性	弹性	抗震承载力不屈服；轻度损伤
	剪力墙 其他部位	弹性	抗震受弯不屈服，受剪弹性	少量墙体受弯屈服，满足受剪截面要求，中度损伤
	其他框架柱	弹性	抗震受弯不屈服，受剪弹性	不出现整层柱受弯屈服，满足受剪截面要求，中度损伤
耗能构件	防屈曲约束支撑	弹性	不屈服	少量屈服
	钢筋混凝土连梁	弹性	受剪不屈服	满足受剪截面要求
	框架梁	弹性	受剪不屈服	满足受剪截面要求

21.3.4 结构分析

1．多遇地震弹性计算分析

分别采用ETABS和YJK软件进行多遇地震下的振型分解反应谱法分析，振型数取为35个，计算结果如表21.3-4所示，结构前3阶振型图如图21.3-6所示。地震输入降1度后的非隔震模型主要参数计算结果见表21.3-5，可知非隔震模型主要参数满足规范要求。

总质量与周期计算结果 表21.3-4

计算软件		YJK		ETABS	
总质量/t		319951.65		315677.72	
模型		隔震	非隔震	隔震	非隔震
周期/s	T_1	3.4557	1.2458	3.6564	1.2483
	T_2	3.4524	1.1721	3.6553	1.1761
	T_3	3.0657	0.9479	3.0364	0.8922
T_3/T_1		0.887	0.761	0.83	0.715

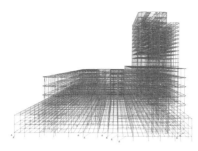
(a) 第1阶振型（Y向平动）

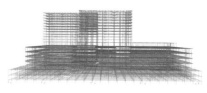
(b) 第2阶振型（X向平动）

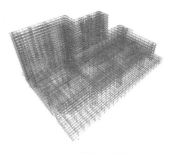
(c) 第3阶振型（扭转）

图 21.3-6　前3阶振型图

降度后非隔震模型主要参数计算结果　　　　　　　　　　　　表 21.3-5

项目		非隔震模型	
		YJK	ETABS
最大层间位移角	X向地震	1/963（13）	1/1120（13）
	Y向地震	1/821（12）	1/828（13）
基底剪力/kN	X向地震	226802	229203
	Y向地震	243637	242513
底层框架柱倾覆弯矩占比	X向地震	32.8%	35.4%
	Y向地震	30.9%	33.7%

2. 隔震设计与分析

1）地震波的选取

多遇地震、设防地震及罕遇地震计算分析均选取了实际5条强震记录和2条人工模拟加速度时程，地震波选取时满足规范相关选波要求，且均以非隔震模型及隔震模型进行振型分解反应谱法校准。多遇地震下，7组地震波的反应谱平均值与规范反应谱在非隔震模型及隔震模型前3阶周期点上相差最大值为12.7%，均小于20%，如图21.3-7所示。

采用三向地震波输入，其中三个方向的地震均考虑1.5的近场放大系数，多遇地震、设防地震及罕遇地震工况下加速度幅值取分别为210gal、600gal、930gal。每个工况地震波峰值按水平主方向：水平次方向：竖向 = 1：0.85：0.65 进行调整。

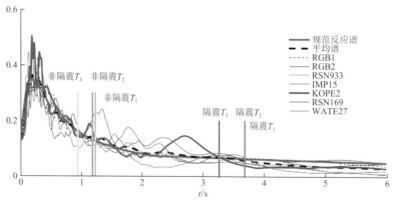

图 21.3-7　多遇地震下选定地震波的反应谱与规范反应谱比较

2）隔震层布置

基础隔震系统由铅芯橡胶支座（LRB）、无铅芯橡胶支座（LNR）、黏滞流体阻尼器（VFD）和弹性滑板支座（ESB）组成，布置如图21.3-8所示。

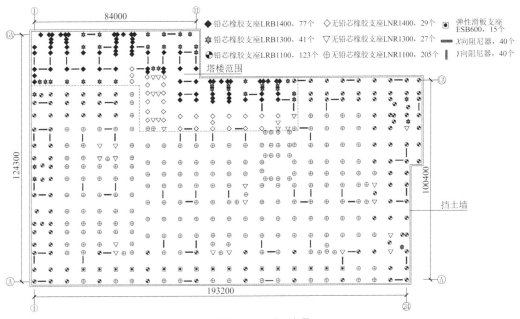

图 21.3-8　隔震层布置

隔震层共布置 7 种类型 517 个隔震支座: LRB1400 支座 77 个, LRB1300 支座 41 个, LRB1100 支座 123 个; LNR1400 支座 29 个, LNR1300 支座 27 个, LNR1100 支座 205 个; ESB600 弹性滑板支座 15 个。橡胶隔震支座剪切性能偏差为 S-A 类, 其主要参数见表 21.3-6。

隔震层的屈重比即总屈服力与结构总重力的比值约为 2%。在隔震层设置刚度相对较小的弹性滑板支座, 有助于调整隔震层刚度中心与上部结构综合质心的偏心, 使得隔震层 X 向偏心率为 0.364%, Y 向偏心率为 0.241%, 均远小于 3% 的规范限值要求。隔震层共设置了 80 个黏滞流体阻尼器, 其中 X 向和 Y 向各 40 个, 其主要参数见表 21.3-7。

橡胶隔震支座主要参数　　　　　　　　　　　　　　表 21.3-6

支座型号	竖向刚度/ (kN/mm)	屈服前刚度/ (kN/mm)	屈服力/kN	100%水平剪切变形等效刚度/ (kN/mm)
LRB1100	5450	20	197	3.06
LRB1300	6600	36	285	3.95
LRB1400	7500	42	315	4.51
LNR1100	4800	—	—	1.79
LNR1300	5700	—	—	2.25
LNR1400	6900	—	—	2.61
ESB600	6000	3	80	1.2

黏滞阻尼器主要参数　　　　　　　　　　　　　　表 21.3-7

阻尼系数/ (kN/(m/s)$^{\alpha}$)	速度指数	最大速度/ (m/s)	行程/mm
1700	0.3	1.0	±720

3）减震目标

采用分部设计法进行隔震设计, 隔震目标为将水平地震作用降低一度。设防地震下 7 条地震波的隔震模型与非隔震模型各楼层的层剪力比值的最大值为 0.352, 隔震模型与非隔震模型各楼层的层倾覆力矩比值的最大值为 0.367, 见表 21.3-8, 最大值即水平向减震系数 $\beta = 0.367 < 0.38$, 满足水平地震作用降低一度计算的要求, 但竖向地震及相关构造不降低。隔震后上部结构的水平地震影响系数最大值 $\alpha_{\max 1} = \beta \times \alpha_{\max}/\psi = 0.367 \times 0.32/(0.85 - 0.05) = 0.147$, 此值应乘以 1.5 的近场放大系数, 即隔震后上部结构地

震影响系数为 $0.147 \times 1.5 = 0.22$，实际取 0.24，即按 8 度（0.3g）地震输入进行隔震后上部结构设计。

水平地震减震系数   表 21.3-8

地震作用	隔震结构与非隔震结构层剪力比值最大值	隔震结构与非隔震结构层倾覆力矩比值最大值	减震系数
X向	0.352	0.367	0.367
Y向	0.348	0.353	0.353

4）隔震层验算

隔震支座极大压应力及极小压应力验算：按重力荷载初始应力下的三向地震输入（时程分析）和重力荷载与水平及竖向地震线性组合两种方式包络验算，其中橡胶隔震支座在罕遇地震作用下的极大压应力为 24.8MPa，小于规范限值 25MPa，该支座位于①轴交 CA 轴的剪力墙端部位置；橡胶隔震支座在罕遇地震作用下的极大拉应力为 0.59MPa，小于规范限值 1MPa，该支座位于裙房范围，而塔楼范围的支座未出现拉应力；弹性滑板支座极大压应力 22.3MPa，小于规范限值 30MPa，未产生拉应力。罕遇地震作用下隔震支座极大面压及极小面压计算结果如图 21.3-9 所示，说明采取裙房与塔楼不设抗震缝分离的大底盘隔震方案，可有效减小隔震支座在地震作用下的拉压应力。

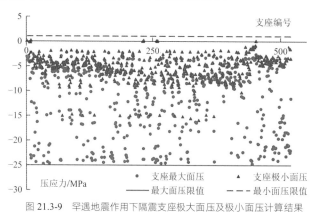

图 21.3-9　罕遇地震作用下隔震支座极大面压及极小面压计算结果

隔震层抗风承载力及弹性恢复力验算：隔震支座的屈服力与风荷载作用下隔震层的水平剪力标准值之比为 4.94，大于 1.4，满足规范要求；其罕遇地震下最大位移所对应的水平恢复力与总水平屈服力及摩阻力和之比为 2.18，大于 1.2，满足规范要求。

抗倾覆验算：罕遇地震作用下，结构两个方向的抗倾覆力矩与倾覆力矩比值均大于 1.2，说明采取裙房与塔楼不设抗震缝分离的大底盘隔震方案，具有较大抗倾覆能力。计算结果如表 21.3-9 所示。

罕遇地震作用下隔震层抗倾覆验算   表 21.3-9

地震作用	倾覆力矩/（kN·m）	抗倾覆力矩/（kN·m）	比值
X向	2.31×10^7	3.08×10^8	13.3
Y向	2.01×10^7	1.60×10^8	8.0

3. 罕遇地震动力弹塑性时程分析

采用 SAUSAGE 软件，选用 5 组实际地震记录和 2 组人工模拟的加速度时程曲线进行罕遇地震下结构的弹塑性时程分析，计算结果如下：底部剪力与多遇地震反应谱法计算结果之比的平均值为 X 方向 3.56，Y 方向 3.49；结构顶层的位移时程曲线如图 21.3-10 所示，相比于弹性时程分析，弹塑性时程分析的位移有所变小，位移也较好地呈收敛趋势；X 向的平均最大楼层层间位移角为 1/179，出现在第 8 计算层（6 层楼面）；Y 向的平均最大楼层层间位移角为 1/184，出现在第 2 计算层（地下 1 层楼面）。

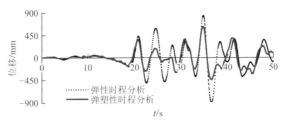

图 21.3-10 罕遇地震作用下结构顶层位移时程曲线

罕遇地震作用下典型耗能构件滞回曲线如图 21.3-11 所示，其中隔震层的黏滞阻尼器及铅芯橡胶支座耗能作用明显，而上部结构防屈曲约束支撑（BRB）仅在下部楼层少量屈服。统计可知，黏滞阻尼器提供约 5% 的附加阻尼比；隔震支座提供约 4.7% 的附加阻尼比；上部结构构件的弹塑性耗能，提供的附加阻尼比仅为 0.7%。

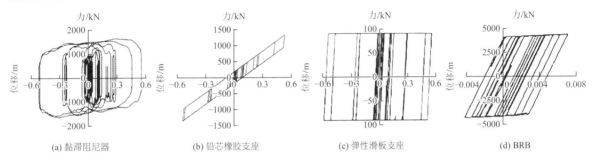

(a) 黏滞阻尼器　　　　　(b) 铅芯橡胶支座　　　　　(c) 弹性滑板支座　　　　　(d) BRB

图 21.3-11　罕遇地震作用下典型耗能构件滞回曲线

罕遇地震作用下结构主要构件性能水平如图 21.3-12 所示。隔震层框支转换梁均未屈服，处于轻度及以下损伤；剪力墙内型钢、钢板以及钢筋均没有屈服，关键构件均处于轻度及以下损伤；从图 21.3-12（c）可知，属关键构件的塔楼范围内的底部 7 层及与 BRB 相连框架柱有少量轻微损坏，所有关键框架柱均处于轻度及以下损伤，裙房部分柱中度破坏，仅裙房屋面层少量裙房柱钢筋屈服，整个框架柱均达到相应性能目标。综合可知，各构件均能满足性能目标要求。

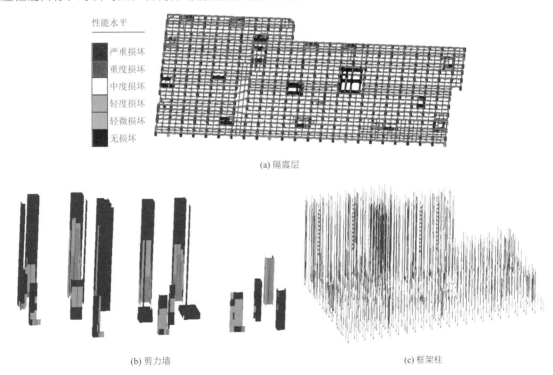

图 21.3-12　罕遇地震作用下结构主要构件性能水平

21.4 专项设计

21.4.1 设缝分析

1. 裙房与塔楼分缝论证

针对塔楼严重偏置，传统非隔震结构往往在裙房与主楼之间设置抗震缝，以减少结构的塔楼偏置以及高位收进等不规则项带来的抗震不利影响。而对于隔震结构，采用上部结构分缝，共用隔震层大底盘隔震的分缝方案是一种通常做法。为此，对上部结构分缝而共用大底盘隔震层方案和上部结构不分缝的整体隔震方案进行对比分析。

计算结果表明，两种方案前 2 个振动周期相近，均是隔震层产生的整体平动；质量参与系数基本一致，均集中在前 2 个周期，故隔震层剪力也较为接近，可知两种方案的地震响应差别不大。但分缝方案的减震效果较整体方案差，水平减震系数较大；塔楼部位部分隔震支座拉应力较大，超过 1MPa 的规范限值。两种方案的主要计算参数对比如表 21.4-1 所示。

裙房与主楼分缝与不分缝整体方案的参数对比   表 21.4-1

方案	T/s	多遇地震	设防地震	罕遇地震
		隔震层剪力/kN	水平减震系数	角部支座拉应力
分缝方案	$T_1 = 3.66$，$T_2 = 3.65$	301545.3	0.401	1.64
整体方案	$T_1 = 3.65$，$T_2 = 3.65$	302972.1	0.367	0.28

分缝方案的裙房结构单元部分指标如层间位移角等难以满足要求，需要加强抗侧刚度，但结构布置进行调整将影响建筑使用功能。

综上所述，采用上部塔楼与裙房不分缝的整体基础隔震方案更有利。

2. 直线加速器治疗室与主体结构设缝分离论证

由于医疗工艺安排，直线加速器治疗室位于隔震层以上的地下室的主楼范围，其防辐射墙采用厚度为 1.2～3m 的钢筋混凝土墙。若防辐射墙与上部结构连为一体，其增大的抗侧刚度导致结构刚心与质心大幅度偏离，所引起的上部结构扭转位移比偏大。计算分析也发现，此时防辐射墙下面的隔震支座拉应力较大，超过规范限值，以及其下相邻的隔震层楼板损伤较严重。为此，将直线加速器治疗室在隔震层以上设置 100mm 抗震缝与周边主体结构脱离，如同"房中房"，如图 21.4-1 所示。分离后情况明显改善，两种方案对比如表 21.4-2 及图 21.4-2 所示。

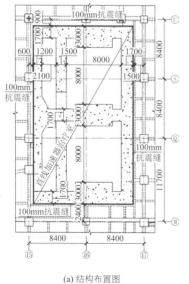

(a) 结构布置图

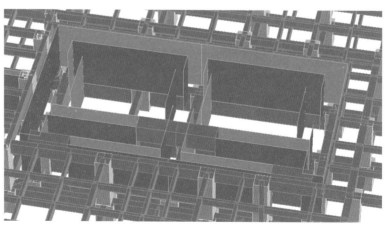

(b) 三维模型图

图 21.4-1 直线加速器治疗室与主体结构分缝

经典回眸 中国建筑西南设计研究院有限公司篇

方案	多遇地震	罕遇地震	
	隔震层上一层扭转位移比	辐射墙角部隔震支座最大拉应力/MPa	辐射墙转换梁及周边楼板损伤
不分离	1.67	3.5	严重损伤
上部分离	1.38	0.6	轻度损伤

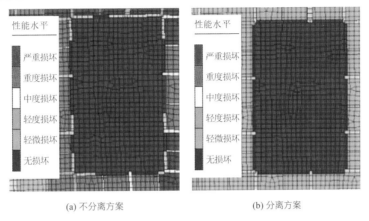

(a) 不分离方案　　　　　　　　　(b) 分离方案

图 21.4-2　直线加速器治疗室下隔震层周边楼板损伤

21.4.2　近断层影响分析

近场地震具有明显的速度脉冲特性，其显著特点是含有明显的速度脉冲波形、较长的脉冲周期和丰富的低频成分。相关文献对近断层地震动特征参数对基础隔震结构地震响应的影响分析表明，进行近断层地震作用下的基础隔震结构设计时，地面速度峰值 PGV 与地面位移峰值 PGD 应优于地面加速度峰值 PGA 成为地震动输入的控制参数。抗震规范通过近场影响系数考虑地震波幅值的放大，但未考虑近场脉冲地震的长周期频谱成分影响。

为此，选取 3 组常规远场波及 3 组近场脉冲波进行分析对比。其中 3 组近场脉冲波，其距离断层均在 10km 以内，震级均不小于 6.5 级，选用地震波信息如表 21.4-3 所示。隔震结构分析时，常规远场波按规范要求乘以 1.5 的近场影响系数，主方向加速度幅值为 930cm/s^2；对比的脉冲波由于已经考虑近断层地震动特性，不考虑近场影响系数，主方向加速度幅值为 620cm/s^2。

选用地震波信息　　　　　　表 21.4-3

类型	地震波	地震事件	PGV/（cm/s）	震中距/km
近场脉冲波	RSN802	Loma Prieta	45.93	7.58
	RSN1165	Kocaeli Turkey	38.26	7.21
	RSN1605	Duzce Turkey	71.05	6.58
常规远场波	TH1	Imperial Valley	26.3	22.03
	TH2	IWATE	5.28	66.6
	TH3	Northridge	9.8	41.1

如图 21.4-3 所示，罕遇地震作用下常规远场波 TH2 的瞬时地震输入能大于近场脉冲波 RSN802，但由于速度脉冲效应的影响，近场脉冲波作用下的隔震层质心位移幅值明显大于常规远场波。

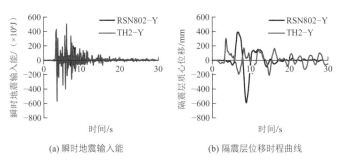

(a) 瞬时地震输入能　　　　　　　(b) 隔震层位移时程曲线

图 21.4-3　罕遇地震作用下瞬时输入能及隔震层位移时程曲线

如图 21.4-4 所示，在不同屈重比下近场脉冲波的水平减震系数、基底剪力、最大层间位移角和隔震层质心位移均大于常规远场波，说明近场脉冲波作用下隔震效果将降低，考虑 1.5 的近场影响增大系数并不足够包络近场脉冲波对隔震结构的影响效应。为此，在结构设计时补充 3 条速度脉冲波，结合乘以 1.5 近场影响系数的远场波进行时程分析。

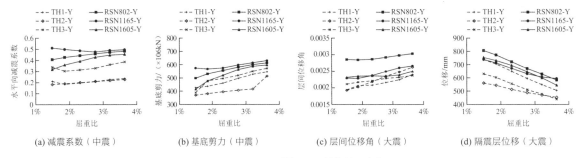

(a) 减震系数（中震）　　(b) 基底剪力（中震）　　(c) 层间位移角（大震）　　(d) 隔震层位移（大震）

图 21.4-4　不同屈重比下隔震结构地震响应

21.4.3　组合隔震分析

支座变形限值为 $\max(0.55D = 605\text{mm}, 3r = 696\text{mm}) = 696\text{mm}$，满足限值要求的隔震层屈重比需要达到 3.5% 以上，意味着 90% 以上的隔震支座需要采用铅芯支座，且随着隔震层刚度增加，隔震效果下降。为此，采用组合隔震方案，在隔震层 X、Y 向各设置 40 个黏滞阻尼器，形成与橡胶隔震支座组合隔震的方案 1，与仅设置橡胶隔震支座的方案 2 进行对比分析。

两种隔震方案的典型能量耗散分布如图 21.4-5 所示：两种方案总的输入能差别不大，且隔震层的消能器均耗散大部分能量。其中方案 2 的位移型阻尼器即隔震支座耗能占比达到 51.3%，而组合隔震的方案 1 的隔震支座耗能占比约 34%，速度型阻尼器即黏滞阻尼器耗能占比约 33%。耗能少且变形小，即组合隔震的方案 1 的隔震支座位移明显小于方案 2；同时组合隔震的方案 1 的隔震层总的耗能比达到 67%，大于方案 2 的 51.3%，说明组合隔震不仅有效减小隔震支座位移，而且能消耗更多的地震能量，使得上部结构构件进入塑性耗能的比例不到 0.4%，屈服耗能机制更为合理。

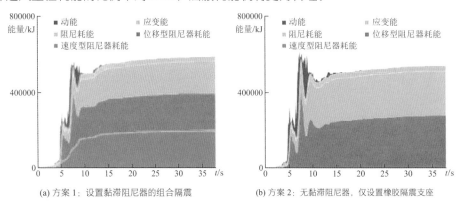

(a) 方案 1：设置黏滞阻尼器的组合隔震　　(b) 方案 2：无黏滞阻尼器，仅设置橡胶隔震支座

图 21.4-5　两种方案在罕遇地震作用下能量耗散分布对比

从图 21.4-6 可知，方案 1 的上部结构层间位移角、楼层剪力均小于方案 2。

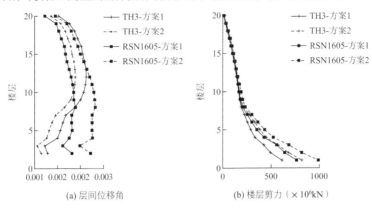

(a) 层间位移角 (b) 楼层剪力（×10⁶kN）

图 21.4-6 两种方案的上部结构减震性能

图 21.4-7 所示为罕遇地震作用下塔楼 CA 轴线上 25 个橡胶隔震支座的面压分布，可见方案 1 的橡胶隔震支座的极大面压比方案 2 小约 8%～15%，且均小于限值 25MPa，而方案 2 有支座极大面压大于该限值。

表 21.4-4 给出罕遇地震作用下的隔震层Y向位移，可知方案 1 的隔震层位移均显著小于方案 2。

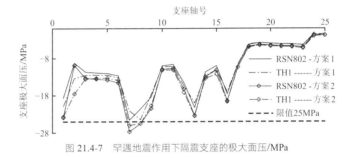

图 21.4-7 罕遇地震作用下隔震支座的极大面压/MPa

罕遇地震作用下隔震层 Y 向位移   表 21.4-4

隔震方案	隔震层位移/mm					
	常规波（考虑 1.5 近场系数）			脉冲地震波		
	TH1	TH2	TH3	RSN802	RSN1165	RSN1605
方案 1	483.5	411.3	569.6	587.1	596.8	531.7
方案 2	702.5	545.8	604.8	778.1	715.2	735.8
降低比例	31.2%	24.6%	5.8%	24.5%	16.6%	27.7%

对黏滞阻尼器的阻尼系数C_d和速度指数α进行参数化分析，了解其对隔震层位移及上部结构水平减震系数的影响，如图 21.4-8 及图 21.4-9 所示，隔震层质心位移随着阻尼系数C_d增大而减小，随着速度指数α的增大而呈增大趋势；上部结构的水平减震系数随着阻尼系数C_d增大而增大，随着速度指数α的增大而呈减小趋势，但变化幅度均较小。最终黏滞阻尼器的阻尼系数取为 1700kN/(m/s)$^{\alpha}$，速度指数取为 0.3。

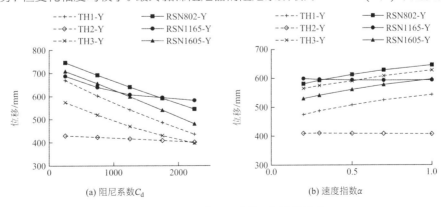

(a) 阻尼系数C_d (b) 速度指数α

图 21.4-8 不同黏滞阻尼器参数下的隔震层位移

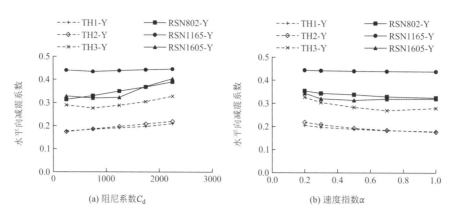

图 21.4-9　不同黏滞阻尼器参数下的上部结构水平减震系数

　　综上所述，隔震层设置速度型黏滞阻尼器，在不增加隔震层的静刚度、不影响上部结构隔震效果，同时耗散大量地震能量，可有效降低地震作用下的隔震支座受力，减少隔震层的位移，是提升隔震效果的有效方式。

21.4.4　超长结构温度作用分析

　　针对隔震层长约 200m、宽约 124.3m 的超长混凝土结构特征，对季节性温差下的温度效应进行分析，考虑室内升温 15℃ 及降温 15℃ 的等效温差，采用 SAP2000 软件，计算所得隔震层楼盖温度应力如图 21.4-10 所示。降温工况下，取消隔震支座的模型楼板拉应力大部分为 1.8～2.7MPa，最大拉应力达到 3.5MPa；有隔震支座的模型的楼板绝大部分拉应力则降低至 1.14～1.78MPa，均小于楼板 C35 混凝土抗拉强度标准值 $f_{tk} = 2.2$MPa，仅中间剪力墙角部及楼板转角处存在应力集中，最大拉应力为 2.49MPa，楼板混凝土拉应力减小约 35%。说明设置隔震层后，楼盖受到的约束较小，温度降低引起的混凝土收缩得到释放，上部结构的温度效应相应降低。

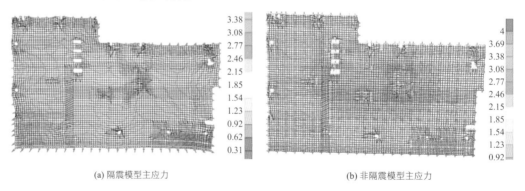

(a) 隔震模型主应力　　　　　　　　　　　　　(b) 非隔震模型主应力

图 21.4-10　降温工况下不同模型的温度应力/MPa

　　对温度作用下隔震支座水平变形情况分析，以 Y 向①轴交 A—CA 轴的隔震支座为例，如图 21.4-11 所示，升、降温工况下，端部隔震支座 Y 向位移最大，为 8.2mm，相当于支座位移限值 605mm 的 1.3%。

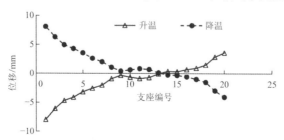

图 21.4-11　温度作用下隔震支座 Y 向位移

21.4.5　隔震沟挡土墙抗震分析

隔震沟挡土墙高度为 11.77m，采用悬臂式肋板挡土墙，肋板设置在外侧，间距 5m，变截面高度，宽度 600mm；挡土墙厚度由底部 800mm 变至顶部 400mm，如图 21.4-12 所示。

挡土墙地震作用计算借鉴《城市轨道交通结构抗震设计规范》GB 50909-2014 中的反应位移法，如图 21.4-13 所示，以一维土层地震反应计算为基础，即认为地下结构在地震时的反应主要取决于周围土层的变形，将土层在地震时产生的最大变形通过地基弹簧以静荷载的形式作用在结构上，以此计算结构反应。地基弹簧单元考虑结构刚度与土层刚度的不同，弹簧刚度以地基反力系数为依据。挡土墙抗震性能目标为罕遇地震下保持弹性，其中罕遇地震的地震动峰值位移根据《城市轨道交通结构抗震设计规范》GB 50909-2014 第 5.2.4 条确定。

挡土墙内力采用 SAP2000 软件进行有限元法分析，将每个节点处地基弹簧的力作用于挡土墙平面，其地震工况下的剪力和弯矩如图 21.4-14 所示。将地震工况下的内力与恒荷载、活荷载工况下内力进行组合后用于挡土墙截面设计。

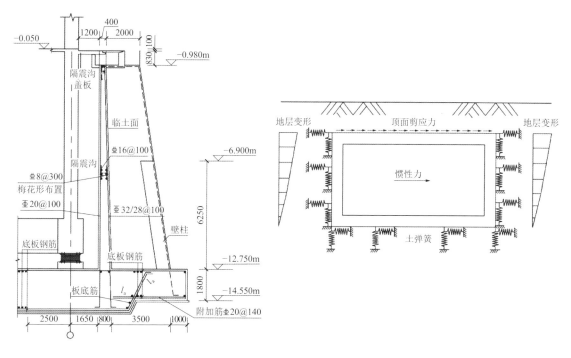

图 21.4-12　肋版挡土墙详图/mm

图 21.4-13　反映位移法抗震计算示意图

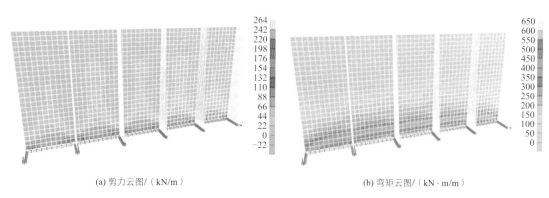

(a) 剪力云图/（kN/m）

(b) 弯矩云图/（kN·m/m）

图 21.4-14　罕遇地震作用下挡土墙内力图

21.4.6 特殊节点构造设计

1. 隔震沟节点

隔震沟宽度不小于720mm,采用隔震层悬挑盖板 + 外活动沟形式。根据隔震沟所处位置的建筑功能情况,设置户外活动沟的不同盖板形式,如建筑周边绿化带处,采用可推离的混凝土预制盖板;汽车坡道处采用一端固结、另一端滑动的钢盖板,如图 21.4-15 所示。

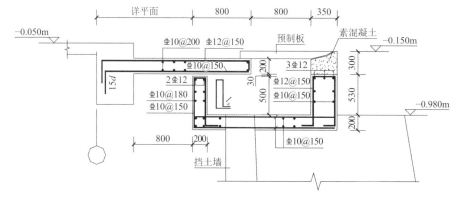

(a) 四周绿化带混凝土预制盖板隔震沟

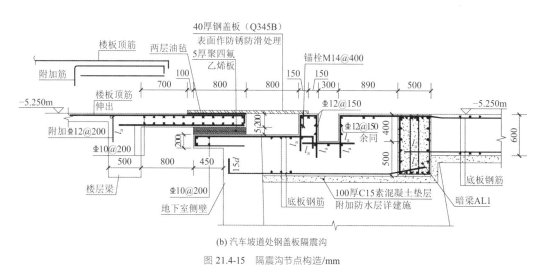

(b) 汽车坡道处钢盖板隔震沟

图 21.4-15 隔震沟节点构造/mm

2. 阻尼器连接节点

隔震层黏滞阻尼器一端与下支墩连接、另一端与上支墩连接,连接节点满足罕遇地震下阻尼器正常工作要求。由于支墩间距较大,阻尼器需要设置连接段,连接段除满足承载力要求外,也要具有足够刚度。为此,采用钢板套连接形式,在钢板套设置箱式连接耳板,如图 21.4-16 所示。支墩按照罕遇地震作用下的竖向力、水平力和力矩进行承载力验算,其典型构造如图 21.4-17 所示。

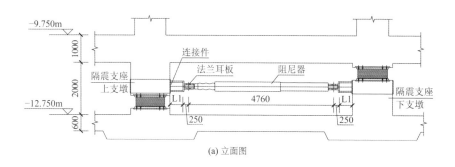

(a) 立面图

经典回眸 中国建筑西南设计研究院有限公司篇

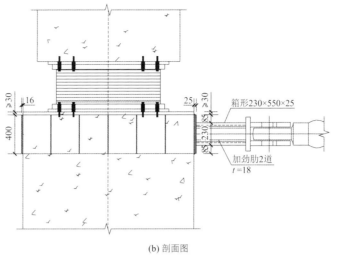

(b) 剖面图

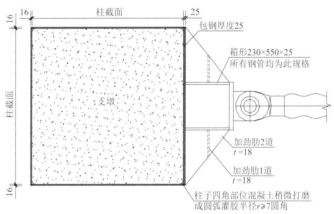

(c) 平面图

图 21.4-16　隔震层阻尼器连接节点构造/mm

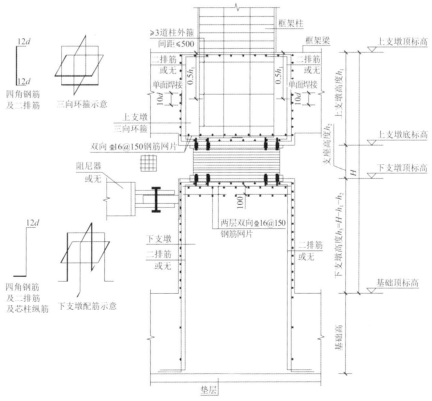

(a) 与阻尼器连接的下支墩

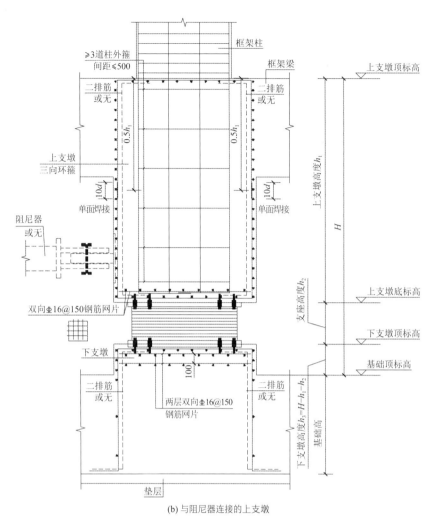

(b) 与阻尼器连接的上支墩

图 21.4-17　隔震层支墩节点构造/mm

21.5　结语

西昌综合医院作为我国设防烈度最高、单个建筑体量最大的复杂高层医疗建筑，其结构设计面临地震作用巨大、超限高层建筑结构加强措施严格的困难，通过与各专业紧密细致的配合，进行了大量的专项分析研究和方案比选，最终实现了结构安全、建筑美观、功能适用、造价经济相统一的目标，取得较好的经济和社会效益。

结构设计有如下创新点：

（1）采用组合隔震技术，有效降低上部结构的地震效应，满足了医疗建筑对空间的功能需求，减小了结构构件截面尺寸，实现了材料用量的经济性。多方案比选的计算分析表明，采用组合隔震方案的各项主要参数符合相关规范和超限审查专家组意见要求，结构在各地震水准下性能良好。

（2）采用常规远场波进行近场影响系数放大与近场速度脉冲波相结合的时程分析，充分考虑近场地震动特点及对隔震结构动力响应的影响，确保隔震结构的抗震安全，可为类似的位于近断层建筑结构的隔震设计提供参考案例。

（3）对隔震沟挡土墙进行抗震设计，将其抗震性能目标提升至罕遇地震不坏，采用反应位移法计算挡土墙地震作用，采用有限元法计算挡墙内力。

参考资料

[1] 吴小宾, 彭志桢, 韩克良, 等. 9 度区某复杂高层隔震结构设计[J]. 建筑结构, 2021, 51(3): 77-82.

[2] 吴小宾, 彭志桢, 秦攀, 等. 组合隔震技术在高烈度区复杂高层结构中的应用研究[J], 建筑结构学报, 2022, 43(8): 56-64.

设计团队

吴小宾、曹　莉、韩克良、彭志桢、向新岸、毕　琼、高永东、潘　西、楼舒阳、赵　涌、王　路、许爱国

执笔人：吴小宾、彭志桢、韩克良、曹　莉

第22章

三星堆古蜀文化遗址博物馆

22.1 工程概况

22.1.1 建筑概况

三星堆古蜀文化遗址博物馆位于四川广汉三星堆文化遗址保护区内,总建筑面积约 54400m²,地上面积约 43700m²,地下面积约 10700m²。新建博物馆共设 6 个常展厅和 1 个临展厅,展览面积共 1.9 万 m²。新馆建筑方案将老馆经典的螺旋曲线延续发展,作为三个堆体外形和空间的控制曲线。屋顶采用斜坡覆土形态,建筑消隐而融入场地,与对面一号馆斜坡形体左右呼应,建筑形成三个沿中轴排列的覆土堆体,寓意"堆列三星"。建筑效果图如图 22.1-1 所示,平面布置及剖面图如图 22.1-2 和图 22.1-3 所示。

建筑平面投影形状较不规则,东西方向总尺寸约 351.1m,南北方向最大尺寸约 87.8m,最小尺寸约为 44.8m。局部设置一层地下室,地上共有 2 层,1 层层高为 7.5m,局部区域层高为 6.0m 和 4.5m。屋面造型较复杂,展厅区域为 3 块南高北低斜种植屋面,每块屋面之间存在竖向高差,建筑最高点标高约为 25.0m,最低点标高约为 9.0m。根据建筑造型和使用功能的特点,地面以上采用钢框架结构,展厅区域屋面采用组合网架结构,设置防屈曲约束支撑(BRB)和黏滞阻尼器(VFD)来改善结构的抗震性能。地下室采用钢筋混凝土框架结构,上部结构钢柱延伸至基础顶面,地基基础采用抗水板 + 独立柱基础。本项目于 2022 年 7 月完成施工图设计,2023 年 5 月项目竣工。

图 22.1-1　三星堆古蜀文化遗址博物馆效果图

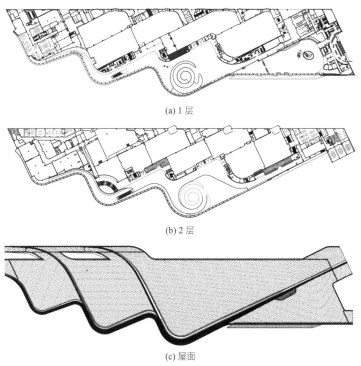

(a) 1 层

(b) 2 层

(c) 屋面

图 22.1-2　建筑典型平面布置图

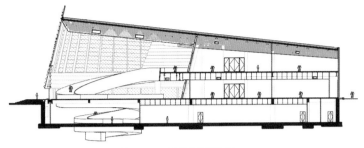

图 22.1-3　建筑典型剖面图

22.1.2　设计条件

1. 主体控制参数（表 22.1-1）

控制参数　　　　　　　　　　　　　　　　　　　　　　　　表 22.1-1

结构设计基准期		50 年
设计工作年限		100 年
建筑结构安全等级		一级
结构重要性系数		1.1
建筑抗震设防分类		重点设防类（乙类）
地基基础设计等级		乙级
设计地震动参数	抗震设防烈度	7 度
	设计地震分组	第三组
	场地类别	Ⅱ 类
	小震特征周期	0.45s
	大震特征周期	0.50s
	基本地震加速度	0.10g
建筑结构阻尼比	多遇地震	0.04
	罕遇地震	0.05

2. 地震作用

根据《建筑抗震设计规范》GB 50011-2010（2016 版）第 3.10.3 条和《建筑抗震设计手册》第 1.2.7 节，对于设计工作年限 100 年的结构，采用反应谱或等效反应谱法对结构进行抗震性能化设计时，多遇地震和设防地震作用调整系数取 1.45，罕遇地震作用调整系数取 1.30。本工程调整后的水平向地震动参数见表 22.1-2。

调整后的地震动参数　　　　　　　　　　　　　　　　　　　　表 22.1-2

地震烈度	场地特征周期 T_g/s	水平地震影响系数最大值 α_{max}	地震加速度时程最大值/gal
多遇地震	0.45	0.116	50.75
设防地震	0.45	0.334	145
罕遇地震	0.50	0.65	286

3. 风荷载

结构变形验算时，按 100 年一遇取基本风压为 0.35kN/m²，场地粗糙度类别为 B 类。

22.2 建筑特点

22.2.1 设计工作年限 100 年的复杂特大型博物馆结构消能减震

"堆列三星"的建筑造型效果展现和室内建筑功能、视觉效果需求，导致结构体系复杂，平面和立面布置存在较多不规则性。结构体系中包含了钢框架、组合网架和大尺度螺旋钢箱梁三种结构形式，结构布置不规则性包含了扭转不规则、楼板不连续、错层、斜柱和穿层柱等。根据藏品保护和建筑防水要求，东西向总长约 351m 结构未设置防震缝。特大型博物馆设计工作年限 100 年水平地震作用的提高也给主体结构抗震性能化设计带来了较大的困难。

针对本项目建筑特点，主体结构设计采取以下措施：

（1）根据设计工作年限 100 年，活荷载调整系数 $\gamma_L = 1.1$，多遇地震和设防地震作用调整系数取 1.45，罕遇地震作用调整系数取 1.30。

（2）结构耐久性按 100 年设计，提高混凝土保护层厚度、胶凝材料配合比要求等。

（3）从结构安全与经济合理的角度出发，地上主体结构采用防屈曲约束支撑（BRB）和黏滞阻尼器（VFD）相结合的消能减震设计，采用 BRB 和 VFD 调节超长结构抗侧刚度，减小水平地震响应，从而改善整体结构的抗震性能。

整体结构三维模型如图 22.2-1 所示。

图 22.2-1 整体结构三维模型示意图

22.2.2 "古蜀之眼"立面异形变截面折柱

在建筑方案构思上，以古蜀青铜面具极富表现力的眼睛为灵感，将建筑立面作为建筑内部公共空间与外部遗址园区对话的窗口，仿佛在与观众进行一场穿越时空的对话。外立面采用玻璃幕墙和青铜遮阳板，堆体部分采用干挂米黄石板，虚实对比形成三星堆标志性的"古蜀之眼"（图 22.2-2）。

为了尽量实现建筑立面玻璃幕墙区域干净通透的视觉效果，将结构柱与幕墙抗风柱合二为一，贴合建筑表皮设计成细长的异形变截面折柱，支撑大跨度重载屋面并兼作幕墙抗风柱，承担竖向荷载并参与抗震和抗风。变截面折柱宽度仅 250mm，在整个玻璃区域有 16m 高度未设置任何横向构件，柱高宽比达 66。

针对立面异形变截面折柱特点以及复杂的受力状态，结构设计采取以下措施：

（1）采用直接分析法确定变截面折柱在静力荷载作用和地震作用下的稳定承载能力。

（2）建立精细化有限元模型进行双非线性分析，确定变截面折柱的极限承载能力。

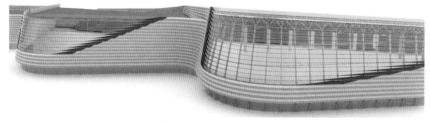

图 22.2-2 建筑立面效果图

22.2.3 超大尺度无柱支撑螺旋结构

建筑方案在博物馆的中庭"螺旋序厅"设置了一个超大尺度的螺旋坡道（图22.2-3），与二号馆环绕青铜神树螺旋向上的中庭遥相呼应，形成新旧建筑之间的对话与传承。螺旋坡道作为主要流线通道分别连接了地下1层、1层和2层公共区域。螺旋坡道水平投影总长度约118.5m，总旋转角度约566°，整体高度14.5m。坡道上部最大半径28.7m，宽度14.5m；底部最小半径12.0m，坡道宽度4.5m，空间形态呈上大下小。从地下1层到2层楼面没有任何竖向构件支撑于螺旋坡道下方，整体呈现的是无柱悬浮的视觉效果。

针对螺旋坡道结构特点，结构设计采取以下措施：

（1）结构方案采用整体刚度较好的钢箱梁结构，并通过详细的支座方案选型与合理的节点构造保证结构方案的可行性与合理性。

（2）采用黏滞阻尼器与弹性铰支座相结合，进行超大尺度螺旋结构消能减震设计。

（3）进行人行激励舒适度分析，并采用调谐质量阻尼器对人行振动加速度进行控制，保证螺旋坡道正常使用的舒适度。

图 22.2-3 螺旋坡道效果图

22.3 体系与分析

22.3.1 方案对比

方案设计阶段根据独特的建筑造型和室内空间，优先考虑了钢框架结构方案。根据结构模态分析整体振动特性可知[图22.3-1（a）]，由于结构在X向总长度为351m，且柱网由于建筑功能限制呈两端小、中间大，纯框架结构在结构中间区域展厅及公共大厅位置Y向刚度偏弱，并且第2阶振型为X向平动＋扭转。

根据纯框架结构模态特性，设置防屈曲约束支撑（BRB）调整结构整体抗侧刚度，中间展厅区域Y向层间位移角由1/600减小为1/760，从图22.3-1（b）可以看出，设置BRB后第2阶振型由平动＋扭转改善为X向平动，结构抗侧刚度改善效果显著。根据既定的抗震性能目标进行地震作用等效弹性反应谱计算分析，多遇地震作用下框架柱最大应力小于框架柱性能目标中应力比控制限值0.75；设防地震作用下部分展厅区域大跨度框架的框架柱按中震弹性验算应力比大于0.9；罕遇地震作用下约90%的框架柱不满足大震不屈的性能目标，等效弹性反应谱计算应力比最大为1.42。

1阶振型（Y向平动，$T_1 = 0.736$）
振型参与质量 $T_Y = 36.6\%$，$T_Z = 0$

1阶振型（Y向平动，$T_1 = 0.648$）
振型参与质量 $T_Y = 34.8\%$，$T_Z = 0$

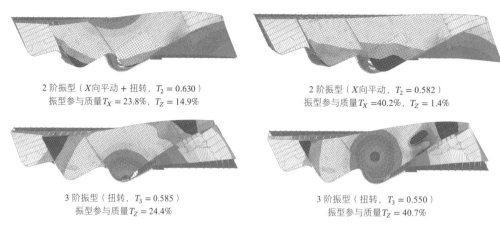

2 阶振型（X向平动 + 扭转，$T_2 = 0.630$）
振型参与质量 $T_X = 23.8\%$，$T_Z = 14.9\%$

2 阶振型（X向平动，$T_2 = 0.582$）
振型参与质量 $T_X = 40.2\%$，$T_Z = 1.4\%$

3 阶振型（扭转，$T_3 = 0.585$）
振型参与质量 $T_Z = 24.4\%$

3 阶振型（扭转，$T_3 = 0.550$）
振型参与质量 $T_Z = 40.7\%$

(a) 纯框架结构

(b) 框架结构 + BRB

图 22.3-1　结构模态分析结果

针对中、大震作用下框架柱抗震承载能力不满足的问题，可采取的措施主要为：①提高承载能力（提高钢材牌号、增大构件截面）；②减小地震响应（采用消能减震设计）。上述措施对结构抗震性能影响的对比如表 22.3-1 所示。其中，增大构件截面、提高承载力的同时也加大了地震响应，经济性较差且对博物馆藏品防震不利；采用消能减震设计在保证正常使用阶段静力荷载作用下安全性的同时，降低中、大震地震响应，经济性较好且对博物馆藏品防震有利。

抗震设计措施对比　　　　　　　　　　　　　　　　　表 22.3-1

项目	提高钢材牌号	增大构件截面	消能减震设计
承载力	提高承载力	提高承载力	无影响
结构刚度	无影响	结构刚度增大	无影响
地震作用	无影响	增加结构刚度加大地震响应	提供附加阻尼减小地震响应
耗能机制	材料屈服塑性变形耗能	材料屈服塑性变形耗能	材料屈服 + 附加阻尼耗能
藏品防震	无影响	不利	有利

综上，通过提高钢材牌号（采用 Q390B）提高框架柱承载力，并设置适量黏滞阻尼器降低地震响应，可实现框架柱既定的抗震性能目标。

22.3.2　结构布置

三星堆古蜀文化遗址博物馆结构平面投影较不规则，东西方向总尺寸约 351.1m；南北方向最大尺寸为 87.8m，最小尺寸为 44.8m。考虑藏品保护和建筑防水需求，本项目主体结构未设防震缝。根据详勘剖面 1 层非地下室区域回填高度 1.5～4m，为避免填方区后期土体不均匀沉降导致地面和墙面开裂，影响使用功能，非地下室区域均考虑采用结构梁板体系，同时也作为上部结构嵌固层（图 22.3-2）。

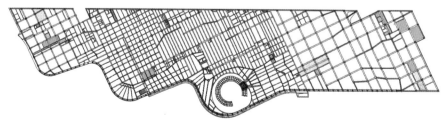

图 22.3-2　1 层结构平面布置图（红色为 VFD 布置，绿色为 BRB 布置）

2 层结构平面存在多个错层楼板标高，如图 22.3-3 所示左侧库房区域柱网尺寸为 8.4m × 8.4m，中间展厅区域柱网为 11.2m × 24.0m 和 11.2m × 30.0m，右侧办公用房区域柱网为 8.4m × 12.0m。

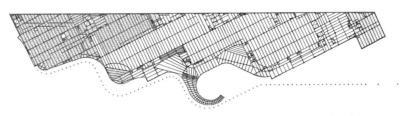

图 22.3-3　2 层结构平面布置图（红色为 VFD 布置，绿色为 BRB 布置）

　　根据结构模态特性和建筑房间布局，主要在展厅区域设置防屈曲约束支撑（BRB）调整结构抗侧刚度；根据结构预设附加阻尼比，设置黏滞阻尼器提供附加阻尼，减小地震响应，从而改善结构抗震性能（图 22.3-4）。

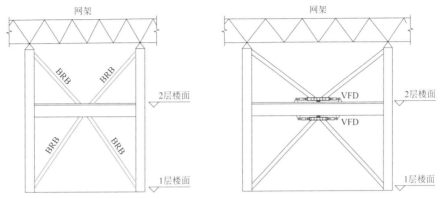

图 22.3-4　防屈曲约束支撑（BRB）及黏滞阻尼器（VFD）布置示意图

　　根据建筑造型，本工程屋面分为 4 块种植斜屋面，屋面结构根据下部柱网布置采用框架结构和组合网架结构。如图 22.3-5 所示，左侧蓝色区域为藏品库房斜屋面，采用框架结构；中间红色和紫色区域为展厅大跨度屋盖，采用组合网架结构，网架最大跨度为 40m，网架厚度为 2m，下弦和腹杆采用无缝圆管，上弦采用成品矩管，上弦球节点采用削冠焊接球；右侧绿色区域为功能用房斜屋面，采用框架结构；黄色区域为游客中心斜屋面，钢梁最大跨度约 32m。屋面结构平面布置如图 22.3-6 所示。

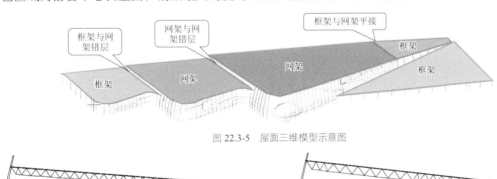

图 22.3-5　屋面三维模型示意图

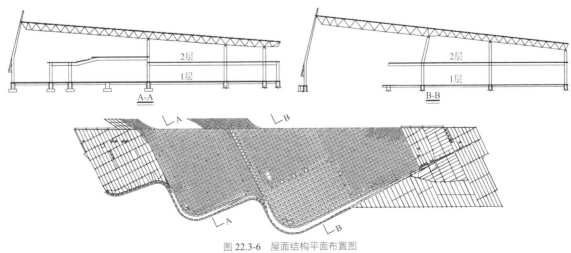

图 22.3-6　屋面结构平面布置图

因屋面结构采用钢框架和组合网架两种结构体系，且不同结构体系之间的连接以及存在错层（图22.3-7），为增强屋面结构整体性，提高屋面整体传递水平地震作用的能力，本工程采取以下措施。

（1）框架与网架错层：调整高差位置网架下弦节点标高，保证网架支座置于框架结构屋面柱顶，使水平力直接通过下弦支座传递给框架结构的楼板和框架梁，避免出现极短柱。

（2）网架与网架错层：调整高差位置紫色区域网架下弦节点标高，保证交接位置红色区域网架上弦和紫色区域网架下弦相连接。

（3）框架与网架平接：该位置为不同结构形式的连接，组合网架的弦杆和腹杆与钢柱连接采用相贯焊，保证右侧框架梁可直接有效地传递水平力和弯矩。

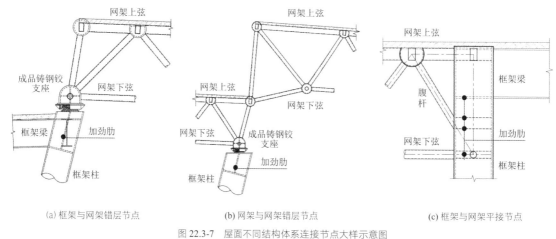

(a) 框架与网架错层节点　　　　(b) 网架与网架错层节点　　　　(c) 框架与网架平接节点

图 22.3-7　屋面不同结构体系连接节点大样示意图

建筑外立面幕墙分为石材幕墙和玻璃幕墙（图 22.2-2），根据建筑造型±0.000～7.500m 标高立面结构柱为直柱，采用等截面箱形柱（□800×250×t）；7.500m 标高至屋面立面结构柱为76°倾斜角的斜柱，采用变截面箱形柱（□800/500×250×t）。在 3.000～7.500m 标高石材幕墙范围内设置水平桁架和柱间支撑，以加强立面结构柱平面外稳定性（图22.3-8），7.500m 标高至屋面约 16m 高度范围内未设置水平构件。

立面折柱柱底采用常规的埋入式刚接柱脚为屋盖提供抗侧刚度，以抵抗水平地震作用。建筑造型上，玻璃幕墙延伸到屋面以上 2.2m 高度，为保证建筑立面玻璃幕墙的整体性，将立面折柱连续延伸至玻璃幕墙顶部，网架上弦节点通过销轴与立面折柱侧面连接（图22.3-9）。

螺旋坡道结构平面布置如图 22.3-10 所示，坡道从地下 1 层抗水板面−7.100m 标高起步，由于坡道截面高度较大，与地下室抗水板相切长度较大，从结构构造以及施工便利性考虑将−7.100～−5.600m 标高坡道采用回填做法，从−5.600m 往上采用钢箱梁。−5.600～−0.100m 标高坡道弧形跨度38.3m，钢箱梁宽度 4.5m，截面高度 1.6m，箱梁壁厚 25mm；−0.100～7.400m 标高坡道弧形跨度58.5m，钢箱梁宽度 4.5～14.5m，截面高度 1.8m，箱梁壁厚 30～40mm。为加强钢箱梁截面整体性，截面宽度 3 等分设置 2 道纵向内隔板，并沿纵向间隔 3m 设置横隔板。通过纵向设置 L 型钢保证钢箱梁翼缘和腹板宽（高）厚比满足规范要求。

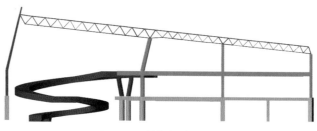

图 22.3-8　结构典型剖面图

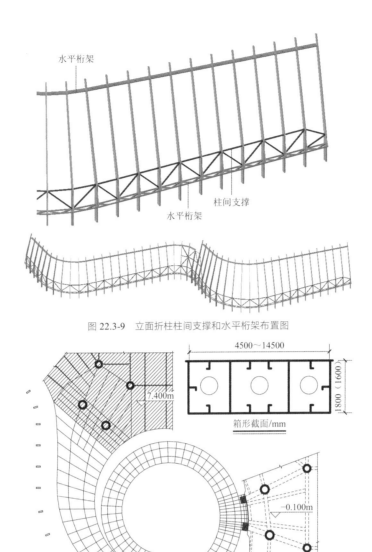

图 22.3-9　立面折柱柱间支撑和水平桁架布置图

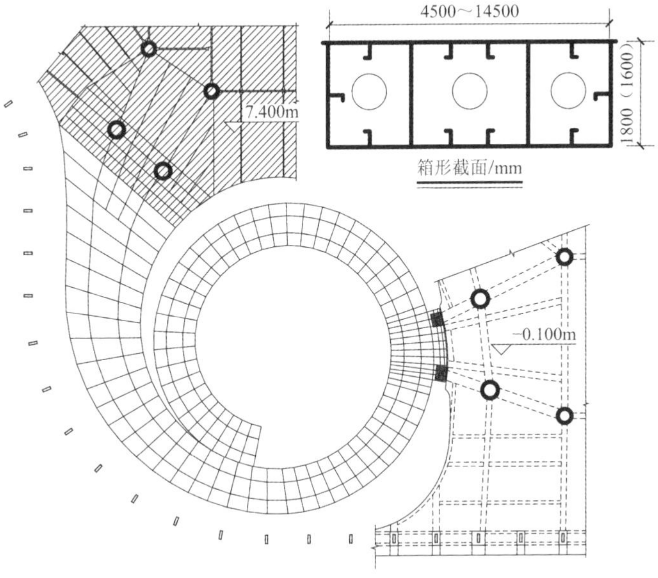

图 22.3-10　螺旋坡道结构平面布置图

为提高螺旋坡道整体刚度，考虑将坡道端部边界条件做成刚接支座，分别在−5.600m 和−4.750m 标高对应位置采用埋入式箱形柱脚构造，以连续梁的受力形式实现螺旋坡道端部嵌固，如图 22.3-11 所示。

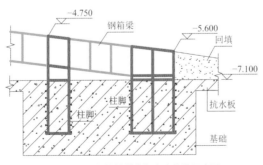

图 22.3-11　螺旋坡道底部支座构造示意图

螺旋坡道在 7.400m 标高直接与主体结构 2 层楼面相接（图 22.3-12），与主体结构 4 个框架柱采用刚接连接，周边框架梁与螺旋坡道采用刚接，次梁与螺旋坡道采用铰接。为保证 7.400m 标高钢筋混凝土楼板连续性，将螺旋坡道平台段顶标高设计为与周边钢梁顶标高一致，坡道顶面浇筑 120mm 厚楼板。

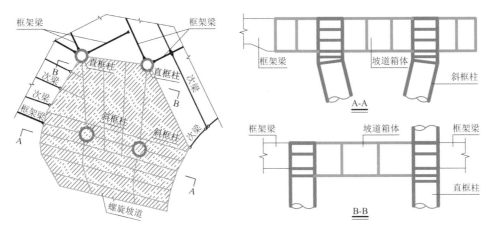

图 22.3-12　7.400m 标高螺旋坡道与主体结构连接示意图

为呈现螺旋坡道"无柱悬浮"的视觉效果，坡道跨中未设置支撑柱。如果仅采用−5.600m 和 7.400m 标高作为螺旋坡道边界约束，坡道水平投影跨度约 97m，高跨比为 1/54。经过计算，螺旋坡道−0.100m 标高坡道外侧最大竖向变形为−457.1mm，一阶竖向自振频率为 0.92Hz，表明螺旋坡道竖向刚度较弱，并且在建筑允许的条件下增加截面高度对竖向刚度改善并不明显。

结合螺旋坡道与 1 层主体结构的平面关系（图 22.3-10），在 1 层钢筋混凝土梁设置支承点来解决螺旋坡道竖向刚度偏弱的问题，如图 22.3-13 所示，设置支承点后螺旋坡道最大竖向变形−136.3mm 位于−0.100～7.400m 标高跨中外侧，1 阶竖向自振频率 1.67Hz。从美观性和构造便利性考虑，在混凝土梁和坡道箱梁侧面分别设置相互咬合的牛腿并通过铰支座连接，巧妙地将支座完全隐藏在建筑吊顶之上。

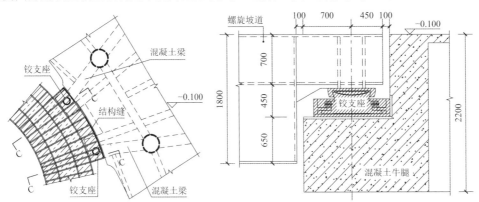

图 22.3-13　−0.100m 标高螺旋坡道铰支座布置示意图

为考察−0.100m 标高支座形式对螺旋坡道的影响，对不同支座连接方案进行了计算对比（表 22.3-2），其中方案 3 支座弹簧刚度取 2kN/mm。

螺旋坡道支座方案　　　　　　　　　　　　　　　　　　表 22.3-2

方案	−5.600～−4.750m 标高	−0.100m 标高	7.400m 标高
方案 1	刚接	—	刚接
方案 2	刚接	2 个滑动铰支座	刚接
方案 3	刚接	2 个弹性铰支座	刚接
方案 4	刚接	横桥向滑动铰支座	刚接
方案 5	刚接	顺桥向滑动铰支座	刚接
方案 6	刚接	2 个固定铰支座	刚接

从表 22.3-3 可以看出，不同支座方案对螺旋坡道竖向变形影响较小，由于温度作用导致固定支座的

水平反力偏大。从表 22.3-4 中方案 2 和方案 3 计算结果可以看出，地震作用下支座水平刚度对顺桥向水平位移影响较小，对横桥向水平位移影响较大。地震作用下方案 4~6 中，固定支座方案的支座水平反力较大，对支座构造和混凝土结构设计有较大的影响。

静力荷载作用计算结果　　　　　　　　　　　　　表 22.3-3

项目	方案 2 滑动支座	方案 3 弹性支座	方案 4 横桥向滑动支座	方案 5 顺桥向滑动支座	方案 6 固定支座
竖向变形/mm	−136.3	−134.9	127.1	134.4	−126.7
顺桥向水平反力/kN	—	80.6	3730	—	2701.2
横桥向水平反力/kN	—	95.9	—	7478	1758.8

设防地震作用计算结果　　　　　　　　　　　　　表 22.3-4

项目	方案 2 滑动支座	方案 3 弹性支座	方案 4 横桥向滑动支座	方案 5 顺桥向滑动支座	方案 6 固定支座
顺桥向位移/mm	98.2	90.3	—	12.5	—
横桥向位移/mm	77.2	33.8	86.3	—	—
顺桥向水平反力/kN	—	180.6	5557	—	2776.7
横桥向水平反力/kN	—	67.6	—	10680	3978.8

综上，为减小螺旋坡道与 1 层混凝土结构的相互影响，同时保证支座在温度作用和人行荷载作用下具有适当的水平刚度，本工程螺旋坡道在 −0.100m 标高采用了 2 个弹性铰支座，支座双向水平刚度为 2kN/mm。

22.3.3　性能目标

1. 抗震不利因素和加强措施

三星堆古蜀文化遗址博物馆为高度小于 24m 的多层建筑，存在以下抗震不利因素：①超长钢结构，结构单元长度约 351m；②平面不规则（扭转不规则、错层）；③斜柱和穿层柱；④多种结构体系（框架、网架、螺旋箱型结构）组成的复杂结构。

针对上述抗震不利因素，设计中采取了如下应对措施。

1）钢框架

（1）设置防屈曲约束支撑（BRB）和黏滞阻尼器（VFD），改善结构的抗震性能，作为耗能构件提供附加阻尼，减小地震响应，保护主体钢框架。

（2）将竖向构件、消能子结构框架、组合网架支座杆件定义为关键构件，按小震弹性、中震弹性、大震不屈服的性能目标进行设计，确保关键构件在各级地震作用下的抗震安全性。

（3）进行多点多维地震响应分析，考虑行波效应对超长结构地震作用的影响。

（4）采用欧拉公式确定立面结构柱计算长度系数，采用直接分析法对立面结构柱稳定承载力进行复核验算，确保支承组合网架的立面结构柱（穿层柱）具有足够的稳定承载力。

（5）节点和水平构件设计考虑有楼板及无楼板包络设计，考虑斜柱水平分力的影响。

（6）对整体结构进行了抗连续倒塌分析，确保结构不出现连续性倒塌。

（7）进行了弹性时程分析和弹塑性时程分析，确认大震作用下结构的抗震性能。

2）网架

（1）钢网架支座构件定义为关键构件，相对一般构件降低其应力水平，确保在各级地震作用下的安全性。

（2）控制高差位置网架构件应力大震不屈服，保证网架整体性并能有效传递地震力。

3）螺旋坡道

（1）螺旋坡道钢箱梁地下 1 层起步位置采用埋入式构造，加强底部边界条件嵌固作用。

（2）螺旋坡道 2 层位置与钢柱采用刚接构造，并延伸一跨与主体钢框架连接，采用连续跨设计提高螺旋坡道的刚度。

（3）1 层支承螺旋坡道的悬挑梁按大震不屈设计，考虑施工顺序进行施工模拟加载。

（4）螺旋坡道跨中支座采用水平弹性铰支座，并设置黏滞阻尼器减小地震响应。

2. 抗震性能目标及减震目标

根据抗震性能化设计方法，结合结构的重要性及设计工作年限等，确定主要结构构件的抗震性能目标及减震目标如表 22.3-5 和表 22.3-6 所示。

主要构件抗震性能目标   表 22.3-5

地震水准		多遇地震	设防地震	罕遇地震
性能水准		1	3（关键构件 2）	4（关键构件 3）
普通框架	框架柱	弹性 [0.75]	弹性 [0.90]f	不屈服 [1.00]f_y
	框架梁	弹性 [0.85]	不屈服 [1.00]f_y	允许大量构件进入屈服阶段 [—]
屈曲约束支撑 BRB	—	弹性 [1.00]	不屈服 [1.00]f_y	[—]
组合网架	支座错层位置杆件	弹性 [0.80]	弹性 [0.95]f	不屈服 [1.00]f_y
	一般杆件	弹性 [0.85]	不屈服 [1.00]f	部分屈服 [—]
螺旋坡道	—	弹性 [0.70]	弹性 [0.85]	不屈服 [1.00]f

注：[ ]表示构件控制应力比限值，其中[ ]f表示按照设计值计算，[ ]f_y表示按照屈服强度计算。

减震目标   表 22.3-6

地震水准	多遇地震	设防地震	罕遇地震
总附加阻尼比（$\xi_{附总}$）（BRB + VFD + 结构弹塑性耗能）	—	2%	3%

22.3.4 结构分析

1. 主体结构计算分析

采用 PMSAP 和 MIDAS 软件分别建立空间整体计算模型进行计算分析，为考虑螺旋坡道和主体结构之间的相互影响，在整体计算模型中采用板单元模拟螺旋坡道，通过节点耦合、弹性连接等方式模拟螺旋坡道和主体结构的节点连接。计算振型数取为 90 个，周期折减系数为 0.9，两个软件计算结果基本一致，相互验证了不同模型计算假定和计算结果的正确性（表 22.3-7）。

计算结果对比   表 22.3-7

项目		PMSAP	MIDAS	PMSAP/MIDAS	说明
总质量/t		53603	53280	100.61%	
X向基底剪力/kN		39531	39826	99.26%	
Y向基底剪力/kN		31137	31089	100.15%	
周期/s	T_1	0.6935	0.7073	98.05%	Y平动
	T_2	0.6188	0.6312	98.04%	X平动
	T_3	0.5862	0.5890	99.52%	扭转

地震作用等效弹性反应谱分析主要构件应力比结果见表 22.3-8，计算结果表明，根据减震目标提供的附加阻尼比，结构可以满足既定的抗震性能目标。具体减震计算分析详见 22.4.1 节。

主要构件应力比结果 表 22.3-8

地震水准	框架柱	框架梁	网架支座杆件	网架一般构件
多遇地震	0.74	0.81	0.77	0.80
设防地震	0.88	0.83	0.90	0.97
罕遇地震	0.98	—	0.98	—

2. 螺旋坡道计算分析

采用 MIDAS/Gen 建立整体计算模型（图 22.3-14），在结构计算模型中采用板单元模拟螺旋坡道建立多尺度模型以考虑主体结构和螺旋坡道的相互影响，坡道弹性支座采用弹性连接单元模拟。

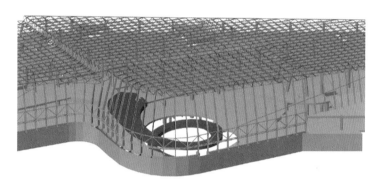

图 22.3-14 整体计算模型示意图

坡道面层荷载取 2.0kN/m²，内侧青铜栏杆线荷载取 6.0kN/m，外侧玻璃栏杆线荷载取 1.5kN/m，活荷载取 3.5kN/m²。活荷载分别考虑沿顺桥向和横桥向的不均匀布置，如图 22.3-15 和图 22.3-16 所示。

(a) −5.500～−0.100m 标高布置   (b) −0.100m～7.400m 标高布置

图 22.3-15 顺桥向活荷载不均匀布置

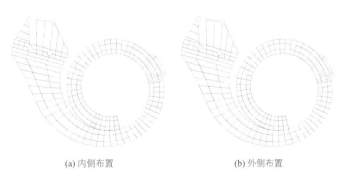

(a) 内侧布置   (b) 外侧布置

图 22.3-16 横桥向活荷载不均匀布置

静力荷载作用下螺旋坡道计算结果如图 22.3-17 所示。"1.3 恒 + 1.5 满跨活"作用下螺旋坡道最大应力为 171.4MPa，位于螺旋坡道与内侧斜柱节点区域，其余区域应力均在 130MPa 以下。从应力分布水平来看，螺旋坡道内侧板件应力明显高于外侧板件应力。

"1.0 恒 + 1.0 满跨活"作用下螺旋坡道最大竖向变形为 −134.9mm，位于 −0.100～7.400m 标高跨中外侧，挠跨比为 1/434（跨度为钢箱梁截面中心线水平投影弧形跨度）。−5.500～−0.100m 标高最大竖向变形为 −45.4mm，挠跨比为 1/843。坡道横桥向内外侧最大竖向变形差为 24mm，对应转角约 0.26°。上述变形结果说明螺旋坡道具有较好的竖向刚度和空间抗扭刚度。

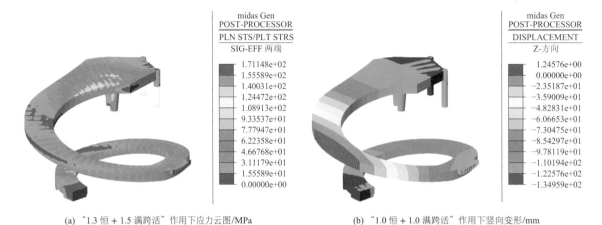

(a)"1.3 恒 + 1.5 满跨活"作用下应力云图/MPa　　　　(b)"1.0 恒 + 1.0 满跨活"作用下竖向变形/mm

图 22.3-17　螺旋坡道静力计算结果

活荷载不均匀布置作用下，螺旋坡道计算结果如表 22.3-9 所示。可以看出，顺桥向 −0.100～7.400m 标高活荷载布置为不利荷载工况，该工况下应力结果比满跨活荷载作用下的应力结果大 5.2%，竖向变形和支座转角与满跨活荷载作用基本一致。由于活荷载相对恒荷载占比较小，活荷载不利布置对螺旋坡道的影响较小。

活荷载不均匀布置计算结果　　　　　　　　　　　　　　　　　表 22.3-9

活荷载布置	应力/MPa	竖向变形/mm	支座位移/°
满跨	171.1	−134.9	0.259
−5.500～−0.100m 标高	114.1	−103.1	0.218
−0.100～7.400m 标高	180.0	−134.7	0.246
横桥向内侧	149.5	−119.3	0.233
横桥向外侧	150.0	−120.3	0.234

注：应力结果为"1.3 恒 + 1.5 活"工况，竖向变形和支座转角为"1.0 恒 + 1.0 活"工况。

温度作用下，螺旋坡道计算结果如表 22.3-10 所示。可以看出，温度作用对弹性支座位移影响较小，对 −5.500m 标高底部支座区域和 7.400m 标高斜柱节点区域应力有一定影响。根据应力结果对比情况可以看出，升温工况对螺旋坡道为有利影响，降温工况对螺旋坡道为不利影响。其中降温对底部支座区域应力影响略大于活荷载，对 7.400m 标高斜柱节点区域的应力影响略小于活荷载。因此，对螺旋坡道应尽量控制低温合拢，减小降温工况的不利作用。

温度作用计算结果　　　　　　　　　　　　　　　　　表 22.3-10

荷载工况	底部支座应力/MPa	斜柱节点应力/mm	弹性支座位移/mm
1.0 恒 + 1.0 活	111.9	123.2	28.9
1.0 升温/降温	84.1	60.1	2.9
1.3 恒 + 1.5 活	155.3	170.6	39.8
1.3 恒 + 1.5 升温	132.2	110.9	24.1
1.3 恒 + 1.5 降温	150.8	143.1	32.3

荷载工况	底部支座应力/MPa	斜柱节点应力/mm	弹性支座位移/mm
1.3 恒 + 1.5 活 + 0.9 升温	148.5	160.7	37.3
1.3 恒 + 1.5 活 + 0.9 降温	161.9	181.5	42.2
1.3 恒 + 1.05 活 + 1.5 升温	146.7	139.2	32.1
1.3 恒 + 1.05 活 + 1.5 降温	166.9	176.6	40.3

　　螺旋坡道前 4 阶振型如图 22.3-18 所示。其中第 1、3 阶振型为竖向振型，分别表现为−0.100～7.400m 标高跨中外侧和−5.500～−0.100m 标高跨中外侧竖向振动。第 2、4 阶振动以水平振动为主，竖向振动为辅，分别表现为−0.100m 标高区域沿切向和径向的水平振动。

(a) 第 1 阶振型（$f = 1.66$Hz） (b) 第 2 阶振型（$f = 1.95$Hz） (c) 第 3 阶振型（$f = 2.96$Hz） (d) 第 4 阶振型（$f = 3.36$Hz）

图 22.3-18　螺旋坡道前 4 阶振型

　　对比螺旋坡道反应谱分析应力计算结果（表 22.3-11）和静力分析结果（表 22.3-10）可知，多遇地震作用下螺旋坡道应力水平整体要小于静力荷载工况，设防地震作用下螺旋坡道应力水平整体要大于静力荷载工况。说明设防地震作用对螺旋坡道起控制作用，斜柱节点区最大弹性应力比为 0.83。罕遇地震作用下按标准组合计算螺旋坡道应力水平均比设防地震基本组合应力水平要小，按基本组合计算的应力基本保持弹性，仅斜柱节点区应力超过了钢材设计强度，但未超过屈服强度，说明螺旋坡道可以满足大震不屈的性能目标。

反应谱分析应力计算结果/MPa　　　　　　　　　　　表 22.3-11

位置	多遇地震	设防地震	罕遇地震
底部支座节点区	138.6	184.5	128.2（276.4）
弹性支座节点区	150.5	152.2	122.5（172.7）
斜柱节点区	165.9	242.8	232.3（331.1）
跨中区域	104.3	137.4	142.3（225.5）

注：罕遇地震括号内应力结果为基本组合。

　　地震作用下螺旋坡道竖向和水平变形结果如表 22.3-12 所示。在 1.0（恒 + 0.5 活）+ 1.0 竖向地震作用下，螺旋坡道最大竖向变形为−160.4mm，挠跨比 1/366，均能满足规范要求。−0.100m 标高弹性支座水平位移结果在设防地震基本组合作用和罕遇地震标准组合作用下接近。为控制支座尺寸，本项目弹性支座切向和径向极限位移分别设计为 100mm 和 60mm。

反应谱分析变形计算结果/mm　　　　　　　　　　　表 22.3-12

项目	多遇地震	设防地震	罕遇地震
−0.100～7.400m 标高跨中竖向变形（挠跨比）	−126.2（1/465）	−139.3（1/418）	−160.4（1/366）
弹性支座切向水平位移	54.7	90.3	95.6
弹性支座径向水平位移	14.2	33.8	38.8

注：多遇和设防地震为基本组合，罕遇地震为标准组合。

22.4 专项设计

22.4.1 主体结构减震设计

1. 附加阻尼比及能量耗散分析

采用 SAUSAGE 软件进行弹塑性时程分析，黏滞阻尼器和防屈曲约束支撑性能参数见表 22.4-1 和表 22.4-2，选用工程中常用的能量法确定结构阻尼器附加阻尼比。根据地震波加载最终时刻的应变能、阻尼器耗能与初始弹性阻尼耗能之间的比例关系，利用式(22.4-1)可求出各耗能部分自身附加阻尼比，最终求得阻尼器总附加阻尼比以及结构总附加阻尼比：

$$\xi = \frac{W}{W_0}\xi_0 \tag{22.4-1}$$

$$\xi_a = \xi_{BRB} + \xi_{VFD} = \frac{W_d}{W_0}\xi_0\xi_a = \xi_{BRB} + \xi_{VFD} \tag{22.4-2}$$

$$\xi_{附总} = \xi_{BRB} + \xi_{VFD} + \xi_1 \tag{22.4-3}$$

式中：ξ——不同耗能部分所对应的附加阻尼比；

W——不同耗能部分所消耗的能量；

ξ_0——结构固有阻尼比；

W_0——结构固有阻尼比对应消耗的能量；

ξ_{BRB}——BRB 附加阻尼比；

ξ_{VFD}——黏滞阻尼器附加阻尼比；

ξ_1——结构弹塑性耗能附加阻尼比；

ξ_a——阻尼器总附加阻尼比；

$\xi_{附总}$——结构总附加阻尼比（不含固有阻尼比）。

黏滞阻尼器性能参数   表 22.4-1

型号	阻尼指数α	阻尼系数$C/(kN/(s/m)^\alpha)$	设计速度/(m/s)	输出阻尼力F/kN	极限位移U_{max}/mm
VFD-480-50	0.3	650	0.36	480	±50

防屈曲约束支撑性能参数   表 22.4-2

型号	屈服力/kN	弹性刚度/(kN/m)	支撑类型	芯材牌号	极限荷载/kN	屈服后刚度比
BRB1	800	80000	耗能型	Q235	1200	0.05
BRB2	1200	120000	耗能型	Q235	1800	0.05
BRB3	1400	140000	耗能型	Q235	2100	0.05
BRB4	1600	160000	耗能型	Q235	2400	0.05
BRB5	1800	180000	耗能型	Q235	2700	0.05
BRB6	2000	200000	耗能型	Q235	3000	0.05

多遇、设防和罕遇地震作用下 BRB 和 VFD 提供的结构附加阻尼比如表 22.4-3 所示，多遇地震下 X 及 Y 向总附加阻尼比分别为 1.88% 及 1.65%，设防地震下分别为 3.18% 及 2.77%，而罕遇地震下达到 3.77% 和 3.83%，即随着地震作用的增大，本结构计算得到的阻尼器总附加阻尼比也相应增大。减震目标结构在罕遇地震下达到 3% 总附加阻尼比，未超过上述计算值的 90%。

经典回眸 中国建筑西南设计研究院有限公司篇

地震水准	阻尼比										
	X向					Y向					
	ξ/%		ξ_a/%		ξ_附总/%		ξ/%		ξ_a/%		ξ_附总/%
	ξ_0	ξ_{BRB}	ξ_{VFD}	ξ_1			ξ_0	ξ_{BRB}	ξ_{VFD}	ξ_1	
多遇	4.00	0.00	1.74	0.14	1.74	1.88	4.00	0.00	1.49	0.16	1.49	1.65
设防	4.00	0.04	3.03	0.11	3.07	3.18	4.00	0.07	2.57	0.13	2.64	2.77
罕遇	4.00	0.54	3.07	0.16	3.61	3.77	4.00	0.76	2.87	0.20	3.63	3.83

不同地震水准下结构附加阻尼比（7 条波平均值） 表 22.4-3

多遇、设防和罕遇地震作用下结构耗能情况如图 22.4-1 所示，随着地震作用的增大，结构整体耗能增加，黏滞阻尼器耗能占比明显增大。罕遇地震作用下 VFD 及 BRB 耗能分别占结构总耗能的 34% 及 9%。

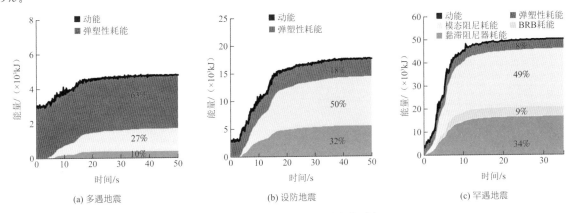

图 22.4-1 不同地震水准下结构耗能对比

2．减震效果分析

为评估罕遇地震下结构的减震效果，建立三个弹塑性计算模型：

（1）模型 1——不带阻尼器的无控模型，其结构固有阻尼比取 4%。

（2）模型 2——带黏滞阻尼器的控制模型，结构固有阻尼比取 4%。

（3）模型 3——附加阻尼比模型（即等效刚度等效阻尼比模型）。

对三个模型的基底剪力和层间位移角这两个整体指标结果进行对比，结果如表 22.4-4 及图 22.4-2、图 22.4-3 所示。阻尼器模型相较无控模型基底剪力明显减小，X向及Y向减震率分别为 27.95% 及 9.19%。对比阻尼比模型与附加阻尼比模型可知，阻尼比模型分析得到的基底剪力与层间位移角均略小于模型 3 计算结果。在既定的减震装置布置下，结构减震效果明显，且按本工程减震目标提供 3%附加阻尼比进行罕遇地震等效弹性反应谱分析来指导结构设计是偏安全的。

不同方案基底剪力及最大层间位移角（7 条波平均值） 表 22.4-4

方向	指标		方案			减震率
			模型 1 无控模型	模型 2 阻尼器模型	模型 3 附加阻尼比模型	
X向	V/kN		217418	169921	189986	27.95%
	θ_{max}	1 层	1/200	1/253	1/239	26.50%
		2 层	1/99	1/129	1/120	30.30%
Y向	V/kN		178052	163070	165803	9.19%
	θ_{max}	1 层	1/177	1/242	1/203	36.72%
		2 层	1/95	1/107	1/101	8.08%

注：减震率 =(无控模型－阻尼器模型)/无空模型×100%；V、θ_{max}分别为结构的基底剪力和最大层间位移角。

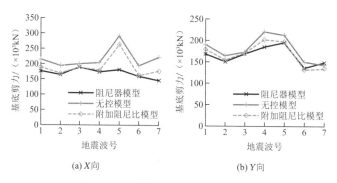

(a) X向   (b) Y向

图 22.4-2 　7 条地震波下不同模型基底剪力

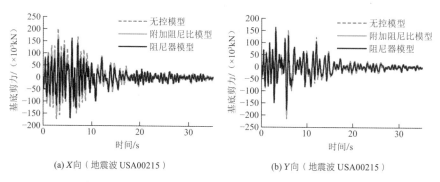

(a) X向（地震波 USA00215）   (b) Y向（地震波 USA00215）

图 22.4-3 　各模型罕遇地震下基底剪力时程曲线

3．减震装置滞回曲线

选取沿结构 *X* 及 *Y* 向布置的防屈曲约束支撑及黏滞阻尼器各一处（图 22.4-4），考察结构部分减震装置滞回耗能情况。由图 22.4-5 可知，在设防地震作用下，BRB 尚未发生屈服，处于弹性阶段，满足结构抗震性能目标中对于 BRB 在设防地震下不屈服的要求。罕遇地震作用下 BRB 发生屈服，但均未达到极限承载力，BRB 开始参与结构耗能，*X* 向 BRB 屈服耗能较少；*Y* 向滞回曲线饱满，耗能较多。

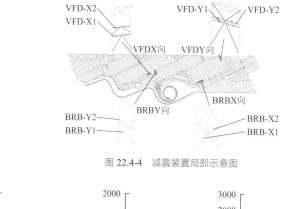

图 22.4-4 　减震装置局部示意图

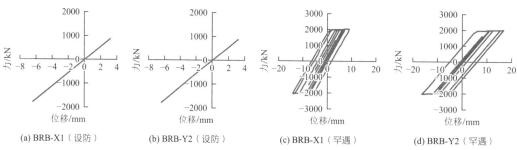

(a) BRB-X1（设防）   (b) BRB-Y2（设防）   (c) BRB-X1（罕遇）   (d) BRB-Y2（罕遇）

图 22.4-5 　防屈曲约束支撑滞回曲线

由图 22.4-6 可知，两个方向布置的黏滞阻尼器均参与耗能，且滞回曲线饱满，输出阻尼力达到 430kN。统计 7 条波 VFD 输出阻尼力平均值可知，75% 的阻尼力达到 350kN，50% 的阻尼力超过 400kN，但均小于 480kN 极限阻尼力。其中最大输出阻尼力为 478kN，最大位移达到 ±42mm，最大速度为 0.358m/s，满足表 22.4-1 中阻尼器设计参数限值，阻尼力参数选择合理。

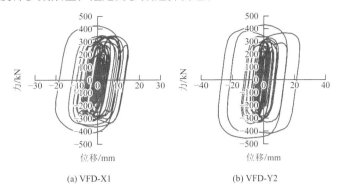

(a) VFD-X1　　　　　　　(b) VFD-Y2

图 22.4-6　罕遇地震下黏滞阻尼器滞回曲线

22.4.2　螺旋坡道减震设计

根据计算分析结果，设防地震作用下螺旋坡道地震基本组合内力已超过静内力，并且地震作用下坡道弹性支座水平位移较大。结合螺旋坡道弹性铰支座布置，考虑在水平变形较大的弹性支座位置设置 3 个黏滞阻尼器，如图 22.4-7 所示。阻尼器 a 用于减小坡道切向地震响应，阻尼器 b 和 c 用于减小坡道径向地震响应。

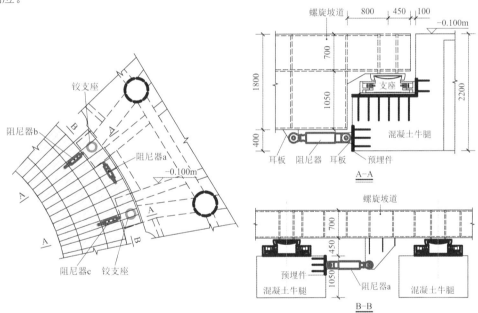

图 22.4-7　阻尼器布置示意图/mm

采用 MIDAS 建立计算模型，位于 −0.100m 标高的弹性铰支座采用弹性连接单元模拟水平刚度，黏滞阻尼器采用 Maxwell 模型模拟，阻尼器参数见表 22.4-5。螺旋坡道钢结构材料阻尼比为 0.02，减震模型分别对多遇地震、设防地震和罕遇地震选取 7 条地震波进行时程分析。

阻尼器参数　　　　　　　　　　　　　　　　　　　　表 22.4-5

型号	阻尼指数α	阻尼系数C/（kN/(s/m)$^\alpha$）	阻尼力F/kN	极限位移/mm
阻尼器 a	0.3	650	480	±100
阻尼器 b	0.3	650	480	±60
阻尼器 c	0.3	650	480	±60

注：黏滞阻尼器极限位移与弹性铰支座极限位移相同。

以螺旋坡道弹性支座处水平加速度和水平位移作为减震效率考察目标，罕遇地震作用下螺旋坡道水平加速度和水平位移时程分析结果如图 22.4-8 所示。从时程分析结果可以看出，在整个地震波作用过程中，螺旋坡道设置黏滞阻尼器的受控模型峰值结果被明显削弱，说明黏滞阻尼器减震效果明显。

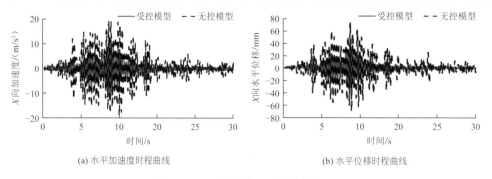

(a) 水平加速度时程曲线   (b) 水平位移时程曲线

图 22.4-8　罕遇地震作用下时程分析结果

罕遇地震作用下黏滞阻尼器滞回曲线如图 22.4-9 所示，可见阻尼器滞回曲线较为饱满，表现出良好的消能减震性能，对控制螺旋坡道在地震作用下的响应起到了良好的效果。罕遇地震时程分析得到阻尼器的最大阻尼力平均值为 437.2kN，最大位移平均值为 33.5mm，表明阻尼器参数取值是安全合理的。

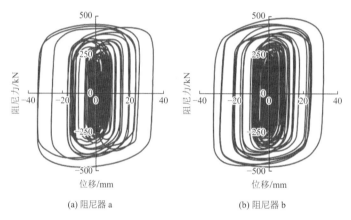

(a) 阻尼器 a   (b) 阻尼器 b

图 22.4-9　罕遇地震作用下阻尼器滞回曲线

不同地震水准作用下螺旋坡道减震效率分析结果如表 22.4-6～表 22.4-8 所示。其中无控模型为未设置黏滞阻尼器的模型，受控模型为设置黏滞阻尼器的模型，减震效率为无控模型与受控模型差值和无控模型的比值。

计算结果表明，设置黏滞阻尼器对螺旋坡道地震响应的减震效果明显。多遇和设防地震下黏滞阻尼器对螺旋坡道水平加速度响应和水平位移的减震效率分别在 50% 和 70% 左右。罕遇地震下黏滞阻尼器对螺旋坡道水平加速度响应和水平位移的减震效率分别在 45% 和 55% 左右。

多遇地震减震效率分析　　　　　　　　　　　　　　　　　　　表 22.4-6

型号	反应谱	时程分析		减震效率
		无控模型	受控模型	
X向加速度/（m/s²）	—	2.8	1.3	53.6%
Y向加速度/（m/s²）	—	1.9	1.0	47.4%
X向水平位移/mm	7.7	9.4	2.5	73.4%
Y向水平位移/mm	11.5	11.8	3.0	74.6%

设防地震减震效率分析 表 22.4-7

型号	反应谱	时程分析		减震效率
		无控模型	受控模型	
X向加速度/（m/s²）	—	8.1	3.4	58.0%
Y向加速度/（m/s²）	—	5.4	2.6	51.9%
X向水平位移/mm	21.9	26.8	7.8	70.9%
Y向水平位移/mm	32.7	33.8	9.1	73.1%

罕遇地震减震效率分析 表 22.4-8

型号	反应谱	时程分析		减震效率
		无控模型	受控模型	
X向加速度/（m/s²）	—	15.8	8.1	48.7%
Y向加速度/（m/s²）	—	10.6	6.0	43.4%
X向水平位移/mm	39.6	52.8	23.3	55.9%
Y向水平位移/mm	65.6	66.4	28.8	56.6%

22.4.3 螺旋坡道舒适度分析与控制

根据螺旋坡道的结构模态分析结果，−0.100～7.400m 标高区域第 1 阶竖向振动频率为 1.73Hz，−5.500～−0.100m 标高区域第 1 阶竖向振动频率为 2.91Hz，整体水平振动频率为 2.16Hz。依据《建筑楼盖结构振动舒适度技术标准》JGJ/T 441-2019，螺旋坡道可按室内天桥考虑，竖向振动频率小于规范限值 3.0Hz；水平振动频率大于规范限值 1.2Hz。螺旋坡道的行人状态较为复杂，包含步行（1.6～2.4Hz），跑步（2.0～3.5Hz）及跳跃（1.8～3.4Hz），可能因人致振动导致螺旋坡道出现共振现象，因此，需采用有限元时程分析方法对螺旋坡道进行振动加速度分析。

采用人群时程荷载进行时程分析，竖向峰值加速度结果见表 22.4-9。可以看出，竖向人群荷载频率为 1.728Hz 时，竖向人群荷载与坡道（−4.750～−0.100m 标高）发生共振，最不利点的峰值加速度超过规范限值 0.15m/s²；竖向人群荷载频率为 2.914Hz 时，竖向人群荷载与坡道（−0.100～7.400m 标高）发生共振，最不利点的峰值加速度较大。

竖向峰值加速度 表 22.4-9

竖向振动频率/Hz	荷载频率/Hz	峰值加速度/（m/s²）	
		MIDAS	ANSYS
1.728	1.728	0.276	0.293
	3.456	0.004	0.004
2.914	1.457	0.005	0.004
	2.914	0.114	0.110

采用调谐质量阻尼器（TMD）将其自振频率调整至主体结构频率附近，改变结构的动力特性，从而达到减振的目的。在坡道−0.100～7.400m 标高段及−4.750～−0.100m 标高段峰值加速度较大区域，分别

设置 27 个 TMD1 和 12 个 TMD2。TMD 参数见表 22.4-10，平面布置见图 22.4-10。

TMD 参数 表 22.4-10

TMD 标号	质量/t	刚度/（N/mm）	阻尼比	阻尼系数/（N·s/mm）
TMD1	0.5	53.73	0.122	1.26
TMD2	0.5	159.99	0.086	1.53

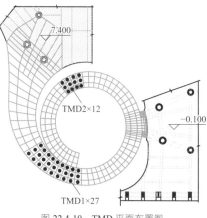

图 22.4-10　TMD 平面布置图

设置 TMD 后最不利点的峰值加速度及减振效率见图 22.4-11 和表 22.4-11。计算结果表明，合理设置 TMD 进行舒适度控制，可减小结构的峰值加速度，减振效率约为 55%。

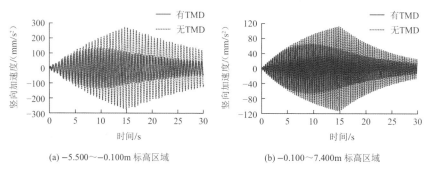

(a) −5.500～−0.100m 标高区域　　　　　　(b) −0.100～7.400m 标高区域

图 22.4-11　螺旋坡道最不利点加速度时程曲线

TMD 的减振效率 表 22.4-11

最不利加速度位置	峰值加速度/（m/s²）		减振效率/%
	无 TMD	有 TMD	
坡道上段	0.276	0.125	54.7
坡道下段	0.114	0.046	59.6

22.4.4　立面异形变截面折柱稳定性分析

1. 直接分析法

立面变截面折柱在强轴方向呈折形柱受力状态，采用直接分析法对变截面折柱进行稳定性分析。变截面折柱屈曲模态如图 22.4-12 所示。整体屈曲发生在单柱失稳之后，折柱的失稳模式表现为无侧移失稳。折柱两主轴方向的截面惯性矩相差较大，弱轴方向的屈曲模态靠前，屈曲承载力普遍更低；屈曲变形产生在柱间支撑以上至柱顶，证明侧向支撑约束有效。

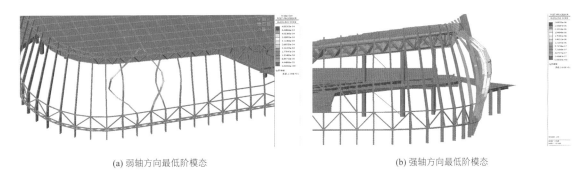

(a) 弱轴方向最低阶模态   (b) 强轴方向最低阶模态

图 22.4-12　立面变截面折柱屈曲模态

直接分析法中，缺陷偏移方向分别考虑两个主轴方向。针对弱轴方向，共考虑了正、负两个缺陷模型；针对强轴方向，初步考虑了直段正、负与斜段正、负共四种组合。对比各缺陷模型的一阶分析弯矩值，便可得到属于各截面的最不利缺陷方向。由图 22.4-13 可知："截面 0、3"最不利方向均为"缺陷 a"；"截面 1"最不利方向为"缺陷 b"；"截面 2"最不利方向为"缺陷 c"。因此后续直接分析中强轴考虑"a，b，c"三种缺陷方向，再加上弱轴正、负"e，f"两种方向，总共建立了 5 个初始缺陷模型进行包络设计。

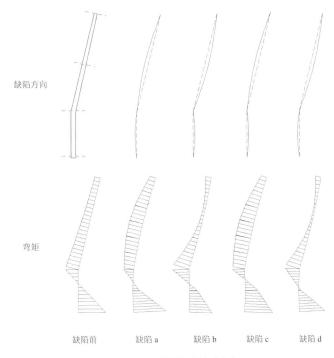

缺陷方向

弯矩

缺陷前　　　缺陷 a　　　缺陷 b　　　缺陷 c　　　缺陷 d

图 22.4-13　构件初始缺陷方向

典型构件的荷载-位移曲线如图 22.4-14 所示，可知在设计荷载作用下，刚度折减系数约为 0.95，说明立面变截面折柱几何非线性特征不明显。

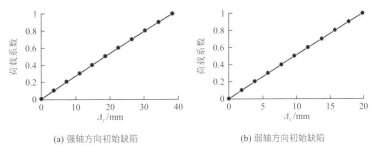

(a) 强轴方向初始缺陷   (b) 弱轴方向初始缺陷

图 22.4-14　典型构件荷载-位移曲线

地震作用不能通过振型叠加法考虑，需使用地震波时程分析，即先将静力转换为逐步加载的时程荷载，再接续地震波时程进行非线性分析。地震工况时程分析应力比统计结果如图 22.4-15 和图 22.4-16 所示。柱中震弹性工况最大应力比为 0.80，大震不屈工况最大应力比为 0.63，应力比最大的位置均出现在折柱柱底。因地震作用内力占比较小，且中震弹性考虑了荷载分项系数和材料分项系数，所以本工程中震弹性设计应力比更大。综上，立面折柱满足性能化设计要求。

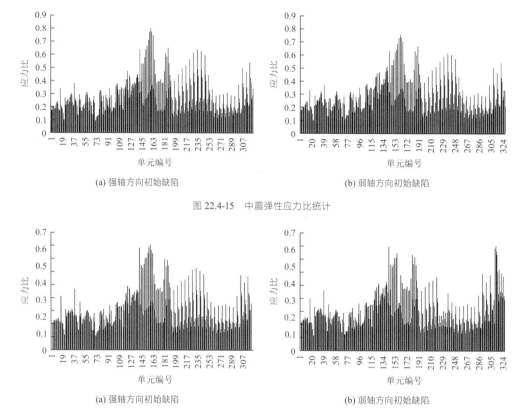

(a) 强轴方向初始缺陷　　　　　　　(b) 弱轴方向初始缺陷

图 22.4-15　中震弹性应力比统计

(a) 强轴方向初始缺陷　　　　　　　(b) 弱轴方向初始缺陷

图 22.4-16　大震不屈应力比统计

2. 有限元弹塑性稳定分析

立面变截面折柱在设计荷载作用下的非线性发展不充分，荷载-位移曲线基本处于弹性阶段。为探究折柱失稳的破坏形态，得到渐近线失稳曲线，对单根折柱进行了弹塑性稳定分析。

在有限元分析软件 MIDAS FEA 中采用壳单元模拟，钢材采用理想弹塑性模型，边界条件简化为柱底固接、柱顶铰接（释放竖向位移），柱间支撑采用仅限制侧移的铰支座模拟。施加"1.0 恒 + 1.0 活"的节点荷载及单元荷载，单柱屈曲分析得到的屈曲荷载系数与整体结构分析结果对比见表 22.4-12，二者较为接近，说明单柱模型基本正确。

屈曲荷载系数　　　　　　　　　　　　　　　　　　　　　　　表 22.4-12

模型	强轴屈曲	弱轴屈曲
整体结构屈曲	26.1	11.4
单柱屈曲	28.2	10.4

弹塑性稳定分析施加"1.0 恒 + 1.0 活"和"1.0 恒 + 0.7 活 + 1.0 风"两种工况的节点荷载及单元荷载，荷载-位移曲线如图 22.4-17 所示。"1.0 恒 + 1.0 活"荷载工况的最小稳定系数为 4.9，"1.0 恒 + 0.7 活 + 1.0 风"荷载工况的最小稳定系数为 4.2。说明本工程折柱稳定安全系数有足够富余。荷载-位移曲线显示刚度逐渐下降，未发生突变，属于典型的弹塑性失稳。

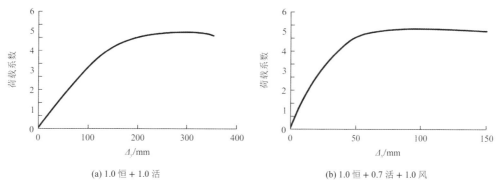

(a) 1.0 恒 + 1.0 活　　　　　　　　　　　(b) 1.0 恒 + 0.7 活 + 1.0 风

图 22.4-17　节点荷载-位移曲线

　　峰值荷载对应的 Von Mises 等效应力如图 22.4-18 所示。两个模型的破坏模式均为塑性区最先出现在柱底端翼缘，而后出现在斜段中上端翼缘，并逐渐沿其周围发展。值得注意的是，弱轴缺陷模型的失稳表现为双向变形，但由云图可知柱翼缘塑性发展明显，属于强轴方向的失效。可以解释为：沿强轴方向的倾斜给了柱相当大的初始缺陷，导致强轴的非线性发展超过弱轴，先出现失效。

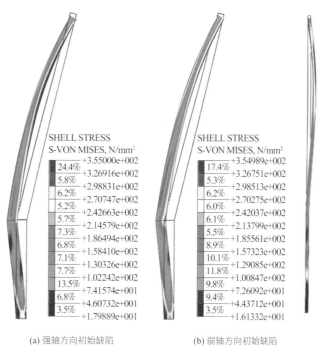

(a) 强轴方向初始缺陷　　　　　　　　　　(b) 弱轴方向初始缺陷

图 22.4-18　Von Mises 等效应力云图（1.0 恒 + 0.7 活 + 1.0 风）

22.5　结语

　　三星堆古蜀文化遗址博物馆作为 2022 年四川省重点推进项目之一，也是建设三星堆国家文物保护利用示范区的重要组成部分。项目以建设世界一流博物馆为目标，力争成为中国文旅的新地标、国家级文物保护与利用的新典范。结合建筑独特的"堆列三星"的整体造型以及对"古蜀之眼"和"螺旋时空序厅"的诠释，采用了由钢框架、组合网架和螺旋形钢箱梁组合的结构体系，并采用防屈曲约束支撑 + 黏滞阻尼器组合的消能减震设计，针对建筑特点充分发挥各种结构体系的优良结构性能。

　　在结构设计过程中，主要完成了以下几方面的创新性工作。

1. 特大型博物馆复杂结构消能减震设计

三星堆古蜀文化遗址博物馆结构体系复杂，平面及立面布置存在较多不规则性。作为设计工作年限100年的特大型博物馆，主体结构抗震性能对公众生命安全和文物藏品保护均有至关重要的影响。结合建筑特点，采用防屈曲约束支撑（BRB）和黏滞阻尼器（VFD）相结合的形式进行消能减震设计，分别利用 BRB 和 VFD 改善超长不规则结构的抗侧刚度、减小地震响应，从而改善整体结构抗震性能，保证各水准地震作用下主体结构均能满足既定的抗震性能目标。

2. 超大尺度无柱支撑螺旋形结构设计与分析

螺旋坡道旋转半径 28.7m，最大跨度 58.5m，高跨比仅 1/32，同时建筑师希望呈现"无柱悬浮"的视觉效果。经过结构选型和不同支座方案对比，以巧妙的支座构造实现了无柱支撑的视觉效果，也让结构受力更加合理。通过多尺度建模实现整体计算模型考虑主体结构与螺旋坡道相互影响，保证计算结果的真实性。

将黏滞阻尼器与弹性铰支座相结合，实现了超大尺度螺旋结构消能减震设计，减震效率可达 45% 以上。详细的舒适度分析并采用调谐质量阻尼器控制人行振动加速度，保障超大尺度螺旋坡道正常使用的舒适性。

3. 异形变截面折柱设计与稳定性分析

取消传统框架柱，贴合建筑表皮设计成异形变截面折柱，支撑大跨度屋盖并兼作幕墙抗风柱。为保证通透的视觉效果，异形折柱宽度仅 250mm，在整个玻璃区域未设置任何横向构件，柱高宽比达 66。采用直接分析法与传统计算长度系数法对比验证，确定异形变截面折柱的稳定承载能力，并建立精细化有限元模型进行双非线性分析，确定其极限承载能力。

设计团队

龙卫国、杨　文、赖程钢、兰天晴、朱思其、刘晓舟、肖克艰、王　盼、文　见

执笔人：杨　文、赖程钢